计 算 机 类 专 业
系统能力培养系列教材

Operating System

Principle and Implementation

操作系统

原理与实现

陈海波 夏虞斌 等著

图书在版编目（CIP）数据

操作系统：原理与实现 / 陈海波等著．—北京：机械工业出版社，2022.12（2024.8 重印）
计算机类专业系统能力培养系列教材
ISBN 978-7-111-72248-9

Ⅰ. ①操… Ⅱ. ①陈… Ⅲ. ①操作系统－高等学校－教材 Ⅳ. ① TP316

中国版本图书馆 CIP 数据核字（2022）第 251533 号

本书以三个“面向”为导向，即面向经典基础理论与方法，面向国际前沿研究，面向最新工业界实践，深入浅出地介绍操作系统的理论、架构、设计方法与具体实现。本书将原理与实现解耦，从具体问题导出抽象概念，然后分析具体实现。全书内容以 ARM 架构为主，x86 架构为辅；以微内核架构为主，同时兼顾宏内核与外核等架构。此外，本书配有教学操作系统 ChCore，以及一系列相关的课程实验。本书的第一部分（操作系统基础）以纸质版的形式出版，第二部分（操作系统进阶）和第三部分（ChCore 课程实验）以电子版的形式在本书网站发布。

本书既可以作为高等院校计算机专业本科生和研究生的操作系统课程教材，也可以作为工业界相关领域研发人员的参考书。

出版发行：机械工业出版社（北京市西城区百万庄大街 22 号 邮政编码：100037）

责任编辑：曲 熠	责任校对：张亚楠 李 婷
印 刷：北京建宏印刷有限公司	版 次：2024 年 8 月第 1 版第 5 次印刷
开 本：186mm×240mm 1/16	印 张：35.5
书 号：ISBN 978-7-111-72248-9	定 价：119.00 元

客服电话：（010）88361066 68326294

F O R E W O R D

丛书序言

人工智能、大数据、云计算、物联网、移动互联网以及区块链等新一代信息技术及其融合发展是当代智能科技的主要体现，并形成智能时代在当前以及未来一个时期的鲜明技术特征。智能时代来临之际，面对全球范围内以智能科技为代表的新技术革命，高等教育也处于重要的变革时期。目前，全世界高等教育的改革正呈现出结构的多样化、课程内容的综合化、教育模式的学研产一体化、教育协作的国际化以及教育的终身化等趋势。在这些背景下，计算机专业教育面临着重要的挑战与变化，以新型计算技术为核心并快速发展的智能科技正在引发我国计算机专业教育的变革。

计算机专业教育既要凝练计算技术发展中的“不变要素”，也要更好地体现时代变化引发的教育内容的更新；既要突出计算机科学与技术专业的核心地位与基础作用，也需兼顾新设专业对专业知识结构所带来的影响。适应智能时代需求的计算机类高素质人才，除了应具备科学思维、创新素养、敏锐感知、协同意识、终身学习和持续发展等综合素养与能力外，还应具有深厚的数理理论基础、扎实的计算思维与系统思维、新型计算系统创新设计以及智能应用系统综合研发等专业素养和能力。

智能时代计算机类专业教育计算机类专业系统能力培养 2.0 研究组在分析计算机科学技术及其应用发展特征、创新人才素养与能力需求的基础上，重构和优化了计算机类专业在数理基础、计算平台、算法与软件以及应用共性各层面的知识结构，形成了计算与系统思维、新型系统设计创新实践等能力体系，并将所提出的智能时代计算机类人才专业素养及综合能力培养融于专业教育的各个环节之中，构建了适应时代的计算机类专业教育主流模式。

自 2008 年开始，教育部计算机类专业教学指导委员会就组织专家组开展计算机系统能力培养的研究、实践和推广，以注重计算系统硬件与软件有机融合、强化系统设计与优化能力为主体，取得了很好的成效。2018 年以来，为了适应智能时代计算机教育的重要变化，计算机类专业教学指导委员会及时扩充了专家组成员，继续实施和深化智能时代计算机类专业教育的研究与实践工作，并基于这些工作形成计算机类专业系统能力培养2.0。

本系列教材就是依据智能时代计算机类专业教育研究结果而组织编写并出版的。其中的教材在智能时代计算机专业教育研究组起草的指导大纲框架下，形成不同风格，各有重点与侧重。其中多数将在已有优秀教材的基础上，依据智能时代计算机类专业教育改革与发展需求，优化结构、重组知识，既注重不变要素凝练，又体现内容适时更新；有的对现有计算机专业知识结构依据智能时代发展需求进行有机组合与重新构建；有的打破已有教材内容格局，支持更为科学合理的知识单元与知识点群，方便在有效教学时间范围内实施高效的教学；有的依据新型计算理论与技术或新型领域应用发展而新编，注重新型计算模型的变化，体现新型系统结构，强化新型软件开发方法，反映新型应用形态。

本系列教材在编写与出版过程中，十分关注计算机专业教育与新一代信息技术应用的深度融合，将实施教材出版与MOOC模式的深度结合、教学内容与新型试验平台的有机结合，以及教学效果评价与智能教育发展的紧密结合。

本系列教材的出版，将支撑和服务智能时代我国计算机类专业教育，期望得到广大计算机教育界同人的关注与支持，恳请提出建议与意见。期望我国广大计算机教育界同人同心协力，努力培养适应智能时代的高素质创新人才，以推动我国智能科技的发展以及相关领域的综合应用，为实现教育强国和国家发展目标做出贡献。

智能时代计算机类专业教育计算机类专业系统能力培养2.0
系列教材编委会
2020年1月

FOREWORD

序言一

软件是计算系统的“灵魂”，而操作系统则是软件运行和支撑技术的核心，“CPU+操作系统”更是成为信息产业生态的核心、信息时代安全的基石。自1956年第一个实用操作系统诞生以来，操作系统已历经60多年的发展。它的发展一方面伴随着以CPU为代表的硬件及其组成结构的发展，另一方面是为了支持多机、分布式和网络环境，以及满足新型计算模式和新型应用的需求。迄今，以20年左右为周期，操作系统已出现从主机计算时代到个人计算时代，再到移动计算时代的两次重大变迁，每次变迁均涉及计算设备及其用户两方面的数量级的跃升，同时诞生了新的“CPU+操作系统”生态。当然，从技术的本质来看，操作系统“向下管理各种计算资源，向上为应用程序提供运行环境和开发支撑，为用户提供交互界面”的角色定位未变。

当前，万物互联、人机物融合计算的泛在计算时代正在开启。以云计算、大数据、人工智能和物联网等为代表的新型应用场景，多种不同架构的CPU、GPU和加速器、以新型存储、传感设备等为代表的新型硬件，以及嵌入式、移动计算、边缘计算、云计算等不同规模的计算系统，使得操作系统的内涵和外延均发生了重大变化，新一轮的重大变迁正在孕育中。我以为，支撑泛在计算的“泛在操作系统”将成为新的操作系统形态，并催生新的“CPU+操作系统”生态。这一轮变迁将促进新的操作系统研究与实践，在带来新机遇的同时，也会产生新的挑战和更激烈的竞争。

操作系统的发展离不开一代又一代科技工作者的接力付出，因此，操作系统人才培养与操作系统研发处于同样重要的地位！人才培养的根基就在于大学阶段的操作系统教学。考察已有的操作系统教材，面对新的计算时代所带来的新要求和新挑战，它们还存在若干需要改进之处。

首先，在新的泛在计算环境下，主流的计算设备不仅包括x86平台，还包括以ARM为代表的移动计算平台，未来还可能诞生以RISC-V为代表的物联计算平台，计算系统的规模和架构也趋于多样化。因此，需要思考和探索适合新型计算设备和系统的操作系统架构，改变传统操作系统教材以 x86 指令集为主、面向单机平台、以宏内核架构为实例进行讲解的模式，增加对微内核等新型操作系统架构、分布式和云计算平台、移动计算平台乃至物联计算平台等相关内容的讲解。

其次，随着计算平台与环境的扩展和泛化，在计算机系统上运行的应用形态也趋于多样化，而传统操作系统的教学更多关注底层运行机理，对上层应用的支持关注较少。在拥有众多新的应用场景的新一代计算环境下，操作系统的研究和教学不仅要关注底层设备和资源的管理，以及计算机系统的运行机制，同时也要关注运行在操作系统之上的新型应用的开发、运行和管理支撑平台与技术。

最后，操作系统教学的特点是层次多、内容杂，拥有很多的理论和技术知识点，要想帮助学生全面掌握这些技术的来龙去脉，就必须在操作系统教学中强调理论与实践相结合。早期的操作系统教材更多强调理论与方法，而不讲解实际系统的设计与实现，导致学生无法将所学的知识映射到真实系统，从而不能很好地解决实际问题。而过多关注某个实际系统的实现，则可能将大量的时间花费在各种细节上，导致学生缺乏对全局与原理的整体把握，形成思维定式而难以举一反三。

我非常高兴地看到，陈海波教授等编写的这本教材在上述很多方面进行了新的尝试。其一，本书以 ARM64 体系结构为主，面向多种体系结构，主要介绍微内核架构，同时兼顾宏内核与外核等架构，体现了操作系统的“现代性”。其二，本书采用“问题驱动”的思路，通过实际问题引出设计原理与实现方法；对同一问题，讨论多种设计的优缺点以及不同的适用场景，使读者不但“知其然”，而且“知其所以然”。其三，本书在平衡理论与实践方面做了很有益的尝试，针对教学与科研的需求，专门设计与实现了一个微内核操作系统，将理论内容与代码实现相融合；在此基础上设计了一套课程实验，读者可以通过动手实践，进一步加深对操作系统的理解。当然，也需指出，本书还只是针对移动计算环境的改进和加强，目前尚未涉及物联计算环境。

本书作者长期从事操作系统领域的研究工作，不仅在操作系统研究领域取得了较为突出的成果，还在工业界开展了深入实践。本书基于作者多年来在复旦大学和上海交通大学讲授“操作系统”课程的经验，经过提炼与整理，结合操作系统的经典理论、研究前沿和工业界实践，为深入理解操作系统的原理与实现提供了较为翔实的学习资料与实践平台。通过这门课程的学习，学生可以建立起操作系统的完整知识体系，为后续在计算机系统方向进行更深入的学习和研究奠定基础。已有的教学实践表明，这是一本值得高等院校计算机专业学生以及操作系统相关领域的研究人员和工业界实践者学习和参考的书籍。

我国正在全面推进经济和社会的数字化转型、网络化重构和智能化提升，加快建设数字中国、发展数字经济。无疑，操作系统等基础软件的自主可控将是这一深度信息化进程的关键。目前，我国操作系统受制于人的问题仍然非常突出。要想改变这一现状，我们不仅需要把握新的泛在计算时代带来的机遇，应对设计和实现一个完整的操作系统所面临的众多技术挑战，更重要的是要构建操作系统开发和运行的生态，让更多的人融入操作系统生态的开发、维护和发展中。要破解这个难题，需要我国学术界和产业界的协同，需要更多从业人员的参与和合作，更需要源源不断的人才供给，特别是青年学生这个源头。衷心希望本书能够为我国操作系统的教学和人才培养做出实质性贡献。

是为序。

梅宏

中国科学院院士

中国计算机学会理事长

2022 年 9 月于北京

FOREWORD

序言二

以 5G、人工智能、云计算与物联网等为代表的新一轮科技革命与产业变革正在重新定义我们的信息社会。构建新型信息社会的一个关键因素是坚实的计算机基础设施，这对计算机系统能力培养提出了新的要求，需要广大信息产业从业人员具有良好的系统分析、设计与验证能力。

操作系统被誉为信息产业之魂，它向下承载着对物理硬件的抽象与管理，向上提供并管理着应用的执行环境，是连接硬件与应用的纽带，也是构筑信息社会的基石。数据的爆炸式增长、计算形态的变迁、存储层次的变化、新型硬件的涌现，给操作系统带来了新的机遇与挑战，也使得操作系统的教学成为计算机系统能力培养中的关键。这需要学生不仅能理解操作系统的基础理论，理解真实操作系统的设计与实现，而且能够通过动手实现一个操作系统来获得第一手经验。

本书的作者陈海波教授多年以来一直坚守在操作系统研究与工业实践的第一线，取得了突出的研究成果并对产业界产生了重大影响，是国际计算机领域的知名青年学者。他从 2009 年开始先后在复旦大学、上海交通大学从事操作系统的教学工作，致力于将前沿研究与工业实践传递到人才培养与课堂教学中，得到了广大学生的好评，培养了一批又一批在学术界与工业界崭露头角的青年计算机从业者。我很高兴看到他和其他作者一道，将他们对操作系统的深入理解、多年来的科研体会与一线的教学实践加以总结，撰写了这本新的操作系统教材。

本书的一个重要特色是较好地结合了经典基础理论方法、国际前沿研究与最新工业界实践。之前的操作系统教材往往将重心放在经典理论方法上，面向 x86 架构并以宏内核（Monolithic Kernel）为中心，基本上是 PC 时代前期的内容。本书则重点围绕当前在移动端和服务器端广泛使用的 ARM 架构进行介绍，而将 x86 架构作为辅助内容。并且，本书不仅介绍典型 Linux 操作系统的设计与实现，还介绍微内核（Microkernel）、外核（Exokernel）与多内核（Multikernel）等多种操作系统架构。此外，本书还与国际前沿研究紧密结合，介绍了许多面向新型应用、基于新型硬件的新问题与新思路。

本书的另一个重要特色是试图为操作系统的教学与人才培养提供完整的配套体系：在教材之外，作者提供了课程课件、授课视频、课程作业等丰富的教辅材料。作者所在的上海交通大学并行与分布式系统研究所还设计与实现了一个面向教学与科研的微内核架构操作系统ChCore，并提供了一整套课程实验与相应的测试用例，以帮助读者从头实现一个可以运行在ARM开发板上的操作系统。

相信这本书可以为我国基础软件人才培养与计算机系统能力培养提供有力支持！

金海

华中科技大学教授

中国计算机学会会士

IEEE Fellow

2022年9月

P R E F A C E

前　　言

为什么又要写一本操作系统的书

操作系统是现代计算平台的基础与核心支撑系统，负责管理硬件资源、控制程序运行、改善人机交互以及为应用软件提供运行环境等。长期以来，我国信息产业处于“缺芯少魂”的状态，作为信息产业之“魂”的操作系统是释放硬件能力、构筑应用生态的基础，也是关键的“卡脖子”技术之一。当前，以华为海思麒麟与鲲鹏处理器、银河飞腾处理器等为代表的 ARM 平台在智能终端、服务器等应用场景的崛起，以及以开源为特色的 RISC-V 指令集架构的出现及其生态的蓬勃发展，逐步改变了 x86 处理器一统天下的局面。因此，需要结合 ARM 等指令集架构与体系结构来构筑新的操作系统或深入优化现有操作系统，从而充分发挥硬件资源的能力并给用户提供更流畅的体验。

操作系统自 20 世纪 50 年代诞生以来，经历了从专用操作系统（每个主机与应用场景均需要一个新的操作系统）到通用操作系统（如 Windows、UNIX、Linux 等，即一个操作系统覆盖很多场景）的转变。在 PC 时代，由于 Windows 操作系统的广泛应用与部署，微软于 20 世纪 90 年代成为全球市值最高的公司，苹果研制的 Mac OS 也支撑苹果一度成为全球最赚钱的科技公司。在数据中心时代，在 IBM、Intel 等企业的支持下，Linux 操作系统又逐步在服务器等场景占据主体地位。在移动互联网时代，苹果在乔布斯回归后基于 NeXTSTEP 操作系统构筑的 iOS、新型 macOS、iPadOS、watchOS、tvOS 等操作系统支撑苹果成为全球市值最高的科技公司。谷歌于 2005 年收购了 Andrew Rubin 于 2003 年创立的 Android 公司，并通过持续不断的压强式投入逐步将 Android 打造成世界上发行量最大的移动智能操作系统。

当前，随着智能终端的多样化，5G 带来的大连接、低时延、高吞吐，以及异构硬件设备的繁荣发展，我们正在逐步进入万物互联的智能世界，用单一操作系统覆盖所有场景已经很难发挥出硬件的处理能力，也难以满足应用越来越高的极限需求。当前，华为、阿里巴巴、微软、谷歌、Meta（Facebook）等各大企业纷纷在操作系统领域投入重兵。例如，微软在 Windows 10 之后开始研制 Windows CoreOS，谷歌从 2016 年开始投入 Fuchsia 项目，Facebook 从 2019 年开始研制面向 AR/VR 等的新 OS，华为也于 2019 年发布鸿蒙操作系统并与合作伙伴一起构建了 openEuler、OpenHarmony 开源社区和华为移动服务（HMS）生态。

操作系统的复兴也对教学科研与产业实践提出了新的要求。首先，操作系统教材需要体现操作系统的核心原理与设计，从而帮助读者建立系统性的认识。其次，操作系统教材需要反映国际研究前沿。当前操作系统技术仍在迅猛发展，很多新的问题随着新处理器、新加速器架构、新应用场景的出现而不断出现，同时，很多经典的问题也出现了新的解决方法，这些都给操作系统的设计与实现提供了新的思路。最后，操作系统教材要反映工业实践。操作系统是一门系统性与实践性非常强的学科，脱离实现来谈设计很容易陷入纸上谈兵的陷阱。当前操作系统领域的前沿研究与工业界实践的结合越来越紧密，在工业界新应用场景与需求的推动下，研究人员将前沿研究应用到工业实践，再由工业实践反馈进一步推动前沿研究，形成了良好的循环，并且循环的速度越来越快。

当前国内外已经出版了一系列优秀的操作系统教材，例如美国威斯康星大学麦迪逊分校的 Remzi H. Arpaci-Dusseau 和 Andrea C. Arpaci-Dusseau 两位教授的 *Operating Systems: Three Easy Pieces* [1]，Abraham Silberschatz、Peter B. Galvin 和 Greg Gagne 的 *Operating System Concepts* [2]。然而，从当前学术研究前沿和工业界实践的角度来看，一些经典的教材缺乏对当前研究前沿的体现，另一些教材仅关注操作系统的概念而缺乏充分的实践环节。此外，大部分教材是以 x86 体系结构为主导的，缺乏对当前已广泛流行的 ARM 等体系结构的描述；这些教材也基本以 Linux/UNIX 等宏内核架构的操作系统为主，缺乏对当前新兴而又经典的微内核架构的操作系统的深入介绍。

本书以三个“面向”为导向，即面向经典基础理论与方法，面向国际前沿研究，面向最新工业界实践，深入浅出地介绍操作系统的理论、架构、设计方法与具体实现。对于每项要介绍的内容，本书将从一个具体的操作系统设计问题出发，解释这个问题背后的挑战，给出当前的经典设计，并介绍当前的一些工业实践与前沿研究。本书不仅介绍典型的 Linux 操作系统的设计与实现，还将介绍微内核（Microkernel）、外核（Exokernel）等操作系统架构。为此，上海交通大学并行与分布式系统研究所专门实现了一个小型但具有较完整基础功能的微内核架构教学操作系统 ChCore，用真实的代码片段帮助读者更好地理解操作系统原理，并基于 ChCore 设计了一系列课程实验，以使读者通过动手实践的方式获得操作系统设计与实现的第一手经验。

2020 年 10 月，本书作者撰写的《现代操作系统：原理与实现》出版，两个月内三次印刷，当年即获得了 51CTO“年度最受读者喜爱的 IT 图书”Top5，并被多所高校与科研院所选为教材用于教学。两年来，在教学实践与反馈的基础上，本书作者对教材的结构和内容都做了较大幅度的修改，并正式将其命名为《操作系统：原理与实现》。相比《现代操作系统：原理与实现》，本书主要有以下方面的更新。第一，进一步增强了原理与实现的解耦，先基于“第一性原理”，从具体问题“自然导出”抽象概念，然后再介绍具体实现。在原理方面，增加了微内核设计思想对不同抽象的影响；在实现方面，加强了教材与 ChCore 代码的对应。第二，在内容上，将“硬件结构”一章扩展为“硬件环境与软件抽象”，作为对全书的总览；将“内存管理”一章扩展为“虚拟内存管理”与“物理内存管理”两章；将“同步原语”一章扩展为“并发与同步”和“同步原语的实现”两章；增加了“文件系统崩溃一致性”一章。此外，对其他章节的内容也有一定的增加和删减，以更好地体现现代操作系统的设计，例如，“操作系统概述”一章增加了“iOS/Android：移动互联网时代的操作系统”一节，“进程间通信”一章增加了“案例分析：Binder IPC”一节，“设备管理”一章进行了重构并增加了“案例分析：Android 操作系统的硬件抽象层”一节。第三，在配套实验方面，根据本书内容的改动对实验做了同步调整，并增加了在树莓派上实现硬件启动的实验。另外，所有的课程资料，包括讲义 PPT 与授课视频，也将进行同步更新并在网站发布。

致使用本书的实践人员

非常感谢您选用本书来了解操作系统的设计与实现！

本书试图通过介绍现代操作系统的设计与实现，为开发、设计、优化与维护操作系统的管理人员、开发人员和维护人员提供基础的概念以及典型的操作系统组件的实现，帮助相关人员快速上手。本书还将结合作者在工业界带领操作系统研发团队的经验，介绍操作系统在典型场景的实践，试图以多种形式展现在实践中遇到的问题。同时，本书还将结合作者在操作系统研究中的洞察，介绍一些常见操作系统问题的前沿研究，从而为使用本书的实践人员解决真实场景问题提供参考。此外，本书结合作者在工业界长期担任技术和综合面试官的经验，将一些典型的操作系统技术问题融入本书内容以及每章的思考题中，以期为希望在工业界从事操作系统相关领域研发工作的读者提供参考。

致使用本书的指导老师

非常感谢您选用本书来讲授操作系统的设计与实现！

由于不同学校对操作系统的教学难度要求和教学时长不同，本书将所涉及的内容分为3个等级：基础性内容；较为深入的内容（标注🌶）；较为前沿的内容，包含一些工业界的最新实践与国际研究的前沿（同样标注🌶）。教师可以根据不同的要求选择各种组合，从而适应自己的教学需要。

本书作者从2009年开始，先后在复旦大学、上海交通大学讲授操作系统课程。本书也融合了作者对教学过程中遇到的一些问题的思考。为了方便教师使用本书进行教学，我们还在“好大学在线”设置了MOOC课程[㊀]，并且建设了课程网站[㊁]，提供课程教学配套的讲义PPT与授课视频，供用书教师参考。本书还搭建了在线社区[㊂]，供大家讨论与答疑等。

致使用本书的学生

非常感谢您选用本书作为学习操作系统的教材！

我们提供本书的教学PPT、MOOC课程等，希望能供各位用于预习和复习。此外，思考题有助于进一步巩固所学知识，其中还综合了工作以及面试中常见的一些问题，希望能对各位进一步深入思考操作系统的设计与实现以及求职有所帮助。

本书设计的课程实验系列中，前四个主要提供框架式代码，由读者实现其中的关键部分，以加深对操作系统的理解，并且为之后从事计算机系统相关领域的工作打下基础。课程实验采用C语言，面向ARM64体系结构（也就是手机平台最常用的体系结构，也用于华为MateBook的部分型号与苹果后续的MacBook），试图帮助读者理解现代操作系统的设计与实现。第五个和第六个实验要求读者实现如文件系统、I/O等更有挑战的功能，而第七个实验旨在让有兴趣的读者尝试理解、设计和实现较为复杂与前沿的一些操作系统功能或模块。读者可以根据自身需求选择不同的课程实验进行实践。

㊀ 好大学在线：https://www.cnmooc.org/portal/course/5610/14956.mooc。

㊁ 课程网站：https://ipads.se.sjtu.edu.cn/courses/os/。

㊂ 在线社区：https://ipads.se.sjtu.edu.cn/mospi/discussion。

发布方式与版权声明

致谢

本书的提纲和主要内容基于作者多年来在上海交通大学和复旦大学所讲授的操作系统课程。写作时，首先由陈海波和夏虞斌确定整体结构以及各个章节的大纲和部分内容，然后部分章节由上海交通大学并行与分布式系统研究所及领域操作系统教育部工程研究中心的教师和博士研究生在此基础上扩展形成初稿，再通过交叉评审、不断打磨的方式逐步完成。具体而言，本书每个章节的主要贡献者包括：前言、第 1 章、第 2 章，陈海波等；第 3 章，宋小牛、张汉泽、夏虞斌等；第 4 章、第 5 章，古金宇、夏虞斌等；第 6 章，吴明瑜、古金宇等；第 7 章，杜东等；第 8 章，董致远等；第 9 章、第 10 章，刘年等；第 11 章、第 12 章，董明凯等；第 13 章，李明煜、王子轩、古金宇等；第 14 章，糜泽羽、夏虞斌等。ChCore 课程实验由古金宇负责整体设计，由吴明瑜、沈斯杰、冯二虎、赵子铭、董致远、钱宇超、刘年、郑文鑫等共同完成。陈榕负责全书图片的美化，陈海波与夏虞斌负责整体内容的审核。

本书的完成离不开很多人的支持！很多学术界与工业界的读者通过各种形式给我们提供了反馈意见。我们要感谢上海交通大学并行与分布式系统研究所的各位教师和学生，感谢上海交通大学操作系统课程的助教和学生提供的各种资料与反馈。感谢通过论坛、微信、邮件等方式对《现代操作系统：原理与实现》勘误工作做出贡献的读者。

最后，特别感谢中山大学的苏玉鑫老师使用《现代操作系统：原理与实现》以及相关配套实验作为中山大学“操作系统原理”课程的教材与教学资源，并结合教学过程中的体会提供了很多有益的反馈。

本书还在不断演进和完善中。每一章的最后都附有反馈二维码，若有任何建议与意见，欢迎通过二维码进行反馈，我们会在后续的版本中感谢提出宝贵意见的读者。

参考文献

[1] ARPACI-DUSSEAU R H, ARPACI-DUSSEAU A C. Operating systems: three easy pieces [M]. Arpaci-Dusseau Books, 2018.

[2] SILBERSCHATZ A, GALVIN P B, GAGNE G. Operating system concepts [M]. 9th ed. New York: John Wiley & Sons, Inc., 2012.

C O N T E N T S

目　录

从书序言

序言一

序言二

前言

第一部分　操作系统基础

第 1 章　操作系统概述 …… 2

1.1　简约不简单：从 Hello World 说起 …… 2

1.2　什么是操作系统 …… 3

1.3　操作系统简史 …… 5

1.3.1　GM-NAA I/O：第一个（批处理）操作系统 …… 5

1.3.2　OS/360：从专用走向通用 …… 6

1.3.3　Multics/UNIX/Linux：分时与多任务 …… 6

1.3.4　macOS/Windows：以人为本的人机交互 …… 7

1.3.5　iOS/Android：移动互联网时代的操作系统 …… 8

1.4　操作系统接口 …… 10

1.5　思考题 …… 12

参考文献 …… 12

第 2 章　操作系统结构 …… 13

2.1　操作系统的机制与策略 …… 14

2.2　操作系统复杂性的管理方法 …… 15

2.3　操作系统内核架构 …… 17

2.3.1　简要结构 …… 18

2.3.2　宏内核 …… 18

2.3.3　微内核 …… 20

2.3.4　外核 …… 22

2.3.5　其他操作系统内核架构 …… 24

2.4　操作系统框架结构 …… 26

2.4.1　Android 系统框架 …… 26

2.4.2　ROS 系统框架 …… 28

2.5　操作系统设计：Worse is better？ …… 29

2.6　ChCore：教学科研型微内核操作系统 …… 31

2.7　思考题 …… 32

参考文献 …… 32

第 3 章　硬件环境与软件抽象 …… 35

3.1　应用程序的硬件运行环境 …… 35

3.1.1　程序的运行：用指令序列控制处理器 …… 36

3.1.2 处理数据：寄存器、运算和访存 ······ 38

3.1.3 条件结构：程序分支和条件码 ······ 43

3.1.4 函数的调用、返回与栈 ······ 46

3.1.5 函数的调用惯例 ······ 50

3.1.6 小结：应用程序依赖的处理器状态 ······ 52

3.2 操作系统的硬件运行环境 ······ 54

3.2.1 特权级别与系统 ISA ······ 54

3.2.2 异常机制与异常向量表 ······ 57

3.2.3 案例分析：ChCore 启动与异常向量表初始化 ······ 60

3.2.4 用户态与内核态的切换 ······ 61

3.2.5 系统调用 ······ 64

3.2.6 系统调用的优化 ······ 66

3.3 操作系统提供的基本抽象与接口 ······ 67

3.3.1 进程：对处理器的抽象 ······ 69

3.3.2 案例分析：使用 POSIX 进程接口实现 shell ······ 70

3.3.3 虚拟内存：对内存的抽象 ······ 73

3.3.4 进程的虚拟内存布局 ······ 75

3.3.5 文件：对存储设备的抽象 ······ 77

3.3.6 文件：对所有设备的抽象 ······ 79

3.4 思考题 ······ 80

3.5 练习答案 ······ 81

参考文献 ······ 82

第 4 章 虚拟内存管理 ······ 83

4.1 CPU 的职责：内存地址翻译 ······ 84

4.1.1 地址翻译 ······ 84

4.1.2 分页机制 ······ 85

4.1.3 多级页表 ······ 87

4.1.4 页表项与大页 ······ 91

4.1.5 TLB：页表的缓存 ······ 93

4.2 操作系统的职责：管理页表映射 ······ 96

4.2.1 操作系统为自己配置页表 ······ 96

4.2.2 如何填写进程页表 ······ 97

4.2.3 何时填写进程页表：立即映射 ······ 101

4.2.4 何时填写进程页表：延迟映射 ······ 104

4.2.5 常见的改变虚拟内存区域的接口 ······ 108

4.2.6 虚拟内存扩展功能 ······ 109

4.3 案例分析：ChCore 虚拟内存管理 ······ 112

4.3.1 ChCore 内核页表初始化 ······ 112

4.3.2 ChCore 内存管理 ······ 115

4.4 思考题 ······ 118

4.5 练习答案 ······ 119

参考文献 ······ 121

第 5 章 物理内存管理 ······ 122

5.1 操作系统的职责：管理物理内存资源 ······ 122

5.1.1 目标与评价维度 ······ 122

5.1.2 基于位图的连续物理页分配方法 ······ 123

5.1.3 伙伴系统原理 ······ 126
5.1.4 案例分析：ChCore 中伙伴系统的实现 ······ 127
5.1.5 SLAB 分配器的基本设计 ··· 131
5.1.6 常用的空闲链表 ······ 133
5.2 操作系统如何获得更多物理内存资源 ······ 134
5.2.1 换页机制 ······ 134
5.2.2 页替换策略 ······ 137
5.2.3 页表项中的访问位与页替换策略实现 ······ 140
5.2.4 工作集模型 ······ 141
5.2.5 利用虚拟内存抽象节约物理内存资源 ······ 142
5.3 性能导向的内存分配扩展机制 ···· 143
5.3.1 物理内存与 CPU 缓存 ····· 144
5.3.2 物理内存分配与 CPU 缓存 ······ 146
5.3.3 多核与内存分配 ······ 147
5.3.4 CPU 缓存的硬件划分 ······ 147
5.3.5 非一致内存访问（NUMA 架构）······ 149
5.3.6 NUMA 架构与内存分配 ··· 150
5.4 思考题 ······ 151
5.5 练习答案 ······ 152
参考文献 ······ 152
第 6 章 进程与线程 ······ 154
6.1 进程的内部表示与管理接口 ······ 154
6.1.1 进程的内部表示——PCB ······ 154
6.1.2 进程创建的实现 ······ 155
6.1.3 进程退出的实现 ······ 159
6.1.4 进程等待的实现 ······ 160
6.1.5 exit 与 waitpid 之间的信息传递 ······ 162
6.1.6 进程等待的范围与父子进程关系 ······ 164
6.1.7 进程睡眠的实现 ······ 166
6.1.8 进程执行状态及其管理 ··· 166
6.2 案例分析：ChCore 微内核的进程管理 ······ 169
6.2.1 进程管理器与分离式 PCB ······ 169
6.2.2 ChCore 的进程操作：以进程创建为例 ······ 170
6.3 案例分析：Linux 的进程创建 ····· 172
6.3.1 经典的进程创建方法：fork ······ 172
6.3.2 其他进程创建方法 ······ 175
6.4 进程切换 ······ 179
6.4.1 进程的处理器上下文 ······ 180
6.4.2 进程的切换节点 ······ 180
6.4.3 进程切换的全过程 ······ 181
6.4.4 案例分析：ChCore 的进程切换实现 ······ 182
6.5 线程及其实现 ······ 191
6.5.1 为什么需要线程 ······ 191
6.5.2 用户视角看线程 ······ 192
6.5.3 线程的实现：内核数据结构 ······ 194
6.5.4 线程的实现：管理接口 ··· 195
6.5.5 线程切换 ······ 200

6.5.6 内核态线程与用户态线程 …… 200
6.6 纤程 …… 202
6.6.1 对纤程的需求：一个简单的例子 …… 203
6.6.2 POSIX 的纤程支持：ucontext …… 204
6.6.3 纤程切换 …… 206
6.7 思考题 …… 207
6.8 练习答案 …… 208
参考文献 …… 209
第 7 章 处理器调度 …… 210
7.1 处理器调度机制 …… 210
7.1.1 处理器调度对象 …… 211
7.1.2 处理器调度概览 …… 211
7.2 处理器调度指标 …… 214
7.3 经典调度策略 …… 216
7.3.1 先到先得 …… 216
7.3.2 最短任务优先 …… 218
7.3.3 最短完成时间优先 …… 219
7.3.4 时间片轮转 …… 220
7.3.5 经典调度策略的比较 …… 221
7.4 优先级调度策略 …… 222
7.4.1 高响应比优先 …… 223
7.4.2 多级队列与多级反馈队列 …… 223
7.4.3 优先级调度策略的比较 …… 229
7.5 公平共享调度策略 …… 229
7.5.1 彩票调度 …… 231
7.5.2 步幅调度 …… 233
7.5.3 份额与优先级的比较 …… 235
7.6 多核处理器调度机制 …… 236
7.6.1 运行队列 …… 236
7.6.2 负载均衡与负载追踪 …… 237
7.6.3 处理器亲和性 …… 238
7.7 案例分析：Linux 调度器 …… 239
7.7.1 $O(N)$ 调度器 …… 240
7.7.2 $O(1)$ 调度器 …… 241
7.7.3 完全公平调度器 …… 242
7.7.4 Linux 的细粒度负载追踪 …… 244
7.7.5 Linux 的 NUMA 感知调度 …… 245
7.8 思考题 …… 246
7.9 练习答案 …… 247
参考文献 …… 248
第 8 章 进程间通信 …… 249
8.1 进程间通信基础 …… 250
8.1.1 进程间通信接口 …… 250
8.1.2 一个简单的进程间通信设计 …… 253
8.1.3 数据传递 …… 255
8.1.4 通知机制 …… 257
8.1.5 单向和双向 …… 257
8.1.6 同步和异步 …… 258
8.1.7 超时机制 …… 259
8.1.8 通信连接 …… 260
8.1.9 权限检查 …… 261
8.1.10 命名服务 …… 262
8.1.11 总结 …… 263
8.2 文件接口 IPC：管道 …… 264
8.2.1 Linux 管道使用案例 …… 265

8.2.2 Linux 中管道进程间通信的实现 ········· 267
8.2.3 命名管道和匿名管道 ······ 269
8.3 内存接口 IPC：共享内存 ·········· 270
8.3.1 共享内存 ······················ 270
8.3.2 基于共享内存的进程间通信 ······························ 272
8.4 消息接口 IPC：消息队列 ·········· 273
8.4.1 消息队列的结构 ············ 274
8.4.2 基本操作 ······················ 274
8.5 案例分析：L4 微内核的 IPC 优化 ··································· 275
8.5.1 L4 消息传递 ·················· 275
8.5.2 L4 控制流转移 ·············· 277
8.5.3 L4 通信连接 ·················· 279
8.5.4 L4 通信控制（权限检查）································ 279
8.6 案例分析：LRPC 的迁移线程模型 ··································· 280
8.6.1 迁移线程模型 ················ 281
8.6.2 LRPC 设计 ···················· 281
8.7 案例分析：ChCore 进程间通信机制 ······························· 283
8.8 案例分析：Binder IPC ············ 285
8.8.1 总览 ···························· 286
8.8.2 Binder IPC 内核设计 ······································ 286
8.8.3 匿名共享内存 ················ 290
8.9 思考题 ································· 291
8.10 练习答案 ···························· 292
参考文献 ···································· 292

第 9 章 并发与同步 ····················· 294
9.1 同步场景 ······························· 295
9.1.1 一个例子：多线程计数器 ························· 295
9.1.2 同步的典型场景 ············ 297
9.2 同步原语 ······························· 299
9.2.1 互斥锁 ························· 300
9.2.2 读写锁 ························· 302
9.2.3 条件变量 ······················ 304
9.2.4 信号量 ························· 313
9.2.5 同步原语的比较 ············ 316
9.3 死锁 ···································· 318
9.3.1 死锁的定义 ··················· 318
9.3.2 死锁检测与恢复 ············ 320
9.3.3 死锁预防 ······················ 321
9.3.4 死锁避免 ······················ 322
9.3.5 哲学家问题 ··················· 325
9.4 活锁 ···································· 326
9.5 思考题 ································· 327
9.6 练习答案 ······························· 330
参考文献 ···································· 335

第 10 章 同步原语的实现 ············ 336
10.1 互斥锁的实现 ······················ 336
10.1.1 临界区问题 ················· 336
10.1.2 硬件实现：关闭中断 ··· 337
10.1.3 软件实现：皮特森算法 ······················· 337
10.1.4 软硬件协同：使用原子操作实现互斥锁 ········ 340
10.2 条件变量的实现 ··················· 345

10.3 信号量的实现 ········· 346
10.3.1 非阻塞信号量 ········· 347
10.3.2 阻塞信号量 ········· 348
10.4 读写锁的实现 ········· 352
10.4.1 偏向读者的读写锁 ········· 353
10.4.2 偏向写者的读写锁 ········· 354
10.5 案例分析：Linux 中的 futex ········· 356
10.6 案例分析：微内核中的同步原语 ········· 360
10.7 思考题 ········· 361
10.8 练习答案 ········· 364
参考文献 ········· 364
第 11 章 文件系统 ········· 366
11.1 基于 inode 的文件系统 ········· 367
11.1.1 一个不用 inode 的简单文件系统 ········· 367
11.1.2 inode 与文件 ········· 368
11.1.3 多级 inode ········· 370
11.1.4 文件名与目录 ········· 374
11.1.5 存储布局 ········· 377
11.1.6 从文件名到链接 ········· 378
11.1.7 符号链接（软链接） ········· 381
11.2 基于表的文件系统 ········· 382
11.2.1 FAT 文件系统 ········· 382
11.2.2 NTFS ········· 386
11.3 虚拟文件系统 ········· 392
11.3.1 文件系统的内存结构 ········· 392
11.3.2 面向文件系统的接口 ········· 394
11.3.3 多文件系统的组织和管理 ········· 398
11.3.4 伪文件系统 ········· 400
11.4 VFS 与缓存 ········· 402
11.4.1 访问粒度不一致问题和一些优化 ········· 402
11.4.2 读缓存 ········· 403
11.4.3 写缓冲区与写合并 ········· 403
11.4.4 页缓存 ········· 403
11.4.5 直接 I/O 和缓存 I/O ········· 404
11.4.6 内存映射 ········· 405
11.5 用户态文件系统 ········· 405
11.5.1 为什么需要用户态文件系统 ········· 406
11.5.2 FUSE ········· 406
11.5.3 ChCore 的文件系统架构 ········· 407
11.6 思考题 ········· 410
11.7 练习答案 ········· 411
参考文献 ········· 412
第 12 章 文件系统崩溃一致性 ········· 414
12.1 崩溃一致性 ········· 415
12.2 同步写入与文件系统一致性检查 ········· 417
12.2.1 同步写入 ········· 417
12.2.2 文件系统一致性检查 ········· 418
12.2.3 fsck 的局限和问题 ········· 420
12.3 原子更新技术：日志 ········· 421
12.3.1 日志机制的原理 ········· 421
12.3.2 日志的批量化与合并优化 ········· 423
12.3.3 日志应用实例：JBD2 ········· 423

12.3.4 讨论和小结 …… 427
12.4 原子更新技术：写时拷贝 …… 427
12.4.1 写时拷贝的原理 …… 428
12.4.2 写时拷贝在文件系统中的应用 …… 429
12.4.3 写时拷贝的问题与优化 …… 430
12.4.4 讨论和小结 …… 430
12.5 Soft updates …… 431
12.5.1 Soft updates 的三条规则 …… 432
12.5.2 依赖追踪 …… 434
12.5.3 撤销和重做 …… 435
12.5.4 文件系统恢复 …… 437
12.5.5 讨论和小结 …… 437
12.6 案例分析：日志结构文件系统 …… 438
12.6.1 基本概念与空间布局 …… 438
12.6.2 数据访问与操作 …… 439
12.6.3 基于段的空间管理 …… 441
12.6.4 检查点和前滚 …… 444
12.6.5 小结 …… 446
12.7 思考题 …… 446
参考文献 …… 447

第 13 章 设备管理 …… 449

13.1 硬件设备基础 …… 450
13.1.1 总线互联 …… 451
13.1.2 设备的硬件接口 …… 452
13.1.3 几种常见的设备 …… 452
13.2 设备发现与交互 …… 457
13.2.1 CPU 与设备的交互方式概览 …… 458
13.2.2 设备发现 …… 460
13.2.3 设备寄存器的访问 …… 463
13.2.4 中断 …… 466
13.2.5 直接内存访问 …… 470
13.3 设备管理的共性功能 …… 475
13.3.1 设备的文件抽象 …… 475
13.3.2 设备的逻辑分类 …… 477
13.3.3 设备的缓冲区管理 …… 478
13.3.4 设备的使用接口 …… 482
13.4 应用 I/O 框架 …… 484
13.4.1 应用层 I/O 库 …… 484
13.4.2 用户态 I/O …… 486
13.5 案例分析：Android 操作系统的硬件抽象层 …… 488
13.6 思考题 …… 490
13.7 练习答案 …… 491
参考文献 …… 491

第 14 章 系统虚拟化 …… 493

14.1 系统虚拟化技术概述 …… 494
14.1.1 系统虚拟化及其组成部分 …… 494
14.1.2 虚拟机监控器的类型 …… 495
14.2 “下陷 - 模拟”方法 …… 496
14.2.1 版本零：用进程模拟虚拟机内核态 …… 497
14.2.2 版本一：模拟时钟中断 …… 498
14.2.3 版本二：模拟用户态与系统调用 …… 500
14.2.4 版本三：虚拟机内支持多个用户态线程 …… 501

14.2.5 版本四：用线程模拟多个 vCPU …… 502
14.2.6 小结 …… 504
14.3 CPU 虚拟化 …… 505
14.3.1 可虚拟化架构与不可虚拟化架构 …… 505
14.3.2 解释执行 …… 506
14.3.3 动态二进制翻译 …… 507
14.3.4 扫描 - 翻译 …… 508
14.3.5 半虚拟化技术 …… 509
14.3.6 硬件虚拟化技术 …… 509
14.3.7 小结 …… 512
14.4 内存虚拟化 …… 513
14.4.1 影子页表机制 …… 514
14.4.2 直接页表映射机制 …… 517
14.4.3 两阶段地址翻译机制 … 518
14.4.4 换页和气球机制 …… 521
14.4.5 小结 …… 523
14.5 I/O 虚拟化 …… 523
14.5.1 软件模拟方法 …… 524
14.5.2 半虚拟化方法 …… 526
14.5.3 设备直通方法：IOMMU 和 SR-IOV …… 528
14.5.4 小结 …… 531
14.6 中断虚拟化 …… 532
14.7 案例分析：QEMU/KVM …… 534
14.7.1 KVM API 和一个简单的虚拟机监控器 …… 534
14.7.2 KVM 和 QEMU …… 536
14.7.3 KVM 内部实现简介 …… 538
14.8 思考题 …… 539
参考文献 …… 540

缩略语 …… 541

在线章节

第二部分 操作系统进阶
第 15 章 多核与多处理器
第 16 章 可扩展同步原语
第 17 章 多场景文件系统
第 18 章 存储系统
第 19 章 轻量级虚拟化
第 20 章 网络与系统
第 21 章 操作系统安全
第 22 章 操作系统调测
第 23 章 形式化证明
第 24 章 云操作系统
第三部分 ChCore 课程实验
实验 1：机器启动
实验 2：内存管理
实验 3：进程与线程、异常处理
实验 4：多核、多进程、调度与 IPC
实验 5：文件系统与 shell
实验 6：设备驱动与持久化
实验 7：进阶实践

P A R T 1

第一部分

操作系统基础

- 第 1 章　操作系统概述
- 第 2 章　操作系统结构
- 第 3 章　硬件环境与软件抽象
- 第 4 章　虚拟内存管理
- 第 5 章　物理内存管理
- 第 6 章　进程与线程
- 第 7 章　处理器调度
- 第 8 章　进程间通信
- 第 9 章　并发与同步
- 第 10 章　同步原语的实现
- 第 11 章　文件系统
- 第 12 章　文件系统崩溃一致性
- 第 13 章　设备管理
- 第 14 章　系统虚拟化

CHAPTER 1

第1章 操作系统概述

1.1 简约不简单：从 Hello World 说起

相信大家对代码片段 1.1 中的代码都不陌生。让我们将这个程序保存为 hello.c，并在一个操作系统上编译和运行，可以看到输出记录 1.1 中的内容。

代码片段 1.1 C 语言版本的 Hello World

```
1 #include <stdio.h>
2
3 int main()
4 {
5   printf("Hello World!\n");
6    return 0;
7 }
```

输出记录 1.1 Hello World 的编译与运行

```
# 编译 Hello World
[user@osbook ~] $ gcc hello.c -o hello

# 运行一个 Hello World 程序
[user@osbook ~] $ ./hello
Hello World!

# 同时启动两个 Hello World 程序
[user@osbook ~] $ ./hello & ./hello
[1] 144
Hello World!
Hello World!
[1]+ Done           ./hello
```

这个过程看似非常简单，但是如果深究从键盘输入命令到屏幕输出字符整个过程中的每一个细节，就会发现事情并不简单。以下是从操作系统的角度需要思考的一些问题：

- `hello` 这个可执行文件是如何存储在计算机中的？
- 如何根据字符串 “hello” 找到存储在计算机中的 `hello` 文件？
- `hello` 文件是如何加载到内存中的？内存的布局是什么样的？
- `hello` 程序在执行过程中是如何将 “Hello World!” 输出到显示器的？
- 两个 `hello` 程序是如何同时在一个 CPU 上运行的？
- 两个 `hello` 程序同时运行，为什么输出的字符串不会互相覆盖？
- 是否可以支持 1 万个 `hello` 同时运行？ 10 万个呢？ 100 万个呢？
- 如果能支持 100 万个 `hello` 同时运行，内存不够怎么办？
- 如果 `hello` 和其他应用程序同时运行，其中有一个应用出现运行故障（如发生死循环），是否会干扰 `hello` 的正常运行？

这些问题将在本书的后续章节逐步得到解答。下面，我们将从这个简单的例子开始操作系统之旅。

1.2 什么是操作系统

`Hello World` 只是一个非常简单的应用，在现实生活中，有大量不同用途、不同复杂度的应用需要运行在操作系统之上。那么到底什么是操作系统呢？在个人电脑领域，我们熟悉的操作系统有 Windows、Linux、macOS 等；在手机平台上，Android、iOS 也是操作系统。随着计算平台的变化，还出现了很多新的操作系统概念，例如城市操作系统、云操作系统、数据中心操作系统、智能汽车操作系统等。这些不同的操作系统有哪些共性呢？总体而言，操作系统有两个职责：对硬件进行管理和抽象，为应用提供服务并进行管理。

首先，从硬件的角度看，操作系统主要包含两类共性功能：一是管理硬件，二是对硬件进行抽象。一方面，操作系统将复杂的、具备不同功能的硬件资源纳入统一的管理。例如，计算机中存在多种不连续的、有限的物理内存区域，操作系统识别这些区域的起始地址以及大小信息后，再使用物理内存分配器进行管理。此外，操作系统还负责管理各种外部设备（如磁盘、网卡、键盘等）的运行并处理可能的错误情况。另一方面，操作系统负责将硬件抽象为应用程序更容易使用的资源。在这个过程中，操作系统的核心功能是*将有限的、离散的资源高效地抽象为无限的、连续的资源*，将硬件通过易用的接口提供给上层应用，从而使应用开发者和用户无须过多考虑烦琐的硬件细节。例如，应用开发者无须关心物理内存的硬件型号和容量大小，而是面向一个统一的、近似无限的虚拟地址空间（如 ARM 的 AArch64 架构目前支持 2^{52} 字节即 4PB 的虚拟地址空间）进行编程；当用户需要打印文件时，无须考虑各种不同打印机硬件的差异，只需点击 “打印” 按钮即可。

其次，从应用的角度来看，操作系统主要包含两类共性功能：一是服务应用，二是管理应用。一方面，操作系统为应用提供了各种不同层次、不同功能的接口以提供不同类型的服务，如访问控制、应用间交互等。通过这些服务，操作系统将应用从繁杂的资源管理等系统工作中解放出来，使得 `hello` 应用可以通过少量的代码来实现屏幕显示的复杂功能。另一方面，操作系统也负责对应用的生命周期进行管理，包括应用的加载、启动、切换、调度、销毁等。通过对应用的管理，操作系统能够从全局角度进行资源分配，从而保证应用间的公平性、性能与安全的隔离性，防止和限制少数恶意应用对系统整体产生的影响。

由于操作系统的以上两个主要职责是分别面向硬件和应用的，因此当硬件和应用发生改变时，操作系统通常也需要随之进行调整——这正是当前的情况。一方面，当前的硬件种类越来越多。例如，智能驾驶汽车可包含通用处理器、人工智能加速器、高带宽内存、传感器、高清摄像头、毫米波雷达、激光雷达等各种硬件，操作系统需要对这些新的硬件进行管理与抽象，以便智能驾驶应用高效、方便地利用这些硬件资源。操作系统还需要支持这些硬件设备之间的相互协作，例如高清摄像头拍摄的图像需要传递给人工智能加速器进行处理。另一方面，应用的需求也越来越多样化。例如，控制类应用对时延的要求越来越苛刻，如飞行控制与智能驾驶应用需要操作系统提供实时性保障；移动应用则对低功耗的需求越来越高，如语音唤醒功能既要提供快速响应又要保持极低功耗。这些硬件和应用的新变化与新需求驱动着操作系统不断演进。

早期操作系统（如 UNIX）仅仅是操作系统内核加上一个简单的 shell。内核包含了操作系统的所有功能，通过系统调用的方式对外提供服务。shell 则以命令行的形式实现人机交互，利用操作系统的接口提供应用程序启动、切换、关闭等简单功能，如本章运行 `hello` 的命令行界面。

随着硬件种类和应用需求变得越来越丰富，大量共性功能沉淀到操作系统中，使操作系统的内涵与外延不断扩大。为了在稳定性与灵活性之间进行更好的权衡，操作系统在演进的过程中产生了一种新的形态：**操作系统内核**与**操作系统框架**的组合。操作系统内核通常用于实现通用的、相对稳定的功能；操作系统框架则更为灵活，可面向不同应用场景进行适配，提供更有针对性的功能。随着功能的逐步增多，操作系统框架可以进一步分为**系统服务**与**应用框架**，前者实现对操作系统内核抽象与管理能力的扩展，后者基于系统服务实现对应用开发与运行所需共性功能的增强。图 1.1 左侧展示了现代操作系统的简明结构：操作系统内核负责对硬件资源的管理与抽象，为操作系统框架提供基础的系统服务；系统服务则基于操作系统内核提供的功能进行进一步抽象与封装，从而方便上层应用框架的设计与开发；应用框架基于系统服务提供的功能，结合应用领域的特点提供应用开发与运行的共性功能，从而方便开发者开发与管理领域应用。图 1.1 右侧展示了 Android 操作系统的结构：Linux 内核提供对硬件的抽象与管理，Android 系统服务进一步扩展硬件能力，Android 应用框架为上层提供 Android 应用的开发与执行环境。

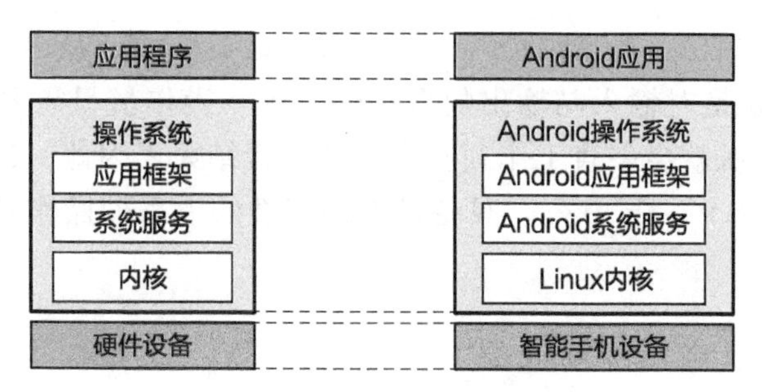

图 1.1　操作系统的简明结构

接下来，我们将沿着时间线，梳理一下操作系统的发展历史。

操作系统与应用

如果说操作系统的作用是应用管理和硬件抽象，那么如果只有一个应用，该应用直接控制硬件，是否还需要操作系统？如果应用直接和硬件打交道，直接操作和管理硬件资源，那么可以不需要操作系统。这么做的优点在于可减少由于操作系统对硬件的抽象而带来的性能损失，理论上可以 100% 发挥硬件性能。但缺点也是非常明显的：一旦硬件发生改动，应用往往也得随之改动，很难做到让这个应用在不同的硬件平台都能运行。一种可能的方法是：实现一套用于硬件资源管理与抽象的库，具有相对稳定的接口，并将其作为应用的一部分。这样当硬件发生改动时，只需要修改这个库就行了，不需要修改应用。事实上，有一些对性能和时延要求极高的场景就是通过类似的方法实现的，包括本书后面将介绍的基于**外核**（Exokernel）架构的**库操作系统**（LibOS）与**虚拟化容器**等方法。在这种情况下，与其说不需要操作系统，不如说操作系统的功能以库的形式存在——这也是“库操作系统”这个名字的由来。

1.3　操作系统简史

1.3.1　GM-NAA I/O：第一个（批处理）操作系统

1946 年 2 月 14 日，世界上公认的第一台通用计算机 ENIAC 在美国宾夕法尼亚大学诞生。在这之后，如何管理计算机上的程序也逐步成为一个非常重要的问题。早期的计算机采用纸带的方式记录要计算的任务，并通过打孔的纸带或磁带接收输出的结果。这样就需要一个专门的操作员值守在计算机旁边，并且操作的效率也不高。因此，人们开始关注如何自动化这一过程。

1956 年，Robert L. Patrick 和 Owen Mock 在 IBM 704 上实现了第一个实际使用的操作系统 GM-NAA I/O[1]，即通用汽车公司和北美航空的输入 / 输出系统（General

Motors and North American Aviation Input/Output Systems）[㊀]。从名字上可以看出，GM-NAA I/O 实现的主要是对输入与输出的自动化管理：操作员只需要将相关的任务交给 GM-NAA I/O，计算机就会一直工作到所有任务执行结束。因此，GM-NAA I/O 实现的也就是批处理（Batch Processing）。具备批处理特性的一系列操作系统也被称为批处理操作系统。

1.3.2 OS/360：从专用走向通用

1964 年，美国 IBM 公司发布了名为 IBM System/360 的大型机。IBM 为此前后投入了 50 亿美元，总共有 6 万多名员工参与了该系统的研制，至 1989 年，该系统占了当时全球所有公司计算机存量的一半（价值约为 1 300 亿美元）[㊁]。它不仅是一款商业上非常成功的大型机，而且在计算机历史上实现了两个突破：

- 通过定义对应的指令集架构（Instruction Set Architecture，ISA），将计算机的架构与实现进行解耦。ISA 类似于硬件和软件之间的"协议"，约定了机器指令的格式、作用以及硬件状态等，上层软件用这套协议来编写，下层硬件负责实现这套协议，因此在 ISA 不变的情况下，底层硬件可以完成多次迭代更新而不影响上层软件；并且，还允许使用者通过自定义架构扩展外设等计算功能，这也是 20 世纪 80 年代 IBM PC（Personal Computer）兼容机的基础。
- 由于指令集架构与具体实现的分离，IBM System/360 的成功也标志着操作系统从面向每种计算机的定制——每个计算机都要实现一套操作系统，转变为与计算机底层硬件实现解耦。自此之后，操作系统开始进入通用操作系统时代。

值得一提的是，IBM System/360 的系统总架构师是 Gene Amdahl，他在后来提出了并行计算中著名的阿姆达尔定律（Amdahl's law）[㊂]；项目经理是 IBM 的系统部主任 Frederick P. Brooks, Jr.，他带领团队研发了 IBM System/360 的操作系统 OS/360。Brooks 教授后来去了北卡罗来纳大学教堂山分校，并根据他在这个项目中的开发与管理经验，撰写了著名的《人月神话：软件项目管理之道》（*The Mythical Man-Month: Essays on Software Engineering*）[2]，开创了软件工程这门学科。Brooks 教授也因为在计算机体系结构、操作系统和软件工程领域的开创性贡献获得了 1999 年的图灵奖。

1.3.3 Multics/UNIX/Linux：分时与多任务

UNIX 起源于 1964 年开始的由通用电气（General Electric，简称 GE）和麻省理工学院（MIT）联合发起的 Multics 项目[3]。Multics 是 Multiplexed Information and Computing

㊀ 参见 http://www.softwarepreservation.org/projects/os/gm.html。

㊁ IBM 官方数据，参见 https://www-31.ibm.com/ibm/cn/ibm100/icons/system360/index.shtml。

㊂ 阿姆达尔定律刻画了并行计算中的加速比与并行程序中的并行部分占比（p）的关系，即一个并行程序最大的加速比是 $1/((1-p)+p/s)$，其中 s 是并行部分的加速比。

Service 的简写，目标是设计与实现一套多用户、多任务、多层次的操作系统。Multics 使用了分时（Time-sharing）的概念，并且首次将文件与内存进行分离，也提出和实现了文件系统、动态链接（Dynamic Linking）、CPU/ 内存 / 磁盘等硬件热替换（Online Reconfiguration）、特权级分层（Protection Rings）、命令处理器（也就是后来的 shell）等开创性概念。Multics 是最早一批用高级语言编写的操作系统之一，其所使用的高级语言就是 Multics PL/I 语言。

贝尔实验室（Bell Labs）于 1964 年加入 Multics 项目。由于 Multics 的复杂性导致开发进度缓慢，1969 年贝尔实验室退出了 Multics 项目。不久，曾参与过 Multics 项目的两位贝尔实验室的工程师，也就是 Ken Thompson 和 Dennis Ritchie，开发了 UNIX 系统[4]。UNIX 系统的原名是 Unics，意指与 Multics 相比较是 Uniplexed 而不是 Multiplexed——尽管后来 UNIX 也支持多用户、多任务时分复用等 Multics 原先的设计目标。UNIX 中引入了 shell，通过命令行解释器（Command-line Interpreter）执行不同的计算任务，并支持通过管道（Pipe）等进程间通信方式将不同的计算任务连接起来。

UNIX 在第 4 版以前都是基于汇编语言构建的。由于汇编语言的移植性不佳，Dennis Ritchie 于 1972 年到 1973 年设计与实现了 C 语言，并在 1973 年用 C 语言重写了 UNIX，也就是 UNIX 的第 4 版。后来，UNIX 和 C 语言渐渐成为大家熟知的操作系统与编程语言，并被普及到各种型号的计算机上。Ken Thompson 和 Dennis Ritchie 也凭借 UNIX 和 C 语言而获得了 1983 年的图灵奖。

由于 UNIX 系统版权复杂且收费，人们一直难以拥有一款公开且允许自由使用的操作系统。虽然荷兰自由大学的 Andrew S. Tanenbaum 教授在 1987 年开源了用于教学的 MINIX 操作系统，但是由于商用版权不友好，MINIX 并不能被自由使用。在学习了 MINIX 的设计与实现细节后，来自芬兰的年轻程序员 Linus Torvalds 于 1991 年发布了 Linux 操作系统，此系统已成为目前世界上最成功、使用范围最广的开源操作系统。

图 1.2 给出了分时与多任务操作系统的演进过程。

图 1.2 分时与多任务操作系统的演进过程

1.3.4 macOS/Windows：以人为本的人机交互

在包括 UNIX 在内的早期操作系统中，用户主要通过使用 shell 命令行与操作系统进行交互。这种交互方式对于专业程序员而言没有问题，但是对于普通用户却是一个非常大的挑战。

最早的图形用户界面（Graphical User Interface，GUI）操作系统出现在1973年Xerox PARC[㊀]的Alto计算机中，其GUI如图1.3[㊁]所示。Xerox Alto是第一个引入桌面（Desktop）概念的计算机，也是世界上第一台个人计算机。它的发明人Chuck Thacker也因为设计与实现了第一台现代意义上的个人计算机Xerox Alto而成为2009年图灵奖得主。

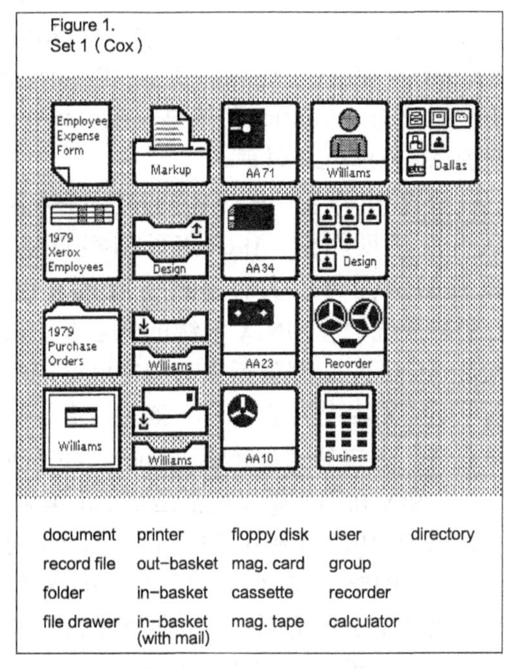

图1.3　Xerox Alto的图形化界面

1979年，苹果公司的创始人Steve Jobs访问了Xerox PARC，意识到GUI的重要性，开始开发面向图形化的计算机与操作系统，并且在1983年发布了Apple Lisa个人桌面计算机，也就是后来著名的Macintosh系列个人计算机。

在苹果公司的个人计算机大获成功后，微软公司的创始人Bill Gates也意识到图形用户界面的重要性，随后投入重兵开发了基于图形界面的操作系统Windows。Windows 1.0于1985年发布并且大获成功。据说Steve Jobs当时曾当面斥责Bill Gates偷盗与山寨了他的技术，而Bill Gates则给出了一段非常经典的回答："我们都有个有钱的邻居，叫施乐，我闯进他们家准备偷电视机的时候，发现你已经把它盗走了。"[㊂]这也开启了苹果与微软两家伟大的公司长达十多年的法律纠纷。

图1.4给出了图形化接口操作系统的历史进程。

图1.4　图形化接口操作系统的历史进程

1.3.5　iOS/Android：移动互联网时代的操作系统

尽管PC时代的操作系统极大地简化了普通用户使用计算机的难度，但PC和笔记本

㊀ 施乐帕罗奥多研究中心，现为PARC，即Palo Alto Research Center（帕罗奥多研究中心）的缩写。

㊁ 图片源自https://upload.wikimedia.org/wikipedia/commons/0/01/Icons_on_the_Star.jpg，基于CC BY-SA协议使用。

㊂ 参见https://www.businessinsider.com/bill-gates-answers-reddit-question-about- copying-steve-jobs-2017-3。

电脑的重量与尺寸依然限制了人们使用计算机的自由度，基于键盘、鼠标（含触点杆和触摸板）的交互方式也阻碍了计算机的进一步普及。与此同时，随着移动通信网络技术的不断发展，高速无线数据传输的支持使得无处不在的互联网访问成为可能，这开启了移动互联网时代。

2007 年，Steve Jobs 发布了第一代 iPhone，同样标志着 iOS 操作系统的诞生。与之前的智能手机不同的是，iPhone 采用触摸屏的交互方式，从而支持更加自然的人机交互。此外，iOS 也在应用与应用模式上具有显著的创新，新的 AppStore 一方面提供了移动应用分发与销售的新模式，另一方面也为移动生态的构建提供了新的基础。

图 1.5 显示了 iOS 与 macOS 的架构分层及异同。iOS 的设计在很大程度上复用了 macOS 的功能，包括 XNU 操作系统内核（由 Mach 微内核和 BSD 内核叠加构成的混合内核），以及一些核心 OS 服务（Core OS Services），并将 macOS 的应用程序框架（Cocoa）针对 iPhone 等触屏设备进行了重新设计与优化，形成了新的面向智能手机的应用程序框架 Cocoa Touch。值得一提的是，苹果公司面向其他设备的操作系统如 iPadOS、tvOS 与 watchOS，也是根据设备的特点从 iOS 衍生出来的。这些不同的操作系统都通过 iCloud 提供云服务，例如账号管理、存储、应用分发、支付等，从而带来跨多设备的一致性体验。

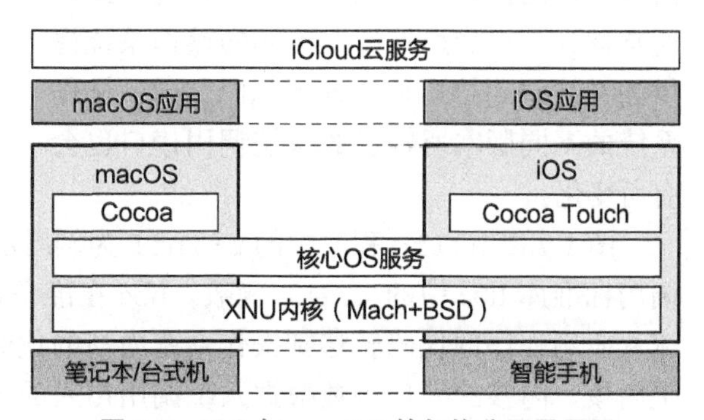

图 1.5　iOS 与 macOS 的架构分层及异同

移动互联网时代的来临也促使谷歌公司投入移动操作系统的研发，从而抢占新时代的入口（如移动搜索和移动广告）。谷歌公司在 2005 年收购了 Andy Rubin 主导设计的 Android 操作系统，并在此基础上发布了 Android 1.0 操作系统。在图 1.1 中，我们已经展示了 Android 操作系统的基本架构。不同于 iOS 采用核心代码闭源、生态强管控的方式，Android 采用开源的方式来构建生态。2007 年 11 月，谷歌公司联合 34 家芯片制造商、网络运营商、手机设备生产商与应用开发者成立开放手机联盟（Open Handset Alliance，OHA），从而使 Android 逐步在移动互联网时代的操作系统中占据了主流地位。

此外，由于移动应用开发越来越多地需要使用云服务提供的能力，诞生了移动后端即服务（mobile Backend as a Service，mBaaS）模式：操作系统将应用开发所需要的一些通用的后端功能（如账号管理、推送通知、社交服务等）汇聚成一个服务集合，以 SDK 和 API 的形式提供给移动应用开发者。例如，苹果公司提供了 CloudKit 以方便应用开发，谷歌公司也基于其收购的 Firebase 构建了谷歌移动服务（Google Mobile Services，GMS）。由于 CloudKit 和 GMS 沉淀了很多应用的共性功能并提供了云服务的入口，它们也成为重要的生态入口与控制点。

1.4 操作系统接口

操作系统在几十年的演进过程中形成了一些相对稳定的接口，这些接口又沉淀到不同的层次。越是下层的接口，数量相对更少，变化相对不频繁；越是上层的接口，数量相对更多，变化相对更频繁。图 1.6 展示了不同层次的操作系统接口，主要包括系统调用接口、POSIX 接口、领域应用接口。

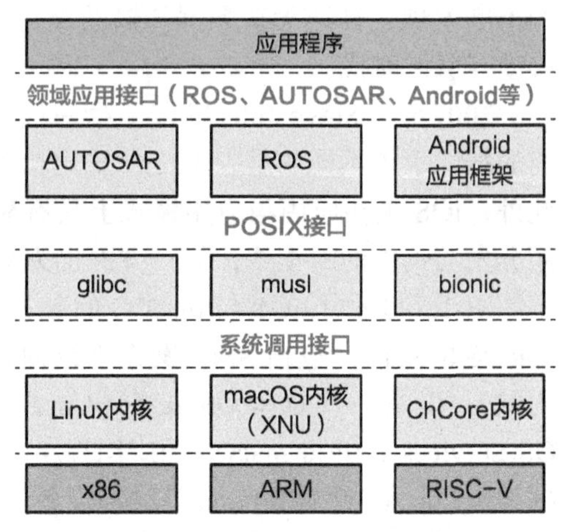

图 1.6　不同层次的操作系统接口

系统调用接口。应用程序通过操作系统内核提供的接口向内核申请服务，这些接口通常称为系统调用接口。不同的操作系统提供的系统调用接口往往各不相同，同一操作系统的不同版本所提供的系统调用接口也会有所变化。

图 1.7 以 `hello` 程序中的 `printf` 为例展示了系统调用的执行过程。首先，`printf` 调用标准库 libc 中的 `write` 函数。libc 在准备好相关的参数后，执行 `svc` 指令[1]使控制流从应用程序的代码转移到操作系统内核的代码，即运行主体由应用程序切换为操作系统内核。内核的处理函数根据系统调用传入的第一个参数，识别出该调用需要执行操作系统内核提供的 `sys_write` 函数，从而通过系统调用表找到并调用该函数。从上述例子可以看出，系统调用是用户态应用向操作系统内核请求服务的方法。

POSIX 接口。由于每个操作系统提供的系统调用各不相同，为了实现同一应用程序在不同操作系统上的可移植性，逐渐形成了关于操作系统接口的一些标准，POSIX 是其中应用最广泛的一个。POSIX 是 Portable Operating System Interface for uniX 的简写，即可移植操作系统接口，X 表明其是对 UNIX API 的传承。在 POSIX 被提出之前，世界上存在很多不同的 UNIX 操作系统，如 FreeBSD、UNIX System V、Solaris、NetBSD 等。这些接口各异的操作系统对应用程序开发人员造成了比较大的困扰。为了使应用程序能够运行在不同的 UNIX 操作系统之上，IEEE 于 20 世纪 80 年代定义了一套标准的操作系统 API，其正式名称为 IEEE Std 1003，国际标准名称为 ISO/IEC 9945。POSIX 这个名称是由开源软件先驱 Richard Stallman 应 IEEE 的请求而取的一个易于记忆的名称。POSIX 标准通常通过 C 语言库（C library，libc）在用户地址空间实现，常见的 libc 包括 glibc、musl、eglibc 等，Android 也实现了一个名为 bionic 的 libc。通常而言，应用程序只需要调用 libc 提供的接口就可以实现对操作系统功能的调用，这样一方面可支持应用在类 UNIX 系统（包括 Linux）上的可移植性，另一方面也使新的操作系统可以通过移植 libc 支持现有的应用生态。

[1] `svc` 指令是一条 ARM 指令，表示系统调用（Supervisor Call）。

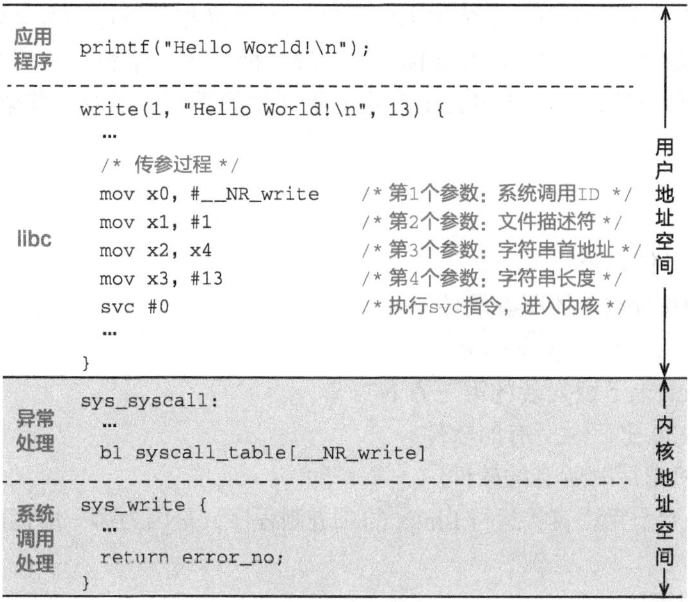

应用程序

```
printf("Hello World!\n");
```

libc

```
write(1, "Hello World!\n", 13) {
  …
  /* 传参过程 */
  mov x0, #__NR_write      /* 第1个参数：系统调用ID */
  mov x1, #1               /* 第2个参数：文件描述符 */
  mov x2, x4               /* 第3个参数：字符串首地址 */
  mov x3, #13              /* 第4个参数：字符串长度 */
  svc #0                   /* 执行svc指令，进入内核 */
  …
}
```

用户地址空间

异常处理

```
sys_syscall:
  …
  bl syscall_table[__NR_write]
```

系统调用处理

```
sys_write {
  …
  return error_no;
}
```

内核地址空间

图 1.7 典型的系统调用过程示例

领域应用接口。在 POSIX 或操作系统调用的基础上还可以封装面向不同领域的应用接口。为了应用开发的便捷性（如更多可复用的功能），人们逐渐开始为各个应用领域定义应用开发接口与软件架构。例如，面向汽车领域，一些车企联合起来定义了 AUTOSAR（AUTomotive Open System ARchitecture），从而方便汽车电子平台各个部件的开发者遵循同一标准和软件架构进行开发。随着汽车智能化引起的功能需求的增加，AUTOSAR 也逐步演进到了 Adaptive AUTOSAR，并提供更为丰富的应用开发接口。针对移动平台，Android 应用框架为移动应用开发人员在 Android 操作系统上开发 App 定义了应用开发接口，iOS 同样也为苹果手机平台定义了应用开发接口。此外，前文提到的 CloudKit、GMS 等后端服务也为应用提供了访问云服务的应用开发接口。

API 与 ABI

我们经常听到各种兼容，例如 POSIX API 兼容与 Linux ABI 兼容等。API 是指应用编程接口（Application Programming Interfacc），其定义了两层软件（例如 libc 与 Linux 内核）在源码层面上的交互接口。ABI 是指应用二进制接口，即在某个特定体系结构下，两层软件在二进制层面上的交互接口，包括如何定义二进制文件格式［如 ELF（Executable and Linkable Format）格式或 Windows 中的 EXE 文件格式］、应用之间的调用约定（包括参数传递与返回值处理）、数据模式（大端模式、小端模式）等。

可以看到，“层次”在操作系统中无处不在，这是操作系统应对复杂性的一种常见方法。在进一步介绍操作系统每个功能的具体实现之前，下一章将先从宏观的层面介绍操作系统为了应对复杂性，在演进过程中产生的不同架构类型，以及这些架构的优缺点。

1.5 思考题

1. 以下哪些属于操作系统？
   (a) Windows 10 所包含的所有软件
   (b) Linux 内核以及所有设备的驱动
   (c) 在 MacBook 上下载安装的第三方 NTFS
   (d) 华为 Mate 30 出厂时所有的软件
   (e) 大疆无人机出厂时所有的软件
2. 在 Windows 平台上无法直接运行 Linux 的二进制程序，是因为哪一层接口不同导致的？
   (a) ISA 不同
   (b) 系统调用不同
   (c) ABI 不同
   (d) API 不同

参考文献

[1] RYCKMAN G F. The IBM 701 computer at the general motors research laboratories [C] // Classic Operating Systems Springer, 2001: 37-40.
[2] BROOKS F P, Jr. The mythical man-month: essays on software engineering [M]. New York: Pearson Education, 1995.
[3] VYSSOTSKY V A, CORBATÓ F J, GRAHAM R M. Structure of the multics supervisor [C] // Proceedings of the November 30-December 1, 1965, fall joint computer conference, part I. 1965: 203-212.
[4] RITCHIE D M. The evolution of the unix time-sharing system [C] // Sym posium on Language Design and Programming Methodology. Springer, 1979: 25-35.

操作系统概述：扫码反馈

CHAPTER 2

第 2 章

操作系统结构

小背景：瓦萨沉船

1626 年到 1628 年间，瑞典国王古斯塔夫二世为了加强在波罗的海的海军力量，下令建造一艘续航能力强、容量大、火力猛、防护能力强的军舰。然而，这些极致的要求导致这艘军舰被建成重心极高、笨重且不符合物理规律的畸形船只。由于这些设计缺陷的存在，这艘军舰在出海航行不到 1 500 米，就被一阵微风吹倒倾覆。在沉没了 300 多年后的 1961 年 4 月 24 日，瓦萨号被几近完整地打捞上岸，当前展出在瑞典斯德哥尔摩的瓦萨沉船博物馆，全世界已有几千万游客参观了这艘具有不合理结构但又具有较强历史意义的军舰。

复杂系统的不同需求之间往往存在矛盾，在构建复杂系统时，必须合理考虑其内部结构，在不同的需求之间进行权衡。相比瓦萨号，现代操作系统的结构要复杂得多。如表 2.1 所示[⊖]，最早的 UNIX V6 仅有 1 万行左右代码（不含驱动代码），Linux 0.01 版只有 8 102 行代码，而 Linux 5.7 内核则达到了 2 870 万行代码，且以每年约 200 万行代码的数量在快速变化。对操作系统这样复杂的系统而言，合理的架构与设计是不可或缺的，否则就可能重蹈瓦萨号的覆辙。

表 2.1　典型操作系统的代码规模

操作系统	代码行数
UNIX V6	1 万行
Linux 0.01	8 102 行
Linux 5.7	2 870 万行
Windows XP	4 500 万行
Windows 8	6 000 万行

操作系统的设计需要满足一定的目标，这些目标主要可以分为两大类：

- 用户目标：方便使用、容易学习、可靠、安全、流畅等。
- 系统目标：易于实现与维护、灵活、可靠、不易出错、高效等。

通常，这些目标之间存在共性，但也不可避免地存在矛盾。如果像瓦萨号一样，仅

⊖ Windows 的代码规模是基于网络上获得的信息估算的。

仅偏向于满足用户目标而不充分考虑系统目标，那么操作系统很可能实现不出来，即使实现出来也很难正常运行。事实上，在操作系统发展的60多年历史中，曾多次出现因过于强调各种极致能力而导致设计结构不合理并最终失败的案例。例如，1991年到1995年间，IBM雄心勃勃地投入了20亿美元，试图打造Workplace操作系统。然而，由于目标过于宏伟，系统过于复杂，最终导致项目失败[1]。历史上的例子还有苹果的Copland操作系统项目㊀、微软的Windows VISTA操作系统㊁等。

本章将主要围绕操作系统的设计方法和典型的操作系统结构展开介绍，从而帮助读者理解现代操作系统中的一些基础设计方法与架构。

2.1 操作系统的机制与策略

本节主要知识点

- ❑ 如何控制操作系统的复杂性？
- ❑ 什么是机制？什么是策略？为什么要将二者尽可能分离？
- ❑ 操作系统内核有哪些典型的架构？

如何有效地控制操作系统设计的复杂性呢？操作系统乃至计算机系统中控制复杂性的一个重要设计原则是将策略与机制相分离[2]。其中，策略（Policy）表示“要做什么”，机制（Mechanism）表示“如何做到”。如表2.2所示，对于计算机登录认证系统而言，机制包括输入处理、策略文件管理、桌面启动加载等，策略则包括什么用户、以什么权限登录等。另一个例子是操作系统的调度系统，策略包括先到先服务（First-Come-First-Service）、时间片轮转（Round Robin）、最短截止时间优先（Earliest Deadline First）、完全公平调度（Completely Fair Scheduling）等，机制则包括调度队列的设计、调度实体的表示（如线程）与时钟的中断处理等。

表2.2 操作系统中典型的策略与机制

	策略	机制
登录	什么用户、以什么权限登录等	输入处理、策略文件管理、桌面启动加载等
调度	先到先服务、时间片轮转等	调度队列的设计、调度实体的表示、时钟的中断处理等

通过分离机制与策略，操作系统一方面可以通过设置多种不同的策略来适应不同的应用需求，而不需要重新实现对应的具体机制；另一方面也可以通过持续优化具体的机制来不断完善对具体策略的支持。

㊀ 参见https://en.wikipedia.org/wiki/Copland_（operating_system）。

㊁ 参见https://medium.com/@benbob/what-really-happened-with-vista-an-insiders-retrospective-f713ee77c239。

2.2 操作系统复杂性的管理方法

本节主要知识点

- ❑ 什么是 M.A.L.H 方法？
- ❑ 分层与层级有哪些区别？

管理系统复杂性的重要方法是 M.A.L.H 方法[3]，即模块化（Modularity）、抽象（Abstraction）、分层（Layering）和层级（Hierarchy）。

模块化。模块化是通过分而治之（Divide and Conquer）原则，将一个复杂系统分解为一系列通过明确定义的接口进行交互的模块，并严格保障模块之间的界限。模块划分并不是越细越好，过多的模块反而会因为模块之间联系过多而无益于复杂性的控制；划分要充分考虑高内聚和低耦合，使模块具有较好的独立性。现代操作系统都存在一定程度的模块化结构，包括进程管理、内存管理、网络协议栈、设备驱动等。

抽象。抽象是在模块化的基础上将**接口**与**内部实现**分离，从而使模块之间只需通过抽象的接口进行相互调用，而无须关心各个模块间的内部实现。设计良好的抽象应该尽可能依从模块间的自然边界，并尽可能减少模块间的交互，从而减少错误在模块间的传递，提高整体系统的开发效率、质量与性能等。例如，UNIX 系列操作系统所提供的虚拟内存为物理内存提供了良好的抽象，使应用程序无须关心物理地址的具体位置，而只需要针对独立的、连续的虚拟地址空间进行设计。同样，文件系统抽象使得应用程序无须关心数据在物理介质（如闪存或磁盘）中的具体位置，而只需要通过定义好的文件系统接口（如 `open`、`read`、`write` 等）操作相应的数据。

小知识：宽进严出原则

模块的接口应该容忍各种可能的输入，抑制错误甚至恶意的输入，避免错误或恶意输入的效果在模块内传播，并且尽可能严格地控制模块对外的输出，从而减少错误在模块间的传播。

良好的模块化与抽象可以很好地将一个大系统分解为一系列交互较好的模块。然而，对于一个大型复杂系统而言，一个可能的结果是分解的模块非常多，相互的交互关系非常复杂（如图 2.1 所示），因此需要进一步通过分层与层级来控制复杂性。

分层。分层是通过将模块按照一定的原则进行层次划分，约束每层内模块间与跨层次模块间的交互方式，从而有效地减少模块之间的交互。通常的原则是：一个模块只能和同层模块以及相邻的上层或下层模块进行交互，而不能跨层和再上一层或再下一层的模块进行交互。分层也是构建复杂系统的一个重要方式：确定层级后，我们可以先构建底层的模块，然后利用底层模块提供的功能与服务进一步构建上层的模块。例如，第1章介绍操作系统的简明结构时，也是通过将操作系统分为内核、系统服务、应用框架与应用程序等层次来控制操作系统的复杂性。

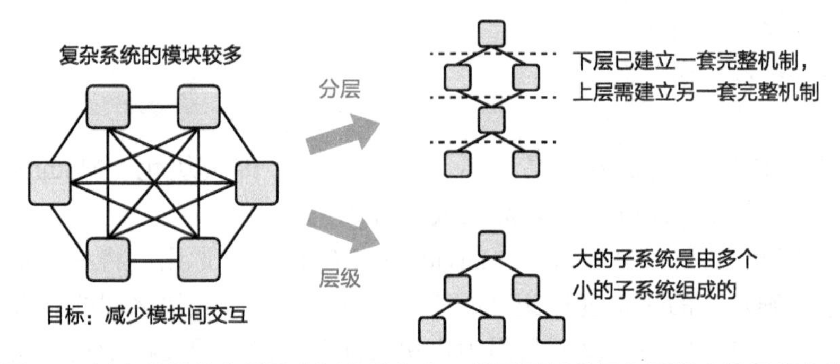

图 2.1 过多的模块会导致交互非常复杂，需要通过分层与层级来降低复杂性

小知识：分层

“计算机科学中的所有问题都可以通过另外一个分层来解决，除了太多间接分层的问题外。”（All problems in computer science can be solved by another level of indirection, except for the problem of too many layers of indirection.）

——Butler Lampson 1992 年图灵奖获奖报告（引自 David Wheeler）

对于一个已经构建好的复杂系统，分层也是一个很好的解决问题的方式。例如，针对数据中心的服务器性能越来越强大但利用率低下且管理困难等问题，系统虚拟化通过在操作系统之下再构建一层虚拟机监控器层，有效地提升了资源利用率，提高了性能与错误隔离的能力，并且降低了管理难度。因而，系统虚拟化也成为云计算的关键支撑技术之一。

层级。层级是另外一种模块的组织方式：首先将一些功能相近的模块组成一个具有清晰接口的自包含子系统，然后再将这些子系统递归式地组成一个具有清晰接口的更大的子系统。层级是日常生活中常见的组织形式。例如，在公司的组织架构中，一个经理管理一组成员，一组经理构成一个部门，多个部门构成一个事业部，多个事业部构成一个公司。在操作系统中，虚拟内存是一个子模块，与物理内存分配、缺页异常处理、页换入换出等一同构成内存管理模块，内存管理模块再与进程管理模块、设备驱动模块等一起构成操作系统内核。

分层与层级

分层和层级这两个概念有点像，有些时候不容易区分。简要而言，分层是指不同类模块之间的层次化，而层级则是指同类模块之间的分层。两种方法可以组合起来一起降低模块的复杂性。例如，操作系统包括内核层、系统服务层与应用框架层等，而操作系统内核中则可以通过如上的层级方式进行组织。

M.A.L.H是操作系统中降低复杂性与组织各种功能模块的有效方法。早期的操作系统（如MS-DOS）缺乏模块化能力，不区分用户程序和操作系统的运行环境，使得一个应用的错误就可能导致整个系统崩溃。后来，操作系统设计人员利用处理器提供的特权级[㊀]对系统进行分层以避免错误的传播，并进一步针对各种不同的需求设计了各种不同的操作系统架构。

2.3 操作系统内核架构

本节主要知识点

- ❑ 操作系统的内核有哪些常见的架构？
- ❑ MS-DOS的架构有什么优点和缺点？
- ❑ 一个应用能否运行在多个内核之上？
- ❑ 微内核与宏内核到底孰优孰劣？

随着操作系统功能的不断增多和代码规模的不断扩大，提供合理的层级结构，对于降低操作系统的复杂性、提升操作系统的安全性与可靠性来说变得尤为重要。图2.2列举了一些常见的操作系统内核架构，下面我们对这些架构进行简要的介绍和分析。

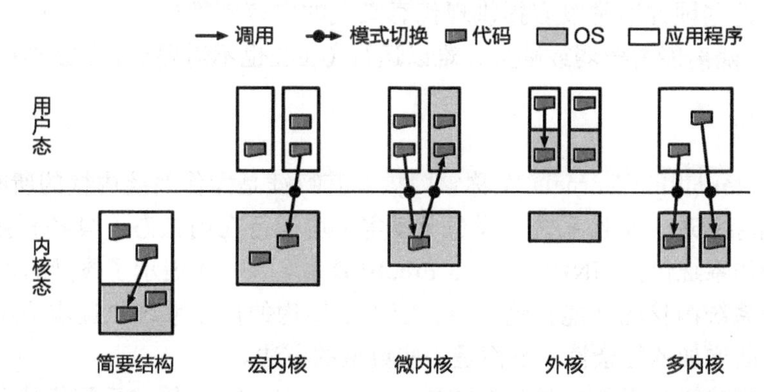

图2.2 操作系统内核架构的频谱：简要结构（如MS-DOS）、宏内核（如UNIX/Linux）、微内核、外核与多内核等

㊀ 处理器特权级指用户态与内核态，后文会深入介绍。

2.3.1　简要结构

一些功能较为简单的操作系统会选择将应用程序与操作系统放置在同一个地址空间（Address Space）中，以同样的权限运行，无须底层硬件提供复杂的内存管理、特权级隔离等功能。MS-DOS（Microsoft Disk Operating System）是采用简要结构的一个典型例子。该结构的一个优势在于，应用程序对操作系统服务的调用无须切换地址空间和权限层级，因此更为高效[一]。但缺点也同样明显：缺乏良好的隔离能力，任何一个应用或操作系统模块出现问题，均有可能使整个系统崩溃。随着操作系统功能的不断增加，简要结构会使操作系统的设计与实现难度越来越高，难以持续演进。

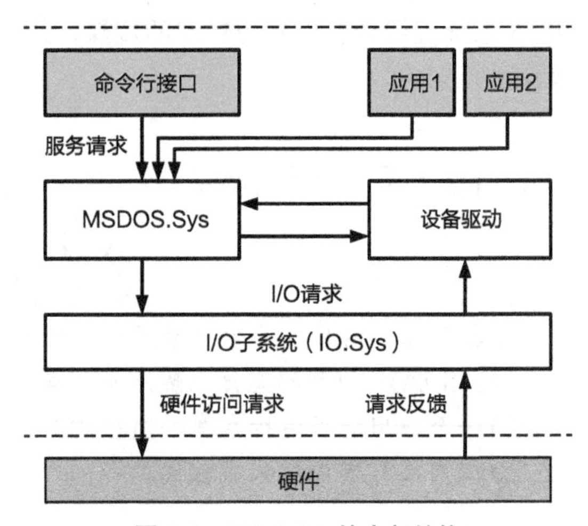

图 2.3　MS-DOS 的内部结构

尽管缺乏隔离能力，但简要结构的操作系统依然采用了一定的模块化与层次结构以降低复杂性。图 2.3 展示了 MS-DOS 的内部结构：MSDOS.Sys 模块通过命令行接口与用户交互，并负责与设备驱动交互以实现对硬件设备的管理；I/O 子系统（IO.Sys）实现对硬件设备 I/O 访问的管理，并以 I/O 请求作为抽象，为 MSDOS.Sys 和驱动程序 I/O 提供服务。

除了 MS-DOS 外，当前一些采用简要结构的操作系统还包括 FreeRTOS[二]与 μC/OS[三]等。这些操作系统主要运行在微控制单元（MicroController Unit，MCU）等相对比较简单的硬件上，这些硬件通常没有提供现代意义上的内存管理单元（Memory Management Unit，MMU），隔离能力较弱或缺失，难以运行（往往也不需要运行）复杂的操作系统。

2.3.2　宏内核

宏内核（Monolithic Kernel）又称单内核，其特征是操作系统内核的所有模块（包括进程调度、内存管理、文件系统、设备驱动等）均运行在内核态，具备直接操作硬件的能力，这类操作系统包括 UNIX/Linux、FreeBSD 等。图 2.4 展示了典型的宏内核架构。

由于操作系统内核的功能日趋复杂，宏内核架构的操作系统也逐步采用 M.A.L.H 方法来控制其不断增加的复杂性。下面是一些典型的方法。

模块化。现代操作系统内核如 UNIX、Linux、Windows 等均采用模块化的策略来组

[一] 在 MS-DOS 中，应用程序调用系统服务时依然需要走异常处理流程，而不是函数调用。

[二] 参见 https://www.freertos.org/。

[三] 参见 https://www.micrium.com/rtos/kernels/。

织各个功能。在操作系统代码中，通常会有类似 `arch/arm/` 的目录，封装与体系结构相关的功能实现。为进一步提高功能的可扩展性，现代操作系统通常还提供可加载内核模块（Loadable Kernel Module，LKM）机制。例如，当前大部分设备驱动是以可加载模块的形式存在的，与内核的其他模块解耦，使驱动开发与驱动加载更加方便、灵活。近年来，Linux 的 eBPF 机制发展迅速，它通过在内核中构建一个虚拟机，动态加载 eBPF 程序在内核中执行，比可加载内核模块更安全。

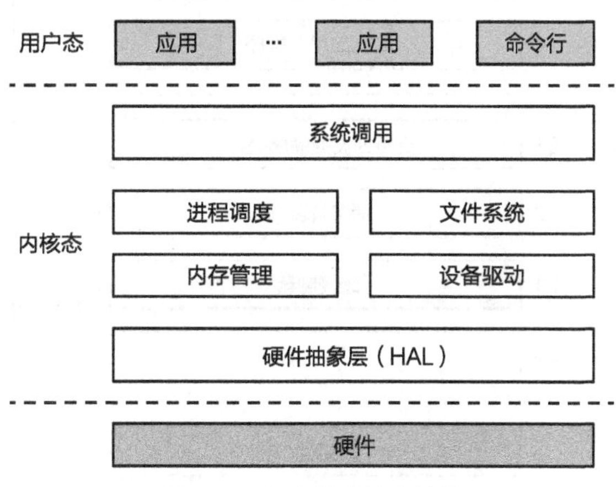

图 2.4 宏内核的基本结构

抽象。现代操作系统内核均广泛采用抽象来降低复杂性并提高可维护性。例如，UNIX 将文件作为一个重要的抽象，提出“一切皆文件”(Everything is a file)，将数据、设备、内核对象等均抽象为文件，并为上层应用提供统一的接口。

小知识：Linux 的 eBPF 机制

Linux 的 eBPF 虚拟机不同于 VMware、KVM 所提供的系统虚拟机。eBPF 使用自定义的 64 位 RISC 指令集，且对所执行的 eBPF 程序有严格的限制。比如，所有内存访问都需要类型检查，仅支持有界循环，程序的指令数有上限，等等。其目的是验证 eBPF 程序不会破坏内核的安全。

分层。宏内核架构的操作系统一开始就采用了分层的架构。例如，图灵奖获得者 Edsger Dijkstra 在 1968 年提出的“THE”操作系统[4]将操作系统分成 6 层，如图 2.5 所示。现代操作系统内核也均存在一定程度的分层结构，以更好地组织各种功能。图 2.6 展示了 Linux 文件系统的分层结构。

层级。层级的概念同样被广泛应用于内核的资源管理中，如调度子系统中对进程优先级的分类，控制组（Cgroups）对进程层级的分类，内存分配器对不同内存的分类等。

通过各种复杂性控制方法，Linux 已经演进为一个超过 2 800 万行代码的复杂系统，成为世界上最大的开源协作项目，2021 年有超过 5 000 名开发者为 Linux 提交补丁来修复问题以及添加新功能。然而 Linux 同样面临挑战：通用的、适用于大部分场景的设计，常常意味着很难满足特定场景下对安全性、可靠性、实时性等方面的需求；同时，在一个庞大的系统中进行创新也变得越来越困难，这使得一些较大的创新（如网络、文件系统、设备驱动等）开始向用户态迁移。

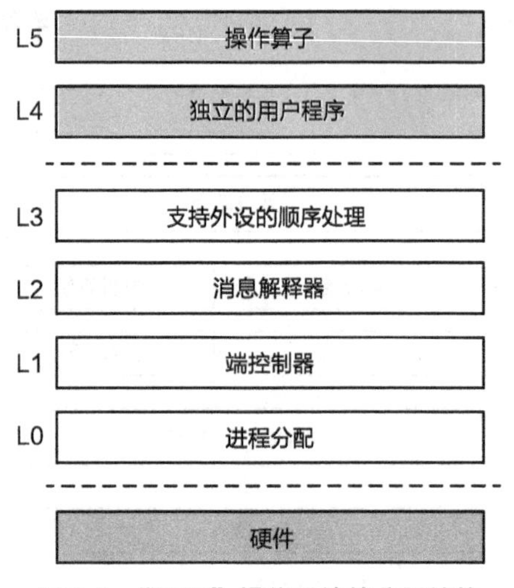

图 2.5 “THE”操作系统的分层结构

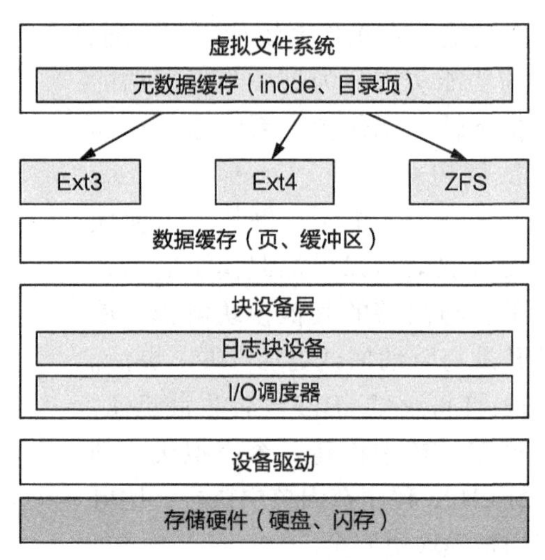

图 2.6 Linux 文件系统的分层结构

2.3.3 微内核

随着宏内核操作系统的内核功能不断增长，系统的复杂性也持续增加，在可靠性、安全性等方面导致了更多的问题。这是因为在宏内核架构下，所有内核模块均运行在特权级，一个单点的错误就可能导致整个系统崩溃或者被攻破。而系统很难避免 Bug，哪怕系统出自具有极强编程能力的操作系统内核程序员之手。Andrew Tanenbaum 等人的论文[5]提到，一般的工业界系统中每千行代码会有 6 ～ 16 个缺陷。虽然很多缺陷在正常运行时不会被触发，部分缺陷即使触发也不会引起严重后果，但对于一个千万行代码级的软件而言，潜在的重大缺陷数量也是触目惊心的。

因此，研究人员尝试对宏内核架构的操作系统进行解耦，将单个功能或模块（如文件系统、设备驱动等）从内核中拆分出来，作为一个独立的服务（Service）部署到独立的非特权运行环境中；内核仅保留极少的功能，为这些服务提供通信等基础能力，使其能够互相协作以完成操作系统必需的功能。这种架构被称为微内核（Microkernel）。在微内核架构下，服务与服务之间是完全隔离的，单个服务即使出现故障或受到攻击，也不会直接导致整个操作系统崩溃或被攻破，从而能有效提高操作系统的可靠性与安全性。此外，微内核架构实现了机制与策略的进一步分离，可更方便地为不同场景定制不同的服务，从而更好地适应不同的应用需求。

小知识：最早的微内核操作系统

一些读者可能认为微内核架构是一种比较新的设计。事实上，早在 1969 年 UNIX 系统开始设计的时候，类似微内核架构的操作系统就已经出现。Per Brinch Hansen 开发的 RC 4000 多路编程系统在历史上第一次将操作系统分离为各个交互的功能组件，以及一个负责消息通信的内核[2]。Per Brinch Hansen 在 RC 4000 中首次提出**分离机制与策略**的原则，并且提出了**管程**（Monitor）的概念㊀。

微内核的发展到目前为止经历了三代。Mach 是第一代微内核的代表。1975 年，Mach 起源于罗切斯特大学，后来主要在卡内基·梅隆大学开发㊁。Mach 将很多内核功能以单独服务的形式运行在用户态，然而，Mach 对于进程间通信（Inter-Process Communication，IPC）的设计过于通用，加上 Mach 微内核自身资源占用过大（包括内存与 CPU 缓存等）的问题，使得其性能与同时期的宏内核相比存在差距[6]，甚至有人据此将微内核与性能差关联起来。

微内核的性能一定差吗？德国国家信息技术研究中心的 Jochen Liedtke 深入分析了 Mach 微内核系统的性能，指出较差的性能不是微内核的必然结果。Jochen 认为，高性能 IPC 的设计与实现必然是与体系结构相关的：过度抽象将极大影响 IPC 的性能，而利用体系结构的特性进行优化则可将 IPC 的性能提升到极致[7]。为此，Jochen Liedtke 设计并实现了 L4 微内核系统，并提出了微内核的最小化原则：应尽可能将操作系统的功能放置在内核态以外，只有在将其放在内核态以外会影响整个系统的功能时，才能被放置在内核态。通过高性能的 IPC 实现以及极小化的微核（即微内核系统的内核态部分，又称 μkernel），微内核架构操作系统的性能可以达到甚至超过同时期的宏内核架构操作系统[8]。L4 被认为是第二代微内核操作系统的代表。

随着 L4 等微内核操作系统在实时、高安全等场景的广泛应用，研究人员开始进一步增强微内核的安全性。EROS[9] 首次将 Capability（能力）机制引入微内核操作系统中，并高效地实现了该机制（详见 21.2.6 节）。Capability 机制允许更精确、更细粒度地授予不同应用程序对内核对象的调用权，从而更好地提升系统的安全性。seL4[10-11] 是一个典型的基于 Capability 机制的微内核，谷歌正在实现的 Fuchsia 微内核操作系统同样基于 Capability 机制实现了访问控制。此外，seL4 还引入了形式化证明方法（详情见第 23 章），通过数学方式证明了其微核部分满足从设计到实现的一致性，以及微核上的服务满足**互不干扰**（Non-interference）等属性。这些安全增强能力成为第三代微内核架构操作系统的重要特征。

宏内核与微内核

自宏内核与微内核两种操作系统架构出现以来，人们对两者的优劣势与特点展开了多次深入的讨论。当前，随着一些新场景、新诉求的出现，类似微内核架构的操作

㊀ 管程：将进程同步与面向对象编程有效结合起来的一种抽象。

㊁ 1979 年，Mach 的主要设计者 Richard Rashid 从罗切斯特大学离开并加入卡内基·梅隆大学。有意思的是，Richard Rashid 也是微软研究院的创始人，Mach 的设计深刻影响了 Windows NT 操作系统的设计。

系统架构再次受到关注。

- 弹性扩展能力：对于宏内核来说，很难仅仅通过简单的裁剪或扩展，使其支持资源诉求从KB到TB级别的场景。
- 硬件异构性：异构硬件往往需要一些定制化的方式来解决特定问题，这种定制化对于宏内核来说很难得到长期的支持。
- 功能安全：由于宏内核在故障隔离和时延控制等方面的缺陷，截至目前尚无通过高等级功能安全认证（例如，汽车行业的ASIL-D）的先例。
- 信息安全：宏内核架构的操作系统存在较大的信息安全隐患，例如内核态驱动容易导致低质量的驱动代码入侵内核，粗粒度权限管理容易带来权限漏洞等。
- 确定性时延：由于宏内核架构的资源隔离较为困难，且各模块的耦合度高，导致难以控制系统调用的时延，因此较难做到确定性时延。即便为时延做一些特定优化（例如Linux-RT补丁[1]），时延抖动仍然较大。

在真实世界中，正如体系结构领域的RISC与CISC之争一样，宏内核与微内核往往也会互相借鉴。例如，Intel处理器采用了CISC的指令集架构，但其微架构实现则采用了RISC；类似地，Linux等宏内核架构操作系统也采用了一些微内核的设计思想。再如，尽管Linux的创始人Linus Torvalds在20世纪90年代与Andrew Tanenbaum论战[2]时表明将驱动放到用户态是个不靠谱的想法，但近期Linux也逐步采用了一些用户态驱动框架（如UIO与VFIO等）；Android操作系统在Treble项目中同样将部分驱动放到了用户态，并通过名为Binder的IPC机制来与这些驱动进行交互。

小思考

小的操作系统内核就是微内核吗？

不是。有一些操作系统内核（如FreeRTOS、μC/OS-Ⅱ等）虽然很小，但是不具备现代意义上操作系统的功能，包括虚拟内存、用户态和内核态分离等。因此它们应该被归为本章提到的简要结构内核。

2.3.4 外核

操作系统内核在硬件管理方面的两个主要功能是资源抽象与多路复用（Multiplexing）。其中，对硬件资源的抽象存在两方面的问题：

---

[1] 参见 https://rt.wiki.kernel.org/index.php/Main_Page。

[2] 参见 https://en.wikipedia.org/wiki/Tanenbaum%E2%80%93Torvalds_debate。

- 过度的硬件资源抽象可能会带来较大的性能损失，违反“抽象但不隐藏能力”（Abstract but don’t hide power）原则[12]。
- 操作系统所提供的硬件资源抽象是针对所有应用的通用抽象，这些抽象对一些具体的应用（如数据库、Web 服务器等）来说往往不是最优的选择。

为此，MIT 的 Dawson Engler 和 Frans Kaashoek 等研究者于 1995 年提出了外核（Exokernel）架构[13]。他们观察到，在许多场景中，应用比操作系统更了解该如何抽象与使用硬件资源，因此，应当由应用来尽可能地控制对硬件资源的抽象。为了降低应用开发的复杂度，他们同时提出了库操作系统（LibOS）的概念，将对硬件的抽象封装到 LibOS 中，并与应用直接链接；开发者可选择已有的 LibOS，或选择自己开发 LibOS。操作系统内核则只负责实现硬件资源在多个 LibOS 之间的多路复用，并管理这些 LibOS 实例的生命周期。通过这种解耦，外核架构将对硬件的抽象从原本不可选择的机制变成可选择的策略。

图 2.7 展示了外核操作系统的架构。外核架构可为不同的应用提供定制化的高效资源管理：按照不同应用领域的要求，将对硬件资源的抽象模块化为一系列的库（即 LibOS）。这样的设计带来两个主要好处：

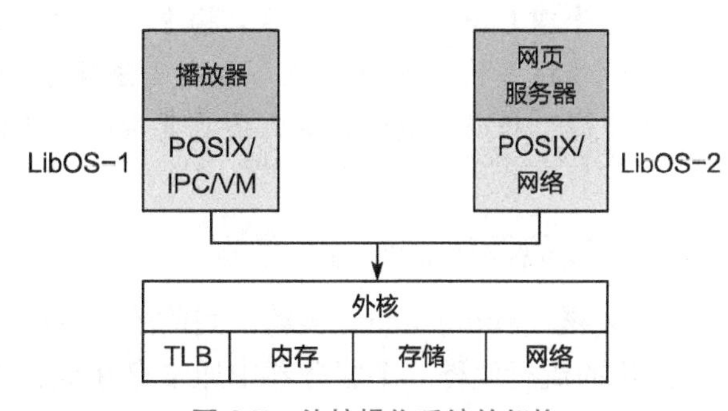

图 2.7　外核操作系统的架构

- 可按照应用领域的特点与需求，动态组装成最适合该应用领域的 LibOS，最小化非必要的代码，从而获得更高的性能。
- 拥有特权级的操作系统内核可以做到非常小，并且由于多个 LibOS 之间的强隔离，可以提升整个计算机系统的安全性与可靠性。

当前有很多领域已经使用了外核架构，例如在一些功能受限、对操作系统接口要求不高但对性能和时延特别敏感的嵌入式场景中，通过 LibOS 来运行应用业务，从而将数据面（Data-plane，负责数据的处理与转发等）与控制面（Control-plane，负责设备的配置与管理等）分离。此外，当前云计算平台的很多容器（Container）架构采用了脱胎于外核架构的 Unikernel（本质上是一个 LibOS），通过将虚拟机监控器作为支撑 Unikernel/LibOS 运行的内核，从而支持对高性能业务的独立部署。

然而，外核架构的劣势在于，LibOS 通常是为某种应用定制的，缺乏跨场景的通用性，应用生态差。因此，外核架构较难用于功能要求复杂、生态与接口丰富的场景，因为这意味着要将 LibOS 做得过于复杂，甚至相当于一个完整的宏内核，从而丧失了外核架构带来的性能、安全等优势。此外，不同的 LibOS 通常会实现相同或类似的功能，容易造成代码冗余，因此对于资源受限的场景，通常需要一些跨地址空间的代码去重（Code Deduplication）或内存共享机制来减少内存开销。

外核与微内核

由于外核架构下运行在特权级的操作系统内核的功能与微内核类似，可以做到非常小，一些读者可能容易将外核架构与微内核架构混淆。然而，两者是具有明显区别的：

- 外核架构将多个硬件资源切分为一个个切片，每个切片中保护的多个硬件资源由 LibOS 管理并直接服务一个应用[㊀]；而微内核架构则是让一个操作系统模块独立运行在一个地址空间来管理一个具体的硬件资源，为操作系统中的所有应用提供服务。
- 外核架构中，运行在特权级的内核主要为 LibOS 提供硬件的多路复用能力并管理 LibOS；而微内核架构中，内核主要提供进程间通信（IPC）功能。
- 外核架构在面对功能与生态受限场景时可通过定制化 LibOS 获得非常高的性能，而微内核架构则需要更复杂的优化才能获得与之类似的性能。

2.3.5　其他操作系统内核架构

多内核（Multikernel）架构。当前的硬件结构呈现两个主要特性：首先，多核乃至众核[㊁]架构的流行使得一个服务器中通常存在成百上千个处理器核；其次，Dennard 缩微定律[㊂]的终结以及应用需求的多样化使得处理器走向异构化，甚至是动态异构化，也就是一个处理器上可能集成多种功能、性能甚至指令集结构各异的处理器核。这对操作系统内核的架构如何管理异构众核提出了新的挑战。

多内核是苏黎世联邦理工学院、微软研究院、雷恩高等师范学校等联合研制的一种实验型的操作系统内核架构[14]。基于硬件的众核与异构特性，多内核的想法是将一个众核系统看成由多个独立处理器核通过网络互联而成的分布式系统。与传统的操作系统类似，多内核架构仍然假设硬件处理器提供全局共享内存的语义，但对于不同处理器核之间的交互，它提供了一层基于进程间通信的抽象，从而避免了处理器核之间通过共享内存进行隐式共享。如图 2.8 所示，多内核架构在每个 CPU 核上运行一个独立的操作系统节点，节点间的交互由操作系统节点之上的进程间通信来完成。通过这种架构，多内核可以避免传统操作系统架构中复杂的隐式共享带来的性能可扩展性瓶颈，并且由于不同处理器核上运行的操作系统节点是独立的而且可以不同，从而非常容易支持异构处理器架构。多内核架构的不足之处在于：不同节点之间的状态存在冗余，导致一定的资源开

㊀ 在这里应用是指用于完成某个功能的应用集合，可以由多个小的应用构成。

㊁ 一般认为 8 个及以下处理器核为多核，多于 8 个处理器核称为众核。

㊂ 由 DRAM 的发明者、IBM Fellow Robert H. Dennard 在 1974 年提出，主要观点是随着晶体管变得越来越小，它们的功率密度保持不变，从而使功率使用与面积成比例。

销；上层应用必须使用多内核提供的进程间通信接口才能进行交互，需要移植现有应用才能适应多内核架构；绝对性能方面并不一定存在优势。

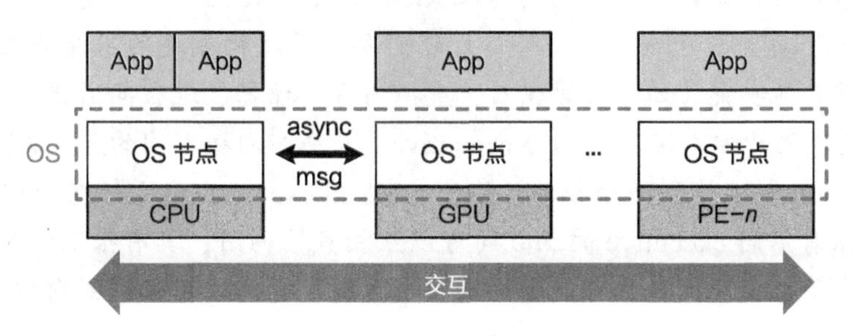

图 2.8　多内核操作系统的架构

混合内核架构。由于设计需求的多样化，现实中的操作系统往往融合了多种架构的设计思想。图 2.9 展示了当前微内核、宏内核、外核、多内核等架构的演进及其在现实操作系统中的体现。例如，苹果操作系统的内核 XNU 是 Mach 微内核与 BSD UNIX 的混合体；Windows NT 操作系统的内核也采用了微内核设计思想，但为了实现更低的操作时延，选择将一部分系统服务（特别是与图形界面相关的服务）运行在内核态；Linux 虽然是宏内核架构，但近期也开始支持用户态的驱动框架（如 UIO[㊀]与 VFIO[㊁]等）。

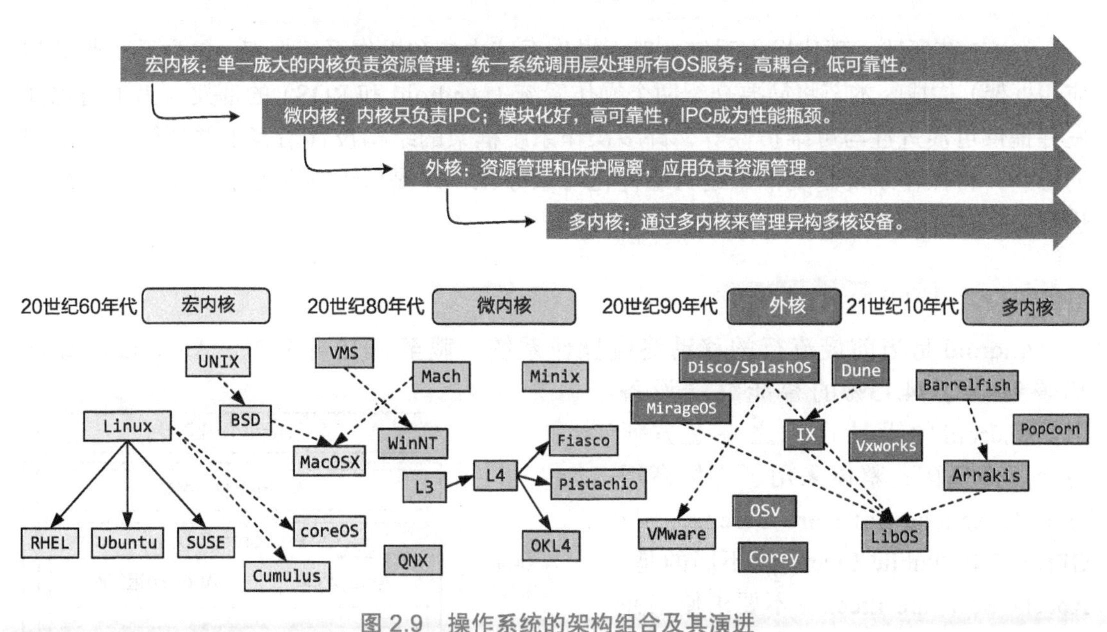

图 2.9　操作系统的架构组合及其演进

㊀ 参见 https://www.kernel.org/doc/html/v4.18/driver-api/uio-howto.html。

㊁ 参见 https://www.kernel.org/doc/html/latest/driver-api/vfio.html。

小知识：Windows 也采用了微内核的设计思想吗？

是的。事实上，微软研究院的创始人 Richard Rashid 就是第一代微内核 Mach 的设计者。从 Windows NT 开始，微软将与处理器和体系结构相关的功能放入一个很小的微内核，而将其他功能（如进程管理器、虚拟内存管理器、进程间通信管理器、I/O 管理器等）以模块化的方式实现，称为 executive。与纯微内核不同的是，Windows NT 将微内核与 executive 链接到一个模块（称为 ntoskrnl.exe），共同运行在处理器的特权模式下。这意味着不同 executive 的函数间可以互相直接调用，具有很低的时延，但也意味着一旦某个函数出现问题，可能会影响整个系统，隔离性不如纯微内核。

2.4 操作系统框架结构

本节主要知识点

- ❑ 为什么说 Android 的应用框架与微内核架构相似？
- ❑ Android 成为最流行的移动终端操作系统，这与它的结构有哪些关系？

如 1.2 节所述，现代操作系统一般由操作系统内核和操作系统框架（包含系统服务与应用框架）构成，本节将简要介绍两个操作系统（Android 和 ROS）的框架。为了简化开发并提供可演进性与可维护性等，许多操作系统框架的结构设计借鉴了类似微内核架构的思想，将操作系统系统框架进行组件化与服务化，并提供进程间通信以支撑各个组件进行交互。

2.4.1 Android 系统框架

Android 是当前最流行的移动终端操作系统。截至 2019 年年底，Android 已经被部署到全球 74.13% 的智能终端设备上。Android 的设计目标之一是方便各个厂商适配，整体采用了更加商用友好的 Apache Software License。与 GPL（GNU Public License）不同的是，Apache Software License 不要求使用并修改源码的开发者重新开放源码，而只需要在每个修改的文件中保留 License 并表明所修改的部分。

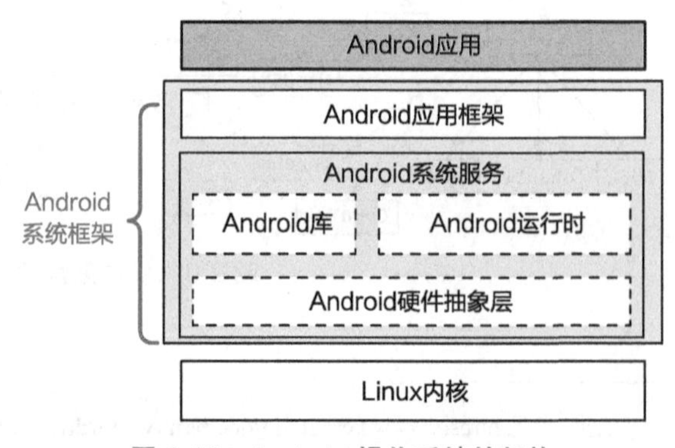

图 2.10 Android 操作系统的架构

图 2.10 展示了 Android 操作系统的

架构。在 Linux 内核之上运行的 Android 系统框架包括如下几个主要组件。

- Android 硬件抽象层（Hardware Abstract Layer，HAL）。Android 在 Linux 内核上提供硬件抽象层的主要原因有两个：第一，Linux 设备驱动的接口与内核版本之间存在耦合，这会阻碍 Android 系统框架的独立演进与升级；第二，Linux 内核采用 GPLv2 开源协议，要求运行在同一个地址空间的设备驱动必须开放源码，这可能会导致一些硬件的实现细节也被公开，厂商对此存在顾虑。因此，Android 提供硬件抽象层，封装一些硬件实现的细节，从而更好地实现 Linux 内核与 Android 系统框架的解耦，并通过提供用户态驱动框架，使得设备厂商不需要开放源码就能为 Android 操作系统提供设备驱动，从而促进更多的设备厂商加入 Android 生态。
- Android 库（Library）。Android 库一方面提供了一些方便 Android 应用开发的自定义库，另一方面也重新实现了一些标准库（如 glibc 等），从而规避了一些开源协议的限制。
- Android 运行时（Android Runtime，ART）。Android 应用的主要开发语言是 Java，因此需要一个运行时环境将应用从字节码转化为可执行代码。早期的 Android 采用类似 Java 虚拟机的形式（称为 Dalvik 虚拟机），通过解释执行与 JIT（Just-in-Time）编译的方式运行，这不可避免地导致了性能开销与功耗增加。Android 自 5.0 后引入 ART，通过 Ahead-Of-Time（AOT）预先编译的方式，将 Java 代码预编译为二进制可执行代码，从而避免了运行时的编译开销。
- Android 应用框架（Application Framework）。Android 应用框架提供应用运行所需要的基础服务，包括服务管理（Service Manager）、活动管理（Activity Manager）、包管理（Package Manager）、窗口管理（Window Manager）等。这些服务化的组件利用操作系统内核提供的资源抽象，为应用构建了一系列方便调用的系统服务。

服务化架构与 Binder IPC。Android 系统框架的设计整体应用了类似微内核架构的思想，将系统框架组件化与服务化，并通过 IPC 进行交互，称为 Binder IPC。图 2.11 展示了 Android 应用框架的服务化架构：服务管理组件负责各个服务组件的注册与管理，应用通过服务管理组件完成**服务发现**（Service Discovery），然后通过 Binder IPC 调用各个服务组件请求服务。通过类似微内核架构的服务化框架，Android 将各种不同的服务进行解耦，

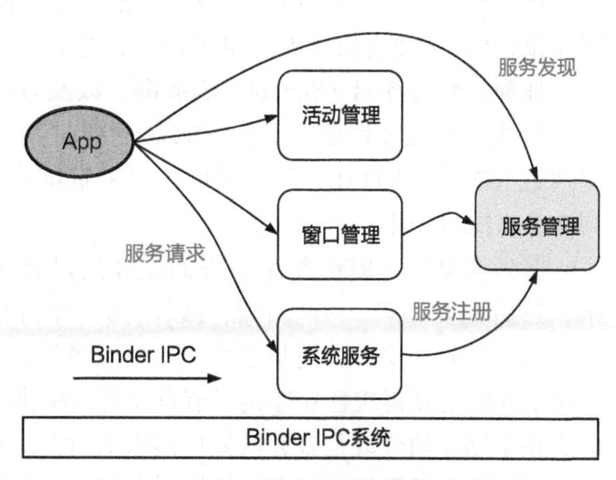

图 2.11　Android 应用框架的服务化架构

显著提升了系统的可扩展性与可维护性。

2.4.2　ROS 系统框架

ROS 是 Robot Operating System 的缩写，即机器人操作系统。虽然名字中包含操作系统，但 ROS 实际上是一个面向机器人硬件场景的系统框架，可运行在 Linux 内核以及其他兼容 POSIX 接口的操作系统内核之上。作为操作系统的系统框架，ROS 提供了一系列面向机器人场景应用的系统级服务，实现了底层复杂的异构硬件资源的抽象，并提供了应用之间和应用与服务之间交互的 IPC 机制。

图 2.12 展示了 ROS 的层次架构。简而言之，ROS 可以分为基础设施层、通信层和应用层。其中，基础设施层包括 ROS 中的 Python 和 C++ 等运行环境、ROS 文件系统、ROS 包管理机制等。在基础设施层之上运行 ROS 的通信层，提供基础的 ROS IPC 机制以及 ROS 的数据分发服务（Data Distribution Service）等。ROS 的应用层是由一个个节点所构成的计算图，这些节点之间可以使用 ROS 的通信层进行直接调用，或者通过对一些话题（Topic）发布消息或订阅消息以进行间接通信。

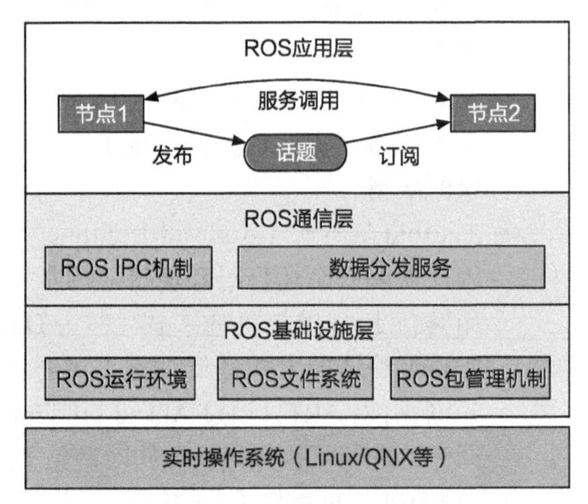

图 2.12　ROS 的层次架构

ROS 节点与计算图。ROS 采用计算图的形式来组织各种服务。每个服务构成一个节点，每个节点执行一个具体的计算处理，包括机器人中所需的感知、融合、规划与控制等。运行在 ROS 上的应用可以被表示成一个“图”的架构，不同的节点表示不同的应用（它们既可以是接收信息者，也可以是信息发布者）。ROS 上常见的应用包括：接收、发布、处理来自传感器（Sensor）的数据，以及对处理过程进行控制的节点与计划节点等。

与微内核的设计思想类似，ROS 同样将其系统框架分解为多个服务，不同的服务之间通过 ROS 提供的 IPC 进行通信。这种解耦式的架构使得 ROS 易于部署，甚至可以部署在分布式系统上。

服务与动作。ROS 每个组件的设计是以服务为中心的：服务接收一个请求，执行请求，然后回复结果。一个节点可以向另一个提供服务的节点发送请求，然后等待结果。服务的模型是一次性的同步通信，即当服务的请求和回复完成后，连接会被断开，进行下一次交互时必须再次建立连接。节点还可以提供动作（Action）。动作和服务类似，主要的区别在于动作的假设是服务端处理请求的时间会很长，并且可能需要在处理的过程中就获取一些中途的返回值。在实际的使用中，一般通过动作来让机器人执行相对复杂的任务。

话题。话题是ROS中比较新的处理方式，是一类单向的异步通信机制。话题机制将通信的双方称为发布者（Publisher）和订阅者（Subscriber）。发布者节点首先需要向主节点（一个特殊的全局节点）注册一个话题，之后该发布者会以消息的形式发布关于该话题的新内容。希望接收该话题的订阅者节点则通过主节点获得对应话题发布者的消息，基于这个消息，订阅者节点可以直接连接到发布者节点来接收最新的话题消息。在话题模式下，发布者和订阅者是多对多的关系，即单个节点可以成为多个话题的发布者，也可以成为多个话题的订阅者。

数据分发服务。ROS 2.0引入了数据分发服务（Data Distribution Service，DDS）以支持实时性。从架构的角度，DDS可以被看作一个系统中间件，处于ROS应用层和ROS基础设施层之间。DDS提供了上面介绍的ROS基本通信接口和语义，如话题方式的发布者和订阅者模型或服务类型的IPC等。之所以将DDS分离出来，是为了加速对性能有重要影响的通信。不同的硬件厂商可以针对自己的机器人环境实现DDS的中间件，只要最终这些DDS的实现能够满足对应的协议接口即可。这些DDS是基于特定硬件实现的，因此可以进行可定制的优化。这样一来，ROS的应用只需要考虑DDS的抽象，而不需要考虑底层硬件的细节，便可以使用当前环境下最高效的通信方式。

有了DDS抽象后，ROS 2.0可以抛弃ROS中基于主节点的服务发现方式。这依赖于DDS提供的一套分布式发现系统（Distributed Discovery System），从而避免在主节点上出现性能瓶颈。ROS需要通过DDS提供的API来获取，如当前存活的节点、当前的话题、当前注册的动作等信息。对于这些信息的查询都被ROS进行了抽象，对ROS上的应用而言其实是透明的。

DDS内部可以利用共享内存的方式来传递本地数据。在ROS 1.0中，从系统底层来看，一次传输消息是先序列化数据，然后通过网络（TCP）把数据传递出去，即使是本地数据交互也会通过localhost等接口传输。而在ROS 2.0中，ROS将数据交接给DDS层。具体的DDS实现可以使用共享内存等方式在不同节点之间共享数据，从而极大地提升传输性能。

计算图架构与ROS IPC。ROS系统框架的设计将计算任务组件化与服务化，形成独立的ROS节点，各个节点通过ROS IPC（如话题、服务、动作等方式）进行通信。DDS的引入能够在支持多种通信方式的情况下，尽可能地优化底层通信性能。这些设计充分体现了机制与策略分离的原则。类微内核设计的解耦式架构，使得ROS系统框架及其应用易于部署在硬件环境差异极大的机器人平台上，并且显著提升了单个节点的可复用能力。

2.5 操作系统设计：Worse is better？

小背景：PC loser-ing问题

PC loser-ing问题最早出现在MIT ITS操作系统的一个场景中[15]：

- 进程A发起了一个系统调用，该系统调用在内核态运行的时间很长，例如从磁盘读取一个很大的文件，此时进程A处于等待状态。
- 进程B给进程A发送一个**信号**（Signal），进程A需要立即从内核态返回用户态处理这个信号。

在这个场景中，进程A被打断的系统调用应该怎么处理呢？ITS与UNIX做出了不一样的选择。ITS的处理方式是：①内核保存当前I/O的状态（例如已经读到的磁盘位置与读取的内容）与应用上下文；②内核更新进程A的上下文以反映系统调用已经完成的部分工作；③从内核返回进程A并处理信号；④进程A使用更新后的应用上下文继续执行，并重新发起系统调用；⑤内核处理系统调用，从上次被中断时的位置继续执行（如从上次读取的位置继续读磁盘）。而UNIX的处理方式则是操作系统直接返回一个错误号，表示系统调用出错；至于“判断系统调用是否正确，如果出错该如何处理”的责任，则丢给了应用程序。

可以看到，两个操作系统的原则是不同的：ITS是通过较为复杂的操作系统设计和实现，使系统调用的接口对于应用程序来说是简单的（接口简单，实现复杂）；而UNIX则避免了复杂的操作系统实现，但应用程序必须考虑调用接口可能出现的更多情况，并自己处理这些情况（实现简单，接口复杂）。

1989年，Richard Gabriel在一篇论文中抛出了著名的操作系统设计观点“Worse is better”[16]：在所有的设计考量中，简单性最重要，其中实现简单比接口简单更重要；为了简单性，必要时甚至可以牺牲部分正确性、一致性与功能完备性。他对比了两种设计方法：一种是MIT方法，以设计了Common Lisp以及Common Lisp Object System（CLOS）的MIT为代表；另一种是新泽西方法[⊖]，以设计了UNIX与C语言系统的贝尔实验室为代表。他认为，基于Worse is better理念的新泽西方法对于设计软件尤其是操作系统来说更为合适。

表2.3　MIT方法与新泽西方法的对比

	MIT方法	新泽西方法
简单性	接口简单比实现简单更重要	实现简单比接口简单更重要
正确性	需要100%正确	简单比正确更重要
一致性	必须满足一致性	可以为了简单性而牺牲一致性
完备性	必须尽可能完备	可以为了简单性而牺牲完备性

表2.3展现了两种设计方法在理念上的差异。MIT方法认为：

- 设计要简单，接口简单比实现简单更重要，也就是要“将复杂留给自己，简单留给用户”。
- 在所有可观测到的方面，设计一定要正确，不正确的设计是不能容忍的。
- 设计要确保一致性，为了一致性，设计者甚至可以牺牲部分简单性与完备性。

⊖ 贝尔实验室在美国新泽西州。

- 设计要尽可能地覆盖现实中各方面的重要场景，所有合理的、可预期的场景必须要覆盖到，完备性的优先级高于简单性的优先级。

而新泽西方法则认为：

- 设计要简单，但实现简单比接口简单更重要，简单原则高于其他原则。
- 在所有可观测到的方面，设计一定要正确，但为了设计简单，可以略微牺牲正确性。
- 设计要尽可能保持一致，但为了设计简单，可以牺牲一致性。例如，如果为了一致性而需要考虑一种不常见的情况，导致实现变得更复杂，那么可以不考虑这种情况。
- 设计要尽可能覆盖现实中各方面的重要场景，所有合理的、可预期的场景必须要覆盖到；但为了简单性，完备性可以让步。在保持设计简单性的前提下，可以牺牲一致性（尤其是接口一致性）来实现完备性。

现实中，很多操作系统的设计在一开始采用的是 Worse is better 的新泽西方法：先设计出覆盖基本情况、具备基本功能的操作系统来占领市场，然后根据新的需求不断迭代和完善功能，从而向 MIT 方法逼近。例如，本章提到的 Linux 0.01 版只有 8 102 行代码，而 Linux 5.7 内核则达到了 2 870 万行代码。如果在一个操作系统的起步阶段就求全责备，则要么很难坚持到实现完成，要么只能应用在某些特定的场景。本章提到的 IBM 1991 年斥资 20 亿美元设计的 Workplace 操作系统，就因为一开始设计过于复杂而最终失败。

值得一提的是，在 Richard Gabriel 的 Worse is better 的观点被广泛传播后，Nickieben Bourbaki 写了一篇名为 “Worse is better is worse” 的文章[17]对这个观点进行了批判，认为 Worse is better 的设计理念——如“牺牲接口的简单性来换取实现的简单性”——是有害的，很容易误导刚入行的新人或学生，使他们以此为理由去做些简单而偷懒的设计。有意思的是，后来人们发现，Nickieben Bourbaki 实际上是 Richard Gabriel 的笔名。我们认为，不存在绝对正确的设计方法，要针对实际场景的需要做出合理的取舍。

2.6 ChCore：教学科研型微内核操作系统

ChCore 是一个面向教学和科研开发的微内核操作系统，其基本架构如图 2.13 所示。ChCore 采用了微内核架构的设计理念，将大部分的操作系统功能以系统服务的形式运行在用户态。以文件系统为例，在 Linux 或 Windows 中，文件系统通常作为操作系统内核的一部分直接运行在内核态；然而在 ChCore 中，文件系统不再属于内核的一部分，而是作为一个系统服务以独立

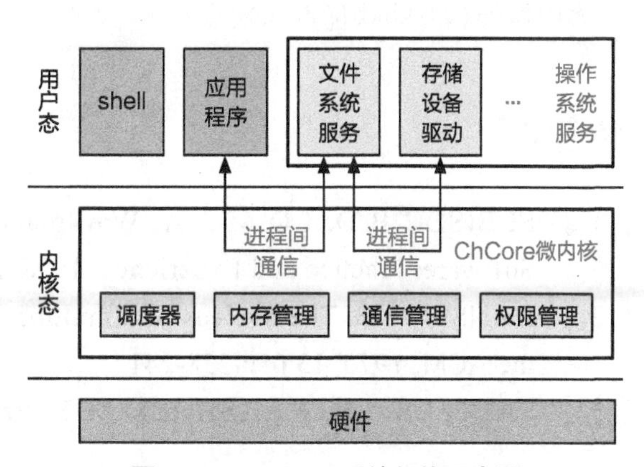

图 2.13　ChCore 系统架构示意图

进程的形式运行在用户态。当应用程序需要使用文件系统功能时，它将在 ChCore 微内核的帮助下与文件系统进行通信。这种设计的一个优势是显著提升了操作系统的安全性与可靠性。具体来说，文件系统的崩溃问题或安全漏洞很难影响操作系统中其他的功能组件，如内存管理、设备驱动等；同样，其他功能组件的问题也通常不会影响文件系统的运行。

在拥有特权的内核态，ChCore 仅仅运行很少的代码，负责最基础的职责与功能，主要包括内存管理、调度器、进程间通信、权限管理。值得注意的是，微内核架构只是一种操作系统设计思想，其本身并没有约定哪些功能组件应该运行在内核态。例如，一些微内核操作系统如 seL4[10] 将内存管理也移出了内核态，从而使内核态代码量更少，同时也使对内核态代码的形式化证明变得更加方便。

总而言之，ChCore 操作系统教学版主要包括两个部分：运行在内核态的微内核和运行在用户态的若干操作系统服务。此外，ChCore 提供了一个简单的命令行终端程序（如图 2.13 中所示的 shell）作为与用户交互的界面。用户可以在 shell 中输入命令以使用系统的各种功能或运行各种应用程序。

2.7 思考题

1. 微内核与外核的主要区别是什么？它们分别有哪些优势和劣势？
2. 以下哪些是机制？哪些是策略？
   - 先进先出换页
   - $O(1)$ 调度队列
   - 基于 B+ 树的文件结构
3. 关于操作系统中的机制与策略分离，你还能想到哪些例子？
4. 一般而言，微内核架构操作系统的主要性能瓶颈在哪里？可以如何优化其性能？
5. 多内核架构有哪些优点和缺点？

参考文献

[1] FLEISCH B D, CO M A A. Workplace microkernel and os: a case study [J]. Software: Practice and Experience, 1998, 28 (6): 569-591.

[2] HANSEN P B. The nucleus of a multiprogramming system [J]. Communications of the ACM, 1970, 13 (4): 238-241.

[3] SALTZER J H, KAASHOEK M F. Principles of computer system design: an

introduction [M]. New York: Morgan Kaufmann, 2009.

[4] DIJKSTRA E W. The structure of the " the " -multiprogramming system [J]. Communications of the ACM, 1968, 11 (5): 341-346.

[5] TANENBAUM A S, HERDER J N, BOS H. Can we make operating systems reliable and secure? [J]. Computer, 2006, 39 (5): 44-51.

[6] CHEN J B, BERSHAD B N. The impact of operating system structure on memory system performance [C] // Proceedings of the Fourteenth ACM Symposium on Operating Systems Principles. 1993: 120-133.

[7] LIEDTKE J. On u-kernel construction [C] // Proceedings of the Fourteenth ACM Symposium on Operating Systems Principles. 1995: 237-250.

[8] HÄRTIG H, HOHMUTH M, LIEDTKE J, et al. The performance of ţkernel-based systems [C] // Proceedings of the Fourteenth ACM Symposium on Operating Systems Principles. 1997: 66-77.

[9] SHAPIRO J S, SMITH J M, FARBER D J. Eros: a fast capability system [C] // Proceedings of the Fourteenth ACM Symposium on Operating Systems Principles. 1999: 170-185.

[10] KLEIN G, ELPHINSTONE K, HEISER G, et al. sel4: formal verification of an os kernel [C] // Proceedings of the ACM SIGOPS 22nd Symposium on Operating Systems Principles. 2009: 207-220.

[11] ELPHINSTONE K, HEISER G. From l3 to sel4 what have we learnt in 20 years of l4 microkernels? [C] // Proceedings of the Twenty-Fourth ACM Symposium on Operating Systems Principles. 2013: 133-150.

[12] LAMPSON B W. Hints for computer system design [C] // Proc. SOSP, ACM. 1983: 33-48.

[13] ENGLER D R, KAASHOEK M F, O'TOOLE J, Jr. Exokernel: an operating system architecture for application-level resource management [C] // ACM Symposium on Operating Systems Principles, ACM New York. 1995: 251-266.

[14] BAUMANN A, BARHAM P, Dagand P-E, et al. The multikernel: a new os architecture for scalable multicore systems [C] // Proceedings of the ACM SIGOPS 22nd Symposium on Operating Systems Principles. 2009: 29-44.

[15] BAWDEN A. Pclsring: keeping process state modular [EB/OL]. [2022-12-06]. https://hack.org/mc/texts/pclsr.txt.

[16] GABRIEL R. The rise of " worse is better" [J]. Lisp: Good News, Bad News, How to Win Big, 1991, 2 (5).

[17] BOURBAKI N. Worse is better is worse [EB/OL]. [2022-12-06]. https://www.dreamsongs.com/Files/worse-is-worse.pdf.

操作系统结构：扫码反馈

C H A P T E R 3

第 3 章

硬件环境与软件抽象

与用户态的应用程序类似，操作系统本身也是一个程序：两者都由大量指令组成，运行在由处理器、内存和各种设备组成的硬件环境中。与应用程序不同的是，操作系统具有更高的权限，可以支配所有的硬件资源；而低权限的应用程序往往只能使用部分硬件资源。为此，处理器为操作系统提供了专门的特权运行环境，使得操作系统除了可以像应用程序一样对硬件资源进行普通操作之外，还可以进行特权操作，从而有能力管理不同的应用程序，同时也有机会为应用程序提供硬件资源的抽象，并通过系统调用的方式向应用提供服务，如图 3.1 所示。在本章中，我们将介绍应用程序与操作系统的运行环境，硬件为操作系统提供的特权机制，以及操作系统利用这些机制为用户程序提供的抽象与接口。

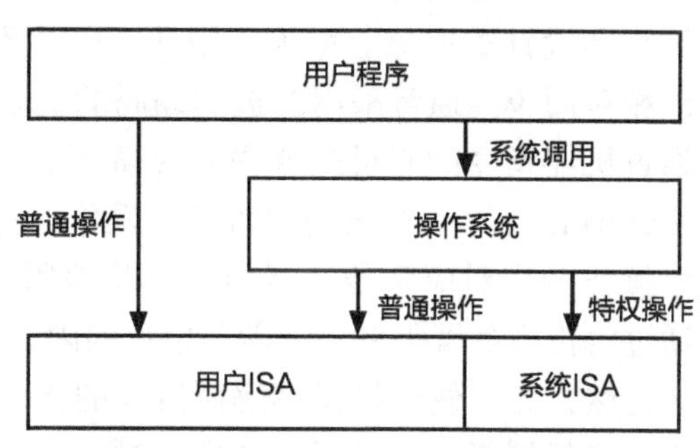

图 3.1　用户程序、操作系统、硬件环境之间的交互

3.1　应用程序的硬件运行环境

本节主要知识点

- ❑ 应用程序运行时依赖处理器中的哪些状态？
- ❑ 在函数调用和返回的过程中处理器做了哪些操作？

在介绍操作系统的具体实现之前，有必要先介绍硬件为应用程序提供的运行环境。操作系统的主要任务之一是管理应用程序，而当应用程序运行在硬件上时，硬件（主要是处理器）会保存诸多状态，比如，程序当前执行到哪条指令，上一条指令是否发生溢出，函数调用依赖的栈在内存中的什么位置，等等。在应用程序的启动、切换以及退出阶段，操作系统需要对这些保存在硬件上的状态进行初始化、保存 / 恢复、清除等操作。本节首先介绍应用程序在处理器上的运行方式，以及一些与编译、ARM 汇编相关的必要基础知识，然后归纳出应用程序在运行时保存在处理器中的状态。对本节内容比较熟悉的读者，可以直接阅读本节最后的小结作为回顾。

3.1.1 程序的运行：用指令序列控制处理器

对熟悉 C 语言等高级编程语言的程序员来说，将源代码构建成可执行程序然后运行是一件非常自然的事情。但你是否思考过，为什么硬件不能直接运行 C 语言的源代码呢？同样一份源代码，在 Linux 下编译出的二进制程序，放到 Windows 上是否能运行呢？二进制程序在硬件中究竟是如何执行的呢？

从 C 语言代码到汇编指令再到机器指令

高级语言的表达能力是很强的，它允许程序员使用变量、循环、函数这些强大的抽象来构建需要的逻辑。如果想让处理器直接理解和执行高级语言代码，就需要在处理器内部实现解析这些高级语言语义的逻辑，这会带来难以想象的硬件复杂度，使得处理器的体积和设计难度显著增大。因此，硬件设计者选择让处理器支持一套格式相对固定、功能相对简单、通常采用二进制编码的机器指令（Machine Instruction，简称指令[⊖]），然后通过机器指令的有机组合去实现高级语言中复杂的语义与功能。例如，C 语言中的一条 `return a + b` 语句包含两个操作：对两个数求和，以及将结果返回给调用者。这两个操作分别对应两条机器指令，其编码分别为 `0x2000000b` 和 `0xc0035fd6`，处理器通过解析指令编码来“读懂”指令的内容，从而执行相应的操作。

显然，为了便于机器理解而设计的指令并不适合程序员理解。为此，处理器设计者为每一条机器指令设计了与其唯一对应的汇编指令（Assembly Instruction），它使用文本格式以便程序员阅读和修改。图 3.2 展示了前文提到的 `return a + b` 语句翻译为汇编指令和机器指令的过程：`0x2000000b` 和 `0xc0035fd6` 两条机器指令所对应的汇编指令分别写作 `add w0, w1, w0` 和 `ret`。其中的 `w0` 和 `w1` 指示了变量 `a` 和 `b` 在处理器中存放的位置，以及它们相加的结果将要存放的位置；`ret` 则对应从当前函数返回的功能。

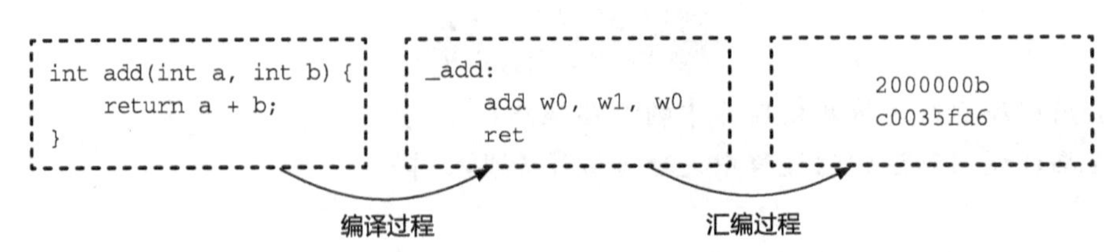

图 3.2 从 C 语言源程序编译为汇编程序，再汇编为机器程序的过程

⊖ 本章中提到“指令”时如果不加前缀，均是指机器指令。

在通过源代码构建可执行程序的过程中，编译工具[一]会首先将文本格式的高级语言源代码编译（Compile）为汇编指令的序列（即汇编程序），再将汇编指令序列汇编（Assemble）为机器指令的序列（即机器程序），并以二进制数据的形式保存在文件中，形成可执行的程序文件[二]。使用不同的编译器或编译选项，可以把同一份高级语言源代码编译为多份不同但等效的汇编程序；但通常一份汇编程序只会被汇编为一份机器程序，因为汇编过程就是简单地将每条汇编指令翻译为对应的机器指令，不会发生程序结构上的变化。在默认情况下，编译器会将这两次翻译的细节隐藏起来，这样应用编程人员可以直接用一条命令（如 `gcc hello.c -o hello`）将高级语言源代码构建为可执行程序。

程序控制硬件的接口与规范：指令集架构（ISA）

应用程序对计算机硬件的控制，无论是让处理器进行加减运算，从内存读取数据或将数据写入内存，还是访问硬盘、网卡、键盘、显示器等外部设备，都是通过将相应的机器指令发送给处理器执行来实现的。关于这些机器指令的格式、行为及处理器在执行中的状态有一个规范，称为处理器的指令集架构（Instruction Set Architecture，ISA）。换句话说，ISA 就是处理器向软件提供的接口。通过将处理器的实现与接口解耦，程序员只需要面向 ISA 进行编程，而不用关注处理器硬件的实现细节；处理器制造商只需要照着 ISA 实现，而不用关心上层运行什么软件。例如，华为海思与高通公司在设计处理器时使用的都是 ARM 的 ISA，因此从软件的角度来看，这两家公司生产的处理器在执行同一条指令时的行为是一样的。

程序计数器与指令的执行顺序

处理器运行应用程序的流程非常简单：首先从可执行程序中取出第一条指令，根据 ISA 的规范解析这条指令并执行相应的操作，然后取出下一条指令并重复上述过程。这就引出了一个问题：每次执行完一条指令后，处理器如何知道接下来应该执行哪一条指令？主要有两种方式：顺序执行和跳转执行。

处理器内部有一个程序计数器（Program Counter，PC），专门用于记录即将执行的下一条指令在程序中的位置。在应用程序执行之前，操作系统会先将其可执行文件加载到内存中，然后将 PC 的值设置为可执行文件中第一条指令所在的内存位置。接下来，当处理器从 PC 指向的内存位置取出并解析一条指令后，会将该指令的长度加到当前 PC 的值上，使 PC 指向下一条指令。这样一来，程序的指令就会按顺序一条接一条地被处理器取出、解析并执行。这种执行模式称为指令的顺序执行，如图 3.3 所示。

然而，仅有顺序执行并不足以支撑高级语言中的复杂控制逻辑。例如，C 语言中的条件语句 `if` 会根据条件是否满足来选择执行 `if` 后的逻辑还是 `else` 后的逻辑。在顺序

[一] 此处的“编译工具”指编译器驱动程序（例如 gcc），包含编译和汇编等。

[二] 可执行的程序文件中除了包含二进制机器指令序列外，还包含程序中使用的数据、高级语言符号表等内容。编译器将这些内容以特定的格式组织成可执行文件，以使它们能够被操作系统识别和执行。

执行模式中，处理器的下一条指令永远是确定的；然而，在执行条件语句时，处理器在进行条件判断后所执行的下一条指令存在两种可能，这意味着至少有一种情况需要用顺序执行以外的方式去实现。为此，ISA 提供了一种将 PC 值修改为由程序指定的目标位置的方式，称为控制流[㊀]跳转，又称跳转执行，如图 3.3 所示。跳转执行允许程序根据需要调整其指令执行的顺序，从而支撑高级语言中分支、循环等语义的实现。

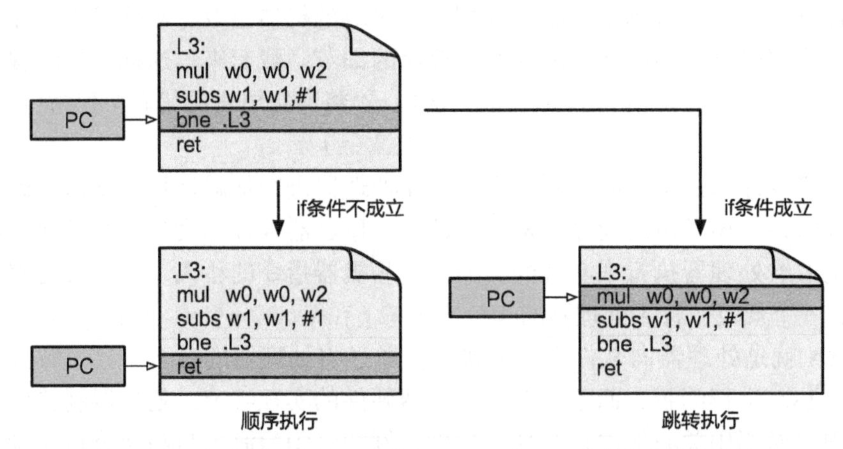

图 3.3　程序计数器值的两种常见更新方式：顺序执行与跳转执行

练　习

3.1　仅仅依靠顺序执行和跳转执行两种方式，能否实现所有的分支和循环类型？如果能，请给出实现方式；如果不能，请举出反例。

3.1.2　处理数据：寄存器、运算和访存

数据处理，包括对数据的加、减、乘、除、与、或、异或、移位等操作，是处理器提供的基础功能。本节将关注与数据处理相关的硬件状态，包括用于暂存数据的寄存器（Register）和与处理器通过总线相连的内存（Memory）。

寄存器：处理器内部的高速存储单元

寄存器是处理器内部的存储单元。相比内存，寄存器的主要特点是访问速度快、容量小。从应用的角度来看，寄存器主要可以分为两大类。一类是可以存储任意数据的寄存器，称为通用寄存器（General-Purpose Register）。一般来说，处理器内部包含多个通用寄存器，例如 AArch64 架构有 31 个通用寄存器，如图 3.4 所示。对于不同的汇编指

㊀ 本章所讨论的控制流是指机器指令或汇编指令被执行的顺序，而不是像高级语言中那样指基本块被执行的顺序。

令，通用寄存器的用法可能不同：在进行运算时，它们可以用来存储源数据或运算结果；在读写内存时，它们可以用来存储要访问的内存位置；在调用函数时，它们可以用来传递参数。另一类是特殊寄存器，用来保存一些特定的数据，比如下一条执行指令的内存位置、栈顶的位置、条件码等，我们在后面的章节中会一一介绍。由于这两类之外的寄存器（例如用于存放浮点数的 128 位浮点寄存器）与操作系统相关性不强，本书不会对它们加以介绍。

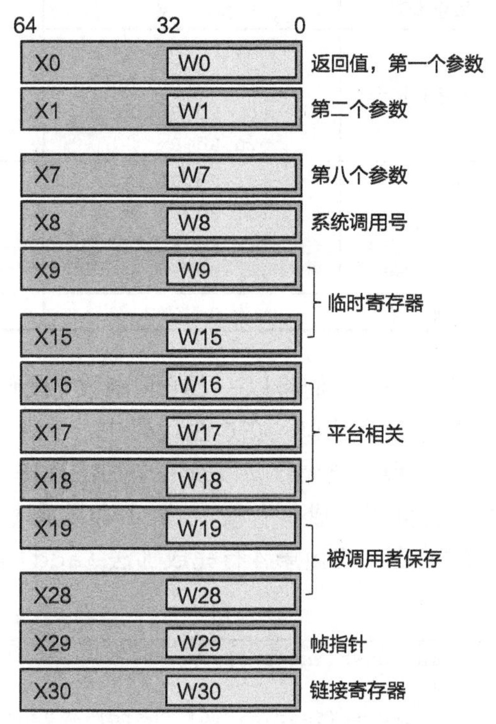

图 3.4 AArch64 包括 31 个 64 位的通用寄存器，编号为 0 ～ 30。标号中的前缀代表指令要使用寄存器中的哪一部分数据，其中 X 表示取完整的 64 位，W 表示取低 32 位。图 3.2 中的 `add w0, w1, w0` 指令使用的就是 0 号和 1 号寄存器的低 32 位，因为 C 语言源代码中参与计算的数据类型是 32 位整型

处理器内部的数据运算和移动

程序员用 C 语言编程时，可以用一行表达式来完成复杂的计算，并用计算结果为某个变量赋值。汇编指令没有如此强大的表达能力，而是会将表达式拆解成移位、按位异或和乘法这样的基本运算，每个基本运算都由一条数据处理指令完成。常用的数据处理指令主要包括算术运算、逻辑运算、移位和数据搬移等类型，这类指令使用寄存器中存储的源数据进行算术或逻辑运算，并将结果存储到另一个寄存器中。例如，`add w0, w0, w1` 指令表示将 w0 和 w1 两个寄存器中的值相加，计算结果存放回 w0 寄存器。表 3.1 按照上述类型列出了一些 AArch64 的数据处理指令。

表 3.1 AArch64 指令集中一些常见的数据处理指令。数据处理指令会用第一个操作数指定存放结果的寄存器（即目的寄存器 Rd，R 表示 Register，d 表示 destination），用后面的操作数指定数据来源。有些数据来源是寄存器（用 Rn 表示），有些未必是寄存器（这里用 Op2 表示）。对寄存器以外的数据来源感兴趣的读者可以参考下文中的“小知识：立即数与修改过的寄存器”

指令类型	指　令	效　果	指令描述
算术运算指令	add Rd,Rn,Op2	Rd←Rn + Op2	加法运算
	sub Rd,Rn,Op2	Rd←Rn - Op2	减法运算
	mul Rd,Rn,Op2	Rd←Rn * Op2	无符号乘法运算
	div Rd,Rn,Op2	Rd←Rn/Op2	无符号除法运算
	neg Rd,Rn	Rd←-Rn	取相反数

（续）

指令类型	指　　令	效　　果	指令描述
逻辑运算指令	and Rd,Rn,Op2	Rd ← Rn&Op2	按位与
	orr Rd,Rn,Op2	Rd ← Rn|Op2	按位或
	eor Rd,Rn,Op2	Rd ← Rn ⊕ Op2	按位异或
	mvn Rd,Rn	Rd ← ~ Rn	按位取反
移位指令	asr Rd,Rn,Op2	Rd ← Rn $>>_A$ Op2	算术右移
	lsl Rd,Rn,Op2	Rd ← Rn << Op2	逻辑左移
	lsr Rd,Rn,Op2	Rd ← Rn $>>_L$ Op2	逻辑右移
	ror Rd,Rn,Op2	Rd ← Rn $>>_R$ Op2	循环右移
数据搬移指令	mov Rd,Op2	Rd ← Op2	数据移动

接下来，我们将以一个哈希函数（代码片段 3.1）为例来熟悉处理器提供给可执行程序的数据处理接口。在这段代码中，C 语言源代码中共有五个算术操作，包括重复了两遍的右移和异或操作，以及一个加法操作。对应到汇编代码中，内容相同的第 2 行和第 5 行都是同时完成了右移（asr）和异或（eor）操作，而第 3 行将加法操作的操作数加载到寄存器，再由第 4 行完成加法（add）操作。

代码片段 3.1　哈希函数的 C 语言代码及对应的汇编代码

```
1 int hash(int src)
2 {
3   src = ((src >> 16) ^ src) + 0xbeef;
4   return (src >> 16) ^ src;
5 }
```

```
1 hash :
2   eor     w0, w0, w0, asr 16
3   mov     w1, 48879
4   add     w0, w0, w1
5   eor     w0, w0, w0, asr 16
6   ret
```

小知识：立即数与修改过的寄存器

源数据中的 Op2 不一定是寄存器。例如，mov w1, 48879 中的源数据就是**一个立即数**（Immediate）⊖，在汇编语言中用于表示常量。eor w0, w0, w0, asr 16 中的 w0, asr 16 部分在 AArch64 架构中被称为**修改过的寄存器**（Modified Register），它代表将 w0 寄存器的值向右移 16 位后的结果作为 eor 指令的源数据之

⊖ AArch64 汇编程序中的立即数可写为一个单独的数值，也可写为一个“#”符号后跟一个数值。编译器生成的汇编代码采用哪种方式视编译器实现而定，两者均是合法的。

一。编译器在生成汇编代码时常常会运用修改过的寄存器来减少指令数量和用于存放中间结果的寄存器占用量，以优化程序的运行效率。

练　习

3.2　假设上例中的哈希函数开始执行时 w0 寄存器的值为 0x87654321。

(a) 请根据表 3.1 中的指令格式与功能介绍，写出函数执行每条指令后 w0 寄存器的值。

汇编指令	执行后 w0 寄存器的值
eor w0, w0, w0, asr 16	
mov w1, 48879	
add w0, w0, w1	
eor w0, w0, w0, asr 16	

(b) 思考一下，如果将上表中使用的寄存器全部换成 x0 和 x1，这些指令还会得到相同的执行结果吗？为什么？

处理器视角下的内存

在执行程序的过程中，处理器往往需要与内存进行数据交换。程序中的绝大部分数据都是存放在内存中的，处理器在进行运算之前需要先将数据从内存加载到寄存器，计算完成后再将结果从寄存器写回内存。因此，ISA 需要提供内存的加载指令与存储指令，分别实现内存的读取与写入功能，合称为访存指令。表 3.2 列出了 AArch64 指令集中的访存指令。接下来我们将通过 swap 函数（用于交换两个内存位置中的数据，见代码片段 3.2）来介绍它们的使用方式。

表 3.2　AArch64 指令集中的访存指令。表中 R_s 指寄存器的大小，mem[a : b] 指地址 a 到地址 b 的内存范围

指令类型	指　令	效　果	指令描述
加载指令	ldr R, addr	R ← mem[addr : addr + R_s]	从内存加载数据到寄存器
	ldp R1, R2, addr	R1, R2 ← mem[addr : addr + $R1_s$ + $R2_s$]	从内存加载数据到两个寄存器
存储指令	str R, addr	R → mem[addr : addr + R_s]	将寄存器中的数据存储到内存
	stp R1, R2, addr	R1, R2 → mem[addr : addr + $R1_s$ + $R2_s$]	将两个寄存器中的数据存储到内存

代码片段 3.2　swap 函数的 C 语言代码及对应的汇编代码

```
1 void swap (int* a, int* b)
2 {
```

```
3     int temp = *a;
4     *a = *b;
5     *b = temp;
6 }
```

```
1 swap:
2     ldr w3, [x1]
3     ldr w2, [x0]
4     str w3, [x0]
5     str w2, [x1]
6     ret
```

代码片段 3.2 的汇编部分用两个阶段完成了数据位置的交换：第一个阶段（第 2、3 行）使用加载指令 `ldr` 从内存中读取 `a` 和 `b` 两个指针指向的值，第二个阶段（第 4、5 行）使用存储指令 `str` 将刚才读取的两个值以相反的顺序放回内存中 `a` 和 `b` 所指向的位置。可以知道，指令中的 `w2` 和 `w3` 是寄存器，用于存放从内存中读出的数据，但 `[x0]` 和 `[x1]` 是什么意思呢?

从处理器的视角来看，内存就是一个很大的数组，数组中的每个元素为 1 字节，数组的索引称为**内存地址**（Memory Address）。在使用加载指令和存储指令访问内存时，指令需要指定所访问的内存地址；处理器解析指令得到地址，并根据地址在内存中找到对应的数据，这个过程称为**寻址**（Addressing）。寻址可以有不同的模式，在 AArch64 架构中，寻址主要包括两种模式，分别称作**偏移量寻址**（Offset Addressing）与**索引寻址**（Index Addressing）。两种寻址方式都涉及**基地址**（base）和**偏移量**（offset）。偏移量寻址的格式为 `[base, offset]`，以基地址和偏移量之和作为目标内存地址。索引寻址则可以进一步分为**前索引寻址**（格式为 `[base, offset]!`）和**后索引寻址**（格式为 `[base], offset`），两者都将基地址作为目标内存地址，并分别在寻址操作前后将基地址的值更新为基地址与偏移量之和。上面例子中的 `[x0]` 和 `[x1]` 使用的就是偏移量寻址，这里的 `x0` 和 `x1` 寄存器的值被作为基地址，偏移量则被省略了。在 3.1.4 节中，我们会接触到索引寻址在函数中的应用。

练 习

3.3 假设内存区域 0x1000 ~ 0x1008 及通用寄存器 `x0` 和 `x1` 的内容如下（字节序为小端序）。

内存地址	内存地址的值	寄存器	寄存器的值
0x1000	0x01234567	x0	0x1000
0x1004	0x89abcdef	x1	0x1

请计算出下表中每条指令执行后相关寄存器或内存位置的值（指令之间没有相互影响）。

指令	位置	值
ldr x2, [x0]	x2 寄存器	
ldr w2, [x0, #2]	x2 寄存器	
str w1, [x0, x1, lsl #2]	内存区域 0x1000 ~ 0x1008	
stp w0, w1, [x0]	内存区域 0x1000 ~ 0x1008	

3.1.3 条件结构：程序分支和条件码

在介绍程序的运行时，我们曾介绍过指令的两种执行模式：顺序执行和跳转执行。其中，顺序执行是处理器默认的执行模式，而跳转执行主要是为了与条件判断相结合以实现“有条件的代码执行”。在ISA的支持下，程序可以通过判断一个条件是否满足来决定是否需要跳转到另一条指令的位置，从而实现条件分支和循环等复杂程序设计中不可或缺的结构。这牵涉两个重要功能：跳转到目标代码位置，以及根据条件判断决定是否执行下一条指令。接下来，我们以一个幂函数（见代码片段3.3）为例分别讲解ISA对这两个功能的实现，即程序分支与条件码。

代码片段3.3 幂函数的C语言代码及对应的汇编代码

```
1 int power(int x, unsigned int n)
2 {
3   int result = 1;
4   for (unsigned int i = n; i > 0; i--)
5     result *= x;
6   return result;
7 }
```

```
 1 power:
 2   mov    w2, w0
 3   mov    w0, 1
 4   cbz    w1, .L1
 5 .L3:
 6   mul    w0, w0, w2
 7   subs   w1, w1, #1
 8   bne    .L3
 9 .L1:
10   ret
```

分支目标与分支指令

我们在观察幂函数的汇编代码时可能会首先注意到，在函数名power之外还有两个标签（Label），分别是“.L3”和“.L1”。这些标签在汇编语言中专门用来定位某处汇编代码或数据的地址，对它们的引用会在汇编程序到可执行程序的转变过程中被翻译为真实的地址，而它们本身不会出现在可执行程序中。在我们的例子中，“.L3”指示的是 mul w0, w0, w2 指令的地址，“.L1”指示的是 ret 指令的地址。

有了用于定位的标签，我们还需要能够跳转到标签位置的分支指令（Branch Instruction）。例子中总共展示了两种分支指令。一种如 bne .L3 所示，它根据前一条指令执行的状态（如结果是否为零、计算过程中是否产生溢出）来判断自己的条件是否满足，若满足则跳转。在这里，指令中的“b”代表“Branch”，“ne”代表“Not Equal”，其语义是“当运算结果与零不相等时跳转”。另一种则如 cbz w1, .L1 所示，根据本条指令内置计算的执行状态而非前一条指令的执行状态进行条件判断。指令中的“c”代表“Compare”，“z”代表“Zero”，因此该指令在 w1 的值为零时会跳转到“.L1”，否则继续顺序执行。

条件判断与条件分支

对于 bne 这种没有内置计算功能的指令而言，上一条指令的执行状态是如何传达给它的呢？一种简单的想法是为每一种可能的条件设置一个寄存器（或某个寄存器中的一位），并根据上一条指令的执行状态设置这些寄存器（或位）。常见的 ISA 确实采用了类似的设计，只不过会将所有复杂的条件表示为寥寥几个特征的组合，这样就只需要记录每次条件计算是否表现出这些特征，大大减少了条件计算的开销。这些特征统称为条件码（Condition Flag），一般会被实现为记录程序运行状态的状态寄存器（如 x86 的 FLAGS、AArch64 的 PSTATE）中的若干个位。虽然在不同架构中的命名有所区别，但条件码一般只包含四位，分别表示计算结果的正负、计算结果是否为零、计算是否产生进位或借位以及计算是否产生有符号溢出。在 AArch64 架构中，这四个条件码分别称为 N（Negative）、Z（Zero）、C（Carry）、V（Overflow）。常见的分支条件及对应的条件码如表 3.3 所示。

表 3.3　常见的分支条件及对应的条件码

条　件	含　义	对应的条件码（NZCV）
EQ	相等	Z = 1
NE	不等	Z = 0
MI	负数	N = 1
PL	非负数	N = 0
HI	无符号大于	C = 1 且 Z = 0
LO	无符号小于	C = 0
LS	无符号小于或等于	C = 0 或 Z = 1
GE	有符号大于或等于	N = V
LT	有符号小于	N != V
GT	有符号大于	Z = 0 且 N = V
LE	有符号小于或等于	Z = 1 或 N != V

小知识：条件码的更新

细心的读者可能会注意到上例中进行减法运算的指令是 subs，和我们前面介绍的 sub 有所差异。事实上，这是为了根据减法运算的结果更新条件码。在 AArch64 架构中，算术逻辑运算指令只有加上 s 后缀才会更新条件码的值，这点与 x86 架构中绝大部分算术逻辑运算指令都会更新条件码的值有很大区别。

除了带有 s 后缀的算术逻辑运算指令外，AArch64 还支持 cmp、cmn 和 tst 三个专门的比较指令，它们分别根据操作数之差、操作数之和以及操作数相与的结果修改条件码。分支条件的设计是符合编程人员使用 cmp 指令时的直觉的。例如，在执行 cmp x0, x1 后使用 bgt 指令进行条件跳转，则会在 x0 寄存器中的值大于 x1 寄存器中的值时跳转。

下面我们来讨论条件分支指令是如何根据条件码的值决定是否需要跳转的。以代码片段 3.3 为例，编译器生成的 subs w1, w1, #1 指令既完成了 i-- 的操作，又更新了条件码的值。由于 i 被声明为一个非负的无符号变量，C 语言源代码中 i > 0 的判定条件与“i-- 的结果不为零”事实上是同时成立的，因此汇编代码可以通过判定 subs w1, w1, #1 指令得到的结果是否等于零来决定是否要离开循环。bne .L3 指令正是发挥了这个作用：NE 条件成立的条件是 Z=0，即上条指令（在这里是 subs w1, w1, #1）计算结果不为零。如果条件成立，说明 i 还没有减小到零，那么控制流会跳转回 while 循环的开头（.L3）并开始下一次循环；反之，说明循环条件已经不成立了，因此不进行跳转，控制流离开 while 循环。如果 i 是一个有符号变量的话，编译器会生成不同的跳转条件（例如 bgt）以明确地表达 i > 0 这一条件。

小知识：AArch64 中的分支指令

AArch64 架构中的分支指令可以分为两种：直接分支指令与间接分支指令。其中，直接分支指令以标签对应的地址作为跳转目标，又进一步分为无条件分支指令 b 和条件分支指令 bcond（cond 代表具体的条件，例如 beq，具体参见表 3.3）。间接分支指令 br 则以寄存器中的地址作为跳转目标。

练　习

3.4　在幂函数的 C 语言代码中，我们可以观察到迭代器 i 的初始值被赋为 n。为什么在汇编代码中我们找不到为迭代器所在的 w1 赋初始值的指令？（请在完成下面两节有关函数的学习后回答这个问题。）

3.5　假设两个通用寄存器的值如下表所示。

X0	X1
5	−3

(a) 根据前面介绍的条件码定义和更新条件码指令的工作原理，计算出下表中每条指令执行后条件码的值。

指　令	N	Z	C	V
adds x0, x0, x1				
subs x0, x1, x0				
cmp x0, x1				
tst x0, x0				

(b) 根据前面介绍的分支条件定义，判断在执行 cmp x0, x1 后下表中的每条条件跳转指令是否会跳转。

指　令	是否跳转
beq	
bge	
bhi	
blo	

3.1.4　函数的调用、返回与栈

与前面介绍的计算、访存和跳转相比，高级语言中的函数这一抽象在汇编语言层面的实现更为复杂。首先，函数的调用与返回意味着控制流在调用者与被调用者之间的交接，ISA 一般会提供专门的函数调用指令与返回指令来完成这项任务。其次，函数在运行过程中需要占用部分内存来存放调用参数和局部变量等数据，ISA 采用运行时栈（Runtime Stack）为每个函数的实例分配可供临时使用的内存，并在函数实例返回后释放内存。接下来，我们将以一组简单的平方函数与立方函数（见代码片段 3.4）为例，详细介绍 ISA 为函数抽象提供的支持。

代码片段 3.4　平方函数与立方函数的 C 语言代码及对应的汇编代码

```
1 int square(int n)
2 {
3   return n * n;
4 }
5
```

```
6 int cube(int n)
7 {
8   return n * square(n);
9 }
```

```
 1 square:
 2   mul     w0, w0, w0
 3   ret
 4 cube:
 5   stp     x29, x30, [sp, -32] !        # 前索引寻址
 6   mov     x29, sp
 7   str     x19,  [sp, 16]
 8   mov     w19, w0
 9   bl      square
10   mul     w0, w0, w19
11   ldr     x19,  [sp, 16]
12   ldp     x29, x30, [sp], 32           # 后索引寻址
13   ret
```

函数的调用指令与返回指令

函数的调用与返回过程涉及调用者与被调用者之间的控制流交接。具体而言，调用者需要知道被调用者的第一行代码地址，以跳转到被调用者的代码区域；被调用者也必须知道调用代码的位置，这样在执行完成后才能返回调用处，使调用者可以继续执行。前者相对容易，只要用一个标签表示函数名，前文提到的跳转执行就可以实现这一功能；后者比较复杂，因为同一个函数可能被不同的调用者调用，所以被调用者无法在实际被调用之前确定调用代码的位置。因此，处理器需要在发生函数调用时，将调用指令后的下一条指令地址保存在某个位置，从而在被调用者运行返回指令时，可以从该位置取出地址以继续执行——这个地址被称为返回地址（Return Address）。由此可见，函数调用指令需要完成两个任务：跳转到目标函数和保存返回地址。

尽管跳转的方式基本相同，但不同架构保存返回地址的方式却有着不小的差异。例如，x86 架构中的函数调用指令（`call`）会直接将返回地址保存到内存，返回指令（`ret`）则会从同一个内存位置读取返回地址，并跳转到要返回的代码处。而 AArch64 架构中的函数调用指令（`bl`）会将返回地址保存在一个特定的寄存器中，返回指令（`ret`）则会从该寄存器中读取地址并跳转过去。这个寄存器就是返回地址寄存器，在 AArch64 上实现为通用寄存器中的 X30 寄存器，别名为 LR（Link Register）。图 3.5 给出了一个例子，描述函数调用和返回过程中 PC 和 LR 寄存器的变化。AArch64 之所以如此实现，是因为 RISC 架构为了降低硬件的复杂度只允许专门的访存指令与内存进行数据交换，其他指令（包括函数调用指令）则只能访问处理器内部的寄存器。

在上面的例子中，如果被调用的函数在执行过程中又调用了其他函数，那么 LR 寄存器的值会被覆盖，这个问题该如何解决呢？事实上，编译器会在每个函数调用指令之

前和之后某处生成额外的代码，分别完成“将 LR 的旧值保存到内存”和“将内存中保存的值恢复到 LR”两个任务。注意，如果一个函数中没有对其他函数的调用（例如上例中的 square 函数），编译器就无须保存和恢复 LR 的值。与直接将返回地址保存到内存的 x86 架构相比，这种方式可以减少两次内存访问。

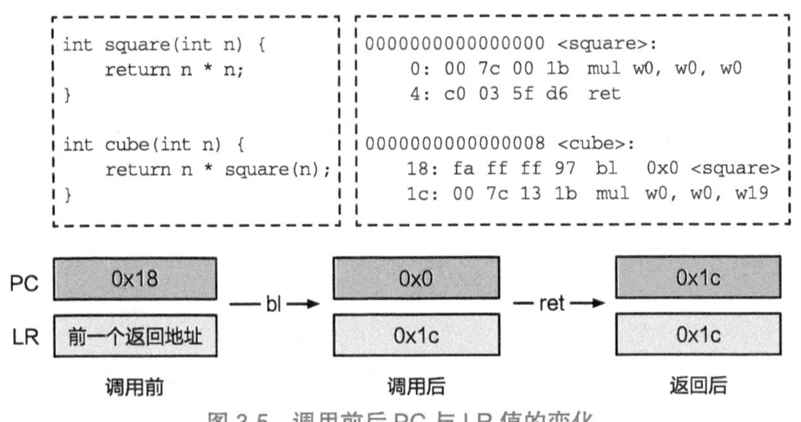

图 3.5 调用前后 PC 与 LR 值的变化

运行时栈：保存函数中的局部状态

每个函数在运行期间（从被调用到返回前）都需要一段内存来存放其局部状态，例如被调用时传入的实际参数、函数内声明的局部变量，等等。由于函数的调用可以嵌套，程序执行过程中往往存在多个未返回的函数，这些函数占用的内存区域被按照调用顺序排列在一起，新被调用的函数从这个序列的尾部申请内存，已经返回的函数释放自己占用的内存。考虑到函数调用的模式是“先被调用者后返回”，这些排列好的内存区域事实上可以被看作栈结构，其中先被调用的函数对应的内存区域更靠近栈底，也就更晚出栈（被释放）。我们将这个结构称为运行时栈或函数栈，在操作系统语境下一般简称“栈”。处理器一般会设置一个专门的栈寄存器来存放指向栈顶的指针——栈指针（Stack Pointer），它指示着当前运行时栈的大小：大于栈指针的地址是已经分配给某个函数的，而小于栈指针的地址是未分配的[⊖]。在运行过程中，函数可以通过增大与减小栈指针的值分别在栈上分配与释放内存。

每个函数在栈上拥有的连续内存空间称为函数的栈帧（Stack Frame）。当前函数的栈帧在内存中的起始位置称为帧指针（Frame Pointer，FP），一般由一个寄存器来专门保存，如 AArch64 架构将 FP 保存在 X29 通用寄存器。编译器在生成函数的汇编代码时，会分别向函数的开头与末尾插入创建栈帧与释放栈帧的代码，从而保证生命周期已经结束的函数所占用的内存能够被正确地回收。图 3.6 展示了随着函数的调用与返回栈帧被创建与删除的机制。

⊖ 这是因为运行时栈一般从高地址向低地址增长。

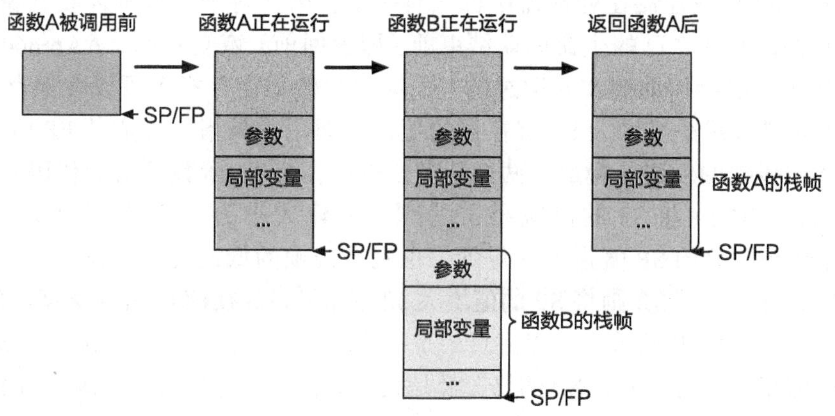

图 3.6　栈的内容在函数调用与返回过程中的变化，图中的函数 A 与函数 B 为调用关系。栈帧中每项内容的相对位置和被插入栈帧的时机由编译器决定，不同的编译器甚至同一编译器的不同版本可能会产生不同的栈帧结构

小知识：FP 的作用

如果我们知道了一个函数的栈帧位置，就可以通过偏移量寻址来访问这个函数管理的全部局部状态。由于每个调用者的 FP 都被保存在被调用者的栈帧中，FP 可以被用于实现**栈追踪**（Stack Trace），即从当前函数开始向前追溯出调用链中每个函数的栈帧，并获取栈帧中的局部状态。栈追踪在程序调试与漏洞修复中是非常重要的信息，本书的第一个实验包含一个简单的栈追踪实现，以加深读者对于运行时栈和调用惯例的理解。

考虑到保存和恢复 FP 需要额外的访存开销，而 FP 在程序的运行中又只起到帮助调试的作用，很多追求性能的项目会通过配置编译器来禁用 FP，也就是不再设置、保存与恢复 FP 的值。

小知识：重合的 FP 与 SP

细心的读者可能会注意到图 3.6 中的 FP 与 SP 重合了。事实上，这是编译器在栈上分配空间的方式所导致的。ARM 平台的编译器往往在函数开头直接将函数需要的所有栈内存分配完成，因此 SP 的值在函数执行过程中不会改变，与 FP 一般是重合的[⊖]。x86 平台的编译器一般会使用入栈 / 出栈指令在函数执行过程中动态地分配和释放小段栈空间，SP 会随之改变，但 FP 始终指向栈帧的起始位置，SP 与 FP 之间的内存范围即当前函数的栈帧。

⊖ ARM 平台编译器编译出的程序也存在 FP 与 SP 不重合的情况，例如利用栈传递参数时，压入栈中的参数不属于当前函数栈帧，处于 SP 与 FP 指示的内存地址之间。我们会在下一节进一步了解这种情况下栈的状态（图 3.7）。

由于FP和LR寄存器在处理器中都只有一份，因此每个函数都需要在覆盖这些值之前保存它们，并在自己的生命周期结束前（即返回前）恢复它们。AArch64平台编译器生成的代码一般会借助前文介绍过的索引寻址，使得访存指令可以在保存或恢复FP和LR的值的同时减小或增大SP寄存器的值，从而用一条指令完成“FP/LR值的保存与恢复”和“栈帧的创建与释放”两个任务。例如，`cube`函数开头的代码`stp x29, x30, [sp, -32]!`将SP的值减小32字节（创建大小为32字节的栈帧），并将FP和LR保存到*更新后*的SP值指示的位置，也就是栈帧的低地址处。返回前的代码`ldp x29, x30, [sp], 32`则将SP的值增大32字节（释放栈帧），并从*更新前*的SP值指示的位置恢复FP和LR的值。值得注意的是，这两条指令在函数中的位置、数据在寄存器和内存间的流动方向以及对SP的修改都是完全对称的，这是为了在函数的生命周期结束后消除它对栈和寄存器状态的影响。

3.1.5 函数的调用惯例

在上一节中，我们探讨了控制流在调用者与被调用者间的交接过程，以及函数分配和释放临时内存的方式。事实上，调用者与被调用者之间需要交接的不仅是控制流，还有参数、返回值等数据。另外，由于调用者与被调用者共用同一组通用寄存器，它们还需要协调寄存器的分配，并在必要的时候对使用中出现冲突的寄存器进行保存和恢复。调用者和被调用者之间应当如何协调并不是由硬件的ISA决定的，而是由软件的调用惯例（Calling Convention）来规范的，并由编译器来实现。调用者与被调用者双方只有遵循调用惯例，才不至于在使用处理器时产生冲突，从而正确地完成数据的交接。

调用惯例是函数调用过程中调用者与被调用者双方需要遵循的规范。上一节的内容已经涉及调用惯例中栈帧的创建与回收、LR和FP的保存与恢复等部分，本节则会探讨调用惯例中另外两个比较重要的约定：调用前后通用寄存器应当由谁来保存，以及参数与返回值如何在调用者与被调用者间传递。

寄存器保存：位置与方式

由于所有的函数都共享同一批通用寄存器，不同的函数对通用寄存器的使用难免发生冲突。为防止调用者存放在通用寄存器中的值被覆盖，调用惯例通常将通用寄存器划分成两部分，一部分由调用者保存（Caller-saved），另一部分由被调用者保存（Callee-saved）。具体而言，调用者需要在调用函数前保存一些通用寄存器的值，并允许被调用者随意使用这些寄存器；另一些通用寄存器的值则需要在调用前后保持一致，因此被调用者在修改这些寄存器的值之前需要先保存原值，并在返回前进行寄存器值的恢复。

在AArch64架构中，X9～X15由调用者保存，X19～X28由被调用者保存。上一节中展示的`cube`函数使用了一个由被调用者保存的寄存器（X19），因此在使用之前将它的值保存到栈帧中（`str x19, [sp, 16]`，这部分称为寄存器保存区），并在返回前进行了相应的恢复工作（`ldr x19, [sp, 16]`）。

练　习

3.6　关于函数的调用惯例，请回答以下问题。

(a) 调用者保存的寄存器和被调用者保存的寄存器中，哪一种适合存放生命周期较长、在整个函数内各处都会用到的变量？哪一种适合存放只是在一小段代码中临时用到的变量？

(b) 为什么不让调用者保存所有的寄存器，或让被调用者保存全部的寄存器？

数据传递：参数与返回值

函数调用期间，调用者和被调用者双方进行数据交换的方式主要有两种：调用者向被调用者传递**参数**，以及被调用者向调用者返回**返回值**。大部分处理器架构都会优先用寄存器完成参数和返回值的传递，例如 AArch64 架构中会分别用 X0 ～ X7 来传递前 8 个参数，并用 X0 传递返回值，如果有更多的参数则会保存到栈上（这部分称为参数构造区）。例如，在 cube 函数中，第一个参数 n 的值就放在 w0 中。由于 n 被直接作为参数传递给了 square 函数，第 9 行代码没有进行额外的参数准备就直接用 bl 指令调用了 square 函数。再观察 square 函数的代码，可以发现它将乘法的结果同样放在了 w0 中，作为返回值传递回 cube 函数。

小知识

在较低的优化等级下，AArch64 编译器会让每个函数在开始时将每个实际参数保存到栈帧中的**参数保存区**（见图 3.7），以保证这些参数的值在整个函数的生命周期内都可以被随时引用。为了减少内存访问带来的开销，高优化等级更倾向于使用被调用者保存的寄存器（X19 ～ X28）来保存参数，如 cube 函数中的 mov w19, w0。

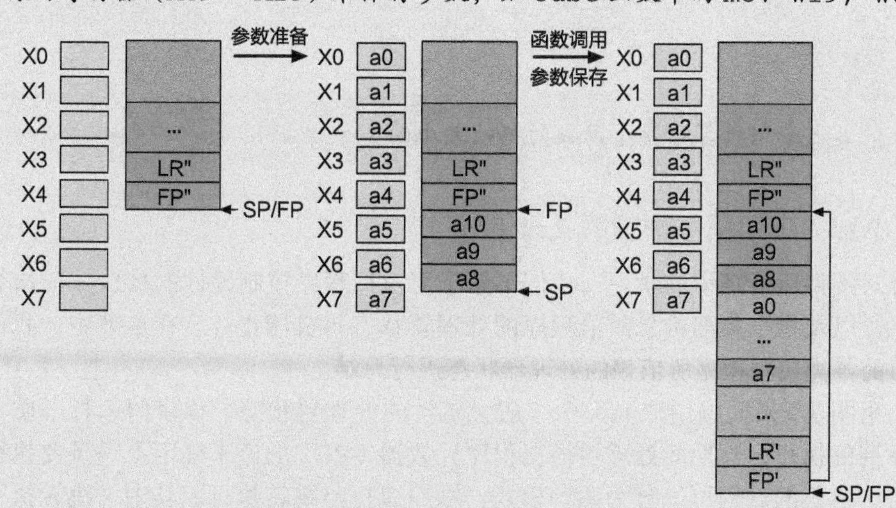

图 3.7　函数调用时的参数传递和保存过程

完整的栈帧结构

经过前面对调用惯例的学习，我们对AArch64的栈帧结构有了更全面的认识。每个函数除了在栈帧中保存FP和LR的旧值外，还会利用栈帧中的不同区域来分别存储调用时传递的实际参数、函数内部分配的局部变量、需要保存的寄存器值等数据（见图3.8）。

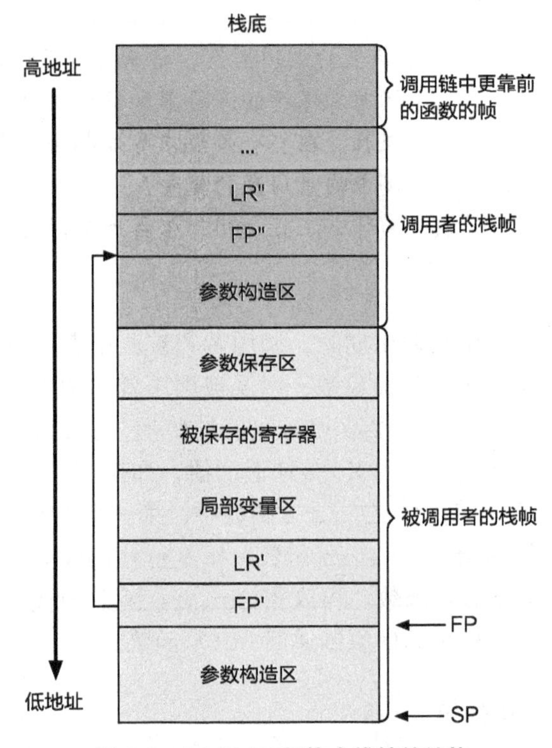

图3.8 AArch64架构中栈帧的结构

回想一下前面几节学习的例子，我们可以发现并非所有函数都需要栈帧。换句话说，栈帧中的每个区域都是可选的。考虑前面例子中的`square`函数，首先，它不包含对其他函数的调用，因此不需要担心LR与FP的值被覆盖的问题，也就不需要保存LR与FP的值；其次，它也不需要参数构造区来准备调用时需要传递的参数。X9～X15寄存器足以存放它的所有局部变量，因此用不到需要被调用者保存的寄存器，也就不需要寄存器保存区和局部变量区。它的形式参数在生命周期内仅被使用一次，因此不需要参数保存区。这样一来，对于这个函数来说栈帧中的每个部分都没有存在的必要，编译器也就不会为它分配栈帧了。

练　习

3.7　编译器是如何计算出每个函数的栈帧大小的？

3.1.6　小结：应用程序依赖的处理器状态

经过对硬件运行环境的学习，我们了解了可执行程序控制硬件的接口——指令集架构（ISA），以及指令集架构暴露给程序的处理器状态与机器指令。在本节中，我们将对之前学习的各类应用程序所依赖的处理器状态进行总结。

我们用图3.9来回顾用户ISA中一般会包含的处理器状态。程序的运行本质上是机器指令序列的执行，这期间处理器根据程序计数器（PC）的值来确定下一条要执行的指令的位置。执行的过程可以分为两种模式：顺序执行与跳转执行。其中，跳转执行往往用于实现分支、循环等控制结构，这要依靠存储在状态寄存器中的条件码来记录上一条指令的执行状态，从而对程序中定义的条件进行判断，以决定接下来是否进行跳转。在进行运算时，程序需要先将数据从内存加载到通用寄存器中，运算完成后再将结果写回内存。在进行函数调用时，调用者可通过通用寄存器和内存将参数传递给被调用者；被调用者在运行时所使用的本地变量以及函数返回的地址被保存在运行时栈中，处理器通过栈寄存器来保存当前栈顶的位置。

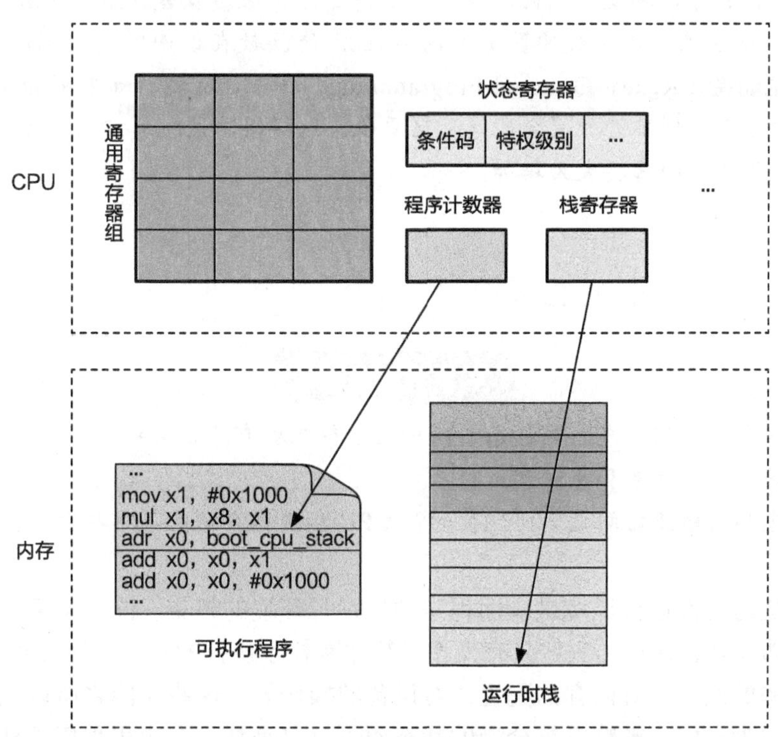

图 3.9　应用程序依赖的处理器状态，包括通用寄存器组、状态寄存器、程序计数器和栈寄存器。其中，程序计数器和栈寄存器分别存放内存中机器指令和运行时栈的地址

应用程序在执行的过程中，由于某些原因（比如时间片运行结束，需要访问硬件设备等）会切换到操作系统执行，那么在操作系统开始执行前，这些在处理器中属于应用程序的状态必须保存起来，等操作系统运行结束再恢复，从而继续应用程序的运行。我们将会在下一节探讨进程的概念时对此进行更深入的阐释。

小知识：栈的增长方向

虽然运行时栈的增长方向因架构和编译器而异，但大部分情况下我们见到的栈都从高地址向低地址增长，这种设计其实是为了充分利用内存空间。应用程序能够动态分配的内存主要分为两类：栈内存和堆内存。为了让栈和堆可以共享同一个大的内存池，操作系统往往会让栈与堆从一块内存区域的两端向中间增长。其中，堆从低地址向高地址增长，而栈从高地址向低地址增长。

这样的设计事实上带来了严重的安全问题。如果应用程序在栈上分配了一块缓冲区并向其写入数据，一旦写入的数据量超过了缓冲区的大小，超出的部分就会覆盖栈上的其他数据，即**缓冲区溢出**（Buffer Overflow）。由于栈的增长方向是从高到低的，与缓冲区溢出的方向相反，因此攻击者可以通过溢出来覆盖返回地址（因为当前函数的返回地址会被保存在比缓冲区更高的地址），使函数在返回时跳转到恶意代码处，实现**控制流劫持**（Return-Oriented Programming）攻击。反之，如果栈的增长方向是从低到高的，返回地址的位置会比缓冲区更低，这样缓冲区就算溢出也无法覆盖返回地址的值，使攻击的难度大大增加。

3.2 操作系统的硬件运行环境

本节主要知识点

- 为什么要区分用户态与内核态？两者的运行环境有什么区别？
- 什么是中断、异常和系统调用？
- 用户态和内核态之间是如何切换的？CPU 和内核分别做了哪些操作？

操作系统的硬件运行环境是应用程序硬件运行环境的超集：除了运算、访存、函数调用等基本功能外，还包括一些只有操作系统才有权限执行的功能，比如对 CPU 中断的开关、对频率的调整、对内存的配置、对设备的操作等。这些功能之所以只允许操作系统使用，是因为它们会影响系统全局的状态而不仅仅是某一个应用程序的状态。为了区分操作系统与应用程序的不同运行环境，现代 CPU 通常会提供不同的特权级，让用户程序运行在低特权级，操作系统运行在更高的特权级，并限制只有高特权级才能执行特权操作。同时，CPU 也提供了在低特权级与高特权级之间的切换机制。

3.2.1 特权级别与系统 ISA

设想一下，如果不区分应用程序和操作系统运行的级别，换句话说，就是允许应用程序和操作系统一样能够使用硬件提供的所有功能、控制整个计算机，会发生什么呢？让我们考虑有多个应用程序同时运行的情况。在这些应用程序彼此配合良好且运行正常的情况下，即使不区分特权级别，系统也是可以正常运行的；但如果应用程序出现错误，则有可能影响其他应用甚至整个系统。例如，某个应用程序错误地运行了 CPU 的重置指令（`reset`），导致所有应用的状态丢失；两个应用配合失误，同时向内存或磁盘的同一个位置写入数据，则会导致其中一份数据的丢失。此外，由于应用程序有权限访问整个内存，如果运行了一个恶意应用程序，则该应用可以随意窃取或篡改其他应用程序在内存中的数据。可以看到，允许任意应用程序直接访问所有的硬件资源是非常危险的。实际上，本书第2章提到的简要结构就没有区分特权级别，通常用于一些简单场景（如嵌入式设备），但其应用场景相当受限。

为了区分应用程序和操作系统的运行权限，CPU为两者提供了不同的特权级别：用户态（User-mode）和内核态（Kernel-mode）。ISA作为CPU向软件提供的接口，也对应地分为用户ISA与系统ISA。在用户态运行的软件只能使用用户ISA，在内核态运行的软件则可以同时使用系统ISA和用户ISA。

3.1节介绍的ISA包括通用寄存器、栈寄存器、条件码寄存器、运算指令等，都属于用户ISA，系统ISA则包含系统状态、系统寄存器与系统指令。其中，系统状态包括当前CPU的特权级别、CPU发生错误时引发错误的指令地址、程序运行状态等。存储这些状态的寄存器称为系统寄存器（System Register），这些寄存器只能由运行在内核态的软件通过系统指令来访问。

运行在内核态的操作系统可通过系统ISA来管理系统的硬件以及应用程序。当运行在用户态的应用程序需要操作外部设备（比如向屏幕输出“hello, world”）时，需要向操作系统提出申请，由其代为完成。如果应用程序试图强行在用户态执行系统ISA中独有的系统指令，处理器会制止这次操作，并切换到内核态，由操作系统来决定应该如何处理这次越权操作（通常是中止该应用）。

小知识

操作系统并不一定完全运行在内核态。UNIX就把操作系统分为“内核”与“外壳”（shell）两部分，其中内核运行在内核态，shell运行在用户态并通过命令行与用户交互。由于内核态拥有最高控制权，一旦内核存在bug或被攻击者控制，其后果往往非常严重。因此，操作系统的设计者往往选择将部分功能放到用户态，从而减少内核的代码。第2章介绍的微内核架构就是一个很好的例子。在本章中并不刻意区分“操作系统”和“操作系统内核”。

案例分析：ARM的特权级别和系统ISA

真实的CPU并不一定只有用户态和内核态两种特权级别。我们以AArch64为例介绍CPU特权级别和系统ISA的一种具体实现。如图3.10所示，AArch64中的特权级别被称为异常级别（Exception Level，EL），共分为4个级别，其中应用程序运行在EL0，操作系统运行在EL1。CPU当前的特权级状态保存在PSTATE寄存器中，当CPU发生状态切换的时候，该寄存器中的状态会随之更新。4个级别具体如下：

- EL0：用户态，应用程序通常运行在该特权级别。
- EL1：内核态，操作系统通常运行在该特权级别。

- EL2：用于虚拟化场景，虚拟机监控器（Virtual Machine Monitor，VMM，也称为 Hypervisor）通常运行在该特权级别。
- EL3：与安全特性 TrustZone 相关，负责普通世界（Normal World）和安全世界（Secure World）之间的切换，本章主要集中在普通世界。

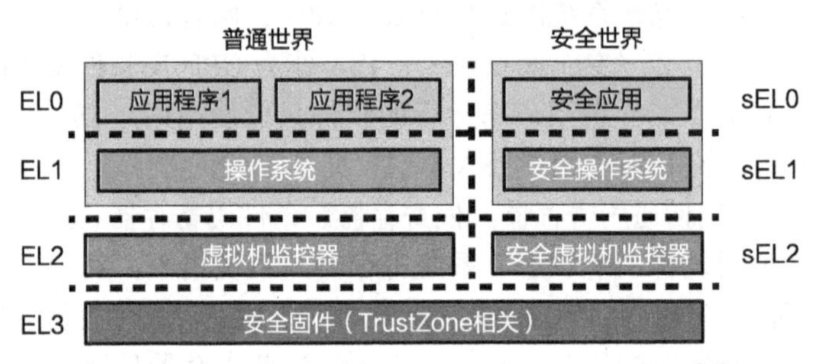

图 3.10 AArch64 架构下 CPU 的 4 个特权级别[1]

小知识

TrustZone 是从 ARMv6 架构开始引入的安全特性，如今已被广泛使用。该特性从逻辑上将整个系统分为安全世界和普通世界，计算资源可以被划分到这两个世界。安全世界可以不受限制地访问所有的计算资源，而普通世界不能访问被划分到安全世界的计算资源。EL2 的引入则是为了支持比操作系统权限更高的虚拟机监控器的运行，第 14 章将对其进行介绍。

需要注意的是，对于许多 ISA 来说，当 CPU 在内核态运行用户 ISA（比如函数调用）时，一般会使用用户 ISA 的寄存器（比如 SP）。这也是为什么从用户态切换到内核态时，首先需要将用户态寄存器的值保存到内存。AArch64 则采用了略微不同的方法：为一些常用的用户态寄存器在不同特权级提供不同的硬件副本。例如，对于栈寄存器 SP，AArch64 提供了 SP_EL0（用户态）与 SP_EL1（内核态）。其中，用户态在函数调用时使用 SP_EL0，无法访问 SP_EL1；内核态则使用 SP_EL1，但也有权限读写 SP_EL0。这么设计的好处在于，当 CPU 从用户态切换到内核态时，内核代码无须保存 SP_EL0 寄存器中的值，在切换回用户态时也无须恢复，从而可以降低切换的时延。

AArch64 的系统寄存器负责保存硬件系统状态，以及为操作系统提供管理硬件的接口。系统 ISA 提供了 `mrs` 和 `msr` 两条特权指令㊀，其作用是从系统寄存器中读取值（获取系统信息）或向系统寄存器中写入值（控制系统状态）。系统 ISA 的指令只有在特权态

㊀ `mrs` 和 `msr` 常常容易混淆，只需要记住 `mrs` 的全称是 Move to Register from State register，目标在前源在后，顺序与 `memcpy` 的参数是一样的。

才能运行，CPU 在执行相关指令前会先根据 PSTATE 中的状态来判断是否合法。例如，当 PSTATE 记录当前运行级别为 EL0 时，CPU 运行的指令无权访问 ELR_EL1 系统寄存器。由于 AArch64 有多个特权级，因此对于系统寄存器，也需要通过类似的后缀来表明这些寄存器在哪一个特权级下使用，例如 TTBR0_EL1（一阶段页表基地址寄存器）和 TTBR0_EL2（用于虚拟化的二阶段页表基地址寄存器）。表 3.4 总结了 AArch64 中的常用寄存器在 EL0 和 EL1 特权级下的可见情况。我们将在下一节介绍系统寄存器的用途。

表 3.4　AArch64 中的常用寄存器在不同特权级下的可见情况

寄存器		EL0	EL1	描　述
通用寄存器	X0 ～ X30	✓	✓	
特殊寄存器	PC	✓	✓	程序计数器
	SP_EL0	✓	✓	用户态栈寄存器
	SP_EL1		✓	内核态栈寄存器
	PSTATE	✓	✓	状态寄存器
系统寄存器	ELR_EL1		✓	异常链接寄存器
	SPSR_EL1		✓	已保存的程序状态寄存器
	VBAR_EL1		✓	异常向量表基地址寄存器
	ESR_EL1		✓	异常症状寄存器

注：PSTATE 寄存器中仅有 NZCV 四个条件码在 EL0 下可见。

3.2.2　异常机制与异常向量表

在提供多个特权级的同时，CPU 还需要提供在不同特权级之间切换的机制，本节主要关注用户态与内核态之间的切换过程。在 AArch64 平台，用户态与内核态的切换使用的是异常机制，其中，从用户态切换至内核态的过程称为陷入或下陷（Trap），从内核态切换至用户态的过程称为“从内核态返回”。为什么要称为“异常”机制呢？因为对应用程序来说，大部分时间都是在用户态执行代码，只有出现特殊情况，比如需要获得键盘输入、在显示器输出字符、被硬件产生的中断打断、发生应用程序无法处理的错误等，才需要“下陷”到内核态去处理。因此从应用程序的角度来看，下陷到内核是因为出现了“异常”情况，需要内核处理，处理完成后恢复“正常”，应用继续运行。在内核中处理异常情况的代码通常称为异常处理程序（Exception Handler）。

小知识

虽然这里说“异常”是从应用程序的角度来看的，但实际上 CPU 在内核态运行代码时也可能发生异常事件，同样会由内核的异常处理程序进行处理，唯一的区别是不需要“下陷”，即切换特权级——因为已经在内核态了。这种在异常处理时发生异常的情况通常是比较少见的，如果出现三次递归，在一些处理器平台（如 x86）则会被认为是严重错误，即“Triple-Fault”。

触发 CPU 异常机制的事件主要有三类：

- 在用户程序正常执行的过程中，CPU 可能收到一些来自外部的事件[1]，如硬件时钟会周期性地发出信号。这些事件会强行打断正在运行的程序，使 CPU 下陷到内核态由操作系统处理，之后恢复用户程序，从被打断的位置继续执行，整个过程中用户程序并不会意识到自己被打断过。这类来自 CPU 外部的事件一般称为中断（Interrupt）。
- 程序在执行中可能会遇到一些自身无法处理的问题，例如执行了一条格式错误的非法指令，或试图将数据写入只读的内存区域。这些事件同样会触发下陷，操作系统处理完成后，应用程序继续执行。若操作系统无法处理，则可强行终止程序，甚至触发重启。这类来自 CPU 内部的事件一般称为异常（Exception）。
- 用户程序主动触发异常，向操作系统发出执行特定操作的请求，CPU 通常会为这种情况提供一条特殊的指令（如 AArch64 的 `svc` 指令[2]）。这种情况就是系统调用（System Call）。因为系统调用也是在 CPU 内部发生的，所以系统调用也可以被看作异常的一种。

异常机制的控制流是不受应用程序控制的：一方面，发生异常后跳转的目的地址不由应用程序控制；另一方面，这种控制流突变可能在应用程序毫无准备的情况下随时发生，图 3.11 展示了发生异常时控制流在应用与内核之间的切换过程。在异常机制中，控制流变化的特殊性还体现在如何返回用户态上。在用户态发生函数调用时，被调用者返回后，会执行调用代码之后的下一条代码。而在异常机制中，操作系统返回用户态后可能有两种情况：一种情况是执行应用程序触发下陷的指令（如系统调用 `svc`）之后的下一条指令，另一种情况是重新执行触发下陷的指令本身（如缺页异常，后文会详细介绍）。

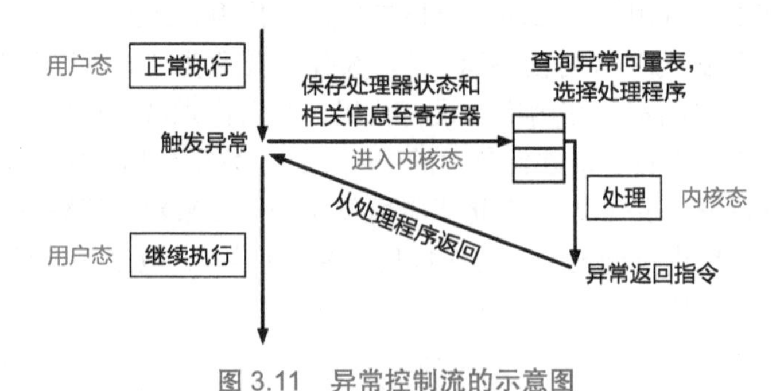

图 3.11　异常控制流的示意图

当系统发生异常事件导致“下陷”到内核态时，CPU 只允许从固定的入口开始执行。为此，操作系统需要提前将代码的入口地址“告诉”处理器。对不同类型的异常事

---

[1] 外部事件是指其他设备通过 CPU 的针脚（比如中断针脚）发送信号给 CPU。

[2] svc 的全称是 SuperVisor Call，此处 supervisor 即为操作系统。

件，CPU 通常支持设置不同的入口。这些入口通常以一张表的形式记录在内存中，也就是**异常向量表**，由操作系统负责构造。在系统启动后，操作系统会将异常向量表的内存地址写入 CPU 上的一个特殊寄存器——**异常向量表基地址寄存器**（如 AArch64 中的 VBAR_EL1 寄存器），然后开启中断，这样便完成了异常机制的初始化。

通过上文的介绍我们可以看到，异常向量表定义的其实是操作系统的“入口”。在初始化完成之后，操作系统之所以需要运行，是因为发生了异常事件需要处理。换句话说，如果应用程序运行一切“正常”，没有发生任何“异常”事件，那么操作系统就没有机会运行。在这种情况下，如果有一个应用程序运行了“`while(true);`”的空循环，没有任何系统调用，也不会运行出错，是不是就会独占 CPU，使操作系统永远没有机会运行呢？还好，这种情况并不会发生，因为还有中断。操作系统在运行应用程序之前，会先设置好硬件时钟以某个固定的频率（如每秒 1 000 次）产生中断，从而保证在应用运行一定时间（如 1ms）之后，一定会通过异常机制回到操作系统。通过时钟中断，操作系统牢牢地把握住了运行的主动权。但反过来，如果操作系统在关闭中断的情况下返回应用程序，很可能就“一去不复返”了。

中断与异常

不同体系结构表示中断和异常的术语有所差异。ARM 架构将中断称为“异步异常”，而将异常称为“同步异常”。这是因为中断是由硬件（如时钟）产生的，对 CPU 来说任何时候都可能发生，所以是异步；而异常是由软件产生的，对 CPU 来说，在某种条件下执行到某条指令一定会发生，所以是同步。x86 架构则采用和本书类似的术语，相对来说使用更为普遍，如表 3.5 所示。另一个不同之处在于：ARM 的“异常向量表”，x86 称之为“中断向量表”。

表 3.5　ARM 和 x86 的术语对比

本书术语	产生位置	ARM 术语	x86 术语
中断	CPU 外部	异步异常	中断
异常	CPU 内部	同步异常	异常（Fault/Trap/Abort）

小知识

有些情况在 x86 架构中会触发异常，在 ARM 架构中则不会。例如在进行整数除法时，如果除数是零，就会引入通用寄存器无法表示的无穷大量或无穷小量，因此处理器往往会对除数为零的情况进行特别处理。在 x86 架构中，除零是异常情况，会下陷到操作系统进行处理；而在 AArch64 架构中，除零的结果还是零，被视为有效计算。在设计操作系统时，应当考虑到此类硬件设计细节上的区别。

3.2.3 案例分析：ChCore 启动与异常向量表初始化

由于异常向量表定义了操作系统的入口，因此异常向量表的初始化是启动后立刻要做的重要步骤。此外，操作系统在启动过程中还需要完成许多系统全局状态的初始化，为操作系统和应用程序的执行准备好运行环境。完成这些工作后，操作系统便能切换到用户态运行应用程序了。本节将以 ChCore 为例，介绍 AArch64 架构下启动过程中可能涉及的系统 ISA，以及如何对异常向量表进行初始化。

在计算机启动时，CPU 执行的第一段代码其实并非 ChCore 的代码。以在树莓派上运行 ChCore 为例，在加电后，主板中的固件和 SD 卡中的 `bootloader` 将先后被加载到内存并运行，进行基本的初始化工作。之后，ChCore 的二进制文件将被 `bootloader` 加载到内存中约定好的位置，这时才从头开始执行 ChCore 的代码。

如代码片段 3.5 所示，位于 ChCore 起始位置的代码为 `_start`，这便是进入 ChCore 时执行的第一段代码。在多核机器中，所有核心都会同时开始执行 `_start`，ChCore 需要选择某个 CPU 核心作为主要核心（通常是第一个）来初始化操作系统，同时其他核心将被暂时阻塞。AArch64 为我们提供了 MPIDR 这个系统寄存器来获取当前 CPU 核心的编号。通过系统指令 `mrs x8, mpidr_el1` 来读取 MPIDR 的值，ChCore 便能根据情况采取不同的启动逻辑。

代码片段 3.5 ChCore 的启动代码中对异常向量表的初始化

```
1 _start:
2   mrs x8, mpidr_el1
3   and x8, x8, #0xFF
4   cbz x8, primary
5
6   /* Code for secondary core */
7   ...
8   /* Init exception vector */
9   bl set_exception_vector
10  ...
11
12 primary:
13  /* Code for primary core */
14  /* init UART, Virtual Memory mapping in C */
15  ...
16  /* Init exception vector */
17  adr x0, el1_vector
18  msr vbar_el1, x0
19  ...
20
21 /* Exception Table */
22 el1_vector:
23  /* entry for other type of exception */
24  ...
25
```

```
26  /* entry for synchronous exception from EL0 */
27  .align 7        //128 bytes for each entry
28  b sync_el0_64
29
30  /* entry for interrupt from EL0 */
31  .align 7        //128 bytes for each entry
32  b irq_el0_64
33
34  /* entry for other type of exception */
35  ...
```

小思考

为什么操作系统内核的启动代码要用汇编语言而非 C 语言编写？

系统 ISA 的许多指令（比如读取 MPIDR）在 C 语言中并没有对应的语句，因此只能用汇编语言编写。另一个原因是，C 语言所依赖的运行时栈在系统刚启动的阶段尚未建立起来，SP 寄存器也没有初始化，所以现阶段还无法运行 C 语言的函数调用。

随后，CPU 的主要核心将执行操作系统的一系列初始化工作，例如对外设的访问、虚拟内存映射、初始化异常向量表等，本节主要关注其中对异常向量表的初始化。在上述代码中，异常向量表存放在 el1_vector 代表的位置。在 AArch64 中，异常向量表中的每一项都可以存放 128 字节的指令，但 ChCore 只存放了一条跳转指令，用于跳转到不同异常事件对应的处理函数。例如，对于来源于用户态的同步异常，内核将跳转到 sync_el0_64，并在其中保存通用寄存器，根据异常的详细信息进行不同的处理；对于异步异常（即中断），内核将跳转到 irq_el0_64，并执行相应的处理。

在编译 ChCore 时，异常向量表的内容已按照 AArch64 的布局在二进制文件中构造好了。在启动阶段，异常向量表便作为二进制文件的一部分被 bootloader 直接加载到内存中。因此，进入内核后，ChCore 只需要将异常向量表的起始地址放入指定的系统寄存器，便可完成异常向量表的初始化工作。上述代码中，ChCore 将 el1_vector 代表的异常向量表起始地址，通过 msr 指令存储到 VBAR_EL1 寄存器中。之后发生异常事件时，处理器便能跳转到 VBAR_EL1 寄存器指向的异常向量表中对应的表项，并跳转到操作系统内核进行处理。

3.2.4 用户态与内核态的切换

在用户态与内核态的切换过程中，有许多任务需要完成。这些任务大致归为两类：一类是保存用户程序的状态，一类是准备操作系统的运行环境。其中，需要保存的状态主要是用户程序与操作系统共同使用、可能被操作系统覆盖的处理器状态。

准备操作系统的运行环境则包含更加复杂的操作。第一，为了处理异常事件，需要准备许多与异常事件相关的信息，例如异常事件的种类、触发事件的指令地址等；第二，由于操作系统所使用的栈不同于应用程序的栈，因此需要找到并切换至操作系统使用的栈；第三，根据不同的异常事件找到对应的异常处理函数地址，并跳转过去执行。不同处理器通常为每种异常情况分配好了编号[⊖]，根据异常编号，处理器便能自动在前文提到的异常向量表中找到对应的处理程序并进行跳转。

上述任务是由处理器与操作系统协同完成的。出于对通用性和复杂性的考虑，处理器只完成其中的必要步骤，剩余的步骤则需要操作系统来完成。接下来我们将以AArch64为例，介绍当异常发生时处理器与操作系统是如何协同实现特权级切换的。图3.12对切换过程中处理器状态中的软硬件分工进行了总结，我们先关注其中由处理器硬件完成的部分。

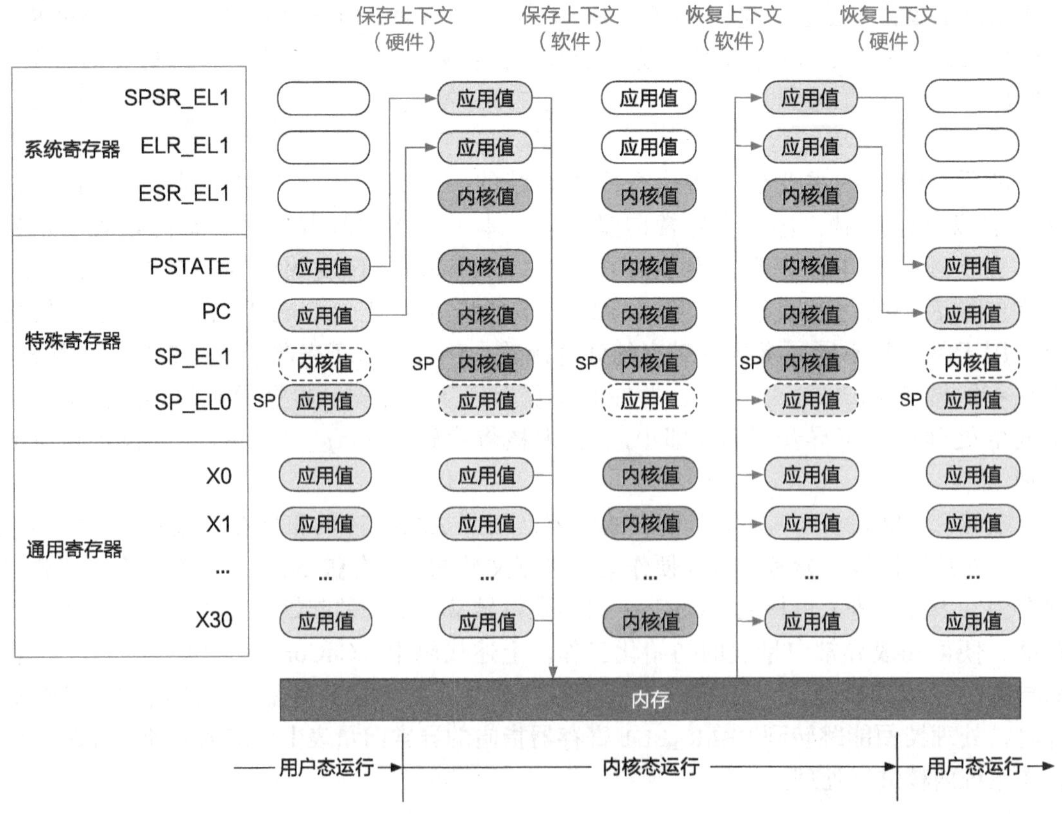

图 3.12　AArch64 架构下用户态 / 内核态切换过程中处理器状态的变化

⊖ 处理器的设计者同时也会保留一些编号，交由操作系统来分配。

处理器在特权级切换过程中的任务

在 AArch64 中，当从 EL0 切换到 EL1 时，处理器会进行如下操作。

1. 将发生异常事件的指令地址（即 PC 寄存器的值）保存在 ELR_EL1（Exception Link Register，异常链接寄存器）中。

2. 将异常事件的原因（例如，是执行 `svc` 指令导致的，还是访存缺页导致的）保存在 ESR_EL1（Exception Syndrome Register，异常症状寄存器）中。

3. 将处理器的当前状态（即 PSTATE 的值）保存在 SPSR_EL1（Saved Program Status Register，已保存的程序状态寄存器）中。

4. 保存与特定异常相关的信息，如缺页异常时，将引发异常的内存地址（后续章节将介绍）保存在 FAR_EL1（Fault Address Register，错误地址寄存器）中。

5. 栈寄存器不再使用 SP_EL0（用户态栈寄存器），开始使用 SP_EL1（内核态栈寄存器，需要由操作系统提前设置）。

6. 修改 PSTATE 寄存器中的特权级标志位，设置为内核态（EL1）。

7. 根据 VBAR_EL1 寄存器中保存的异常向量表基地址，以及发生异常事件的类型，找到异常处理函数的入口地址，并将该地址写入 PC，开始运行操作系统的代码。

可以看到，处理器的这些操作都是必要的。例如，PC 寄存器的值必须由处理器保存，否则当操作系统开始执行时，PC 将被覆盖。同样，栈的切换也必须由硬件完成，否则操作系统有可能使用用户态的栈，导致安全问题。

小思考

为什么操作系统不能直接使用应用程序在用户态的栈呢？

为了操作系统执行时的安全。应用程序的栈是用户态代码可以读写的，内核的数据不允许用户态的代码访问。

从内核态返回用户态的过程与上述过程是类似的。当操作系统处理完异常事件后，会执行一条特殊的汇编指令——`eret`[㊀]，此时处理器会完成以下步骤。

1. 将 SPSR_EL1 中的处理器状态写入 PSTATE 中，处理器状态也从 EL1 切换到 EL0。

2. 栈寄存器不再使用 SP_EL1，开始使用 SP_EL0。注意 SP_EL1 的值并没有改变，所以下一次下陷时，操作系统依然会使用这个内核栈。

3. 将 ELR_EL1 寄存器中保存的地址写入 PC 中，并执行应用程序中的代码。

㊀ eret 的全称是 Exception RETurn。

操作系统在特权级切换过程中的任务

在处理器自动完成上述状态保存与恢复的基础上，操作系统还需要进一步将属于应用程序的 CPU 状态保存到内存中，用于之后恢复应用程序继续运行。应用程序需要保存的运行状态称为处理器上下文（Processor Context），它是应用程序在完成切换后恢复执行所需的最小处理器状态集合。联系 3.1 节对处理器状态的分类，处理器上下文中的寄存器具体包括：

- 通用寄存器 X0 ～ X30。应用程序和操作系统在运行时都需要使用这些寄存器。
- 特殊寄存器，主要包括 PC、SP 和 PSTATE。由于 PC 和 PSTATE 已经被 CPU 保存在额外的寄存器中，而 SP 寄存器在 CPU 中存在多份，因此操作系统不用将它们保存在内存中——除非操作系统决定切换到另一个应用而不是返回发生下陷的应用，才需要保存。
- 系统寄存器，包括页表基地址寄存器等（后文介绍）。由于这些寄存器无法由用户程序操作，不直接包含需要保存的用户程序状态，因此和前者类似，也不用保存——仅在操作系统切换应用时需要保存。

从上面的分析可以看出，在操作系统开始执行具体的异常处理函数之前，只需要保存通用寄存器，之后便可以根据异常的类型和来源进行针对性的处理了。同样，在返回用户态之前，操作系统也需要将之前保存的值重新写入通用寄存器。需要注意的是，在具体实现中应用程序的上下文会包含更多的内容，我们将在之后的章节中进一步介绍。

3.2.5　系统调用

系统调用是操作系统提供给应用程序的接口。例如，`printf` 函数就是通过 `write` 系统调用来实现的。系统调用是一种用户程序主动触发的异常，与一般的异常不同，系统调用需要在用户态与内核态之间传递一些额外的信息，例如用户程序提供的参数，以及操作系统给出的返回值。

对应用程序来说，系统调用与普通的函数调用看上去十分类似，区别在于：普通的被调用者与调用者都在用户态，共用一个栈；而系统调用的调用者在用户态，被调用者在内核态，两者使用不同的栈。因此系统调用的参数和返回值等信息，需要遵守一套与普通函数调用不同的调用惯例。然而，由于不同操作系统的系统调用以及调用管理往往不同，在应用程序中直接使用系统调用会使程序难以移植。为了解决不同系统不一致的问题，一些可移植操作系统接口标准逐渐发展起来，例如我们在第 1 章中提到过的 POSIX。我们平时编程时使用的各种库（如标准 C 库）会对系统调用做一层封装并处理部分错误情况，以进一步方便程序员使用。接下来我们将以 `write` 为例展示系统调用的流程。

图 3.13 以在 AArch64 上实现一个简单的 `write` 系统调用为例，展示了异常处理的过程。当用户程序调用 `printf` 时，实际上会使用标准 C 库来调用 `write` 系统调用。

根据操作系统的调用规约，在本例中，系统调用编号将放置在 X0，系统调用的参数则放置在 X1 ～ X3 寄存器中（不同的操作系统可能会使用不同的寄存器）。其中 X1 寄存器存储 I/O 的目的文件，常数 1 表示标准输出，即向终端（屏幕）输出文字；X2 寄存器存放需要输出字符串的首地址；X3 寄存器存放字符串的长度。

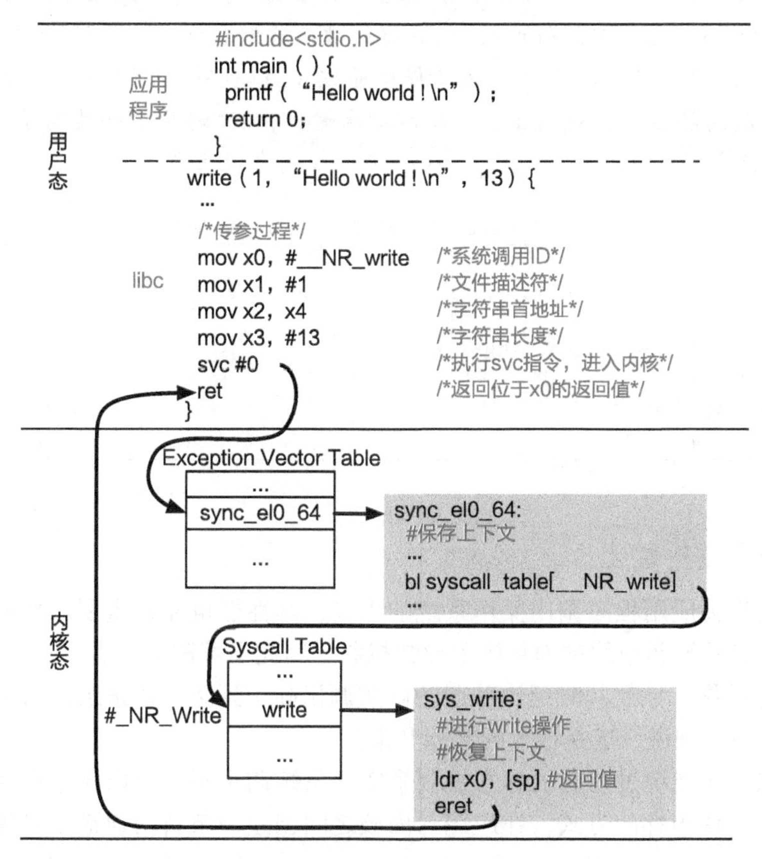

图 3.13 AArch64 架构下通过 svc 进行系统调用

在执行了 svc 后，处理器下陷到内核态，根据异常向量表找到对应的处理函数 sync_el0_64 并开始执行。异常处理函数在保存上下文后，会从保存在寄存器 ESR_EL1 中的异常原因得知这次异常是由 svc 指令导致的，从而根据用户保存在 X0 寄存器中的系统调用编号进入对应的系统调用[⊖]，并根据寄存器中系统调用的参数向指定文件输出字符串[⊜]。

最终，与函数调用类似，系统调用将返回值存放在调用规约规定的 X0 寄存器中，并通过 eret 从内核态返回用户态。

⊖ 虽然 svc 指令可以传递一个常数参数，但本例并未使用这一传参方法。

⊜ 由于虚拟内存（后文将介绍）的存在，内核态与用户态使用的内存存在一定形式的隔离。因此内核需要将 X2 寄存器中的字符串地址转换为内核能访问的地址，才能从应用程序的内存中获取字符串的内容。

小知识：如何观察应用程序的系统调用

除了 write 以外，我们平时编写的程序实际上已经用到了许多其他的系统调用。我们可以通过 strace 工具来查看一个程序在运行过程中使用了哪些系统调用。这里我们依然以前文的 hello 程序为例来查看它使用过的系统调用（见输出记录 3.1）。可以看到，在 Linux 的 shell 中执行这段 hello 程序时，首先 execve 系统调用被用来从文件系统中加载 hello 程序。此后，这段程序通过 write 系统调用来向终端输出字符串并最终显示到屏幕上。在这里，1 表示标准输出，13 则表示一共写了 13 个字符。这段程序执行完毕后，通过 exit_group 系统调用来退出自己。

输出记录 3.1　hello 程序使用的系统调用

```
[user@osbook ~] $ strace ./hello
execve("./hello", ["./hello"], 0x7ffcec2e7d60 /* 28 vars */) = 0
...
write(1, "Hello World!\n", 13Hello World!)                    =
13
exit_group(0)                                                 = ?
...
```

3.2.6　系统调用的优化

系统调用作为应用程序调用操作系统的入口，其性能也非常重要。然而，不同于传统的函数调用，系统调用的过程复用了异常机制，因此不可避免地需要执行特权级切换、上下文保存等操作，导致其时延比普通的函数调用高 1 到 2 个数量级。对于需要频繁进行系统调用的应用来说，这是很大的性能开销。

那么，怎么才能绕过费时的异常机制来实现系统调用呢？可以通过在用户态和内核态之间共享一小块内存的方式，在应用与内核之间创建一条新的通道。具体来说又可以分为两种方法。

第一种方法是内核将一部分数据通过只读的形式共享给应用，允许应用直接读取。例如，gettimeofday 是一个常用的系统调用，用于获取当前的时间，可精确到微秒。传统的实现是：内核内部维护一个变量，以微秒为单位记录当前时间，在每次处理硬件时钟中断的时候更新这个变量；当发生系统调用时，内核读取并返回这个变量的值。为了绕过异常机制，内核可以将这个变量放在一个特殊的内存页中，这个内存页对应用来说是可读但不可写的。在 libc 中，对 gettimeofday 的实现仅仅是读取这个变量，然后返回变量的值，而不需要陷入内核，从而大大降低了时延。对于应用程序来说，由于无法修改这个值，所以也不会影响系统整体的安全性。Linux 的 vDSO（virtual Dynamic Shared Object）机制就是基于这种方法。这种方法的缺点在于，如果系统调用需要修改内核中的变量，或者在运行过程中需要读取更多内核数据，该方法就不适用了。

第二种方法则是允许应用以"向某一块内存页写入请求"的方式发起系统调用，并通过轮询来等待系统调用完成。内核同样通过轮询来等待用户的请求，然后执行系统调用，并将系统调用的返回值写入同一块内存页以表示完成。但应用和内核怎么能同时轮询呢？这个设计的关键点在于：让内核独占一个 CPU 核心，这个核心一直在内核态运行，而其他 CPU 核心则一直在用户态运行。这样，从系统整体来看，对于任何一个 CPU 核心，都不会发生从用户态到内核态的切换。这种设计可以大大降低系统调用的时延：在应用将请求写入内存页后的下一个时钟周期，处于轮询状态的内核立即可以读到这个请求，并开始运行处理函数；同样，当内核将返回结果写入内存页后，在另一个 CPU 核心处于轮询状态的应用立即可以读到结果并继续运行。FlexSC[2] 使用了这种方法。

然而，第二种方法同样存在缺点。第一个缺点在于，如果某个应用发起系统调用请求的时候，内核正在处理上一个系统调用，则时延依然会很长；如果有多个应用同时发起请求，内核需要一个个顺序处理，则时延可能比原来更长。导致这个问题的原因在于内核没能充分使用多核。解决方法也很直接：让多个 CPU 核心同时运行在内核态并轮询用户的请求。核心的数量可以根据具体的负载确定：当内核忙不过来时，占用的核心多一些，反之则少一些。例如，假设主机一共有 16 个 CPU 核心，当 1 个核心运行内核态不够时，可以增加到 2 个或更多核心专门运行内核代码，剩下的 14 个则一直运行用户态代码。

第二个缺点在于，如果整个系统只有一个 CPU 核心，那么该怎么办？一种直观的方法是将轮询改成批处理。当 CPU 运行在用户态时，应用程序一次发起多个系统调用请求（这里可以基于用户态的调度实现用户线程的切换），同样将请求和参数写入共享内存页。然后 CPU 切换到内核态，内核一次性将所有系统调用处理完，把结果写入共享内存页，再切换回用户态运行。这种方法的好处并不在于时延（事实上对于每个系统调用来说，时延反而可能变长），而是在于系统的整体吞吐率：对于系统整体来说，由于特权级的切换次数变少了，所以在单位时间内的有效工作量增加了。

3.3　操作系统提供的基本抽象与接口

本节主要知识点

- ❑ 为什么需要进程这一抽象？
- ❑ 相比直接使用物理内存地址，使用虚拟内存地址有哪些优势？
- ❑ 为什么说"一切皆文件"？

基于异常机制和系统 ISA，操作系统为应用程序提供底层硬件的抽象与接口，使应用程序能够更方便地使用硬件，包括处理器、物理内存和设备，如图 3.14 所示。其中，对处理器的抽象是进程。操作系统将多个应用程序通过分时复用的方式在单个处理器上交替执行，使这些应用看上去像是“同时”在运行。之后提出了更轻量级的线程抽象以及多线程机制，允许一个应用程序并行使用多个处理器。对物理内存的抽象是虚拟内存，也就是对物理内存的虚拟化。应用程序可以使用与操作物理内存相同的接口（如 `ldr` 和 `str` 指令）来操作虚拟内存，而不用考虑物理内存空间是否足够，与其他应用同时使用内存是否会产生冲突等问题。对存储、网络、键盘、显示器等外部设备的抽象是文件。文件有一组很直观的操作接口，包括打开、读取、写入、关闭等。将设备抽象为文件，可使应用程序通过同一套接口来操作不同的设备。

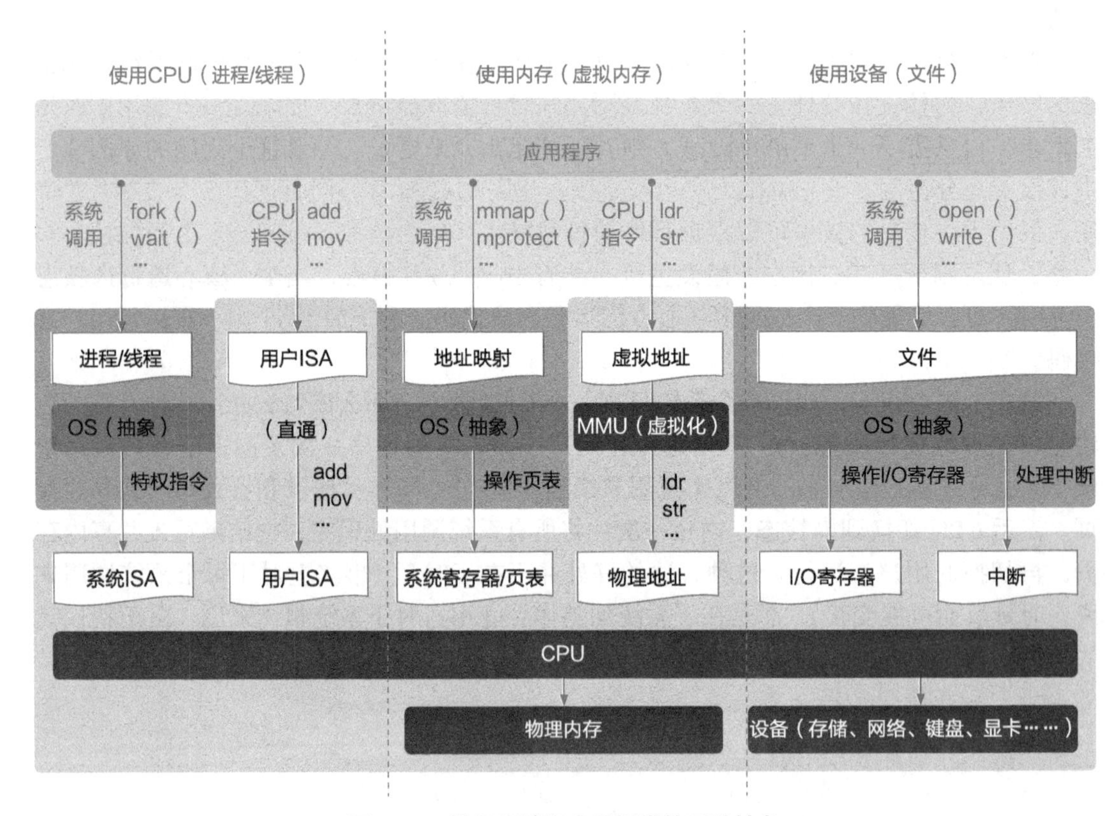

图 3.14 操作系统向应用提供的三种抽象

通过这些抽象和接口，应用程序可以使用操作系统提供的一系列功能。其中，有些功能对应用程序来说不是直接感知的，例如处理器的分时复用、虚拟地址映射等；有些功能则需要应用程序通过系统调用主动发起，例如创建进程、打开文件等。操作系统提供的这些功能，使程序员不用考虑硬件资源管理的繁杂细节，降低了应用程序的编程复杂度。本章将从程序员的视角来介绍这些抽象与接口。

抽象与虚拟化

抽象与虚拟化都是通过增加一个“层次”（即 indirection）来提供新的能力。通常来说，抽象的范围更广一些，而虚拟化可以被看作一种特殊的抽象：当抽象提供的接口与已存在的某一种接口相同时，这种抽象称为该接口的虚拟化。例如，虚拟内存机制提供的接口与物理内存一样，都是 `ldr` 和 `str` 指令，是对物理内存的虚拟化；虚拟机则是通过一层软硬件向上提供物理机的接口，是对物理机的虚拟化；如果有一层软件能够在 Linux 中提供 Windows 的系统调用接口，则是对 Windows 接口的虚拟化——比如 WINE[㊀]。

3.3.1　进程：对处理器的抽象

现代操作系统中常常有数十上百个应用程序同时运行，然而处理器的个数是有限的。如果允许某几个程序持续“霸占”处理器，便会导致其他程序无法得到执行的机会。此外，运行中的应用程序并非每时每刻都需要使用处理器。例如，一个程序想要从磁盘上读取数据并进行处理，必须等到数据读取完成才能继续执行后续指令；由于磁盘的读取速度比处理器执行指令的速度慢很多，在程序等待磁盘数据的这段时间，处理器就被浪费了。那么，我们如何设计一种机制，让多个应用程序高效地、按需地、尽可能公平地运行在有限的处理器上呢？

操作系统的做法是让多个程序“轮流”使用处理器，又称为分时复用。具体来说，一个程序在处理器上运行一段时间后，会被操作系统暂停执行并切换走，把处理器让给另一个程序使用。切换的时机往往是在操作系统处理完某个异常或中断之后，且在返回用户态之前。操作系统设置每个程序每次最长连续运行的时间（称为时间片）通常很短，一般在毫秒级，这样就算有上百个活跃的程序，在 1 秒内也都有机会运行。通过这种高频切换运行的机制，既可以让多个活跃的程序从宏观来看是“同时”在运行，也可以使处理器尽可能保持满负载而不被浪费。同时，这种切换对程序来说是不可见的：对程序来说，独占一个处理器运行和通过分时复用处理器运行在逻辑上是等价的[㊁]。因此，程序员写程序代码时，不用考虑运行时该如何与其他程序共享处理器，从而简化了程序的编写。

为了更好地管理多个运行中的程序，操作系统提供了进程的抽象。进程即运行中的程序，操作系统会为每个进程记录进程标识号（Process ID，PID）、运行状态以及所占用

㊀ 参见 https://www.winehq.org/。

㊁ 严格来说有两点不同：一是运行时间不同，如果进程记录每条指令执行的准确时刻，会发现在某两条相邻的指令之间，处理器好像停顿了一段时间——这意味着发生了一次切换；二是应用程序的某些 bug 可能在分时复用的情况下更容易被触发，比如竞争条件。

的计算资源，这些信息记录在一个称为进程控制块（Process Control Block，PCB）的数据结构中，操作系统为每个进程维护一个 PCB。从应用程序员的视角来看，进程抽象为程序提供了“独享”的处理器和内存等资源，从而大大简化了程序的编写；操作系统则以进程为单位来管理程序的运行状态，分配计算资源。图 3.15 展示了多个进程共享处理器的例子。

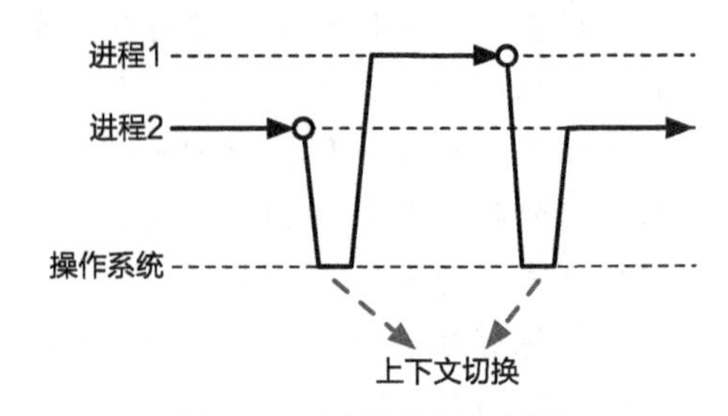

图 3.15 进程切换的例子

在图 3.15 中，操作系统让两个进程轮流在处理器上执行，但从其中任一进程的角度来看，就像是自己独占处理器一样。进程切换的过程由操作系统控制，对进程来说是不可感知的。在切换进程时，操作系统会完成一系列操作，其中一个重要的步骤是将上一个进程在处理器中的状态保存到对应的 PCB 中，然后将下一个进程的状态从其 PCB 中读出并恢复到处理器对应的寄存器中。这些运行状态就是我们在 3.2.4 节提到过的处理器上下文（见代码片段 3.6）。此外，操作系统还需要更新两个进程对应 PCB 中的运行状态，并更换内核栈等（在关于进程的章节中会详细介绍）。对于一个进程来说，从上一次被暂停执行到下一次恢复执行前，处理器的状态就像没有被动过一样，从而实现了连续使用处理器的假象。

在提供进程这一抽象的同时，操作系统也提供了一系列接口，允许用户对进程进行操作，如创建进程、让进程执行指定的程序、退出进程等。操作系统为了更好地管理进程，同时提供进程之间的互操作、通信等功能，一般会根据进程的创建关系，通过层次化的方式将所有进程组织起来。通常，进程的创建者称为父进程，被创建的新进程则称为子进程。每个子进程都有对应的父进程，一直往上可以追溯到系统启动的第一个进程（如 Linux 中的 init）。

代码片段 3.6 操作系统在进程结构体中为每个进程维护上下文

```
1 struct process {
2   //上下文
3   struct context *ctx;
4   ...
5 };
6 struct context {
7   //处理器中的寄存器状态
8   unsigned long long reg[REG_NUM];
9   ...
10 };
```

3.3.2 案例分析：使用 POSIX 进程接口实现 shell

POSIX 规范提供了一组用于操作进程的接口，本节主要介绍其中四个常用的接口：`spawn` 接口用于创建新进程，`waitpid` 接口用于等待进程退出并回收资源，`exit` 接口用于退出进程，getpid 接口用于获得当前进程的 ID。shell 便使用这些接口创建新的进程来执行用户命令，同时也能管理这些进程。

在本节中，我们将利用 POSIX 接口来实现一个只包含最基础功能的 shell：mysh。mysh 接收来自用户的命令，但一次只能执行一个程序，不支持参数传递，且无法强制终止程序的执行。mysh 的框架十分简单，如代码片段 3.7 所示，在启动后，mysh 会在循环内不断地打印命令行提示符（mysh>）[⊖]，等待用户输入，并最终调用 eval 函数来执行用户输入的命令，直到其执行完成再进入下一轮循环。为了精简代码，本例未考虑错误处理。

代码片段 3.7　mysh 中的 main 函数

```
 1 #include <stdio.h>
 2 #include <spawn.h>
 3 #include <sys/wait.h>
 4 #include <string.h>
 5 #include <stdlib.h>
 6 #define MAXLINE 1000
 7
 8 int main()
 9 {
10   char cmdline[MAXLINE];
11
12   while (1) {
13     printf("mysh> ");
14     fflush(stdout);
15
16     fgets(cmdline, MAXLINE, stdin);
17     //remove tailing newline character
18     cmdline[strcspn(cmdline, "\n")] = '\0';
19     eval(cmdline);
20   }
21   return 0;
22 }
23
24 void eval(char *cmdline)
25 {
26   char *argv[2] = {cmdline, NULL};
27   if (strcmp(cmdline, "quit") == 0) {
28     exit(0);
29   }
30
31   pid_t pid;
32   //create a new process to execute command
33   posix_spawn(&pid, cmdline, NULL, NULL, argv, NULL);
34   //wait for the new process to terminate
35   int exit_status;
```

⊖ 由于 printf 函数会将输出缓存起来，直到遇到换行符才真正进行输出，这里使用 fflush 函数强制进行输出。

```
36   waitpid(pid, &exit_status, 0);
37   if (!WIFEXITED(exit_status)) {
38     printf("Program terminated unexpectedly!\n");
39   }
40 }
```

mysh的主体在于eval对用户输入的命令的处理。在真正执行用户命令之前，我们需要先判断用户的命令是否为shell的内置命令[⊖]。mysh只提供了一条内置命令quit，用于退出shell。一旦用户键入quit，mysh将调用POSIX中的exit接口来退出自己，也就是shell进程。与平时在C语言中使用的return不同，调用exit后进程将直接退出，不会再执行之后的代码。

对于非内置命令，mysh将调用POSIX中的posix_spawn接口，创建一个新的进程来执行。在posix_spawn中，操作系统会自动根据参数中的可执行文件路径将其加载到内存，为其创建新进程并执行。

为了方便进程之间的操作，操作系统还为每个进程提供了唯一的PID。PID通常用来作为进程相关接口的参数，实现进程间的交互和通信。例如在mysh中，利用posix_spawn接口返回的子进程PID，shell进程便能通过waitpid接口等待子进程执行结束，并获得子进程的退出状态，从而在执行命令非正常退出时提醒用户。

来尝试运行一下mysh吧！hello-pid是一个输出当前进程PID的简单程序。我们将通过mysh来执行三个命令：先通过/usr/bin/ls列出当前目录下的文件，然后执行hello-pid程序，最后通过内置命令quit退出mysh。输出结果如输出记录3.2所示。

输出记录3.2　一个简单的使用mysh的例子

```
1 // file: hello-pid.c
2 #include <stdio.h>
3 #include <unistd.h>
4 int main ()
5 {
6   printf("hello! my pid is %d\.", getpid());
7 }
```

```
[user@osbook ~/mysh] $ ./mysh
mysh> /usr/bin/ls
hello-pid  hello-pid.c  mysh  mysh.c

mysh> ./hello-pid
hello! my pid is 29774.
```

⊖ shell通常会内置一些命令，如cd（进入某个目录，全称为Change Directory）。

```
mysh> quit
[user@osbook ~] $
```

3.3.3　虚拟内存：对内存的抽象

接下来，我们思考如何让多个进程同时使用内存。假设有两个进程，分别是进程 A 和进程 B，通过分时复用的方式运行在一个处理器上，两个进程都需要使用内存。

第一种简单的方法是：当进程 A 运行时，操作系统允许它访问所有的物理内存资源；当发生进程切换时，操作系统将进程 A 的所有内存数据保存到存储设备（如磁盘）中，然后将进程 B 的数据从存储设备加载到内存中，再运行进程 B。使用这种方法，两个进程都可以使用所有的物理内存，能保证相互隔离，没有冲突。但同样存在明显的弊端，即读写存储设备的速度很慢，这将导致切换程序的时间开销过大。

第二种简单的方法是：让每个进程独立使用物理内存的一部分，地址范围互不覆盖；数据一直驻留在内存中，这样在进程切换时不再需要访问存储设备。该方法在性能方面优于前一种方法，但是也存在两个严重的弊端：第一，无法保证不同进程使用的物理内存之间的隔离性，比如进程 A 在运行过程中可能意外地写了进程 B 的物理内存，导致后者运行错误，或是恶意窃取进程 B 的机密数据；第二，无法保证进程可用地址空间的连续性和统一性，程序在不同机器甚至同一台机器上的多次运行所使用的地址空间可能都不一样，这将大大增加程序编写及编译的复杂性。

第三种方法是在应用程序与物理内存之间加入一个新的抽象——**虚拟内存**，使应用程序能够方便地、安全地使用物理内存资源。引入虚拟内存后，应用程序不再直接访问内存的物理地址，而是通过**虚拟地址**来间接访问物理内存。这些虚拟地址会被处理器翻译为**物理地址**，然后再访问对应的物理内存。程序员只需要面向虚拟地址来编写应用程序，应用程序在运行时也只能使用虚拟地址。从虚拟地址到物理地址的**地址翻译**是由处理器与操作系统协同完成的：处理器负责在程序运行时将虚拟地址动态翻译为物理地址，操作系统则负责配置虚拟地址与物理地址之间的具体映射。如图 3.16 所示，进程所观察到的是一段连续的虚拟地址空间。一块连续虚拟地址的区域可以映射到多块不连续的物理内存区域，对于没有使用的虚拟地址区域，操作系统可以不做映射，从而节省物理内存。

与进程类似，我们也可以直接通过简单的代码来验证不同进程的虚拟内存地址空间是独立的。我们编写一段打印全局变量的值与地址的程序，并同时创建两个进程，如代码片段 3.8 所示。

代码片段 3.8 中的两个应用程序都是循环打印一个全局变量的地址和值。在编译时利用 `--static` 参数，可保证每次执行程序时全局变量的位置都是固定的。通过同时启动两个进程来运行这一程序可以发现，打印的内存地址一样，但是内存中的值不一样（见输出记录 3.3）。由此可见，两个进程的地址空间是彼此独立的。

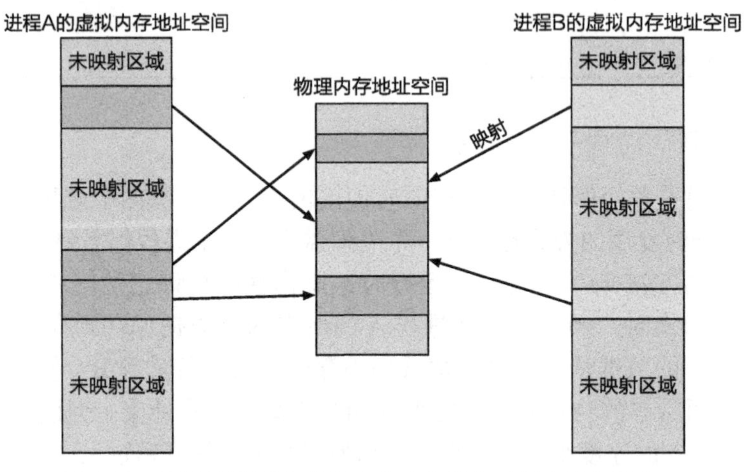

图 3.16　程序观察到的虚拟内存空间并非实际上的物理内存

代码片段 3.8　不同应用程序的地址空间彼此独立

```
 1 // file: vm-example.c
 2 #include <stdio.h>
 3 #include <stdlib.h>
 4 #include <unistd.h>
 5
 6 int g_val = 0;
 7
 8 int main(int argc, char** argv)
 9 {
10   g_val = strtol(argv[1], NULL, 10);
11   pid_t pid = getpid();
12   for (int i = 0; i < 2; i++) {
13     printf("[%d]The address of g_val is %p.\n", pid, &g_val);
14     printf("[%d]The value of g_val is %d.\n", pid, g_val);
15     sleep(1);
16   }
17 }
```

输出记录 3.3　同时启动多个 vm-example 的输出

```
[user@osbook ~] $ gcc vm-example.c --static -o vm-example
[user@osbook ~] $ ./vm-example 1 & ./vm-example 2 & wait
[5021]The address of g_val is 0x4a7330.
[5021]The value   of g_val is 1.
[5022]The address of g_val is 0x4a7330.
[5022]The value   of g_val is 2.
[5021]The address of g_val is 0x4a7330.
[5021]The value   of g_val is 1.
[5022]The address of g_val is 0x4a7330.
[5022]The value   of g_val is 2.
```

虚拟内存这一抽象为应用程序带来了诸多好处。

- 程序员在编程时，无须关心物理内存具体如何分配，也不用关心所使用的地址是否会与其他进程重叠，而是可以使用连续的整个虚拟地址空间[㊀]。实际运行时的内存资源分配由操作系统负责，进而大大减轻了程序员的负担。
- 每个应用程序的虚拟地址空间是彼此隔离的，因此应用程序在运行期间的内存读写对其他应用程序是不可见的，这样就保证了不同应用程序之间的隔离，防止出错程序或恶意程序干扰或破坏其他程序的执行。
- 操作系统可以选择只将程序实际正在使用的虚拟地址映射到物理内存地址，对于从未被进程使用的虚拟地址，操作系统还可以不将其映射到任何位置，从而提高内存的资源利用率。
- 操作系统可以选择将部分虚拟内存区域的数据暂存到磁盘上，从而允许应用程序使用的内存大小突破物理内存的容量限制。
- 操作系统可以为不同的虚拟内存区域设置不同的权限，包括可读、可写、可执行，以及是允许用户态访问还是仅内核态可访问等，从而增强程序执行和系统整体的安全性。除此之外，操作系统还可以通过虚拟内存实现一些更加高级的功能，例如写时拷贝、程序间的内存共享等，本书将在后续章节中进一步展开讨论。

3.3.4　进程的虚拟内存布局

每个进程都有自己独立的虚拟内存空间，其布局大体都是相同的。图 3.17 展示了一种典型的虚拟内存空间布局，其中，每个进程的虚拟内存空间都是一段从 0 开始的连续地址空间。从低地址到高地址的分布如下：

- *代码段与数据段*。数据段与代码段通常位于虚拟地址空间中较低的地址。其中，数据段主要保存的是全局变量的值，代码段保存的则是执行代码。这两个部分都保存在可执行文件中，在进程执行前，操作系统会将它们载入虚拟地址空间。
- *用户堆*。堆管理的是进程在运行过程中动

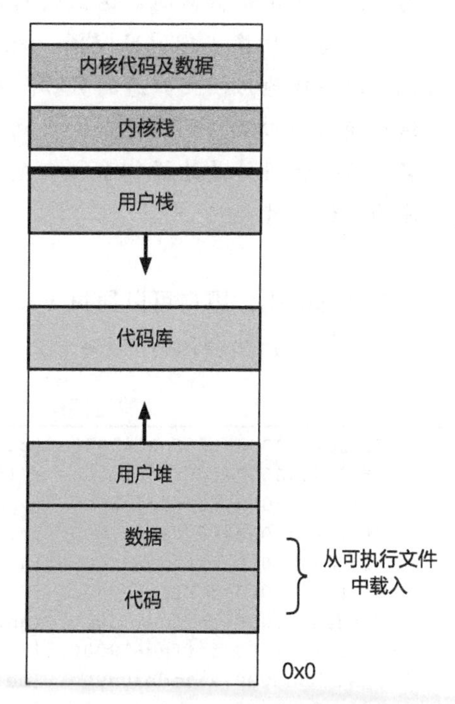

图 3.17　典型的虚拟内存空间布局

㊀ 严格来说不是所有虚拟地址都能使用，例如零地址通常无法使用。若内核与应用共享地址空间，则内核占据的地址段也无法使用。

态分配的内存，例如通过 malloc 分配的区域。堆的扩展方向是自底向上：堆顶在高地址，当进程需要更多内存时，堆顶会向高地址扩展。

- 代码库。进程的执行有时需要依赖共享的代码库（比如 libc），这些代码库会被映射到用户栈下方的虚拟地址，并标记为只读。
- 用户栈。栈保存了进程需要使用的各种临时数据（如临时变量的值）。栈是一个可以伸缩的数据结构，其扩展方向是自顶向下：栈底在高地址，栈顶在低地址。当临时数据被压入栈内时，栈顶会向低地址扩展。
- 内核部分。进程地址空间顶端的部分通常是为操作系统内核保留的区域，又可以进一步细分为内核代码段、内核数据段、内核栈等。应用程序无法直接访问这部分内存区域，只有操作系统内核才能访问。对于不同进程来说，这部分虚拟地址空间的映射都是一样的。

小知识

将操作系统内核的虚拟地址区域映射到所有进程的虚拟地址空间只是一种设计上的选择，而不是必需的。这么做的好处在于当进程发起一个系统调用下陷到操作系统时，不需要切换虚拟地址空间，性能更好一些；此外，操作系统在处理系统调用时，也可以方便地访问用户态的数据。缺点在于应用程序与内核的隔离性不够强，例如内核可能不小心跳转到用户态的代码段执行，或者将一些关键数据误写入用户态的数据段。另一种设计是为操作系统内核单独创建一个独立的虚拟地址空间，可以提高隔离能力，但性能相对会差一些。

在 Linux 中，用户可以通过 cat/proc/PID/maps 来查看某个进程的内存空间布局。比如，对于用户小明执行的 hello，其进程对应的 maps 内容可能如输出记录 3.4 所示。

输出记录 3.4　Linux 中内存空间布局的例子

```
ffffc2122000-ffffc2143000   [stack]
ffffae6a8000-ffffae6ab000   [/lib/aarch64-linux-gnu/ld-2.24.so]
ffffae6a7000-ffffae6a8000   [vdso]
ffffae6a6000-ffffae6a7000   [vvar]
ffffae699000-ffffae69b000   (anonymous)
ffffae67d000-ffffae699000   [/lib/aarch64-linux-gnu/ld-2.24.so]
ffffae679000-ffffae67d000   (anonymous)
ffffae533000-ffffae679000   [/lib/aarch64-linux-gnu/libc-2.24.so]
aaaadb9ec000-aaaadba0d000   [heap]
aaaab2607000-aaaab2609000   [/home/xiaoming/hello] (data)
aaaab25f7000-aaaab25f8000   [/home/xiaoming/hello] (code)
```

在上面的例子中，由于内核地址空间对用户进程不可见，因此 maps 内容没有包含内核部分的映射。除此之外，maps 内容与图 3.17 基本吻合，但还有一些额外的区域，例如

vdso 和 vvar 是与系统调用相关的内存区域。另外，进程也会映射一些匿名内存区域用于完成缓存、共享内存等工作，这里不展开介绍。

3.3.5　文件：对存储设备的抽象

对于大部分应用程序来说，仅仅有处理器和内存是远远不够的，因为内存中的数据在计算机重启后就完全消失了。对用户而言，他们也有许多数据想要永久存储在计算机系统中，如日常生活中的文档、视频、程序等。现代计算机系统中有着非常多样的存储设备，例如桌面主机中常见的机械硬盘与固态硬盘，以及移动端的嵌入式多媒体卡和通用闪存存储。

为了将不同存储设备的细节隐藏起来，让程序员可以通过统一、便利的方式来访问这些设备，操作系统使用了**文件**这一抽象。文件是一个“有名字的字节序列”，每个文件都拥有自己的**文件名**，文件名独立于文件的数据而存在。不同的文件名可以属于同一个**目录**，目录可以层层嵌套，顶层是**根目录**，通常用“/”表示。

图 3.18 展示了 Linux 系统典型的目录结构。以其中的 hello 程序为例，当在 shell 中执行 ./hello 程序时，操作系统会根据字符串“hello”，在 /home/user 目录下找到对应的文件名，并进一步找到 hello 文件在存储设备上的位置，最后将其加载到内存中并执行。

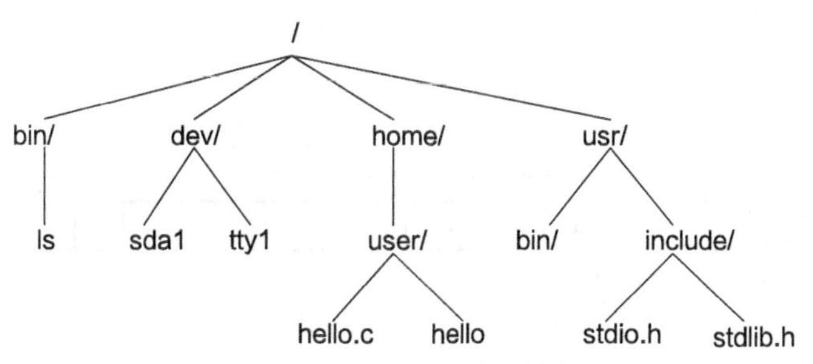

图 3.18　Linux 层级结构的例子

操作系统提供了一组接口用于文件访问，包括文件的打开、读取、写入、关闭等。例如，应用程序可以通过 open 接口打开一个文件。在打开成功后，open 会返回一个**文件描述符**（File Descriptor，fd）。通过文件描述符，可以利用 read、write 接口分别对相应的文件进行读取和写入操作，并最终通过 close 关闭已打开的文件。代码片段 3.9 展示了使用这些接口来读取文件，并用 write 代替 printf 输出到屏幕的例子。

代码片段 3.9　利用文件系统接口来读取文件的例子

```
1 #include <fcntl.h>
2 #include <stdio.h>
3 #include <unistd.h>
4
```

```
 5 int main()
 6 {
 7   // 打开文件 hello.txt，O_RDONLY 表示以只读方式打开
 8   int fd = open("hello.txt", O_RDONLY);
 9
10   char result[14];
11   // 从 fd 对应的文件中读取 13 字节
12   read(fd, result, 13);
13   // 向屏幕输出读取的字符串
14   write(1, result, 13);
15   close(fd);
16 }
```

除了通过 read 与 write 接口来访问文件外，操作系统也支持直接将文件映射到虚拟地址中来访问——这种方式称为内存映射，具体为 mmap 系统调用。通过将文件与一块连续的虚拟内存区域相关联，用户程序可以直接通过读写内存的方式来访问文件。

图 3.19 展示了使用 mmap 来映射一个文本文件的例子。如代码片段 3.10 所示，首先通过 open 接口打开 hello.txt 文件，然后通过 mmap 将这一文件中的 13 个字符映射到内存中，并将得到的内存映射区域存放在 start 指针中。PROT_READ 参数表明这段内存映射区域是只读的，同时 MAP_PRIVATE 参数表明这段内存映射区域是进程私有的，不能被其他进程操作[⊖]。我们将 start 指向的内容输出，便能发现其与文件内容是一致的，如输出记录 3.5 所示。

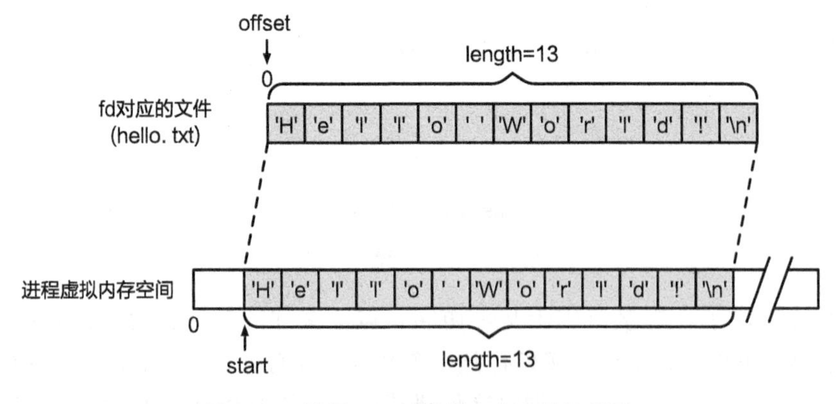

图 3.19 使用 mmap 映射文本文件的例子

代码片段 3.10 利用内存映射来读取文件

```
 1 #include <fcntl.h>
 2 #include <sys/mman.h>
```

⊖ 除了 MAP_PRIVATE 外，mmap 还可以指定其他不同的内存映射类型，从而实现进程间内存共享、匿名内存等许多有趣的功能，我们将在后续章节中进行介绍。

```
 3 #include <unistd.h>
 4
 5 int main()
 6 {
 7   int fd = open("hello.txt", O_RDONLY);
 8   void *start = mmap(NULL, 13, PROT_READ, MAP_PRIVATE, fd, 0 /* offset */);
 9   write(1, start, 13);
10 }
```

输出记录 3.5　代码片段 3.10 的输出

```
[user@osbook ~] $ ./hello-mmap
Hello World!
[user@osbook ~] $
```

3.3.6　文件：对所有设备的抽象

对 I/O 设备的抽象是操作系统面临的一个巨大挑战。不同于处理器和内存，I/O 设备的特点是种类多、差异大，是否存在一种“one size fits all”的统一抽象，可以为所有的设备提供同一组通用的接口呢？

以 Linux 为代表的操作系统继承了 UNIX 经典的设计哲学——“一切都是文件”（everything is a file），将文件作为所有 I/O 设备的抽象。这里主要有两方面的原因：一方面，从用户的角度来看，许多设备确实有与文件类似的操作，比如对串口设备的读写操作，可以很自然地对应到对文件的读写操作；另一方面，从实现的角度来看，将设备抽象为文件可以复用操作系统中对文件进行操作的大量代码。

在 Linux 中，为了让应用程序能够访问某个设备，会首先为这个设备创建一个特殊的文件——设备文件，通常放在 /dev/ 目录下。如果应用程序需要操作这个设备，则可以通过 `open` 打开这个设备文件，获得对应的 `fd`，并进一步进行读写操作。例如，程序员平时常用的终端，实际上便是在与一类叫作 TTY 设备[⊖]的特殊文件打交道。在 `hello` 程序中使用 `printf` 向终端进行输出时，实际上是通过 `write` 系统调用将需要输出的内容写入 TTY 设备文件中。类似地，mysh 在通过 `fgets` 读取用户输入时，实际上也是通过 `read` 系统调用从 TTY 设备文件中读取键盘的输入。这一特殊文件的打开与关闭，是在进程创建与退出时由操作系统自动完成的。

我们可以编写程序，直接通过 `write` 系统调用来向当前终端甚至别的终端直接输出内容。在图 3.20 所示的例子中，我们启动了两个终端。在第一个终端中，通过 `tty` 命令可以知道这一终端对应的 TTY 设备文件。随后，我们编写并编译代码片段 3.11，并在第二个终端中执行。这样在第一个终端中，便能在没有输入任何命令的情况下，“凭空”输

⊖ TTY 是 Teletypes 或 Teletypewriter 的缩写。

出我们刚刚写入的字符。

图 3.20 两个终端的输出示例

代码片段 3.11 通过 write 直接向 TTY 设备文件写入内容，实现跨终端输出

```
1 // file: hello-tty.c
2 #include <unistd.h>
3 #include <sys/fcntl.h>
4 int main()
5 {
6   // 打开另一个终端的 TTY 设备文件 , O_WRONLY 表示允许写入
7   int fd = open("/dev/pts/18", O_WRONLY);
8   // 向该文件进行输出
9   write(fd, "Hello World!\n", 13);
10  // 关闭文件
11  close(fd);
12 }
```

然而，并非所有设备都适合被抽象为文件并通过 read、write 接口来操作。例如，如果将音频数据写入声音设备就能播放该音频的话，那么调整音量应该如何操作呢？如果将图像数据写入显卡就能显示图像，那么调节分辨率、刷新率该如何操作呢？为了实现这些并不标准的操作，操作系统提供了更加通用的底层接口 ioctl，允许应用程序以更灵活的方式向设备发送命令与数据。对于一些常用的设备文件类型，如网卡设备，操作系统还专门提供了套接字（Socket）的抽象与相应的接口，使应用能够更方便地使用这些设备。我们将在第 11 章与第 13 章中详细介绍文件系统与设备。

3.4 思考题

1. 为什么右移要分算术右移和逻辑右移，而左移只有逻辑左移？
2. 本章只介绍了通过对控制流的条件控制实现条件执行的方式，但部分其他 ISA 同样支持对数据流的条件控制。具体来讲，这种方式使得数据搬移指令像分支指令一样实现条件执行，以此控制数据流的流向。请分析这种条件执行方式与控制流条件控制方式的优劣。
3. 分类讨论哪些局部变量会被存储到运行时栈上的局部变量区。

4. 为什么调用惯例要将通用寄存器分为调用者保存和被调用者保存两部分？
5. 为什么处理器需要多个特权级来分别运行用户程序与操作系统？请思考并进行总结。
6. 从应用程序的视角来看，同步异常和中断的区别是什么？
7. 请分析在发生特权级切换时，如果不保存程序计数器（PC）和栈指针（SP）会出现什么问题。
8. 正文中介绍到，在处理异常时，处理器与操作系统会分别保存不同的状态，如 PC 由处理器保存，而通用寄存器则由操作系统保存。请分析为什么需要软硬件一起来保存状态，而不是由操作系统（或者处理器）来完成所有的任务。
9. 为什么要使用异常来实现系统调用？如果用普通的函数调用来实现系统调用，会导致什么问题？
10. 当子进程退出时，其占用的部分资源不会立即释放，而是在父进程调用 `waitpid` 后才释放。试分析为什么要这样设计。
11. 到本章为止，如果一个应用程序想要使用多个处理器，则必须使用多个进程。请思考这种限制可能带来的弊端，并尝试在进程的基础上设计一个新的抽象，使得单个应用程序能够有效利用多个处理器。

3.5 练习答案

3.1 可以。具体实现方式可以参考 GCC 等编译器生成的汇编代码。

3.2 (a) `0x789ac444`，`0x789ac444`，`0x789b8333`，`0x789bfba8`。

(b) 不会，因为 `0x87654321` 在 `w0` 里的符号位是 1，在 `x0` 里的符号位是 0。

3.3 0x89abcdef01234567，cdef0123，0x100001234567，0x200001000。

3.4 因为 `n` 的值在作为参数被传入的时候本身就放在 `w1` 寄存器中，而迭代器使用的也是 `w1` 寄存器。

3.5 (a) 0010，1000，0000，0100。

(b) 否，是，否，是。

3.6 (a) 被调用者保存的寄存器适合保存长生命周期变量，调用者保存的寄存器适合保存临时变量。因为长生命周期变量在调用后还会被用到，需要让被调用者保证在返回前还原其内容；而临时变量反正在调用后也不用了，放在被调用者保存的寄存器中可能会引起不必要的保存与恢复，增大开销。

(b) 真实程序逻辑中往往同时存在长生命周期和短生命周期的变量，由调用者和被调用者分别保存一部分寄存器有利于发挥两者的优势，在各种情况下都能获得较好的性能。

3.7 由于局部变量的数目、需要保存的参数与寄存器数目等信息都可以通过对函数代码的静态分析来获取，编译器可以推断出栈帧中的每一部分是否需要以及应该分配多少空间。

参考文献

[1] ARM. Programmer's guide for armv8-a [EB/OL]. [2022-12-06]. https://static.docs.arm.com/den0024/a/DEN0024A_v8_architecture_PG.pdf.

[2] SOARES L, STUMM M. Flexsc: flexible system call scheduling with exception-less system calls [J]. Osdi, 2010, 10: 1-8.

硬件环境与软件抽象：扫码反馈

CHAPTER 4

第4章 虚拟内存管理

操作系统为应用进程提供虚拟内存抽象。从应用进程的角度来看，每个进程有自己独立的虚拟内存空间，且无法直接访问其他进程的内存。代码片段 4.1 是一个简单的应用进程 hello-vm。该程序会调用三次 printf 向屏幕打印输出，后两次 printf 分别打印字符串变量 str 的地址和主函数 main 的地址。前者是数据地址（0x411038），后者是代码地址（0x400614），如输出记录 4.1 所示。这两个地址都是**虚拟地址**（Virtual Address）——应用进程在运行期间仅使用虚拟地址，即无论是数据地址还是指令地址均是虚拟地址[⊖]。然而，应用程序的数据和代码会被操作系统加载到物理内存中，访问物理内存实际上只能使用**物理地址**（Physical Address）。这就引出了两个值得思考的问题。

代码片段 4.1　应用进程 hello-vm

```
 1 #include <stdio.h>
 2
 3 char str[] = "Hello VM!";
 4
 5 int main(void)
 6 {
 7   printf("%s\n", str);
 8   printf("The (data) address of str is %p.\n", str);
 9   printf("The (code) address of main is %p.\n", main);
10   return 0;
11 }
```

输出记录 4.1　hello-vm 的输出结果（运行于 AArch64 平台、Linux 操作系统）

```
[user@osbook ~] $ ./hello-vm
Hello VM!
The (data) address of str is 0x411038.
The (code) address of main is 0x400614.
```

⊖ 在一些嵌入式操作系统中，应用进程直接使用物理地址，这不在本书讨论范围内。

问题一：既然需要使用物理地址读写物理内存上的内容，操作系统为什么不直接让应用进程使用物理地址呢？正如3.3.3节所述，如果操作系统允许应用进程直接使用物理地址，那么会面临两个棘手的问题：第一，难以保证不同应用进程之间的内存隔离性，例如，应用进程A在运行过程中可能意外或故意地写应用进程B的物理内存，进而导致后者错误运行；第二，难以保证应用进程可用的地址空间是连续且统一的，多个应用进程同时运行时，内存布局的安排会十分复杂。因此，操作系统通过虚拟内存抽象，支持不同应用进程方便且安全地共用物理内存资源。虚拟内存抽象为每个应用进程提供连续且统一的虚拟地址空间，既降低了编程及编译的复杂性，又保证了应用进程仅能访问自己的虚拟地址空间而不能任意访问物理内存。

问题二：应用进程使用虚拟地址，而实际访问物理内存需要通过物理地址，那么虚拟地址是如何转换成物理地址的呢？虚实地址转换（地址翻译）是由CPU（硬件）和操作系统（软件）配合完成的。一方面，CPU根据地址翻译规则，将每一条访存指令中的虚拟地址翻译成物理地址，然后再通过总线发送给物理内存进行读写操作。需要强调的是，地址翻译过程对于应用来说是透明的，即应用在编写与编译时都无须考虑地址翻译。另一方面，操作系统负责为每个应用配置虚拟地址到物理地址的翻译规则，但不参与具体的翻译过程。操作系统为不同的应用配置不同的地址翻译规则，从而为它们提供独立的虚拟地址空间。地址翻译体现了“策略与机制分离”的设计思路：操作系统仅负责配置页表（策略），地址翻译则由CPU完成（机制），两者通过一个特定的数据结构（页表——记录地址如何映射）实现协同。

在为应用进程提供虚拟内存抽象的任务中，CPU和操作系统都扮演着重要角色，因此本章包含以下内容：首先介绍CPU如何实现从虚拟地址到物理地址的翻译，其次介绍操作系统如何管理虚拟地址与物理地址的映射，最后以ChCore为例介绍页表初始化与虚拟内存管理的一种具体实现。

4.1　CPU的职责：内存地址翻译

本节主要知识点

- ❑ 什么是地址翻译？什么是地址翻译规则？
- ❑ 为什么需要多级页表？ AArch64体系结构下的多级页表是什么样的？
- ❑ 什么是内存的访问异常？哪些情况下会触发访问异常？
- ❑ 为什么需要TLB？何时需要刷新TLB？

4.1.1　地址翻译

在逻辑上，操作系统把物理内存看成一个大数组，其中每个字节都可以通过与之唯一对应的地址进行访问，这个地址就是内存的物理地址。CPU 通过总线发送访问物理地址的请求，物理内存中的控制器负责响应请求，使 CPU能够从物理内存中读取数据或者向其中写入数据，如图 4.1 所示。

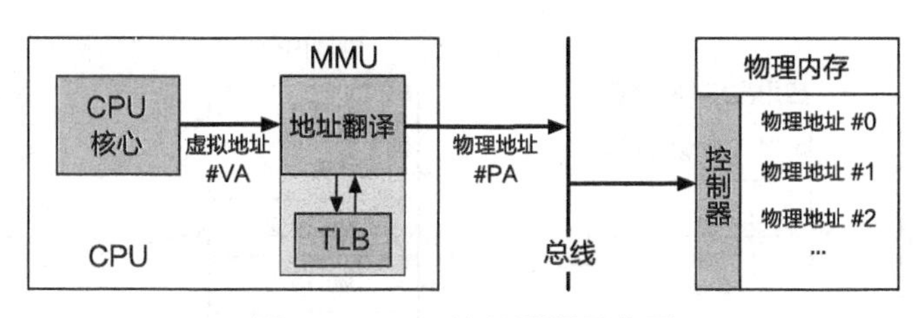

图 4.1 CPU 地址翻译示意图

在引入虚拟内存的抽象后，应用进程使用虚拟地址进行数据读写和指令执行。在应用进程运行过程中，CPU 会把其使用的虚拟地址转换成物理地址，然后通过后者访问物理内存中的数据和代码。虚拟地址转换成物理地址的过程被称为地址翻译。从硬件层面来看，CPU 中的重要部件——内存管理单元（Memory Management Unit，MMU）负责虚拟地址到物理地址的转换。如图 4.1 所示，应用进程在 CPU 核心上运行期间，使用的虚拟地址会由 MMU 进行翻译。当需要访问物理内存时，MMU 翻译出来的物理地址将会通过总线传到物理内存，从而完成物理内存读写请求。此外，现代 CPU 中常包含转址旁路缓存（Translation Lookaside Buffer，TLB）作为加速地址翻译的部件（TLB 是 MMU 内部的硬件单元）。接下来的章节会进一步介绍 MMU 地址翻译和 TLB 的工作原理。

4.1.2 分页机制

MMU 硬件可以支持不同的地址翻译机制，本节重点介绍最常见的分页机制。分页机制的基本思想是将应用进程的虚拟地址空间划分成连续的、等长的虚拟页，同时物理内存也被划分成连续的、等长的物理页。假设页面大小是 4KB，那么虚拟地址 0 ～ 4KB 即为虚拟页 0、虚拟地址 4KB ～ 8KB 即为虚拟页 1；类似地，物理地址 0 ～ 4KB 和 4KB ～ 8KB 分别对应物理页 0 和物理页 1。虚拟页和物理页的页长固定且相等，因而操作系统能够很方便地为每个应用进程构造一张记录从虚拟页到物理页的映射关系表，即页表。为了使 MMU 硬件能够找到页表，需要将页表的起始地址存放在 CPU 的特殊寄存器中，这个寄存器就是页表基地址寄存器，在 AArch64 平台中称为 TTBR（Translation Table Base Register）。

在页表机制下，每个虚拟地址由两部分组成：第一部分标识虚拟地址的虚拟页号；第二部分标识虚拟地址的页内偏移。在地址翻译过程中，MMU 首先解析得到虚拟地址中的虚拟页号，并通过虚拟页号去该应用进程的页表中找到对应条目，然后取出条目中存储的物理页号，最后用该物理页号对应的物理页起始地址加上虚拟地址的页内偏移，得到最终的物理地址。

以图 4.2 中应用 A 的虚拟地址 0x1008 为例（假设每个虚拟页大小为 4KB，即 2^{12}），该地址的虚拟页号是 0x1（$0x1008/2^{12}$），页内偏移是 0x8（$0x1008 \% 2^{12}$）。根据应用 A 的页表可知，虚拟页号 1 对应物理页号 3，因此虚拟地址 0x1008 对应的物理地址是 0x3008（0x3000 + 0x8）。

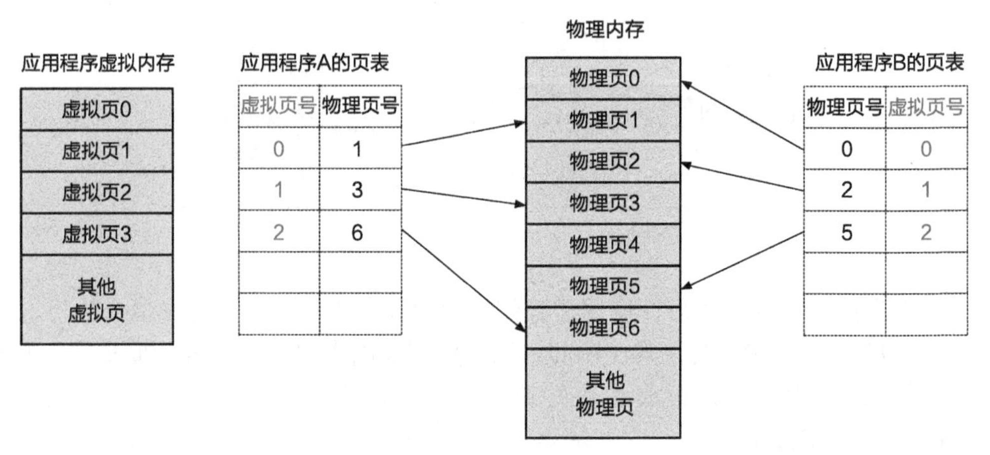

图 4.2　分页机制下的地址翻译规则，图中所示页表为单级页表

在分页机制下，操作系统为不同应用进程分配不同的页表，并且在页表中设置虚拟地址到物理地址的映射关系，从而实现把应用进程虚拟地址空间中的任意虚拟页映射到物理内存中的任意物理页（如图 4.2 所示，物理内存以页为粒度划分给不同的应用）。这既能实现物理内存资源的离散分配，使应用程序能够使用连续的虚拟地址空间而不用依赖物理地址的连续性，又能通过在不同页表中映射不同的物理页，来保证不同应用程序使用的内存互不干扰。当操作系统切换应用程序时，通过切换页表基地址寄存器中存储的页表即可完成不同进程的虚拟地址空间切换。

小知识：分段机制

在 32 位和 64 位 x86 平台上，分段机制是 MMU 支持的另一种地址翻译机制。在分段机制下，操作系统以“段”（一段连续的物理内存）的形式管理 / 分配物理内存。应用进程的虚拟地址空间由若干个不同大小的段组成，比如代码段、数据段等。当 CPU 访问虚拟地址空间中的某一个段时，MMU 会通过查询**段表**得到该段对应的物理内存区域（如图 4.3 所示）。具体来说，虚拟地址由两部分构成：第一部分是**段号**，标识该虚拟地址属于整个虚拟地址空间中的哪一个段；第二部分是**段内地址**，或称**段内偏移**，即相对于该段起始地址的偏移量。段表存储着虚拟地址空间中每一个分段的信息，其中包括起始地址（对应物理内存中段的起始物理地址）和段长。在翻译虚拟地址的过程中，MMU 首先通过**段表基址寄存器**找到段表的位置，结合待翻译虚拟地址中的段号，在段表中定位到对应段的信息（步骤一）；然后取出该段的起始地址（物理地址），加上待翻译虚拟地址中的段内地址（偏移量），就能够得到最终的物理地址（步骤二）。段表中还存有诸如段长（可用于检查虚拟地址是否超出合法范围）等信息。

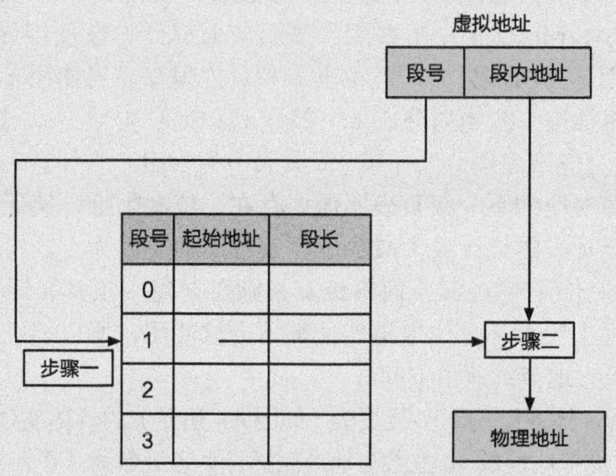

图 4.3　分段机制下地址翻译规则示意图

在分段机制下，不仅虚拟内存空间被划分成不同的段，物理内存也以段为单位进行分配。在虚拟地址空间中，相邻的段所对应的物理内存中的段可以不相邻，因此，操作系统能够实现物理内存资源的离散分配。但是，这种段式分配方式容易导致物理内存中出现**外部碎片**，即在段与段之间留下碎片空间（不足以映射给虚拟地址空间中的段），从而造成物理内存资源利用率的降低。例如，假设共有 6GB 的物理内存，被划分成 4 段进行分配，第一段为 0 ～ 2GB，第二段为 2GB ～ 3GB，第三段为 3GB ～ 5GB，第四段为 5GB ～ 6GB。如果第二段和第四段被释放，然后又需要分配一个 2GB 的段，虽然此时空闲的物理内存总量为 2GB，但因为这 2GB 内存不连续，分配还是会失败。

Intel 公司在 8086 处理器上开始引入分段机制，然后在 80286 处理器上使用分段机制支持虚拟内存。在后期的处理器上，尤其是在 x86-64 架构之后，基于分页机制的虚拟内存成为主流（不过出于向前兼容的考虑，硬件仍然支持分段机制）[1]。

练　习

4.1　页表基地址寄存器中保存的“页表基地址”是物理地址还是虚拟地址？

4.1.3　多级页表

页表是分页机制中的关键数据结构，负责记录虚拟页到物理页的映射关系。请做一个简单的计算：如果按照图 4.2，使用一张简单的单级页表来记录映射关系，那么对于 48 位的虚拟地址空间，这个页表有多大？假设页面大小为 4KB，页表中的每一项大小为 8 字节（主要用于存储物理地址），那么一张页表的大小就是 $2^{48}/4K \times 8$ 字节，即 512GB！而且，这张页表占据的物理内存还必须连续！

为压缩页表大小，MMU 采用了**多级页表**。前面提到，在使用简单的单级页表时，一个虚拟地址将被划分为两部分——虚拟页号和页内偏移。当使用 k 级页表时，一个虚拟地址的虚拟页号将被进一步地划分成 k 个部分（虚拟页号 0，…，虚拟页号 i，$0 \leqslant i < k$），其中虚拟页号 i 对应该虚拟地址在第 i 级页表中的索引。当任意一级页表中的某一个条目为空时，该条目对应的下一级页表不需要存在，依次类推，接下来的页表同样不需要存在。因此，多级页表的设计极大减少了页表占用的空间大小。换句话说，多级页表允许整个页表结构中出现"空洞"，而单级页表则需要每一项都实际存在。通常，应用进程的虚拟地址空间中绝大部分的虚拟地址都不会被使用，所以多级页表通常具有很多"空洞"，从而能够极大地节约所占空间。

本节结合 AArch64 体系结构下多级页表（如图 4.4 所示）的具体实现进行讲解，采用常见的相关硬件设置：虚拟地址低 48 位参与地址翻译，页表级数为 4 级，虚拟页大小为 4KB。

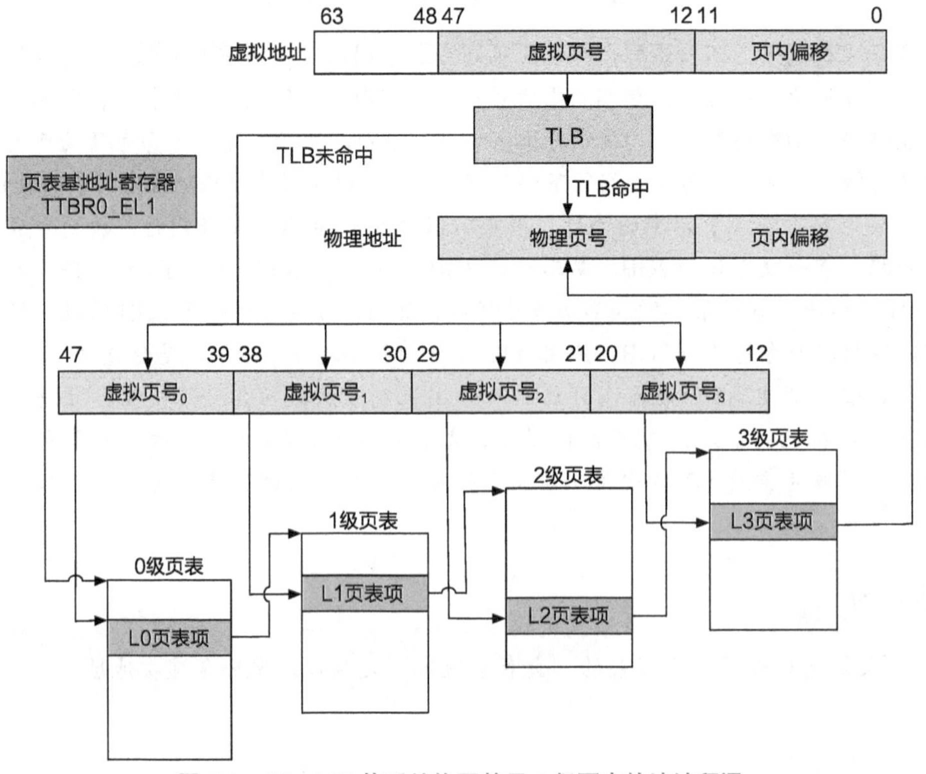

图 4.4 AArch64 体系结构下基于 4 级页表的地址翻译

在此设置下，物理内存被划分为连续的、4KB 大小的物理页，一个虚拟页可以映射并对应一个物理页。正因为页面大小是 4KB，所以虚拟地址的低 12 位（$2^{12} = 4K$）对应页内偏移。整个页表的起始地址（物理地址）存储在页表基地址寄存器中。MMU 硬件在 EL1 特权级（操作系统运行的特权级）中提供了两个页表基地址寄存器，分别是 TTBR0_EL1 和 TTBR1_EL1。当虚拟地址第 63 ～ 48 位全为 0 时，MMU 硬件基于 TTBR0_EL1 寄存器存储的页表进行地址翻译；当虚拟地址第 63 ～ 48 位全为 1 时，MMU 硬件基于 TTBR1_EL1 寄存器存储的页表进行地址翻译。不过，无论使用哪一个页表基地址寄存器，页表结构及地址翻译过程都是相同的。第 0 级（顶级）页表有且仅有一个页表页，页表基地址寄存器存储的就是该页的物理地址。其余每一级页表拥有若干个离散的页表页，每一个页表页也占用物理内存中的一个物理页（4KB）。每个页表项占用 8 字节，用于存储物理地址和相应的访问权限，故一个页表页包含 512（4K/8 = 512）个页表项。由于 512 项对应 9 位（$2^9 = 512$），因此虚拟地址中对应每一级页表的索引都是 9 位。具体来说，一个 64 位的虚拟地址在逻辑上被划分成如下几个部分：

- 第 63 ～ 48 位，全为 0 或者全为 1（硬件要求）。通常操作系统的选择是，应用进程使用的虚拟地址位都是 0。同时这也意味着应用进程的虚拟地址空间大小可以达到 2^{48} 字节。
- 第 47 ～ 39 位：这 9 位作为该虚拟地址在第 0 级页表中的索引值，对应图 4.4 中的虚拟页号 $_0$。
- 第 38 ～ 30 位：这 9 位作为该虚拟地址在第 1 级页表中的索引值，对应图 4.4 中的虚拟页号 $_1$。
- 第 29 ～ 21 位：这 9 位作为该虚拟地址在第 2 级页表中的索引值，对应图 4.4 中的虚拟页号 $_2$。
- 第 20 ～ 12 位：这 9 位作为该虚拟地址在第 3 级页表中的索引值，对应图 4.4 中的虚拟页号 $_3$。
- 第 11 ～ 0 位：由于页面大小是 4KB，所以低 12 位代表页内偏移。

MMU 翻译某虚拟地址时，首先根据页表基地址寄存器中的物理地址找到第 0 级页表页，然后将虚拟地址的虚拟页号 $_0$（第 47 ～ 39 位）作为页表项索引，读取第 0 级页表页中的相应页表项。该页表项中存储着下一级（第 1 级）页表页的物理地址，MMU 按照类似的方式将虚拟地址的虚拟页号 $_1$（第 38 ～ 30 位）作为页表项索引，继续读取第 1 级页表页中的相应页表项。往下类推，MMU 将在第 3 级页表页中的一个页表项里面找到该虚拟地址对应的物理页号，再结合虚拟地址中的页内偏移即可获得最终的物理地址。

这样的 4 级页表结构允许页表内存在"空洞"，操作系统可以在虚拟地址被应用进程使用之后再分配并填写相应的页表页。我们举一个极端的例子来说明多级页表在内存占用方面的优势。假设整个应用进程的虚拟地址空间中只有两个虚拟页被使用，分别位于最低和最高两个虚拟地址。在使用 4 级页表后，整个页表实际上只需要 1 个第 0 级页表页、2 个第 1 级页表页、2 个第 2 级页表页、2 个第 3 级页表页，合计 7 个页表页（即整个页表中大部分都是"空洞"），仅仅占用 28KB 的物理内存空间，远小于单级页表的大小。

小思考

多级页表一定能够减少页表占用的空间吗？

多级页表能减少页表占用的空间，是建立在“应用进程使用的虚拟地址远小于总的虚拟地址空间”这个假设上，如果假设不成立，那么多级页表有可能会比单级页表占用更多的内存。

例如，1995年，Intel在奔腾Pro处理器上推出了PAE（Physical Address Extension）技术，支持36位物理地址（即最大64GB），但虚拟地址仍然只有32位。在物理地址是36位的情况下，页表项大小为64位，每个4KB页只能存放512（即2^9）项，因此使用3级页表（即2+9+9+12）。对于像PS这样的应用，很可能会用满4GB（32位）的虚拟地址空间，此时，页表占用的总空间为：第0级页表4KB（只包含4个页表项），第1级页表16KB（4KB×4），第2级页表8MB（4KB×512×4）。而如果使用单级页表，则只需要8MB即可。可以看到，在虚拟地址空间用满的情况下，多级页表最末级的页表和单级页表使用的内存大小是一样的——那么多级页表中的其他级页表就是多出来的。多级页表的优势在于不依赖内存页的连续性，因此能够在应用使用虚拟地址较少的情况下大幅度降低页表占用的内存。

小知识：页表的级数

32位CPU采用32位的物理地址和虚拟地址，每个页表项为4字节，这样每4KB的页可以保存1 024个页表项，因此普遍使用2级页表（即32=10+10+12）。当前，智能手机、个人电脑、服务器等平台主要使用64位CPU，一种常见的配置是使用48位的物理地址和虚拟地址，此时页表为4级（即48=9+9+9+9+12）。近年来，x86-64架构推出了52位的物理地址和57位的虚拟地址[2]，操作系统采用5级页表以支持更大的虚拟地址和物理地址范围（即57=9+9+9+9+9+12）。

练 习

4.2 为什么单级页表中的每一项都需要存在，且其所在物理内存必须连续？

4.3 如果页面大小是8KB，依然是4级页表，当虚拟地址的有效位数分别为53位和48位时，应该如何划分64位虚拟地址呢？

4.4 按照4.1.3节所述的4级页表设置，虚拟地址0x8080604000对应的各级页表项索引是什么？虚拟地址0xFFF8080604FFF呢？

4.5 按照4.1.3节所述的4级页表设置：

(a) 若页表总共占用 16KB，那么至多能够翻译多大的虚拟地址范围？
(b) 若在页表中填写虚拟地址 0 ～ 16MB 的映射，则页表至少需要占用多少空间？

4.1.4 页表项与大页

如图 4.5 所示，一般来说，多级页表中并非只有最后一级的页表项能够指向物理页，中间级的页表项也能够直接指向物理页，而不是只能指向下一级页表页。当中间级的页表项直接指向物理页时，其指向的是**大页**，顾名思义，会比下一级页表项指向的物理页的大小更大。此外，页表项除了存储物理页号（下一级页表页或指向的物理页）之外，还会存储一些属性位，允许操作系统设置诸如读写执行等权限。若实际访问所需权限和页表项中设置的权限不一致，则 MMU 会在地址翻译过程中触发**访问异常**。

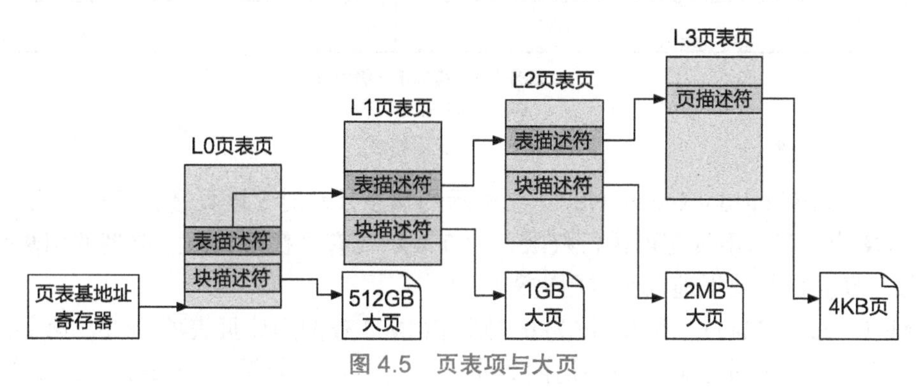

图 4.5 页表项与大页

下面仍然以 AArch64 体系结构的 4 级页表为例进行具体介绍。如图 4.6 所示，每个页表项占用 8 字节（64 位），其中既包括物理页号（PFN），也包括描述页面属性的位。3 级页表项（最后一级页表项）中的 PFN 表示指向的 4KB 物理页，这样的页表项称为**页描述符**（Page Descriptor）。0 级、1 级、2 级页表项中的 PFN 通常指向下一级页表页，这样的页表项称为**表描述符**（Table Descriptor）。

除了作为表描述符外，0 级、1 级、2 级页表项还可以作为**块描述符**（Block Descriptor），其中的 PFN 直接指向 512GB、1GB、2MB 的物理页（大页）。若 0 级、1 级、2 级页表项的第 1 位为 1，则表示该页表项是表描述符，为 0 则表示该页表项是块描述符。有三点需要注意：第一，当使用大页映射时，虚拟大页（即连续的虚拟地址）被映射到相同大小的物理大页（即连续的物理地址），其优点是大大减小了页表，缺点是翻译粒度变粗；第二，大页映射与 4KB 页映射可以在同一个页表中并存；第三，和 4KB 页一样，大页也仅仅是逻辑上的概念，与物理内存并没有直接关系。

页描述符和块描述符的属性位相同，下面介绍本章涉及的页表项中的属性位。

- UXN（Unprivileged eXecute Never）：表示用户态代码对于该页是否具有可执行权限。UXN 为 1 表示不具有可执行权限，为 0 表示具有可执行权限。典型的用法是利用该位把栈区域标记成不可执行，以避免应用运行过程中由于发生错误或被攻击者攻击而跳转到栈区域执行。

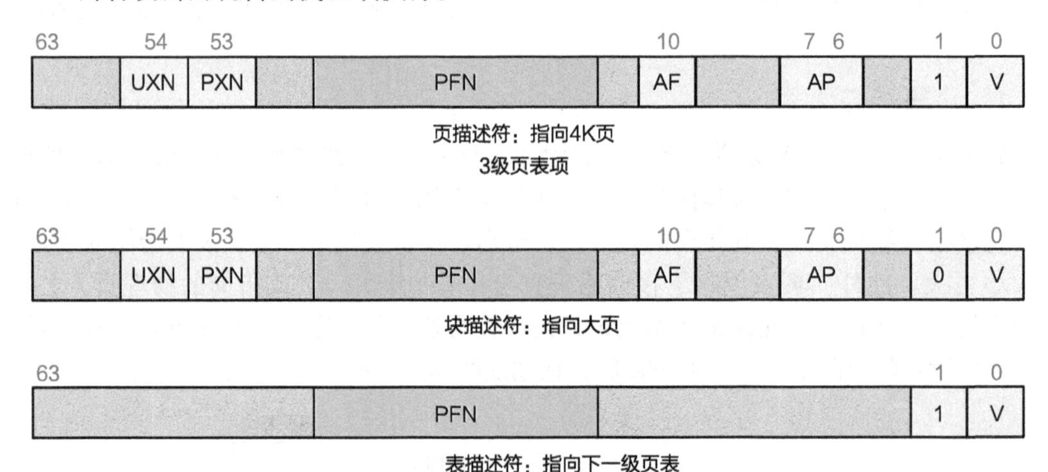

图 4.6　页表项格式

- PXN（Privileged eXecute Never）：表示内核态代码对于该页是否具有可执行权限。PXN 为 1 表示不具有可执行权限，为 0 表示具有可执行权限。典型的用法是利用该位防止内核错误地执行应用进程代码。
- AF（Access Flag）：若 AF 位为 0，则当 MMU 查询到该页表项（CPU 第一次访问相应虚拟页）时会触发一种访问异常：访问标志位异常（Access Flag Fault）。若 AF 位为 1，则不会触发该访问异常。回顾 3.2.2 节，CPU 提供异常向量表，允许操作系统为不同异常设置相应的异常处理函数，当异常发生时，CPU 会立即执行相应的异常处理函数。因此，操作系统可以设置访问异常处理函数，并在该函数中根据硬件提供的错误码判断标志位异常，从而获得页面的访问情况。在后文介绍的操作系统页面回收机制中标志位将会再次出现。
- AP（Access Permission）：用于控制页面的访问权限，可以通过设置不同特权级（EL0 和 EL1）实现对页面的不同读写权限，具体见表 4.1。若实际访问所需要的权限违背 AP 表示的访问权限，则当 MMU 查询到该页表项时会触发一种访问异常：访问权限异常（Access Permission Fault）。

表 4.1　AP 位标识

AP	用户态 EL0	内核态 EL1
00	不可访问	可读可写
01	可读可写	可读可写
10	不可访问	只读
11	只读	只读

- V（Valid）：有效位，用于表示该页表项是否有效。若 V 位为 0，则当 MMU 查询到该页表项时会触发一种访问异常——缺页异常（Page Fault），表示 MMU 在页表中未找到地址翻译所需要的映射。若 V 位为 1，则 MMU 能够完成地址翻译。同

样，CPU 允许操作系统为缺页异常设置相应的异常处理函数，在后文介绍的操作系统按需映射机制中缺页异常将会再次出现。注意，在 MMU 查询页表的过程中，只要虚拟地址对应的任一级页表项的 V 位为 0，就会触发缺页异常。

小知识：AF 和 DMB

在 ARMv8.0 中，AF 只能由软件进行设置，即需要操作系统进行设置。在 ARMv8.1-TTHM 体系结构特性下，AF 可以由 MMU 进行设置，即当地址翻译发生时，MMU 会自动将页表项中的 AF 设为 1（不触发访问标志位异常）。此外，页表项中还引入了 DMB 位，表示 Dirty State，即相应的物理页是否被写过。当地址翻译发生且当前执行的是写指令时，MMU 会自动将页表项中的 DMB 位设为 1。

小知识：缺页异常信息

在 x86-64 体系结构下，缺页异常会触发 14 号异常（#PF），并且导致访问出错的虚拟地址会被放在 CR2 寄存器中。在 AArch64 体系结构下，缺页异常并没有专门的异常号，而是与其他一些用户态同步异常共用一个异常号，即 8 号同步异常。操作系统需要根据 ESR（Error Syndrome Register）寄存器中存储的信息来判断发生的异常是不是缺页异常，如果是，则从 FAR_EL1 寄存器中取出发生缺页异常时访问的虚拟地址。类似地，操作系统也是根据 CPU 在 ESR 寄存器中提供的信息判断是不是访问标志位异常等。

练　习

4.6 为什么上一级页表项能够指向的物理页大小总是下一级页表项能够指向的物理页大小的 512 倍？

4.7 当 CPU 在翻译某虚拟地址时，发现相应的最后一级页表项中有效位为 0，且当前是写访问而页表项中 AP 设置的是只读，那么是触发缺页异常还是访问权限异常？

4.1.5 TLB：页表的缓存

多级页表结构能够显著压缩页表的大小，但是会导致地址翻译时长的增加（“时间换空间”的权衡）。具体来说，多级页表结构使得 MMU 在翻译虚拟地址的过程中需要依次查找多个页表页中的页表项，一次地址翻译可能会导致多次物理内存访问。例如，对于图 4.4 所示的 4 级页表，一次地址翻译需要查找 4 级页表项，即需要 4 次访存操作。

为了减少多级页表下地址翻译过程中的访存次数，MMU 引入转址旁路缓存（Translation Lookaside Buffer，TLB）部件来加速地址翻译的过程。具体来说，TLB 缓存了虚拟页号到物理页号的映射关系。我们可以把 TLB 简化成存储着键值对的哈希表，其中键是虚拟页号，值是物理页号。从图 4.4 中可以看到，MMU 会先把虚拟页号作为键去查询 TLB 中的缓存项，若找到则可直接获得对应的物理页号而无须再查询页表。我们称通过 TLB 能够直接完成地址翻译的过程为 TLB 命中（TLB Hit），反之为 TLB 不命中（TLB Miss）。

如图 4.7 所示，一般来说，TLB 硬件采用分层的架构，分为 L1 和 L2 两层。其中，L1 又分为数据 TLB 和指令 TLB，分别用于缓存数据和指令的地址翻译；L2 不区分数据和指令（也存在分离的设计）。作为 CPU 内部的硬件部件，TLB 的体积实际上是极小的，这也就意味着其缓存项的数量是极其有限的。例如，树莓派 4 使用的 AArch64 Cortex-A72 CPU 中，每个 CPU 核心只有约 1 000 条 TLB 缓存项。

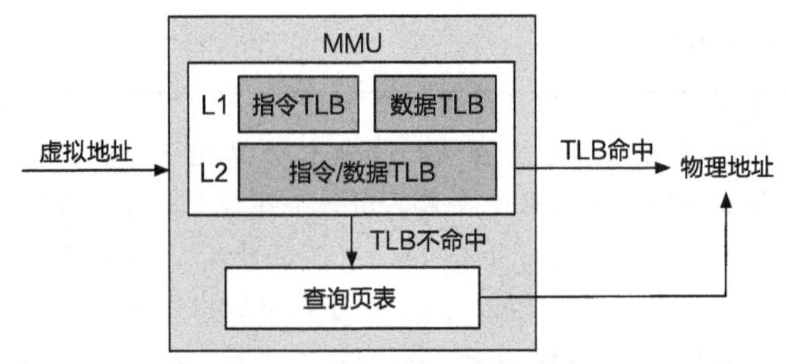

图 4.7　TLB 的结构示意图

由于 TLB 缓存项的数量有限，需要有效地加以利用，才能保证尽量高的 TLB 命中率。在主流的 AArch64 和 x86-64 体系结构下，TLB 在地址翻译过程中是由硬件（MMU）进行管理的。硬件规定了页表基地址的位置以及页表的内部结构，操作系统只需按照硬件的规范来构造和配置页表。当 TLB 不命中时，硬件将通过页表基地址查询页表，找到对应的页表项，并且将翻译结果填写到 TLB 中；若 TLB 已满，则根据硬件预定的策略替换某一项。之后若需要再次翻译同样的虚拟页号，硬件就可以迅速地从 TLB 中直接找到对应的物理页号（TLB 命中）。

小知识：软件管理 TLB

除了由硬件在地址翻译过程中直接管理 TLB 外，有的体系结构设计（如部分 MIPS 和 SPARC 架构的 CPU）允许使用软件在地址翻译过程中对 TLB 进行管理。当发生 TLB 不命中时，硬件会触发异常，然后由操作系统负责根据页表进行地址翻译，使用特殊的指令更新 TLB，并在异常处理完成后恢复 CPU 之前的执行流。不过，操作系统在设计异常处理函数的时候需要格外小心，应避免因 TLB 不命中而导致无限嵌套。这种设计的主要优点是灵活：一方面，操作系统可以使用自定义的页表数据结构；另一方面，操作系统可以根据运行时的内存访问特点，动态设置TLB更新与替换策略。但是，这种设计会导致相应的软件设计变得复杂，同时在性能方面也不一定具有优势。

TLB的引入带来了一个新的挑战：如何保证TLB中的缓存项与当前页表中的映射之间的一致性？请思考这个问题：两个应用进程A和B使用了同样的虚拟地址VA，但是对应不同的物理地址PA1和PA2。在应用进程A访问VA时，TLB会缓存VA到PA1的翻译；在切换到应用进程B运行后，尽管操作系统更新了CPU使用的页表基地址，但是当B访问VA时，CPU如果依然从TLB中寻找VA的翻译，则会导致应用进程B的VA也翻译成PA1，进而访问了错误的物理内存地址。导致这个问题的根本原因在于：虽然页表已经发生了变化，但TLB没有做相应的更新。由于TLB是使用虚拟地址进行查询的，所以操作系统在进行页表切换（应用进程切换）的时候需要主动刷掉TLB，即TLB刷新（TLB Flush）[1]。这样，在上面的例子中，当B访问VA时就会发生TLB不命中，然后CPU会从B的页表中取正确的页表项填充TLB。

若操作系统在切换应用进程的过程中刷新TLB，那么每当应用进程被切换到的时候，总是会发生TLB不命中的情况，进而不可避免地造成性能损失。那么，有没有一种方法使操作系统能够在切换应用进程时不刷掉TLB呢？一种为TLB缓存项打上“标签”的设计正是为了避免这样的开销。以AArch64体系结构为例，它提供了地址空间标识（Address Space ID，ASID）功能[2]。具体来说，操作系统可以为不同的应用进程分配不同的ASID作为应用进程虚拟地址空间的标签，并将这个标签写入应用进程页表基地址寄存器中的原空闲位（如TTBR0_EL1的高16位）。TLB中的缓存项也会包含ASID这个标签，从而使得TLB中属于不同应用进程的缓存项可以被区分开。MMU在翻译地址时，会判断TLB缓存项中保存的ASID与TTBR0_EL1中保存的ASID是否一致，只有一致时才会使用该TLB。因此，在切换页表的过程中，操作系统不再需要清空TLB缓存项。

小知识：ASID数量

ASID最多有16位（ASID位数由TCR_EL1寄存器中的配置信息决定），即同时最多可以有2^{16}（65 536）个标签。若同时运行的应用进程数量超过ASID的最大数量，则操作系统不得不为若干应用进程分配相同的ASID。

不过在修改页表内容之后，操作系统还是需要主动刷新TLB以保证TLB缓存和页表项内容一致。AArch64体系结构提供了多种不同粒度的刷新TLB的指令，包括刷新全

[1] “TLB刷新”是一种常见的翻译，但更准确地说，“TLB Flush”应该是“刷掉TLB”，也就是将TLB设置为无效。

[2] 在x86-64上，类似ASID的功能称为进程上下文标识（Process Context ID，PCID）。

部 TLB、刷新指定 ASID 的 TLB、刷新指定虚拟地址的 TLB 等。操作系统可以根据不同场景选用合适的指令，最小化 TLB 刷新的开销，以获得更好的性能。

练 习

4.8 为什么硬件仅仅采用简单的 TLB 管理方式，就能够在大多数情况下获得较好的 TLB 命中率？

4.9 在 AArch64 平台上：

(a) 若操作系统的页表基地址存在 TTBR1_EL1 中，应用程序的页表基地址存在 TTBR0_EL1 中，那么在发生系统调用时，是否需要进行 TLB 刷新？

(b) 若操作系统为两个应用程序的页表设置了不同 ASID，那么操作系统在切换进程的过程中是否需要进行 TLB 刷新？

(c) 描述操作系统需要进行 TLB 刷新的两个例子。

4.2 操作系统的职责：管理页表映射

本节主要知识点

- ❑ 操作系统需要为自己配置页表吗？
- ❑ 操作系统如何填写应用进程的页表？
- ❑ 操作系统何时填写应用进程的页表？立即映射与延迟映射有什么区别？
- ❑ 缺页异常与段错误（Segmentation Fault）有什么关系？
- ❑ 如何利用虚拟内存实现内存共享和写时拷贝？
- ❑ 使用大页翻译有什么特点？什么时候适合使用大页？

4.2.1 操作系统为自己配置页表

CPU 在上电启动后会默认使用物理地址，这是因为 MMU 的地址翻译功能还未开启，而操作系统则负责在初始化过程中启用该功能。一旦启用 MMU 地址翻译，CPU 会根据页表对指令执行中涉及的地址进行翻译，即认为这些地址都是虚拟地址，因而操作系统和应用进程在后续运行中都是使用虚拟地址。因此，操作系统除了需要为每个应用进程设置页表外，也需要为自己配置页表。

通常，操作系统为自己配置的页表具有两个特点。第一，操作系统一般使用高虚拟地址，比如对于 AArch64 来说，操作系统使用高 16 位为 1 的虚拟地址；应用进程使用低虚拟地址，在 AArch64 中即为高 16 位为 0 的虚拟地址。第二，操作系统一般会一次性将全部物理内存映射到虚拟地址空间中。具体的映射方式非常简单，即虚拟地址 = 物理地址＋固定偏移，该映射方式也称为直接映射（Direct Mapping）。操作系统所使用的虚拟地址空间也称为内核地址空间。通过上述固定偏移的页表映射方式，操作系统能够在内核地址空间中很方便地在物理地址和虚拟地址之间进行转换。当操作系统需要访问一个物理地址时，仅需要访问该物理地址加上固定偏移的虚拟地址即可。

以 AArch64 体系结构为例，结合 4.1.3 节介绍的硬件职责，一种常见的配置是：应用进程使用 0x00000000_00000000 ～ 0x0000FFFF_FFFFFFFF 的虚拟地址，这部分地址由页表基地址寄存器 TTBR0_EL1 指向的页表进行翻译；操作系统使用 0xFFFF0000_00000000 ～ 0xFFFFFFFF_FFFFFFFF 的虚拟地址，这部分地址由页表基地址寄存器 TTBR1_EL1 指向的页表进行翻译，如图 4.8 所示。操作系统在初始化过程中，采用固定偏移的地址映射方式为自己配置页表，并且把该页表基地址写入 TTBR1_EL1 中。在之后的运行中，通常 TTBR1_EL1 中的值不需要改变，即始终指向操作系统的页表。操作系统会为每个应用进程创建一张独立的页表，在切换应用进程时，操作系统会把下一个应用进程的页表基地址（物理地址）写入 TTBR0_EL1 中。

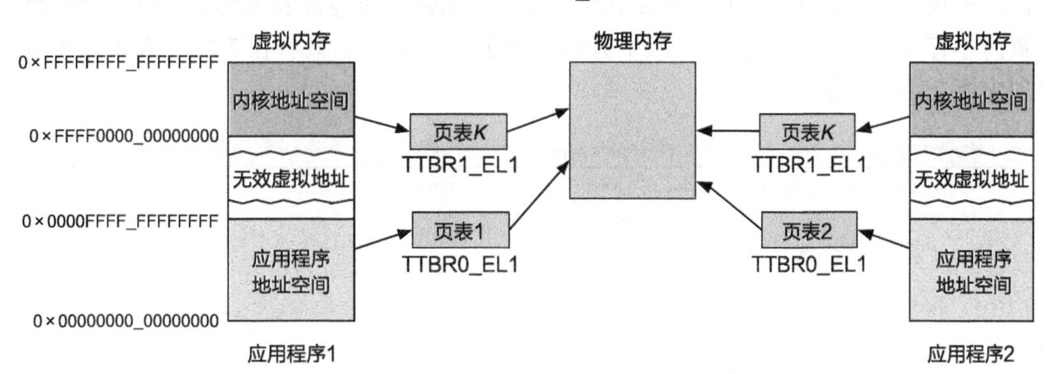

图 4.8 操作系统页表和应用进程页表

练 习

4.10 操作系统自己访问内存时，使用虚拟地址还是物理地址？

4.2.2 如何填写进程页表

在进程的执行过程中，所有访存操作用到的虚拟地址均会被 MMU 根据页表翻译为物理地址，而页表的配置则是操作系统的职责。操作系统通过为不同应用进程分配独立页表的方式，为它们提供独立的虚拟地址空间，即不同应用进程可以使用相同的虚拟地址，但经过页表翻译后映射到不同的物理地址，彼此不会干扰。因此，操作系统会把进程页表作为一个不可或缺的成员变量记录在进程结构体中。如代码片段 4.2 所示，进程结构体中包含进程页表基地址成员变量。

代码片段 4.2　进程结构体与添加/删除页表映射的函数声明。在进程结构体中，页表基地址是不可或缺的成员变量

```
1 struct process {
2   // 上下文
3   struct context *ctx;
4   // 页表基地址（物理地址）
5   u64 pgtbl;
6   ...
7 };
8
9 void add_mapping(struct process *, u64 va, u64 pa);
10 void delete_mapping(struct process *, u64 va);
```

操作系统通过设置应用进程的页表来为其配置虚拟地址空间映射。具体来说，操作系统需要实现两个功能：在页表中添加映射和删除映射。代码片段 4.3 给出了操作系统在进程页表中添加虚拟地址到物理地址映射（add_mapping）的示意代码。根据虚拟地址依次查找 0 级、1 级、2 级页表页中的页表项，如果相应的页表项为空，说明下一级页表页尚不存在，需要分配新的页表页并填写当前的页表项。最后在 3 级页表页的相应页表项中填上物理地址。

代码片段 4.3　操作系统在页表中添加映射的示意代码（假设为 4 级页表且不使用大页）

```
1 u64 get_next_pgtbl_page(u64 *pgtbl, u32 index)
2 {
3   u64 pgtbl_entry;
4
5   pgtbl_entry = pgtbl[index];
6
7   if (pgtbl_entry == 0) {
8     // 如果没有相应的页表页（页表空洞），则分配页表页
9     pgtbl_entry = alloc_pgtbl_page();
10    pgtbl_page[index] = pgtbl_entry | some_permssion;
11  }
12
13  // 页表项中存储的是物理地址，而操作系统在运行时使用虚拟地址
14  return paddr_to_vaddr(pgtbl_entry);
15 }
16
17
18 // 在进程页表中添加虚拟地址 va 到物理地址 pa 的映射
19 void add_mapping(struct process *p, u64 va, u64 pa)
20 {
21   u64 *pgtbl_page;
22   u32 index;
23
24
25   // 获取 0 级页表页的起始地址，即页表基地址
26   // 每个页表页占据 4KB，包含 512 个页表项
```

```
27    pgtbl_page = (u64 *)paddr_to_vaddr(p->pgtbl);
28
29    //获取虚拟地址在 0 级页表页中的页表项索引
30    index = L0_INDEX(va);
31    //获取 1 级页表页的起始地址
32    pgtbl_page = get_next_pgtbl_page(pgtbl_page, index);
33
34    //获取虚拟地址在 1 级页表页中的页表项索引
35    index = L1_INDEX(va);
36    //获取 2 级页表页的起始地址
37    pgtbl_page = get_next_pgtbl_page(pgtbl_page, index);
38
39    //获取虚拟地址在 2 级页表页中的页表项索引
40    index = L2_INDEX(va);
41    //获取 3 级页表页的起始地址
42    pgtbl_page = get_next_pgtbl_page(pgtbl_page, index);
43
44    //获取虚拟地址在 3 级页表页中的页表项索引
45    index = L3_INDEX(va);
46    //在 3 级页表页的页表项中填写物理地址 paddr
47    pgtbl_page[index] = pa | some_permission;
48 }
```

需要注意的是，进程页表基地址和页表项中存储的地址都是物理地址，但操作系统在配置页表的过程中读写页表页所使用的均为虚拟地址，如代码片段 4.3 的第 5 行、第 10 行、第 47 行。因此，操作系统需要具备如下能力：迅速找到一个物理地址在内核地址空间中对应的虚拟地址。示意代码中使用 paddr_to_vaddr 接口把物理地址转换成操作系统能够使用的虚拟地址，这个接口的实现正是利用了 4.2.1 节提到的直接映射，即可通过在物理地址上增加一个固定偏移得到虚拟地址，再用虚拟地址访问对应的物理地址。其中，固定偏移是操作系统在配置自己的页表时选择的常量[⊖]。

如代码 4.4 所示，类似于 add_mapping 函数，delete_mapping 函数根据虚拟地址参数依次查找页表项，最终把第 3 级页表页的相应页表项清空，即可完成地址映射的删除。不同的是，delete_mapping 函数在删除映射后，需要刷新 TLB，因为 TLB 中可能缓存了该虚拟地址之前的映射。

代码片段 4.4　操作系统在页表中删除映射的示意代码（假设为 4 级页表且不使用大页）

```
1 u64 find_next_pgtbl_page(u64 *pgtbl, u32 index)
2 {
3   u64 pgtbl_entry;
4
5   pgtbl_entry = pgtbl[index];
6
7   //没有相应的页表页（页表空洞）
```

⊖ 例如，在 AArch64 上，固定偏移常量可以为 0xFFFF0000_00000000。

```
 8   if (pgtbl_entry == 0) return 0;
 9
10   return paddr_to_vaddr(pgtbl_entry);
11 }
12
13 void delete_mapping(struct process *p, u64 va)
14 {
15   u64 *pgtbl_page;
16   u32 index;
17
18   pgtbl_page = (u64 *)paddr_to_vaddr(p->pgtbl);
19
20   index = L0_INDEX(va);
21   pgtbl_page = find_next_pgtbl_page(pgtbl_page, index);
22   if (pgtbl_page == 0) return;
23
24   index = L1_INDEX(va);
25   pgtbl_page = find_next_pgtbl_page(pgtbl_page, index);
26   if (pgtbl_page == 0) return;
27
28   index = L2_INDEX(va);
29   pgtbl_page = find_next_pgtbl_page(pgtbl_page, index);
30   if (pgtbl_page == 0) return;
31
32   index = L3_INDEX(va);
33   // 参数 va 对应的页表项存在，将该页表项清空
34   pgtbl_page[index] = 0;
35
36   // 利用硬件提供的精准刷新虚拟地址相应 TLB 项的指令
37   flush_tlb(p->pgtbl, va);
38 }
```

在具体实现中，操作系统在为进程创建页表时只需要分配 0 级页表页（即单个物理页），而无须创建完整的页表。在进程运行的过程中，当操作系统需要在进程页表中添加新的映射时，才会根据需要分配新的内存页作为页表页（代码片段 4.3 的第 7 ～ 10 行）。页表页的按需分配体现了多级页表机制能够节约内存的优势。操作系统为 0 级页表页分配内存与为其他级页表页分配内存没有区别，都使用 alloc_pgtbl_page 接口完成。由于每个页表页对应一个物理页，因此 alloc_pgtbl_page 接口只需要调用 alloc_page 分配一个空闲的物理页即可。第 5 章会详细介绍 alloc_page 在现代操作系统中的一种主流实现。

练 习

4.11 add_mapping 函数在逐级查找页表项的过程中可能遇到页表页不存在的情况，delete_mapping 函数会遇到该情况吗？如果遇到了该如何处理？

4.2.3　何时填写进程页表：立即映射

图 4.9 展示了典型的进程虚拟地址空间布局。如图所示，进程虚拟地址空间包括若干虚拟内存区域，如代码段、数据段、用户堆 / 栈、其他代码库。在应用进程的生命周期中，其虚拟内存空间的变化主要包括：

- 进程创建时。操作系统将应用的二进制文件和动态代码库加载到物理内存，并在应用进程的页表中添加虚拟地址到物理地址的映射（代码和数据），完成初始的虚拟地址空间布局。
- 进程执行时。应用进程要求改变虚拟地址空间，又可以进一步分为三种常见的情况：进程的栈和堆的空间增加或减少；进程加载或卸载其他代码库；进程通过调用 mmap 接口增加新的虚拟内存区域，或通过 munmap 接口删除已有的虚拟内存区域。
- 进程退出时。操作系统删除应用进程的页表，即删除整个进程虚拟地址空间。

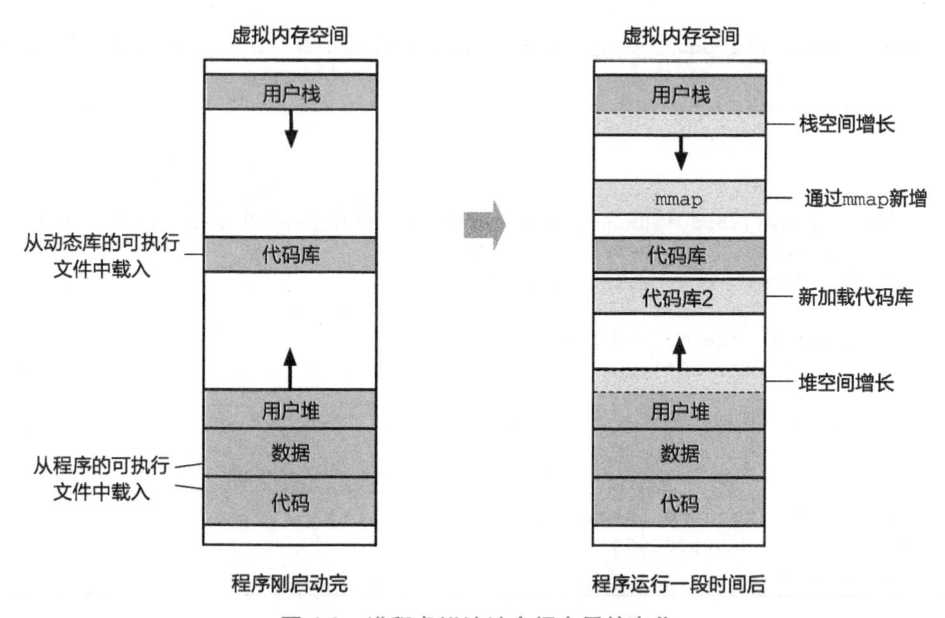

图 4.9　进程虚拟地址空间布局的变化

每个虚拟内存区域由连续的虚拟页组成，操作系统何时在进程页表中为虚拟内存区域添加到物理内存的映射呢？操作系统的一种映射策略是立即映射。在创建应用进程时，操作系统在进程页表中为初始虚拟内存区域（如代码段和数据段）直接添加虚拟页到物理页的映射。具体来说，操作系统可首先通过 alloc_page 分配空闲的物理页，然后把磁盘中的应用所需的代码和数据加载到这些物理页中，最后通过 add_mapping 在进程页表中添加映射。在应用进程执行时，它初始拥有的虚拟内存区域可能不够用，因此需要创建新的虚拟内存区域。在立即映射策略下，操作系统立即分配物理页，并通过更新页表项，将新增虚拟内存区域中每个新的虚拟页映射到物理页。

mmap 接口常被应用进程用于创建新的虚拟内存区域。代码片段 4.5 的第 5 行给出了 mmap 函数接口，第 11 行是调用 mmap 函数的示例。应用进程通过 mmap 接口告诉操作系统分配一块虚拟内存区域。mmap 接收的第一个参数是一个虚拟地址，应用进程可以通过该参数指明新分配虚拟内存区域的起始地址；第二个参数表示新分配虚拟内存区域的大小；第三个参数表示新分配虚拟内存区域的访问权限；其余参数在此不再赘述。操作系统在接收到应用进程 mmap 的请求后，直接在进程页表中为应用进程添加虚拟页到物理页的映射。一种实现如代码片段 4.6 所示[⊖]，操作系统为应用进程申请的虚拟内存区域中的每个虚拟页依次分配物理页，并且在页表中添加映射。

代码片段 4.5　简单的应用进程 **hello-mmap**

```
1 #include <stdio.h>
2 #include <string.h>
3 #include <sys/mman.h>
4
5 // void *mmap(void *addr, size_t length, int prot, int flags, int fd, off_t offset);
6
7 int main(void)
8 {
9   char *buf;
10
11   buf = mmap((void *)0x500000000, 0x2000, PROT_READ | PROT_WRITE, MAP_
     ↪ ANONYMOUS | MAP_PRIVATE, -1, 0);
12   printf("mmap returns %p\n", buf);
13
14   strcpy(buf, "Hello, mmap");
15   printf("%s\n", buf);
16
17   return 0;
18 }
19
20 The output after the execution is like :
21 mmap returns 0x500000000
22 Hello, mmap
```

代码片段 4.6　操作系统中 **mmap** 的示意代码实现（直接映射）

```
1 // 参数 addr 和 length 分别是虚拟内存区域的起始地址和长度
2 // 示意代码忽略边界条件检查等
3 void sys_mmap(u64 addr, u64 length, ...)
4 {
5   u64 page_num;
6   u64 pa;
7   struct process *proc;
8
9   // 总共需要映射的页面数量
```

⊖ 为保持简洁清晰，本章示意代码均省略了边界条件检查。

```
10    page_num = get_page_num(length);
11
12    //获取当前进程（即发起系统调用的进程）
13    proc = get_current_process();
14
15    //为每个虚拟页分配物理页，并在页表中添加映射
16    while (page_num > 0) {
17     pa = alloc_page();
18      add_mapping(proc, addr, pa);
19      addr += PAGE_SIZE;
20      --page_num;
21    }
22 }
```

综上所述，若操作系统采用立即映射的页表填写策略，则会在初始化一个进程的虚拟地址空间时，直接在进程页表中添加各虚拟内存区域的映射。在进程运行期间，操作系统在接收到进程发起的创建虚拟内存区域的请求后，立刻在进程页表中为该区域中的每个虚拟页添加到物理页的映射。

立即映射策略虽然简单直观，但在现实中会带来不少问题，主要是启动时延的增加和内存的浪费。让我们思考两个场景。第一，一个大型单机游戏程序中包含大量的代码和数据，不过每次玩家玩游戏的时候实际涉及的代码和数据都是有限的（比如闯过某关卡后才会继续），若操作系统采用立即映射的策略，那么在启动游戏（创建游戏进程）时就需要为所有代码和数据分配物理内存并进行加载。这种做法的问题在于操作系统为游戏进程分配的物理内存大多数在实际游戏运行过程中并不会被用到，既浪费了物理内存资源，又造成游戏启动时间长。第二，小明编写的一个应用进程在运行时调用 mmap 接口分配虚拟内存区域，不过由于小明无法预测在运行时实际需要分配多大内存，所以在编写应用时就把 mmap 的 `length` 参数设置为 1GB（应用可能使用的最大内存量）。但是在该应用实际运行的过程中，上述 mmap 所分配的虚拟内存区域的大部分虚拟页都不会被用到。若操作系统采用立即映射的策略，在应用进程调用 mmap 后直接为整个新分配的虚拟内存区域分配物理页、填写页表，会造成大量物理内存资源的浪费。

那么，操作系统该如何解决立即映射策略所带来的问题呢？一种直观的想法是，如果操作系统可以根据应用进程在运行过程中的实际需要进行物理页分配和页表填写，那么就可以避免分配的物理页实际不被用到的情况。为此，操作系统设计了**延迟映射**的策略，将虚拟内存的分配与物理内存的分配解耦开。

练　习

4.12　进程的虚拟地址空间由若干段虚拟内存区域组成，是否意味着分段地址翻译机制实际上比分页地址翻译机制更加合适？

4.2.4 何时填写进程页表：延迟映射

与立即映射策略不同，延迟映射策略的主要思路是：先记录为应用进程分配的虚拟内存区域，但不分配相应的物理内存，当然也不会在页表中填写映射；当应用进程实际访问某个虚拟页时，由于页表中没有映射，CPU 会触发缺页异常，操作系统在缺页异常的处理函数中为该虚拟页分配物理页，并在页表中添加映射，然后重新运行触发异常的指令。

为了记录应用进程的虚拟内存区域，需要对进程结构体做出修改，不能仅仅记录页表基地址。如代码片段 4.7 所示，进程结构体中包含描述进程虚拟地址空间的成员变量 vmspace。vmspace 结构体中除进程页表基地址外，还有一个描述进程虚拟地址空间中各虚拟内存区域的成员变量。每个虚拟内存区域由 vmregion 结构体表示，需要包括该区域的起始地址、结束地址、访问权限。

代码片段 4.7　扩展进程结构体中和虚拟内存相关的成员变量

```
 1 struct process {
 2   //上下文
 3   struct context *ctx;
 4 
 5   //虚拟内存
 6   struct vmspace *vmspace;
 7 
 8   ...
 9 };
10 
11 struct vmspace {
12   //页表基地址
13   u64 pgtbl;
14 
15   //若干虚拟内存区域组成的链表
16   list vmregions;
17 };
18 
19 //表示一个虚拟内存区域
20 struct vmregion {
21   //起始虚拟地址
22   u64 start;
23   //结束虚拟地址
24   u64 end;
25   //访问权限
26   u64 perm;
27 };
```

操作系统通过虚拟内存抽象为每个应用进程提供独立而连续的虚拟地址空间。然而，应用进程在实际运行的过程中，往往只会使用整个地址空间中的部分区域。以本章开头的 hello-vm 程序为例，其在运行期间主要的虚拟内存区域如图 4.10 所示，main 函数位于代码区域，str 字符串位于数据区域。操作系统通过若干 vmregion 结构体记录应用进程需要使用的虚拟地址范围。

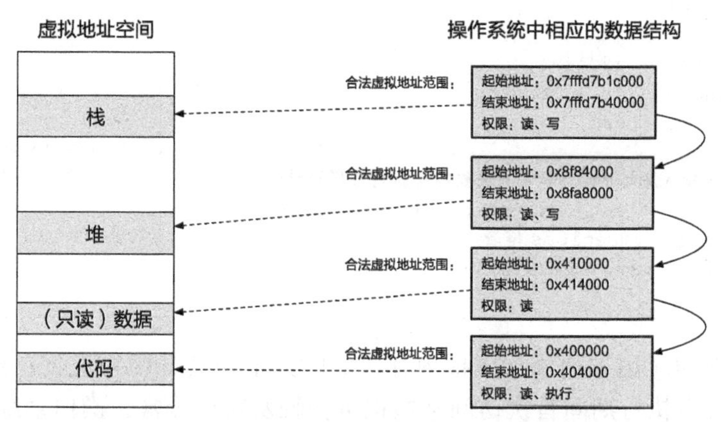

图 4.10　操作系统记录应用进程的虚拟地址空间，图中虚线箭头表示记录关系，实线箭头表示数据结构内部指针

具体来说，操作系统可以分别在创建进程时和进程运行过程中为其添加虚拟内存区域结构体。在第一种情况下，操作系统主动为应用进程设置虚拟内存区域，即操作系统在加载应用进程时为其添加初始的若干虚拟内存区域（例如代码、栈）。

在第二种情况下，应用进程通过操作系统提供的接口添加虚拟内存区域，例如，应用进程在运行期间可以通过调用 mmap 接口，显式地要求操作系统添加一段虚拟内存区域。hello-mmap 应用进程（代码片段 4.5）的虚拟内存区域在 mmap 函数执行前后的变化如图 4.11 所示。采用延迟映射策略后，操作系统中 mmap 的实现只需要为进程添加一个 vmregion 结构体即可，示意代码如代码片段 4.8 所示。

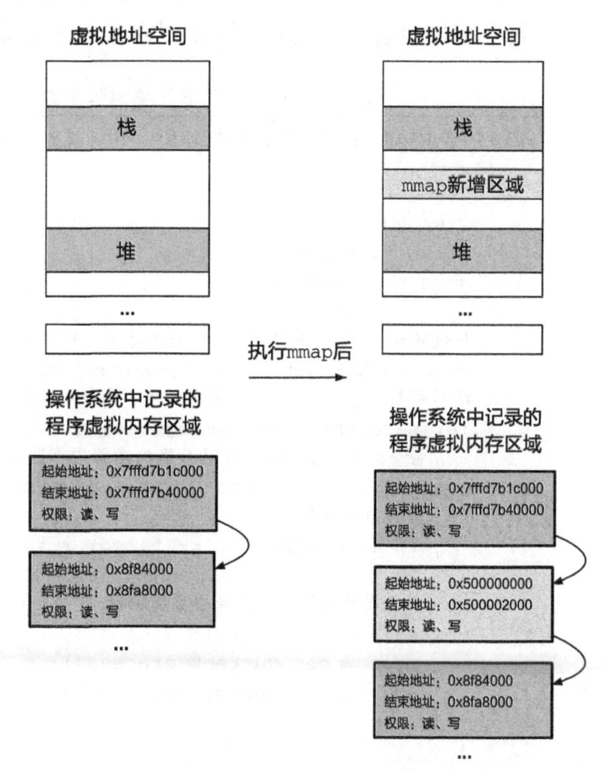

图 4.11　应用进程可以通过调用 mmap 接口增加一个虚拟内存区域

代码片段 4.8　操作系统中 mmap 的示意代码实现（延迟映射）

```
1 void sys_mmap(u64 addr, u64 length, u64 perm ...)
2 {
3   struct vmregion vmr;
4   u64 pgtbl;
5
6   vmr.start = addr;
7   vmr.end = addr + length;
8   vmr.perm = perm;
9
10  // 获取当前（发起 mmap 调用）进程的虚拟内存区域链表
11  vmregions = get_current_process_vmregions();
12  // 把 vmr 插入 vmregions 链表
13  add_list(vmregions, vmr);
14 }
```

操作系统在为应用进程添加虚拟内存区域时并不为其分配物理页、添加页表映射。因此，应用进程在执行期间首次访问某虚拟页会触发缺页异常，操作系统的缺页异常处理函数首先查询触发异常的虚拟地址是否属于某一个虚拟内存区域，并且检查读、写、执行权限是否匹配。在通过这些检查后（合法的缺页异常），则为该虚拟页分配物理页并在页表中添加映射。代码片段 4.9 展示了缺页异常处理函数的示意代码。

代码片段 4.9　操作系统为延迟映射而实现的缺页异常处理函数

```
1 void page_fault_handler(u64 fault_va, ...)
2 {
3   u64 va, pa;
4   list vmregions;
5   struct vmregion vmr;
6   struct process *proc;
7
8   // 获取当前（触发缺页异常）进程的虚拟内存区域链表
9   vmregions = get_current_process_vmregions();
10  // 利用 for_each_vmr 宏遍历链表中的每个虚拟内存区域
11  for_each_vmr (vmr, vmregions) {
12    // 检查虚拟地址是否属于已分配的虚拟内存区域
13    if ((va >= vmr.start) && (va < vmr.end)) {
14      // 检查访问权限
15      if (check_perm() == false) return;
16
17      // 分配物理页并在页表中添加映射
18      pa = alloc_page();
19      proc = get_current_process();
20      add_mapping(proc, addr, pa);
21    }
22  }
23 }
```

最后，回顾上一节最后描述的两个场景：操作系统采用延迟映射策略后，在启动游戏时和服务应用的 mmap 请求时，都无须分配物理页，而是根据应用在运行过程中实际触发的缺页异常进行物理页分配和页表映射，从而能够大大提高物理内存资源的利用率。

真实的操作系统通常采用延迟分配的策略，这种策略也称为**按需页面分配**（Demand Paging）。具体来说，操作系统在创建应用进程时为其创建若干虚拟内存区域，分别对应代码段、数据段、栈等，并且进程初始页表中仅包含 0 级页表页。应用进程开始运行后，会因为取指令和读写数据而访问未映射的虚拟地址，触发缺页异常。操作系统根据为应用进程维护的虚拟内存区域信息，在确认缺页异常合法之后，分配物理内存页并在应用进程的页表中添加对应的映射。在应用进程运行的过程中，操作系统会根据其发起的请求动态添加虚拟内存区域，此时同样不会直接在页表中增加映射，而是在实际触发缺页异常后才按需进行页表填写。

小知识：Linux 记录虚拟内存区域的结构体——VMA

在 Linux 操作系统中，虚拟内存区域结构体是 vm_area_struct（VMA），其中同样包括起始虚拟地址、结束虚拟地址、访问权限等信息。每个应用进程的虚拟地址空间由若干虚拟内存区域构成，Linux 操作系统通过平衡树数据结构把不同的虚拟内存区域组织起来。

相比于立即映射，延迟映射的优势在于不浪费物理内存，那么它有什么缺点吗？应用进程在访问虚拟页时会触发缺页异常，需要操作系统进行处理，这会增加应用运行性能的开销。为了减少缺页异常对应用性能的影响，一方面，操作系统可以采用预先映射的方式减少缺页异常发生的次数，例如在缺页异常处理函数中为连续多个虚拟页添加页表映射（由于应用进程访存具有空间局部性特点，所以操作系统可以预测相邻的虚拟页很可能会被访问）；另一方面，应用进程可以主动告知操作系统需要提前填写页表映射，例如应用进程在调用 mmap 接口时可以设置参数，采用立即映射而不是延迟映射的方式。

小知识：段错误

代码片段 4.10 和输出记录 4.2 展示了在 Linux 操作系统上常遇到的段错误。该应用进程访问了虚拟地址 0（即 NULL），而操作系统并没有在它的页表中填上虚拟地址 0 对应的物理地址。因此，当 printf 函数访问空指针 p 时会触发缺页异常。随后，操作系统设置的缺页异常处理函数检查发现，触发异常的虚拟地址 0 不属于应用进程能够访问的虚拟地址范围（非法虚拟地址访问），所以最终报告段错误。值得一提的是，缺页异常不等同于段错误，前者是 CPU 定义的一种硬件行为，而后者是操作系统定义的错误，两者的关联是（Linux）操作系统在发现缺页异常是由于访问非法虚拟地址造成的之后，会报告段错误。

代码片段 4.10 简单的应用进程 fault-vm

```
1 #include <stdio.h>
2
3 int main(void)
4 {
5   char *p = NULL;
6   printf("%s\n", p);
7   return 0;
8 }
```

输出记录 4.2 fault-vm 的运行输出结果（运行于 AArch64 平台、Linux 操作系统）

```
[user@osbook ~] $ ./fault-vm
Segmentation fault (core dumped)
```

操作系统实际上为应用进程制定了一条规则：虚拟地址需要分配后才能使用。 例如，若应用进程 hello-vm 像应用进程 fault-vm 一样访问空指针，操作系统会发现触发缺页异常的虚拟地址 0 不属于该应用进程的任何一个虚拟内存区域，那么就说明应用进程访问了非法的虚拟地址，因而操作系统会报告段错误。若应用进程 hello-vm 第一次访问某个栈地址（例如 0x7FFFD7B30000），同样由于页表中没有填写相应的映射而触发缺页异常，此时操作系统会发现该虚拟地址属于应用进程的一个虚拟内存区域（且访问权限匹配），从而需要为应用进程填上相应的映射。

练　习

4.13 进程的不同虚拟内存区域需要组织在一起，如果采用树作为数据结构，相对于采用链表有什么优势吗？

4.2.5 常见的改变虚拟内存区域的接口

回顾图 4.9 中展示的虚拟内存区域的变化，应用进程在运行过程中可以主动要求改变自己的虚拟地址空间布局。操作系统提供相关的系统调用供应用进程使用，本节将进行简要介绍。

应用进程可以通过 mmap 在自己的虚拟地址空间中新增一段虚拟内存区域。与 mmap 接口相对应的是 munmap 接口，可用于删除一段虚拟内存区域，或删除已有虚拟内存区域中的一部分。munmap 接收两个参数，第一个参数指定待删除的虚拟内存区域的起始地址，第二个参数指定待删除的虚拟内存区域的长度。在 munmap 的实现中，操作系统不仅删除由参数指定的虚拟内存区域，还要在进程页表中删除该区域对应的映射，并且刷新 TLB。由于 mmap 和 munmap 接口（API）需要修改操作系统记录的进程虚拟内存区域，所以应用进程每次调用它们时都需要向操作系统发起系统调用（ABI）。通常，应用进程加载和删除代码库时，也是通过 mmap 和 munmap 接口。

虚拟内存区域的变化还包括堆空间的增长和栈空间的增长（堆空间和栈空间都是虚拟内存区域）。应用进程在运行时可能需要动态分配对象，例如 C 语言编写的程序会调用 malloc 接口分配内存，malloc 返回的内存地址即位于堆中。操作系统在创建应用进程时，可以先为它设置一个大小为 0 的堆，应用进程在运行时，可根据需要，通过系统调用向操作系统申请增大 / 减小堆的大小。比如，由于堆的初始大小为 0，当应用进程第一次调用 malloc 时，会发现堆上没有空闲区域，此时应用进程需要发起系统调用 brk 或 sbrk 请求操作系统扩展堆的大小。brk 接收一个虚拟地址参数，指定新的堆顶位置。sbrk 也接收一个参数，用于指定堆大小的变化。它们既可以增大堆大小，也可以减小堆大小。由 malloc 分配出来的堆中内存可以被 free 接口释放，并且被之后的 malloc 接口再次分配。malloc 和 free 接口不需要操作系统参与，只有需要修改堆大小的 brk 或 sbrk 接口才要求操作系统参与，这将涉及系统调用。关于堆还有两点值得注意。第一，malloc 接口返回的也是虚拟内存（位于堆虚拟内存区域中），操作系统负责为堆中的虚拟页分配物理页并在页表中添加映射。第二，一般来说，应用开发者编写代码时不需要调用 brk 或 sbrk 接口，因为实现 malloc 接口的 C 库负责调用这些接口以管理堆，而且 C 库在扩展堆时通常会申请较大的堆空间，从而减少发起系统调用以扩展堆的次数。

对于栈空间，操作系统通常在创建应用进程时就新建一定大小的栈（Linux 默认为 8MB），当然这也是虚拟地址区域，操作系统可以在应用进程运行时按需为栈分配物理页，从而避免由于分配较大的初始栈而造成物理内存浪费。如果应用进程在运行时实际需要的栈大小超过操作系统分配的初始栈大小，那么操作系统也可以为这种非常见情形提供支持，比如提供系统调用接口以允许应用进程增大栈。

小知识：API 与 ABI

通常来说，mmap、munmap、malloc、free 接口是由 C 库向应用进程提供的，这些接口属于 API。C 库在实现这些接口时使用 mmap、munmap、brk、sbrk 系统调用，这些接口则属于 ABI，由操作系统提供。mmap、munmap 作为 API 接口和 ABI 接口同名。

4.2.6 虚拟内存扩展功能

虚拟内存抽象使应用程序能够拥有独立而连续的虚拟地址空间。除此之外，虚拟内存抽象还带来了许多有用的功能，本节将简单介绍其中的部分内容。

共享内存

共享内存（Shared Memory）允许同一个物理页在不同的应用程序间共享，如图 4.12 上半部分所示。例如，应用程序 A 的虚拟页 V1 映射到物理页 P，若应用程序 B 的虚拟页 V2 也映射到物理页 P，则物理页 P 是应用程序 A 和应用程序 B 的共享内存。应用程序 A 读取虚拟页 V1 与应用程序 B 读取虚拟页 V2 将得到相同的内容，并且互相能看到对方修改的内容。共享内存的一个基本用途是支持不同的应用程序之间互相通信、传递数据。此外，基于共享内存的思想，操作系统又从中衍生出写时拷贝（Copy-on-Write）等功能。

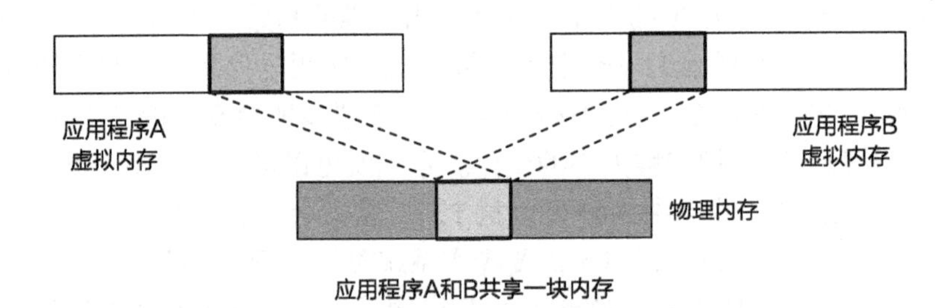

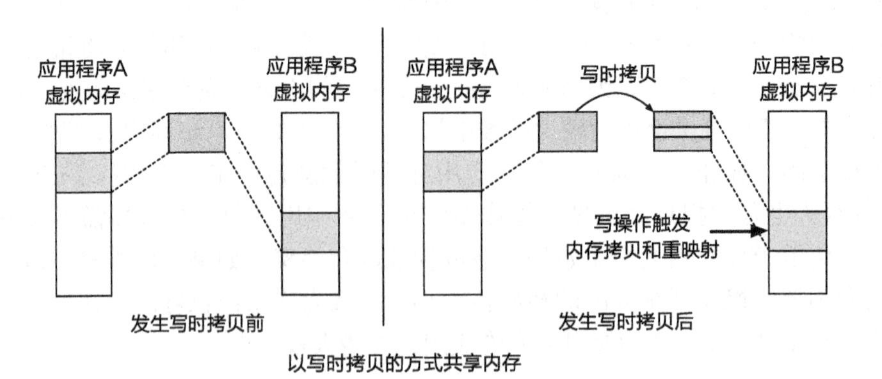

图 4.12　共享内存和写时拷贝

写时拷贝

请思考以下两个场景。第一个场景是两个应用程序拥有很多相同的内存数据（比如加载了相同的动态链接库）。如果把这些数据相同的内存页在物理内存中仅存一份，并以只读的方式映射给两个应用程序，那么就能够显著地节约物理内存资源。第二个场景是在 Linux 操作系统中，一个应用程序可以用 `fork` 系统调用创建子程序，初始时，父子程序的全部内存数据和地址空间完全一样。如何能够高效地实现这种应用程序创建机制呢？本小节介绍的写时拷贝技术能够很好地应用于这两种场景。

首先再次回顾虚拟内存中的关键数据结构：页表。如 4.1.4 节所述，页表项中除了记录物理页号外，还记录了属性位，包括用于标识虚拟页访问权限的位（比如是否可写、是否可执行）等。写时拷贝正是利用表示“是否可写”的权限位来实现的。

如图 4.12 下半部分所示，写时拷贝技术允许应用程序 A 和应用程序 B 以只读的方式（在页表项中设置只读权限）共享同一段物理内存。一旦某个应用程序对该内存区域进行修改，就会触发访问权限异常。在异常触发后，CPU 同样会将控制流传递给操作系统预先设置的异常处理函数。在该函数中，操作系统会发现当前异常是由于应用程序写了只读内存，而且相应的内存区域又被标记成写时拷贝（例如，Linux 在上文提及的 `vm_area_struct` 结构体中进行标记）。于是，操作系统会将缺页异常对应的物理页重新拷贝一份，并且将新拷贝的物理页以可读可写的方式重新映射给触发异常的应用程序，此后再恢复应用程序的执行。

针对刚刚提到的两个场景，写时拷贝技术一方面能够节约物理内存资源，比如不同的应用程序以写时拷贝的方式映射相同动态链接库的可写部分（动态链接库的只读部分以只读方式在不同应用程序间共享即可）；另一方面，利用写时拷贝可以让父子程序以只读的方式共享全部内存数据，避免内存拷贝操作带来的时间和空间开销。

大页

前文提到，提高 TLB 命中率可以降低地址翻译的性能开销。由于翻译每个内存页都需要占用一个 TLB 缓存项，因此 CPU 中有限的 TLB 缓存项显得弥足珍贵。在内存页大小为 4KB 的情况下，访问 2MB 内存就需要 512 个 TLB 缓存项。随着应用程序对内存容量需求的变大，CPU 中 TLB 缓存项的数量较难保证高 TLB 命中率。

4.1.4 节介绍的**大页**（Huge Page）机制能够有效缓解 TLB 缓存项不够用的问题。大页的大小可以是 2MB、1GB 甚至 512GB。相比于 4KB 大小的页面，使用大页可以大幅度减少 TLB 的占用量（如访问 2MB 内存只需要 1 个 TLB 缓存项）。

因此，操作系统可利用硬件提供的大页支持，在添加页表映射时以大页进行映射。此外，Linux 还提供了**透明大页**（Transparent Huge Page）机制，能够自动地将一个应用程序中连续的 4KB 内存页合并成 2MB 的内存页。使用大页的好处主要包括两方面：一方面，它能够减少 TLB 缓存项的使用，从而有机会提高 TLB 命中率；另一方面，它可以减少页表的级数，从而提升查询页表的效率。不过，大页的使用也会增加操作系统管理内存的复杂度，且过度的大页使用还可能存在资源浪费的问题，例如应用程序可能未使用整个大页而造成物理内存资源浪费。

小知识：最小页面大小

除了大页机制外，AArch64 体系结构还支持多种最小页大小，包括 4KB、16KB、64KB。操作系统可以通过 TCR_EL1 寄存器进行配置，选择需要的大小。

练 习

4.14 前文提及，当操作系统选择4KB作为最小页大小时，L2页表项和L1页表项对应大页的页面大小分别是2MB和1GB。那么当操作系统选择16KB或64KB作为最小页大小时，对应大页的页面大小是多少呢？（注意，在ARMv8.0上，当使用16KB或64KB页面大小的时候，只有L2页表项支持大页功能。）

4.15 操作系统的页表是否适合使用大页进行映射？

4.3 案例分析：ChCore虚拟内存管理

4.3.1 ChCore内核页表初始化

由于需要为应用程序提供虚拟内存抽象，操作系统启动期间会启用CPU的虚拟内存功能（启用MMU）。在启用后，MMU也会对操作系统执行期间使用的地址进行翻译，因此操作系统在启用MMU之前需要首先初始化自己的页表。

通常，操作系统对页表的配置分为两个阶段：第一阶段是启动初期，此时操作系统运行在低地址区域，页表将虚拟地址映射为完全相同的物理地址（VA=PA）；第二阶段是在跳转到高地址运行后，页表将虚拟地址映射为物理地址加上固定偏移（VA=PA+偏移量）。下面以本书配套的实验内核ChCore在树莓派（AArch64体系结构）上的页表初始化流程为例，讲解为什么操作系统的页表通常如上进行配置。

如代码片段4.11所示，ChCore在启动后会先把CPU特权级别设置为EL1（对应内核态），然后设置栈桢并调用C代码编写的初始化函数。在该函数中，ChCore首先配置自己的页表（`init_kernel_pt`函数），其中会配置两份页表（`boot_ttbr0_l0`负责低地址范围的映射，而`boot_ttbr1_l0`对应高地址范围的映射），然后启用MMU。代码片段4.12展示了如何启用MMU，`el1_mmu_activate`函数首先在两个页表基地址寄存器中写入页表基地址，然后将系统寄存器`sctlr_el1`的第0位设置为1，即`SCTLR_EL1_M`位，从而开启MMU。注意，从启动第一条指令到`el1_mmu_activate`函数中的`isb`指令之间，MMU都未开启，ChCore使用的是物理地址；而从`isb`指令开始，由于MMU已经开启，指令地址也会经过地址翻译。假设`isb`指令的上一条`msr`指令所在的物理地址是0x81000（即存放在物理内存中的位置），那么`isb`指令的物理地址则是0x81004。CPU在执行`msr`指令时，PC中存放的指令地址是0x81000，由于MMU尚未启用，CPU是通过物理地址0x81000取出该指令的。CPU执行完`msr`指令后，PC中存放的指令地址是0x81004（准备执行`isb`指令），由于MMU已经启用，CPU中的MMU会对PC中的地址进行地址翻译（把0x81004作为虚拟地址），而`isb`指令的物理地址是0x81004，所以页表中的地址映射需要虚拟地址与物理地址完全相同。

这就是操作系统页表配置中低地址范围内虚拟地址和物理地址需要完全相同的原因。

代码片段 4.11　ChCore 内核启动流程示例

```
1 BEGIN_FUNC(_start)
2   //内核运行的第一条指令：获取 CPU ID
3   mrs x8, mpidr_el1
4   and x8, x8, #0xFF
5   //若当前是 0 号 CPU，则跳转到主 CPU 初始化处执行
6   cbz x8, primary
7   ...
8
9 primary:
10
11   //设置特权级别为 EL1，即进入内核态执行
12   bl change_el_to_el1
13
14   //设置内核启动期间的栈桢
15   adr x0, boot_cpu_stack
16   add x0, x0, #INIT_STACK_SIZE
17   mov sp, x0
18
19   //调用 C 代码编写的初始化函数
20   bl init
21
22   //init 函数不返回，控制流不会到这里
23   b .
24 END_FUNC(_start)
25
26
27 void init(void)
28 {
29   ...
30
31   //初始化内核页表
32   init_kernel_pt();
33
34   //启用 MMU
35   el1_mmu_activate();
36
37   //该函数位于高地址，且不返回
38   do_other_initialization();
39
40   //控制流不会到这里
41 }
```

代码片段 4.12　ChCore 内核启动时启用 MMU 的代码

```
1 #define SCTLR_EL1_M (1)
2
3 BEGIN_FUNC(el1_mmu_activate)
```

```
4   ...
5
6   // 设置页表基地址寄存器
7   adrp    x8, boot_ttbr0_l0
8   msr     ttbr0_el1, x8
9   adrp    x8, boot_ttbr1_l0
10  msr     ttbr1_el1, x8
11  ...
12
13  mrs     x8, sctlr_el1
14  ...
15  orr     x8, x8, #SCTLR_EL1_M
16  msr     sctlr_el1, x8
17  isb
18
19  ...
20 END_FUNC(el1_mmu_activate)
```

操作系统启动时的第一条指令一般在较低的地址，这是来自硬件 / 固件的要求。通过学习 4.2.1 节可知，应用程序通常使用低地址，而操作系统使用高地址，所以操作系统启动期间需要跳转到高地址运行。如代码片段 4.11 所示，ChCore 在启用 MMU 后，会跳转到高地址继续执行剩余的初始化操作，此后将使用 TTBR1_EL1 中存储的页表进行翻译。对于高地址范围（TTBR1_EL1 对应的翻译），操作系统通常选择固定偏移（虚拟地址等于物理地址加上固定偏移）的映射方式，原因有两个：第一，两条在物理地址上相邻存储但跨越两个物理页的指令，要求对应的虚拟页也相邻，固定偏移映射是能满足该要求的最简单的方式；第二，操作系统通过简单的算术运算即可完成虚拟地址和物理地址之间的转换。

图 4.13 展示了 ChCore 在启动期间使用页表情况的变化过程，主要可以分为三个阶段：第一个阶段不启用 MMU，直接使用物理地址；第二个阶段开启 MMU，运行在低虚拟地址；第三个阶段跳转到高虚拟地址执行。以本书配套实验所用的硬件平台树莓派（3b+）为例，在树莓派上电启动后，固件负责把 ChCore 加载到物理地址 0x80000 处，并且最终跳转到该地址开始执行 ChCore 的第一条指令。此时，ChCore 尚未开启 MMU，因而使用的是物理地址。在经过一些基本初始化流程后，内核调用 `init_kernel_pt` 函数配置操作系统页表 0（负责翻译低地址）和操作系统页表 1（负责翻译高地址）。在操作系统页表 0 中，ChCore 把虚拟地址映射到完全相同的物理地址，即把虚拟地址 0 ～ 1GB 映射到物理地址 0 ～ 1GB（实际代码中映射范围不到 1GB，因为该平台可用的物理内存小于 1GB）。在操作系统页表 1 中，ChCore 把虚拟地址 KERNEL_VADDR ～（KERNEL_VADDR+1GB）映射到 0 ～ 1GB。之后，ChCore 调用 `el1_mmu_activate` 函数来启用 MMU，该函数首先配置地址翻译相关的控制寄存器，然后把操作系统页表 0 和操作系统页表 1 的基地址分别写入寄存器 TTBR0_EL1 和 TTBR1_EL1，最后把 SCTLTR_EL1 中的

M 位设置为 1，从而使能 MMU（使能页表）。在寄存器 SCTLTR_EL1 设置完成后（下一条指令开始，不妨假设该指令的物理地址是 0x81004），ChCore 使用的地址都不再是物理地址而是虚拟地址（即 CPU 会通过虚拟地址 0x81004 取下一条指令），由于 0x81004 属于低地址范围，所以 MMU 会使用 TTBR0_EL1 进行地址翻译。又由于 TTBR0_EL1 中存储的是操作系统页表 0 的基地址，而该页表把虚拟地址映射到相同的物理地址（即虚拟地址 0x81004 映射到物理地址 0x81004），所以在使能 MMU 后，ChCore 依然能够继续执行。此后，ChCore 跳转到高地址继续其余的初始化工作并且最终启动用户态服务和应用进程。当 ChCore 跳转到高地址执行后，MMU 将使用存储在 TTBR1_EL1 中的操作系统页表 1 进行地址翻译，而不再需要操作系统页表 0。

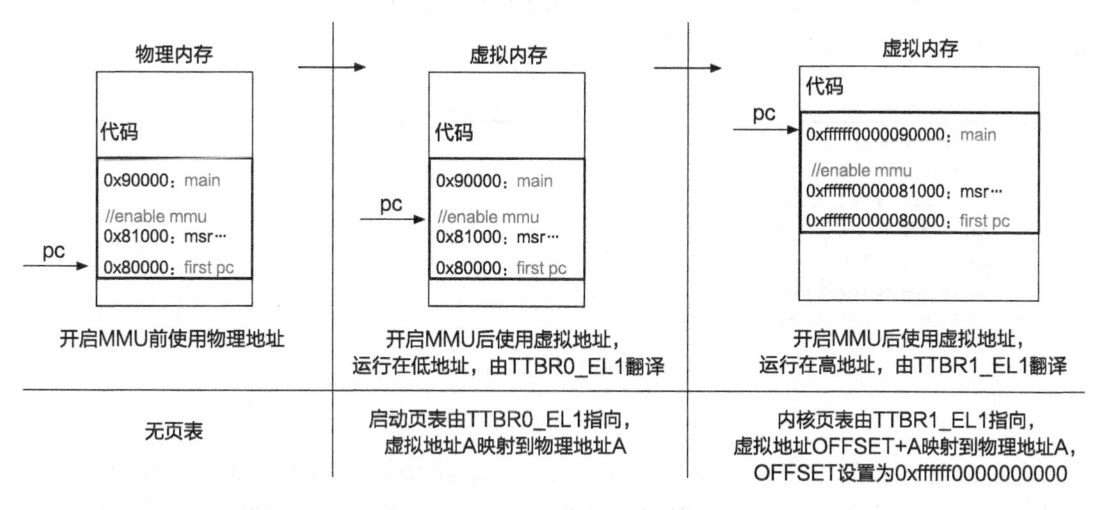

图 4.13　ChCore 启动过程：先使用物理地址，再使用经由启动页表翻译的虚拟地址，之后使用经由内核页表翻译的虚拟地址

4.3.2　ChCore 内存管理

在本书配套的实验内核 ChCore 中，内存管理部分有三个重要的数据结构，分别是虚拟地址空间 struct vmspace、虚拟地址区域 struct vmregion 和物理内存对象 struct pmobject。如图 4.14 所示，应用进程的虚拟地址空间由多个虚拟地址区域组成，每个虚拟地址区域关联一个物理内存对象，每个物理内存对象是

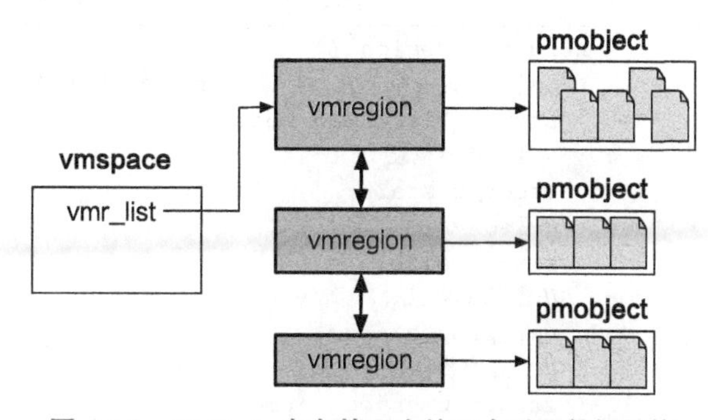

图 4.14　ChCore 内存管理中的三个重要数据结构

一些物理内存页的集合。

代码片段4.13给出了虚拟地址空间 vmspace 结构体中的三个成员变量。其中 vmr_list 是链表头，指向一个由虚拟地址区域组成的链表。应用进程的虚拟空间最大可达 2^{48}，但是往往其中大部分都是未被使用的区域。ChCore将一个应用地址空间内有效使用的虚拟地址区域保存在该链表里。pgtbl 存储着这个虚拟地址空间对应的页表基地址。需要注意的是，pgtbl 存储的地址是虚拟地址，由操作系统使用；对应的物理地址填在页表基地址寄存器中，由 MMU 使用。ChCore 在映射内核地址空间的时候，会保证内核虚拟地址和真正映射的物理地址之间相差一个固定的偏移量（直接映射）。因此，ChCore 很容易根据 pgtbl 这个虚拟地址计算出真正应该写入页表基地址寄存器中的物理地址（在 vmspace 中记录页表基地址的物理地址也是可行的，因为直接映射使虚拟地址和物理地址之间的转换变得很方便）。

代码片段4.13　虚拟地址空间 vmspace 结构体

```
 1 struct vmspace {
 2   //vmregion 链表
 3   struct list_head vmr_list;
 4   // 页表基地址（虚拟地址）
 5   vaddr_t *pgtbl;
 6   // 用于修改地址空间的并发控制
 7   struct lock vmspace_lock;
 8
 9   ...
10 };
```

代码片段4.14给出了虚拟地址区域 vmregion 结构体中的成员变量。其中，成员变量 node 将不同的 vmregion 对象连成链表，成员变量 start 和 size 分别标识该虚拟内存区域的起始地址和区域大小，成员变量 perm 标识该区域的读、写、执行权限，最后一个成员变量 pmo 标识映射到该区域的物理内存对象。实验内核采用简单的映射关系，只有一个物理内存对象映射到一个虚拟内存区域。

代码片段4.14　虚拟地址区域 vmregion 结构体

```
 1 struct vmregion {
 2   // 链表中的一个节点，存储着 prev 和 next 指针
 3   struct list_head node;
 4   // 区域起始地址
 5   vaddr_t start;
 6   // 区域大小
 7   size_t size;
 8   // 访问权限
 9   vmr_prop_t perm;
10   // 对应的物理内存对象
11   struct pmobject *pmo;
12 };
```

ChCore 实验内核以对象的形式进行物理内存资源的管理。代码片段 4.15 给出了物理内存对象 pmobject 结构体中的成员变量。pmobject 对象分为不同的类型，由 type 成员标识，包含以下类型：

- PMO_DATA：课程实验中常用的类型，表示一段连续物理内存区域，即连续的物理页。在该类型中，成员变量 start 和 size 分别表示对应物理内存区域的起始地址和总大小。创建该类型的对象会立即进行物理内存分配，该类型的对象通常被用来映射给虚拟地址空间中的代码和数据区域，映射后不会发生缺页异常。
- PMO_ANONYM：该类型的物理内存对象同样表示物理页的集合，但是不要求物理页连续。分配该类型的对象不会立即触发物理内存分配，而是在访问时通过缺页异常进行按需分配，其中成员变量 radix 将记录所有分配的物理页。虚拟地址空间中的堆区域适合映射该类型的物理内存对象。
- PMO_SHM：该类型的物理内存对象用于实现应用进程之间的共享内存，即不同虚拟地址空间中的虚拟内存区域可以映射到同一个物理内存对象。成员变量 refcnt 表示对象的引用计数，当计数为 0 时，即可回收对应的物理内存资源。
- PMO_USER_PAGER：表示对应的虚拟内存区域由用户态进行管理。

其他的物理内存对象类型也各有用处，比如映射文件等，不过在目前版本的课程实验中并不会用到。

代码片段 4.15　物理内存对象 pmobject 结构体

```
1 enum pmo_type{
2   PMO_DATA = 0,
3   PMO_ANONYM,
4   PMO_SHM,
5   PMO_FILE,
6   PMO_USER_PAGER,
7   ...
8 };
9 typedef enum pmo_type pmo_type_t;
10
11 struct pmobject {
12   // 物理内存对象类型
13   pmo_type_t type;
14   // 根据类型使用 start 或 radix
15   union {
16     u64 start;
17     struct radix *radix;
18   } u;
19   // 对应的物理内存总大小
20   u64 size;
21   // 对象引用计数
22   atomic_cnt refcnt;
23 };
```

需要注意的是，PMO_USER_PAGER 是 pmo 对象的一个特殊类型。微内核的设计思想是将尽可能多的功能放到用户态，只在内核中保留必不可少的功能。因此，很多微内核将虚拟内存管理的功能放入用户态，内核只负责接收填写页表的系统调用，然后配置页表。用户态负责确定把哪些物理页映射给哪些虚拟页，甚至负责分配页表页（例如 seL4 [3]）。至于物理内存的分配，一般由运行在用户态的物理内存管理者负责（例如 Fiasco 中的 Sigma0 [4]）。但是，这样的设计可能会牺牲内存分配的性能，也可能导致缺页异常的开销变大等问题。于是，ChCore 采用了与 Google Zircon 微内核 [5] 相似的设计，像宏内核一样，内核依然可以管理虚拟内存，不过同时保留了用户态管理虚拟内存的能力。

代码片段 4.16 列出了 ChCore 中两组关于虚拟内存管理的接口：分配虚拟内存区域和填写页表。vmspace_map_range 首先在虚拟地址空间 vmspace 中，根据参数起始虚拟地址 va 和区域长度 len 创建虚拟地址区域，然后将物理内存对象 pmo 与新建的虚拟地址区域相关联。若物理内存对象 pmo 的类型是 PMO_DATA，vmspace_map_range 将继续调用 map_range_in_pgtbl 填写应用进程的页表。ChCore 使用伙伴系统进行（单个或连续多个）物理页的分配，也就是说，物理内存对象 pmobject 中获得的物理页都是从伙伴系统中获得的。同时，ChCore 也实现了一个简化的 SLUB 分配器用于分配诸如 vmspace 等内核中的对象。第 5 章将介绍伙伴系统和 SLUB 分配器。

代码片段 4.16　内存管理相关接口

```
1 // 分配虚拟内存区域
2 int vmspace_map_range(struct vmspace *vmspace, vaddr_t va, size_t len,
  ↪ vmr_prot_t flags, struct pmobject *pmo);
3 int vmspace_unmap_range(struct vmspace *vmspace, vaddr_t va, size_t len);
4
5 // 在页表中填写映射
6 int map_range_in_pgtbl(struct vmspace *vmspace, vaddr_t va, paddr_t pa,
  ↪ size_t len, vmr_prot_t flags);
7 int unmap_range_in_pgtbl(struct vmspace *vmspace, vaddr_t va, size_t len);
```

4.4　思考题

1. 单级页表需要占据连续的物理内存吗？为什么？
2. 在 AArch64 体系结构上，4 级页表结构中最后一级（第 3 级）页表项属性位的第 11 位是 nG（not Global）位。通过查阅硬件手册，我们可以知道当 nG 位是 0 时，表示该项映射对应的 TLB 缓存项对所有应用程序有效；反之，当 nG 位是 1 时，表示该项映射对应的 TLB 缓存项只对指定应用程序有效（根据 ASID）。请思考：为什么需要 nG 位？通常情况下 nG 位应设置成 0 还是 1？
3. 如果按照图 4.2 使用一张简单的单级页表来记录映射关系，那么对于 64 位的虚拟地址空间，这个页表需要有多大？

4. 当下主流的体系结构（包括 AArch64 和 x86-64）都采用 TLB 分级结构，并且采用数据和指令分离的设计。请从 TLB 命中速度和 TLB 命中率的角度思考为什么需要分级和分离的设计。
5. 从 2019 年开始，Intel 开始在市场上推广非易失性内存（NVM），它很有可能给存储架构带来新的革命。我们可以认为传统的存储层次是寄存器（Register）- 缓存（Cache）- 内存（Memory）- 硬盘（Disk/SSD）。NVM 的速度接近内存（稍慢）而容量媲美硬盘，且访问方式和内存相同（按字节寻址）。请思考 NVM 可能会如何革新存储层次。
6. 硬件提供大页机制，而且 AArch64 体系结构还支持不同大小的最小页大小。请思考：什么情况适合使用大页 / 更大的最小页面？
7. 假设物理内存足够大，虚拟内存是否还有存在的必要？如果不使用虚拟内存抽象，恢复到只用物理内存寻址，会带来哪些改变？
8. 如果不依靠硬件 MMU，是否有替换虚拟内存的方法？

4.5 练习答案

4.1 物理地址。因为页表本身就是用来翻译虚拟地址的，如果页表基地址是虚拟地址，那么这个虚拟地址就无法翻译了。

4.2 单级页表可以被看成以虚拟地址的虚拟页号作为索引的数组，整个数组的起始地址（物理地址）存在页表基地址寄存器中。翻译某个虚拟地址即根据其虚拟页号找到对应的数组项，因此整个页表必须在物理内存上连续，其中没有被用到的数组项也需要预留（不能出现“空洞”）。

4.3 一种可行的设置是：若虚拟地址的有效位数为 53 位，则将由低 13 位表示页内偏移，每一级页表的索引占用 10 位；若虚拟地址的有效位数为 48 位，则将由低 13 位表示页内偏移，第 0 级页表的索引占用 5 位，其余三级页表的索引占用 10 位。

4.4 两个虚拟地址对应的 0、1、2、3 级页表项索引分别是 1、2、3、4。

4.5 (a) 2MB。提示：4 级页表都需要存在且 16KB 对应 4 个页表页。

(b) 44KB。因为需要 1 个第 0 级页表页、1 个第 1 级页表页、1 个第 2 级页表页、8 个第 3 级页表页，合计 11 个页表页。

4.6 若上级页表项直接指向大页而不是下级页表页，则意味着原本下级页表页对应的全部虚拟地址范围将构成虚拟大页，又由于每个页表页包含 512 个页表项（其中每个页表项对应等长的虚拟地址范围），所以上级页表项对应的虚拟页大小是下级页表项对应的虚拟页大小的 512 倍。又因为虚拟（大）页和物理（大）页等长，所以上级页表项对应的物理页大小也是下级的 512 倍。

4.7 缺页异常。当页表项中的有效位为 0 时，CPU 不会检查页表项中的其余内容。

4.8 因为局部性起了重要作用。具体来说，应用进程在运行过程中访问内存的模式具有时间局部性和空间局部性。前者指的是被访问过一次的内存位置在未来通常会被多次访问，后者指的是如果一个内存位置被访问，那么其附近的内存位置通常在未来也会被访问。TLB 中的一个缓存项对应着一个内存页，由于内存访问的时空局部性，TLB 缓存项在将来很可能会被多次查询，即发生 TLB 命中的可能性较大。

4.9 (a) 不需要。

(b) 不需要。

(c) 若 ASID 功能未启用或两个应用程序使用了相同的 ASID，则操作系统在切换这两个进程时需要刷新 TLB。无论是否启用 ASID，操作系统在进程页表中去除映射或修改映射后，通常都需要刷新 TLB（防止 TLB 中存在旧的翻译缓存）。

4.10 在启动初期使用物理地址，之后将使用虚拟地址。具体来说，CPU 上电后 MMU 通常默认关闭，在开启 MMU 后，操作系统同样需要使用虚拟地址，因为 CPU 硬件会透明地进行地址翻译。同时，这意味着操作系统也要为自己配置页表，从而设置地址翻译规则。

4.11 有可能遇到。若虚拟地址参数尚未被映射，则 `delete_mapping` 可能会遇到某一级页表页不存在的情况，此时 `delete_mapping` 函数直接返回即可（因为没有映射需要删除）。

4.12 其实不然。相比于分页机制，分段机制有两点明显的不足。第一，每个虚拟内存段对应的物理内存段需要全部分配，因此可能造成物理内存资源浪费的问题（已分配但实际未用）。第二，虚拟内存段的大小变化较为困难，当虚拟内存段需要增大时，对应的物理内存段未必能够增大（因为相邻的物理内存可能已经分配）；当虚拟内存段需要减小时，对应的物理内存段固然可以缩小，但依然可能造成物理内存资源浪费的问题（释放的空间太小因而无法加以利用）。

4.13 在缺页处理函数中查找虚拟地址所在的虚拟内存区域会更快，尤其对于拥有较多虚拟内存区域的进程而言。

4.14 一个页表页的大小是 16KB，每一个页表项是 8B，所以一个页表页中包含 2 048（16KB / 8B）个页表项。也就是说，一个 L3 页表页中有 2 048 个页表项，又由于其中每个页表项指向一个 16KB 的物理页，所以一个 L3 页表页能够指向 32MB（2 048 × 16KB）的内存区域，故一个 L2 页表项指向的大页就是 32MB。同样，当操作系统选择 64KB 页面并使用大页的时候，可以获得 512MB 大小的页面。

4.15 操作系统的页表使用直接映射方式，把大段连续虚拟地址映射到大段连续物理地址，故适合使用大页进行映射。

参考文献

[1] x86 memory segmentation [EB/OL]. [2020-04-01]. https://en.wikipedia.org/wiki/X86_memory_segmentation.

[2] Intel 5-level paging [EB/OL]. [2022-05-01]. https://en.wikipedia.org/wiki/Intel_5-level_paging.

[3] sel4 reference manual version 11.0.0 [EB/OL]. [2022-12-06]. https://sel4.systems/Info/Docs/seL4-manual-latest.pdf.

[4] Fiasco.oc l4re system structure [EB/OL]. [2020-05-01]. https://l4re.org/doc/l4re_intro.html#fiasco_intro.

[5] Fuchsia virtual memory address region [EB/OL]. [2020-05-01]. https://fuchsia.dev/fuchsia-src/reference/kernel_objects/vm_address_region.

虚拟内存管理：扫码反馈

C H A P T E R 5

第 5 章

物理内存管理

在内存管理方面，操作系统除了担负管理页表映射的职责外，还担负着管理物理内存资源的职责。各个应用进程在运行过程中都需要使用物理内存资源，操作系统需要为它们分配物理内存资源。一方面，操作系统需要具备以物理页为粒度进行物理内存分配的能力，从而能够在应用进程的页表中填写虚拟页到物理页的映射。另一方面，操作系统在运行的过程中会用到大量不同的结构体，许多结构体远小于一个物理页，因此也需要具备分配小内存区域的能力，否则将造成内存浪费。此外，计算平台上配备的物理内存总是有限的，在物理内存被分配完之后，操作系统可能仍会面临内存分配的需求。因此，操作系统设计了换页机制，通过把物理内存中的数据暂时换出到磁盘等次级存储上的方式释放空闲的物理内存。最后，操作系统在进行物理内存分配时，还可以结合实际的硬件特征设计可提升应用进程性能的分配策略。

本章主要包括三个方面的内容：

- 操作系统如何管理和分配物理内存页以及小内存块。
- 操作系统如何设计与实现换页机制。
- 操作系统中性能导向的物理内存分配策略。

5.1 操作系统的职责：管理物理内存资源

本节主要知识点

- ❑ 如何评价物理内存分配器的优劣？
- ❑ 广泛使用的伙伴系统分配器的工作原理是什么？
- ❑ 什么是 SLAB 分配器？为什么有了伙伴系统之后还需要 SLAB 分配器？

5.1.1 目标与评价维度

操作系统的物理内存分配设计有两个重要的评价维度。维度一，物理内存分配器要追求更高的内存资源利用率，即尽可能减少资源浪费。这里先介绍内存碎片（Memory Fragmentation）的概念，内存碎片指的是无法被利用的内存，其直接导致内存资源利用率的下降。如何减少内存碎片是内存分配器设计者最关心的一个问题。内存碎片又被分为外部碎片（External Fragmentation）和内部碎片（Internal Fragmentation）。

如果分配器设计未能很好地考虑避免外部碎片，那么外部碎片通常会在多次分配和回收之后产生。图 5.1a 给出了外部碎片的示意图，在多次分配和回收之后，物理内存上空闲的部分处于离散分布的状态。此时，有可能出现一个内存分配请求，其请求的内存大小大于任意一个单独的空闲部分，却小于空闲部分的总和；换句话说，系统中存在足够的空闲内存，却无法满足这个请求。此时，这些无法使用的空闲物理内存被称为外部碎片。一种直观的解决外部碎片的方式是，将物理内存以固定大小（能够满足最大分配请求）划分成若干块，然后每次用一个块服务一个分配请求。如此一来，外部碎片的问题看似迎刃而解，但是又可能会导致严重的内部碎片问题。图 5.1b 给出了内部碎片的示意图。当分配的内存空间大于实际分配请求所需要的内存空间时，就会浪费部分内存，这种被浪费的内存空间即为内部碎片。

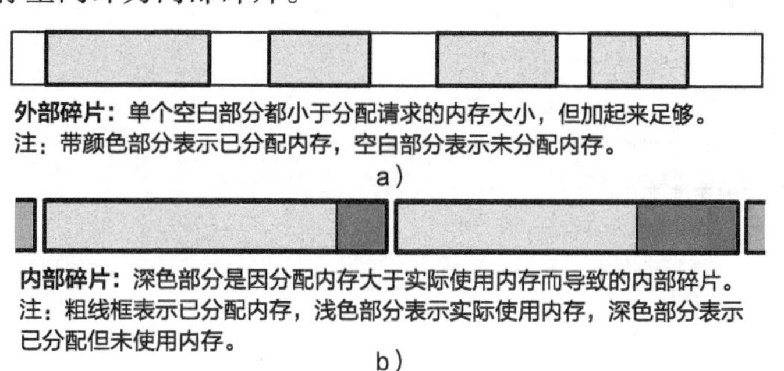

图 5.1 外部碎片和内部碎片

维度二，物理内存分配器要追求优秀的性能，主要是尽可能降低分配延迟和节约 CPU 资源。通过精密的算法细致地解决碎片问题固然能够有效提高内存资源利用率，但却可能带来高昂的性能开销，比如增加分配器完成分配请求的时间，或者由于过多后台处理而导致占用更多的 CPU 资源。

因此，一个优秀的物理内存分配器需要兼顾内存资源利用率和性能。

5.1.2 基于位图的连续物理页分配方法

4.2.3 节提到的 `alloc_page` 接口就是用于分配物理页的。操作系统可以通过如下方法实现物理页分配：首先初始化一个位图（Bitmap），每一位对应一个物理页，若为 0 则表明相应的物理页空闲，反之则为已分配；在分配时查找位图，找到为 0 的位，分配相应的物理页，并且把该位设置为 1。如果操作系统只需要分配单个 4KB 的物理页[⊖]，基

⊖ 尽管 AArch64 体系结构允许操作系统选择 16KB 等作为最小页面，但本章默认 4KB 是最小物理页大小，且不影响本章对原理和实现的介绍。

于位图的简单实现已经能够满足需求。但事实上操作系统还有其他的内存分配需求：第一，分配若干连续的4KB物理页，例如用于4.2.6节提到的大页映射；第二，分配比4KB小的结构体变量，例如用于表示进程的结构体。基于位图的 alloc_page() 实现只具备分配单个4KB物理页的功能，对于上述两种需求而言显得捉襟见肘。

代码片段5.1给出了一种扩展实现[⊖]，支持分配连续的物理页。具体来说，操作系统仍然维护一个全局位图，每个物理页对应位图中的一位；若为0则表示空闲，若为1则表示已分配；分配 n 个连续的物理页只需要在位图中找到连续 n 位为0的位置，在位图中把相应的物理页标记为1，并返回其中起始物理页的地址；释放物理页只需要在位图中将相应的位清0即可。

代码片段5.1　一种简单的连续物理页分配

```
1 // 共有 N 个 4K 物理页，位图中的每一个对应一个页
2 bit bitmap[N];
3
4 void init_allocator(void)
5 {
6   int i;
7   for (i = 0; i < N; ++i)
8     bitmap[i] = 0;
9 }
10
11 // 分配 n 个连续的物理页
12 u64 alloc_pages(u64 n)
13 {
14   int i, j, find;
15
16   for (i = 0; i < N; ++i) {
17     find = 1;
18
19     // 从第 i 个物理页开始判断连续 n 个页是否空闲
20     for (j = 0; j < n; ++j) {
21       if (bitmap[i+j] != 0) {
22         find = 0;
23         break;
24       }
25     }
26
27     if (find) {
28       // 将找到的连续 n 个物理页标记为已分配
29       for (j = i; j < i+n; ++j)
30         bitmap[j] = 1;
31       // 返回第 i 个物理页的起始地址
32       return FREE_MEM_START + i * 4K;
33     }
```

⊖ 为保持简洁清晰，本章示意代码省略边界条件检查。

```
34    }
35
36    //分配失败
37    return NULL;
38 }
39
40 //释放 n 个连续的物理页
41 void free_pages(u64 addr,u64 n)
42 {
43    int page_idx;
44    int i;
45
46    //计算待释放的起始页索引
47    page_idx=(addr-FREE_MEM_START)/4K;
48
49    for(i=0;i<n;++i){
50      bitmap[page_idx+i]=0;
51    }
52 }
```

这种简单分配器设计在 5.1.1 节介绍的两个评价维度上均存在不足。一方面，由于该设计需要依次查询整个位图，所以分配速度慢。另一方面，该设计会导致外部碎片问题，图 5.2 展示了一个具体的例子。假设一共有 4 个空闲物理页（空闲页 0 ～ 3），在初始化时全局位图的 4 位均为 0。首先，在接收到分配 1 个页的请求后，分配器返回空闲页 0，并在位图中将第 0 位标记成 1，表示已分配。接着，在接收到分配 2 个连续页的请求后，分配器返回空闲页 1 和空闲页 2，并把位图中的第 1 位和第 2 位标记成 1。然后，在接收到释放首次分配的页的请求后，分配器在位图中将第 0 位标记成 0，表示该页处于空闲状态。最后，当再次接收到分配 2 个连续页的请求时，分配器由于无法找到满足需要的页而分配失败，但是此时实际上存在两个空闲页（空闲页 0 和空闲页 3），也就是意味着出现了外部碎片问题。简单的页分配设计容易导致外部碎片的产生，尽管物理内存容量足够，但是仍然可能出现分配失败的情况。

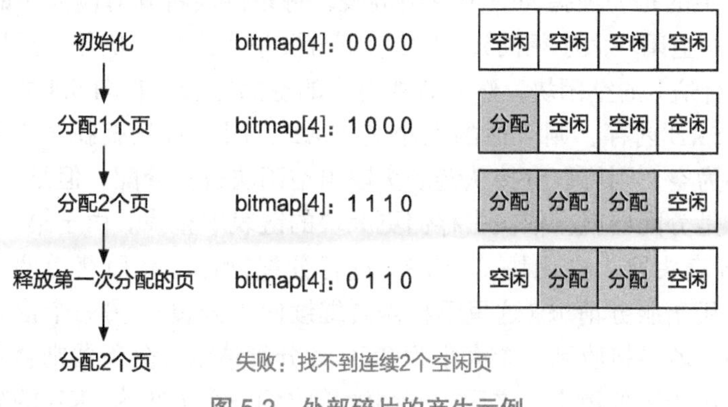

图 5.2　外部碎片的产生示例

5.1.3 伙伴系统原理

伙伴系统（Buddy System）[1]在现代操作系统中被广泛地用于分配连续的物理内存页，从20个世纪开始发展并沿用至今。其基本思想是将物理内存划分成连续的块，以块作为基本单位进行分配。不同块的大小可以不同，每个块都由一个或多个连续的物理页组成，物理页的数量必须是2的n次幂（$0 \leqslant n <$ 预设最大值），其中预设最大值将决定能够分配的连续物理内存区域的最大值，一般由开发者根据实际需要指定。图5.3展示了一个典型的伙伴系统内存组织方式。

当一个请求需要分配m个物理页时，伙伴系统将寻找一个大小合适的块，该块包含2^n个物理页，且满足$2^{n-1} < m \leqslant 2^n$。在处理分配请求的过程中，大的块可以分裂成两半，即两个小一号的块，这两个块互为伙伴。分裂得到的块可以继续分裂，直到得到一个大小合适的块去服务相应的分配请求。在一个块被释放后，分配器会找到其伙伴块，若伙伴块也处于空闲状态，则将这两个伙伴块进行合并，形成一个大一号的空闲块，然后继续尝试向上合并。由于分裂操作和合并操作都是级联的，因此能够很好地缓解外部碎片的问题。

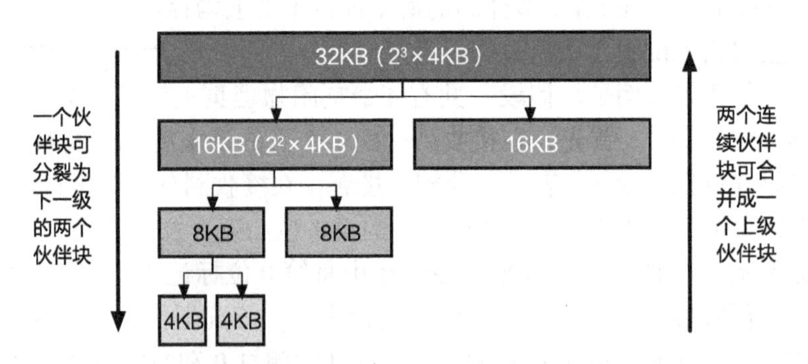

图5.3　伙伴系统的基本思想：基于伙伴块进行分裂与合并

伙伴系统的实现通常需要用到图5.4所示的空闲链表数组。具体来说，全局有一个有序数组，数组中的每一项指向一个空闲链表，每条链表将其对应大小的空闲块连接起来（一个链表中的空闲块大小相同）。当接收到分配请求之后，伙伴分配器首先算出应该分配多大（大小合适）的空闲块，然后查找对应的空闲链表。在图5.4所示的例子中，分配请求是分配15KB内存，则合适的大小是16KB，因此首先查找第2个（2^2）空闲链表，如果链表不为空，则可以直接从链表头取出空闲块进行分配。但是，在这个例子中，该链表为空，于是分配器就会依次去存储更大块的链表中查找。由于第3个链表不为空，分配器就从该链表头取出空闲块（32KB）进行分裂操作，从而获得两个16KB大小的块，将其中一个用于服务请求（这里不再需要继续向下分裂），另一个依然作为空闲块插入第2个链表中。若再接收到一个大小为8KB的分配请求，分配器则会直接从第1个链表中取出空闲块用于服务请求。之后，若继续接收到一个大小为4KB的分配请求，分配器则会取出第 2 个链表中大小为 16KB 的空闲块进行连续分裂，从而服务请求。

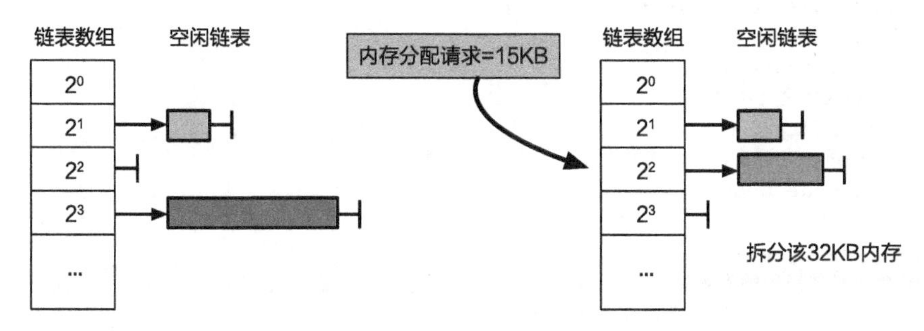

图 5.4 伙伴系统的空闲链表数组

当接收到释放块的请求时，分配器首先找到待释放块的伙伴块。如果伙伴块处于非空闲状态，则将被释放的块直接插入对应大小的空闲链表中，即完成释放；如果伙伴块处于空闲状态，则将两个块进行合并，当成一个完整的块释放，并重复该过程。值得注意地是，在合并过程中寻找伙伴块的方法非常高效。互为伙伴的两个块，它们的内存地址仅有一位不同，且该位由块大小决定。所以在已知一个内存块地址的前提下，只需要翻转该地址中的一位就可以得到其伙伴块的地址，从而能够快速判断是否需要合并。举例来说，块 A（0 ～ 8KB）和块 B（8 ～ 16KB）互为伙伴块，它们的物理地址分别是 0x0 和 0x2000，根据 4.2.1 节介绍的直接映射方式，它们在内核地址空间中的虚拟地址分别为固定偏移 +0x0 和固定偏移 +0x2000，仅有第 13 位不同，而块大小是 8KB（2^{13}KB）。

练　习

5.1 操作系统为什么需要能够分配连续的物理页呢？

5.2 从图 5.4 初始的空闲链表数组中，依次分配 15KB、8KB、4KB 三次内存后，请问空闲链表 0 ～ 4 各剩余几个空闲块？

5.1.4 案例分析：ChCore 中伙伴系统的实现

代码片段 5.2 给出了表示物理页和伙伴系统空闲链表的结构体。操作系统会创建 `physical_page` 结构体的数组，其中每个结构体对应一个物理页。如代码片段 5.3 所示，伙伴系统的初始化函数 `init_buddy` 首先对该数组进行初始化，即依次初始化数组中的每个 `physical_page` 结构体。值得注意的是，每个结构体会被标记已分配（allocated 设置为 1）且所属伙伴块仅有一个物理页（order 设置为 0）。之后，`init_buddy` 函数将利用物理页释放接口依次释放每个物理页（函数中最后一个 for 循环），在释放每个物理页的过程中，空闲的伙伴块会被级联地合并，并且插入伙伴系统相应的空闲链表中。

代码片段 5.2 物理页结构体和伙伴系统空闲链表数组的示意代码

```
1 struct physical_page {
2   //是否已经分配
3   int allocated;
4   //所属伙伴块大小的幂次
5   int order;
6   //用于维护空闲链表，把该页放入/移出空闲链表时使用
7   list_node node;
8 };
9
10 //伙伴系统的空闲链表数组
11 list free_lists[BUDDY_MAX_ORDER];
```

代码片段 5.3 伙伴系统初始化

```
1 //伙伴系统初始化
2 void init_buddy(struct physical_page *start_page,
3                 u64 page_num)
4 {
5   int order;
6   int index;
7   struct physical_page *page;
8
9   //初始化物理页结构体数组
10  for (index = 0; index < page_num; ++index) {
11    page = start_page + index;
12    //标记成已分配
13    page->allocated = 1;
14    page->order = 0;
15  }
16
17  //初始化伙伴系统的各空闲链表
18  for (order = 0; order < BUDDY_MAX_ORDER; ++order) {
19    init_list(&(free_lists[order]));
20  }
21
22  //通过释放物理页的接口把物理页插入伙伴系统的空闲链表
23  for (index = 0; index < page_num; ++index) {
24    page = start_page + index;
25    buddy_free_pages(page);
26  }
27 }
```

代码片段 5.4 展示了 buddy_alloc_pages 函数和 buddy_free_pages 函数的逻辑，buddy_alloc_pages 接收 order 参数，用于分配 2order 个连续物理页。它首先把参数 order 作为索引，在伙伴系统的空闲链表数组中定位到对应的空闲链表。若该链表非空（块大小为 2order 个物理页），则从该链表中取出一个空闲块返回即可。否则，依次查找下一个空闲链表，即寻找更大的空闲块。由于取出的空闲块可能大于所需大小，

故需要调用 split_page 函数，该函数会将空闲块级联地分裂到所需大小。例如，若找到的空闲块大小为 8 个物理页，而需要分配 2 个物理页，则 split_page 会把该块拆分成一个包含 4 个物理页的空闲块和两个包含 2 个物理页的空闲块，最后分配其中一个包含 2 个物理页的空闲块，剩余两个空闲块均插入相应大小的空闲链表中。值得注意的是，buddy_alloc_pages 仅把分配块的第一个物理页标记成已分配，而不修改其余页对应的 physical_page 结构体。这能够减少内存修改操作从而提升性能，而这么做可行的原因是这些页在被分配后不位于伙伴系统的任一空闲链表中（因此不会被再次分配）。buddy_free_pages 用于释放块，它在标记待释放块为空闲后，调用 merge_page 级联地合并空闲伙伴块，然后把合并后的更大的空闲块放入相应大小的空闲链表中。

代码片段 5.4 伙伴系统的分配与释放函数

```
1 // 分配伙伴块: 2^order 数量的连续 4K 物理页
2 struct page *buddy_alloc_pages(u64 order)
3 {
4   int cur_order;
5   struct list_head *free_list;
6   struct page *page = NULL;
7
8   // 搜寻伙伴系统中的各空闲链表
9   for (cur_order = order; cur_order < BUDDY_MAX_ORDER; ++cur_order) {
10    free_list = &(free_lists[cur_order]);
11    if (!list_empty(free_list)) {
12      // 从空闲链表中取出一个伙伴块
13      page = get_one_entry(free_list);
14      break;
15    }
16  }
17
18  // 若取出的伙伴块大于所需大小，则进行分裂
19  page = split_page(order, page);
20  // 标记已分配。示意代码忽略分配失败的情况
21  page->allocated = 1;
22  return page;
23 }
24
25 // 释放伙伴块
26 void buddy_free_pages(struct page *page)
27 {
28  int order;
29  struct list_head *free_list;
30
31  // 标记成空闲
32  page->allocated = 0;
33  //（尝试）合并伙伴块
34  page = merge_page(page);
35
```

```
36   //把合并后的伙伴块放入对应大小的空闲链表
37   order = page->order;
38   free_list = &(free_lists[order]);
39   add_one_entry(free_list, page);
40 }
```

让我们回顾5.1.2节给出的内存分配的例子，分析伙伴系统分配内存的效果。如图5.5所示，伙伴系统的初始化函数 init_buddy 调用 buddy_free_pages 依次释放每个物理页，在初始化完成后，由于级联合并操作而形成一个包含4个物理页的空闲块。当分配1个物理页时，buddy_alloc_pages 函数会对上述空闲块进行级联拆分，最终在空闲链表中留下一个包含2个物理页的空闲块和一个包含1个物理页的空闲块。接下来，当收到分配2个连续页的请求时，伙伴系统返回刚拆分出的包含2个物理页的空闲块。然后，在接收到释放首次分配的页的请求后，伙伴系统会把两个互为伙伴的单页空闲块合并成一个包含2个物理页的空闲块。最后，当再次接收到分配2个连续页的请求时，伙伴系统返回刚合并的空闲块即可，因没有造成外部碎片而成功满足分配请求。

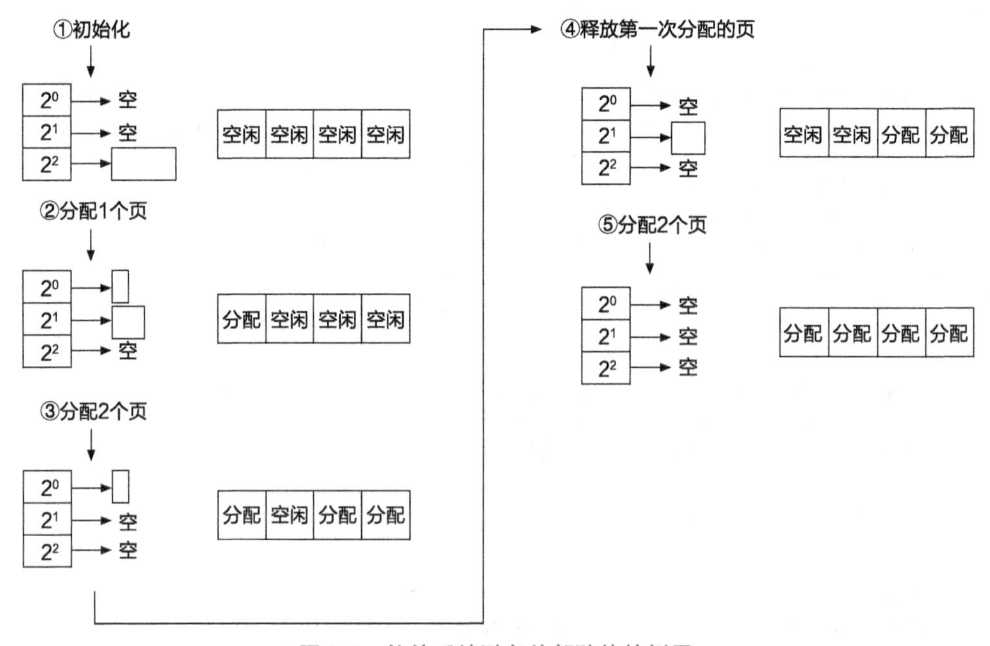

图5.5 伙伴系统避免外部碎片的例子

练 习

5.3 伙伴系统中的分配操作在最理想和最坏情况下的时间复杂度各是多少？

5.1.5　SLAB 分配器的基本设计

伙伴系统最小的分配单位是一个物理页（4KB），但是大多数情况下，内核需要分配的内存大小通常是几十字节或几百字节，远远小于一个物理页的大小。如果仅使用伙伴系统进行内存分配，会出现严重的内部碎片问题，从而导致内存资源利用率降低。比如，当操作系统需要分配代码片段 4.7 中所示的 `process` 和 `vmregion` 结构体时，分配单个 4KB 页作为一个结构体会浪费很多内存，因为结构体的大小只有几十字节。于是，操作系统开发人员设计了另外一套内存分配机制（SLAB 分配器），用于在操作系统中分配小内存。

小知识：SLAB 小历史

20 世纪 90 年代，Jeff Bonwick 最先在 Solaris 2.4 操作系统内核中设计并实现了 SLAB 分配器[2]。之后，该分配器被 Linux、FreeBSD 等操作系统广泛地使用并得以发展。21 世纪初，操作系统开发人员逐渐发现 SLAB 分配器存在一些问题，比如维护了太多的队列，实现日趋复杂，存储开销也由于复杂的设计而增大等。于是，开发人员在 SLAB 分配器的基础上设计了 SLUB 分配器[3]。SLUB 分配器极大简化了 SLAB 分配器的设计和数据结构，降低复杂度的同时依然能够提供与原来相当甚至更好的性能，同时也继承了 SLAB 分配器的接口。此外，SLAB 分配器家族中还有一种最简单的分配器，称为 SLOB 分配器[4]，它的出现主要是为了满足内存资源稀缺场景（比如嵌入式设备）的需求，它具有最小的存储开销，但在碎片问题的处理方面比不上其他两种分配器。SLAB、SLUB、SLOB 三种分配器往往被统称为 SLAB 分配器，从 Linux-2.6.23 之后，SLUB 分配器成为 Linux 内核默认使用的分配器。

本节介绍一种常用的 SLAB 分配器（SLUB）的基本设计思路。首先，SLUB 分配器是为了满足操作系统（频繁的）分配小对象的需求，其依赖于伙伴系统进行物理页的分配。简单来说，SLUB 分配器做的事情是把从伙伴系统分配的大块内存进一步细分成小块内存进行管理。一方面由于操作系统频繁分配的对象大小相对比较固定，另一方面为了避免外部碎片问题，所以 SLUB 分配器只分配固定大小的内存块，块大小通常是 2^n 字节（一般来说，$3 \leqslant n < 12$）。在具体实现过程中，程序员可以根据实际需要设置其他大小来减少内部碎片。对于每一种块大小，SLUB 分配器都会使用独立的内存资源池进行分配。

图 5.6 描述的是 SLUB 分配器为分配某一种大小的内存块所维护的内存资源池。SLUB 分配器向伙伴系统申请一定大小的物理内存块（一个或多个连续的物理页），并将获得的物理内存块作为一个 `slab`。`slab` 会被划分成等长的小块内存，并且将其内部空闲的小块内存组织成空闲链表的形式。一个内存资源池通常还有 `current` 和 `partial` 两个指针。`current` 指针仅指向一个 `slab`，所有的分配请求都将从该指针指向的 `slab` 中获得空闲内存块。`partial` 指针指向由所有拥有空闲块的 `slab` 组成的链表。

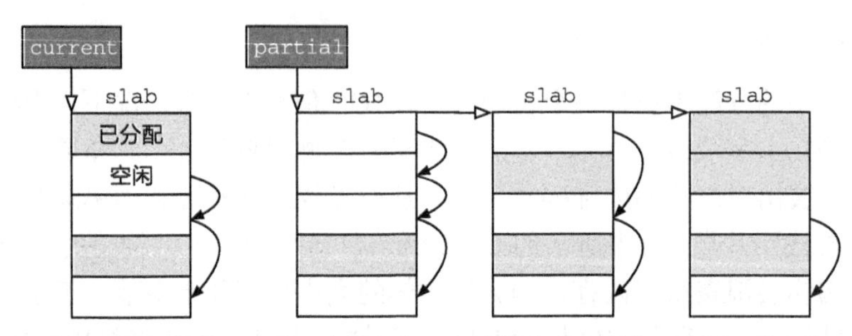

图 5.6　SLUB 分配器主要数据结构示意图。图中每个 slab 中的空白部分表示空闲，非空白部分表示已被分配

当 SLUB 分配器接收到一个分配请求时，它首先定位到能满足请求大小且最接近的内存资源池，然后从 current 指针指向的 slab 中取出一个空闲的块返回。如果 current 指针指向的 slab 在取出一个空闲块后，该 slab 不再拥有空闲块，即全部分配完，则从 partial 指针指向的链表中取出一个 slab 交给 current 指针。如果 partial 指针指向的链表为空，那么 SLUB 分配器就会向伙伴系统申请分配新的物理内存作为新的 slab。这样的分配设计一方面有效避免了外部碎片，另一方面通常分配速度很快（直接从 current 指针指向的 slab 中取出第一个空闲块即可）。通过合理地设置不同大小的内存资源池，也能够尽可能减小内部碎片导致的开销。

当 SLUB 分配器接收到一个释放请求时，它将被释放的块放入相应 slab 的空闲链表中。如果该 slab 原本已经没有空闲块，即全部分配完，则将其重新移动到 partial 指针指向的链表中；如果该 slab 变为所有内存块都是空闲的，即原来仅分配出去一块，那么可以将其释放并还给伙伴系统。至于如何找到释放块所属的 slab，则可以通过在 slab 头部加入元数据并且使得 slab 头部具有对齐属性等方式实现。

这里介绍的仅是 SLUB 分配器的基本设计思想。随着计算机体系结构的不断发展，今天的 SLUB 机制实际上有更多为体系结构而做的优化，比如针对多核、NUMA（Non Uniform Memory Access）架构的本地性设计等，5.3 节将介绍部分演进机制。

小知识：kmalloc 与 malloc

Linux 操作系统中的内存分配接口称为 kmalloc，其实现主要采用伙伴系统和 SLAB 分配器的设计。ChCore 在内核态也实现了类似的 kmalloc 接口，当 kmalloc 分配小于 4K 页大小的内存时，其实际上调用 SLAB 分配器；当分配大于 4K 页大小的内存时，其实际上调用伙伴系统分配若干连续的物理页。

4.2.5 节提到应用进程会使用 malloc 接口分配内存并用于创建变量。malloc 有多种实现方式，比如可以采用 SLAB 分配器的思路，或者采用 5.1.6 节介绍的空闲链表。malloc 在堆（进程的一个虚拟内存区域）中进行虚拟内存分配，而操作系统在不需要应用感知的情况下利用伙伴系统为该虚拟内存区域分配物理页并填写页表映射。

练 习

5.4 是否需要再维护一个 `full` 指针，用于指向全满 `slab` 组成的链表呢？

5.1.6 常用的空闲链表

除了上述伙伴系统和 SLAB 分配器之外，还有其他基于不同空闲链表的内存分配方法。这些方法不仅可以用在内核态，也可以用在用户态的内存分配器中，比如堆分配器。本节主要介绍三种常见的空闲链表：隐式空闲链表、显式空闲链表和分离空闲链表。

第一种简单的空闲链表称为隐式空闲链表（Implicit Free List）。如图 5.7a 所示，链表里的每个元素代表一块内存区域，空闲（空白块）和非空闲的内存块混杂在同一个链表里。每个内存块头部存储了关于该块是否空闲的信息以及块大小信息。通过块大小，可以找到下一个块的位置。在分配空闲块的时候，分配器在这个链表中依次查询，找到第一块大小足够的空闲内存块即可返回。如果找到的空闲块大小不仅能够满足分配请求，还有足量剩余，则将该块进行分裂，一部分用于服务请求，剩余部分留用为新的空闲块，从而缓解内存碎片问题。在释放内存块的时候，为了尽可能避免外部碎片问题，分配器会检查该内存块紧邻的前后（根据块地址）两个内存块是否空闲，如果有空闲块存在，则进行合并，产生更大的空闲块。

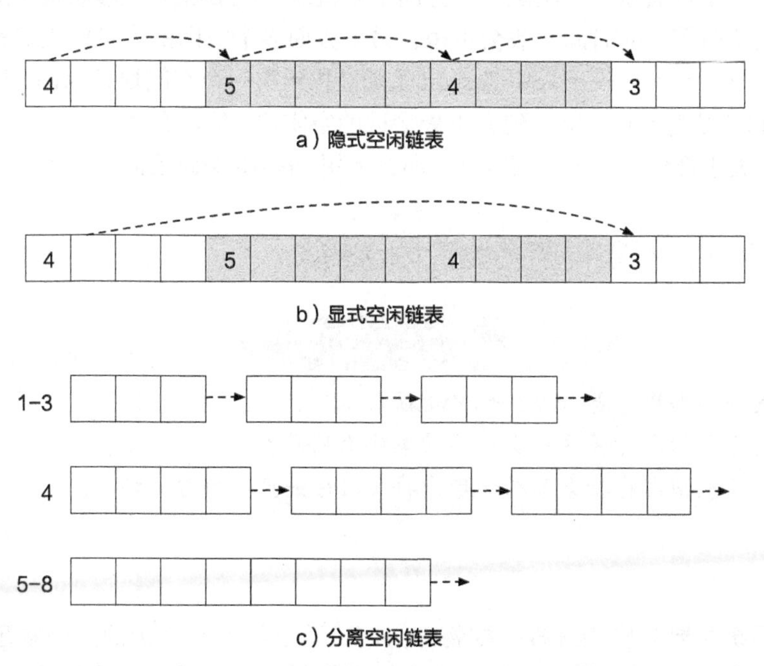

图 5.7 内存分配器中常用的三种空闲链表

与之很相似的另一种空闲链表称为显式空闲链表（Explicit Free List），如图5.7b所示。与隐式空闲链表最大的区别在于，显式空闲链表仅把空闲的内存块（而不是所有内存块）放在链表中。由于下一个空闲内存块可能存在内存中的任何位置，每个空闲块不能再依靠块大小找到下一个空闲块的位置，所以，除了块大小（合并块需要），每个空闲块需要额外维护两个指针（`prev`和`next`）来指向前后空闲块。不过，分配器仅需要在空闲块中维护指针，因此可以直接在空闲块的数据部分记录上述两个指针，无须使用额外的空间记录链表指针。显式空闲链表中内存块分配和释放的过程与隐式空闲链表中类似，不再赘述。相比之下，显式空闲链表在分配速度上具有优势，因为它的分配时间仅与空闲块数量成正相关，而隐式空闲链表的分配时间与所有块的数量成正相关。这个优势在内存使用率高的情况下更加明显，因为空闲块的数量更少而非空闲块更多。

另一种空闲链表数据结构称为分离空闲链表（Segregated Free List），是在显式空闲链表的基础上构建的。如图5.7c所示，其基本思想是维护多个不同的显式空闲链表，每个链表服务固定范围的分配请求，这一点和之前介绍的伙伴系统或SLAB分配器相似。分配内存块时，首先找到块大小对应的显式空闲链表，从中取出一个空闲块，若满足分配大小后有剩余，则将剩余部分插入相应大小的空闲链表中。如果在块大小对应的显式空闲链表中找不到合适的空闲块，则依次去更大的块大小对应的链表中寻找。释放块时，分配器依然可以先采用单个显式空闲链表中的合并策略，然后将合并产生的空闲块插入对应大小的空闲链表中。相比于普通显式空闲链表，分离空闲链表的优势在于能够获得更好的性能，一方面分配空闲块所需要的时间一般会更短，另一方面多个空闲链表可以更好地支持并发操作。此外，在分离空闲链表中采用first-fit策略（找到第一个空闲块即返回）能够近似地达到best-fit策略（最优策略，即找到大小最接近的空闲块）的内存利用率。如果分离空闲链表为每一种块大小都分配一个空闲链表，那么采用first-fit策略实际上也就是best-fit策略。

5.2　操作系统如何获得更多物理内存资源

本节主要知识点

- 物理内存不够用时怎么办？什么是换页机制？
- 如何选择页面进行替换？页替换的策略有哪些？
- 如何利用虚拟内存抽象节约物理内存（内存去重和内存压缩）？

5.2.1　换页机制

当操作系统需要为应用进程分配物理页时，若已经没有剩余的空闲物理页了，操作系统会束手无策吗？答案是否定的。假设如下场景：小明的笔记本配有4GB的物理内存，他一边使用Photoshop编辑大量高清图片——共需要占用2GB物理内存，一边玩英雄联盟——该游戏需要占用 3GB 物理内存。为什么两个总共需要 5GB 内存的应用进程能够同时运行在一台只有 4GB 物理内存的机器上呢？

操作系统设计了换页（Page Swapping）机制，基于虚拟内存与存储设备来实现上述需求。如图 5.8 所示，该机制的基本思想是当物理内存容量不够的时候，操作系统首先把若干物理页的内容写入类似磁盘这种容量更大且更加便宜的存储设备中，然后就可以回收这些物理页继续使用了。下面用一个简单的例子来说明换页具体要完成哪些步骤。当操作系统希望从应用进程 A 那里回收物理页 P（对应应用进程 A 中的虚拟页 V）时，操作系统需要将物理页 P 的内容写入磁盘上的一个位置，并且在应用进程 A 的页表中去除虚拟页 V 的映射，同时记录该物理页被换到磁盘上的对应位置。该过程被称为把物理页 P 换出（Swap Out），这样物理页 P 就可以被操作系统回收，并且分配给别的应用进程使用。

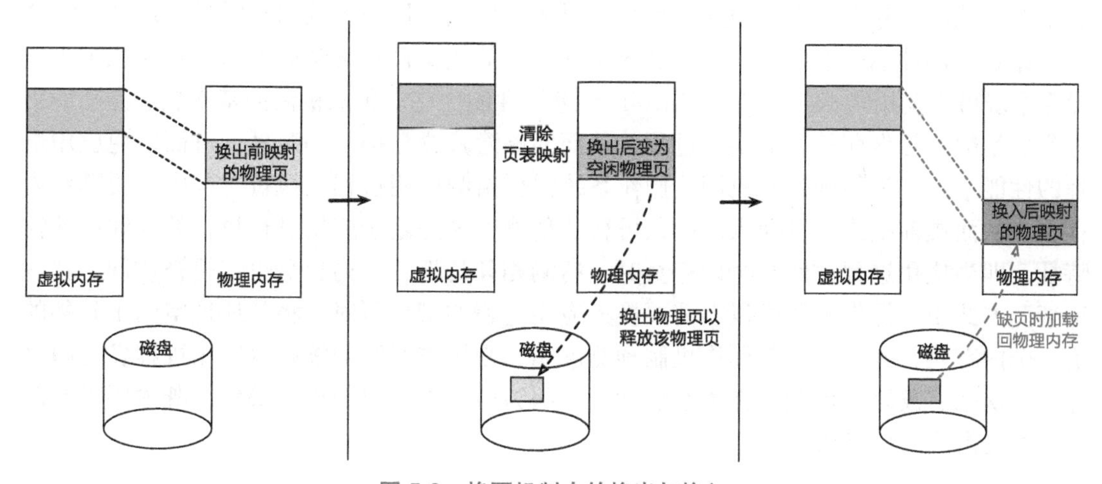

图 5.8 换页机制中的换出与换入

此后，当应用进程 A 访问虚拟页 V（对应物理页被换出）时，由于页表中没有映射，CPU 会触发缺页异常。操作系统的缺页异常处理函数会发现触发异常的虚拟地址（虚拟页）属于合法的虚拟地址范围，且对应的物理页被换出。因此它会分配一个空闲的物理页（若没有空闲的物理页，则需要通过换页的方式获取），将之前写入磁盘的数据内容重新加载到新分配的物理页中，并且在页表中填写虚拟页到该物理页的映射。这个过程被称为换入（Swap In）。之后，操作系统可以恢复应用进程的执行，即让应用进程从触发缺页异常的指令处继续执行。

利用换页机制，操作系统可以把物理内存中放不下的数据存放到磁盘上，等到需要的时候再放回物理内存中，从而能够在不修改应用进程的前提下提供超过物理内存实际容量的内存空间。因此，在所有应用进程的内存总需求大于物理内存总容量的场景下，操作系统通过换页机制能够获得比实际物理内存“看起来”更多的物理内存资源。

操作系统是用完所有物理页后才进行换页吗？这样的策略是可以的，但是在内存资源紧张时，可能导致许多物理页分配操作都需要先进行换页，从而造成分配时延高的问题。因此，自然的想法是，操作系统可以设立阈值，在空闲的物理页数量低于阈值的时间内，操作系统便选择时机（比如系统较空闲时）进行换页操作，直到空闲页数量超过阈值。以 Linux 操作系统为例，操作系统设置三个阈值：**高水位线**（High Watermark）、**低水位线**（Low Watermark）、**最小水位线**（Min Watermark）。当空闲物理页数量小于低水位线时，则择机进行换页操作，目标是把空闲物理页数量恢复到高水位线；当空闲物理页数量低于最小水位线时，则立即进行换页操作，且是批量换出（具体数量可以按需配置）。

换页机制使得操作系统能够获取更多的物理内存资源，是否牺牲了什么作为代价呢？换页机制可能会带来性能损失。具体来说，当操作系统选择换出某个应用进程的页后，该应用进程再访问该页时会出现缺页异常，并且需要由操作系统从磁盘中把换出的页重新加载回内存中。由于磁盘操作是耗时的，所以应用进程的执行时长会增加，往往也意味着应用性能的下降。那么，有什么方法能够减少因换页机制带来的性能损失吗？操作系统可以使用**预取机制**（Prefetching）进行性能优化。预取机制的基本想法是在应用进程发生缺页错误前就完成换入过程，从而能够隐藏磁盘操作的时延，进而避免应用进程的性能下降。为实现预取机制，操作系统需要猜测应用进程在执行过程中需要哪些内存页，从而提前把这些页换入。一种可行的猜测方式是基于应用进程执行的空间本地性特征，即当应用进程访问某个内存页时，猜测相邻的下一个内存页也需要被访问。在这种猜测方式下，操作系统可以在需要换入应用进程的某个页时，将其地址空间中相邻的下一个内存页一并换入。若预取机制预测准确，则操作系统能够减少应用进程发生缺页异常的次数；反之，可能会拖累系统性能，因为做了不需要的换入操作，既占用磁盘读取带宽又占用内存资源。

小知识：预取机制的性能优势

预取命中能够避免性能损失的原因有两方面。第一，减少了缺页异常的发生，从而避免缺页异常处理过程本身消耗的时间。第二，减少磁盘操作花费的时间，对于许多磁盘来说，从磁盘中一次性加载两个内存页所花费的时间往往小于分别加载两个内存页所需的时间总和。

由于延迟映射同样会引起缺页异常，操作系统如何判断页表中没有映射是由于按需页面分配导致的还是换页导致的呢？操作系统需要标记进程中哪些虚拟页被换出以及换出的位置，若未被标记则说明尚未为该虚拟页分配物理页。一种高效的实现方法是：在页表项中做标记，以 AArch64 的最后一级页表项为例，MMU 仅根据页表项的第 0 位判断该映射是否存在（有效），操作系统可以利用其余位做标记以区别按需分配和换页两种情况。具体来说，若是按需分配，则说明此次缺页是由于应用进程第一次访问虚拟页导致的，该页表项从未被填写过，因此该页表项的内容为 0；而对于换页来说，操作系统可以仅把页表项的第 0 位（最低位）设置成 0，并把页面换出位置记录在页表项的其余位中，从而使得发生缺页错误时，该页表项的内容非 0。

练　习

5.5　应用进程地址空间中的虚拟页可能存在四种状态，分别是：

(a) 未分配。

(b) 已分配但尚未为其分配物理页。

(c) 已分配且映射到物理页。

(d) 已分配但对应物理页被换出。

请问当应用进程访问某虚拟页时，在上述四种状态下，操作系统分别会做什么？

5.2.2　页替换策略

当需要进行换页时，操作系统将根据页替换策略选择一个或一些物理页换出到磁盘以便让出空间。当已被换出的内存页再次被访问时，必须重新从磁盘换入物理内存，十分耗时。因此，页替换策略对性能具有较大的影响。

总的来说，页替换策略是依据硬件所提供的页面访问信息来猜测哪些页面应该被换出（比如短时间内再次被换入概率小的页面），从而最小化缺页异常的发生次数以提升性能。与此同时，操作系统也需要考量页替换策略本身的执行所带来的开销。不同的换页策略有其适合的应用场景，下面简单介绍一些经典的页替换策略。

MIN 策略 /OPT 策略

MIN 策略（Minimum 策略）又称为最优策略（Optimal 策略）。这一策略在选择被换出的页面时，优先选择未来不会再访问的页面，或者在最长时间内不会再访问的页面。该策略是理论最优的页替换策略，但在实际场景中很难实现。这是因为页访问顺序取决于应用进程，而操作系统通常无法预先得知应用进程未来访问页的顺序。该算法主要用来作为一个标准，衡量其他页替换算法的优劣。表 5.1 通过一个例子展示了这个策略的执行流程，假设物理内存中可以存放三个物理页，初始为空，某应用进程需要访问物理页面 1 ～ 5，访问顺序为 3、2、3、1、4、3、5、4、2、3、4、3。

表 5.1　MIN 策略执行流程

物理页访问顺序	3	2	3	1	4	3	5	4	2	3	4	3
物理内存中存放的物理页	3	3	3	3	3	3	5	5	5	3	3	3
		2	2	2	2	2	2	2	2	2	2	2
				1	4	4	4	4	4	4	4	4
缺页异常（共 6 次）	是	是	否	是	是	否	是	否	否	是	否	否

FIFO 策略

FIFO（First-In First-Out，先入先出）策略是最简单的页替换策略，同时也正因为简单，所以其带来的时间开销很低。该策略优先选择最先换入的页进行换出。操作系统维护一个队列用于记录换入内存的物理页号，每换入一个物理页就把其页号加到队尾，因此最先换进的物理页号总是处于队头位置。当需要选择一个物理页面换出时，该策略总是选择位于队列头部的物理页号所对应的物理页。表 5.2 展示了同样的访存序列在 FIFO 策略下的表现。虽然该策略直观且开销低，但它在实际使用中表现往往不佳（因为页面换入顺序与使用是否频繁通常没有关联），因此也几乎不会被现代操作系统直接使用。

表 5.2　FIFO 策略执行流程

物理页访问顺序	3	2	3	1	4	3	5	4	2	3	4	3
（该行是队列头部）	3	3	3	3	2	1	4	4	3	3	5	2
存储物理页号的 FIFO		2	2	2	1	4	3	3	5	5	2	4
队列				1	4	3	5	5	2	2	4	3
缺页异常（共 9 次）	是	是	否	是	是	是	是	否	是	否	是	是

Second Chance 策略

Second Chance 策略是 FIFO 策略的一种改进版本。该策略的实现方法与 FIFO 策略类似，同样要求操作系统维护一个先入先出的队列用于记录换进物理内存的物理页号，此外还要为每一个物理页号维护一个访问标志位。如果访问的页面号已经处于队列中，则将其访问标志位置位。在寻找将要换出的内存页时，该策略优先查看位于队头的页号。此时可能有两种情况：如果它的访问标志位没有被置位，则换出该页号对应的内存页；若它的访问标志位已经被置位，则将该标志位清零，并将该内存页号挪到队尾（将其当成一个最近访问的内存页），并从新的队头开始重新寻找要换出的内存页。如果所有内存页号的访问标志位均已被置位，那么原本处于队头的内存页将在再次回到队头时被换出（彼时，其访问标志位已被清零）。通常情况下，由于考虑了页面访问的信息，Second Chance 策略会优于 FIFO 策略，若所有内存页的访问标志位均未被置位，那么 Second Chance 策略会暂时退化为 FIFO 策略。表 5.3 展示了同样的访存序列在 Second Chance 策略下的表现。

表 5.3　Second Chance 策略执行流程

物理页访问顺序	3	2	3	1	4	3	5	4	2	3	4	3
（该行是队列头部）	3	3	3*	3*	1	1	3*	3*	3	3*	3*	3*
存储物理页号的 FIFO		2	2	2	3	3*	4	4*	4	4	4*	4*
队列				1	4	4	5	5	2	2	2	2
缺页异常（共 6 次）	是	是	否	是	是	否	是	否	是	否	否	否

小知识：Belady 异常

操作系统分配给一个应用进程的物理页的数量会影响它在执行过程中发生缺页异常的次数。一般来说，对于同样的访存序列，物理页的数量越多，换页发生的次数越少。然而有的时候，更多的可用物理内存页面会导致更多的换页（和更低的性能），这种现象被称为 **Belady 异常**（Belady's Anomaly）。该现象可能在操作系统使用 FIFO 和 Second Chance 等页替换策略时发生。本章结尾有一道思考题，要求构造一种物理页访问顺序，使得 FIFO 策略触发 Belady 异常。

LRU 策略

LRU（Least Recently Used）策略在选择被换出的页面时，优先选择最久未被访问的页面。该策略的出发点在于：过去数条指令频繁访问的页面，很可能在后续的数条指令中也被频繁访问。如果实际访问情况确实如此，LRU 策略能够提供接近于 MIN 策略的效果。该策略的一种实现方法是：操作系统维护一个链表，按照内存页的访问顺序将内存页号插入链表中（最久未访问的内存页号在链表头部，而最近访问的内存页在链表的尾端）；在每次内存访问后，操作系统把刚刚访问的内存页调整到链表尾部；每次都选择换出位于链表头部的页面。表 5.4 展示了同样的访存序列在 LRU 策略下的表现。在实际系统中，精确地实现这一策略需要时刻记录 CPU 访问了哪些物理页，其实现开销往往较大。

表 5.4　LRU 策略执行流程

物理页访问顺序	3	2	3	1	4	3	5	4	2	3	4	3
（该行是链表头部）	3	3	2	2	3	1	4	3	5	4	2	2
越不常访问的页号离头		2	3	3	1	4	3	5	4	2	3	4
部越近				1	4	3	5	4	2	3	4	3
缺页异常（共 7 次）	是	是	否	是	是	否	是	否	是	是	否	否

时钟算法策略

形象地说，时钟算法（Clock Algorithm）策略将换进物理内存的页号排成一个时钟的形状。该时钟有一个针臂，指向新换进内存的页号的后一个。同时，也为每一个页号维护一个访问标志位。每次需要选择换出页号时，该算法从针臂所指的页号开始检查。如果当前页面的访问标志位没有置位，即从上次检查到这次检查，该页面没有被访问过，将该页面替换；如果当前页面的访问标志位已被置位（即被访问过），那就将其访问标志位清空，并且针臂顺时针移动指针到下一个页面。如此重复，直到找到一个访问标志位未被置位的页面。时钟算法策略与 Second Chance 策略有相似之处，不过 Second Chance 策略需要将页号从队头移动到队尾，而时钟算法并不需要，所以后者的实现更加高效一些。

随机替换策略

顾名思义，在随机替换策略下，操作系统会任意挑选一个物理页面进行换出，该策略的好处在于不需要维护页面的访问信息，不过相比于 LRU 等策略一般会引发更多的缺页。

5.2.3 页表项中的访问位与页替换策略实现

对于大多数页替换策略而言，操作系统都需要获得物理页是否被访问的信息，通常的实现是根据硬件自动设置的页表项中的访问位（如 4.1.4 节介绍的 Access Flag 和 Dirty State）来判断物理页是否被访问过。由于硬件是在地址翻译的过程中设置页表项中的访问位，所以操作系统需要维护物理页和页表项之间的关系，才能够通过页表项获取物理页是否被访问过的信息。具体来说，操作系统需要在页表中添加映射后（例如在代码片段 4.3 的 add_mapping 函数中）记录物理页对应的页表项，代码片段 5.5 给出了示意代码。

代码片段 5.5　记录每个物理页对应的页表项

```
1 // 在 physical_page 结构体中新增成员变量
2 struct physical_page {
3   ...
4
5   // 记录该物理页被映射到哪些页表项（称为反向映射）
6   list pgtbl_entries;
7 };
8
9 struct physical_page pages[NUM_PHYSICAL_PAGE];
10
11 void add_mapping(u64 pgtbl, u64 va, u64 pa)
12 {
13   ...
14
15   // 记录物理页被填写到哪个页表项
16   struct physical_page *page = &pages[pa/PAGE_SIZE];
17   add_one_entry(page->pgtbl_entries, pgtbl_entry);
18 }
19
20 // 参数是需要换出的物理页数量
21 void scan_and_swap(int num_page_to_swap)
22 {
23   int swap;
24
25   // 获取需要遍历的物理页区间（例如物理页号为 0 ~ 1000 的区间）
26   scan_range = get_scan_range();
27
28   while (num_page_to_swap != 0) {
29     for i in scan_range:
30       swap = 1;
31       list pgtbl_entries = pages[i]->pgtbl_entries;
32
33       // 利用 for_each_pte 宏遍历某物理页反向映射中的每个页表项
34       for_each_pte(pgtbl_entry, pgtbl_entries) {
```

```
35          if (is_accessed(pgtbl_entry)) {
36            // 将页表项中的访问位清零
37            clear_access(pgtbl_entry);
38            swap = 0;
39          }
40        }
41
42        if (swap) {
43          // 把第 i 个物理页换出
44          swap_out(i);
45          --num_page_to_swap;
46        }
47    }
48
49    tlb_flush();
50 }
```

由于共享内存等机制的存在，一个物理页可能被映射给多个虚拟页，即对应多个页表项，所以示意代码采用链表存放单个物理页对应的多个页表项。通过 pages 数据结构，操作系统可以遍历每个物理页对应的页表项，获取该物理页是否被访问过的信息。scan_and_swap 函数是换出若干物理页的简单实现，其根据物理页是否被访问过的信息（第 35 行），优先换出没有被访问过的物理页。第 37 行将访问位清零，否则无法区分仅访问过一次的页和真正频繁访问的页。当 TLB 中缓存地址翻译时，MMU 不会查找页表进行地址翻译，因而不会更新页表项中的访问位，那么在清空访问位后，该物理页即便后续被访问，相应的页表项中也不会被硬件设置为访问位，因此，第 49 行需要刷新 TLB 从而避免该情况发生。

小知识：反向映射机制

Linux 操作系统通过**反向映射**（Reverse Mapping）机制记录物理页对应页表项，实现更加完整且复杂，不过原理上与这里的简单实现类似。

5.2.4　工作集模型

在选择和实现页替换策略时，操作系统的原则是以最小的算法开销达到尽可能接近 MIN 策略的效果。然而，若选择的替换策略与实际的工作负载不匹配，则有可能造成**颠簸现象**（Thrashing），导致大部分 CPU 时间都被用来处理缺页异常以及等待缓慢的磁盘操作，而仅剩小部分的时间用于完成真正有意义的工作，因而引发严重性能损失。更糟糕的是，操作系统的调度器可能加剧颠簸现象。当 CPU 大部分时间都在等磁盘操作时，CPU 利用率大幅下降。为了提高 CPU 利用率，调度器会载入更多的应用进程，这又可能触发更多的缺页异常，进一步降低 CPU 利用率，进而导致连锁反应，引发严重的性能问题。

工作集模型（Working Set Model）能够有效地避免颠簸现象的发生。工作集的定义[5]是："一个应用进程在时刻 t 的工作集 W 为它在时间区间 [$t-x$，t] 使用的内存页集合，也被视为它在未来（下一个 x 时间内）会访问的内存页集合。"该模型认为，应当将应用进程的工作集同时保持在物理内存中。因此，早期工作集模型的原则是 all-or-nothing，即一个应用进程的工作集要么全都在物理内存中（运行时），要么全都换出，从而减少该应用进程运行时发生换页的次数。现代操作系统很少直接采用 all-or-nothing 作为换页原则，但是工作集的概念依然指导着操作系统的换页策略，即优先将非工作集中的页换出。

那么如何高效地追踪工作集呢？一种常见的实现方法是工作集时钟算法。操作系统设置一个定时器，每经过固定的时间间隔，一个设置好的工作集追踪函数就会被调用。该追踪函数为每个内存页维护两个状态：上次使用时间和访问位，均初始化为 0。每次被调用时，该函数检查每个内存页的状态。如果访问位是 1，则说明在此次时间间隔内该页被访问，于是该函数会把当前系统时间赋值给该内存页的上次使用时间。该方法的前提是 CPU 硬件会在程序访问某个页的时候自动地将对应的访问位（即页表项中的访问位，例如图 4.6 所示的 AF 位）设置成 1。如果访问位是 0，则说明在此次时间间隔内该页没有被访问，于是该函数会计算该页的年龄（当前系统时间 – 该页的上次使用时间）。若该页年龄超过预设时间区间 x，则它不再属于工作集。检查完一个页的状态之后，工作集追踪函数将其访问位设置为 0。通过工作集时钟算法或者具有相似设计的算法，操作系统能够有效地预测工作集，从而灵活地进行页替换。

5.2.5 利用虚拟内存抽象节约物理内存资源

内存去重

基于写时拷贝机制，操作系统进一步设计了内存去重功能。操作系统可以通过定期地在内存中扫描具有相同内容的物理页面（全零页是一个典型的例子），找到映射到这些物理页面的虚拟页面。然后只保留其中一个物理页，并将具有相同内容的其他虚拟页面都用写时拷贝的方式映射到这个物理页，然后释放其他的物理页面以供将来使用。该功能通常是操作系统主动发起使用，对于用户态应用进程完全透明。Linux 操作系统就实现了该功能，称为 KSM（Kernel Same-page Merging）。不过，内存去重功能会对应用进程访存时延造成影响，因为当应用进程写一个被去重的内存页时，既会触发缺页异常，又会导致内存拷贝，从而可能导致性能下降。

当内存去重发生在不同进程之间时，不同进程的虚拟页会映射到同一个物理页，也属于图 4.12 所示的共享内存情形。此外，内存去重也可以发生在同一个进程之中，此时该进程中的多个虚拟页被映射到同一个物理页。

小知识：内存去重的安全问题

内存去重虽然能够有效地节约物理内存资源，但是也可能带来安全问题[6]。一个简单的攻击是：攻击者可以在内存中通过穷举的方式不断构造数据，然后等待操作系统去重，再通过访问时延是否变长来窃取数据。比如假设攻击者知道某个进程在内存中保存了一个变量 secret，但不知道这个变量的值。于是攻击者首先构造一个除了变量 secret 外其他都一样的内存页，然后不断改变该变量的值，并记录访问该变量的时延，若时延突然变长，说明这个页发生了去重，即表示猜对了 secret 的值。一种防御这种攻击的可能方法是：操作系统仅在同一用户的应用进程内存之间进行内存去重，从而使得攻击者无法猜测别的用户应用进程中的数据。

内存压缩

为了节约内存资源，现代操作系统也引入了压缩算法来对内存数据进行压缩。其基本原理是：当内存资源不充足的时候，类似“换出”，操作系统选择一些“最近不太会使用”的内存页，压缩其中的数据（但不写入磁盘），从而释放出更多空闲内存。当应用进程访问被压缩的数据时，操作系统将其解压即可，所有操作都在内存中完成。相比于换出内存数据到磁盘上，这样的做法既能够更迅速地腾出空闲内存空间，又能够更快地恢复被压缩的数据。

如图 5.9 所示，Linux 操作系统支持的 zswap 机制是一个使用内存压缩技术的例子。zswap 在内存中为换页过程提供了缓冲区，称为 zswap 区域。操作系统将准备换出的内存数据进行压缩，并且将压缩后的内容写入 zswap 区域（实际上依然是内存）。通过这样的设计，内存数据写到磁盘设备的操作可以延迟完成，从而有可能进行更加高效的磁盘批量 I/O，甚至可能避免磁盘 I/O。即使最后还是会触发磁盘操作，写出 / 读回的数据量由于经过压缩会明显减小。当被换出到 zswap 区域或者磁盘上的数据再次被访问时，该机制会把压缩的数据进行解压和换入。

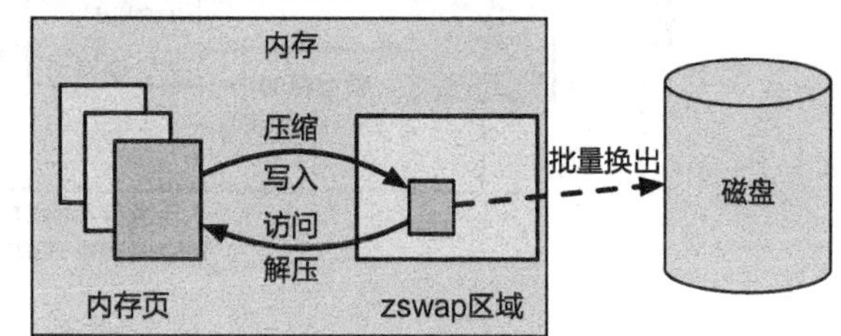

图 5.9 Linux 的 zswap 机制

5.3 性能导向的内存分配扩展机制

本节主要知识点

- 为什么需要 CPU 缓存？CPU 缓存的结构是怎样的？
- 在分配物理内存时操作系统需要考虑 CPU 缓存吗？
- 多核和 NUMA 对于内存分配有什么影响？

5.3.1　物理内存与 CPU 缓存

相比于 CPU 执行的速度，内存访问速度是非常缓慢的：一条算术运算指令可能只需要一个或几个时钟周期即可完成，而一次内存访问则可能需要花费上百个时钟周期。如果每条内存读写指令都需要通过总线访问物理内存，那么 CPU 与物理内存之间的数据搬运可能成为显著的性能瓶颈。

为了降低访存的开销，现代 CPU 内部通常包含 CPU 缓存（CPU Cache）（如图 5.10 所示），用于存放一部分物理内存中的数据。访问 CPU 缓存比访问物理内存快很多，一般最快只需要几个时钟周期。当 CPU 需要向物理内存写入数据时，可以直接写在 CPU 缓存之中；当 CPU 需要从物理内存读取数据时，可以先在 CPU 缓存中查找，如果没找到再去物理内存中获取，并且把取回的数据放入缓存中，以便加速下次读取。由于程序在运行时访问物理内存数据通常具有局部性（包括时间局部性和空间局部性），因此缓存能够有效提升 CPU 访问物理内存数据的性能。

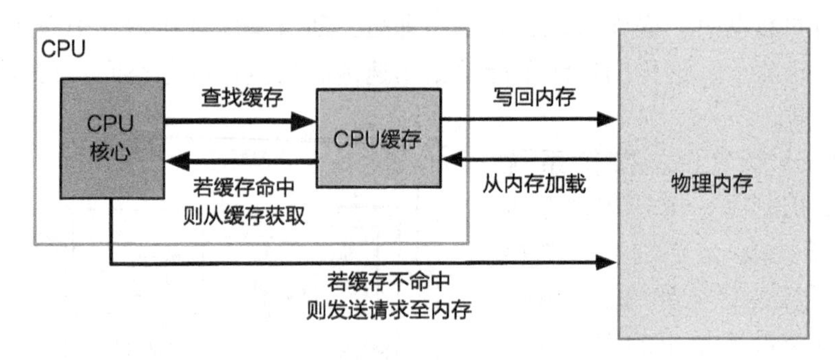

图 5.10　CPU 缓存与内存结构

缓存结构

CPU 缓存中包含若干条缓存行（Cache Line）和每条缓存行相应的状态信息。后者包括：一个有效位（Valid Bit）用于表示该缓存行是否有效，一个标记地址（Tag Address）标识该缓存行对应的物理地址，以及一些其他信息。通常，CPU 以缓存行（常见的是 64 字节，亦作为本章默认缓存行大小）为粒度把物理内存中的数据读取到 CPU 缓存中，也就是说，即使 CPU 实际上只需要物理内存中单个字节的值，也会把物理内存中 64 字节的数据加载到 CPU 缓存中。同样，当数据从 CPU 缓存写回物理内存时，也是以缓存行作为粒度。

典型的 CPU 缓存结构如图 5.11 所示。*CPU 是如何在 CPU 缓存中查找数据的呢？* CPU 通过 MMU 翻译后的物理地址查找缓存，物理地址在逻辑上分为 Tag、Set（也称为 Index）以及 Offset 三段。组（Set）与路（Way）是 CPU 缓存的经典概念。物理地址的 Set 段能表示的最大数目称为组。例如，如果 Set 段的位数是 8，那么对应的 CPU 缓存的组数就是 256（2^8）。每组中支持的最大缓存行数目（最多的 Tag 数）称为路。例如，图 5.11 中，在 Set 相同的情况下，缓存最多支持 4 个不同的 Tag，也就是 4 路，该 CPU

缓存被称为 4 路组相联（4-Way Set Associative）。

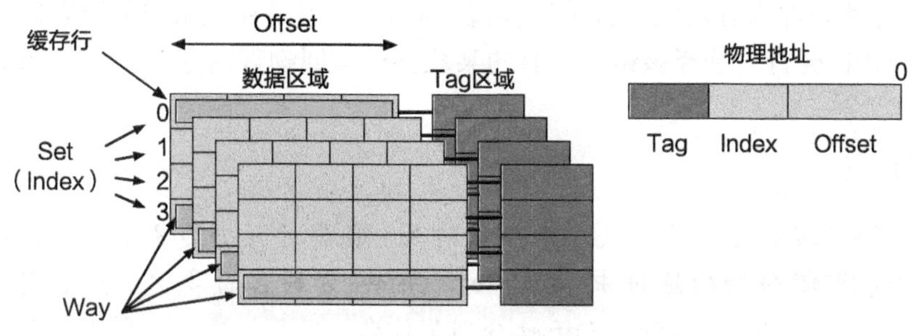

图 5.11 典型的 CPU 缓存结构示意图[7]

缓存寻址

下面以 Cortex-A57 CPU（AArch64 架构）的 L1 数据缓存为例，介绍 CPU 缓存查找的一般过程。该 CPU 缓存相关的参数[8]如下：

- 物理地址长度为 44 位。
- 缓存大小为 32KB，缓存行大小为 64 字节。
- 256 组，2 路组相联缓存。

以图 5.12 为例，假设要读取以物理地址 0x2FBBC030 开始的 4 个字节的物理内存数据。该物理地址按照 Tag、Set 和 Offset 划分是：Tag 为 0xBEEF，Set 为 0x0，Offset 为 0x30（十进制为 48）。根据 Set 定位到 Set=0 的两个缓存行，对比 Tag 并且检查 Valid 是否为 1（表示该缓存行有效），即可进一步根据 Offset 进行访问，在本例中取出的 4 字节字为 23。如果在寻址过程中，虽然 Set 和 Tag 都匹配上了，但是 Valid 为 0，那么该缓存行是无效的，则需从物理内存搬运相应数据到 CPU 缓存中。

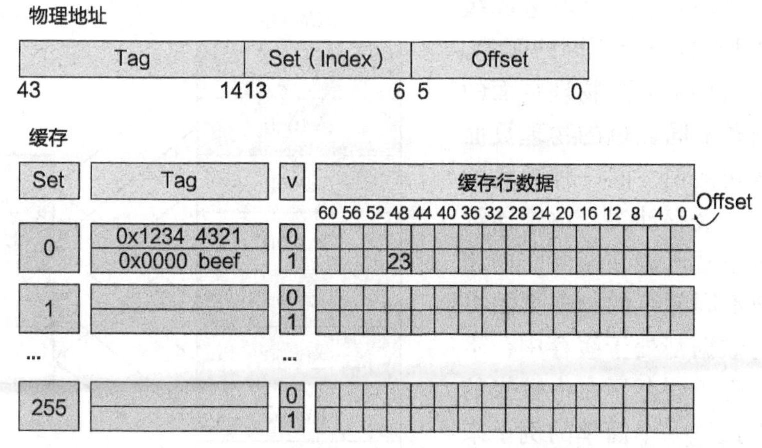

图 5.12 Cortex-A57 CPU 中的 CPU 缓存（L1 数据缓存）结构示意图

CPU 缓存行何时写回物理内存？通常有两种情况：第一，存在专门的硬件指令负责写回某缓存行，当 CPU 执行这类指令后，相应的缓存行会写回物理内存中；第二，若某组中的缓存行状态都为有效状态且被修改过，而 CPU 需要在该组中加载新的缓存行进行读写，此时 CPU 会首先选择该组中已有的某缓存行写回物理内存（空出一个缓存行）。

练　习

5.6　假设 CPU 缓存是 2 路组关联、组数为 8、缓存行大小为 8 字节、物理地址寻址，请问 48 位物理地址中 Tag、Set、Offset 分别占用多少位？请问物理地址 0x3BFE 对应的 Tag、Set、Offset 分别是什么？

5.3.2　物理内存分配与 CPU 缓存

由于访问 CPU 缓存比访问物理内存要快得多，若越多的物理内存数据能被存放在 CPU 缓存中，则程序的性能会得到提升。然而，相比于物理内存，CPU 缓存要小得多，比如一台服务器的物理内存有几百 GB，而 CPU 缓存只有几十 MB。物理内存中的数据会根据物理地址以缓存行为粒度放入 CPU 缓存中，当缓存放不下（某组中的缓存行都已被占用）的时候，CPU 则会选择替换某个已有缓存行。操作系统可以根据 CPU 缓存的特点，优化为应用分配物理页的策略，从而更好地利用缓存以提升应用性能。

具体来说，操作系统在给应用进程分配物理页的时候，如果分配的物理页能够尽可能均匀地占用 CPU 缓存中的组，则可以使得更多的应用数据存放到缓存中，从而充分利用缓存大小来提升应用访存性能。为此，操作系统开发者提出了一种称为缓存着色（Cache Coloring / Page Coloring）的内存染色机制。该机制的基本思想很简单：把能够被存放到缓存中不同位置（不造成缓存冲突）的物理页标记上不同的颜色，在为连续虚拟内存页分配物理页面的时候，优先选择不同颜色的物理页面进行分配。换句话说，同一种颜色的物理页面会发生缓存冲突。由于连续的虚拟内存页通常可能在短时间内相继访问，分配不同颜色的物理页面可以让被访问的数据都处于缓存中，不引起冲突从而避免缓存不命中带来的开销。图 5.13 通过一个简单的例子来介绍该机制的实现。假设缓存总大小可以放下 4 个连续的物理页面，则该

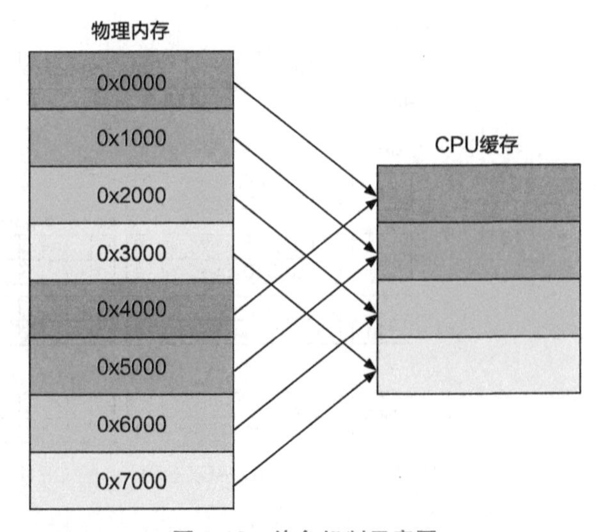

图 5.13　染色机制示意图

机制会把第1个物理页面到第4个物理页面分别染上4种不同的颜色，再把第5个到第8个物理页面的颜色染成与前面4个页面一致的颜色，依次类推。这种染色机制会导致物理页面的分配变得复杂，但如果能够较明确地得知应用对内存的访问模式，则可以有效提升访问内存的性能，FreeBSD、Solaris等操作系统就运用了该机制[9]。

5.3.3 多核与内存分配

多核CPU包含多个核心，不同的应用可以在不同核心上同时运行，如图5.14所示。由于应用进程可能在不同CPU核心上同时发起需要在操作系统中分配内存的系统调用，操作系统可能会在不同CPU核心上同时调用SLAB内存分配接口。为了防止重复分配同一块内存，一种可行的方式是只允许一个CPU核心调用SLAB内存分配接口，在分配完成后才允许下一个CPU核心发起调用请求（该方式可以用第9章介绍的锁进行实现，直观上来说，每个CPU核心先获取一把锁才能进行内存分配，分配完成后释放锁，而锁的持有者至多只有一个CPU核心）。不过，该方式会导致性能下降的问题：当多个CPU核心同时需要调用内存分配接口时，实际上每次只有一个CPU核心在执行分配操作，而其余CPU核心都需要等待它分配结束。如此一来，多核CPU的优势就没有体现，因为真正在执行的只有一个CPU核心，其余CPU核心都在等待，看起来就像是只有单个核心的CPU。

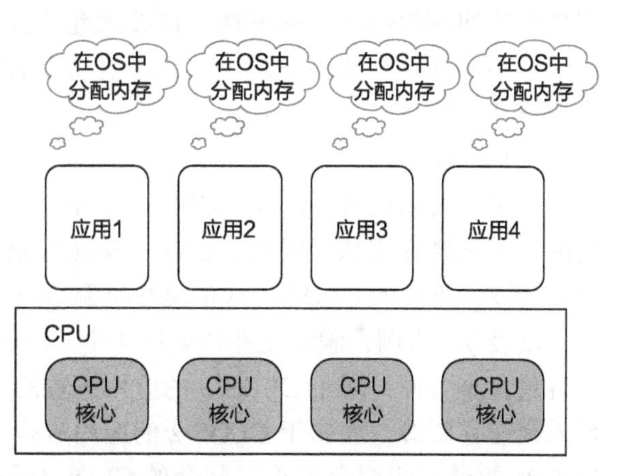

图5.14 在多核CPU上同时运行的应用进程都引起操作系统分配内存的操作

为了满足操作系统在多个CPU核心上同时进行内存分配的需求，操作系统开发人员提出了一种为每个CPU核心建立内存分配器的设计。比如，在图5.14所示的4核心CPU上，操作系统为每个CPU核心都初始化一个SLAB分配器（一共4个SLAB分配器），并根据CPU核心调用相应的SLAB分配器。通过这样的设计，操作系统就能够在不同的CPU核心上同时进行内存分配操作，而不是同一时间只有一个CPU核心能够进行分配。类似地，操作系统也可以为每个CPU核心初始化一个伙伴系统，从而支持在不同CPU核心上并发地分配物理页。

5.3.4 CPU缓存的硬件划分

在多核CPU中，CPU缓存通常分成多级，每个CPU核心拥有私有的CPU缓存（例如，L1、L2缓存），而所有CPU核心会共享最末级CPU缓存（Last Level Cache，LLC）

（例如，L3 缓存）。一般来说，CPU 的最末级缓存会被多个 CPU 核心共享。由于每个 CPU 核心可以同时运行不同的应用进程，这些应用进程将会竞争最末级缓存的资源，从而可能由于互相影响导致应用进程产生性能抖动，甚至造成系统整体性能的下降。尤其在云计算多租户场景下，类似的问题更为严重。为此，近年来硬件厂商也开始通过相关硬件特性使得操作系统能够更加灵活地分配 CPU 缓存资源。

Intel CAT

Intel **缓存分配技术**（Cache Allocation Technology，CAT）[10] 的出现为操作系统有效解决上述问题提供了一种方法。该技术允许操作系统设置应用进程所能使用的最末级缓存的大小和区域，从而实现最末级缓存资源在不同应用进程间的隔离。具体来说，CAT 提供若干**服务类**（Class of Service，CLOS），并允许操作系统把应用进程划分到某个 CLOS 中。每个 CLOS 有一个**容量位掩码**（Capacity Bitmask，CBM），标记着该 CLOS 能够使用的最末级缓存资源：CBM 中设置为 1 的位对应的缓存资源，即为该 CLOS 能使用的最末级缓存资源。因此，CAT 支持按比例限制每个 CLOS 可以使用的最末级缓存大小和区域，不同的 CLOS 对应的缓存资源既可以是完全隔离的，也可以是部分重合的。

以表 5.5 为例，假设硬件共支持 4 个 CLOS，每个 CLOS 有一个总长为 8 位的 CBM。在容量大小方面，属于 CLOS-3 的应用进程的 CBM 所有位均为 1，所以能够使用全部的最末级缓存资源，而属于 CLOS-2 的应用进程由于 CBM 仅有高 4 位被置为 1，故只能占用 50% 的最末级缓存大小，剩余的 CLOS-0 与 CLOS-1 仅被分配到 25% 的最末级缓存。在区域隔离方面，由于 CBM 间不存在重叠的位，CLOS-0 与 CLOS-1 所使用的最末级缓存是完全隔离的，因此 CLOS-0 与 CLOS-1 中的应用进程不会彼此竞争。CLOS-3 有 25% 的独占缓存区域，剩下的区域则可能被不同的 CLOS 竞争。如果把 CLOS-3 中的 Bit-3 和 Bit-2 设为 0，那么 CLOS-1 将会独占 25% 的最末级缓存。

表 5.5　利用 CAT 创建 4 个服务类 CLOS，每个 Bit 对应缓存资源的 12.5%

	Bit-7	Bit-6	Bit-5	Bit-4	Bit-3	Bit-2	Bit-1	Bit-0
CLOS-0			1	1				
CLOS-1					1	1		
CLOS-2	1	1	1	1				
CLOS-3	1	1	1	1	1	1	1	1

操作系统可以通过设置每个 CLOS 的 CBM 并且把不同应用进程划分到不同的 CLOS 中，从而将最末级 CPU 缓存资源分配给不同的应用进程使用。举个例子来说，假设有两个应用进程 A 和 B，操作系统希望它们在同时运行的过程中不干扰对方使用的 CPU 缓存资源，那么可以将它们运行在不同的 CPU 核心上，并且为 A 设置表 5.5 中 CLOS-0，为 B 设置 CLOS-1。

ARMv8-A MPAM

AArch64 架构的 MPAM（Memory System Resource Partitioning and Monitoring）技术[11] 也可以被操作系统用来实现类似的功能。MPAM 支持配置多个**分区 ID**（Partition ID，

PARTID），并可限制每个 PARTID 能够使用的缓存资源。操作系统可以把应用进程划分到某个 PARTID，从而限制该应用进程能够使用的缓存资源。

MPAM 支持两种缓存划分方案，分别是缓存局部划分（Cache-portion Par-titioning）以及缓存最大容量划分（Cache Maximum-capacity Partitioning）。在局部划分中，MPAM 同样使用位图来按比例划分属于不同 PARTID 的可用缓存资源；而在最大容量划分中，MPAM 通过配置 MPAMCFG_CMAX 寄存器的值来设定一个 PARTID 能够使用的最大缓存资源比例。上述两种划分方案可以结合使用，假设共有三个应用进程（对应三个 PARTID），操作系统可以通过局部划分使得优先级最高的进程所在的 PARTID 独占 50% 的缓存资源，而剩余两个 PARTID 共享剩余的 50%。为了限制这两个 PARTID 抢占缓存资源，可以再利用最大容量划分使得它们均不得占用超过共享缓存 75% 的容量（即总缓存资源的 50% × 75% = 37.5%）。

5.3.5 非一致内存访问（NUMA 架构）

随着单处理器中核心数量的增多以及多处理器系统的出现，单一的内存控制器（Memory Controller）逐渐成为性能瓶颈[12]。因此多核及多处理器系统将多个内存控制器分布在不同的核心或处理器上。这种设计在多处理器系统中非常常见，每个处理器往往被分配一个单独的内存控制器。每个核心可以通过本地的内存控制器快速访问本地内存，也可以通过远端的内存控制器访问远端内存。但访问远端内存的时延将远高于访问本地内存的时延。这种由于本地和远端内存而导致访存时延不同的架构被称为非一致内存访问（Non-Uniform Memory Access，NUMA）。

图 5.15 是一个 NUMA 系统的示例，该系统包含两个 NUMA 节点。在这个示例系统中，一个处理器上的多个核心（如核心 0 与核心 1）访问内存的时延特性一致，因此划分到同一个 NUMA 节点（NUMA 节点 0）上。一个节点中的任意核心能够快速地访问本节点的本地内存。一旦其需要访问远端其他节点的内存，则需要通过互联总线（Interconnect）与远端节点通信，其时延远远高于访问本地内存。NUMA 架构有多种组成方式，一个 NUMA 节点可以是一个物理处理器，也可以是处理器中的一部分核心。

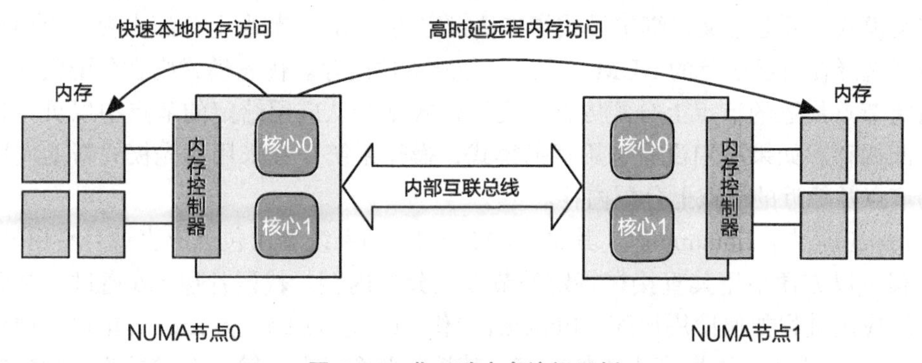

图 5.15 非一致内存访问示例

现代单台服务器为了应对更高的计算需求，可以插入多个处理器，而每个处理器中同时拥有多个核心，因此其 NUMA 架构也更为复杂。图 5.16 展示了 Intel 架构与 AMD 架构的服务器拓扑结构图[13]。这两个服务器都拥有 8 个处理器插槽，分别对应着 8 个 NUMA 节点。由于节点数量众多，有些节点之间没有直接相连。有的远程内存访问请求甚至需要通过两跳才能到达目标节点（如 Intel Xeon 与 AMD Opteron 服务器中的节点 0 与节点 7，均需要两跳），因此访问时延差异也更加复杂。

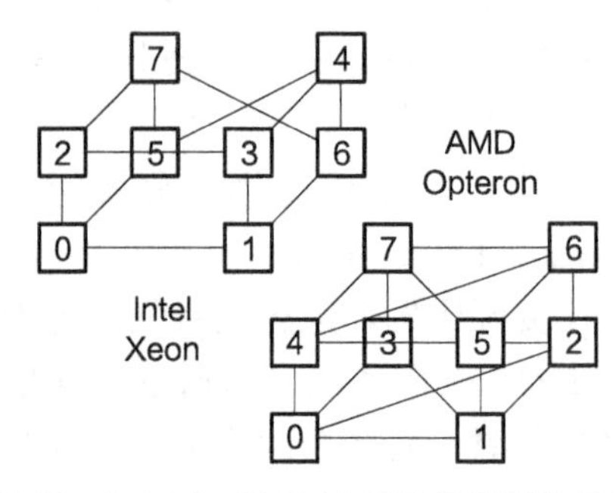

图 5.16　Intel 与 AMD 示例服务器拓扑结构图

NUMA 架构对于操作系统不是透明的，因此为了应对下层硬件的非一致内存访问，操作系统应当分配并管理好硬件资源，尽可能避免应用中频繁进行远程内存访问造成的性能损耗。

5.3.6 NUMA 架构与内存分配

面向 NUMA 架构，操作系统在分配内存资源时需要采取针对性措施，尽可能使得应用进程中的访存操作均是访问本地内存，从而避免因频繁的远程内存访问而造成严重的性能问题。

现代操作系统一般采用两种策略来进行优化。一方面，操作系统可以为上层应用提供 NUMA 感知的内存分配接口，让上层应用显式地指定分配内存所在位置。具体而言，有的应用进程会绑定特定的 CPU 核心执行。对于这些应用进程，其可以使用操作系统提供的接口，显式地指定这些线程分配的内存均为其绑定的 CPU 核心所处节点的本地内存。另一方面，对于没有显式使用这些接口的应用，操作系统需要根据当前线程运行的节点，尽可能地将内存分配在本地节点，从而避免远程内存访问。当节点本地内存剩余空间不够时，操作系统应当优先考虑临近节点是否还有空余的内存空间可以分配。

以 Linux 为例，它针对 NUMA 环境提供了三种内存分配模式：绑定模式、优先模式、交错模式。顾名思义，绑定模式指将从指定的 NUMA 节点上分配内存。应用可以使用该模式选择在自己运行的 NUMA 节点上分配本地内存。优先模式则在分配失败时，尝试从指定节点最近的节点上分配内存。交错模式则会从应用给定的节点中以页为粒度交错地分配内存。如果应用没有选用任何模式，操作系统则会采用优先模式帮助应用在其运行的节点及邻近的节点上分配内存。

Linux 还提供了 libnuma 库，其将 NUMA 相关的系统调用包装成直观且易用的接口，应用进程可以方便地用其直接在特定的节点上分配内存。代码片段 5.6 通过一个简单的例子介绍应用进程如何使用该库。libnuma 提供 `numa_alloc_onnode` 接口，用于在指定的 NUMA 节点上分配固定大小的内存。其接收两个参数，第一个参数为分配的内存大小，第二个参数为指定的 NUMA 节点编号。当应用需要在本地节点分配内存时，它可以先获取自己所在的 NUMA 节点编号，然后使用该接口分配内存。如代码所示，应用首先通过 sched_getcpu 接口获取当前的 CPU 核心编号，然后通过 numa_node_of_cpu 接口获取 CPU 核心编号对应的 NUMA 节点编号。然后，它将刚刚获取的 NUMA 节点编号作为 numa_alloc_onnode 的参数，在本地节点上分配内存。此外，libnuma 还提供了更为方便的 numa_alloc_local 用于在本地节点分配内存，省去了获取本地 NUMA 节点编号的流程。libnuma 也提供 numa_alloc_interleaved 接口，用于使用交错模式分配内存。需要注意的是，通过以上接口分配的内存均需使用 numa_free 接口进行释放。

代码片段 5.6　libnuma 使用示例

```
 1 #define _GNU_SOURCE
 2 #include <numa.h>
 3 #include <sched.h>
 4 #include <stdio.h>
 5
 6 int main(int argc, char *argv[])
 7 {
 8   int cpu = sched_getcpu();
 9   int node = numa_node_of_cpu(cpu);
10   int *mem_0 = numa_alloc_onnode(sizeof(int), node);
11   int *mem_1 = numa_alloc_local(sizeof(int));
12   int *mem_2 = numa_alloc_interleaved(sizeof(int));
13
14   *mem_0 = 0; *mem_1 = 0; *mem_2 = 0;
15   numa_free(mem_0, sizeof(int));
16   numa_free(mem_1, sizeof(int));
17   numa_free(mem_2, sizeof(int));
18   return 0;
19 }
```

5.4　思考题

1. 伙伴系统中的释放操作在最理想和最坏情况下的时间复杂度各是多少?
2. 请尝试构造一种页访问顺序，使得 FIFO 策略触发 Belady 异常。
3. 请参照 FIFO 等策略的示例，给出时钟算法在相同页访问顺序下发生缺页异常的次数。
4. 当下，服务器的内存通常已经达到上百 GB 甚至更大。请思考，今天换页还重要吗?若数据中心的网络数据传输速度超过磁盘读写速度，那么请提出一种可能的更加高效的换页设计。
5. 通过前面的学习，我们知道操作系统可以通过伙伴系统配合 SLAB 分配器进行物理内存分配，优秀的物理内存分配器还需要考虑到性能隔离，比如如何尽量避免缓存冲突等。结合 Intel CAT 和 ARM MPAM 硬件特性，提出一种可能的操作系统利用这些特性保证性能隔离的方法。

6. 物理内存设备上有一个控制器，它屏蔽了硬件细节，提供了易用的物理内存抽象，即逐字节可寻址的“大数组”。但是操作系统安全研究者有时候不得不去“了解”一些物理内存硬件细节，从而抵御如 Rowhammer 和 Cache Side Channel 等攻击。请调研这两种攻击，并简述操作系统如何根据硬件细节做出防御。（提示：在物理内存分配时主动加入一些 Guard Page，并掌握 Cache 如何映射。）

5.5 练习答案

5.1 如果仅能分配单个物理页，那么无法满足分配大页的需要。此外，当设备和 CPU 进行数据传输时也可能需要分配连续的物理页作为 DMA（Direct Memory Access）内存。

5.2 1、1、0、0。

5.3 最理想情况：$O(1)$；最坏情况：O（BUDDY_MAX_ORDER）。

5.4 当 `current` 指向的 `slab` 变为全满后，可以不把该 `slab` 插入任何链表，也就意味着所有全满 `slab` 都不在任何链表中。当一个全满 `slab` 变为非全满时（某个 `slot` 被释放后），分配器发现该 `slab` 之前是全满，此时把它插入 `partial` 链表即可。

5.5 操作系统的行为分别如下。

(a) 该访问会触发缺页异常，操作系统的缺页异常处理函数根据记录的进程虚拟内存区域检查发现该虚拟页未分配，因而终止进程运行（如触发段错误）。

(b) 该访问会触发缺页异常，操作系统的缺页异常处理函数发现该虚拟页属于某个已分配的进程虚拟内存区域（按需分配），因而分配物理页并填写页表映射，恢复进程运行。

(c) 应用进程能够正常进行访问，不会触发缺页异常，操作系统什么也不会做。

(d) 该访问会触发缺页异常，操作系统的缺页异常处理函数发现该虚拟页对应的物理页被换出了，因而执行换入操作（包括填写页表映射），恢复进程运行。

5.6 Tag：42 位，Set：3 位，Offset：3 位。0x3bfe 对应的 Tag、Set、Offset 分别是 0xef、0x7、0x6。

参考文献

[1] WILSON P R, JOHNSTONE M S, NEELY M, et al. Dynamic storage allocation: a survey and critical review [C] // Proceedings of the International Workshop on Memory Management. 1995: 1-116.

[2] BONWICK J. The slab allocator: an object-caching kernel memory allocator [C]

// Proceedings of the USENIX Summer 1994 Technical Conference on USENIX Summer 1994 Technical Conference. 1994, 1: 6.

[3] LAMETER C. Slub: the unqueued slab allocator v6 [EB/OL]. [2022-12-06]. https://lwn.net/Articles/229096/.

[4] MACKALL M. slob: introduce the slob allocator [EB/OL]. [2022-12-06]. https://lwn.net/Articles/157944/.

[5] DENNING P J. The working set model for program behavior [J]. Commun, 1968, 11 (5): 323-333.

[6] BOSMAN E, RAZAVI K, BOS H, et al. Dedup est machina: memory deduplication as an advanced exploitation vector [C] // 2016 IEEE Symposium on Security and Privacy (SP), .2016: 987-1004.

[7] ARM. Programmer's guide for armv8-a [EB/OL]. [2022-12-06]. https://static.docs.arm.com/den0024/a/DEN0024A_v8_architecture_PG.pdf.

[8] Arm cortex-a57 mpcore processor [EB/OL]. [2022-12-06]. http://infocenter.arm.com/help/topic/com.arm.doc.ddi0488c/DDI0488C_cortex_a57_mpcore_r1p0_trm.pdf.

[9] Cache coloring [EB/OL]. [2020-05-01]. https://en.wikipedia.org/wiki/Cache_coloring.

[10] Introduction to cache allocation technology in the intelõ xeonõ processor e5 v4 family [EB/OL]. [2020-05-01]. https://software.intel.com/en-us/articles/introduction-to-cache-allocation-technology.

[11] Memory system resource partitioning and monitoring (mpam), for armv8-a [EB/OL]. [2020-05-01]. https://static.docs.arm.com/ddi0598/a/DDI0598_MPAM_supp_armv8a.pdf.

[12] LEPERS B. Improving performance on NUMA systems [D]. PhD thesis, 2014.

[13] ZHANG K, CHEN R, CHEN H. Numa-aware graphstructured analytics [C] // Proceedings of the 20th ACM SIGPLAN Symposium on Principles and Practice of Parallel Programming. 2015: 183-193.

物理内存管理：扫码反馈

C H A P T E R 6

第 6 章

进程与线程

除了使用虚拟内存对物理内存资源进行抽象以外，操作系统也对处理器资源提供了抽象，即进程（Process）与线程（Thread）。进程就是运行中的程序，它为程序提供了“独享”的处理器资源，从而简化了程序的编写。而针对进程间数据不易共享、通信开销高等问题，操作系统又在进程内部引入了更加轻量级的执行单元，也就是线程。在前面的章节中，我们已经从程序员视角接触了进程与线程的概念及其对应的操作接口，而本章将从操作系统视角出发，介绍操作系统对进程 / 线程的内部表示、相关接口的实现方法以及进程 / 线程切换的细节等内容。

6.1 进程的内部表示与管理接口

本节主要知识点

- ❑ 进程在内核中是如何表示的？
- ❑ 进程的基本管理接口是如何实现的？
- ❑ 进程的执行状态是什么，有什么作用？

6.1.1 进程的内部表示——PCB

3.3.1 节已经介绍过，为了使多个程序“轮流”使用处理器（分时复用），操作系统为每个程序对应的进程维护了结构体 `process`，保存了进程包含的处理器上下文信息。而在第 4 章引入虚拟内存之后，`process` 结构体被进一步扩展，包含虚拟地址空间相关的内容。由于该结构体包含与进程相关的关键信息，我们也将其称为进程控制块（Process Control Block，PCB）。

为了支撑进程在用户态和内核态的运行，只维护上下文和虚拟内存是不够的。尽管进程在初始化时已经分配了用于在用户态执行的栈结构，但当它切换至内核态后，操作系统也需要栈结构来存储临时变量，且栈内保存的内容不能被进程随意访问和修改。因此，操作系统为每个进程都提供了内核栈，与进程在用户态使用的用户栈进行区分。当进程切换到内核执行时，其栈寄存器地址就会从用户栈切换到内核栈。代码片段 6.1 因而对 process 结构体（见 4.2.4 节）做了进一步扩展，包含处理器上下文（ctx）、虚拟地址空间（vmspace）和内核栈（stack）。该结构是本章 PCB 数据结构的第一版，之后将以该结构作为例子并继续扩展，讲解进程及其相关管理接口的实现。

代码片段 6.1　PCB 结构（第一版）：在进程结构体基础上加入内核栈

```
1 // 一种简单的 PCB 结构实现
2 struct process_v1 {
3   // 处理器上下文
4   struct context *ctx;
5   // 虚拟地址空间（包含页表基地址）
6   struct vmspace *vmspace;
7   // 内核栈
8   void *stack;
9 };
```

6.1.2　进程创建的实现

第 3 章已经以简单的 shell 程序为例介绍了进程创建、退出、等待等接口（系统调用）的用法。那么，当这些接口被调用时，究竟在操作系统内部会发生什么呢？本节之后的内容将继续以 shell 作为线索，介绍操作系统是如何管理进程的。

从用户视角来看，进程创建只需要简单的一个系统调用或者一条命令（如在 shell 中输入的一条 ls 命令）即可完成。不过，从实现的角度看，进程的创建要复杂得多，涉及 PCB 创建、虚拟内存初始化、可执行文件加载等多个步骤。代码片段 6.2 展示了进程创建的伪代码实现，下面将详细介绍其具体步骤。

代码片段 6.2　进程创建的伪代码实现

```
 1 int process_create(char *path, char *argv[], char *envp[])
 2 {
 3   // 创建一个新的 PCB，用于管理新进程
 4   struct process *new_proc = alloc_process();
 5   // 虚拟内存初始化：初始化虚拟地址空间及页表基地址
 6   init_vmspace(new_proc->vmspace);
 7   new_proc->vmspace->pgtbl = alloc_page();
 8
 9   // 内核栈初始化
10   init_kern_stack(new_proc->stack);
11
12   // 加载可执行文件并映射到虚拟地址空间
13   struct file *file = load_elf_file(path);
14   for (struct seg loadable_seg : file->segs)
15     vmspace_map(new_proc->vmspace, loadable_seg);
```

```
16
17    // 准备运行环境：创建并映射用户栈
18    void *stack = alloc_stack(STACKSIZE);
19    vmspace_map(new_proc->vmspace, stack);
20
21    // 准备运行环境：将参数和环境变量放到栈上
22    prepare_env(stack, argv, envp);
23    // 上下文初始化
24    init_process_ctx(new_proc->ctx);
25    // 返回
26 }
```

1. *创建进程控制块*。当 process_create 被调用时，内核会首先创建一个新的 PCB，用于维护子进程的相关信息。

2. *虚拟内存初始化*。独立的虚拟地址空间是进程必不可少的组成部分。因此，内核在创建 PCB 后将为进程创建单独的页表，即申请一个物理页作为顶级页表页，该页的起始地址即为页表基地址。在进程的创建过程中，内核会在该顶级页表页的基础上不断地添加更多映射。

3. *内核栈初始化*。为了之后在内核中处理与进程相关的逻辑（如系统调用），内核还会预先分配物理页，作为进程的内核栈。

4. *加载可执行文件到内存*。在完成 PCB 的初始化后，内核将以可执行文件形式保存在硬盘中的程序加载到进程的虚拟内存空间中。为了方便操作系统加载，可执行文件通常都有固定的格式。例如，Linux 中常用的可执行文件格式为可执行和可链接格式（Executable and Linkable Format，ELF），其结构如图 6.1 所示。除了保存程序运行时所需的代码和数据等信息以外，可执行文件中还保存了一项重要的内容——程序的起始地址。该地址在加载过程中会被内核记录下来，并在初始化处理器上下文时使用。

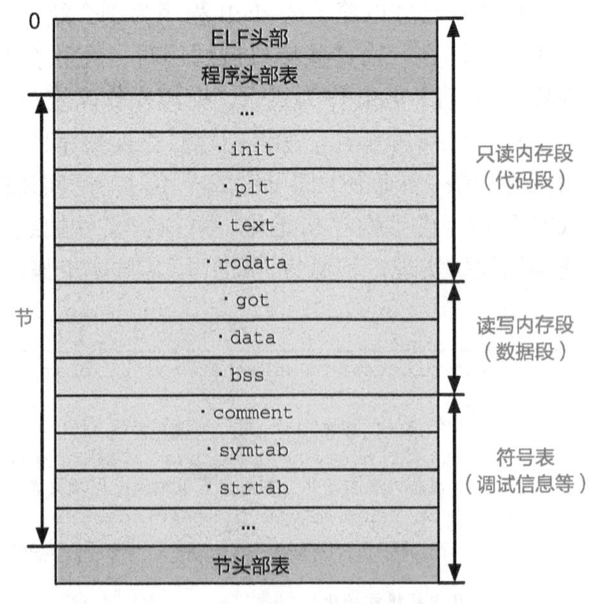

图 6.1　ELF 结构

小知识：ELF

ELF 文件的起始部分是 ELF 头部（ELF header）和程序头部表（Program Header

Table)，之后跟着若干连续的**程序节**（Program Section），最后是**节头部表**（Section Header Table）。

ELF 文件里包含的内容较多，但并不是整个文件都需要被加载到内存。ELF 文件在节头部表中已经标注了所有需要加载的程序节，内核会将这些程序节加载到进程的虚拟地址空间。一般来说，需要加载的程序节包括：

- .init：程序的初始化代码。
- .text：程序代码，是由一条条的机器指令组成的。
- .rodata：程序中的只读数据，包括一些不可修改的常量数据，例如全局常量、char *str = "apple" 中的字符串常量等。然而，如果使用 char str2[] = "apple"，那么此时该字符串是动态存在栈上的。
- .data：程序中初始化的全局变量或 C 语言的静态变量数据。定义在函数内部的局部非静态变量不在该段中存储。
- .bss：程序中未初始化的全局变量或 C 语言的静态变量，例如 int a。由于在运行期间未初始化的全局变量被初始化为 0，因此链接器只在符号表中记录，而不占用实际空间。

为了方便管理，ELF 文件使多个连续且具有相似特征的程序节组成**段**（Segment），并以段为单位进行加载。如图 6.1 所示，ELF 文件有两个主要的段：只读内存段（代码段）和读写内存段（数据段）。代码段中会保存代码（.init、.text）和只读数据（.rodata），这一部分的内容在拷贝到内存后的权限是可读可执行[㊀]。而数据段中存放着源文件中定义的全局变量和静态变量（初始化数据节 .data 和未初始化数据节 .bss），这一段加载到内存后的权限是可读可写。在加载过程中，内核会以段为单位映射程序节（代码片段 6.2），并在页表上设置相应的权限。

5. *初始化用户栈及运行环境*。在完成可执行文件的加载后，内核开始为进程准备运行所必要的环境，使处理器返回用户态后可以顺利运行。进程在运行时，代码、数据和栈结构都是必不可少的，前两种已经在可执行文件加载后完成了初始化，但用户态执行所需的栈结构（即用户栈）还没有准备好。因此，内核会申请物理内存并创建用户栈，然后通过填写页表项将其映射到进程的虚拟地址空间中。至于第 3 章介绍的进程虚拟地址空间布局中包含的其他部分（如堆和共享代码库），并不是所有程序都需要，因此可以在进程执行过程中按需进行初始化。

在完成栈结构的映射后，内核还需要准备应用程序运行时所需的环境。以 C 语言编写的程序为例，POSIX 规定其 main 函数通常包含三个参数：参数数量 argc、运行所

㊀ 将只读数据和代码合并为一个段其实是一种优化，可以减少虚拟内存映射相关的函数调用次数。通过为链接器配置 -rosegment 参数，我们也可以将只读数据映射为只读不可执行。

需参数 argv 和环境变量（包含用于描述运行时环境的变量，例如动态链接库的文件路径）envp。因此，内核会将这些变量放在用户栈上，并得到如图 6.2 所示的栈结构。

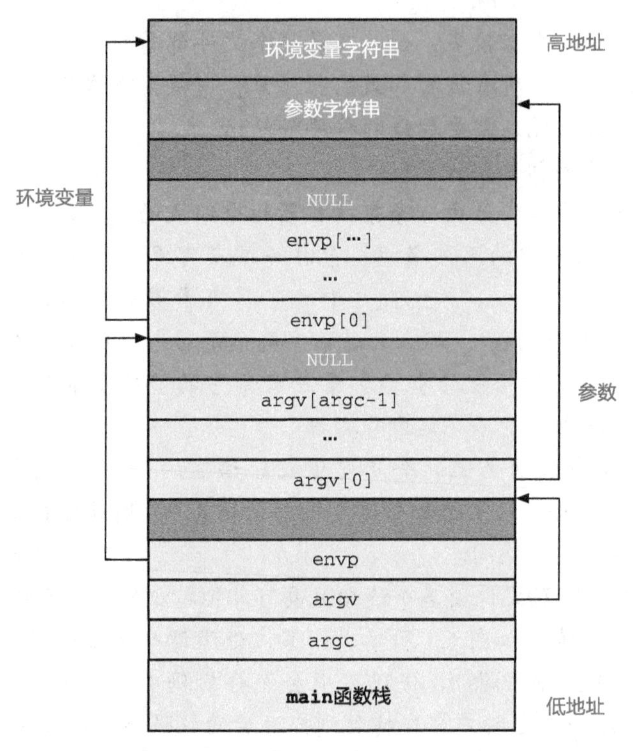

图 6.2 为进程创建的运行时栈：以 C 语言程序为例

6. 处理器上下文初始化。接下来，内核还需要准备好进程的处理器上下文，使其能开始执行。由于新进程还没有执行过任何代码，因此大部分寄存器都未使用过，可以直接赋值为 0。但是，由于特殊寄存器（PC、SP 和 PSTATE）保存了与硬件状态相关的信息，需要专门考虑。

- PC。在加载可执行文件时，内核已经获取了程序的起始地址，应当把该地址赋值给 PC 寄存器。可是，此时 PC 寄存器正在被内核使用，不能直接赋值。第 3 章介绍过，在内核态切换到用户态时，硬件会自动将 ELR_EL1 寄存器中的值恢复到 PC 寄存器中。因此，此时将程序的起始地址放入 ELR_EL1 寄存器即可。
- PSTATE。进程开始执行之前，操作系统会为该寄存器设置一个初始值（如 0xb0000）。与 PC 寄存器类似，此时不能直接设置 PSTATE，但可以通过修改 SPSR_EL1 寄存器，借由硬件机制在切换到用户态时设置 PSTATE。
- SP。在运行环境准备完成后，当前用户栈的栈顶地址应写入 SP 寄存器。由于 AArch64 处理器中的 SP 寄存器有多份，此时可以直接修改 SP_EL0，而不必担心影响内核执行（通常配置内核栈使用的是 SP_EL1）。

在操作系统完成上述6个步骤后，进程就已经准备好执行了。当处理器返回用户态时，PC寄存器被硬件自动设置为ELR_EL1的值，程序就会从对应的内存地址（即可执行文件中规定的起始地址）获取指令并开始执行。

小知识：从规定的起始地址到C程序入口函数

由于C程序会从main函数开始执行，读者可能会认为当进程返回用户态开始执行时，会直接从main函数的第一条指令开始执行。但实际上，程序的起始地址对应的是代码段中的_start函数，这是因为进程在执行main函数之前还需要进行一系列准备工作。因此，glibc等标准库会提供一套C运行时库（C Run Time Library）来完成这些功能。以glibc为例，其包含的crt1.o文件会提供_start的代码，而用户程序在编译的链接阶段会与glibc标准库进行链接，此时_start函数就合并到了ELF文件中，其所在地址也成为程序的起始地址。

那么，程序在执行到main函数之前，需要做哪些准备呢？首先，在main函数运行前，_start通过重置栈帧基地址寄存器（FP）和链接寄存器（LR）的值来构建初始栈帧，准备寄存器环境，以及读入内核为main函数准备的argc、argv和envp，然后调用__libc_start_main函数。之后，__libc_start_main负责注册一些句柄（如动态库释放资源的句柄rtld_fini、程序退出的句柄fini），然后调用ELF文件.init中的init函数。完成这一系列的工作后，__libc_start_main会调用main函数，真正进入程序的执行阶段。

6.1.3 进程退出的实现

进程通常不会无休止地运行下去。例如当shell中的ls进程打印出目录下的所有文件后，其应用逻辑已经执行完成，进程即将退出。由于内核在创建进程时也创建了PCB、页表等数据结构，因此在进程退出时需要对这些资源进行回收。所以，操作系统提供了用于进程退出的系统调用。

代码片段6.3展示了进程退出相关系统调用process_exit的伪代码实现。为了叙述简便，我们假设内核维护着curr_proc变量，并总是指向当前正在运行的进程的PCB（我们在之后的代码中也会一直使用该变量）。不难看出，process_exit的实现实际上就是将进程持有的资源（虚拟地址空间、处理器上下文、内核栈等）一一销毁和回收，最后销毁和回收PCB占据的内存资源。由于进程在调用process_exit之后将不会返回用户态继续执行，因此最后还需要调用schedule告知内核选择其他进程执行。schedule函数的功能很重要，因为它涉及内核的调度模块，即选择下一个需要执行的进程。我们将在6.1.8节介绍schedule的一种实现方法。

另外，process_exit的第一版实现中还存在一个问题：当调用destroy_kern_

stack 销毁内核栈时，该进程依然在使用自己的内核栈，此时可能会引起错误，该问题将在后续的版本中解决。

代码片段 6.3 进程退出的伪代码实现（第一版）

```
1 void process_exit_v1(void)
2 {
3   // 销毁上下文结构
4   destroy_ctx(curr_proc->ctx);
5   // 销毁内核栈
6   destroy_kern_stack(curr_proc->stack);
7   // 销毁虚拟地址空间
8   destroy_vmspace(curr_proc->vmspace);
9   // 销毁 PCB
10  destroy_process(curr_proc);
11  // 告知内核选择下个需要执行的进程
12  schedule();
13 }
```

小知识：C 程序对于进程退出系统调用的隐式调用

读者可能会好奇，很多 C 程序在退出前并不会调用 process_exit，它们只是使用 return 指令从 main 函数返回了。那么，这些程序对应的进程到底是怎么退出的呢？

实际上，这些进程是**隐式**地调用进程退出系统调用，而不是直接写在 C 程序中。例如在 glibc 中，由于 main 函数是由 __libc_start_main 函数调用的，因此当 main 函数返回时会返回该函数。此时，__libc_start_main 函数就会调用 process_exit 系统调用，从而使进程退出。

6.1.4 进程等待的实现

前面介绍的进程创建和退出都是针对单一进程的功能，并未考虑进程间的协作。而在实际应用中，进程之间常常是存在联系的。仍以 shell 场景为例，假设小明在 shell 中输入 grep xiaoming 搜索与自己名字相关的文件。如果小明的电脑里有很多文件，搜索过程会持续比较长的时间，此时 shell 会“卡住”，暂时不能接收新指令。当 grep 指令将所有文件名输出完毕后，shell 才恢复响应。在前面的学习中，我们已经知道 shell 进程可以通过 process_create 来创建 grep 进程。但是，process_create 函数在创建结束后就立即返回了，应该如何使 shell 进程保持“卡住”，直到 grep 进程退出才恢复响应呢？为了满足这一需求，就需要引入进程等待相关的系统调用。

代码片段 6.4 展示了进程等待系统调用——process_waitpid 的伪代码实现。

该系统调用将使调用进程在内核中等待，直到其监控的进程退出。为了使操作系统知道应该监控哪个进程，我们需要引入进程标识符（Process Identifier，pid），并将其作为 process_waitpid 的第一个参数。进程标识符存储在进程的 PCB 中（见代码片段 6.5），并作为进程创建时的返回值。process_waitpid 的实现逻辑比较简单，它遍历操作系统所有未退出的进程（假设操作系统用 all_processes 作为列表记录所有进程），寻找标识符与参数中的 id 匹配的进程。如果找不到匹配的进程，说明该进程已经退出，那么 process_waitpid 将立即返回，否则调用 schedule，让操作系统调度下一个需要执行的进程。如果操作系统恰好又选择让该调用进程执行，该进程会重复执行 while 循环中的逻辑，再次判断子进程是否退出。如果等待的进程已经退出，内核会将其从进程列表 all_processes 中删去，此时调用进程不再调用 schedule，而是返回用户态继续执行。

代码片段 6.4　进程等待的伪代码实现（第一版）

```
1 void process_waitpid_v1(int id)
2 {
3   while (TRUE) {
4     bool not_exit = FALSE;
5     //扫描内核的进程列表，寻找对应进程
6     for (struct process *proc : all_processes) {
7       //若发现该进程还在进程列表中，说明还未退出
8       if (proc->pid == id)
9         not_exit = TRUE;
10    }
11    //如果没有退出，则调度下个进程执行，否则直接返回
12    if (not_exit)
13      schedule();
14    else
15      return;
16  }
17 }
```

代码片段 6.5　PCB 结构（第二版）：加入进程标识符

```
1 struct process_v2 {
2   //处理器上下文
3   struct context *ctx;
4   //虚拟地址空间（包含页表基地址）
5   struct vmspace *vmspace;
6   //内核栈
7   void *stack;
8   //进程标识符
9   int pid;
10 };
```

通过 process_waitpid 的支持，操作系统已经能满足上述例子的需求。当 shell 进程调用 process_create 接口创建 grep 进程后，记录其返回值（grep 进程的标识符），并将其作为参数调用 process_waitpid。此后，shell 进程将在内核中等待，直到 grep 退出。当然，以上功能还依赖于内核对于进程列表 all_processes 的维护，例如在进程退出时将其对应 PCB 从列表中移除，本节在代码中省略了这部分细节。

6.1.5 exit 与 waitpid 之间的信息传递

目前 process_waitpid 的功能还比较受限：进程只知道被监控进程是否退出，并不知道它是正常退出还是异常退出。为了满足这一需求，我们可以使 process_exit 以返回值形式记录进程退出时的状态，而 process_waitpid 可以获取该状态。POSIX 接口也提供了类似的支持：其定义的进程退出系统调用 exit 接收一个整数类型的参数，可用于描述进程退出时的状态（如非 0 表示异常），而其他进程可以通过调用 waitpid 获取这一状态，并进行相应的处理。为了支持这一功能，操作系统需要对进程退出和等待的系统调用做进一步扩展。

代码片段 6.6 首先展示了 process_exit 系统调用的变化。为了表示进程退出状态，process_exit 引入了新的参数 status。在进程退出时，status 需要被保存到进程的 PCB 中，因此 PCB 也要进行扩展以支持保存退出状态 exit_status（代码片段 6.7）。由于 PCB 中保存了进程的退出状态，因此 process_exit 不能直接销毁 PCB，而要等到 process_waitpid 获取退出状态之后再进行销毁。类似地，为了解决第一版中遗留的问题，process_exit 也不再销毁进程的内核栈。为了便于识别进程是否退出，PCB 中还引入了变量 is_exit 进行记录，在 process_exit 中会将其设为 TRUE。此时，操作系统就为进程引入了一个特殊的执行状态：它已经调用了 process_exit，不可能再返回用户态继续执行；但与此同时，由于它的 PCB 还未被销毁，因此仍作为一个进程存在，用户甚至能通过一些命令（如 shell 中的 ps 指令）观察到它。这种进程通常被称为僵尸（Zombie）进程。

代码片段 6.6　进程退出的伪代码实现（第二版）：在退出前维护退出状态 exit_status 和 is_exit

```
1  void process_exit_v2(int status)
2  {
3    // 销毁上下文结构
4    destroy_ctx(curr_proc->ctx);
5    // 销毁虚拟地址空间
6    destroy_vmspace(curr_proc->vmspace);
7    // 保存退出状态
8    curr_proc->exit_status = status;
9    // 标记进程为退出状态
10   curr_proc->is_exit = TRUE;
```

```
11    // 告知内核选择下个需要执行的进程
12    schedule();
13 }
```

代码片段 6.7 PCB 结构（第三版）：加入进程退出相关状态 exit_status 和 is_exit

```
1    struct process_v3 {
2    // 处理器上下文
3    struct context *ctx;
4    // 虚拟地址空间（包含页表基地址）
5    struct vmspace *vmspace;
6    // 内核栈
7    void *stack;
8    // 进程标识符
9    int pid;
10   // 退出状态
11   int exit_status;
12   // 标记是否退出
13   bool is_exit;
14 };
```

代码片段 6.8 展示了支持退出状态后 process_waitpid 的第二版实现，其接收两个参数：进程标识符 id 和用于传递进程退出状态的指针 status。在 process_waitpid 的执行过程中，内核会将等待进程的退出状态写入调用进程的 status 指向的内存区域，并销毁等待进程的内核栈及其 PCB。

代码片段 6.8 进程等待的实现（第二版）：从等待进程的 PCB 中获取退出状态，并销毁其 PCB

```
1 void process_waitpid_v2(int id, int *status)
2 {
3   while (TRUE) {
4     bool not_exist = TRUE;
5     // 扫描内核维护的进程列表，寻找对应进程
6     for (struct process *proc : all_processes) {
7       if (proc->pid == id) {
8         // 标记已找到的对应进程，并检查其是否已经退出
9         not_exist = FALSE;
10        if (proc->is_exit) {
11          // 若发现该进程已经退出，记录其退出状态
12          *status = proc->exit_status;
13          // 销毁该进程的内核栈
14          destroy_kern_stack(proc->stack);
15          // 回收进程的 PCB 并返回
16          destroy_process(proc);
17          return;
18        } else {
19          // 如果没有退出，则调度下个进程执行
20          schedule();
21        }
```

```
22        }
23      }
24      // 如果列表中不存在该进程，则直接返回
25      if (not_exist)
26        return;
27    }
28 }
```

6.1.6　进程等待的范围与父子进程关系

前文介绍的进程等待系统调用存在一个问题：进程可以调用 process_waitpid 等待任何进程退出，并获取其退出状态。举个例子，假设小明和小红都在使用 shell 运行程序，小明就可以通过调用 process_waitpid 获取小红创建进程的退出状态，但小红可能并不想将退出状态泄露给小明。为了满足这一需求，我们需要对 process_waitpid 可以等待的进程进行限制。

那么，进程之间存在什么样的关系才能调用 process_waitpid 呢？一种通常的实现方式是：如果一个进程创建了另一个进程，那么创建者可以等待被创建者。这是因为创建关系通常暗含管理与被管理的关系：在创建新进程后，创建者一般需要管理该进程，就像上面例子中的 shell 进程管理 grep 进程。为了记录这种创建关系，我们将创建者称为父进程，将被创建者称为子进程，并利用这种创建关系限制 process_waitpid 的行为。

代码片段 6.9 首先展示了引入创建关系后 PCB 结构的变化。为了维护进程间的创建关系，每个 PCB 都加入了包含其所有子进程的列表 children，并在进程创建时进行相应的维护（已省略）。在此基础上，process_waitpid 的第三版实现（代码片段 6.10）只扫描自己的子进程列表，如果找不到对应的 pid 就会直接退出，从而限制了可等待的进程范围。

代码片段 6.9　PCB 结构（第四版）：加入子进程列表 children

```
1 struct process_v4 {
2   // 处理器上下文
3   struct context *ctx;
4   // 虚拟地址空间（包含页表基地址）
5   struct vmspace *vmspace;
6   // 内核栈
7   void *stack;
8   // 进程标识符
9   int pid;
10  // 退出状态
11  int exit_status;
12  // 标记是否退出
13  bool is_exit;
14  // 子进程列表
```

```
15   pcb_list *children;
16 };
```

代码片段 6.10 进程等待的伪代码实现（第三版）：只等待自己的子进程

```
 1 void process_waitpid_v3(int id, int *status)
 2 {
 3   // 如果没有子进程，直接返回
 4   if (!curr_proc->children)
 5     return;
 6   while (TRUE) {
 7     bool not_exist = TRUE;
 8     // 扫描子进程列表，寻找对应进程
 9     for (struct process *proc : curr_proc->children) {
10       if (proc->pid == id) {
11         // 标记已找到的对应进程，并检查其是否已经退出
12         not_exist = FALSE;
13         if (proc->is_exit) {
14           // 若发现该进程已经退出，记录其退出状态
15           *status = proc->exit_status;
16           // 销毁该进程的内核栈
17           destroy_kern_stack(proc->stack);
18           // 回收进程的 PCB 并返回
19           destroy_process(proc);
20           return;
21         } else {
22           // 如果没有退出，则调度下个进程执行
23         schedule();
24         }
25       }
26     }
27     // 如果子进程列表中不存在该进程，则立即退出
28     if (not_exist)
29       return;
30   }
31 }
```

小知识：进程资源的隐式回收

读者可能会有疑问，由于进程等待的调用并不是强制的，如果父进程不调用 process_waitpid，那么子进程 PCB 是不是无法得到回收，进而导致可用的内存资源越来越少？

针对这个问题，通常的解决方法是交给一个专门的进程进行回收。例如在 Linux 中，当父进程退出时，它的所有子进程会被操作系统创建的第一个进程（init 进程）“继承”，即变为 init 进程的子进程。当这些子进程退出时，内核会通知 init 进程完成对于这些进程的资源回收。

练　习

6.1　小明需要实现一个包含两个进程的程序，其中第一个进程接收用户输入的数字，而第二个进程则将该数字输出到屏幕上。如果使用本节学习的进程相关系统调用，该如何实现该程序（文字描述即可）？

6.1.7　进程睡眠的实现

process_waitpid 实现了一种使进程在内核中陷入等待的机制。但进程除了等待特定事件（如其他进程退出）以外，有时也需要等待一定时间之后再继续执行。举个例子，小红编写了一个日程提醒程序，在日程开始前十分钟会自动通知。显然，该程序对应的进程只有等到具体时间才需要运行（发送通知），其他时候无须运行。为了实现该功能，就可以引入另一种等待固定时间的系统调用——睡眠。

代码片段 6.11 展示了进程睡眠相关的系统调用——process_sleep 的实现。该系统调用相对比较简单：内核首先获取当前时间作为睡眠起始时间，判断等待时间是否超过了参数中传入的时间长度（seconds，以秒为单位）。若时间未到，则调用与 process_waitpid 中相同的 schedule 函数在内核中等待。当等待的时间超过参数中指定的时间长度后，process_sleep 就从 while 循环中退出，返回用户态执行。

代码片段 6.11　进程睡眠的伪代码实现

```
1 void process_sleep(int seconds)
2 {
3   // 获取当前时间作为睡眠起始时间
4   struct *date start_time = get_time();
5   while (TRUE) {
6     struct *date cur_time = get_time();
7     if (time_diff(cur_time, start_time) < seconds) {
8       // 如果时间未到，则调度下个进程执行
9       schedule();
10    } else {
11      // 时间已到，直接返回
12      return;
13    }
14  }
15 }
```

6.1.8　进程执行状态及其管理

在学习进程相关系统调用的过程中，可以发现进程的执行状态并不是一成不变的，它们有时在 CPU 上运行，有时在内核中等待，有时则在退出后变为“僵尸”。系统调用通常是进程执行状态变化的关键节点。图 6.3 展示了进程可处于的五种执行状态，并标

出了引起进程执行状态变化的典型事件。

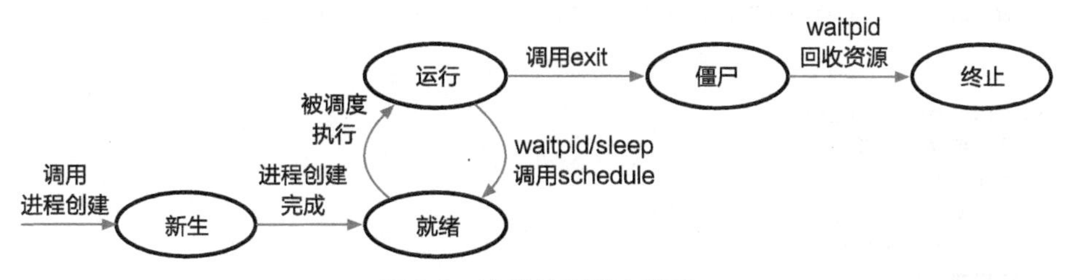

图 6.3　进程的五状态模型

- 新生（New）状态。当 process_create 被调用后，内核通过分配 PCB 创建了一个全新的进程。此时，该进程的初始化还没完成，不能执行程序。
- 就绪（Ready）状态。当 process_create 执行完成后，进程已经准备好开始执行程序了。但是，计算机中的进程数量通常较多，刚创建完成的进程可能无法立即开始执行，它们会在内核中等待。
- 运行（Running）状态。当操作系统的调度器（详见第 7 章）选择某个进程作为下一个执行的进程时，其状态就切换至运行状态，而前一个处于运行状态的进程由于暂停执行，又切换回就绪状态。当进程在 process_waitpid 或 process_sleep 里面调用 schedule 函数时，它就会切换到就绪状态，而操作系统会选出下一个进程并使其处于运行状态。
- 僵尸（Zombie）状态。前面已经提到，在子进程退出后，由于父进程可能会调用 process_waitpid 获取其退出状态，因此子进程的 PCB 并不会马上销毁。此时，虽然子进程退出，但它所占据的资源（主要是 PCB）没有完全被操作系统回收，该执行状态称为僵尸状态。
- 终止（Terminated）状态。当一个进程退出且其占据的资源全部被操作系统回收时，它就进入了终止状态，这是进程生命周期的终结。

维护进程的执行状态对于进程管理非常重要。从之前的例子可以看出，判断一个进程是否为僵尸状态可以帮助 process_waitpid 回收进程资源。另一个例子是调度操作，即选出下一个执行的进程：由于只有处于就绪状态的进程才能被调度，操作系统需要准确识别哪些进程处于这一执行状态。代码片段 6.12 和 6.13 展示了 schedule 函数的一种实现方法：该函数调用 pick_next 选取下一个执行的进程（为了简便，这里假设进程列表中始终有进程可以被调度）。由于操作系统在 PCB 中维护了进程所处的执行状态 exec_status，因此 pick_next 在遍历进程列表的过程中只选取那些处于就绪状态的进程作为下一个执行的进程。在 pick_next 选出下一个进程之后，schedule 将 curr_proc 赋值为该进程，并将其执行状态置为运行状态，从而完成调度工作。另外，由于 exec_status 已经包含僵尸和退出状态，因此这个版本的 PCB 去掉了用于维护是否退出的变量 is_exit。

代码片段 6.12 PCB 结构（第五版）：加入进程执行状态，去掉 is_exit

```
1 enum exec_status {NEW, READY, RUNNING, ZOMBIE, TERMINATED};
2
3
4 struct process_v5 {
5   // 处理器上下文
6   struct context *ctx;
7   // 虚拟地址空间（包含页表基地址）
8   struct vmspace *vmspace;
9   // 内核栈
10  void *stack;
11  // 进程标识符
12  int pid;
13  // 退出状态
14  int exit_status;
15  // 子进程列表
16  pcb_list *children;
17  // 执行状态
18  enum exec_status exec_status;
19 };
```

代码片段 6.13 基于进程执行状态的调度选择的伪代码实现

```
1 struct process* pick_next(void)
2 {
3   // 遍历进程列表，寻找下一个可调度（处于就绪状态）的进程
4   for (struct process *proc : all_processes) {
5     if (proc->exec_status == READY) {
6       // 将上一个正在运行的进程变为就绪，然后返回
7       curr_proc->exec_status = READY;
8       return proc;
9     }
10  }
11 }
12 void schedule()
13 {
14   curr_proc = pick_next();
15   // 将选中的进程执行状态变为运行
16   curr_proc->exec_status = RUNNING;
17 }
```

图 6.3 仅展示了比较基本的五种执行状态，为了方便内核进行进程管理，还可以引入更多的状态类型。例如在进程睡眠的例子中，如果设定的时间过长，调用 process_sleep 的进程可能会被内核调度很多次，但都因为时间未到而再次调用 schedule，白白浪费 CPU 资源。为了解决这一问题，内核可以引入阻塞（Blocked）状态，对应需要在内核中等待、无法马上回到用户态执行的进程。同样是进程睡眠的例子，内核可以将调用 process_sleep 的进程执行状态改为阻塞状态，从而避免其被调度，节约 CPU 资

源。而当进程睡眠的时间超过参数指定的长度后，内核会将进程“唤醒”，即将其执行状态改回就绪状态。阻塞和唤醒机制的内核支持将在第 9 章详细介绍。

练 习

6.2 在 6.1.4 节 grep 与 shell 的例子中，grep 进程在其生命周期中的执行状态是如何变化的？其状态变化是否存在多种可能？

6.2 案例分析：ChCore 微内核的进程管理

本节主要知识点

- ❑ 什么是能力组？其在 ChCore 微内核中有什么作用？
- ❑ 微内核的进程管理接口如何实现？
- ❑ 微内核的进程管理与宏内核存在哪些不同？

前面的章节主要从宏内核视角出发，介绍了进程相关数据结构及管理接口的实现。在宏内核中，与进程相关的数据结构（如 PCB）均放在内核中，管理接口也以系统调用的形式暴露给用户，核心功能全部在内核中完成。但在微内核中，包括进程管理在内的操作系统功能被拆分并移入用户态，因此与宏内核存在较大不同。本节将以 ChCore 为例，分析微内核的进程管理机制是如何实现的。

6.2.1 进程管理器与分离式 PCB

ChCore 采用微内核设计，它将操作系统的功能进行解耦，并将很多功能以模块形式移到用户态。进程管理也不例外，ChCore 将这部分功能移到用户态，其对应模块称为进程管理器（Process Manager）。当用户调用与进程管理相关的调用（如进程创建和终止）时，实际上是调用进程管理器，并由进程管理器与内核交互，最终达到管理进程的目的。这也使得 PCB 的结构由宏内核的集中式向分离式方向发展。图 6.4 展示了由进程管理器和内核共同管理的分离式 PCB 结构。从图中可以看出，进程的 PCB 结构被分割成两部分，分别放在内核态和用户态。

PCB 内核态部分：cap_group

ChCore PCB 在内核态的部分称为 cap_group，是能力组（Capability group）的简称。由于程序运行过程中需要不同类型的资源（如 CPU 和内存等），为了便于对资源进行管理，ChCore 对内核资源进行了抽象，每种资源对应一种类型的对象（Object），而访问某个具体对象所需的“凭证”就是能力（Capability）。由于 ChCore 将进程作为资源分配和管理的基本单位，因此进程自然也就成为拥有若干能力的“能力组”——cap_group。

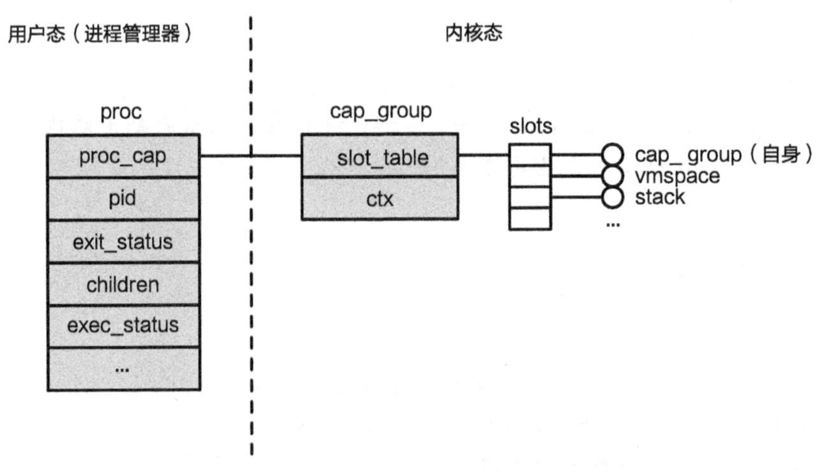

图 6.4　ChCore 微内核的分离式 PCB 结构

ChCore 的 cap_group 只包含两部分：存放对象的 slot_table 和处理器上下文 ctx。其中，slot_table 包含一个对象数组 slots，维护进程所持有的全部对象，包括它自身（进程本身也是对象）、虚拟地址空间、用户栈对应的物理内存等。而这些对象在数组中的偏移量就是它们对应的能力。另外，ChCore PCB 中的处理器上下文与宏内核 PCB 中保存的处理器上下文结构相同。

读者可能会好奇，处理器上下文和虚拟地址空间都有了，为什么 ChCore 的 PCB 中没有包含内核栈？实际上，ChCore 依然为每个进程准备了内核栈，虽然它没有保存在 PCB 中，但仍可以通过间接索引的方式找到其地址，我们将在进程切换部分展开介绍。

PCB 用户态部分：proc

通过观察 cap_group 结构不难发现，其结构与 6.1 节介绍的 PCB 第一版的结构很相似，这是因为处理器上下文和虚拟地址空间都是内核提供进程支持的关键，难以在用户态高效地实现。而前面介绍的进程创建、退出、等待等功能所需的其他信息则都移动到了 PCB 的用户态部分——proc 结构体里。proc 结构体中还保存了与 cap_group 对应的能力 proc_cap，便于进程操作的实现。

6.2.2　ChCore 的进程操作：以进程创建为例

ChCore 使用的进程创建接口为 spawn，该接口与 process_create 功能类似，都是从头开始创建进程。代码片段 6.14 展示了 ChCore 中 spawn 的伪代码实现，其步骤依次为：可执行文件加载、创建进程、分配用户栈、初始化用户栈、映射虚拟内存。由于这些步骤与 process_create 相似，本节不再赘述。但需要注意的是，由于进程管理器已经移到了用户态，因此 spawn 并不是系统调用，而是处于用户态的系统服务提供的接口。在 spawn 执行过程中，进程管理器会使用必要的系统调用与内核交互，最终完成进程创建的功能。

代码片段 6.14　ChCore 中进程创建（spawn）的伪代码实现

```
1 int spawn(char *path, ...)
2 {
3   // 根据指定的文件路径，加载需要执行的文件（同时创建相关物理内存对象 PMO）
4   struct user_elf *elf = readelf(path);
5
6   // 进程管理器获取一个新的 pid 作为进程标识符
7   int pid = alloc_pid();
8   // 创建进程（包括创建 PCB、虚拟地址空间、处理器上下文和内核栈）
9   int new_process_cap = create_cap_group(pid, path, ...);
10
11  // 为用户栈创建物理内存对象 PMO
12  int stack_cap = create_pmo(...);
13  // 利用数组构造初始执行环境
14  char init_env[ENV_SIZE];
15  construct_init_env(init_env, elf, ...);
16  // 更新执行环境到栈对应的 PMO 中
17  write_pmo(stack_cap, init_env, ...);
18
19  // 构建请求，用于映射栈对应的 PMO
20  struct pmo_map_request requests[MAX_REQ_SIZE];
21  add_request(requests, stack_cap, STACK_VADDR, ...);
22  // 构建请求，用于映射可执行文件中需要加载的段对应的 PMO
23  for (struct user_elf_seg seg: elf->loadable_segs)
24    add_request(requests, seg.pmo, seg.p_vaddr, ...);
25
26  // 完成上述 PMO 的实际映射
27  map_pmos(new_process_cap, requests, ...);
28  // 完成其他部分的初始化（包括 proc 结构体）并返回
29  ...
30 }
```

那么，spawn 的执行过程中到底有哪些部分是在内核中完成的呢？图 6.5 展现了 spawn 函数的控制流在用户态和内核态之间切换的全过程。注意，虽然负责解析 ELF 文件的 readelf 函数主要在用户态执行，但它需要 create_pmo、map_pmo 等系统调用来创建新的物理内存对象，用于保存之后需要映射的程序节。从图中不难看出，当需要分配更多内核资源，或是需要对内核资源进行修改时，就要使用系统调用进入内核，其他功能都可以在用户态完成。如果要实现其他功能，也可以使用相似的方法。例如对于进程退出接口 exit，只需要使用相应的系统调用释放创建的对象，而与用户态 PCB 相关的部分（如进程标识符）就直接在用户态释放即可。

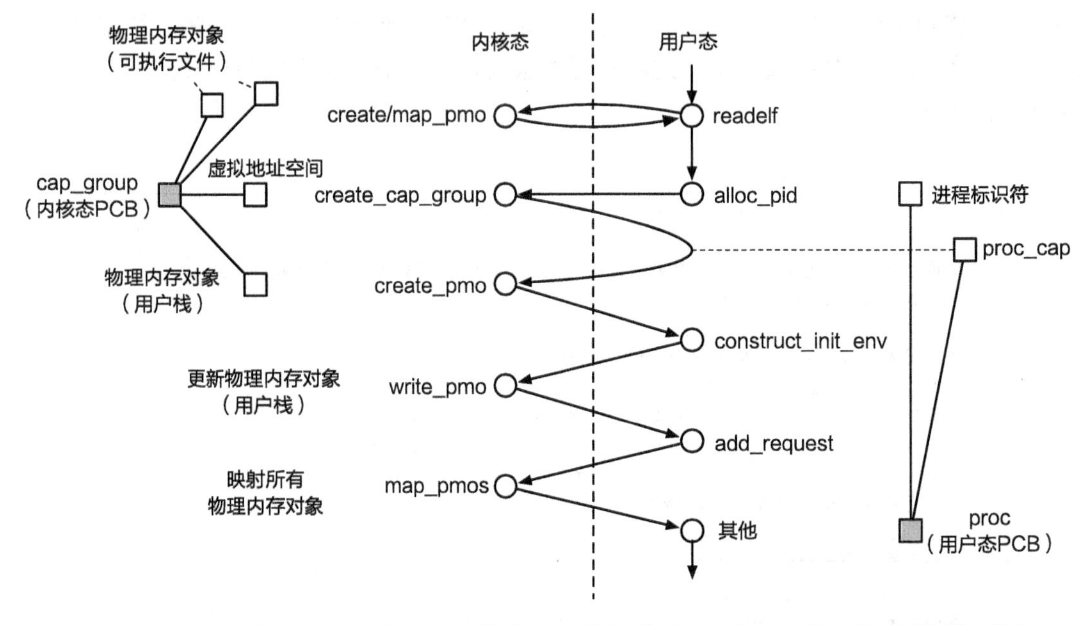

图 6.5　ChCore 的 spawn 函数控制流（圆圈表示执行的函数，方块表示新创建的数据结构）

6.3　案例分析：Linux 的进程创建

本节主要知识点

- ❑ Linux 中最为经典的进程创建接口 fork 是如何实现的？
- ❑ fork 有哪些优点和缺点？
- ❑ Linux 中还有哪些创建进程的方法？它们都有什么特点？

本章已经从必要的功能出发，介绍了进程创建、退出、等待、睡眠相关系统调用的实现方法。而在现代操作系统中，为了满足应用的多样化需求，系统调用往往也是多样化的。对于同一个功能，操作系统可能会提供多种系统调用，它们具有不同的特点，并在不同的历史阶段和应用场景中扮演着重要角色。本节将以进程创建这一功能为例，介绍常见的系统调用及其发展历史。

6.3.1　经典的进程创建方法：fork

fork 是最为经典的进程创建方法，其使用历史非常悠久。早在 20 世纪 60 年代，由加州大学伯克利分校主导的分时系统研究项目 Genie 首先使用 fork 作为系统调用[1]创建进程，而 UNIX 也沿用了这个设计[2]。直至今日，fork 仍然广泛地应用于 shell、Web 服务器、浏览器等场景中。

代码片段6.15用一个简单的例子展示了fork的用法（略去了错误处理的分支）。与前面介绍的process_create相比，fork不会从头创建进程，而是以当前进程（父进程）为基础，创建一份从用户视角看一模一样的拷贝（子进程）。例如在代码片段6.15的例子中，由于父进程已经将x赋值为42，因此子进程中x也为42。

代码片段6.15　使用fork的简单例子

```
 1 #include <stdio.h>
 2 #include <sys/types.h>
 3 #include <unistd.h>
 4 
 5 int main(void)
 6 {
 7   int x = 42;
 8   int ret = fork();
 9   if (ret == 0) {
10     // 子进程
11     printf("child: x=%d\n", x);
12   } else {
13     // 父进程
14     printf("parent: x=%d\n", x);
15   }
16   return 0;
17 }
```

在调用完fork之后，用户可能想让父进程和子进程执行不同的任务。但父进程和子进程一模一样，该如何分辨呢？实际上，内核在fork的返回值上为父、子进程制造了一点不同：如果fork顺利完成，那么它在子进程中的返回值为0，而在父进程中的返回值为子进程的标识符。由于在fork完成后，父进程和子进程的PC寄存器也完全相同，都指向调用fork的下一条指令，因此它们都会从fork调用中返回（即“调用一次，返回两次”），并可利用返回值的不同设计不同的工作逻辑（如例子中打印不同的内容）。

如果执行代码片段6.15，我们会发现其输出可能是不确定的。有时会得到：

```
child: x=42
parent: x=42
```

有时则会得到：

```
parent: x=42
child: x=42
```

这是因为虽然父、子进程完全一样，但它们在fork之后的执行彼此独立，先后顺序完全由内核决定，因而会产生不确定的输出结果。

从上述例子可以看出，fork的接口相当简单，不接收任何参数，只返回一个整型变量。fork的实现与process_create相比也比较简单，如代码片段6.16所示，除了创建PCB和初始化内核栈以外，其他部分的初始化都是从现有进程（父进程）简单获取一份拷贝（本节均假设 PCB 为第一版结构，因此省略了进程标识符的赋值部分）。据 C 语言之父 Dennis Ritchie 介绍，fork 在早期计算机 PDP-7 上仅需要 27 行汇编代码即可实现[3]，这种简单创建进程的方法使 fork 受到了欢迎。

代码片段 6.16　fork 的伪代码实现

```
1 int fork(void)
2 {
3   // 创建一个新的 PCB，用于管理新进程
4   struct process *new_proc = alloc_process();
5   // 虚拟内存初始化：初始化页表基地址
6   new_proc->vmspace->pgtbl = alloc_page();
7   // 虚拟内存初始化：将当前进程（父进程）PCB 中的页表完整拷贝一份
8   copy_vmspace(new_proc->vmspace, curr_proc->vmspace);
9
10  // 内核栈初始化
11  init_kern_stack(new_proc->stack);
12  // 上下文初始化：将父进程 PCB 中的处理器上下文完整拷贝一份
13  copy_context(new_proc->ctx, curr_proc->ctx);
14  // 返回
15 }
```

由于 fork 只能创建现有进程的拷贝，为了能创建对应新应用程序的进程，操作系统还提供了 exec 系统调用，在 fork 的基础上载入新的可执行文件并执行。exec 的实现与 process_create 的功能相似，但它不需要创建全新的 PCB，只需要在 fork 创建的进程基础上载入新的可执行文件，重新初始化 PCB 中的内容（如虚拟地址空间 vmspace），并根据应用提供的参数准备运行环境。fork 和 exec 的组合将进程的创建分为职责清晰的两部分：fork 从现有进程出发，通过拷贝创建一个新的可运行进程，为进程搭建了“骨架”；而 exec 则填入了实际需要运行的可执行文件、虚拟内存映射、应用参数等，为进程添加了“血肉”。这种解耦的设计也给进程管理留下了较大空间：在使用 fork 创建子进程后，程序可以在调用 exec 前对子进程进行各种设定，例如限制子进程可以使用的资源。

fork 的诞生距今已有近 60 年的时间，可以说是“年近花甲”。在过去的 60 年里，计算机发生了翻天覆地的变化，这些变化也使得 fork 的设计受到了诸多挑战。

第一，fork 已经变得过于复杂。尽管 fork 的接口依然保持着简洁的风格，但随着操作系统支持的功能越来越多，fork 的实现也越发复杂。由于 fork 的默认语义是构造与父进程一样的拷贝，因此它会使得子进程与父进程共享各种类型的状态，fork 实现的正确性因而与这些状态紧密相关。每当操作系统为进程添加新功能、扩展 PCB 的结构时，就必须考虑是否需要对 fork 的实现做相应修改，fork 在实现过程中需要考虑的特殊情况也就越来越多。实际上，POSIX 标准已经列出了调用 fork 时的 25 种特殊情况，而很多特殊情况都需要开发者小心规避，这足以体现 fork 的复杂性和使用的不便

性（一个典型的例子是多线程，详见 6.5.4 节）。另一方面，fork 的实现与进程、内存管理等模块耦合程度过高，也不利于内核的代码维护。

第二，fork 的性能太差。由于 fork 需要创建一份原进程的拷贝，因此原进程包含的状态越多，fork 的性能就越差。在过去，fork 也许只要应付内存规模较小的 shell 程序；而到了今天，大内存应用已经十分普遍。尽管第 4 章介绍的写时拷贝技术可以大幅减少虚拟内存初始化过程中的内存拷贝，但对于内存需求较大的应用来说，就连建立页表中的内存映射都需要耗费大量时间，fork 的效率已经满足不了它们的需要了。

第三，fork 存在潜在安全漏洞。fork 建立的父进程与子进程之间的联系可能会成为攻击者的重要切入点。通常来说，同一个程序每次启动的虚拟地址空间布局是随机的，这为攻击者带来了一定的困难：为了实施攻击，攻击者每次都需要先弄清楚进程的虚拟地址空间布局，再实施相应的攻击。但是，fork 创建的子进程与父进程的虚拟地址空间布局完全相同，这就为攻击者扫除了随机性带来的障碍。攻击者一旦弄清楚了父进程的虚拟地址空间布局，就知晓了所有由 fork 创建的子进程的地址空间布局，因此直接实施攻击即可。由于安全特性在计算机中的地位今非昔比，安全问题也对 fork 的地位造成了威胁。

除了以上三点，研究人员还指出了更多 fork 的缺点，比如可扩展性差、与异构硬件不兼容、线程不安全等[4]。因此，Linux 也提出了针对 fork 的多种替代方案，包括 vfork、spawn、clone 等。

练　习

6.3　请描述以下程序在 N 分别为 2 和 4 时的输出。

```
1 int main(void)
2 {
3   int i;
4   for (i = 0; i < N; ++i) {
5     i += fork() ? 1 : 0;
6     }
7     printf("hello\n");
8 }
```

6.3.2　其他进程创建方法

限定场景：vfork

在写时拷贝技术引入之前，fork 的实现是简单地将父进程的内存完整地拷贝一份，因此执行时间较长。为了解决这一问题，BSD 引入了 vfork，作为 fork 在特定场景下的优化。

代码片段 6.17 展示了 vfork 的伪代码实现。从接口上来看，vfork 与 fork 完全一致，但其实现相当于 fork 的裁剪版。vfork 仍从父进程中创建子进程，但不会为子进程单独创建地址空间，子进程将与父进程共享同一地址空间。这种地址空间共享就带来了潜在的问题：父、子进程中任一进程对内存的修改都会对另一进程产生影响。为了保证正确性，vfork 会使父进程在内核中等待，直到子进程调用 exec 创建自己独立的地址空间或者退出为止（对应代码中的 exec_or_exit 返回值为 TRUE）。

代码片段 6.17 vfork 的伪代码实现

```
1 int vfork(void)
2 {
3   // 创建一个新的 PCB，用于管理新进程
4   struct process *new_proc = alloc_process();
5   // 虚拟内存初始化：直接使用父进程的页表
6   new_proc->vmspace->pgtbl = curr_proc->vmspace->pgtbl;
7
8   // 内核栈初始化
9   init_kern_stack(new_proc->stack);
10  // 上下文初始化：将父进程 PCB 中的上下文完整拷贝一份
11  copy_context(new_proc->ctx, curr_proc->ctx);
12
13  // 父进程在内核中等待，直到子进程退出或调用 exec
14  while (!exec_or_exit(new_proc))
15    schedule();
16  // 返回
17 }
```

与 fork 相比，vfork 省去了一次页表拷贝，因此其性能有明显提升。但是，vfork 的使用场景相对受限，只适用于进程创建后立即使用 exec 的场景。

合二为一：posix_spawn

posix_spawn 是 POSIX 提供的另一种创建进程的方式，最初是为不支持地址翻译功能的硬件设备设计的。显然，fork 无法为这类硬件提供有效支持，因为 fork 无法创建两个物理地址完全一样且能独立运行的进程。posix_spawn 与 process_create 以及 6.2.2 节介绍的 spawn 类似，都是从头开始创建进程。不过，Linux 上的 posix_spawn 实现与它们存在较大不同。

代码片段 6.18 展示了 posix_spawn 的一种实现方式，其可以分为三个步骤。首先，posix_spawn 调用 vfork 创建一个子进程。之后，其创建的子进程进入一个专门的准备阶段（代码片段 6.18 中的 prepare_exec），根据调用者提供的参数对子进程进行配置。最后，子进程调用 exec，加载可执行文件并执行。由于子进程调用了 exec，父进程也能从 vfork 中返回。不难看出，posix_spawn 在创建进程后会立即调用 exec，因此非常适合使用 vfork。在较新版本的 Linux 中，posix_spawn 的性能要明显优于 fork 和 exec 的组合[4]，该性能提升主要就来自 vfork 减少的页表拷贝。

代码片段 6.18　posix_spawn 的伪代码实现

```
1 int posix_spawn(pid_t *pid, const char *path,
2                 ...,
3                 const posix_spawnattr_t *attrp,
4                 char *const argv[],
5                 char *const envp[])
6 {
7   // 先执行 vfork 创建一个新进程
8   int ret = vfork();
9   if (ret == 0) {
10    // 子进程：在 exec 之前，根据参数对其进行配置
11    prepare_exec(attrp, ...);
12    // 执行 exec
13    exec(path, argv, envp);
14  } else {
15    // 父进程：将子进程的 pid 设置到传入的参数中
16    *pid = ret;
17    return 0;
18  }
19 }
```

那么 posix_spawn 能否完全替代 fork 呢？答案是否定的。虽然 posix_spawn 提供了 exec 之前的准备阶段来配置子进程，但它提供的参数表达能力是有限的，而"fork+exec"则有任意多种配置的可能，前面提到的限制子进程资源就无法通过 posix_spawn 实现。因此，可以认为 posix_spawn 是一种比 fork 效率更高但灵活度较低的进程创建方式。

精密控制：rfork/clone

由于 fork 接口过于简单，因此当应用希望选择性地共享父进程和子进程的部分资源时，fork 就爱莫能助了。因此在 20 世纪 80 年代，贝尔实验室的操作系统 Plan 9 首次提出了 rfork 接口，支持父进程和子进程之间的细粒度资源共享。而之后的 Linux 操作系统也借鉴了 rfork，提出了类似的接口 clone。可以认为 clone 是 fork 的"精密控制"版：同样是通过拷贝的方式创建新进程，clone 允许应用通过参数对创建过程进行更多的控制，在功能方面也有一些扩展。

clone 的过程与 fork 比较相似，也是从已有进程中创建一份拷贝。但相比 fork 对父进程的所有结构一概进行复制，clone 允许应用传入参数 flags，指定应用不需要复制的部分。代码片段 6.19 中举了两个例子：应用可以设定 CLONE_VM 以避免复制内存，允许子进程与父进程使用相同的地址空间；同时可以设定 CLONE_VFORK，使父进程在内核中等待，直到子进程退出或调用 exec。也就是说，在设定了 CLONE_VFORK 和 CLONE_VM 之后，clone 的行为与 vfork 相似，如果都不设定则和 fork 相似。除以上两个标志位以外，flags 还包含其他标志以"精密控制"进程的创建过程，从而使 clone 具备了各种功能，其应用场景因此比 fork 更加广泛（如用于创建线程）。

代码片段 6.19　clone 的伪代码实现

```
1 int clone(..., int flags, ...)
2 {
3   //创建一个新的 PCB，用于管理新进程
4   struct process *new_proc = alloc_process();
5
6   //如果设置了 CLONE_VM，则直接使用父进程的页表，否则拷贝一份
7   if (flags & CLONE_VM) {
8     new_proc->vmspace->pgtbl =
9       curr_proc->vmspace->pgtbl;
10  } else {
11    new_proc->vmspace->pgtbl = alloc_page();
12    copy_vmspace(new_proc->vmspace,
13                             curr_proc->vmspace);
14  }
15
16  //内核栈初始化
17  init_kern_stack(new_proc->stack);
18  //上下文初始化：将父进程 PCB 中的上下文完整拷贝一份
19  copy_context(new_proc->ctx, curr_proc->ctx);
20
21  //如果设置了 CLONE_VFORK，则使父进程在内核中等待
22  if (flags & CLONE_VFORK) {
23    while (!exec_or_exit(new_proc))
24      schedule();
25  }
26  //返回
27 }
```

小知识：Windows 的进程创建——CreateProcess

Windows 采用的进程创建接口为 CreateProcess 系列。其中语义比较简单的是 CreateProcessA，该函数原型如下：

```
1 #include <Processthreadsapi.h>
2
3 BOOL CreateProcessA(
4   LPCSTR                  lpApplicationName,
5   LPSTR                   lpCommandLine,
6   LPSECURITY_ATTRIBUTES   lpProcessAttributes,
7   ...         //其他七个配置参数
8 );
```

CreateProcess 与 posix_spawn 以及前面介绍的 process_create 存在一定的相似之处，也采取了从头创建进程的方式，载入参数 lpApplicationName 指定的可执行文件，并根据其他参数的配置返回用户态执行。但为了支持在创建进程

时对其进行多种多样的配置，CreateProcess 的接口要比 posix_spawn 更加复杂，就算是较为简单的 CreateProcessA 接口也需要传入 10 个参数。

练 习

6.4 posix_spawn 和 fork 都具有创建进程的功能，但语义有所不同。请分析在以下三种情况下 fork 和 posix_spawn 哪个更适合，并解释原因。
- Web 服务器接收到请求，并创建一个新进程处理该请求。
- shell 接收到用户输入的 ls 命令，并创建一个新进程来执行该命令。
- 父进程创建一个子进程，并希望设置共享内存来进行进程之间的通信。

6.4 进程切换

本节主要知识点

- ❑ 进程的处理器上下文中包含哪些内容？
- ❑ 进程切换包含哪些步骤？
- ❑ ChCore 中的进程切换是如何实现的？

现代操作系统通过**分时复用**的方法，允许不同进程轮番使用处理器，营造出了“多个进程同时执行”的假象。为此，操作系统提出了进程切换机制，从一个进程（原进程）的“上下文”切换到另一个进程（目标进程）的“上下文”执行。在切换过程中，由于进程的重要状态保存在处理器的寄存器中，因此在切换进程前需要保存这些状态（即**处理器上下文**），以便之后恢复执行。又因为处理器上下文等进程相关的信息都保存在内核中，所以进程切换需要在内核中完成。总的来说，进程切换的主要工作流包括：原进程进入内核态→保存原进程的处理器上下文→切换进程上下文（切换虚拟地址空间和内核栈）→恢复目标进程的处理器上下文→目标进程返回用户态（如图 6.6 所示）。

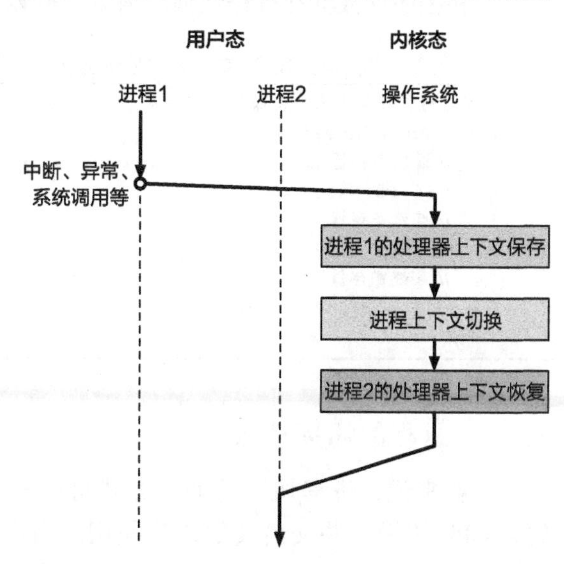

图 6.6 进程切换包含的主要工作流

进程上下文与处理器上下文

本节出现了两个上下文的概念：进程上下文和处理器上下文。它们存在什么差别呢？

进程上下文是操作系统提供的**软件**概念，表示操作系统目前正以哪个进程的身份运行。也就是说，操作系统在为哪个进程填充页表、处理中断，消耗哪个进程的时间片，那么它就处于哪个进程的上下文中。进程上下文在内核中常以一个指向当前运行进程 PCB 的指针形式出现（比如本章中一直使用的 curr_proc 变量），而 PCB 中包含的所有内容都属于进程上下文的范畴。而相对地，处理器上下文则是一个**硬件**概念，它包含的是处理器中当前寄存器的状态。由于进程运行过程中的状态也包含处理器中的寄存器状态，因此处理器上下文是进程上下文的一部分。

6.4.1 进程的处理器上下文

代码片段 6.20 展示了进程处理器上下文数据结构（context）包含的内容。根据第 3 章的分析，context 包含以下寄存器中的值：

- 所有通用寄存器（X0 ~ X30）。
- 特殊寄存器中的用户栈寄存器 SP_EL0。该寄存器并不会被硬件自动保存，所以需要手动存储，以便下次切换时恢复到正确的栈顶地址。
- 系统寄存器中的 ELR_EL1 和 SPSR_EL1。这两个寄存器在从用户态切换到内核态时分别保存了 PC 寄存器和 PSTATE 的值，因此保存它们可以使处理器硬件状态和程序计数器在进程切换后得到正确恢复。

代码片段 6.20 进程处理器上下文数据结构 context 包含的内容

```
1 // 进程处理器上下文内部包含的内容
2 struct context {
3   // 通用寄存器
4   u64 x0, x1, ..., x30;
5   // 特殊寄存器
6   u64 sp_el0;
7   // 系统寄存器
8   u64 elr_el1, spsr_el1;
9 };
```

6.4.2 进程的切换节点

一般来说，进程切换的触发方式可以分为主动和被动两种。主动切换指进程主动放弃 CPU 资源，并交给其他进程使用。当进程主动调用 process_exit、process_waitpid、process_sleep 等系统调用时，最终会调用 schedule 函数，使操作系统调度下一个进程执行，这种情况属于主动切换。被动切换则是由操作系统强制触发的，通常基于硬件中断实现：当中断触发时，控制流将转移到内核，因此可以借机进行切换。一种常见的被动切换触发方式是利用时钟中断实现的，我们将在之后的案例分析中详细介绍。

6.4.3 进程切换的全过程

图 6.7 总结了从进程 p0 切换到进程 p1 的过程中，处理器与内存状态的变化过程。具体来说，进程切换可以分为以下六个步骤。

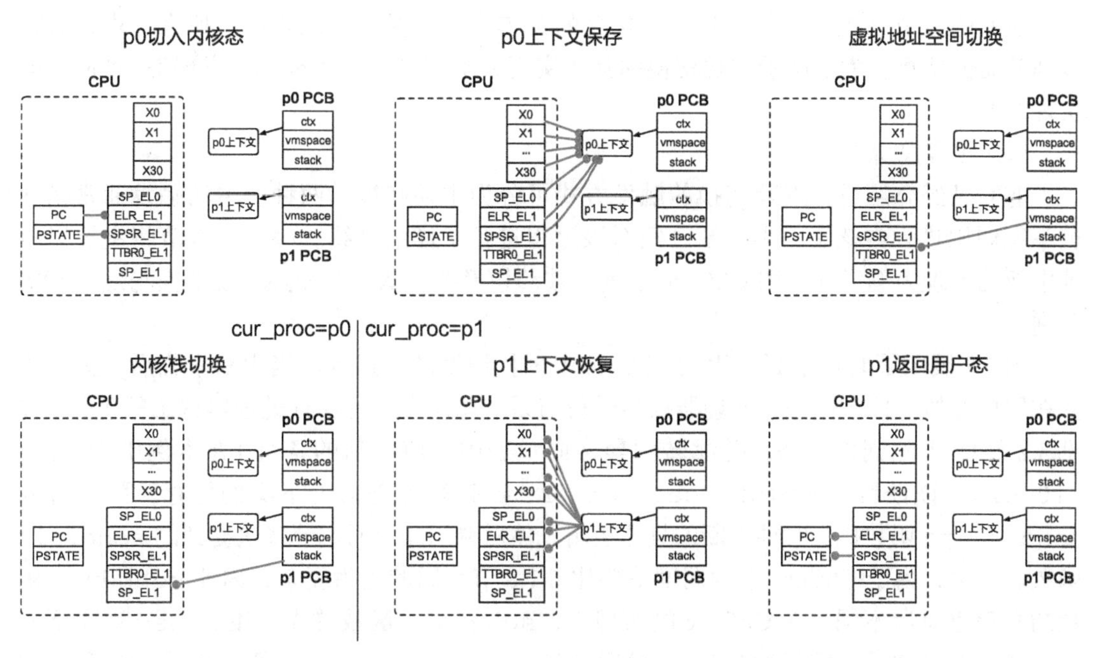

图 6.7 进程切换的全过程。圆头箭头表示每一步的具体赋值

1. p0 从用户态进入内核态（通过系统调用、异常、中断等方法），此时硬件会自动将 PC 和 PSTATE 寄存器的值分别保存到 ELR_EL1 和 SPSR_EL1 寄存器中。

2. 内核获取 p0 的处理器上下文结构，并将前述寄存器依次保存到处理器上下文中。

3. 内核获取 p1 页表基地址（保存在 PCB 内部的 vmspace 结构中），并存储到 TTBR0_EL1 寄存器中，即完成了虚拟地址空间的切换。由于这一步涉及虚拟地址空间的变动，可能需要添加 TLB 刷新的指令，防止后续执行时的地址翻译错误。

4. 内核将 SP_EL1 切换到进程 p1 私有的内核栈顶地址，从而完成内核栈的切换。至此，内核将不再访问任何与 p0 相关的数据，因此可以认为内核栈切换是进程切换的关键分界点，内核此时可以将 curr_proc 设置为 p1，从而完成进程上下文的切换。

5. 内核从 p1 的 PCB 中获取其处理器上下文结构，并依次恢复到前述寄存器中。

6. 内核执行 eret 指令返回用户态，此时硬件会自动将 ELR_EL1 和 SPSR_EL1 寄存器中的值恢复到 PC 和 PSTATE 中。至此，进程切换完成，p1 将恢复执行。

练 习

6.5 结合进程切换场景回答：为什么每个进程都要有自己的内核栈？

6.4.4 案例分析：ChCore 的进程切换实现

前面的章节已经介绍了进程切换包含的具体步骤，但其实现并不是那么直观，有很多细节需要留意。为了展示进程切换的具体实现，本节将以 ChCore 为例介绍一种简化的实现方案。

切换过程总览

前面已经介绍过，进程切换的触发方式可分为主动和被动两种。主动触发通常是通过系统调用进入内核态，第 3 章已经对该过程进行了详细介绍。因此，本节将主要以时钟中断的处理为例详细介绍 ChCore 中进程被动切换的步骤，并简述主动切换与之存在的差别。

图 6.8 展示了时钟中断发生后 ChCore 中进程切换的全过程。当中断来临后，无论进程在用户态执行什么代码，处理器都会进行与系统调用类似的保存处理器状态的工作（详见 3.2 节），下陷到内核态，并跳转到异常向量表中对应中断的条目（在本例中为 irq_el0_64）。该条目首先调用 exception_enter 执行处理器上下文的保存，随后进入 handle_irq 函数执行时钟中断的具体逻辑，然后调用在前面章节多次提到的 schedule 函数。注意，由于 ChCore 中的调度策略比 6.1.8 节介绍的更为复杂，因此 schedule 函数的实现也有所不同。在 ChCore 的实现中，schedule 函数首先调用 sched 选出下一个需要执行的进程（即目标进程），然后通过 eret_to_process 切换到目标进程，并返回用户态执行。接下来将对这些步骤进行详细分析。

处理器上下文保存

为了便于实现处理器上下文保存及之后的恢复功能，ChCore 对内核中的数据结构进行了调整。由于每个进程有专门的内核栈，ChCore 直接将进程的处理器上下文放入栈中。图 6.9 展示了 ChCore 中 PCB（cap_group）、处理器上下文及内核栈三种数据结构的关系[⊖]，不难看出，进程的处理器上下文位于其内核栈底部。正是由于处理器上下文处于内核栈底，对其的保存只需将需要保存的寄存器值依次放入进程对应的内核栈中即可。代码片段 6.21 展示了 exception_enter 的实现方法。

⊖ cap_group 的虚拟地址不一定高于内核栈和处理器上下文，图 6.9 仅为示例。

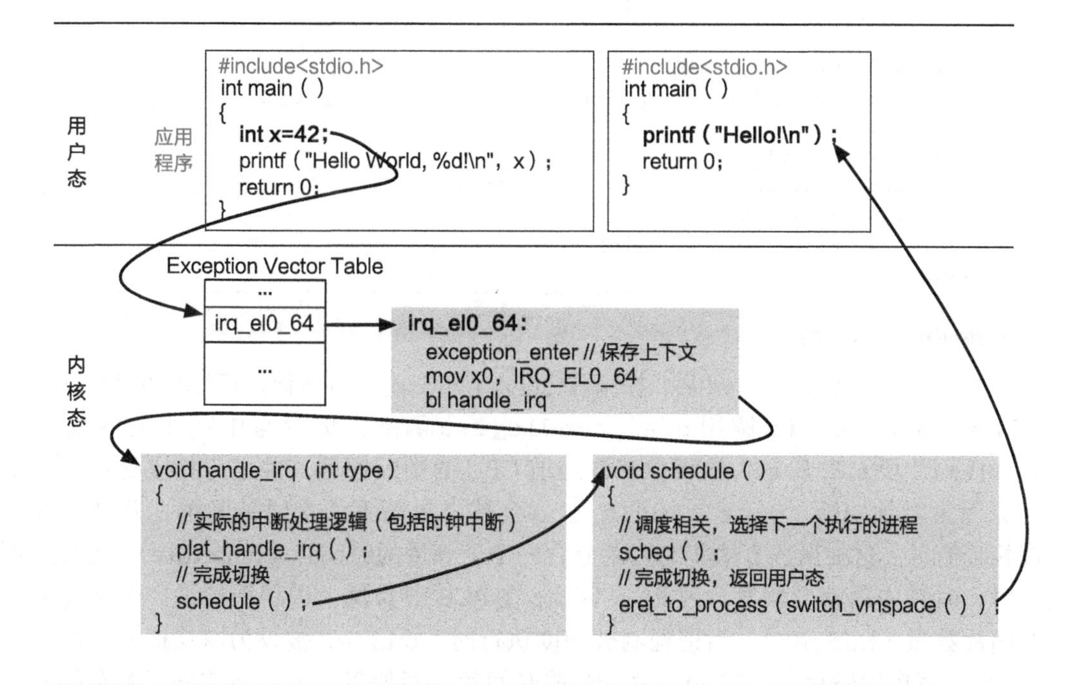

图 6.8　AArch64 体系结构下 ChCore 由时钟中断触发进程切换的例子

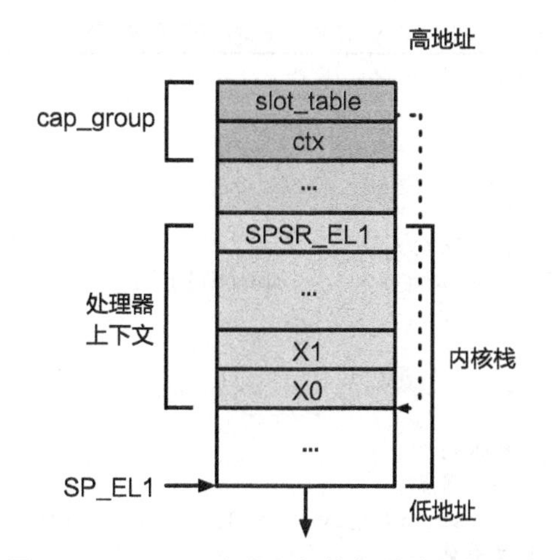

图 6.9　ChCore 中进程切换相关的数据结构

代码片段 6.21　保存进程的处理器上下文时 exception_enter 使用的代码

```
1 .macro exception_enter
2   sub sp, sp, #ARCH_EXEC_CONT_SIZE
3   // 保存通用寄存器 (x0-x29)
4   stp x0, x1, [sp, #16 * 0]
5   stp x2, x3, [sp, #16 * 1]
6   stp x4, x5, [sp, #16 * 2]
```

```
7    ...
8    stp x28, x29, [sp, #16 * 14]
9    //保存x30和上文提到的三个特殊寄存器：sp_el0, elr_el1, spsr_el1
10   mrs x21, sp_el0
11   mrs x22, elr_el1
12   mrs x23, spsr_el1
13   stp x30, x21, [sp, #16 * 15]
14   stp x22, x23, [sp, #16 * 16]
15 .endm
```

中断处理与进程调度

在执行 exception_enter 后，操作系统进入 handle_irq 函数，其实现如图 6.8 所示。

首先，handle_irq 调用 plat_handle_irq 函数，负责与中断相关的处理逻辑。如代码片段 6.22 所示，该函数获取当前 CPU 的中断原因，并进行相应处理。如果中断原因为时钟中断，plat_handle_irq 会首先更新下一次时钟间隔，并维护进程调度相关信息。这种设置方式将时间划分为一个个等量的时间片（time slice），当时间片用尽时，时钟中断就会触发。因此，ChCore 在 PCB 中为每个进程维护了一个当前剩余的时间片数量（budget）。当进程刚被调度执行时，budget 被设为默认值 DEFAULT_BUDGET。而在代码片段 6.22 中，由于当前时间片已经耗尽，因此当前进程剩余的时间片会减一，若减到 0，就会暂停执行，并让调度器选择下一个需要执行的进程。

代码片段 6.22　ChCore 的时钟中断处理逻辑

```
1 void plat_handle_irq(void)
2 {
3   u32 cpuid = 0;
4   unsigned int irq_src, irq;
5   //获取当前 CPU 及其中断原因
6   cpuid = smp_get_cpu_id();
7   irq_src = get32(core_irq_source[cpuid]);
8   irq = 1 << ctzl(irq_src);
9
10  //根据不同原因进行处理
11  switch (irq) {
12    case INT_SRC_TIMER3:
13      //更新下一次时钟中断间隔
14      asm volatile ("msr cntv_tval_el0, %0"::"r"(cntv_tval));
15      //更新剩余的时间片数量
16      if (curr_proc->budget > 0)
17        curr_proc->budget--;
18      break;
19
20    //处理其他中断
21    case ...:
22  }
23  return;
24 }
```

之后，handle_irq 调用 schedule 函数并进入 sched 函数中，执行调度相关逻辑。sched 利用操作系统的调度器选取下一个需要执行的进程，作为切换的目标进程。一种基于时间片数量的简单 sched 实现方法如代码片段 6.23 所示。首先，ChCore 需要判断 curr_proc 是否为空，这是因为在主动切换的情况下，前一个执行的进程可能已经调用了 process_exit，不可能再次被调度，所以在 process_exit 中会将 curr_proc 设为空（代码片段 6.3 中的伪代码省略了这部分细节）。然后，ChCore 会读取其剩余时间片数量 budget，若时间片还有剩余则不需要切换，直接返回，否则执行调度策略，选择下一个进程，并将 curr_proc 指向该进程对应的 PCB。该选择策略多种多样，最简单的策略可以像代码片段 6.13 中 pick_next 描述的那样扫描进程列表，找到第一个执行状态为 READY（就绪）的进程（第 7 章还将介绍更多常见的调度策略）。最后，ChCore 为下个要执行的进程配置时间片，然后返回。需要注意的是，虽然这里 curr_proc 已经被切换了，但此时内核还处于原进程的上下文中，直到下一个步骤（虚拟地址空间和内核栈切换），这种设计主要还是出于简化实现的考虑。

代码片段 6.23　ChCore 中调度相关逻辑的实现

```
 1 int sched(void)
 2 {
 3   // 如果 curr_proc 不为空，且时间片还未用尽，则直接返回
 4   if (curr_proc && curr_proc->budget != 0)
 5     return 0;
 6
 7   // 已经用尽，选择下个进程执行
 8   curr_proc = pick_next();
 9   // 将选中的进程执行状态变为运行
10   curr_proc->exec_status = RUNNING;
11   // 为下个进程配置时间片数量，然后返回
12   curr_proc->budget = DEFAULT_BUDGET;
13   return 0;
14 }
```

除了时钟中断引发的进程切换之外，ChCore 中还存在因系统调用引发的主动切换。前面已经提到，由于调用 process_exit 的进程已经退出，不应该再次被调度执行，因此需要将 curr_proc 置为空。除了 process_exit 之外，还有一类使进程陷入等待的系统调用（如 process_waitpid）。对于陷入等待的进程，在其等待的条件（如子进程退出）满足之前，不应该调度它们执行，否则只会浪费 CPU 资源。因此，ChCore 要求这些系统调用在进入 schedule 函数前，将当前进程拥有的时间片置为 0，表明放弃之后的时间片，请求内核调度下一个进程执行。代码片段 6.24 以 process_sleep 为例展示了兼容 ChCore 调度机制的实现方式，process_waitpid 也可以采取类似方法实现。

代码片段 6.24 进程睡眠的伪代码实现（第二版）：在调度下个进程前将时间片置为 0

```
1 void process_sleep(int seconds)
2 {
3   //获取当前时间作为睡眠起始时间
4   struct *date start_time = get_time();
5   while (TRUE) {
6     struct *date cur_time = get_time();
7     if (time_diff(cur_time, start_time) < seconds) {
8       //如果时间未到，则将当前进程的时间片置为 0
9       curr_proc->budget = 0;
10      //调度下个进程执行
11      schedule();
12    } else {
13      //时间已到，直接返回
14      return;
15    }
16  }
17 }
```

虚拟地址空间与内核栈切换

在完成调度相关逻辑之后，内核将进入 switch_vmspace 函数，其主要包含两个步骤，如代码片段 6.25 所示。首先，为了实现虚拟地址空间的切换，该函数从目标进程的 PCB 中获取页表基地址，并将其转为物理地址，最后设置到 TTBR0_EL1 寄存器中。接着，该函数返回目标进程的处理器上下文所在地址，之后作为参数传给 eret_to_process。

代码片段 6.25 switch_vmspace 函数的实现

```
1 void* switch_vmspace(void)
2 {
3   //切换虚拟地址空间：获取页表所在物理地址并设置
4   set_ttbr0_el1(
5     virt_to_phys(curr_proc->vmspace->pgtbl));
6   //返回处理器上下文所在地址
7   return curr_proc->ctx;
8 }
```

之后，eret_to_process 函数将完成内核栈的切换。如代码片段 6.26 所示，由于目标进程的处理器上下文所在地址已经作为参数保存在 X0 中，eret_to_process 函数将其移入栈寄存器 SP_EL1 中，从而切换到目标进程的内核栈。这一步可能会让读者感到疑惑：为什么会用目标进程的处理器上下文所在地址来实现内核栈切换呢？但结合图 6.9 中内核栈与处理器上下文结构的关系就能发现，由于处理器上下文本身就固定存储在内核栈底部，因此只要切换到处理器上下文地址，也就实现了内核栈切换。在这一步切换完成后，栈寄存器 SP_EL1 的地址变为目标进程的处理器上下文所在地址，即指向图 6.9 中寄存器 X0 的存储地址，从而做好了处理器上下文恢复的准备。

代码片段 6.26　eret_to_process 函数的实现

```
1 BEGIN_FUNC(eret_to_process)
2   //函数原型：void eret_to_process(u64 sp)
3   //内核栈切换
4   mov sp, x0
5   //进程切换的剩余步骤
6   exception_exit
7 END_FUNC(eret_to_process)
```

练　习

6.6　如果调度器选择的下一个执行的进程和原进程恰好相同，还需要执行 switch_vmspace 和 eret_to_process 吗？

处理器上下文恢复及返回用户态

完成内核栈切换后，eret_to_process 调用 exception_exit 完成进程切换的剩余步骤，其实现如代码片段 6.27 所示。不难看出，exception_exit 的实现与 exception_enter 是完全对应的：它将之前保存在内核栈中的值依次恢复到寄存器中，并通过 add 指令将内核栈变为空。最后，exception_exit 调用 eret 指令返回用户态执行，此时目标进程就会从处理器上下文中保存的指令处继续执行了。

代码片段 6.27　exception_exit 的实现

```
 1 .macro exception_exit
 2   //恢复 X30 和三个特殊寄存器
 3   ldp x22, x23, [sp, #16 * 16]
 4   ldp x30, x21, [sp, #16 * 15]
 5   msr sp_el0, x21
 6   msr elr_el1, x22
 7   msr spsr_el1, x23
 8   //恢复通用寄存器 X0-X29
 9   ldp x0, x1, [sp, #16 * 0]
10   ...
11   ldp x28, x29, [sp, #16 * 14]
12   add sp, sp, #ARCH_EXEC_CONT_SIZE
13   eret
14 .endm
```

总结

图 6.10 仍以时钟中断为例，完整展示了 ChCore 中从进程 p0 切换到进程 p1 过程中数据结构的变化。不难看出，当内核栈切换完成后，ChCore 将只访问进程 p1 的状态，因此可以认为内核栈切换是从 p0 进程上下文到 p1 进程上下文的切换节点。另外，在返

回用户态时，进程私有的内核栈总是空的，这是因为操作系统已经完成了处理（无论是中断还是系统调用），无须保存任何栈帧。因此，当进程进入内核态时，就可以直接在内核栈底部保存处理器上下文，从而也保证了进程的处理器上下文地址始终固定在其内核栈底。

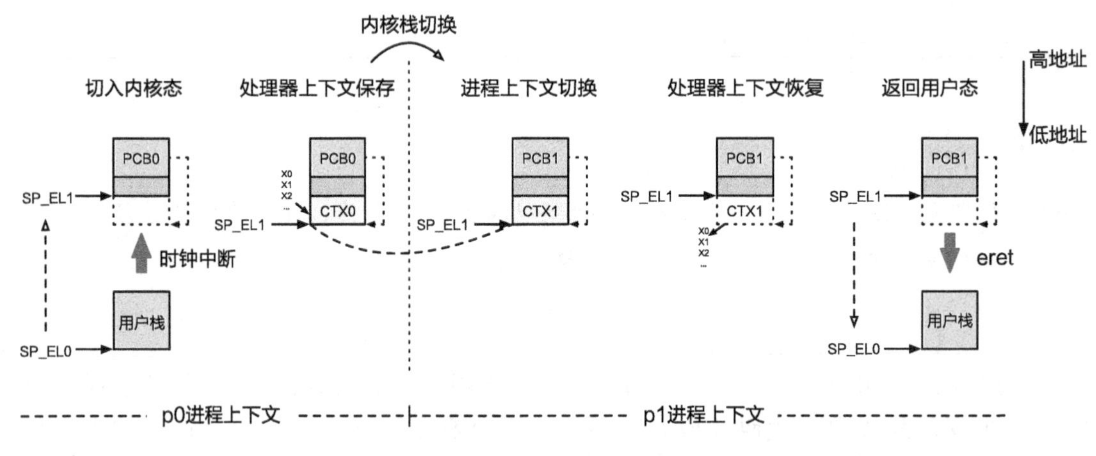

图 6.10　进程切换过程中数据结构的变化

练　习

6.7　结合 ChCore 进程切换的过程回答：为什么 ChCore 的 PCB 中没有包含内核栈？

保留进程内核状态的实现

如果进程在内核执行的过程中也可能被切换，进程切换应该如何实现呢？这种情况最大的特点在于当进程下次恢复执行时，将会继续执行内核中的相关逻辑，因此它在内核中的状态（栈帧和寄存器）是有价值的，不能随意舍弃。以前面介绍的睡眠相关系统调用 `process_sleep` 为例（代码片段 6.11），当进程再次被内核调度，并从 `schedule` 函数中返回后，还需要继续在 `while` 循环中执行，不能直接返回用户态。因此，内核在切换前需要将该进程在内核中的处理器上下文保存起来，以便之后恢复执行。

由于需要保存和恢复内核中的处理器上下文，进程切换也变得更加复杂了。在进行内核栈切换前，进程需要首先保存自身在内核中的处理器上下文。而在内核栈切换后，新的进程也需要恢复内核中的处理器上下文，才能从上次切换的节点开始执行。为了维护这个“额外”的处理器上下文，PCB 需要引入 `kern_ctx` 字段。

代码片段 6.28 首先展示了修改后的 `schedule` 函数的实现方式，其逻辑与图 6.8 中的版本相比，最主要的不同是调用了 switch_to_process 函数，而不是 eret_to_process。代码片段 6.29 展示了切换函数 switch_to_process 的实现，该函数负责内核栈以及内核中处理器上下文的切换。switch_to_process 需要接收两个参数，分别是原进程 PCB 的 kern_ctx 字段所在地址以及目标进程 PCB 的 kern_ctx 字段保存的地址。因此在调用 sched 之前，schedule 函数需要记录原进程的 PCB，以便之后将原进程的 kern_ctx 传入 switch_to_process 中完成切换。

代码片段 6.28　保留进程内核状态的 schedule 函数实现

```
 1 void schedule_new()
 2 {
 3   // 保存原进程的 PCB 所在地址
 4   struct process* prev_proc = curr_proc;
 5   // 调度相关，选择下一个执行的进程
 6   sched();
 7   // 切换虚拟地址空间
 8   switch_vmspace();
 9   // 传入内核中的处理器上下文，完成进程切换
10   switch_to_process(&prev_proc->kern_ctx, curr_proc->kern_ctx);
11 }
```

代码片段 6.29　内核中切换函数 switch_to_process 的代码实现

```
 1 BEGIN_FUNC(switch_to_process)
 2   // 函数原型: void switch_to_process(struct context**, struct context*);
 3   sub sp, sp, #ARCH_EXEC_CONT_SIZE
 4   // 保存通用寄存器 X0-X30
 5   stp x0, x1, [sp, #16 * 0]
 6   stp x2, x3, [sp, #16 * 1]
 7   stp x4, x5, [sp, #16 * 2]
 8   ...
 9   stp x28, x29, [sp, #16 * 14]
10   str x30, [sp, #16 * 15]
11
12   // 将当前内核栈顶地址保存到原进程的 kern_ctx
13   mov x21, sp
14   str x21, [x0]
15
16   // 切换内核栈到目标进程的 kern_ctx
17   mov sp, x1
18
19   // 恢复通用寄存器 X0-X30
20   ldr x30, [sp, #16 * 15]
21   ldp x0, x1, [sp, #16 * 0]
22   ...
23   ldp x28, x29, [sp, #16 * 14]
24   add sp, sp, #ARCH_EXEC_CONT_SIZE
25
```

```
26    // 返回，此时返回目标进程调用该函数前所在地址
27    ret
28 END_FUNC(switch_to_process)
```

图 6.11 展示了 switch_to_process 过程中内核栈的变化过程。假设进程 p0 主动调用 process_waitpid，然后调用 schedule 放弃 CPU 资源，此时调度器选择之前调用 process_sleep 的进程 p1 作为下一个需要执行的进程（即切换的目标进程），那么切换将包含以下步骤。

1. 进程 p0 在 schedule（图中简写为 SC）中使用 bl 指令调用 switch_to_process，此时其返回地址寄存器 X30 会记录 switch_to_process 执行结束后应该返回的地址。

2. switch_to_process 执行与 exception_enter 相似的逻辑，保存处理器上下文。由于该步骤只与内核中的状态相关，因此不需要保存前面提到的特殊寄存器和系统寄存器（SP_EL0、ELR_EL1、SPSR_EL1）。

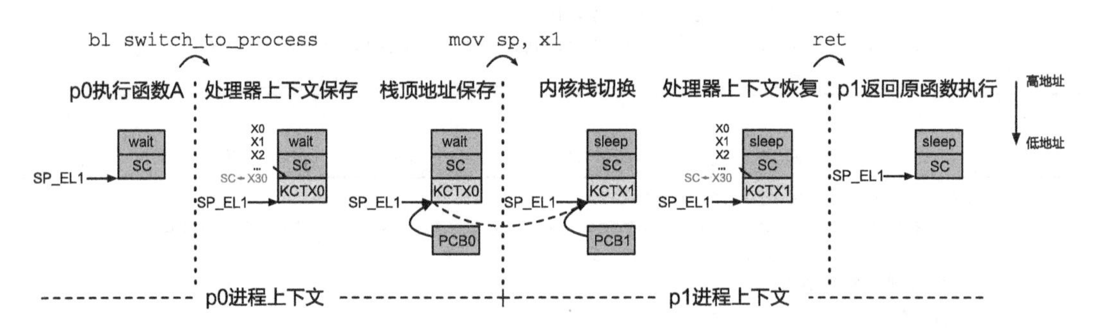

图 6.11 switch_to_process 前后栈结构的变化

3. switch_to_process 将当前的内核栈顶地址保存到原进程 PCB 的 kern_ctx 中，然后将栈寄存器 SP_EL1 切换到目标进程的 kern_ctx，从而完成内核栈切换。

4. 目标进程 p1 执行与 exception_exit 相似的逻辑，恢复通用寄存器，注意此时 p1 之前保存的 X30 也被恢复了。

5. 执行 ret 指令。由于 X30 已被恢复，因此此时会回到目标进程在调用 switch_to_process 之前保存的返回地址继续执行。由于 p1 之前调用了 schedule，那么此时也将回到该函数继续执行，从而完成了切换。

需要留意的是，switch_to_process 只完成了进程内核状态的切换，此时进程在用户态的处理器上下文仍然保存在其内核栈中，仍需要恢复。对于上述例子，当进程 p1 从 process_sleep 中返回时，还需要调用 exception_exit 恢复进程在用户态的处理器上下文，并执行 eret 返回用户态。而对于时钟中断的情况（图 6.8），也需要在调用 schedule 之后再调用 exception_exit 完成处理器上下文恢复，才能正确

地返回用户态执行。

6.5 线程及其实现

本节主要知识点

- ❑ 什么是线程？为什么要有线程？
- ❑ 线程和进程的区别有哪些？
- ❑ 线程是如何实现的？
- ❑ 内核态线程和用户态线程都是什么？为什么要分成这两个类别？

6.5.1 为什么需要线程

通过实现进程及其相关接口，操作系统实现了对于运行中程序的管理。但是，随着硬件技术的发展，“多核”架构逐渐成为主流，其中的每个 CPU 核心都能独立运行程序，但截至目前介绍的进程只能运行在单个核心之上，因而无法充分利用计算资源。假设小明参加了一场编程比赛，比赛要求编写一个 Web 服务器处理多个客户端发来的请求，在规定时间内处理最多请求的选手取得优胜。为了更快地处理用户请求，小明希望能充分利用自己电脑上的核心进行并行处理，但显然单一进程满足不了这个需求。

那么，小明能否采用创建多个进程的方式来并行处理请求呢？代码片段 6.30 给出了一种在 Linux 操作系统上可能的实现方案。每当获取一个新请求时，程序首先将网络包相关内容放入 `packet` 结构体中，然后调用 `fork` 创建新进程并处理网络包。由于新进程的虚拟内存空间中也包含 `packet` 中的数据，因此可以实现并行处理。

代码片段 6.30　基于 `fork` 的多进程并行处理程序示例（简化）

```
1 int main(int argc, char *argv)
2 {
3   while (TRUE) {
4     // 配置进程间通信
5     config_ipc(...);
6     // 获取网络包，放入 packet 结构体中
7     struct packet *pkt = recv_packet(...);
8
9     if (fork() == 0) {
10      // 子进程：实际处理网络包
11      struct result* res = handle_packet(pkt);
12      // 告知父进程处理已完成，然后返回
13      notify_complete(res);
14      return 0;
```

```
15     } else {
16       // 父进程：释放 packet 结构体对应的内存
17       free(pkt);
18       struct result *res;
19       if (recv_complete(res)) {
20         // 接收到处理完成的信息，处理结果
21         handle_result(res);
22         // 回收所有退出的子进程
23         while (waitpid(-1, NULL, WNOHANG) > 0);
24       }
25     }
26   }
27 }
```

上述代码虽然能利用多核计算资源，但仍存在以下两方面的问题。

- **进程创建的开销**。对于每一个网络包，该程序都需要使用 fork 创建一个进程进行处理；而处理完毕后，进程还需要被销毁。由于进程包含的内容较多（PCB、页表、上下文等），创建和销毁都会引入性能开销。如果采用直接从可执行文件创建进程的方式（如 process_create），其开销还会进一步包括可执行文件的加载。当网络包处理频率较高时，该开销可能会成为性能瓶颈。
- **如何将处理结果告知父进程？** 假设子进程在处理完网络包之后，会生成一个处理结果 res，然后发给父进程进行收尾工作。但是，由于父进程和子进程处于独立的虚拟地址空间中，因此父进程无法直接访问子进程新创建的 res。为了解决这一问题，例子中使用了比较常用的进程间通信机制，通过 notify_complete 接口告知父进程自己已经退出，并将 res 发给父进程。而父进程则使用 recv_complete 确认收到 res，并调用 waitpid 回收子进程资源（这里的 notify_complete 和 recv_complete 均为抽象接口，第 8 章将详细介绍进程间通信机制的接口和实现）。不过，进程间通信机制通常都需要内核的协助，因此其开销远高于普通的内存读写操作。

总的来说，由于进程包含的内容较多，且共享数据比较困难，基于多进程的方法会造成性能问题。那么，能否在进程内部引入可并行的多个执行单元，并使其在不同核心上独立执行呢？一方面，由于它们从属于进程，因此在创建和销毁时不涉及进程的所有内容，其开销相对较低；另一方面，由于它们共享同一地址空间，因此可以直接读写彼此的数据，无须使用耗时的进程间通信机制。实际上，目前主流的操作系统已经为这样的执行单元提供了支持，这就是线程（Thread）。

6.5.2 用户视角看线程

小明学习了目前主流的线程库——POSIX 线程库 pthreads 之后，开始使用线程相关接口编写程序实现并行处理，其简化代码如代码片段 6.31 所示。

代码片段 6.31　利用 POSIX 线程库 pthreads 实现并行数据处理

```
1 //全局列表，用于存放网络包的处理结果
2 struct list* results;
3
4 void handle_packet(struct packet* pkt)
5 {
6   //变为分离状态，线程资源自动回收，不需要类似 waitpid 的接口
7   pthread_detach(pthread_self());
8   //执行处理逻辑，生成结果
9   struct result* res = real_handle(pkt);
10  //将结果插入全局列表中
11  list_append(results, res);
12  //释放 packet 结构体对应的内存并退出
13  free(pkt);
14  pthread_exit(NULL);
15 }
16
17 //由主线程执行 main 函数
18 int main(int argc, char *argv)
19 {
20   while (TRUE) {
21     //获取网络包，放入 packet 结构体中
22     struct packet *pkt = recv_packet(...);
23     pthread_t new_thread;
24
25     //创建新线程，并调用 handle_packet
26     pthread_create(&new_thread, NULL,
27                    handle_packet, pkt);
28
29     //如果全局列表不为空，则进行处理
30     if (results) {
31       handle_results(results);
32       results = NULL;
33     }
34   }
35 }
```

通过使用线程，小明可以解决基于进程的并行程序存在的问题。针对进程创建开销较高的问题，pthread_create 创建的线程依然处于原进程内部，不需要新的页表，因此降低了创建开销。而针对进程间共享数据的问题，由于线程都处于同一地址空间内部，因此可以方便地进行共享数据（如在例子中使用了一个全局列表用于数据共享）。但需要注意的是，由于执行 main 函数的线程（通常称为主线程）会在处理完 results 列表后将其清空，如果此时仍有线程向列表中插入处理结果，可能会因为清空导致遗漏。解决这一问题的方法通常是引入**同步原语**来同步线程之间的操作，我们将在第 9 章系统介绍相关内容。

从这个例子中，我们还可以发现线程具有与进程相似的管理接口：线程创建和退

出使用的pthread_create和pthread_exit，与前面介绍的process_create和process_exit具有相似的功能。如果要实现线程等待，pthreads也提供了与process_waitpid类似的合并（join）操作，但在该例子中并没有使用，我们将在之后详细介绍。

6.5.3 线程的实现：内核数据结构

由于每个线程都可以独立执行，因此操作系统需要为它们分别维护处理器上下文结构。前面介绍的PCB结构只能保存一个处理器上下文，因此很难满足同一进程中多个线程的需要。内核因而为线程设计了专门的数据结构——线程控制块（Thread Control Block，TCB）。除处理器上下文外，TCB内还包含以下内容（如代码片段6.32所示）：

- 所属进程。为方便内核管理进程及其包含的线程，TCB往往包含指向其所属进程PCB的指针。
- 内核栈。由于每个线程都是可独立执行的单元，操作系统为它们分别分配了内核栈。
- 线程退出状态。与进程类似，线程在退出时也可以使用整型变量表示其退出状态。
- 线程执行状态。由于线程是调度的基本单元，它也拥有与进程相似的执行状态，调度器通过查看线程的执行状态进行调度。

代码片段6.32 TCB结构（第一版）

```
1 // 一种简单的TCB结构实现
2 enum exec_status {NEW, READY, RUNNING, ZOMBIE, TERMINATED};
3
4
5 struct tcb_v1 {
6   // 处理器上下文
7   struct context *ctx;
8   // 所属进程
9   struct process *proc;
10  // 内核栈
11  void *stack;
12  // 退出状态（用于与exit相关的实现）
13  int exit_status;
14  // 执行状态
15  enum exec_status exec_status;
16 };
```

引入线程也使进程的角色发生了变化，因此PCB的结构也需要调整。在引入线程之前，进程是操作系统进行资源分配和调度执行的单位；但引入线程之后，线程成为操作系统进行调度执行的单位，而进程主要负责资源管理。因此，与调度执行相关的信息（处理器上下文和执行状态）都从 PCB 中移入 TCB，而与资源管理相关的信息（如虚拟地址空间）依然保存在 PCB 中。另外，内核栈和退出状态也与执行相关，因此进程不再维护，改为由线程（TCB）维护。如代码片段 6.33 所示，支持线程的 PCB 结构与之前的结构相比，其不再包含处理器上下文 ctx、内核栈 stack、退出状态 exit_status 和执行状态 exec_status，但保留了虚拟地址空间 vmspace，且加入了线程列表 threads 和线程总数 thread_cnt 用于维护线程相关信息。

代码片段 6.33　PCB 结构（第六版）：加入线程支持

```
1 // 支持线程之后的 PCB 结构实现
2 struct process_v6 {
3   // 虚拟地址空间
4   struct vmspace *vmspace;
5   // 进程标识符
6   int pid;
7   // 子进程列表
8   pcb_list *children;
9   // 包含的线程列表
10  tcb_list *threads;
11  // 包含的线程总数
12  int thread_cnt;
13 };
```

练　习

6.8　引入线程对微内核的 PCB 有什么影响？

6.5.4　线程的实现：管理接口

与进程的管理接口相似，线程的管理接口也提供了类似的功能：创建、退出、等待等。但由于线程是更加轻量级的单元，因此其接口与进程有所差别，本节将分别进行介绍，并结合 pthreads 进行说明（本节介绍的接口定义如代码片段 6.34 所示）。

代码片段 6.34　pthreads 部分重要的线程管理接口：创建、退出、等待（合并）和分离

```
1 // 线程创建
2 int pthread_create(pthread_t *restrict thread,
3                    pthread_attr_t *restrict attr,
4                    void *(*start_routine)(void *),
5                    void *restrict arg);
6 // 线程退出
7 void pthread_exit(void *retval);
8 // 线程等待 / 合并
```

```
 9 int pthread_join(pthread_t thread, void **retval);
10 // 线程分离
11 int pthread_detach(pthread_t thread);
```

线程创建

Linux 中的经典进程创建包含两个接口：fork 创建一份原进程的拷贝，而 exec 载入新的可执行文件并执行。由于进程包含的内容较多（可执行文件、堆栈结构、处理器上下文等），基于拷贝的 fork 可以使进程的创建过程得到简化。而线程包含的内容本来就比较少，也不需要载入新的可执行文件，因此可直接提供 thread_create 接口，同时完成创建和执行功能。

从代码片段 6.35 中的伪代码可以看出，线程创建的过程与前面介绍的 process_create 比较相似，但进行了简化。首先，线程创建需要分配管理线程的数据结构——TCB，类似 process_create 中的 PCB 创建。之后，线程需要初始化内核栈和处理器上下文（主要是 PC 和 SP）并设置参数，这部分在 process_create 中也有体现。除此之外，线程还需要维护与所属进程之间的关系，便于操作系统的后续管理。不过，thread_create 不包括虚拟地址空间初始化、可执行文件载入、用户栈分配等过程，这也使得线程的创建要比进程简单得多。

代码片段 6.35　线程创建的伪代码实现

```
 1 int thread_create(u64 stack, u64 pc, void *arg)
 2 {
 3   // 创建一个新的 TCB，用于管理新线程
 4   struct tcb *new_thread = alloc_thread();
 5   // 内核栈初始化
 6   init_kern_stack(new_thread->stack);
 7 
 8   // 创建线程的处理器上下文
 9   new_thread->ctx = create_thread_ctx();
10   // 初始化线程的处理器上下文（主要包括用户栈和 PC）
11   init_thread_ctx(new_thread, stack, pc);
12 
13   // 维护进程与线程之间的关系
14   new_thread->proc = curr_proc;
15   add_thread(curr_proc->threads, new_thread);
16   // 设置参数
17   set_arg(new_thread, arg)
18   // 返回
19 }
```

对于线程创建，POSIX 提供的接口为 pthread_create，接收四个参数。虽然其接口与 thread_create 有一定差别，但其核心功能基本相同。start_routine 是线程创建后执行的起点，因此对应了 PC 寄存器的初始值，而线程的用户栈起始地址等信

息则保存在 attr 中。

练　习

6.9　基于拷贝的 fork 长久以来一直是创建进程的主要方法，那为什么不采用类似的方法创建线程呢？

线程退出

进程退出使用的接口 process_exit 包含的逻辑比较复杂，因为与进程相关的内容都需要销毁。与之相比，线程退出只需销毁与之相关的内容。从代码片段 6.36 可以看出，线程实际上只需要销毁处理器上下文即可。注意，为了方便内核管理，我们引入 curr_thread 指向当前正在运行的线程的 TCB。与 process_exit 类似，为了支持监控功能，内核不应该销毁 TCB，而是需要在 TCB 中存储线程退出时的状态。此外，进程还需要移除当前终止的线程。如果当前线程是进程拥有的最后一个线程，那么线程退出就意味着进程也不再执行了。因此，内核会销毁当前 TCB（因为该线程不会再被监控），还会调用 process_exit 销毁当前进程。最后，thread_exit 也需要调用与 process_exit 类似的 schedule 函数，选择下一个需要执行的线程。

代码片段 6.36　线程退出的伪代码实现（第一版）

```
1 void thread_exit_v1(int status)
2 {
3   // 获取当前线程的所属进程
4   struct process *curr_proc = curr_thread->proc;
5   // 存储返回值
6   curr_thread->exit_status = status;
7   // 销毁处理器上下文
8   destroy_thread_context(curr_thread->ctx);
9
10  // 从进程的列表中移除当前线程
11  remove_thread(curr_proc->threads, curr_thread);
12  curr_proc->thread_cnt--;
13  // 如果进程中不再包含任何线程，销毁 TCB 和进程
14  if (curr_proc->thread_cnt == 0) {
15    destroy_thread(curr_thread);
16    process_exit(curr_proc);
17  }
18  // 告知内核选择下个需要执行的线程
19  schedule();
20 }
```

pthreads 中的线程退出接口 pthread_exit 与代码片段 6.35 类似，只是放宽了返回值的类型。

线程等待与分离

与进程等待功能相似的线程管理接口是合并操作 join。线程可以调用 thread_join 并指定需要监控的线程，当 thread_join 被调用后，线程会等待其指定的线程退出。当 thread_join 返回时，指定线程的返回值也会传给调用 thread_join 的线程。

如代码片段 6.37 所示，thread_join 与 process_waitpid 以及 POSIX 中的 waitpid 相比有一定的相似之处：thread_join 也提供等待机制，并且也负责一部分资源回收工作。如果线程退出且没有其他线程调用 thread_join，那么它将转变为僵尸状态。与 wait 相比，thread_join 的功能较为单一，它只监控指定线程的退出事件，而 wait 及 waitpid 可以监控任意子进程的多种事件。这也是线程监控的接口取名为 join 的原因：当 join 调用返回之后，两个线程将“合并”为一个。与用于线程退出的接口类似，pthreads 为线程监控提供的接口 pthread_join 只是扩展了返回值的类型，其他内容与代码片段 6.37 差别不大。

代码片段 6.37　线程监控的伪代码实现

```
1 void thread_join(struct tcb *thread, int *status)
2 {
3   // 等待，直到线程退出
4   while (thread->exec_status != ZOMBIE)
5     schedule();
6   // 获取指定线程的返回值，存储到参数中
7   *status = thread->status;
8   // 销毁指定线程的 TCB
9   destroy_thread(thread);
10 }
```

thread_join 要求线程等待其他线程退出并回收其资源。但在前面小明的例子中，由于 Web 服务器要不停接收请求和处理结果，可能抽不出时间来调用 thread_join。针对这种场景，线程提供了分离接口，允许分离线程自行回收资源。代码片段 6.38 展示了分离接口 thread_detach 的实现方式。为了支持线程分离，TCB 内部需要维护与分离相关的状态 is_detached。而当线程退出时，如果发现线程处于分离状态，则可以直接回收其 TCB。如果一个线程处于分离状态，则 join 操作对其无效。

代码片段 6.38　线程分离的伪代码实现及其对 TCB 结构 / 线程退出实现的影响

```
1 void thread_detach(struct tcb *thread)
2 {
3   // 将 thread 的状态改为分离
4   thread->is_detached = TRUE;
5 }
6
7 struct tcb_v2 {
8   // 处理器上下文
9   struct context *ctx;
```

```
10    // 所属进程
11    struct process *proc;
12    // 内核栈
13    void *stack;
14    // 退出状态（用于与 exit 相关的实现）
15    int exit_status;
16    // 执行状态（省略了枚举类型的定义）
17    enum exec_status exec_status;
18    // 分离相关
19    bool is_detached;
20 };
21
22 void thread_exit_v2(int status)
23 {
24    // 获取线程的所属进程
25    struct process *curr_proc = curr_thread->proc;
26    // 存储返回值
27    curr_thread->status = status;
28    // 销毁上下文
29    destroy_thread_context(curr_thread->ctx);
30    // 从进程的列表中移除当前线程
31    remove_thread(curr_proc->threads, curr_thread);
32    curr_proc->thread_cnt--;
33
34    // 如果进程中不再包含任何线程，则销毁 TCB 和进程
35    if (curr_proc->thread_cnt == 0) {
36      destroy_thread(curr_thread);
37      process_exit(curr_proc);
38    }
39    // 如果是分离线程，则直接销毁其 TCB
40    if (thread->is_detached)
41      destroy_thread(curr_thread);
42    // 告知内核选择下个需要执行的线程
43    schedule();
44 }
```

读者可能会有疑问，为什么线程可以自行回收资源，但进程需要由父进程帮助回收呢？这是因为进程与线程之间的关系存在差别。进程间的关系是分层的，依照创建与被创建关系构成树状结构，根节点（父进程）有管理叶节点（子进程）的职责。而线程间的关系是扁平的，线程只存在创建先后的关系，并不存在“父子线程”的关系，因此每个线程都可以调用 detach 自行回收资源，也可以调用 join 回收同一进程中任意线程的资源（当然，该线程不能是分离线程）。

小知识：fork 与多线程

如果一个多线程的程序调用 fork，会发生什么呢？

考虑到 fork 的语义是创建与父进程一模一样的进程拷贝，一种直观的实现方式

是拷贝父进程中所有的线程。但是，由于每个线程都是相对独立的，在 fork 之后还会继续执行，这种方法可能会导致程序表现出意料之外的行为。比如在线程 1 调用 fork 时，线程 2 正要调用 write 操作修改一个文件。由于线程 2 在 fork 时被拷贝到子进程中，因此这个写操作将会被执行两次（分别来自父进程和子进程的线程 2），这可能并不是应用期望的结果。为了避免这种情况，应用需要在调用 fork 前限制其他线程的执行（如不允许修改文件），从而使编码变得复杂。因此，最终 POSIX 标准并没有支持这种实现，而是选取了一种更加简单的实现。

POSIX 规定，fork 生成的子进程中只保留一个线程，它是父进程中调用 fork 的线程的拷贝。对于父进程中的其他线程，它们在内存中的所有状态仍然会被拷贝到子进程中，但线程本身并不会被拷贝，这样就避免了上述重复操作的问题。但这种实现也有问题：由于线程通常不会访问其他线程私有的内存区域（如线程栈），这些内存在拷贝到子进程后实际上并不会被使用，造成了内存浪费，且只有在进程退出时才能回收。由于两种 fork 的实现都存在问题，POSIX 建议程序员在调用 fork 拷贝包含多个线程的进程之后，尽快调用 exec 以消除因共享状态带来的影响。

6.5.5 线程切换

由于线程取代进程成为内核调度的基本单位，因此分时执行中切换的单位也变为了线程。6.4 节已经对进程切换做了比较详细的介绍，而线程切换的过程也与进程切换大致相同，其工作流包括：原线程进入内核态→保存原线程的处理器上下文→切换线程上下文→恢复目标线程的处理器上下文→目标线程返回用户态。这里同样出现了两个上下文的概念。与进程上下文类似，线程上下文也是操作系统提供的软件概念，内核也会提供一个指向当前运行线程 TCB 的指针（例如之前引入的 curr_thread）。

线程切换与进程切换最大的差别出现在上下文切换部分：进程的上下文切换包含虚拟地址空间和内核栈的切换；而在线程的上下文切换中，如果两个线程从属于同一个进程，那么就不会进行虚拟地址空间的切换，只进行内核栈切换。因此，线程切换的步骤相比进程有时会略少，这也是线程轻量化特性的一种体现。

6.5.6 内核态线程与用户态线程

6.5.4 节介绍了 pthread_exit 的接口，它与进程退出接口 exit 的最大差别是参数类型：pthread_exit 可以接收任意类型的参数作为线程的返回值。这就带来了一个严重的问题：在 thread_exit 的伪代码实现中，该返回值是存储在内核的 TCB 中的，如果返回值可以是任意大小的数据类型，那么 TCB 的内存开销也可能会大幅上升，增大内核的内存压力。如果内核占用的内存资源过多，那么应用执行也会受到影响，因此由内核管理该返回值是不合适的。

那么，pthreads 该如何支持任意类型的返回值呢？注意到 pthreads 提供的 POSIX 接口并不是系统调用，而是在用户态运行的线程库函数。因此，pthreads 可以在用户态设计相应的数据结构，用于保存线程的返回值。

如图 6.12 所示，pthreads 与线程相关的数据结构实际上被拆分成两部分：内核结构（tcb）依然保存与线程相关的重要信息（如所属进程和处理器上下文），这些信息不可被用户直接访问；其他信息则保存在用户态的数据结构（pthread）中，内核并不知晓这些数据与该线程的关系。

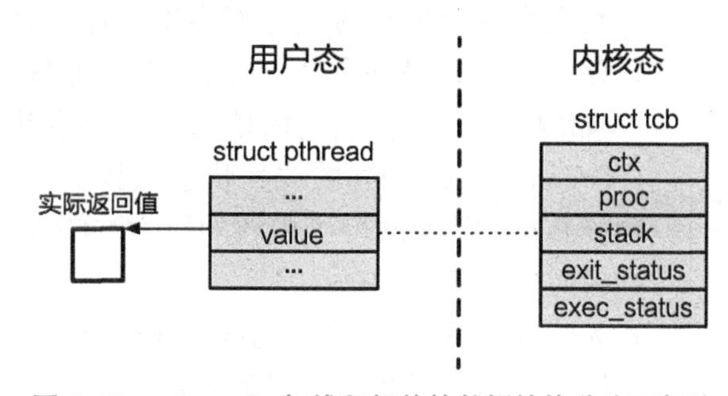

图 6.12　pthreads 与线程相关的数据结构分为两部分

由于线程在内核态和用户态的执行实际上拥有较强的独立性，我们可以将其视为两类线程。内核态线程（Kernel Level Thread）是由内核创建并直接管理的线程，内核维护了与之对应的数据结构——TCB。而用户态线程（User Level Thread）是由用户态的线程库创建并管理的线程，其对应的数据结构保存在用户态，内核并不知晓该线程的存在，也不对其进行管理。由于内核只能管理内核态线程，其调度器（第 7 章会详细介绍）只能对内核态线程进行调度，因此用户态线程如果想要执行，就需要"绑定"到相应的内核态线程才能执行。

读者可能会对这"两类线程"感到疑惑：根据第 3 章的介绍，pthreads 作为线程库只是提供了更加方便的抽象，其背后还是对应着由内核管理的线程，为什么要将其拆分为内核态线程和用户态线程呢？这个问题在 pthreads 场景下确实不好回答，因为它的用户态线程与内核态线程始终是一一对应的。但在本节中读者将发现，用户态线程与内核态线程的关系还可以更加复杂，而刻画用户态线程与内核态线程关系的方法就称为多线程模型（Multithreading Model）。一般来说，多线程模型分为以下三类（如图 6.13 所示）。

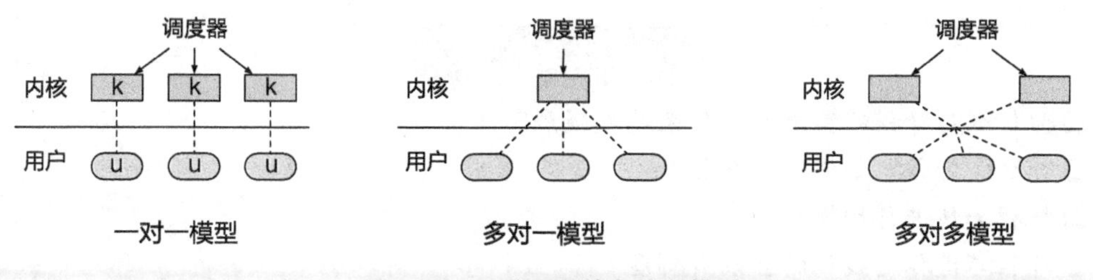

图 6.13　三种不同的多线程模型

- 一对一模型。一对一模型是现在最为常见的多线程模型，在这种模型中，每个用户态线程都对应一个单独的内核态线程。因此，当内核态线程被内核调度执行时，其对应的用户态线程就会被执行，两者关系非常紧密，看起来就像是同一个线程的两个部分。pthreads 采取的就是这种一对一模型。

- 多对一模型。多对一模型允许将多个用户态线程映射到单一的内核态线程。如图 6.13 所示，在这种模型下，进程实际上只分配一个内核态线程，其多线程环境完全由用户态的线程库实现。比较有名的使用多对一模型的线程库是 Green Thread，它最初是由 Sun 公司为其 Java 应用开发的。由于当时的计算机资源（如内存）有限，创建内核态线程会给系统带来较大的压力。与内核态线程相比，Green Thread 创建的线程状态及其执行情况完全由用户态线程库管理，不需要内核参与，从而减轻了内核的压力。Green Thread 一词后来也成为用户态线程的代名词，可见其影响力。
- 多对多模型（$M:N$）。多对一模型有一个显著的问题：由于进程中只包含一个内核态线程，因此同时只能被调度到一个 CPU 上执行，这导致应用的可扩展性受限。针对这一问题，Sun 公司又提出了多对多模型，它允许应用自定义进程中包含的内核态线程数量（例如可以和 CPU 数量保持一致），之后由线程库将用户态线程映射到不同的内核态线程执行。这种模型既突破了多对一模型的可扩展性限制，又减少了一对一模型存在的资源开销。

总的来说，多对多模型和多对一模型最初都是针对资源受限场景提出的，可以在占用较少内核资源的情况下创建大量线程。除此之外，用户态线程的创建、切换、销毁等功能都不需要进入内核，因此时延较低。但是，用户态线程的大量引入也会让线程管理变得更加复杂。随着计算机资源的丰富及 pthreads 的普及，多对多和多对一模型逐渐被更加简洁的一对一模型取代，就连 Sun 公司的 Solaris 操作系统也在第 9 版之后改为了一对一模型。不过，多对多 / 多对一模型并没有完全消亡，近年来随着纤程的发展，它们又迸发了新的活力。

6.6 纤程

本节主要知识点

- ❑ 为什么对纤程的需求在近年来越发强烈？
- ❑ 什么是纤程？如何使用纤程？
- ❑ 纤程如何进行切换？
- ❑ 纤程与进程、线程的区别有哪些？

以 pthreads 为代表的一对一线程模型在用户态线程和内核态线程之间建立了紧密的联系，用户态线程可以利用内核支持完成多种功能（如第 9 章将介绍的线程同步），因而得到了比较广泛的使用。但是，随着计算机的发展，应用类型和需求渐趋多样化，一对一模型的劣势也逐渐凸显出来。首先，比较复杂的应用可能会包含大量线程，且每个线程各司其职，有的负责计算，有的负责网络通信，有的负责大量读写内存。与操作系统调度器相比，应用对线程的语义和执行状态更加了解，因此可能做出更优的调度决策。其次，一对一模型的线程创建对应着内核态线程的创建，其创建时间较长，对于执行时间较短（如微秒级）的任务时延会造成较大影响。最后，一对一模型中线程的切换涉及内核态线程切换，因此必须进入内核，其性能开销也相对较高，对一些交互性强的线程（如负责网络收发的线程）影响较大。在这样的背景下，人们再次将目光转向了用户态线程，并提供了更多对于纤程（Fiber）的支持。

纤程、协程与用户态线程

相比纤程，熟悉高级语言的读者可能更经常接触到另一个概念——协程（Coroutine），它为应用提供了轻量级的用户态可并行单元。实际上，协程与纤程没有太大区别，只是所处的语境不同。纤程一般用来描述操作系统提供的用户态可并行单元支持（系统概念），而协程则用来描述程序语言提供的可并行抽象（语言概念）。不过有的时候这两个名称也会混用（例如为 JavaScript 提供的一种协程支持库就叫 node-fibers）。

那么，纤程/协程与用户态线程的关系是什么呢？显然，纤程/协程符合用户态线程的定义，因为它们由用户态的库函数创建和管理，内核并不知晓它们的存在。我们可以认为纤程和协程是用户态线程的一种，因为它们有明确的调度方法（之后会详细介绍），而用户态线程的定义中并未明确说明如何进行调度。不过，现有纤程和协程通常比 6.5.6 节介绍的用户态线程抽象层次更高，因为它们往往是在现有线程库的基础上再实现的抽象。

举例来说，现有的纤程/协程库通常依赖于 pthreads，可以直接利用 pthreads 提供的丰富功能。而过去的用户态线程库（如 Green Thread）直接与内核态线程对接，因此还需要对内核态线程进行管理（如直接使用系统调用创建内核态线程），实现较为复杂。因此，我们可以将纤程和协程简单理解为一种轻量级的用户态线程实现。

6.6.1　对纤程的需求：一个简单的例子

本节将首先引入一个简单的例子来更加深入地分析纤程相比线程的优势。这个例子被称为生产者-消费者模型，它是计算机领域常用的经典模型。在接下来的章节中，我们还会经常使用这一模型介绍操作系统中的各种概念和机制。顾名思义，生产者-消费者模型包含两个部分：生产者和消费者。其中，生产者负责“生产”数据，即生成一些用于处理的数据；消费者则负责“消费”数据，即处理生产者生成的数据。

现在，假设一个进程拥有两个线程，一个线程是生产者，另一个线程是消费者。由于两个线程共享同一地址空间，生产者可以在共享的内存里直接写入数据，供消费者使用。假设该计算机只有一个处理器，那么数据从生产者生成到消费者处理至少需要经历一次线程切换（即从生产者切换到消费者）。而在实际情况中，由于该计算机上可能运行了很多程序，而调度器并不知道生产者与消费者之间的关系，因此未必会优先选择消费者进行调度。因此，尽管生产者早已完成了数据的生成，但由于线程切换的开销和调度器的选择，消费者可能需要经历较长时间的延迟才能开始处理数据。为了消除这部分延迟，应用可以使用纤程。下面，本节将以 POSIX 提供的纤程支持 `ucontext` 为例具体分析纤程带来的好处。

6.6.2 POSIX 的纤程支持：ucontext

POSIX 用来支持纤程的是 `ucontext.h` 中的接口：

```
1 #include <ucontext.h>
2
3 int getcontext(ucontext_t *ucp);
4 int setcontext(const ucontext_t *ucp);
5 void makecontext(ucontext_t *ucp, void (*func)(), int argc, ...);
6
```

其中，`getcontext` 用来保存当前的纤程上下文（主要包括栈和处理器上下文），而 `setcontext` 则用来切换到另一个纤程上下文执行。最后，`makecontext` 会修改纤程上下文，使其从指定的地址开始执行。`makecontext` 接收的参数包括纤程上下文的起始执行地址（`func`）、执行参数数量（`argc`）及参数列表。由于这些上下文属于纤程，因此并不会保存到内核的 TCB 中，而是完全保存在用户态。代码片段 6.39 展示了如何使用这些接口实现一个简单的生产者 - 消费者模型（略去了部分用于错误处理的分支）。

代码片段 6.39　通过 POSIX 的 ucontext 系列接口实现的生产者 - 消费者模型

```
1 #include <signal.h>
2 #include <stdio.h>
3 #include <ucontext.h>
4 #include <unistd.h>
5
6 ucontext_t ucontext1, ucontext2;
7
8 int current = 0;
9
10 void produce()
11 {
12   current++;
13   //切换到消费者纤程执行
14   setcontext(&ucontext2);
15 }
16
```

```
17 void consume()
18 {
19   printf("current value: %d\n", current);
20   //切换到生产者纤程执行
21   setcontext(&ucontext1);
22 }
23
24 int main(int argc, const char *argv[])
25 {
26
27   char iterator_stack1[SIGSTKSZ];
28   char iterator_stack2[SIGSTKSZ];
29
30   //初始化生产者纤程
31   getcontext(&ucontext1);
32   ucontext1.uc_link            = NULL;
33   ucontext1.uc_stack.ss_sp     = iterator_stack1;
34   ucontext1.uc_stack.ss_size = sizeof(iterator_stack1);
35   makecontext(&ucontext1, (void (*)(void))produce, 0);
36
37   //初始化消费者纤程
38   getcontext(&ucontext2);
39   ucontext2.uc_link              = NULL;
40   ucontext2.uc_stack.ss_sp       = iterator_stack2;
41   ucontext2.uc_stack.ss_size     = sizeof(iterator_stack2);
42   makecontext(&ucontext2, (void (*)(void))consume, 0);
43
44   //切换到生产者纤程执行
45   setcontext(&ucontext1);
46
47   return 0;
48 }
```

在主函数中，该程序使用 makecontext 创建了两个上下文 ucontext1 和 ucontext2，分别调用 produce 和 consume 函数。需要注意的是，这两个上下文的栈需要由应用程序准备。之后，应用调用 setcontext，进入 ucontext1 对应的 produce 函数执行。此后，该应用通过 setcontext 在 produce 和 consume 之间跳转，不断重复“生产”和“消费”的过程。图 6.14 展示了该程序中控制流的变化示意图。

代码片段 6.39 说明，通过利用纤程，可以对生产者 - 消费者这类需要多个模块协作的场景进行有效支持。当生产者完成任务后，可以立即切换到消费者继续执行。由于该切换是通过用户态线程库完成的，不需要内核的参与，也不受内核调度器的控制，因此可以达到很好的性能。下面将

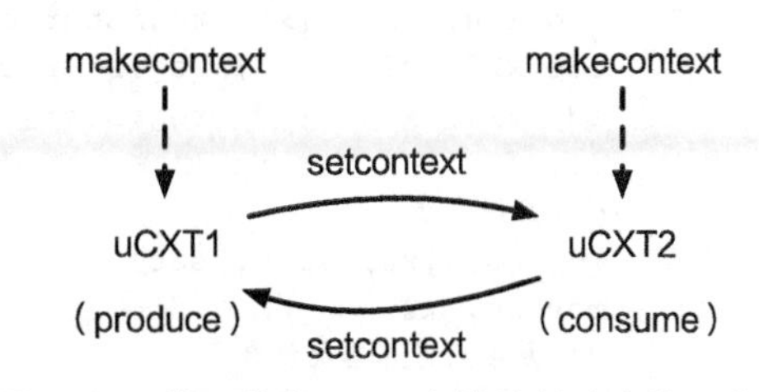

图 6.14 代码片段 6.39 中的控制流变化示意图

对纤程切换进行更加详细的介绍。

6.6.3 纤程切换

纤程切换的触发机制与主流一对一模型的线程存在一定差别。在前面的进程切换部分提到，操作系统可以通过中断的方式使进程进入内核态，从而完成切换。这种“被动切换”是强制的，基于这种切换实现的协作方式称为**抢占式多任务处理**（Preemptive Multitasking）模式。而纤程并不具备使用中断抢占其他纤程的权限，因此通常无法使用这种模式。所以，纤程库一般会提供 `yield` 接口，使纤程主动调用该接口并切换到其他纤程执行。基于这种切换实现的协作方式需要多个纤程进行协作以完成纤程调度，被称为**合作式多任务处理**（Cooperative Multitasking）模式。在 `ucontext` 中，`setcontext` 提供了使纤程放弃 CPU 资源、切换到其他纤程的功能。

代码片段 6.40 展示了 glibc 在 AArch64 架构下对于 `setcontext` 的实现。可以看出，这部分代码与 ChCore 进程 / 线程切换中的 `exception_exit`（代码片段 6.27）比较相似，都会完成恢复寄存器、换栈、切换 PC 等操作。不过，由于 `setcontext` 是在用户态完成切换，不涉及内核态和用户态之间的切换，也不涉及对于前一个处理器上下文的保存，因此其性能明显优于线程切换。另外，`setcontext` 只恢复被调用者保存的通用寄存器，而 `exception_exit` 除恢复通用寄存器以外，还需要恢复部分特殊寄存器和系统寄存器。最后，由于 `setcontext` 是在用户态完成切换，因此是通过间接跳转指令 `br` 完成 PC 的切换；而 `exception_exit` 由于涉及内核态到用户态的切换，因此使用了特殊指令 `eret`。这体现出纤程在用户态切换的两点优势：第一，保存的状态较少；第二，不需要引入内核态和用户态之间的切换。经过测试，在使用 AArch64 架构的华为鲲鹏 916 服务器上：如果使用线程，那么从生产者线程切换到消费者线程需要约 1900 纳秒；而如果使用纤程，该切换时间将减少到约 500 纳秒。从中可以看出纤程切换在性能上的优势。

代码片段 6.40 AArch64 上 `setcontext` 的代码片段

```
1  ENTRY (__setcontext)
2    ...
3    // 恢复被调用者保存的通用寄存器
4    ldp x18, x19, [x0, register_offset + 18 * SZREG]
5    ldp x20, x21, [x0, register_offset + 20 * SZREG]
6    ldp x22, x23, [x0, register_offset + 22 * SZREG]
7    ldp x24, x25, [x0, register_offset + 24 * SZREG]
8    ...
9    // 恢复用户栈
10   ldr x2, [x0, sp_offset]
11   mov sp, x2
12   // 恢复浮点寄存器及参数
13   ...
```

```
14    //恢复 PC 并返回
15    ldr x16, [x0, pc_offset]
16    br x16
```

练 习

6.10 在编写 WordCount 程序（统计文章中每个单词的出现次数）时，小明决定使用并发编程，将统计过程划分为多个不相干的子任务。现在小明有三个选项可实现并发：创建多个进程、线程或者纤程。请问哪个选项更加合理？请从性能和多核并发性两个角度阐述原因。

6.7 思考题

1. 假设在 Linux 中，一个进程在打开一个文件以后调用 fork 创建了一个子进程。此时，该子进程能直接对该文件进行读取吗？分析一下 Linux 是怎样实现 fork 来达到这个目标的。
2. 为什么在 fork 的实现中不需要拷贝内核栈？
3. 假设小明实现了 int thread_create(void (* fp)(int *), int *data) 和 void join(void) 两个线程相关的函数，其中 thread_create 能创建一个从函数 fp 开始执行并使用 data 作为参数的线程，而 join 会一直等待直到所有线程运行结束。考虑下面的斐波那契数列计算程序：

```
1 int fib(int n)
2 {
3   if(n <= 1)
4     return 1;
5   else
6     return fib(n-1) + fib(n-2);
7 }
```

   (a) 该程序为单线程版本，请使用上面的两个接口帮助小明实现一个多线程版本。
   (b) 假设小明在一台拥有两个物理核心的机器上运行该程序（即最多可以同时运行两个线程），发现该程序的性能还不如单线程版本。请帮助他分析原因。
4. 参考 vfork、clone、posix_spawn 的设计，为 fork 提出针对大内存应用的优化策略。要求：fork 必须同时支持“fork+exec”和“fork 后直接使用”两种场景。
5. 纤程一般采用合作多任务处理模式执行。如果让你为纤程添加抢占式的调度支持，你会如何实现呢？

6.8 练习答案

6.1 第二个进程调用 process_create 创建第一个进程；第二个进程调用 process_waitpid 等待第一个进程退出；第一个进程接收到用户输入的数字后，使用 process_exit 退出，并将数字作为返回值；第二个进程从 process_waitpid 调用返回并获取 process_exit 的返回值，然后输出到屏幕上。

6.2 最简单的一种：创建→就绪→运行→僵尸→退出。根据 grep 的实现，中间还可能存在阻塞的情况，以及多次在就绪、运行、阻塞间切换的情况。

6.3 N=2 时的输出为三行 hello，N=4 时的输出为八行 hello。

6.4 分别是：fork、posix_spawn、fork。这是因为 fork 创建的进程之间联系更加紧密，拥有相似的状态，也容易设置共享内存，而 posix_spawn 则适合创建全新进程的场景，其性能一般会优于 fork。

6.5 这是因为进程在内核中的栈帧状态可能也需要保存。考虑下面的场景，如果进程发生缺页异常，且操作系统发现该物理页已经被换出到硬盘，需要重新加载。由于加载过程较慢，操作系统可能会切换到别的进程执行，此时原进程在内核中的栈帧需要保存，否则之后无法正确恢复执行。为了保证这种场景的正确性，操作系统为每个进程单独维护内核栈，并保存它们进入内核后执行的栈帧信息。

6.6 switch_vmspace 中的虚拟地址空间切换不再需要了，但依然需要把内核栈顶地址调整到处理器上下文存储的位置，方便进程恢复处理器上下文和返回用户态。

6.7 这是因为 ChCore 的内核栈地址可以从处理器上下文所在地址推导出来。对于内核栈底地址，由于处理器上下文所在地址固定在栈底，所以 PCB 中只要维护指向处理器上下文的指针即可。而对于内核栈顶地址，由于 ChCore 在内核栈切换时一定会舍弃其他栈帧并直接切换到处理器上下文的起始地址，因此也没必要单独保存。

6.8 cap_group 里只需要保存 slot_table 即可，但其中的 slot 需要保存进程的所有线程。用户态的 proc 结构体则要把 exit_status 和 exec_status 移到线程相关的结构体，并加入子进程列表和线程总数相关状态。

6.9 正文中已经提示过：进程包含的内容多且有一定的相似性，因此用拷贝的方法创建比较方便；而线程包含的内容较少，且通常在运行时各不相同，因此直接创建更合适。

6.10 线程最为合理。从性能的角度看，纤程具有最优的创建和切换性能，线程次之，进程最差；从多核并发性的角度看，纤程需要依托线程才能实现在多个核心上运行，而多线程和多进程都能直接利用多核资源。综合来看选择线程。

参考文献

[1] NYMAN L, LAAKSO M. Notes on the history of fork and join [J]. IEEE Annals of the History of Computing, 2016, 38 (3): 84-87.

[2] RITCHIE D M, THOMPSON K. The unix time-sharing system [J]. Bell System Technical Journal, 1978, 57 (6): 1905-1929.

[3] RITCHIE D M. The evolution of the unix time-sharing system [C] // Symposium on Language Design and Programming Methodology. 1979: 25-35.

[4] BAUMANN A, APPAVOO J, KRIEGER O, et al. A fork() in the road [C] // Proceedings of the Workshop on Hot Topics in Operating Systems. 2019: 14-22.

进程与线程：扫码反馈

CHAPTER 7

第 7 章 处理器调度

现代操作系统支持多个进程同时运行，为了协调进程对于有限处理器资源的使用，操作系统引入了**处理器调度**（CPU Scheduling）。通过管理多个进程的执行，调度器尽可能保证程序运行满足系统和应用的预定指标，例如高吞吐量、低时延或低功耗。操作系统诞生至今，对于处理器调度的研究从未中断，这也体现了处理器调度对于操作系统的重要性。本章首先针对单个处理器核心的场景，围绕处理器调度，从机制、指标、策略三个方面介绍调度器的设计与实现，之后简要介绍多核处理器场景下的调度。此外，本章会对现代操作系统中的调度器实例进行分析，并讨论处理器调度在现代多处理器场景中所需要面临的挑战。在阅读本章后，相信读者会对处理器调度形成自己的理解，并能够回答以下问题：

- 处理器调度机制有哪些？系统中存在大量进程或线程，操作系统如何调度这些进程或线程？
- 处理器调度指标有哪些？调度器的目的是让多个进程能够更“好”地共享处理器。为了评价调度器，有哪些常见的调度指标？
- 处理器调度策略有哪些？针对不同的工作场景，主要的调度指标也不尽相同。为了满足多变的调度指标，开发者需要有针对性地选择调度策略，那么有哪些常见的处理器调度策略？

7.1 处理器调度机制

本节主要知识点

- ❑ 任务在操作系统中是如何被调度的？
- ❑ 什么是空闲进程？为什么要有空闲进程？

处理器调度的设计遵循“将策略与机制分离”的原则。调度机制包括调度对象的设置、调度接口的设计、调度时机的选择以及不同任务的切换方法。在调度机制的基础上，操作系统可以支持不同的调度策略，供系统管理员灵活选择。本节将主要介绍单处理器核心的调度机制，与多核处理器调度机制相关的内容会在7.6节进行简要介绍。

7.1.1 处理器调度对象

处理器调度的对象是CPU执行的最小单元。在操作系统发展的早期，每个程序在运行时对应操作系统中的一个进程。当时进程是程序执行的最小单元，所以进程也成为当时处理器调度的对象。随着硬件的发展和操作系统的演进，出现了线程的抽象与多线程机制。此后，处理器调度的对象由进程变为线程，早期的进程则被看作单线程的进程。从原理上讲，处理器调度的对象是线程，但对于本节的内容来说，线程与进程并没有太大的区别。为了避免对处理器调度对象这一概念的混淆，本章将统一用任务（Task）来描述处理器调度的对象。在不同的系统中，任务可以是进程或线程。

7.1.2 处理器调度概览

处理器调度一般分为两步：第一步选取需要调度的任务，第二步在目标CPU核心上执行该任务。其中，第二步是通过6.4节介绍的上下文切换完成的。那么，操作系统如何指定下一个需要调度的任务呢？图7.1给出了处理器调度的概览。

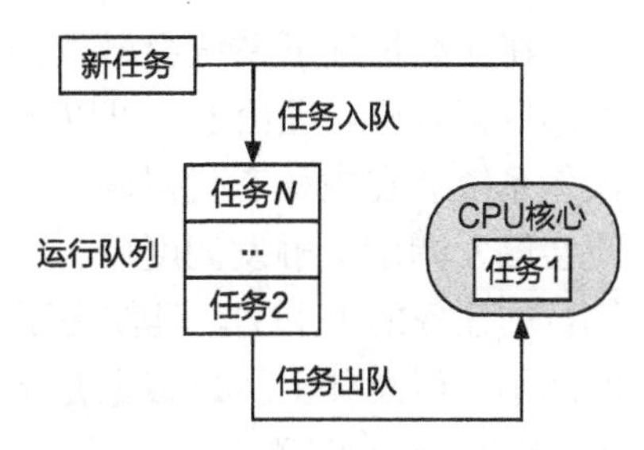

图7.1 处理器调度的简略示意图

运行队列

假设在系统中一共有N个任务，其中任务1正在CPU核心上执行，其余任务被记录于运行队列[1]（Run Queue）中，等待被调度并执行。由于操作系统以运行队列为抽象管理任务，所以调度的具体操作可以抽象为任务的入队（Enqueue）与出队（Dequeue）。需要注意的是，运行队列并非一定是先进先出的队列，而可以是任何一种适合当前调度策略的数据结构。例如，Linux的完全公平调度器使用红黑树维护有序的运行队列，使插入任务的时间复杂度为$O(\log N)$，选择下一个任务的时间复杂度为$O(1)$（后文会进一步介绍）。

调度接口

代码片段7.1展示了相应的调度框架接口，即与调度相关的主要函数[2]，与图7.1相对应。每当操作系统调用一次`sched`，当前CPU核心便会触发一次调度。具体地，系统会通过`sched_enqueue`将当前执行的任务（任务1）重新放回运行队列，再通过

---

[1] 运行队列也常被称为就绪队列（Ready Queue），这里的“运行”并非指进程处于正在运行的状态，而是指任务处于可以被运行的状态。

[2] 代码中仍使用`process`进程作为参数，表示调度对象。

sched_dequeue 选取下一个需要执行的任务（任务 2）。最后，系统设置相关的参数，确保当前 CPU 核心从内核态返回用户态时使用任务 2 的处理器上下文，而非任务 1 的处理器上下文，从而达到任务切换的效果。当一个新的任务被创建时，系统也会通过调用 sched_enqueue 将其添加进运行队列中。

代码片段 7.1 操作系统中的主要调度接口

```
1 struct sched_ops {
2   // 触发一次在当前 CPU 核心上的调度
3   int (*sched)(void);
4   // 将所给调度对象置于运行队列进行管理的辅助函数
5   int (*sched_enqueue)(struct process* proc);
6   // 从运行队列中选取下一个执行对象的辅助函数
7   struct process* (*sched_dequeue)(void);
8 };
```

调度时机

在什么情况下系统会触发调度呢？这就引入了调度时机这一概念，即系统触发处理器调度的时机。理论上，可以认为只要系统进入内核态，就有可能触发调度。具体来说，操作系统会在内核态代码的一些位置插入对 sched 函数的调用，当运行到这些位置时，便会触发调度。触发调度后，当处理器从内核态返回用户态时，便会切换到下一个需要执行的任务的上下文。具体在哪些位置插入 sched 函数，会因操作系统设计的差异而有所区别，但总体上可以根据是不是“当前执行的任务主动发起”这一条件，分为协作式（Cooperative）[又称非抢占式（Non-Preemptive）] 与抢占式（Preemptive）两大类。

协作式调度的时机一般是当前任务执行结束时或当前任务主动放弃执行机会时。第一种情况相对易于理解，我们主要讨论第二种。操作系统一般会提供类似名为 yield 的系统调用，其主要逻辑就是在内核态调用 sched。用户态的任务可通过主动调用 yield 陷入内核态并触发处理器调度，让系统选择其他任务执行。当任务发起阻塞式 I/O 请求后[⊖]，在等待 I/O 结果的这段时间内无法继续执行。因此，包括 ChCore 在内的许多操作系统会在上述这类系统调用的最后调用 sched 以触发调度，使当前 CPU 核心切换并执行其他任务。

那么，如果当前任务并不主动执行 yield 或阻塞式 I/O，系统该如何触发调度呢？此时就需要抢占式调度：通过中断机制，操作系统可以强制打断当前任务的执行，从而有机会触发调度。操作系统一般将定时触发的时钟作为稳定的中断来源，让系统能够定时抢占任务的执行，通过在时钟中断处理函数的末尾插入 sched 调用，就能触发处理器调度。此时，大部分操作系统会为任务指定时间片（Time Slice），表示该任务可以执行的时间长度。当处理时钟中断时，会检查当前任务的已执行时间是否超过了被分配的时间片，如果超过则触发调度。

⊖ 阻塞式 I/O 的一个例子是 Shell 等待用户的键盘输入。

调度策略

在到达调度时机后，处理器调度器根据具体的调度策略做出调度决策，然后系统根据该决策进行任务切换。这里的调度决策包括：①从运行队列中选择下一个运行的任务；②决定该任务下一次允许运行的时间，即时间片。根据调度策略的不同，在相同情况下做出的决策也会不尽相同。回顾代码片段 7.1 中的调度相关函数，它们实际上是操作系统的处理器调度所提供的接口。操作系统可以通过为这些接口提供不同的实现，允许用户选择不同的调度策略，达到机制与策略分离的效果。

在针对处理器调度的研究中，对于调度策略的研究一直是主旋律。这是因为没有一种完美的调度策略可以适应所有的场景。在设计调度策略的时候，需要考虑以下两个问题。

- 第一个问题是应该选择什么样的调度指标（What）？操作系统使用调度器的目的是通过协调任务对 CPU 的使用，进而使任务的执行在某一方面达到用户的预期，或者说达到用户指定的调度指标。那么有哪些指标？在不同种类的系统中应该考虑何种指标？这些都是开发者在设计实现调度器时需要考虑的因素，具体会在 7.2 节进行详细介绍。
- 第二个问题是应该如何选择符合预期的调度决策（How）？在确定当前系统需要考虑的调度指标后，我们需要进一步通过适当的调度策略做出合理的决策。应该如何选择合理的调度策略？这需要开发者对于不同调度策略有着清晰的认识，具体会在 7.3 ～ 7.5 节进行详细介绍。

小知识：空闲进程

细心的读者可能会问，如果运行队列中没有可执行的任务，那么 CPU 核心应该执行什么代码呢？实际上，当运行队列为空时，CPU 核心一般会执行一段预设的“无意义”循环代码。为了处理器调度设计的统一性，大部分操作系统都倾向于让上述“无意义”的代码由一类特殊的进程执行，此类进程被称为**空闲进程**（Idle Process）。这段“无意义”的代码一般会让 CPU 核心进入低功耗模式。以 ChCore 为例，在 ARM 架构下，空闲进程会执行 wfi 指令[⊖]，直到中断发生，当前 CPU 才会重新正常工作。

练　习

7.1　既然低功耗模式可以节省能耗，那么操作系统是否应该让 CPU 核心一有机会就进入低功耗模式呢？

⊖ 该指令全名为 wait for interrupt。执行该指令的 CPU 会停止执行代码并进入低功耗模式，直到该 CPU 接收到中断为止。

7.2　处理器调度指标

本节主要知识点

- ❑ 常见调度指标有哪些？
- ❑ 互相冲突的调度指标有哪些？

本节将介绍处理器调度指标，这些指标被用于评判调度策略的优劣，具体的调度策略会在后续章节讲解。需要注意的是，在评判一个调度策略的优劣时，一定是评判该调度策略在特定场景下的优劣。这是因为计算机的应用场景复杂多变，用户对于不同场景下的任务执行会有不同的预期，因此会有不同的调度指标来指导调度策略的选择。本节将介绍下列主要的调度指标：平均周转时间、平均响应时间、实时性、资源利用率、公平性和调度机制的开销。

平均周转时间

在计算机处理的任务中，有一类任务被称为批处理任务，比如机器学习的训练、复杂的科学计算等，它们在计算机上执行时无须与用户交互，其目标就是尽快完成。这类任务的主要调度指标是周转时间（Turnaround Time），即任务在系统中总共花费的时间。由于任务只要在系统中就会消耗资源，所以任务的周转时间越小越好。其计算公式是任务的完成时间点（Completion Time）与到达时间点（Arrival Time）之差[⊖]：

$$T_{周转}=t_{完成}-t_{到达}$$

其中，到达时间点是任务在系统中被创建并开始等待处理器执行的时间点，完成时间点是任务结束执行并在系统中被销毁的时间点。

实际上，一个任务的周转时间还是它的等待时间（Waiting Time）与运行时间（Burst Time）之和：

$$T_{周转}=T_{等待}+T_{运行}$$

其中，等待时间是任务在系统中等待被执行所花费的时间，运行时间是执行任务所需的时间。一个任务的运行时间越长，所消耗的处理器资源越多。根据运行时间的相对长短，任务可以被称为长任务或短任务。

在某些情况下，任务的运行时间是大致不变的，因此任务的周转时间越长，则代表任务花费了越多的时间在等待执行上。系统中所有任务的平均周转时间是一个经典的调度指标，用于衡量任务在系统中等待执行的情况。该指标越小，代表系统中全部任务花费在等待上的时间越少。

平均响应时间

随着计算机的应用场景越来越多，人们开始需要使用计算机执行一些交互式任

⊖ 在本章的公式中，T表示时间段，t表示时间点。

务，例如文字处理、游戏。对于这类交互式任务来说，它们需要在执行过程中响应用户操作，因此周转时间并不是最重要的调度指标。这类任务的主要调度指标是响应时间（Response Time），即任务从被创建到第一次被处理器执行所需的时间。显然，用户希望自己的请求（例如键盘、鼠标输入）能够被及时响应，因此任务的响应时间越短越好。其计算公式是任务的第一次执行时间点与到达时间点之差：

$$T_{响应}=t_{第一次执行}-t_{到达}$$

顾名思义，第一次执行时间点是任务第一次被 CPU 执行的时间点。显然，该时间点越早，则任务可以越快响应用户的请求。系统中所有任务的平均响应时间用于衡量任务响应用户是否及时，同样是一个经典的调度指标。

实时性

操作系统还要处理有截止时间（Deadline）要求的实时任务。例如车载系统中的距离探测器会定时检测汽车与外部物体的距离，如果当前车速过快且距离过近，则车载系统会强制刹车。探测任务的实时性要求在限定时间内判断当前车速是否会导致碰撞，从而避免严重的安全事故。又如视频的画面渲染，每一帧画面需要在截止时间内完成进而保证视频的帧率，否则会造成卡顿。在系统保证实时任务执行结果正确的同时，调度还必须保证实时任务的实时性，即任务在截止时间内完成。

资源利用率

在多核场景下存在多个 CPU 核心，系统应该尽可能保证每个核心都在执行任务，进而提高处理器资源的利用率。除了处理器资源外，操作系统同时负责管理其他资源，例如磁盘、网络、GPU 等。相对地，任务也可能访问多种资源。如果调度器在调度任务时仅仅考虑处理器资源的使用情况，虽然处理器资源会被充分利用，但系统整体的资源利用率可能会很低，系统性能无法达到最优。因此，调度策略应尽可能保证系统资源被充分利用。

公平性

在通常情况下，应保证每个任务都有被执行的可能。然而，某些调度策略在倾向于调度一类任务时，可能导致另一类任务一直无法被调度，处于饥饿（Starvation）状态。上述情况对于无法被调度的任务是不公平的。因此，调度策略应尽可能保证调度的公平性，即每个任务都有机会被执行。

调度机制的开销

除了满足上述常见的调度指标外，调度机制本身也会为系统整体带来开销。调度机制的开销可以分为两部分，一部分是做出决策的开销，另一部分则是任务上下文切换的开销。

调度器为了做出调度决策，需要访问任务信息并进行计算与决策，这一定会带来性能的开销。需要注意的是，针对相同的调度策略，不同调度器实现的计算复杂度可能会不同。假设系统中有若干任务，一个调度器实现的复杂度为 $O(N)$，即需要遍历所有任务才能做出决策。而另一个调度器实现的复杂度为 $O(1)$，即常数时间就能做出决策。显然，随着系统处理的并发任务数量的增长，后者做出一次决策的开销会比前者少很多。

另一方面，处理器在任务间切换也会带来开销，当任务切换频繁时，其开销是无法忽略的。系统使用调度器的目的是优化任务的执行，而非引入新的性能瓶颈。因此，调度器应尽可能高效地实现，而调度策略也要控制任务调度的频率，避免调度机制的过大开销。

练 习

7.2 根据所学的知识，请列举出操作系统中任务上下文切换可能导致的调度开销。
7.3 你是否还能想到其他调度指标？

在了解了上述调度指标后，不难发现许多指标之间存在冲突与权衡，这一现象也说明了选取合适的调度指标与策略绝非易事。例如，大部分情况下平均响应时间与调度机制开销是相互冲突的。如果系统希望减少任务的平均响应时间，就需要减少任务的时间片。但这反而导致处理器单位时间内在多个任务间进行频繁切换，放大了任务切换的开销。又如，大部分情况下实时性和公平性之间存在权衡。在系统中，某些实时任务为了在截止时间前完成，必须优先于其他任务执行，这可能会导致其他任务长时间无法执行，产生公平性问题。

7.3 经典调度策略

本节主要知识点

- 有哪些经典的调度策略？
- 不同的经典调度策略存在哪些优劣？

为了满足复杂多变的调度指标，多种多样的调度策略应运而生，在处理器调度发展的历史上留下了浓墨重彩的一笔。本章将通过经典调度策略（7.3 节）、优先级调度策略（7.4 节）和公平共享调度策略（7.5 节），带领读者逐步构建起对处理器调度策略的理解。阅读完后续章节，相信读者可以具备初步的调度策略设计能力，满足一些简单的调度指标。

本节将从一些直观且经典的调度策略开始讲解，例如先到先得、最短任务优先、最短完成时间优先和时间片轮转等。了解这些经典的调度策略有助于理解更为复杂的调度策略背后的设计权衡，以及理解当下系统调度器的设计。

7.3.1 先到先得

在调度策略中，非常容易想到的一种策略是先到先得（First Come First Served，FCFS）策略。这一类策略也被称为先进先出（First In First Out，FIFO）策略。“先来后到”经常体现在日常生活中，在不同场合人们会自发地排队，比如买票、在银行办理业务等，都体现了队列的思想。同样，FCFS 策略也是以队列为主要数据结构设计的。

该策略会在系统中维护一个运行队列，这个队列中的元素是处于就绪状态、等待执行的任务。在决定需要执行的任务时，FCFS 策略会选取运行队列中的第一个任务，将其移出运行队列并执行；当一个任务执行完后，它会被再次放入运行队列的队尾。运行队列起到为多个任务确定顺序的作用，保证任务的执行顺序与其进入运行队列的顺序一致。总体上，FCFS 策略最大的特点就是简单直观。开发者只需要维护一个队列就可以实现 FCFS 策略。同时，FCFS 策略不需要预知任务信息，也没有需要开发者手动调试的参数。

弊端 1：长短任务混合场景下对短任务不友好

我们通过一个例子来理解 FCFS 策略可能带来的问题。表 7.1 展示了某假设的任务场景一的任务信息，包括到达时间点和运行时间，该场景是一个长短任务混合场景。从第 0 秒起，一共有三个计算密集型任务 A、B、C 准备被处理，且它们不会发起 I/O 请求。任务 A、B、C 的到达时间点都为第 0 秒，假定它们进入队列的顺序为 A、B、C。图 7.2 展示了任务场景一基于 FCFS 策略的执行流，可以看到执行顺序同样是 A、B、C。表 7.2 中给出了任务的完成时间点和周转时间（周转时间 = 完成时间点 - 到达时间点）数据。首先看任务 A，它的周转时间与运行时间之比为 1∶1，一般用户会根据任务的运行时间预估大致周转时间，因此 1∶1 代表周转时间符合用户预期，是理想的调度情况。但是再看任务 B 和 C，它们的周转时间与运行时间之比分别高达 6∶1 和 7∶1。这是由于调度器首先调度任务 A，而任务 A 的运行时间较长，任务 B 和 C 不得不等待较长的时间才能开始运行。由于任务 B 和 C 的运行时间相对 A 较短，它们的周转时间会显著受到任务 A 的影响。可以想象，如果任务 A 的运行时间变得更长，那么这一问题会更加严重。这个场景引出了 FCFS 策略的第一个弊端：在短任务（短时运行任务）与长任务（长时运行任务）混合的应用场景下，FCFS 策略可能会导致短任务的周转时间与运行时间之比过大，对于短任务不友好。因此在长短任务混合场景下，FCFS 策略会导致用户体验较差。

表 7.1　任务场景一的任务信息

任务	到达时间点（第 x 秒）	运行时间（秒）
A	0	25
B	0	5
C	0	5

表 7.2　任务场景一在 FCFS 策略下的任务执行信息

任务	完成时间点（第 x 秒）	周转时间（秒）
A	25	25
B	30	30
C	35	35

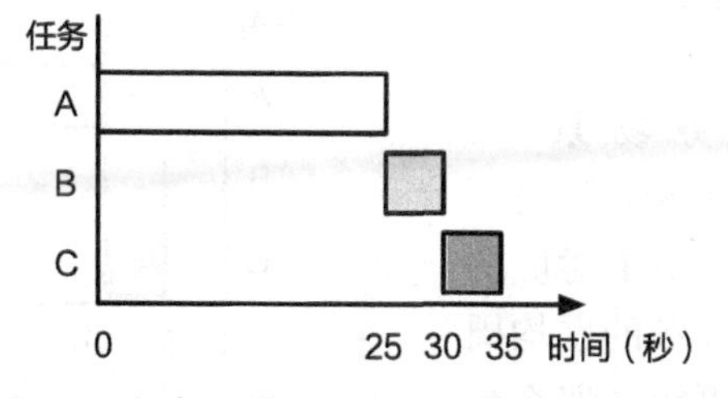

图 7.2　任务场景一在 FCFS 策略下的执行流

弊端 2：对 I/O 密集型任务不友好

I/O 密集型任务通常会花费大部分时间在等待 I/O，仅少量时间用于在 CPU 中处理请求。假设系统中有两个任务 A 和 B。任务 A 是一个计算密集型任务，它需要执行 40 秒。任务 B 是一个 I/O 密集型任务，先于任务 A 到达系统，它会循环两次以下步骤：①使用 CPU，时间 5 秒；②发起并等待一个耗时 15 秒的 I/O 请求。图 7.3 展示了这个例子基于 FCFS 策略的执行流。虽然 I/O 密集型任务 B 可以先执行，但是在其第一次等待 I/O 请求并变为阻塞状态后，计算密集型任务 A 会一直执行直到结束。因此，任务 B 即使在完成 I/O 请求之后也不能执行，只能延后发起下一轮的 I/O 请求，导致 I/O 资源的利用率降低。这个例子说明，FCFS 策略对于计算密集型任务更加友好，但可能会导致 I/O 密集型任务长时间内无法执行。

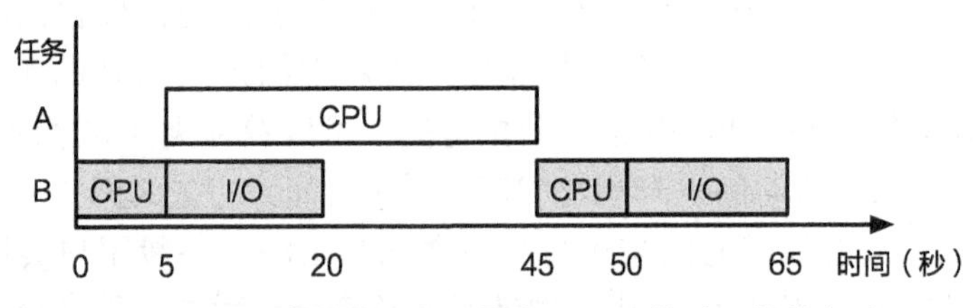

图 7.3 I/O 密集型任务场景在 FCFS 策略下的执行流

正如前文对于 FCFS 弊端的描述，我们意识到 FCFS 策略也因其简单直观的特性，而没有将许多重要因素纳入考量，导致它很难被直接应用在复杂系统中。不过，FCFS 仍然很适合作为系统实现早期的过渡调度策略，并且它的思想在后续介绍的调度策略中仍然得到了应用。

7.3.2 最短任务优先

FCFS 策略所面临的短任务等待时间过长的问题促使我们寻找另一种调度策略，它应尽量让短任务立即执行。根据这一思想，得出的策略是最短任务优先（Shortest Job First，SJF）策略。顾名思义，该策略在调度时会选择运行时间最短的任务执行。

回顾表 7.1 中的任务场景一，表 7.3 给出了任务场景一在 SJF 策略下的任务执行信息，图 7.4 给出了对应的执行流。在 SJF 策略下，任务的平均周转时间相较于 FCFS 策略更短，那么是

表 7.3 任务场景一在 SJF 策略下的任务执行信息

任务	完成时间点（第 x 秒）	周转时间（秒）
A	35	35
B	5	5
C	10	10

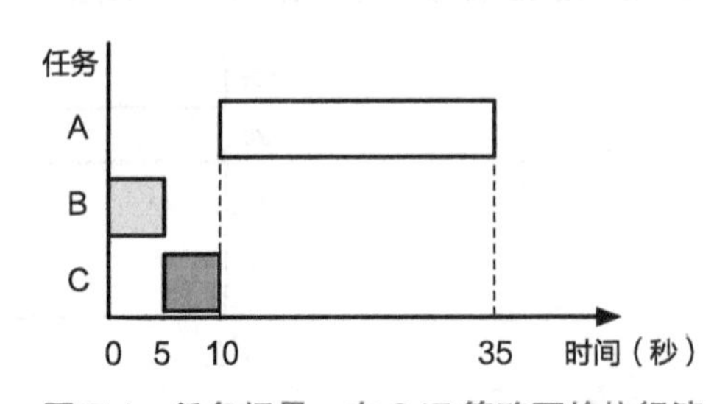

图 7.4 任务场景一在 SJF 策略下的执行流

否可以说 SJF 已经适应类似任务场景一的长短任务混合场景了呢？答案是否定的，SJF 策略仍然存在弊端。

弊端 1：必须预知任务运行时间

SJF 策略能够选取最短运行时间的前提是系统需要预知任务所需的运行时间。对于一些比较固定的应用场景，这个前提是合理的。但是在更多的场景下，系统很难预知将要处理的任务的确切运行时间，因为这取决于当前系统的状态和其他影响程序执行性能的因素。这一前提条件也限制了 SJF 的应用场景。

弊端 2：性能表现严重依赖任务到达时间点

回想表 7.1 中的任务场景一，仔细观察会发现三个任务的到达时间点都是第 0 秒。现在，我们对这个场景进行一定的修改。如表 7.4 的任务场景二所示，任务 A、B、C 的到达时间点分别被设为第 0 秒、第 1 秒和第 2 秒，运行时间不变。简单地说，任务场景二中，任务 B 和 C“迟到”了。图 7.5 展示了任务场景二在 SJF 策略下的执行流。虽然任务 B 和 C 仅仅晚到几秒，但是由于调度器在第 0 秒时并不知晓它们的存在，所以选择调度长任务 A。而当任务 B 和 C 到达时，调度器已经无法重新做出选择。现在的执行流同图 7.2 中的执行流一样，任务 B 和 C 仍必须等待任务 A 执行完。SJF 策略虽然看上去有效，但是它和 FCFS 策略一样，仍然过于简单，有许多因素需要进一步考虑。

表 7.4 任务场景二的任务信息

任务	到达时间点（第 x 秒）	运行时间（秒）
A	0	25
B	1	5
C	2	5

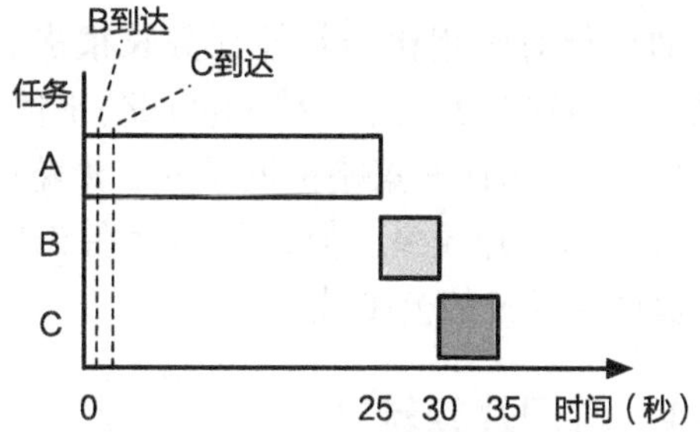

图 7.5 任务场景二在 SJF 策略下的执行流

总体上，SJF 策略对任务信息已知且要求短平均周转时间和大吞吐量的场景有比较好的效果。但由于其依赖任务到达时间点，所以适用场景相对受限。在下一节中我们会看到，SJF 策略也无法保证长任务的公平性。

7.3.3 最短完成时间优先

SJF 策略面临的问题是“迟到”的短任务无法从该策略中受益。为了解决这个问题，一个直接的思路是，是否可以让调度器在任务 B 和 C 到达时进行调度？答案是可以的，回顾 7.1.2 节介绍的对于调度时机的分类，我们可以利用抢占式的调度时机，让任务 B 和 C 无须等到任务 A 执行结束就能被调度。事实上，如果调度策略支持抢占式的调度时机，则可以被称为**抢占式调度**（Preemptive Scheduling）；否则，该调度策略被称为**协作式调度**（Non-Preemptive Scheduling）。前文介绍的 FCFS 策略和 SJF 策略，由于系统必须等一个任务执行完或者主动退出执行才能调度，因此都是协作式调度。

接下来，根据上述思路，我们将介绍 SJF 策略的抢占式版本：最短完成时间任务优先（Shortest Time-to-Completion First，STCF）策略。再看表 7.4 所示的任务场景二，以及图 7.6 所示的该场景在 STCF 策略下的执行流，任务 B 和 C 的“迟到”并没有造成严重后果。由于任务 A 在第 0 秒首先到达系统，所以任务 A 执行了 1 秒。在第 1 秒时，任务 B 到达系统，由于其所需完成时间短于任务 A，所以任务 B 可以立即抢占任务 A 并执行。而任务 C 在第 2 秒到达时，任务 B 已经运行了 1 秒，任务 B 的完成时间点早于任务 C 的完成时间点，所以任务 C 不会抢占任务 B 的执行，而是等到任务 B 结束再开始执行。

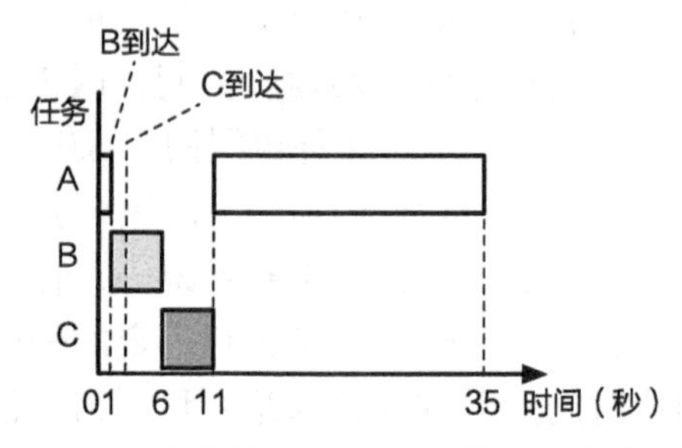

图 7.6　任务场景二在 STCF 策略下的执行流

弊端：长任务饥饿

STCF 策略极端倾向于完成时间较短的任务，因此当一个系统中有大量的短任务和少量的长任务时，这个系统的长任务很可能占用不到 CPU 资源，因而一直处于饥饿状态。在某些系统中，通常有后台服务（例如网络服务、数据库服务）随开机启动并一直执行，它们的运行时间相比于其他任务长很多。SJF 策略和 STCF 策略几乎不会让它们获得执行机会，而这对于整个系统调度的公平性是不利的。

总体上，STCF 策略扩展了 SJF 策略的适用场景，对于任务的平均周转时间和吞吐量有比较好的提升效果。但其仍然存在 SJF 策略的两个问题：需要预知任务执行时间，并且不保证长任务的公平性。

7.3.4　时间片轮转

之前讨论的策略主要是针对批处理任务的策略，它们主要关注的调度指标是周转时间。随着操作系统的发展，交互式程序（如终端）逐渐普及，与用户的交互为调度带来了新的指标——响应时间。响应时间指的是从用户发起请求到任务响应用户所需的时间。在生活中，相比于任务能否快速完成，用户可能更在意任务能否快速响应用户的请求。举一个简单的例子，一个程序需要一次性花 30 秒完成某项工作，但是在这个过程中没有任何提示；同样的工作，另一个程序可能要花费 40 秒完成，但是会每隔 1 秒告知用户当前的进度。在使用前者时，用户的耐心会随着时间的流逝逐渐耗尽，并最终倾向于认为这个程序不能响应。相对于前者的“冷淡”，在使用后者时，用户会有更好的体验。

前文讨论的策略只有在任务的到达和结束时才会进行调度，如果一段时间内没有新的任务到达或当前任务没有执行完，那么调度器就无法进行调度，因此非运行状态的任务也无法及时地响应用户。为了及时响应用户，需要为任务设置时间片，限定任务每次执行的时间。当前任务执行完时间片后，就切换到运行队列中的下一个任务。这一思想的体现就是时间片轮转（Round Robin，RR）策略[1]。图7.7展示了三个任务A、B、C在RR策略下的执行流。该RR策略使用1秒的时间片，以3秒为一个循环执行这三个任务。由于时间片一般会设为足够小，所以所有任务都可以在一定时间内执行并响应用户，从而将响应时间限定在一个可接受的范围内。相比于SJF策略和STCF策略，RR策略不仅无须预知任务的运行时间，而且也不会出现长任务饥饿的情况。

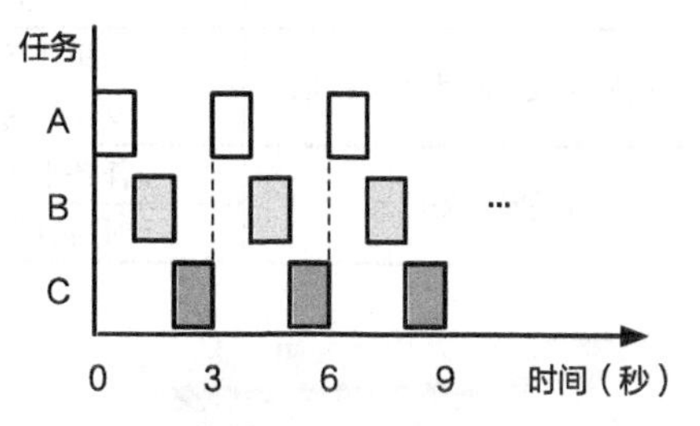

图7.7　RR策略在任务运行时间相似场景下的执行流

对于RR策略，一个关键点是时间片大小该如何选取。理想情况下，时间片选取得越小，任务的响应时间就更短。但是，之前的讨论是基于抽象模型进行的，没有考虑调度器的调度开销和任务切换所导致的上下文切换开销。在实际场景中，过小的时间片反而会引入大量开销，使任务的调度成为严重的性能瓶颈。另一方面，如果时间片过长，比如100秒，RR策略不仅无法满足用户对于响应时间的需求，还很可能产生与FCFS策略相同的负面效果。因此，如何将时间片降低到一个合理的值对于开发者是一大挑战，它要求开发者对整个应用场景有着明确的认知。

弊端：任务运行时间相似的场景下平均周转时间高

本节主要考虑的调度指标是响应时间，因此RR策略理应有着很好的表现。那么对于周转时间这一指标呢？再以图7.7的任务A、B、C为例，假设它们的运行时间都是3秒，那么它们会分别在第7秒、第8秒、第9秒完成，这个执行流代表每个任务都在最后时刻完成，它们的平均周转时间非常高。RR策略在一定程度上保证了每个任务之间的公平性（每个任务都能在一定的时间内被调度），同时也获得良好的响应时间。但是，在特定场景（如每个任务运行时间相似）下，任务的平均周转时间可能较差。

总体上，RR策略是一个非常通用的策略，在批处理任务和交互式任务混合场景下有相对较好的综合表现，且无须预知任务执行时间。但RR策略不适用于任务运行时间相似且对平均周转时间有极高要求的场景。

7.3.5　经典调度策略的比较

本节介绍了经典的FCFS、SJF、STCF和RR调度策略，对这些策略的总结如表7.5所示。

表7.5　经典调度策略的总结

	优　势	弊　端
先到先得（FCFS）	设计实现简单	长短任务混合场景下对短任务不友好
	对所有任务公平	对I/O密集型任务不友好
最短任务优先（SJF）	对短任务友好	必须预知任务运行时间
		性能表现严重依赖任务到达时间点
		对长任务不公平

（续）

	优　势	弊　端
最短完成时间优先（STCF）	对短任务友好	必须预知任务运行时间
	支持抢占	对长任务不公平
时间片轮转（RR）	任务平均响应时间低	任务运行时间相似的场景下平均周转时间高
	对所有任务公平	

7.4　优先级调度策略

本节主要知识点

- ❑ 优先级与不同调度策略的关系是什么？
- ❑ 有哪些典型的优先级调度？
- ❑ 如何设置任务的优先级？

在了解了经典调度策略后，本节将介绍应用广泛的优先级调度。现假设以下场景：小明在一个单核计算机上通过多个后台程序处理大数据集，这些后台程序会在指定的文件目录中输出中间结果文件。小明希望通过命令行的 `ls` 指令看到数据处理的进度。我们假设系统使用 RR 策略进行调度，那么现在系统中有 N 个批处理任务和一个命令行的交互式任务。基于 RR 策略的调度不会对管理的任务进行区分，因此单位时间内命令行只会占用 $1/(N+1)$ 的 CPU 时间。大部分时间下，后台程序会阻塞 `ls` 指令的执行，小明会感觉整个系统很卡顿，就连 `ls` 都需要很长时间才能响应。如果小明脾气不好，他很有可能马上通过 `kill` 指令终止后台程序。因此，为了保持良好的用户体验，调度器应尽量避免交互式任务被批处理任务阻塞。

如果操作系统有能力让交互式任务优先于批处理任务执行，就能避免交互式任务被批处理任务阻塞。为此，调度器引入了优先级的概念。优先级是一个直接有效的概念，通过为每个任务指定优先级，调度器可以确认哪些任务应该优先执行。只要操作系统可以分辨一个任务是交互式任务还是批处理任务[⊖]，就能为交互式任务设置更高的优先级，进而为用户提供更好的体验。

其实，之前讨论的算法都隐式地使用了优先级这一概念。表 7.6 给出了 7.3 节讨论的调度策略以及对应策略确定任务优先级的方式。可以看到，虽然我们讨

表 7.6　不同调度策略对应的优先级确定方式

调度策略	优先级确定方式
FCFS	任务等待时间长
SJF	任务运行时间短
STCF	任务剩余完成时间短
RR	所有任务平等

⊖ 操作系统可以通过让程序员显式指定的方式或通过启发式算法自动判断的方式判断一个任务的种类。

论了很多不同算法，但是它们最主要的不同点在于如何确定一个任务的优先级。在理解优先级与调度的关系后，相信读者也能够从更高的层次来理解调度。

7.4.1　高响应比优先

现在，我们回顾 FCFS 策略和 SJF 策略以及它们的优缺点。FCFS 策略体现了“先到先得”的原则，先到达的任务优先调度。换句话说，FCFS 策略更倾向于先执行等待时间较长的任务。不可避免地，FCFS 策略对于短任务很不友好，会导致短任务因被长任务阻塞而等待过长时间。为了让运行时间短的任务可能尽快执行，SJF 策略将任务的运行时间作为优先级来调度任务。然而，这也使得运行时间长的任务因陷入饥饿而无法执行。

那么，是否可以设计一种调度策略，既可以让短任务优先执行，又不会让长任务等待太久呢？答案是可以，这种调度策略的设计思路是，让优先级的设置同时考虑任务的运行时间和任务的等待时间。根据上述思路设计的调度策略就是高响应比优先（Highest Response Ratio Next，HRRN）策略。

响应比（Response Ratio）反映了一个任务的等待时间与其运行时间的相对关系，计算公式如下：

$$\text{响应比} = \frac{T_{\text{响应}}}{T_{\text{运行}}} = \frac{T_{\text{等待}} + T_{\text{运行}}}{T_{\text{运行}}}$$

具体地，响应比是一个任务的响应时间与其运行时间的比值，该比值的最小值为 1，表示任务未经过等待就可以立即执行至结束。如果两个任务等待了相同的时间，则运行时间越短的任务响应比越高。如果一个任务的运行时间固定，则等待时间越长，响应比越高。

从响应比的数学意义上理解，“高响应比优先”同时隐含了“优先调度短任务”和“优先调度等待时间长的任务”的思想。观察转换后的响应比公式：

$$\text{响应比} = \frac{T_{\text{等待}}}{T_{\text{运行}}} + 1$$

不难发现，在比较两个任务的响应比时，两边的常数项 1 会被抵消。实际上，比较两个任务的响应比，就是在比较它们的等待时间与运行时间之比，这也是 HRRN 策略选取响应比作为优先级的本质原因。

总体上，HRRN 策略通过结合 FCFS 策略和 SJF 策略，避免了 SJF 策略与 STCF 策略在公平性方面的问题。对于大部分场景，只需预知任务执行时间就能有不错的平均周转时间和吞吐量。

7.4.2　多级队列与多级反馈队列

在了解了 HRRN 策略后，读者不难发现，并非只有单一因素能够影响任务的优先级。实际上，真实系统中为了确定任务优先级需要考虑很多因素，情况非常复杂。一种直接的设置优先级的方式是人为划分任务的种类，根据不同类任务在系统中的重要程度分配优先级。那么作为开发者，应该如何为不同的任务安排优先级呢？对于拥有明确截止时间的实时任务，我们应该为其分配最高优先级，尽量保证实时任务可以在截止时间以前完成；而交互式任务的响应时间直接影响用户体验，为了避免用户体验较差，我们需要为其分配较高的优先级；批处理任务一般没有如实时任务与交互式任务那样对时延、响应时间的高要求，所以这类任务的优先级较低。本节将首先介绍一种直观的静态优先级调度策略——多级队列，基于该策略的任务会严格根据预设的优先级进行调度。基于对该调度策略的观察，本节会逐步给出一些关于设置优先级的经验。那么，针对完全未知的任务，该如何设置优先级并保证系统整体较优的性能呢？本节会介绍一个经典的基于多级队列的动态优先级调度策略——多级反馈队列。

多级队列

我们试想一个真实的生活场景。在机场有一架航班准备起飞，我们将需要登机的人分为三类：①飞行员、空乘、维护人员；②购买商务舱机票的 VIP 乘客；③其他普通乘客。在飞机允许登机以前，第一类工作人员会在专用场所等待，VIP 乘客一般会在 VIP 候机室等待，其他乘客则会在候机大厅等待。在飞机到达后，工作人员需要立即登机进行维护、检查并完成临起飞工作，可以认为他们的登机优先级最高。当工作人员准备好以后，后两类乘客可以开始登机。而在登机时，一般是 VIP 乘客全部登机完，再请普通乘客登机。我们将这个场景与处理器调度进行类比：工作人员就是实时任务，他们负责在规定时间内确保飞机可以按时起飞；VIP 乘客与交互式任务一样有着相对较高的优先级；而其他乘客则与批处理任务类似，其优先级低于实时任务和交互式任务。这三类人员被分在不同的三个场所等待，就好像操作系统将不同优先级的任务放在不同的任务队列中。另外，对于优先级相同的人员，对他们的登机顺序并没有明确的要求：工作人员只需要比乘客先行登机，按时做好准备工作即可；另外两类乘客一般采用排队即先到先得的方式来确定登机顺序。

多级队列（Multi-Level Queue，MLQ）策略就是以类似的思想进行设计的，如图 7.8 所示。每个任务会被分配预先设置好的优先级，每个优先级对应一个队列，任务会被存储在对应的优先级队列中。如果优先级不同的任务同时处于就绪状态，那么调度器应该倾向于调度优先级较高的任务，因此一个任务必须等到所有优先级比它高的任务被调度完才可以被调度。处于相同优先级队列的任务，对它们的调度方式没有统一标准，可以有针对性地为不同队列采用不同调度策略，例如 FCFS 策略[㊀]或 RR 策略。

MLQ 适合静态的应用场景，这类场景下的任务信息（例如任务的大致运行时间、资源使用情况等）可以在执行前获知。根据任务信息，可以生成对应的调度模型，进而计

㊀ 此处的 FCFS 策略是可以被更高优先级任务抢占的。

算出每种任务适合的优先级并进行调度。

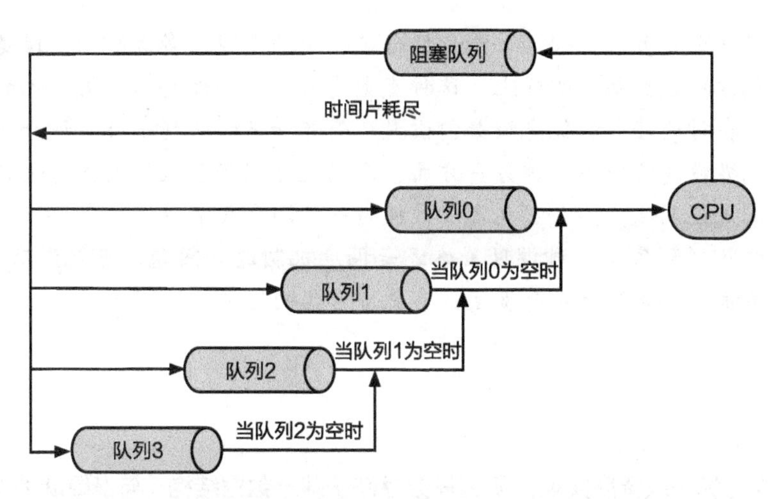

图 7.8　优先级调度策略示意图（队列 0 对应最高优先级）

在设置 MLQ 的任务优先级时，需要注意将 I/O 密集型任务的优先级提高。试想一种计算密集型任务与 I/O 密集型任务混合运行的场景，假设计算密集型任务的优先级比 I/O 密集型任务的优先级高。那么就很可能遇到以下情况：大量高优先级的计算密集型任务优先于 I/O 密集型任务执行，而 I/O 密集型任务一直没有机会发起 I/O 请求，必须等到所有计算密集型任务做完才可以执行，最终造成 I/O 资源利用率低下。由于 I/O 密集型任务一般不会消耗大量 CPU 资源，完全可以将其优先级提高，率先发起 I/O 请求，从而充分利用空闲的 I/O 资源。

MLQ 是一种高效的优先级调度策略，由于队列的数量一般是预先确定的，调度器可以在 $O(1)$ 时间（相对于任务总量 N）找到所有非空队列中优先级最高的一个，并选取其队列头的任务进行调度。同时，MLQ 可以如实地反映任务的优先级。

然而，完全基于预设的优先级调度任务也可能带来问题：低优先级任务饥饿。如图 7.9 所示，在调度时很有可能出现一个低优先级的任务等待执行，但是大量高优先级的任务不断进入系统，造成低优先级的任务无法被调度，即低优先级任务饥饿。如果调度器需要保证一定的公平性，避免 MLQ 引起的饥饿，则需要额外的机制来监控任务等待时间，并为等待时间过长（如超过一定阈值）的任务提升优先级。

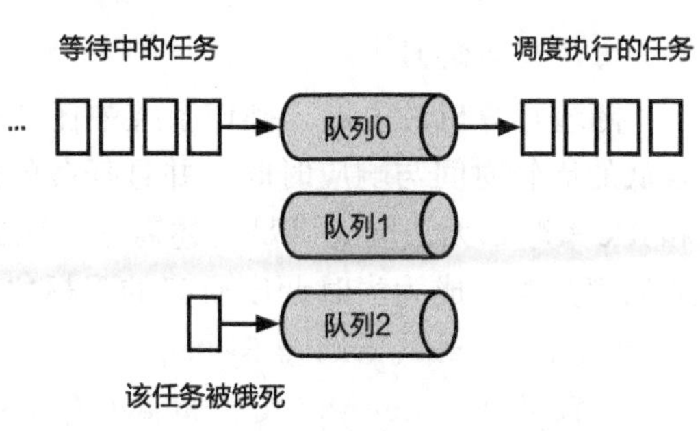

图 7.9　低优先级任务饥饿示意图

小思考

在了解了什么是多级队列后，细心的读者会隐约发现，多级队列更像是一种优先级调度的实现方式或机制。实际上，这种直觉是有一定道理的。前文讨论的各种调度策略更多的是在讨论任务的优先级如何设置，而非如多级队列一样去设计一种数据结构来定位优先级最高的任务。但另一方面，我们也可以将多级队列视为优先级范围被静态确定的优先级调度，那么它也可以被视为一种调度策略。

对于多级队列到底是一种调度策略还是调度机制这一问题，可能没有标准答案。这个小思考是希望大家能够融会贯通，有更多自己的思考。

小思考

试想一种直观的优先级调度实现：所有任务存储于同一数据结构（与多级队列将任务根据优先级存储于不同数据结构相对），每次调度选取优先级最高的任务。多级队列与之相比的优劣分别是什么？

多级队列的缺点是限制了任务的优先级，即任务的优先级只能在给定的优先级范围内，而上述方法则可以为任务分配任意优先级。也正是由于优先级范围的限制，多级队列的优点是可以减小调度开销。具体原因如下。一般为了维护所有任务中优先级最高的任务信息，需要遍历所有任务，其时间复杂度为 $O(N)$，N 对应需要处理的任务数量。从算法的角度考虑，维护一个有序的堆或树状数据结构时，虽然该数据结构的查询（找到优先级最高的任务）时间复杂度为 $O(1)$，但维护（将一个任务放回运行队列）时间复杂度仍为 $O(\log N)$。而多级队列相当于维护了一个数组，任务可以直接根据优先级找到对应的队列，查询、维护的时间复杂度都为 $O(1)$。并且，一般只要多级队列所设定的优先级范围足够大，其优先级范围受限的缺点也是可以忽略的。

多级反馈队列

随着计算机的发展，操作系统中任务的需求变得越来越复杂，任务可能同时希望有较低的周转时间与响应时间，并且任务的运行时间无法预知。前文中介绍的 STCF 策略和 RR 策略都无法同时满足上述需求。因此，寻找一个综合全面的、适应动态应用场景的调度策略，成为当时调度研究的目标之一。图灵奖获得者 Corbató 领导**相容分时系统**（Compatible Time-Sharing System，CTSS）的研发，并于 1962 年提出多级反馈队列[2]。**多级反馈队列**（Multi-level Feedback Queue，MLFQ）策略的设计目标是，在任务信息无法预知且任务类型动态变化（任务行为模式会在计算密集型与 I/O 密集型之间转换）的场景下，既能达到类似 STCF 策略的周转时间，又像 RR 策略一样可以尽可能降低任务的响应时间。为此，MLFQ 策略在沿用 MLQ 的基础上，增加了动态设置任务优先级的策略。

与 MLQ 类似，MLFQ 策略也会维护多个优先级队列，任务根据优先级存于不同队列中，高优先级任务先于低优先级任务执行，处于相同优先级的任务则采用 RR 策略执行。MLFQ 策略的一大创新是实现了优先级的动态设置，具体策略如下。

*短任务拥有更高的优先级。*MLFQ 策略倾向于为短任务设置更高的优先级，主要有以下三点好处。第一，在介绍 SJF 策略时已经提到，优先调度短任务可以获得更好的平均周转时间。第二，I/O 密集型任务一般在 CPU 中执行的时间很短，给短任务提高优先级也相当于提高 I/O 密集型任务的优先级，有利于提高系统的 I/O 资源利用率。第三，交互式任务一般是短任务，提高其优先级有助于降低这些任务的响应时间。

MLFQ 策略首先对任务的运行时间进行评估，预计运行时间较短的任务会放入优先级较高的队列中。但是，在真实系统中，可能无法准确追踪任务的完成时间和剩余完成时间，这也是 SJF 策略和 STCF 策略的一大限制。为此，MLFQ 会统计每个任务已经执行了多长时间，并据此判断该任务是短任务还是长任务。首先，任务进入系统时，MLFQ 会假设该任务是短任务，并将其设置为最高优先级，这有利于交互式任务达成较短的响应时间以及 I/O 密集型任务充分利用 I/O 资源。然后，MLFQ 会为每个任务级队列设置任务的**最大运行时间**（任务在当前队列可运行的总时间，而非时间片）。如果任务在当前队列（多次）执行并最终超过了队列允许的最大时间，MLFQ 策略会认为该任务是运行时间较长的任务，进而将该任务的优先级减一。凭借该方法，MLFQ 就可以大致适配任务的优先级，即动态评估任务的运行时间。由于短任务一般都可以在预设的时间片之前完成，因此可以一直保留在优先级较高的队列中；相对地，长任务的优先级则会随着执行次数的增多逐渐降低。

*低优先级的任务采用更长的时间片。*CTSS 起初运行在 IBM 7090 上[2]，出于内存保护和简化设计的原因，一次只能将一个用户的任务载入内存，因此任务切换的开销非常大。为了尽量减少任务的调度次数，MLFQ 根据预估的任务执行时间，给予一个合适的调度时间片。优先级越低的任务，其时间片越长。由于 MLFQ 策略支持抢占式调度，所以无须担心低优先级的任务阻塞新进入系统的任务。

*定时将所有任务的优先级提升至最高。*与 MLQ 类似，上述 MLFQ 策略也有可能造成低优先级任务饥饿。当一个长任务经过一定时间的运行后，它最终会被分配到最低的优先级，并且没有其他机制可以重新提升它的优先级。如果此时一直有短任务需要调度，那么长任务就无法执行，造成饥饿现象。在 MLFQ 策略针对的场景下，一个任务原本可能是计算密集型任务，因而被放入最低优先级队列。但在一定时间后，用户希望与其交互，该任务则变成了一个对响应时间有要求的交互式任务。因此，MLFQ 策略会在一定时间周期后将系统内所有任务的优先级重新提升至最高级，保证不会有任务饥饿。

图 7.10 展示了三个任务 A、B、C 基于 MLFQ 策略的执行流。其中任务 A 是一个长任务，而任务 B 和 C 的运行时间相对较短。在初始阶段，任务 A 和 B 进入系统，并且被分配最高的优先级。当它们在队列 0（最高优先级队列）中执行至最大运行时间后，调度器会降低它们的优先级，移至队列 1。任务 B 在队列 1 执行结束，而任务 A 一直在执行，因此任务 A 的优先级会被进一步降低并移至队列 2。当任务 A 在队列 2 执行到第二个时间片时，任务 C 进入系统，它被调度器分配最高的优先级，抢占任务 A 的执行。过了一定的时间后，到达调度器定时提升任务优先级的时间点，任务 A 和 C 都被移至队列 0 执行。任务 C 随后在队列 0 的第一个时间片结束自己的执行，长任务 A 继续执行，并最终再次回到最低优先级的队列 2。

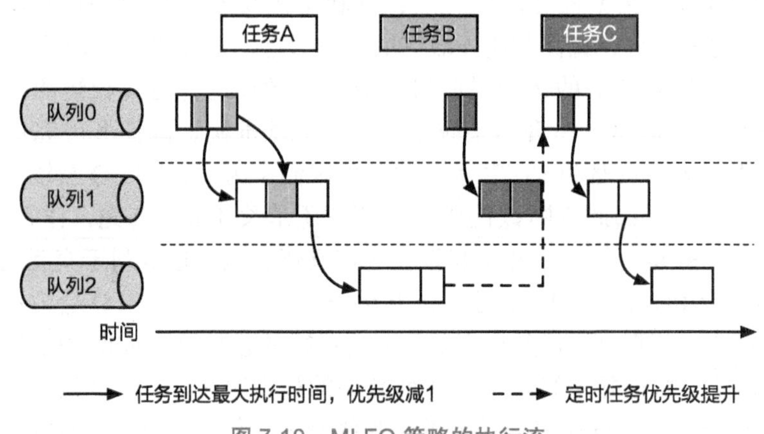

图 7.10　MLFQ 策略的执行流

在 MLFQ 策略的设计中，任务的优先级会被动态地提升（Boost）和降低（Penalty，对应“惩罚”）。提升和降低是用于动态调节任务优先级的机制，被应用在包括 Linux 在内的许多操作系统中。系统可以启发式地确定哪些任务需要被提升或降低优先级，以及优先级的变化量应该是多少，进而调整优先级调度的结果。然而，这些启发式方法在提升调度效果的同时，也可能造成实现复杂的问题。

在 MLFQ 策略的具体实现中，有许多调度参数需要调整，例如优先级队列的数量、每个优先级队列采用的时间片、任务在每个优先级队列的最大运行时间以及调度器定时提升优先级的时间间隔。如果参数使用不当，就可能达不到预期的调度效果。比如，如果提升优先级的时间间隔过短，那么所有任务都会保持在最高优先级的队列中，退化成 RR 策略；而如果该间隔过长，很可能会导致长任务保持在最低优先级队列中，很长时间内无法执行。因此，虽然 MLFQ 调度策略的设计非常巧妙，但开发者仍然需要花费很大的努力，对系统整体有细致的了解，才可以实现出有效的基于 MLFQ 策略的调度器。

MLFQ 策略通过记录任务运行时间的方式，动态地调配任务的优先级。它能达到与 SJF 策略和 STCF 策略类似的低平均周转时间，同时还能保证任务的响应时间，并且避免了任务饥饿。以 MLFQ 为基础的调度策略在很多操作系统中都得到了应用，例如早期 Linux、Windows 和 macOS[⊖]。

7.4.3 优先级调度策略的比较

本章介绍的 HRRN 策略说明，设置优先级调度策略的优先级是需要考虑多种因素并经过深思熟虑的。在此基础上，本章分别介绍了静态优先级策略 MLQ 和动态优先级策略 MLFQ，展示了实际调度策略如何设置任务的优先级。根据优先级设置策略的不同，它们的区别也显而易见：HRRN 策略主要希望融合 FCFS 与 SJF 策略的优点，在短任务优先的同时保证长任务不会饿死，所以其优先级设置会同时考虑任务的运行时间和等待时间；MLQ 策略主要关注任务已知且种类划分明确的场景，所以其优先级会根据任务种类而设置；而 MLFQ 策略则是一种通用的优先级调度，其不同的规则实际上是为了满足不同的设计考量。因此，在选择优先级调度策略时，读者应该首先明确适合目标场景的特征与调度指标，这样才能设计出合适的优先级调度策略。

7.5 公平共享调度策略

本节主要知识点

- ❑ 为什么需要公平共享调度？什么是份额？
- ❑ 有哪些典型的公平共享调度策略？
- ❑ 份额与优先级的异同是什么？

优先级调度被广泛应用在大量场景中，然而优先级调度也并非在所有场景中都能适用。以资源共享场景为例，当用户共享服务器时，一个默认假设是用户使用的资源数（例如 CPU 时间）与所花费的钱是成正比的。现在，假设小明和小红合租了一台云计算平台上的单核服务器，他们商定平分 CPU 时间，并且小明同时开启三个任务（任务 A、B、C），而小红只开启一个任务（任务 D）。那么有什么调度策略能够保证小明的三个任务和小红的一个任务平分 CPU 时间呢？

假设这些任务的优先级相同，并且采用 RR 策略进行“公平”的调度。那么由于此时小明开启三个任务，会占据 75% 的 CPU 时间，而小红则只能使用剩下的 25%，因此 RR 策略不能满足两人对于 CPU 资源平分的约定。

小明和小红决定尝试优先级调度，小明的三个任务优先级被设置为 1（低优先级），而小红的一个任务优先级被设置为 3（高优先级），这样的优先级分配从数值上体现了用

⊖ 资料来源于维基百科，参见 https://en.wikipedia.org/wiki/Scheduling_ (computing)。

户对资源占比的预期［小明与小红的 CPU 时间占比为（1+1+1）：3］。然而实际调度中，在没有防止低优先级任务饥饿机制的情况下，小红的任务会持续执行直到结束。我们发现，优先级的数值仅仅是用于比较优先级高低而存在的，无法反映单位时间内一个任务可以占用的 CPU 时间比例。因此优先级调度也无法保证任务对资源使用的实际比例。

在考虑到资源的使用情况时，用户看重的已经不再是平均周转时间或者响应时间，而是自己在总资源中的占用比例，用户希望：

- “优先级”为 3 的任务占用的 CPU 时间是“优先级”为 1 的任务的 3 倍，是“优先级”为 6 的任务的一半。
- 系统资源的分配支持以用户或一组任务为粒度。

为了满足以上的需求，**公平共享调度**[⊖]（Fair-Share Scheduling）应运而生，这类调度器会量化任务对系统资源的占用比例，从而实现对于资源的公平调度。我们将以**份额**（Share）来量化每个任务对 CPU 时间的使用。图 7.11 给出了小明和小红使用份额的例子，假设当前 CPU 核心只负责处理他们两人的请求。从小明和小红的视角来看，假设每人都拥有 40 的份额，即每人应使用一半的 CPU 时间。任务份额并非系统直接给定的，而是两人从自己的份额中选取一部分交由各自的任务。图 7.12 给出了根据以上例子，理想情况下的公平共享调度应达到的 CPU 时间占比。例如，小明的份额占了系统总份额的 50%，而任务 B 的份额占了小明总份额的 50%，因此任务 B 的实际 CPU 占比是 50% × 50% = 25%。

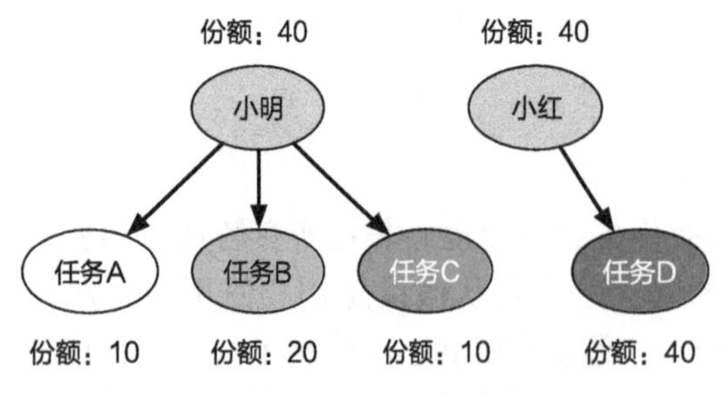

图 7.11 小明和小红使用份额的例子

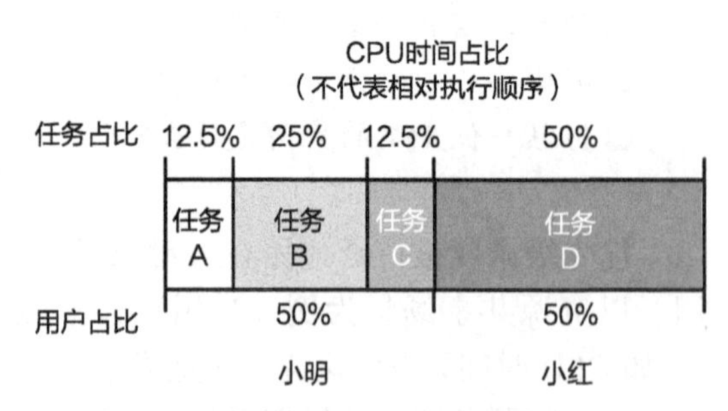

图 7.12 小明和小红发起的任务在公平共享调度下的理论 CPU 时间占比

以上例子反映了用户不同于此前的需求，他们可能需要一个直接或间接的参数来控制任务的资源使用情况。而份额支持*层级化*的分配方式，可以直观地体现每个任务理论上对资源的使用情况。在实际场景中，为了方便管理，可以将任务分组（称为一个任务组）。以组为单位分配份额，任务会在组内部进一步分摊该组所拥有的份额。

在了解了份额这一概念后，下面将介绍两个经典的公平共享调度策略，**彩票调度**和**步幅调度**。

⊖ 公平共享调度的“公平”指的是任务对资源的使用符合用户预期。

7.5.1 彩票调度

公平共享调度策略的设计思路是根据每个任务所占用的份额，成比例地分配 CPU 时间。这类调度策略需要解决的问题是如何高效地达到公平共享的目标。本节将介绍著名的彩票调度（Lottery Scheduling）策略[3]。其中，彩票对应份额。假设现在班级举行抽奖活动，小明和小红分别拥有 3 张和 6 张彩票，其他同学一共拥有 21 张彩票。活动规则是在这 30 张彩票中随机抽取一张，抽中彩票的归属者即中奖。可以算出小明和小红单次抽奖的中奖概率分别为 10% 和 20%。如果将抽奖的次数上调，那么他们的中奖频率也将趋近于 10% 和 20%。

彩票调度策略的思想与实际的彩票抽奖类似。在该策略中，份额相当于每个同学拥有的彩票。在每次调度时，任务会根据随机数（彩票开奖）确定是否被调度。任务所占的份额越大，随机数就越有可能落在它的份额之内，因此就越有可能被调度。随着调度（开奖）的次数不断增加，任务被调度的次数在总调度次数中的比例也将趋近于该任务所拥有的份额占总份额的比例。

代码片段 7.2 展示了基于彩票调度的伪代码，对应 7.1.2 节描述的编程接口（代码片段 7.1）中，从运行队列选择下一个被调度任务的逻辑。调度器保留当前的总彩票数（total_tickets，第 5 行），所有任务存储在一个运行队列（run_queue，第 9 行）中，每个任务记录自己占用的彩票数（ticket，第 10 行）。在调度时，调度器在总彩票数的范围内随机生成一个中奖彩票号码（R，第 5 行）。接着，调度器遍历任务列表中的元素，并使用一个计数器（sum，第 3 行）记录已经遍历的任务的彩票数总和（包括当前正在遍历的任务的份额，第 10 行），如果这个总和超过了随机数（R，第 11 行），则返回当前被选择的任务（第 13 行）。

代码片段 7.2　彩票调度的伪代码

```
 1 struct process* sched_dequeue(void)
 2 {
 3   int sum = 0;
 4   // 生成随机数
 5   int R = random(0, total_tickets);
 6
 7   struct process* proc;
 8   // 遍历任务列表
 9   for (proc in run_queue) {
10     sum += proc->ticket;
11     if (R < sum) {
12       // 返回被选择的任务
13       return proc;
14     }
15   }
16   // 此处代码不应被执行
17   return NULL;
18 }
```

以图 7.13 中的随机数 41 为例。调度器从列表头开始，首先遍历到任务 A。因为任务 A 的彩票数为 10，所以计数器从 0 加到 10，但是仍然小于 41，因此调度器继续遍历列表。当遍历到任务 B 时，计数器的值为 40，仍然小于 41。最后，当调度器遍历到任务 C 时，计数器的值为 80，大于 41，因此调度器选用任务 C 进行调度。类似地，当随机数为 35 时，彩票调度策略将选用任务 B 进行调度。

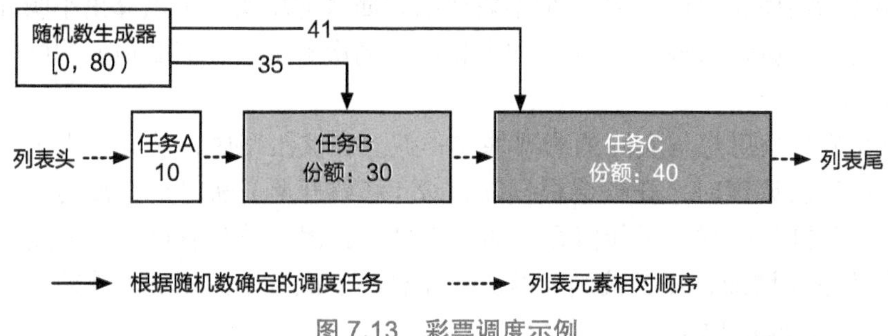

图 7.13 彩票调度示例

彩票调度策略一般不要求列表中的任务按照持有的彩票数量排序，因为影响任务被调度概率的因素是每个任务持有的份额，而非任务在列表中的顺序。不过，如果将任务按照持有的份额数量从高到低进行排序，则可以降低决策时列表的查找次数。仍然以图 7.13 中的随机数 35 为例，如果列表按份额数量从低到高排序，则需要两次列表查找才能确定调度的是任务 B。现在假设列表按份额数量从高到低排序，则任务应以 C、B、A 的顺序存储在列表中，随机数 35 在第一次查找时，就可以决定调度任务 C。

除了彩票调度的基本算法外，还有一些优化方法可用于解决不同的问题：

- **彩票转让**（Ticket Transfer）。在系统的实际运行中，一个份额大的任务 A 可能在等待份额小的任务 B 所持有的锁。彩票调度会让 A 有更高的概率运行，然而任务 A 申请不到任务 B 的锁，会造成 CPU 资源的浪费。针对上述问题，任务 A 可以将自己的份额转让给任务 B。在转让后，任务 B 将拥有更高的 CPU 占比份额，有更高的概率被运行，减少了资源浪费。
- **彩票货币**（Ticket Currency）。用户或者任务组在为子任务分配彩票时，可以采用自己的计算方式，类似于发行了自己的货币。假设现在小明和小红分别有 60 张和 40 张彩票，且他们各自的任务分别组成了一个任务组。小明可以设置自己总共有 400 货币，并进一步把 100 货币分配给任务 A，另外 300 货币分配给任务 B。那么任务 A 的实际彩票为 60 ×（100/400）= 15 张，而任务 B 则为 45 张。那么为什么不直接将 15 张和 45 张彩票分配给两个任务，还要“多此一举”呢？试想如果此时小明的 20 张彩票被转让给了小红，在没有彩票货币机制的情况下，为了保证任务 A 和任务 B 的彩票之和为 40，就需要专门修改它们记录的彩票数量。而在使用彩票货币的情况下，由于任务 A 和任务 B 对应的彩票货币数不变，因此无须进行修改，只需要对小明的任务组持有的彩票数进行修改即可。总之，通过添加一层彩票货币的抽象，可以让任务组更加灵活地修改自己持有的份额，避免影响从属于它们的任务。

- 彩票通胀（Ticket Inflation）。彩票通胀的思想是给任务一定自由度，允许任务根据当前对 CPU 资源的需求决定自己的份额。这种动态调整份额的方式可以应对变化的应用场景，让需要资源的任务动态地申请更多的资源，而不需要资源的任务则可以释放自己的资源。但是，彩票通胀需要多个任务间互相信任，如果有任务恶意地提升自己的彩票量，那么最坏情况下它会占用绝大部分的 CPU 时间。

随机数带来的问题。彩票调度通过使用随机数的方式实现了一个简单且近似于公平共享的调度器。然而，随机数导致某一任务占用 CPU 时间的比例，需要在该任务经历多次调度后，才能趋近于该任务的份额在所有任务总份额中的比例。即只有调度次数足够多，彩票调度的效果才接近公平。假设同一时间内，两位用户分别发起了一个任务，并期望平分 CPU 时间，那么理论上两个任务被调度次数的比例应该近似为 1∶1（假设两个任务的时间片相同）。图 7.14 展示了模拟的彩票调度中，随着总调度次数的增加，两个任务被调度次数的比例（在这里简称为“比例”）。在模拟中，总调度次数小于 16 时，比例一直与理想的 1∶1 相差较多。总调度次数大于等于 16 时，比例近似于 1∶1，但仍然有一定波动。对于运行时间比较短的任务，如果调度次数过少，彩票调度实际分配给任务的 CPU 份额可能因为随机性而与预期不同，不一定能保证公平。

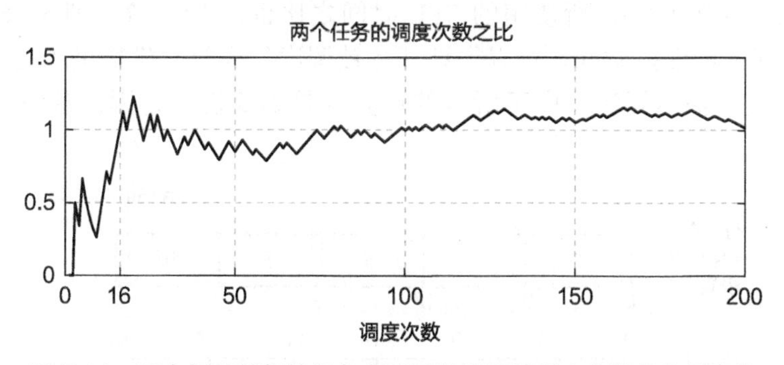

图 7.14 两个相同份额的任务在彩票调度下被调度次数的比例变化

7.5.2 步幅调度

本节将介绍确定性的公平共享调度策略——步幅调度（Stride Scheduling）[4]。该策略与彩票调度非常相似，也会使用份额的概念为每个任务分配占用 CPU 时间的比例。不同点在于，步幅调度采用了确定性的方式调度任务，核心概念是步幅（Stride）。

假设在一台机器上存在任务 A 和任务 B，它们的份额之比为 5∶6，那么怎么使这两个任务使用的 CPU 时间之比也是 5∶6 呢？调度器需要统计不同任务相对使用 CPU 资源的情况，并选择相对使用 CPU 资源最少的任务执行。为了统计 CPU 资源的相对使用情况，一种直观的方法是使用任务真实执行的物理时间统计。进一步假设任务 A 执行了 60 秒，任务 B 执行了 66 秒。为了确认谁获得了超过给定份额的 CPU 资源，通过计算得知，它们的执行时间之比为 10∶11，大于份额之比 5∶6。因此，可以确认虽然任务 A 物理上使用了较少的 CPU 时间，但实际上获得了超过预期的 CPU 资源。但该方法的问题是无法直观体现任务相对占用 CPU 资源的情况。由于系统中往往有大量的任务，甚至任务的份额会动态变化，为了比较 CPU 资源的相对使用情况，所需的计算会变得非常复杂。为了简化上述计算，虚拟时间（Virtual Time）的概念被引入。这是指将物理时间除以任务对应的份额，从而通过比较两个任务的虚拟时间，直接获得 CPU 资源的相对使用情况。根据上述例子，任务 A 的虚拟时间是 12，大于任务 B 的虚拟时间是 11，因此任务 A 相对占用了更多的 CPU 资源。

由于任务的虚拟时间越少则越应该获得 CPU 资源，一般使用虚拟时间的调度策略会选择调度所有任务中虚拟时间最小的任务。现在，每个任务都会记录它已经执行的虚拟时间，并且仅在任务被调度时更新。同时，将它们的运行时间片设置为相同的 T 秒，任务 A 每次被调度时，其虚拟时间加 6 秒（步幅为 6），任务 B 每次被调度时，其虚拟时间加 5 秒（步幅为 5）。

图 7.15 是上述例子的示意图。每个方框代表任务执行的虚拟时间长度，方框内的数字代表任务被真实执行时的调度次序。步幅调度告诉系统在某一刻应该调度哪个任务，并且这个调度是可以保证公平共享的，即每当这两个任务的虚拟时间增加 30 秒时，它们被调度的次数之比为 5∶6，所使用的 CPU 时间之比也是 $5T$∶$6T$，即 5∶6。换句话说，通过步幅计算任务的虚拟时间，可以保证任务被调度的次数与份额呈正比。至此，我们给出了步幅调度的基本算法，由于所有的计算都是确定性的，因此最终的调度也是确定性。

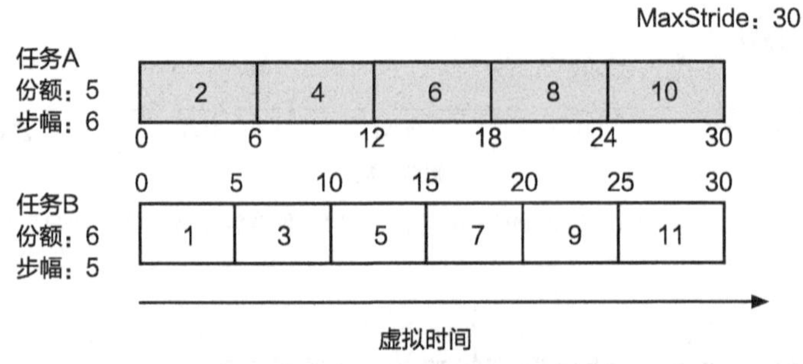

图 7.15　步幅调度示例

步幅调度通过设置虚拟时间的方式，使得任务在每次调度时增加一定的虚拟时间，即步幅。所经历的虚拟时间相同的任务，它们使用的 CPU 时间之比就是步幅的倒数之比。换句话说，任务的份额之比正对应了任务的步幅的倒数之比。

代码片段 7.3 给出了步幅调度的伪代码，对应 7.1.2 节描述的编程接口（代码片段7.1)。在从运行队列选择下一个需要调度的任务时，步幅调度会选取当前虚拟时间最小的任务，将该任务移出运行队列 run_queue(remove_queue_min，第4行)，并最终返回该被选择的任务(第6行)。

代码片段7.3 步幅调度伪代码

```
 1 struct process* sched_dequeue(void)
 2 {
 3   //选择并移除运行队列中虚拟时间最小的任务
 4   struct process* proc = remove_queue_min(run_queue);
 5   //调度该任务
 6   return proc;
 7 }
 8
 9 void sched_enqueue(struct process* proc)
10 {
11   //基于该任务的步幅stride，计算调度后的虚拟时间pass
12   proc->pass += proc->stride;
13   //将该任务重新插入运行队列中
14   insert_queue(run_queue, proc);
15 }
```

当任务被执行完一个时间片，需要放回运行队列时，需要更新该任务所经历的虚拟时间。具体地，步幅调度为每个任务维护 pass 变量(第12行)，表示该任务的虚拟时间。使用 stride 变量保存每个任务的步幅(第12行)。在调度结束后按步幅增加其虚拟时间(第12行)，并将该任务重新加入运行队列 run_queue 中(insert_queue，第14行)。为了使 stride 是整数，会设置一个极大的整数 MaxStride(图7.15为了直观，设置 MaxStride 为任务A和任务B的份额的最小公倍数)，并根据公式 stride = MaxStride/ticket 计算 stride，其中 ticket 就是份额。

在真实系统中需要注意的是，由于任务可能在任意时间进入系统，因此任务的 pass 不能简单地从0开始设置，而应该设置为当前所有任务的最小 pass 值。否则，可能会导致新进入的任务长时间占用CPU。

7.5.3 份额与优先级的比较

上文介绍了两种公平共享调度策略：彩票调度和步幅调度。彩票调度使用随机的思想，因此设计和实现会相对简单，但可能无法保证完全公平，特别是在任务运行时间较短、调度次数不足的情况下。相对地，步幅调度则完全保证了任务的公平共享，但代价是需要额外的维护开销。

此外，在优先级调度策略和公平共享调度策略中，优先级和份额都体现了任务的重要性，它们的差异直接导致了两种调度策略适用场景的不同。优先级与份额都表示任务在系统中的重要程度，但是它们的目的是不同的。优先级调度是为了优化任务的周转时间、响应时间和资源利用率而设计的。不同任务的优先级只能用于相互比较，表明任务执行的先后。而基于份额的公平共享调度是为了让每个任务都能使用它应获得的系统资源。份额的值明确对应任务应使用的系统资源比例，而不同任务的份额可以用于计算这一比例。因此，在优先级调度策略和公平共享调度策略中进行选择时，必须明确当前目标场景更适合优先级还是份额。

7.6 多核处理器调度机制

本节主要知识点

- ❑ 如何维护多核处理器的运行队列？
- ❑ 如何均衡多核处理器的负载？
- ❑ 如何指定运行某个任务的 CPU 核心？

在之前的章节中，我们主要讨论了单核场景下的处理器调度策略。在该场景下，调度器只需要选择合适的任务让唯一的 CPU 核心执行即可。然而，随着多核处理器的出现，处理器调度也变得更加复杂。在多核场景下，调度器不仅需要选取合适的任务，还需要分配合适的 CPU 核心用于执行任务。为了支持多核处理器调度，调度器机制也要进行对应的扩展，本节将主要介绍多核处理器调度的机制。由于篇幅原因，更多有关多核处理器调度的内容将在本书的在线部分进行介绍。

7.6.1 运行队列

一种扩展单核处理器调度机制的直观思路是让所有 CPU 核心共享一个全局的运行队列。图 7.16 展示了基于全局运行队列的多核调度机制。当一个 CPU 核心发起调度时，根据给定的调度策略，从全局运行队列中选择下一个由它执行的任务。当任务的时间片耗尽后，任务会被重新放回全局运行队列中。

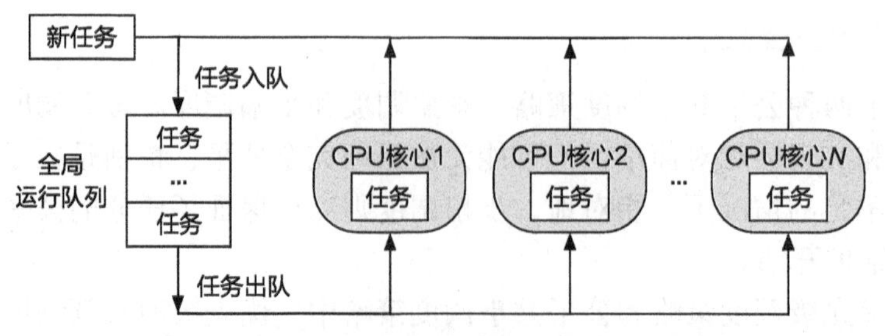

图 7.16 基于全局运行队列的多核处理器调度

全局运行队列是一种简单直观的多核调度机制，但也会导致许多性能方面的问题。

首先，多个 CPU 核心对全局运行队列的访问会产生锁竞争，随着 CPU 核心数量的上升，任务调度的开销会越来越大。另一方面，系统中的任务会在不同的 CPU 核心间来回切换，导致无法有效利用每个核心上的高速缓存（CPU cache），并对任务的执行效率产生影响。

为了避免上述问题，现代操作系统常用的方式是让每个 CPU 核心维护一个本地的运行队列。如图 7.17 所示，当新任务到达系统时，会被分配到某一个 CPU 核心的本地队列，参与该 CPU 核心的单核调度。由于 CPU 核心在调度任务时只需要访问本地数据，且通常情况下任务不会被频繁跨核迁移，因此能够保证高效的任务调度与执行。

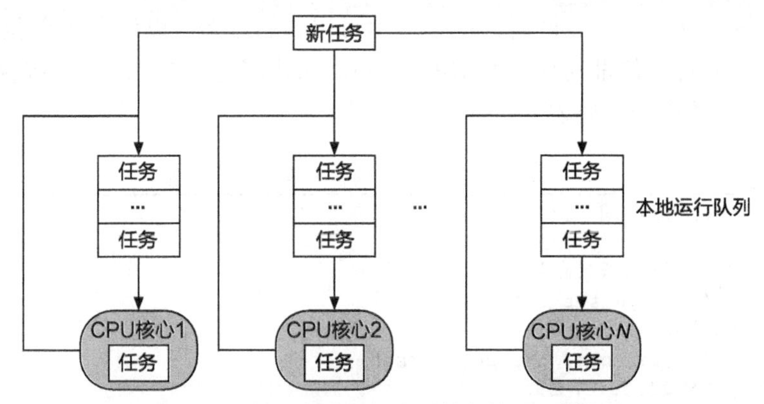

图 7.17　基于本地运行队列的多核处理器调度

调度器通过将任务放到 CPU 核心的本地运行队列，避免了任务在多核间切换的性能开销，因而在多核调度时有良好的性能。然而，如果任务在它的生命周期中只在一个 CPU 核心上运行，则可能导致多核间的负载不均衡，例如某个 CPU 核心的利用率为 100%，而剩余 CPU 核心的利用率都为 0%。为了解决这一问题，多核处理器调度必须考虑**负载均衡**，通过追踪每个 CPU 核心当前的负载情况，将高负载 CPU 核心管理的任务迁移到低负载 CPU 核心上，尽可能地保证每个核心的负载大致相同。

7.6.2　负载均衡与负载追踪

为了达到负载均衡的目的，首先要明确系统中的负载是什么。一种简单的负载定义方式是，将每个 CPU 核心本地队列的长度作为负载。那么负载均衡就应尽可能地让所有 CPU 核心本地队列的长度保持均匀。对于负载的不同定义，可能会引申出不同的负载均衡策略，7.7.4 节将进一步展开介绍 Linux 是如何对负载进行定义，从而指导负载追踪与负载均衡的。

当某个 CPU 核心发现自己本地队列的任务全部执行完时，可以从其他 CPU 核心的本地队列中拿取等待中的任务执行，保证不会有 CPU 核心处于空闲状态，并最终达到负载均衡的目的。这种空闲 CPU 核心从其他核心窃取任务执行的方式也被称为**工作窃取**（Work Stealing）。

7.6.3 处理器亲和性

在多核调度中，操作系统能够根据特定策略在 CPU 核心间迁移任务，从而达到负载均衡的目的。然而，有时候开发者并不希望调度器这么做。例如，小明现在已经是一位有经验的开发者，他完全熟悉自己的程序和调度器的设计。他希望自己程序的任务只在由他指定的 CPU 核心上执行。

为了使开发者能够控制自己程序的执行，Linux 和 ChCore 等操作系统都提供了处理器亲和性（Processor Affinity）的机制，允许程序对任务可以使用的 CPU 核心进行配置。任务可设置 `cpu_set_t` 掩码，用于表示可以执行任务（以线程为单位）的 CPU 核心集合，掩码中的每一位都对应一个 CPU 核心。如代码片段 7.4 所示，提供了一系列对 `cpu_set_t` 进行操作的代码宏。

代码片段 7.4 操作 CPU 核心集合的代码宏

```c
1 #include <sched.h>
2
3 // 对 set 进行初始化，设置为空
4 void CPU_ZERO(cpu_set_t *set);
5 // 将对应 CPU 核心加入 set 中
6 void CPU_SET(int cpu, cpu_set_t *set);
7 // 将对应 CPU 核心从 set 中删除
8 void CPU_CLR(int cpu, cpu_set_t *set);
9 // 判断对应 CPU 核心是否在 set 中，是则返回 1，否则返回 0
10 int CPU_ISSET(int cpu, cpu_set_t *set);
11 // 返回当前 set 中的 CPU 核心数量
12 int CPU_COUNT(cpu_set_t *set);
13 ...
```

在这些操作宏的基础上，操作系统提供了设置和获取任务亲和性的系统调用，如代码片段 7.5 所示。程序可以通过 `sched_setaffinity` 设置任务对于 CPU 核心的亲和性，或是通过 `sched_getaffinity` 获取任务的亲和性配置。需要注意的是，由于线程是 Linux 的调度单元，这里的 `pid` 参数实际上是 Linux 为每个线程分配的标识符，如果 `pid` 为 0，代表操作对象是当前的调用者线程。

代码片段 7.5 Linux 的任务（线程）亲和性接口

```c
1 #include <sched.h>
2
3 int sched_setaffinity(pid_t pid, size_t cpusetsize,
4                       const cpu_set_t *mask);
5 int sched_getaffinity(pid_t pid, size_t cpusetsize,
6                       cpu_set_t *mask);
```

代码片段 7.6 展示了设置任务亲和性的示例代码。设置完成后，该任务只能在 CPU 核心 0 和 2 上执行。操作系统在进行任务调度和迁移时，会检查其迁移目标是否在该任

务允许使用的 CPU 核心集合（包含 0 和 2 两个 CPU 核心）中，如果不在，则不会迁移任务。

代码片段 7.6　设置线程亲和性的代码示例

```
 1 #include <sched.h>
 2 #include <stdio.h>
 3 #include <sys/sysinfo.h>
 4
 5 int main(int argc, char *argv)
 6 {
 7   cpu_set_t mask;
 8   // 初始化 mask 的 CPU 集合为空
 9   CPU_ZERO(&mask);
10
11   // 在 mask 的 CPU 集合中加入 CPU 核心 0 和 CPU 核心 2
12   CPU_SET(0, &mask);
13   CPU_SET(2, &mask);
14
15   // 根据 mask 设置当前线程的亲和性
16   sched_setaffinity(0, sizeof(mask), &mask);
17
18   // 执行程序逻辑
19   ...
20
21   return 0;
22 }
```

7.7　案例分析：Linux 调度器

本节通过案例分析的方式介绍 Linux 发展历史上使用过或正在使用的调度器与相关机制。Linux 诞生伊始，开发重点并非处理器调度。当时对调度器的要求是：实现简单，确保任务不会饥饿。因此，Linux 在 1.2 版本时使用了时间片轮转策略，将一个全局的环形队列作为调度器的运行队列。后来，随着计算机的处理能力变强，以及对称多处理架构（Symmetric Multi-Processor，SMP）的出现，用户将越来越多的任务交由 Linux 处理，处理器调度面对的工作场景越来越复杂。时间片轮转策略仅仅考虑了任务的执行时间，无法满足复杂场景所带来的日益严苛的调度需求。

具体来说，Linux 调度器需要考虑非常多的因素（以及它们对应的需求），包括但不限于：

- 任务的种类。Linux 将任务分为实时任务、交互式任务和批处理任务，并且调度器必须保证实时任务优先于其他两类任务执行。
- 任务使用的资源。根据不同任务使用的主要资源的不同，可以粗略地将任务分类为计算密集型任务和 I/O 密集型任务。为了尽可能保证计算机整体的资源利用率，调度器应该优先调度 I/O 密集型任务。

- 任务的等待时间。由于各种因素的存在，某些任务可能等待了很长时间而没有被执行。为了调度的公平性，调度器应该调度那些等待时间过长的任务。

此外，还有大量其他因素，包括本章未涉及的多核调度相关的因素。那么，该如何设计一个涵盖这么多因素的调度器呢？

处理器调度的目的就是决定哪个任务更应该被执行。换句话说，处理器调度就是要确定哪个任务优先级高，并调度它。Linux 统一用任务的优先级来衡量上述这些因素，尽管因素非常复杂，但对于调度器来说，就是在比较任务的优先级。根据上述思想，从 1.2 版本开始，Linux 调度器不断演化，Linux 2.4 版本开始使用 $O(N)$ 调度器。

7.7.1 $O(N)$ 调度器

顾名思义，$O(N)$ 调度器指定调度决策的时间复杂度是 $O(N)$，N 代表调度器运行队列中的任务数量。我们将首先介绍 $O(N)$ 调度器的设计，然后讨论这一设计所带来的问题。

$O(N)$ 调度器的思想是找出所有任务中优先级最高的任务。由于任务因素种类繁多，其中不乏动态变化的因素，例如任务主要使用的资源和等待时间，因此，Linux 的调度器（包括后文介绍的两个 Linux 调度器）会在任务运行时计算任务的动态优先级。对于需要立即执行的实时任务，Linux 会保证实时任务的动态优先级高于非实时任务（交互式任务和批处理任务）的动态优先级。而在计算非实时任务间的动态优先级时，本节讨论的 $O(N)$ 调度器会综合考虑任务的各种因素等。调度器的“$O(N)$”体现在：当开始调度决策时，需要遍历运行队列中的所有任务，并且重新计算它们的动态优先级，然后选取动态优先级最高的任务执行。

虽然任务对应动态优先级，但是为了公平性，Linux 为非实时任务设置了时间片，保证不会产生任务饥饿。早期的计算机硬件资源有限，任务上下文切换的开销非常大，因此 Linux 倾向于为任务设置尽可能长的时间片。但是，过长的时间片又与任务的低响应时间需求产生了冲突。为了尽可能权衡时间片长短带来的利弊，Linux 的调度器会将时间分为多个调度时间段（Epoch）。每经过一个时间段，调度器都会重新分配任务的时间片，避免所有任务全部执行一次的总时间片过长，导致任务的响应时间过长。同时，为了弥补那些在一个调度时间段结束后仍有剩余时间片的任务，这些任务的剩余时间片的一半会被加入它们的下一个时间片中。

在 Linux 早期，一个系统内的任务数量很少，$O(N)$ 复杂度仍然能够保证系统正常工作。但是随着操作系统和硬件的不断发展，一个系统内需要管理的任务越来越多，$O(N)$ 调度器设计中的问题也逐渐暴露出来：调度开销过大。$O(N)$ 时间复杂度会导致在任务过多的情况下调度器的决策时间过长，浪费 CPU 资源。同时，在所有任务执行完一个时间片后，$O(N)$ 调度器需要更新它们的时间片，这也会造成额外的调度开销。为此，Linux在2.6.0版本中使用新的$O(1)$调度器替换了$O(N)$调度器。

7.7.2　$O(1)$调度器

相比于$O(N)$调度器，$O(1)$调度器的“$O(1)$”体现在：Linux限定了任务的优先级最多只能有140个，其中实时任务对应高优先级范围[0，100)，非实时任务对应低优先级范围[100，140)，在给定任务类型的优先级范围中，用户可具体指定任务的优先级。同时，$O(1)$调度器的运行队列可以被视为多级队列，140个优先级队列分别对应一个优先级。多级队列还维护了一个位图（Bitmap），位图中的比特用于判断对应的优先级队列是否有任务等待调度。在制定调度决策时，$O(1)$调度器会根据位图找到队列中第一个不为空的队列，并调度该队列的第一个任务，其时间复杂度为$O(1)$，与运行队列中的任务数量无关。

具体来说，运行队列实际上是由两个多级队列组成的——激活队列（Active Queue）和过期队列（Expired Queue），分别用于管理仍有时间片剩余的任务和时间片耗尽的任务。当一个任务的时间片耗尽后，它会被加入过期队列中。如果当前激活队列中没有可调度的任务，$O(1)$调度器会将两个队列的角色互换，开始新一轮调度。另外，用户可能不希望交互式任务在一次时间片用完后，就要等待所有其他任务的时间片用完才能再次执行。因此该类任务在时间片用完后，仍然会被加入激活队列中。同时，为了防止交互式任务过于激进地让当前过期队列中的任务无法执行，当过期队列的任务等待了过长时间后，$O(1)$调度器会把交互式任务加入过期队列中。

尽管$O(1)$调度器的调度开销很小，而且在大部分场景下都能获得不错的性能，但仍然存在以下弊端。

首先是交互式任务的判定算法过于复杂。$O(1)$调度器为了保证交互式任务被优先调度，会将执行完一个时间片的交互式任务重新放回激活队列中。然而复杂系统中的任务可能会在不同任务种类中动态切换，因此$O(1)$调度器运用了大量启发式方法来判定一个任务是不是交互式任务。在大部分场景下，$O(1)$调度器的启发式方法判断交互式任务比较准确，而在特定场景下则不然，导致$O(1)$调度器在特定场景下的交互式任务无法及时响应用户。另外，这些启发式方法过于复杂，在代码中硬编码了大量参数，使得代码的可维护性很差。

其次是时间片分配带来的问题。$O(1)$调度器中非实时任务的运行时间片是根据其静态优先级[⊖]确定的，例如静态优先级最高和最低的非实时任务，它们的时间片分别为800毫秒和5毫秒。$O(1)$调度器分配给优先级高的任务的时间片更长，这就与“批处理任务与交互式任务相比，优先级更低而需要的时间片更长”的常识相违背。另外，随

⊖ Linux同时支持用户指定非实时任务的静态优先级，对应的概念在Linux中称为Niceness，即一个任务的友善程度。任务的Niceness越高，对其他任务来说越友善，则其静态优先级就越低。

着系统中任务数量的增加，任务的调度时延（任务从被放入运行队列到下一次被调度的时延）也会增加，响应时间也会受到影响。例如，两个时间片为 100 毫秒的任务被 *O*（1）调度器管理时，它们的调度时延为 100 毫秒；而有三个时间片为 100 毫秒的任务时，调度时延为 200 毫秒。

为解决 *O*（1）调度器的问题，Linux 从 2.6.23 版本开始，使用完全公平调度器（Completely Fair Scheduler，CFS）替代了 *O*（1）调度器。

7.7.3　完全公平调度器

CFS 是目前 Linux 使用的默认调度器。在 7.5 节，我们介绍了公平共享调度策略，该策略保证了每个任务可以根据自己所占的份额共享 CPU 时间，这也是 CFS 的基本思想。之前的 *O*（1）调度器需要通过启发式方法确定交互式任务，再给交互式任务更多的执行机会（即将交互式任务重新放回激活队列）。而 CFS 只关心非实时任务对于 CPU 时间的公平共享，避免了复杂的调度算法实现与调参；同时，其通过动态设定任务时间片，确保任务的调度时延不会过高。因此，CFS 无须和 *O*（1）调度器一样对交互式任务进行额外的判定和处理。

图 7.18 给出了 CFS 运行队列示意图，Linux 为每个 CPU 核心分配统一的运行队列结构（`rq`），其中的 `cfs` 指针指向专属于 CFS 的运行队列实现（`cfs_rq`）。Linux 中的线程对应调度器中的任务（`task_struct`），其中每个任务的调度实体（`sched_entity`）数据结构维护了调度该任务所需的信息，也是调度器实际操作的对象。

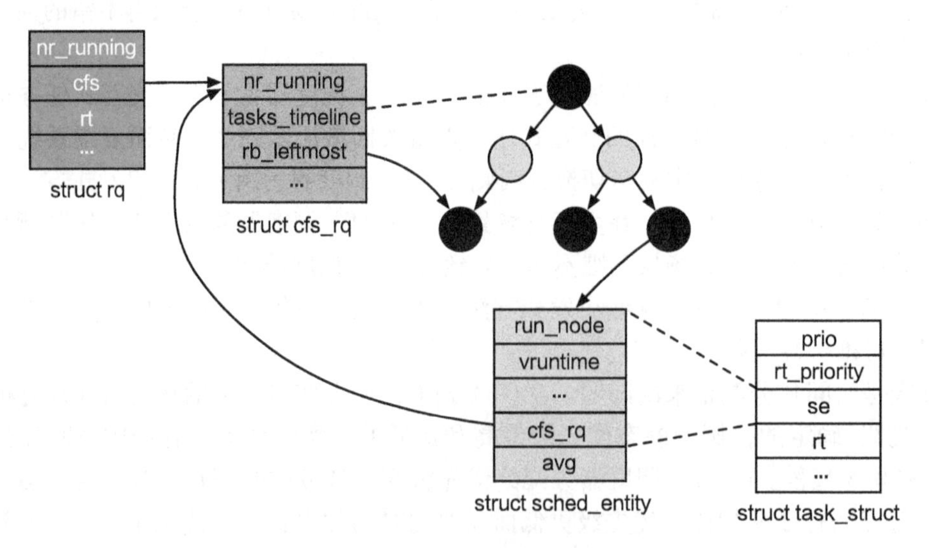

图 7.18　CFS 运行队列示意图

CFS 所使用的调度策略类似于 7.5.2 节介绍的步幅调度。调度实体中维护了该任务经过的虚拟时间（vruntime），与步幅调度的 pass 对应，CFS 会选择虚拟时间最短的任务进行调度。同时，CFS 静态设置非实时任务的静态优先级与任务权重（Weight，即份额）的对应关系㊀，静态优先级越高则任务的权重越高，可被分配的 CPU 时间越多。

CFS 的动态时间片

为了避免 O（1）调度器静态设置任务时间片带来的问题（7.7.2 节），CFS 使用了调度周期（sched_period）的概念，并保证每经过一个调度周期，所有在运行队列中的任务都会被调度一次，从而避免了任务调度时延过长。

具体来说，在 CFS 中，调度周期被设置为运行队列中所有任务各执行一个时间片所需的总时间。因此，每个任务的 CPU 时间占比相当于该任务在一个调度周期内的运行时间在该调度周期中的占比。同时间片一样，调度周期也需要权衡。如果调度周期过长，则一系列任务必须在很长时间的运行后才能体现公平性，且任务的调度时延可能过长；如果调度周期过短，则任务的调度开销会变大。CFS 将调度周期默认设置为 6 毫秒。然而，当系统的任务数量过多时，如果仍使用默认值，那么每个任务分得的时间片较短，可能造成调度开销变大。因此 CFS 还限制了任务平均时间片的最小值，其值为 0.75 毫秒。当默认调度周期不足以满足任务平均最小时间片要求时，调度周期会被设置为当前系统可运行任务数量与 0.75 毫秒的乘积。

此外，在 CFS 调度器确定调度周期后，还需要根据每个任务的权重，对一个调度周期内每个任务的时间片进行动态调整。

CFS 使用红黑树作为运行队列

公平共享调度在每次调度时，需要从运行队列中选取当前虚拟时间最短的任务。因此，相比于将以虚拟时间排序的队列作为运行队列，CFS 使用了红黑树。虽然 CFS 能以 O（1）复杂度从队列和红黑树中取出当前虚拟时间最短的任务，但是在维护运行队列方面，红黑树的时间开销更少。这是由于红黑树是一种有序平衡的二叉查找树，根据索引键能以 O（log$N$）的时间复杂度在红黑树中插入一个节点（其中 N 为红黑树的键值数量），而向队列数据结构插入一个元素的时间复杂度为 O（N）。

如图 7.18 所示，cfs_rq 记录了红黑树的根节点（tasks_timeline㊁），可以根据红黑树节点（run_node）找到对应任务的数据结构（task_struct）进行调度。另外，为了能够以 O（1）复杂度找到当前虚拟时间最短的任务，CFS 维护了指向红黑树中虚拟时间最短任务的指针（rb_leftmost）。CFS 的红黑树仅维护当前正在运行和可运行的

㊀ 以 Linux 5.7.8 版本为例，文件 kernek/sched/code.c 中定义了 sched_prio_to_weight 数组，表示静态优先级与任务权重的对应关系。

㊁ CFS 中红黑树根节点的变量名 tasks_timeline 实际上对应虚拟时间轴，而 CFS 的每次调度决策就是在选取时间轴上虚拟时间最短的任务。

任务，不会记录其他状态的任务，从而减少了插入红黑树的开销。

CFS 阻塞任务唤醒

当一个任务在一段时间内由于阻塞或睡眠而没有运行时，其虚拟时间是不会增加的。当它再一次进入可运行状态时，很有可能会在很长一段时间内占据 CPU 核心。与步幅调度（7.5.2 节）相同，调度器会在一个任务被重新插入运行队列时，将该任务的虚拟时间设置为该任务当前虚拟时间与运行队列中任务的最小虚拟时间中的较大值。这样，既保证了阻塞后的任务会尽量被优先调度，又避免了该任务长时间占用 CPU 时间。

在 CFS 进入 Linux 主线后，随着 Linux 版本从 2.x 演进到 5.x，CFS 被证明经受住了时间的考验。在 Linux 的版本更迭中，CFS 也在不断改进和完善，这也从侧面反映了设计和实现一个综合、高效的调度器并非易事。

7.7.4　Linux 的细粒度负载追踪

上一节描述的 CFS 相关机制，可以对应到 Linux 中每个 CPU 核心的本地队列。而在负载均衡方面，Linux 面临的一大挑战是如何确定当前任务的负载情况。对于当前任务的负载信息描述得越准确，对应的负载均衡策略就越有效。在大部分场景中，多个任务所需的计算量是不同的，因此 7.6.2 节描述的基于运行队列长度的负载均衡机制无法应用于 Linux。同时，一个任务的执行负载是动态变化的，因此系统必须动态追踪当前负载，但这会造成一定的性能开销。所以，如何在保持低开销的同时对负载进行精确追踪是调度器设计和实现的一大挑战。本节将介绍 Linux 中目前使用的**调度实体粒度负载追踪**（Per-Entity Load Tracking，PELT）机制[5]。

第一种是*运行队列粒度*的负载追踪。在 Linux 3.8 版本以前，内核以每个 CPU 核心的运行队列为粒度来计算负载，认为运行队列长则负载高，导致负载追踪不够精确。当调度器决定从一个高负载的运行队列中选取一个任务迁移到低负载的运行队列时，由于缺乏每个任务的信息，因此无法选出合适的任务进行迁移。所以，以运行队列为粒度的负载追踪并不能适应负载均衡的要求。

第二种是*调度实体粒度*的负载追踪。在 3.8 版本以后，Linux 使用了以描述调度实体（单个任务）为粒度的负载计算方式，做到了更细粒度的负载追踪。PELT 通过记录每个任务的历史执行状况来表示任务的当前负载。具体地，调度器会以 1 024 微秒为一个周期，记录任务处于可运行状态（包括正在运行以及等待被运行）的时间，记为 x 微秒。在该任务的第 i 个周期（T_i）内，任务对当前 CPU 的利用率为 $x/1\,024$，而对应的负载 L_i 为 scale_cpu_capacity $\times x/1\,024$，其中 scale_cpu_capacity 是 CPU 容量（用于归一化系统中 CPU 的处理能力），可以理解为对应 CPU 核心的处理能力。

在收集到任务每个周期内的负载后，PELT 需要计算任务一段时间内所有周期的累计负载，记为 L。一种计算 L 的简单方法是将所有周期的负载直接累加。然而，一个任务可能运行一天甚至更久，对于计算任务的当前负载的PELT来说，过于久远的历史负载信息没有太大参考意义，因此应该记录一定周期范围内的累计负载。另外，距离当前时间点越近的周期所记录的负载更有可能反映任务的当前执行负载，所以应该对累计负载有更大的贡献。因此，PELT采用的计算任务累计负载的方式是通过衰减系数y来衰减之前周期的负载，具体公式如下：

$$L = L_n + L_{n-1}\ y + L_{n-2}\ y^2 + L_{n-3}\ y^3 + \cdots$$

其中，L_i代表第i个周期（T_i）的负载，L_n为当前周期T_n的负载。该计算公式不仅考虑了不同周期的权重，而且开销也很低。这是因为PELT无须保存任务每个周期内的负载，只需要维护累计负载L。当需要计算新的累计负载时，PELT只需要用衰减系数y衰减原累计负载L并与L_n相加即可：

$$L' = L\ y + L_n$$

通过计算每个任务的负载L，PELT就可以统计出每个运行队列的负载，以便调度器做出有效的迁移决策。

总体来说，PELT的好处是开销很小，且能帮助调度器更细粒度、更精确地监测任务的负载，对于预测负载均衡策略的效果有很大帮助。

7.7.5　Linux的NUMA感知调度

5.3.5节介绍了服务器中常见的NUMA架构，Linux内核中的调度策略也考虑了NUMA环境[6]。对于多核处理器硬件，Linux内核中的调度器主要需要权衡两个问题：一方面，需要尽可能让任务均匀地分布在系统的各个核心上，达到更好的负载均衡；另一方面，频繁地在不同的核心之间迁移任务意味着丧失了任务的本地性，特别是在NUMA环境下，跨NUMA节点的任务迁移将导致巨大的迁移开销。因此Linux内核引入了**调度域**（Scheduling Domain）的概念，将CPU分成了不同的调度域。每个调度域是具有相同属性的一组CPU的集合，并根据硬件特征划分成不同的层级，呈现出一种树状结构。

图7.19展示了一个NUMA系统的调度域。最下层是逻辑核调度域，每个域包含同一个物理核中的逻辑核，这些逻辑核共享高速缓存，因此在它们之间迁移的开销最低。向上一层是核调度域，每个域包含共享同一个L2高速缓存的所有核心。再向上分别是处理器调度域（包含同一个处理器中的所有核心）、NUMA节点调度域（包含一个NUMA节点中的所有核心）和全系统调度域（包含整个系统中的所有核心）。内核在启动时会将CPU根据其拓扑结构归为不同的域。不同的域有不同的负载均衡周期，越下层的域，任务在核心之间迁移的开销越低，执行负载均衡越频繁。到NUMA节点调度域这一层，负载均衡就很少执行。通过划分调度域的方法，就可以在实现一定负载均衡的同时，避免在NUMA节点之间频繁迁移任务。

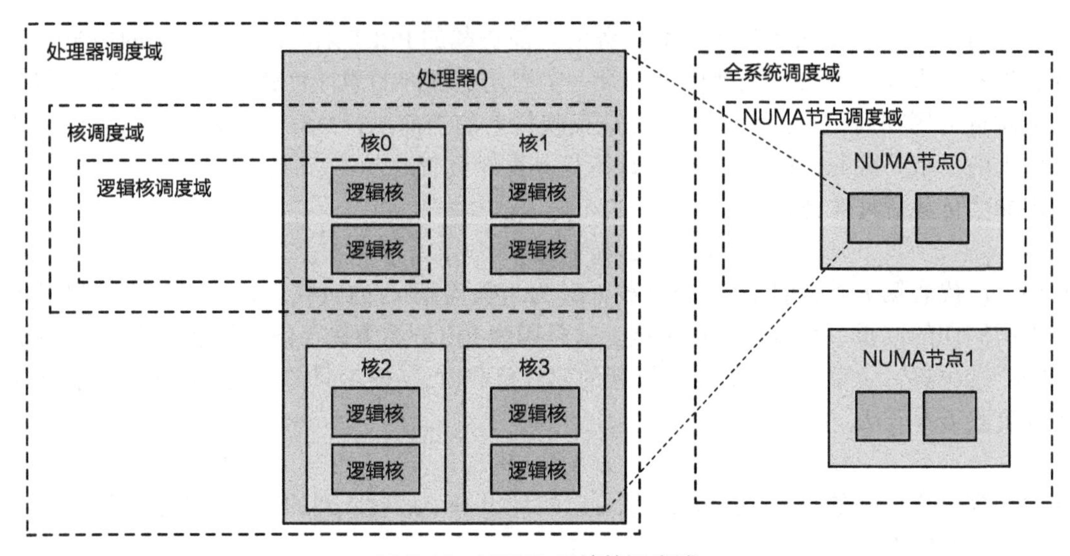

图 7.19　NUMA 系统的调度域

7.8　思考题

1. 小明希望利用暑假时间在 ChCore 上运行许多数据分析与深度学习程序，并希望在开学后一并查看计算结果。
   (a) 小明在思考应该在 ChCore 中实现抢占式调度还是非抢占式调度，请帮小明进行选择并给出原因。
   (b) 在选取调度策略时，小明选择了“先到先得”策略。试分析小明的这一选择可能带来的好处。然而，这种策略可能导致 I/O 任务、CPU 任务混合场景出现问题，请简要描述可能的原因，并帮助小明提出可能的解决方案。
   (c) 小明希望允许其他同学一同使用他的计算资源进行数据分析工作。为此，小明为 ChCore 添加了对权重的支持，在 ChCore 上实现了步幅调度。假设整个系统仅需要执行如下三个拥有不同 `Ticket` 的任务（表 7.7），请给出一个合适的 `MaxStride` 值并填写表 7.8，给出后续调度周期中被调度的任务。

表 7.7　三个任务的 Ticket 值

任务	Ticket
A	30
B	40
C	60

表 7.8　任务调度序列

次序	1	2	3	4	5	6	7	8	9
任务	A	B	C	?	?	?	?	?	?

2. 在 RR 策略的设计实现中，我们通常会维护一个运行队列，该队列的元素是对任务的引用（指针），每次调度任务会运行固定的时间片长度。试想，如果在 RR 策略的队列中加入多个对同一任务的引用，那么这样的设计会带来什么影响？这样的设计使得 RR 策略与什么类型的调度相似？
3. 假设现在有一个调度策略名为“最长等待时间优先”。其思想是根据任务的等待时间长短来确定任务的优先级，等待时间越长则任务优先级越高。每隔 1 秒，调度器会计算所有任务当前的总等待时间并决定下一个运行的任务。现考虑没有任务发起 I/O 操作的场景，那么该调度策略与哪一种调度策略有相同的调度效果？
4. 多个任务共享一个 CPU 核心可能导致 CPU 缓存被频繁替换。如果一个任务执行所需的内存数据完全不在缓存中，它在被执行初会经历一段时间的高缓存不命中率，这也对应着调度开销。仅考虑单个 CPU 核心，应该如何在调度策略方面尽可能解决该问题？
5. 现实生活中，用 JavaScript 写的程序无处不在，比如网页前端、小程序，这些程序都在线程中执行。我们以购物小程序为例，当用户开启小程序后，假设小程序会瞬间发起 3 类子任务（对应需要调度的任务）：
   - 载入界面任务：显示载入界面，该界面包括一张本地存储的静态图片，以及一行显示“还剩 X 秒”的文字。该任务需要每隔 1 秒发起 1 次，花费 0.5 秒 CPU 资源用于渲染页面，共发起 6 次。
   - 数据加载任务：加载存储在远端数据中心的用户和商品数据。该任务的开始与结束分别需要花费 0.5 秒用于网络请求发送与接收，还需要 4 秒等待网络请求返回，共需 5 秒。
   - 初始化任务：共需 4 秒由 CPU 资源进行初始化相关的计算。

   只有当全部 3 类子任务完成时，用户才能够进入小程序的购物页面。请结合本章所学的调度知识，分析该小程序 3 类子任务的调度需求，并选择一个合适的策略或具体解释应该如何调度它们。
6. Linux 不允许非特权用户将任务的静态优先级提高，这可能是出于什么方面的考虑？注意：Linux 不会记录一个任务的静态优先级是由特权用户设置的还是非特权用户设置的。

7.9 练习答案

7.1　CPU 核心进入或退出低功耗模式都需要额外的能耗。因此，在一些相对成熟的系统（如 Linux）中，如果系统预见一个 CPU 核心处于低功耗模式的时间很短，则可能不会让其进入低功耗模式。

7.2　缓存不命中、TLB 不命中、缺页等。

7.3 以下再额外列举两个常见的调度指标：吞吐量表示单位时间内系统执行的任务数量，是一个能够直观体现系统性能的指标；对于移动设备场景，CPU 核心的能耗也是一个重要的指标，直接影响移动设备的待机时间。

参考文献

[1] KLEINROCK L. Analysis of a time-shared processor [J]. Naval research logistics quarterly, 1964, 11 (1): 59-73.

[2] CORBATÓ F J, MERWIN-DAGGETT M, DALEY R C. An experimental time-sharing system [C] // Proceedings of the May 1-3, 1962, spring joint computer conference. 1962: 335-344.

[3] WALDSPURGER C A, WEIHL W E. Lottery scheduling: flexible proportional-share resource management [C] // Proceedings of the 1st USENIX conference on Operating Systems Design and Implementation. 1994: 1.

[4] WALDSPURGER C A, WEIHL W E. Stride scheduling: deterministic proportional share resource management [J]. Massachusetts Institute of Technology, Laboratory for Computer Science, 1995.

[5] CORBET J. Per-entity load tracking [EB/OL]. [2022-12-06]. https://lwn.net/Articles/531853/.

[6] Linux scheduler [EB/OL]. [2022-12-06]. https://www.kernel.org/doc/Documentation/scheduler/sched-domains.txt.

处理器调度：扫码反馈

CHAPTER 8

第8章 进程间通信

进程间通信（Inter-Process Communication，IPC）是多进程协作的基础。通过多进程协作来实现应用和系统是一种被广泛使用的开发方法，如类UNIX系统中使用许多功能独立且完整的程序组合来完成复杂的任务。相比用单个进程来实现所有功能的方式，多个实现不同功能的进程彼此协作的方式主要具有以下三点优势。

- **将功能模块化，避免重复造轮子。**例如，在智能手机平台，画面绘制是大部分应用的共性功能。为了避免重复实现，Android提供了一系列服务进程来专门负责绘制相关的任务，应用只需要通过进程间通信机制将需要绘制的画面信息传递给绘制进程，调用相应的服务即可，这样大大简化了应用的开发。此外，由于进程本身的独立性，相比其他如基于库的模块化方法，多进程协作方式的接口更加明确，并且能够更好地“解耦”开发人员。
- **增强模块间的隔离，提供更强的安全保障。**把应用的所有模块都放在一个进程里，虽然内部交互较为方便，但是隔离性相对较弱，只要攻击者控制其中任何一个模块，就可以进而攻击其他模块。相反，将应用的模块分别部署到多个互相隔离的进程里，即使某个进程被攻击者控制，也只能危害这一个进程中的计算任务，其他进程在做好接口检查的前提下，仍然可能保证敏感代码和数据的安全。当前的浏览器系统中通常会采用类似的技术来保障不同的页面之间的隔离性。
- **提高应用的容错能力。**和隔离性类似，如果应用的所有数据和代码都在同一个进程地址空间内，那么任何一个运行错误（如除零错误）都可能导致整个应用的崩溃。意外的崩溃不仅会破坏用户体验，还可能导致重要数据的丢失。

本章将介绍进程间通信的基础概念和特性，以及一些经典的进程间通信设计。

8.1 进程间通信基础

本节主要知识点

- ❑ 进程间通信有哪些设计选择？
- ❑ 进程间通信过程中，数据和控制流分别是怎么传输和转移的？
- ❑ 进程间通信的连接是怎么建立的？
- ❑ 什么是超时机制？为什么进程间通信需要引入超时？
- ❑ 一个进程如何找到另一个进程提供的服务？

一般而言，进程间通信至少需要两方（如两个进程）参与。根据信息流动的方向，这两方通常被称为发送者和接收者。在实际使用中，IPC 经常被用于服务调用，因此参与 IPC 的两方又被称为调用者和被调用者，或者客户端和服务端。后文会根据具体场景使用不同的术语。在具体的系统中，通常还会存在多方通信的情况，如多个发送者单个接收者（$N:1$）、单个发送者多个接收者（$1:M$）或多个发送者多个接收者（$N:M$）。

8.1.1 进程间通信接口

从操作系统抽象看进程间通信。前面章节对虚拟内存和进程进行了介绍，其中，虚拟内存能够保障两个进程间的内存隔离。然而，虚拟内存的隔离性同时也限制了两个进程间的直接交互与通信。为了交互，必然需要开启一个信道。这个信道的设计有多种选择：从内核是否介入的角度，信道可以在用户态（内核不介入或很少介入，如共享内存），也可以在内核态（内核介入，如管道）；从操作系统接口的角度，信道可以是内存接口（如共享内存），也可以是文件接口（如管道），甚至是新的接口（如消息接口等）。表 8.1 展示了现有的一些进程间通信机制[⊖]及其接口。

表 8.1 进程间通信机制及其接口。其中，简单 IPC 为本章（8.1.2 节）介绍的基于共享内存的进程间通信方案。共享内存的进程间通信虽然需要内核来建立共享内存区域，但是主要的通信方法通常是由用户态实现的，因此本表使用“用户态”作为其实现方式

	通信接口	实现方式	方向	通知方式
简单 IPC	消息接口	用户态	双向	轮询
共享内存	内存接口	用户态	均可	轮询
管道	文件接口	内核态	单向	等待 + 内核唤醒
信号	信号接口	内核态	单向	内核回调
消息队列	消息接口	内核态	均可	轮询

⊖ 除了信号机制外，其余机制在本章中均会介绍。

消息接口。除了传统的内存、文件等接口之外，操作系统通常还会提供消息接口用于进程间通信。消息接口将数据抽象成一个个的**消息**在两个（或多个）进程间传递。需要注意，不同的 IPC 设计可以有不同的消息抽象，如后文将介绍的消息队列中带类型的消息结构体抽象。

消息接口通常包括：

- 发送消息：Send(message)。
- 接收消息：Recv(message)。
- 远程方法调用：RPC(req_message, resp_message)。
- 回复消息：Reply(resp_message)。

此外，这里的参数只关注消息，实际的接口中通常包含其他选项。其中，发送和接收消息的接口语义较为直接。如代码片段 8.1 和代码片段 8.2 所示，发送者可以通过 Send 将一个消息发送给接收者，而接收者会使用 Recv 来接收该消息。需要额外注意的是，在这个代码片段中，发送者和消费者需要依赖于通信连接 chan，将其作为一个媒介进行消息的传输。

代码片段 8.1　消息的发送（Send）

```
1 // IPC 的发送者
2 int main(void)
3 {
4   Message msg;
5   // chan 表示发送者和消费者之间的“通信连接”
6   Channel chan = simple_ipc_channel(...);
7   // 按照语义生成请求消息
8   msg = construct_request(...);
9
10  // 通过通信连接发送消息
11  Send(chan, &msg);
12  ...
13 }
```

代码片段 8.2　消息的接收（Recv）

```
1 // IPC 的接收者
2 int main(void)
3 {
4   Message msg;
5   // chan 表示发送者和消费者之间的“通信连接”
6   Channel chan = simple_ipc_channel(...);
7
8   while (1) {
9     // 等待一个消息的到来，这里会收到 Send 发送的消息
10    Recv(chan, &msg);
11    // 处理消息
```

```
12      results = handle_msg(&msg);
13      ...
14    }
15    ...
16 }
```

而远程方法调用（Remote Procedure Call，RPC）通常可以理解成（发送端）调用 Send 接口后紧接着调用 Recv 接口，相当于在发送消息（对应 req_message）之后，发送端还会等待一个返回消息（对应 resp_message）。具体的区别在关于“IPC 方向性”（8.1.5 节）的讨论中会进一步说明。Reply 通常用作回复远程方法调用。代码片段 8.3 和代码片段 8.4 给出了一个类似的例子。在这个例子中，发送者通过 RPC 接口向接收者发送了一个请求消息（req_msg），并等待结果消息（resp_msg）的返回。而接收者会首先通过 Recv 接口接收消息，然后对其进行处理，并且在最后通过 Reply 接口返回结果消息给接收者，从而完成一次进程间通信。

代码片段 8.3　消息的远程方法调用：发送者

```
1 #include <simple-ipc.h> // 使用后续章节的简单 IPC 设计
2 ...
3
4 // IPC 的发送者
5 int main(void)
6 {
7   Message req_msg, resp_msg;
8   // chan 表示发送者和消费者之间的“通信连接”
9   Channel chan = simple_ipc_channel(...);
10  // 按照语义生成请求消息
11  req_msg = construct_request(...);
12
13  // 以 RPC 的方式调用接收者，并阻塞等待结果的返回
14  RPC(chan, &req_msg, &resp_msg);
15
16  printf("The response is: %s", msg_to_str(resp_msg));
17  ...
18 }
```

代码片段 8.4　消息的远程方法调用：接收者

```
1 #include <simple-ipc.h> // 使用后续章节的简单 IPC 设计
2 ...
3
4 // IPC 的接收者
5 int main(void)
6 {
7   Message req_msg, resp_msg;
8   // chan 表示发送者和消费者之间的“通信连接”
9   Channel chan = simple_ipc_channel(...);
```

```
10
11    while (1) {
12      //等待消息的到来
13      Recv(chan, &req_msg);
14      //处理消息并构建结果消息
15      resp_msg = handle_msg(&req_msg);
16      Reply(chan, &resp_msg);
17    }
18    ..
19 }
```

需要注意的是，这些消息接口可以是操作系统提供的，也可以是用户态库封装提供的。在 RPC 的案例中，我们使用的是下一节即将介绍的简单 IPC 的进程间通信设计。

练 习

8.1 远程方法调用和消息发送的相同点与不同点分别是什么？

8.1.2 一个简单的进程间通信设计

本节通过一个简单的例子来介绍 IPC 中的基本概念。

本节中的简单 IPC 只涉及两个进程：发送者进程和接收者进程。通信的过程由发送者发起，将一段定长的数据发送给接收者，之后发送者会等待返回数据（即 `RPC` 接口）。接收者接收到数据后，会处理数据并将结果返回给发送者（即 `Recv` 和 `Reply` 接口）。整个通信的过程从发送者发起通信开始，到发送者收到返回结果结束。

IPC 通常包含两个阶段：准备阶段和通信阶段。准备阶段需要在通信的进程间建立一个通信连接，这个通信连接是打通两个隔离的进程的信道。而通信阶段通常可以进一步划分为数据传递和通知机制。简单 IPC 设计中选择使用消息接口作为通信接口。

通信连接。不同的进程处在不同的虚拟地址空间内，可访问的内存是互相隔离的。为了实现一个简单的 IPC，此处假设内核已为两个进程映射了一段共享内存，如图 8.1 所示。即在两个进程的地址空间中，分别有一段虚拟地址区间映射到同一段物理内存[⊖]。共享内存打破了进程之间的地址空间隔离，使两个进程有了一个可以交换数据的缓冲区，可通过这个缓冲区进行通信。需要注意的是，对两个进程来说这块共享内存所映射的虚拟地址可以是不同的。基于共享内存，简单 IPC 方案的通信连接是在建立共享区域的一瞬间完成的。

⊖ 共享内存可以支持多于两个进程，此处只考虑两个进程的情况。

回顾一下代码片段 8.4 中的 simple_ipc_channel 方法，它其实就是在建立共享内存，从而建立通信连接。

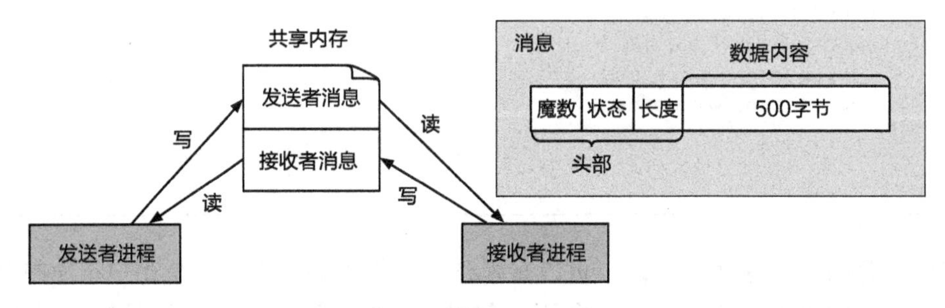

图 8.1　简单 IPC 设计

数据传递。由于简单 IPC 使用消息接口，其通信数据抽象是**消息**（Message）。发送者将数据以消息的格式传递给接收者，接收者将结果数据同样以消息的格式返回给发送者。消息的格式实现如代码片段 8.5 所示。消息一般包含一个**头部**（Header）和一段**数据内容**（Payload）。头部中通常会包含**魔数**（Magic Number）、长度、状态等信息。数据内容中既可以包含“纯”数据（如字符串），也可以包含系统资源（如文件描述符）。在简单 IPC 方案中，消息的数据内容仅包含“纯”数据，长度固定为 500 字节。

代码片段 8.5　简单 IPC 设计：数据结构

```
 1 #define BUFFER_SIZE 2
 2 #define PAYLOAD_SIZE 500
 3 typedef struct {
 4   int magic;                   // 头部中的魔数
 5   int status;                  // 头部中的状态
 6   int length;                  // 头部中的长度
 7 } Header;
 8
 9 typedef struct {
10   Header header;               // 头部
11   char payload[PAYLOAD_SIZE];  // 数据内容
12 } Message;
13
14 Message buffer[BUFFER_SIZE];   // 共享内存区域
15 int sender_idx = 0;            // 发送者消息对应的 Buffer 中的序号
16 int receiver_idx = 1;          // 接收者消息对应的 Buffer 中的序号
```

通信过程与通知机制。通信过程一般指通信的进程间具体的通信发起、回复等过程。在简单 IPC 设计中，假设共享内存刚好可以存放两个消息，如图 8.1 所示。其中，一个消息由发送者用来发起通信（称为**发送者消息**），另一个消息由接收者用来响应通信和发送返回结果（称为接收者消息）。开始时，两个消息的状态都是无效的（见消息头部的“状态”），接收者不停地轮询发送者消息的状态信息。当开始IPC时，发送者会将要传输的数据内容拷贝到发送者消息上，然后依次设置消息的头部字段，最后一步是将状态设置为“准备就绪”，之后开始轮询接收者消息的状态。一直在轮询的接收者一旦观测到发送者信息的状态为“准备就绪”，就表示发送者发出了一个消息。接收者在读取发送者的消息后，将发送者消息的状态设置为“无效”。此后，接收者根据消息中的数据处理请求，将返回数据写入接收者消息，设置消息的头部字段，最后将消息状态设置为“准备就绪”。当发送者观测到接收者消息的状态为“准备就绪”后，即表示收到了返回的结果。类似地，发送者读取消息后，需要将接收者消息的状态设置为“无效”。这就完成了一次简单IPC的通信发起和回复过程。在这个过程中，简单IPC采用轮询的方式作为通知机制。

这个方案看似简单，但其中有很多问题值得深入思考，如通信带宽和时延表现如何？如何优化带宽和时延性能？消息数据段设置过长会带来内存浪费问题，过短则会导致频繁的拆分和通信，如何解决这个问题？对消息的轮询会导致CPU资源的大量浪费，这样的开销在通信不频繁的场景下格外突出，是否有更高效的通知方式？对于这些问题的讨论，本章的后续内容会一一展开。

练　习

8.2 简单IPC中，发送者在发送完消息后，需要轮询等待一个接收者的消息，为什么？

8.3 简单IPC中，为什么接收者在读取发送者消息后，需要将发送者消息的状态设置为“无效”？可以由发送者来做这一步操作吗？

8.1.3 数据传递

从简单IPC方案中可以看出，进程间通信的一个重要功能是在进程间传递数据。数据传递往往需要一个信箱或媒介来完成，下面将分别介绍以共享内存或操作系统为媒介的数据传递方式。

基于共享内存的数据传递

在简单IPC方案中，我们已经看到共享内存是如何帮助两个进程进行通信的。基于共享内存的数据传递的一个特点是：操作系统在通信过程中不干预数据传输。从操作系统的角度来看，共享内存为两个（或多个）进程在它们的虚拟地址空间中映射同一段物理内存，这些进程基于共享内存实现具体的通信方案，操作系统通常不参与后续的数据传输过程。

小知识：序列化与反序列化

由于虚拟内存的存在，进程间通信的双方所映射的共享内存往往有着不同的虚拟地址。一旦通信的一方在共享内存区域中写入一些较为复杂的结构（如本地指针），另一方是无法直接使用这些复杂结构的。一个简单的例子是双向链表，该链表中的每一个元素都包含指向前一个和后一个元素的指针。当发送者进程直接将这样一个链表写入共享内存区域后，由于两端的虚拟地址不同，接收者是无法准确知道读取出来的指针的具体含义的。甚至如果发送者是一个恶意的进程，接收者在不设防的情况下使用对应的指针，则会导致一些攻击的发生。

为了保证通过共享内存传递的“消息”在通信的双方有相同的语义，一些IPC设计通常会引入序列化和反序列化的操作。进程间通信过程中，序列化能够将复杂的结构转化为便于传输的格式，如将上述链表中的指针地址转化为一个相对的偏移量。反序列化是序列化的逆过程，该过程会将传输的格式转化为进程实际使用的结构，如接收者进程能够利用接收到的链表数据和其中的偏移量，重新构造对应的元素之间的指针。

操作系统辅助的数据传递

操作系统辅助的数据传递指内核为用户态提供通信的接口，如 `Send` 和 `Recv` 等，进程可以直接使用这些接口，将数据传递给另一个进程，而不需要建立共享内存和轮询内存数据等操作。

以前面介绍的消息接口为例，当进程 P 和进程 Q 希望通过内核接口进行通信时，它们通常需要：通过特定内核接口建立通信连接；通过 `Send`、`Recv` 接口进行通信，并且在通信过程中通过内核传递数据[㊀]。这里建立通信连接的过程，和通过内核建立共享内存区域是类似的。只是这里更多地强调抽象意义上的连接建立，如内核可以维护一个数据结构来记录建立好连接的进程对。连接建立的细节会在后面通过单独的小节进行介绍（8.1.8 节）。

共享内存和操作系统辅助传递的对比

共享内存和操作系统辅助传递这两种方式各有优劣，在实际使用中通常需要结合具体的场景和需求进行选择。从数据传递的性能来看，使用共享内存的方式，可以实现理论上零内存拷贝的传输，比如前文介绍的简单 IPC。使用操作系统辅助传递的方式，则通常需要两次内存拷贝：一次是将数据从发送者用户态内存拷贝到内核内存，另一次是从内核内存拷贝到接收者用户态内存。不过，两次拷贝并非绝对必要的，如后文中介绍的 L4 微内核系统[1-4]结合内存重映射（Memory Remapping）技术，就能

㊀ 注意，`Send` 等接口的底层实现既可以是共享内存，也可以是操作系统提供的底层接口（如文件接口），这里考虑的是操作系统提供的接口的情况。

够做到一次拷贝。

操作系统辅助传递同样有优于共享内存的地方。第一，操作系统辅助传递的抽象更简单。内核可以保证每一次通信接口的调用（这里假设是消息接口）都是一个消息被发送或接收（或者出现异常错误），并且能够较好地支持变长的消息，而共享内存则需要用户态软件封装来实现这一点。第二，操作系统辅助传递的安全性保证通常更强，并且不会破坏发送者和接收者进程的内存隔离性。第三，在多方通信时，在多个进程间共享内存区域是复杂且不安全的，而操作系统辅助传递可以避免此问题。

练 习

8.4 在涉及多个进程的通信场景下，在所有进程间共享一个内存区域是不安全的。请思考怎么基于共享内存实现多个进程间的通信。

8.1.4 通知机制

实现进程间通信除了考虑数据传递外，往往还会附带**通知机制**：在新的数据（或消息）到来时通知通信的接收方。

在前文介绍的简单 IPC 方案中，进程依赖于轮询内存数据来检查是否有消息到来，而这可能会浪费大量系统 CPU 计算资源。为了避免 CPU 资源的浪费，操作系统支持的 IPC 方案中，内核通常会基于**控制流转移**来实现通知机制，如内核可以将控制流从发送者进程切换到接收者进程来实现通知接收者的效果（返回的过程类似）。

在关于调度的章节中，我们了解到用户态进程其实是运行在操作系统抽象出来的时间片上的，并且进程可以有多种运行状态，如运行中、阻塞中（不再被调度）。IPC 中的控制流转移，通常是利用内核对于进程的运行状态和运行时间的控制来实现的。常见的过程如图 8.2 所示。以基于消息接口的 IPC 方案为例，首先，接收者进程完成初始化后将自己阻塞起来等待消息的到来（如执行阻塞的 `Recv`），之后，发送者进程发起通信（`RPC`）。在处理该操作时，内核首先将发送者发送的消息传递给接收者，然后让发送者进程进入阻塞状态（等待接收者进程的回复消息），并将接收者进程从阻塞状态唤醒到可运行状态。对接收者进程而言，会看到阻塞的 `Recv` 返回了一个消息，表明接收到了来自发送者的消息。这个特定的通信过程展示了控制流是如何在进程间转移的。可以看到，结合内核中的调度以及对进程（或线程）的调度状态的修改，控制流转移可以避免轮询操作，高效地将消息的到来和发出“告知”进程。

8.1.5 单向和双向

简单 IPC 方案中的发送者进程会等待一个返回结果，即一次完整的通信过程包含两个方向的通信：发送者传递一个消息（包含对应的请求）给接收者，以及接收者返回一个消息（包含请求的结果）给发送者。但是两个方向的通信显然不是绝对的。这就引出了通信中的又一个概念，即通信的方向性。IPC 通常包含三种可能的方向：仅支持单向通信、仅支持双向通信、单向和双向通信均可。三者的对比如图 8.3 所示。

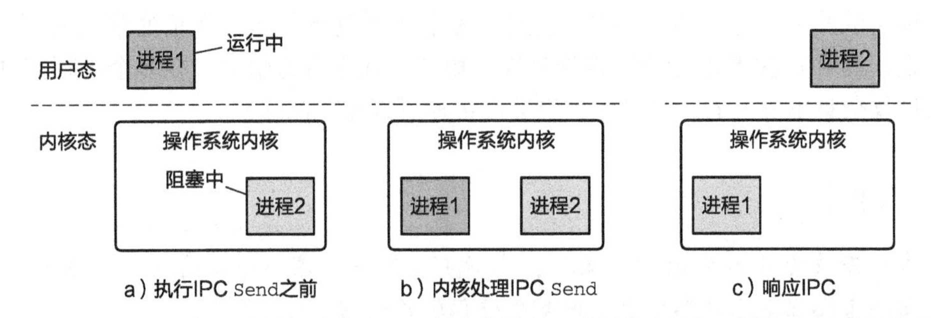

图 8.2　进程间通信中的控制流转移。深色表示进程正在用户态运行，浅色表示进程处于阻塞中，IPC Send 为 RPC 过程中的 Send 阶段。a）进程 2 处于阻塞状态，等待新的请求到来；b）进程 1 发起 IPC 请求，陷入内核处理；c）内核将进程 2 唤醒去处理请求，而进程 1 处于阻塞状态等待执行结果

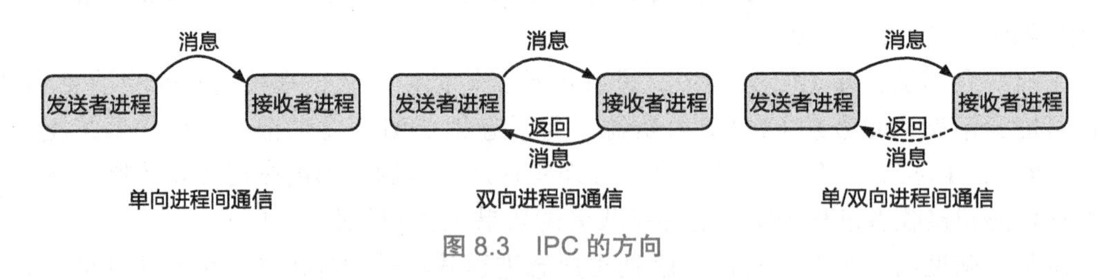

图 8.3　IPC 的方向

从图中可以看到，单向通信通常指消息在一个连接上只能从一端发送到另一端，双向则允许双方互相发送消息，而单 / 双向均可的方式则会根据通信中具体的配置选项等来判断是否需要支持单向或双向的通信。通常来说，单向通信其实是系统软件实现 IPC 的一个基本单元，双向通信是可以基于单向 IPC 来搭建的。在接口上，如果通信的两端在连接建立后分别只能使用 `Send`（发送消息）及 `Recv`（接收消息），那么这通常对应单向通信。而前文介绍的 `RPC` 接口则是一个有代表性的双向通信的例子。`RPC` 要求接收者处理好发送者发送的消息后返回一个消息（结果），从而完成整个通信，即这个过程中会涉及两次单向通信。在实际应用中，很多系统选择的是单 / 双向均可的策略，这样可以比较好地支持各种场景。当然，管道等只支持单向通信的机制在实际中同样有较多的应用。

8.1.6　同步和异步

进程间通信的另一种分类是：同步 IPC 和异步 IPC。简单来看，同步 IPC 指 IPC 操

作（如 Send）会阻塞进程直到该操作完成；而异步 IPC 则通常是非阻塞的，进程只要发起一次操作即可返回，不需要等待其完成。同步 IPC 的 RPC 调用如图 8.4a 所示，可以将其看成一个线性的控制流：调用者发起 RPC 请求，然后控制流切换到被调用者。被调用者处理请求时，调用者处于阻塞状态。当被调用者执行完任务后，控制流会切回调用者中。调用者得到返回的结果后才可以继续执行。从调用者的角度来看，当 RPC 返回后，请求消息的发送和结果的接收都已经完成了。与之相对，异步 IPC 是多个并行的控制流，如图 8.4b 所示，当调用者发起 IPC 后，被调用者接收到通信的数据和请求后开始响应。同时，调用者的 IPC 调用不会等待被调用者执行，而是直接返回。异步 IPC 通常通过轮询内存状态或注册回调函数（如果内核支持）来获取返回结果。

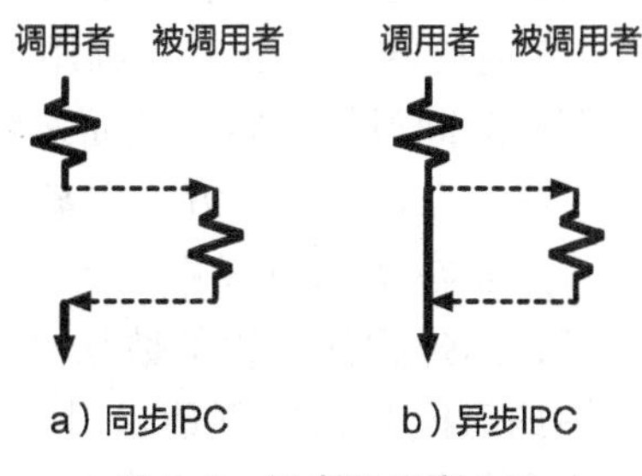

图 8.4　同步和异步 IPC

同步 IPC 往往是双向 IPC（或 RPC），即发送者需要等待返回结果。不过也存在单向 IPC 是同步的，在这种场景下，虽然发送者不会阻塞等待接收返回结果，但是发送者会阻塞等待接收者接收。考虑一个具体的场景，假设操作系统支持多方通信（暂不深入解释多方和双方的区别）：允许一个连接上有多个发送者，但不支持多个接收者。这种场景下，一个可能的情况是，发送者发送消息的时候接收者正在接收和处理其他发送者的消息。在同步的设计下，此时发送者需要等待一定的时间，而异步的设计则会通过内核缓冲区等方式暂存消息，从而避免等待。

在早期的微内核系统（如 L4 微内核）中，同步 IPC 往往是唯一的 IPC 方式。这是因为相比异步而言，同步 IPC 有着更好的编程抽象。使用（同步的）RPC 时，调用者可以将进程间通信看成一种“函数调用”，调用返回也就意味着结果返回了，主要的不同是在 IPC 的场景下执行函数的可能是另外一个进程。

然而同步 IPC 在操作系统的发展中逐渐表现出一些不足之处，一个典型的问题是并发。当一个服务进程要响应很多客户进程的通信时，比如一个微内核中的用户态文件系统，在同步 IPC 的实现下，服务进程（为了性能）往往需要创建大量工作线程去响应不同的客户进程，否则有可能出现阻塞客户请求的情况。然而，这往往需要权衡，即过少的工作线程会导致大量客户进程被阻塞，过多的工作线程会浪费系统资源。而使用异步 IPC 则可以在并发通信时避免这类问题。后续的一些设计（如 Android Binder）通过线程池的模型克服了同步 IPC 下的并发挑战。总的来看，目前大部分操作系统内核都会选择同时实现同步和异步 IPC 来满足不同的应用需求。

8.1.7　超时机制

进程间的隔离性为通信带来的一个问题是：通信的双方很难确认对方的状态。以同步 IPC 为例，当调用者切换到被调用者的控制流后，如果被调用者恶意地不返回到调用者，那么就会使得调用者无法继续执行。异步 IPC 也有类似的问题。即使控制流不会被被调用者恶意抢占，调用者仍然有可能花费过长的时间来等待一个请求的处理。实际上，即使被调用者并非恶意的，也有可能因为调度、被调用者过于忙碌（需要处理大量其他请求）或者某些错误导致一些请求丢失，从而出现上述问题。

为了解决这个问题，IPC 的设计中引入了**超时机制**。超时机制扩展了 IPC 通信双方的接口，允许调用者 / 接收者指定它们发送 / 接收请求的等待时间。比如，一个应用程序可以花费 5 秒等待文件系统进程的 IPC 请求处理操作。如果超过 5 秒仍然没有反馈，则由 OS 内核结束这次 IPC 调用，返回一个超时的错误。超时机制允许进程对于一次通信的等待时间设置上限，从而避免类似**拒绝服务**（Denial-of-Service）的攻击情况出现。这似乎是一个很完美的解决方案。

然而在实际情况中，大部分进程很难决定合理的超时时间。例如前文 5 秒超时的例子，当进程间传输的数据量十分大，或者文件系统（作为接收者进程）本身无法获得足够的时间片来处理请求时，就可能无法及时完成任务。定义过短的超时可能会导致调用者频繁地重试某一个 IPC 调用，而定义过长的超时则可能无法及时察觉被调用者的异常。因此，目前内核常常引入两个特殊的超时选择："阻塞"和"立即返回"。"阻塞"其实和引入超时之前的机制是类似的；而"立即返回"则意味着只有当前被调用者处于可以立即响应的状态时才会真的发起通信，否则就直接返回。发送者进程会根据需求进行选择，更加注重安全性的往往选择"立即返回"，而更加注重功能性的则倾向于选择"阻塞"。然而，即使超时机制存在这些问题，目前仍然鲜有更好的选择作为替代。

8.1.8　通信连接

通信连接的建立在前文中已多次提到。对于基于共享内存的进程间通信方案，通信连接的建立通常是在建立共享区域的一瞬间完成的。而对于涉及内核的控制流转移的通信而言，通信连接管理是内核 IPC 模块中很重要的一部分。

通信连接管理和前文介绍的 IPC 的各种概念是息息相关的。比如，连接如果能够用于多于两个的进程，就意味着该 IPC 设计是支持多方通信的。而连接能否缓冲数据（消息）在一定程度上决定了 IPC 设计是异步还是同步的。连接本身的单向和双向则直接关联着 IPC 的方向性。

本节将回答"如何建立连接"。虽然实际系统中有各种不同的实现，但它们大部分可以被归为两类对应的设计——**直接通信**和**间接通信**。

直接通信是指通信的进程一方需要显式地标识另一方。以 `Send` 和 `Recv` 为例，需要将它们完善成：发送消息，`Send(P, message)` 给进程 P 发送一个消息；接收消息，Recv(Q, message) 从进程 Q 处接收一个消息。直接通信下连接的建立是自动的，在具体交互时通过标识的名字完成。这也就意味着一个连接会唯一地对应一对进程，而一对进程之间也只存在一个连接[⊖]。连接本身既可以是单向的，又可以是双向的（更常见）。

与之相对，间接通信需要经过一个中间**信箱**来完成通信。每个信箱有自己唯一的标识符，而进程间通过共享信箱来交换消息，即进程间连接的建立发生在共享信箱时。每对进程可以通过共享多个信箱的方式来建立多个连接，连接同样可以是单向的或双向的。

在本章后续介绍的具体案例中，两类方式都有系统在使用。例如，管道就属于间接通信方式，通信的双方进程并不知道对面是哪一个特定的进程，它们只知道双方共享这一管道，管道本身肩负着类似信箱的任务。

练 习

8.5 请思考简单 IPC 方案归在哪一类通信（直接或间接）更合理。为什么？

8.1.9 权限检查

进程间的通信通常依赖于一套权限检查机制来保证连接的安全性。微内核系统中常用基于 Capability[5] 的安全检查机制，而在如 Linux 这样的宏内核系统中，通常会将安全检查机制和文件的权限检查结合在一起处理。

微内核中的进程间通信大部分是涉及多方的，不过通常是多发送者、单一接收者。这种多方的通信场景其实不难想象，比如用户态文件系统。各个使用文件系统服务的进程都需要和文件系统建立连接从而进行通信。那么，问题是：怎么判断哪些进程是可以连接到这个文件系统的呢？这个问题对于一些私有的服务端进程（如某个特定应用的数据库进程）更加重要。如果任意进程都可以连接到私有的服务端进程，那么显然会出现安全性的问题。

使用权限检查能够解决这个问题。一个进程要与其他进程通信，必须通过权限检查。例如，seL4[6] 等微内核系统中的 Capability 机制，会将所有的通信连接抽象成一个个内核对象，而每个进程对于内核对象的访问权限（以及能够在该内核对象上执行的操作）由 Capability 来刻画。当一个进程企图和某其他进程通信时，内核会检查该进程是否拥有 Capability，是否有足够的权限访问一个连接对象并且对象是指向目标进程的。类似地，宏内核（如 Linux 系统）通常会复用其有效用户 / 有效组的文件的权限，从而刻画进

⊖ 为简化讨论，此处未考虑多线程进程。在多线程场景下，连接可以使用线程标识符。

程对于某个连接的权限。

System V 进程间通信权限管理

System V 进程间通信通常指宏内核下三种具体的进程间通信机制，即 System V 消息队列、System V 信号量和 System V 共享内存。在 Linux 等系统中，这三种机制通常共享一套权限管理方法。

在 Linux 等宏内核系统中，System V 通信的权限管理基于文件的权限检查机制。权限检查机制通常依赖于进程的用户分类（所有者用户 / 用户组用户 / 其他用户），并且是基于文件的权限抽象（可读 / 可写 / 可执行）来判定的。每个文件都会存储一个根据三类用户以及三种可能的权限组合而成的访问模式（Mode）。进程访问（如读操作）文件时，系统内核会判断这个进程是不是该文件的*所有者*（Owner），或者是否可以访问该文件的组（Group）中的成员，然后再根据其用户分类检查对应分类下的权限。

将上述权限检查机制应用到进程间通信场景时，内核会将通信连接抽象成一个个具体对象，比如对消息队列而言，在内核中会有多个消息队列的对象存在。在通信连接上的操作，如发送消息、接收消息，都会被抽象成对内核对象的访问行为。如在消息队列的设计中，发送消息相当于对消息队列对象的写操作，而接收消息相当于对消息队列的读操作。这样一来，只要 Linux 内核能够为每个通信的对象准备一个类似文件中的"访问模式"，就可以根据它来检查进程的操作是否合法。这个"访问模式"的内容，就是 Linux 内核中负责进程间通信权限管理的 `IPC_PERM` 结构。

`IPC_PERM` 中的内容如代码片段 8.6 所示。整个结构体的内容其实很简单，可以从名字推测出大部分基本含义。主要内容是所有者、创建者的用户和组标识符，以及访问模式。和检查文件访问权限的操作相同，内核会根据用户进程的用户和组信息，再结合内核对象中的信息，对操作进行检查。此外，该结构体中的 `key` 是 System V IPC 对象的标识符。进程可以根据 `key` 来索引 IPC 对象（或 IPC 连接）。

代码片段 8.6　System V 通信权限管理基于 IPC_PERM（基于 Linux 5 内核简化）

```
1 struct ipc_perm {
2   key_t key;
3   uid_t uid;    //所有者的uid和gid
4   gid_t gid;
5   uid_t cuid;   //创建者的uid和gid
6   gid_t cgid;
7   mode_t mode; //访问模式
8 };
```

8.1.10　命名服务

权限检查机制的引入保证了安全性。但另一个问题是，如何分发权限呢？通常，权限的分发会通过一个用户态的服务——命名服务（Naming Service）——来处理。命名服务进程则指代提供该服务的具体进程。

什么是命名服务呢？命名服务像是一个全局的看板，可以协调服务端进程和客户端进程之间的信息。简单来说，服务端进程可以将自己提供的服务告诉命名服务进程，比如文件系统进程可以注册一个“文件系统服务”，网络系统进程可以注册一个“网络服务”。而客户端进程可以在命名服务中查询当前服务，并选择自己希望建立连接的服务去尝试获取权限。具体是否分发权限给客户端进程，是由命名服务和对应的服务端进程根据特定的策略来判断的。比如，文件系统进程的策略可能是，允许命名服务将连接文件系统的权限任意分发，这样所有的进程都可以使用全局的文件系统。而数据库进程的策略是，客户端必须提供特定私钥签名的证书，并且证书符合数据库进程的要求，才能完成建立。使用命名服务有很多好处，比如各个服务不再是内核中的 ID 等抽象的表示，而是对应用更友好的“名字”。前面章节中提到过的“服务发现”，通常就是使用命名服务来实现的。

为什么命名服务一般在用户态？从上面的介绍中可以看到命名服务的功能其实并不简单，并且通常需要支持很多不同的策略。将这些策略实现在内核中，对于微内核系统显然是不合适的。而即使是宏内核系统，这也不是一种优雅的设计。举例来看，宏内核的 Android Binder、ROS 以及微内核的 L4 等，都是依赖（用户态的）命名服务来完成连接权限分发的。当然，在具体的设计细节上，它们仍然存在很多的不同。

除了命名服务外，另外一种常见的方式是通过继承来分发连接权限。比如在 Linux 中，匿名管道通常用于父子进程之间的通信，内核通过在 `fork` 操作的时候复制文件描述符表来建立父子进程间的连接。微内核系统在创建新的线程 / 进程时，内核通常也允许父进程将特定的 Capability 直接继承给子进程。这种继承的方式对于一些不希望暴露到全局的通信连接来说是一个保密性更好的方式，不过它的适用场景相对也比较有限。

8.1.11 总结

图 8.5 给出了宏内核操作系统中常见的进程间通信机制的对比。可以看到，虽然在 IPC 的几个设计角度上这些方案各有异同，但是它们之间的主要区别是在数据抽象上。例如，管道提供字节流的数据抽象，并通过文件抽象（即文件描述符）暴露接口给应用使用，而共享内存则使用内存区间作为数据抽象，并通过内存抽象（访存操作）供应用使用。在实际的应用中，虽然多种 IPC 方案都可以作为通信的选择，但是应用程序往往会根据对于数据抽象的需求来选择具体的方案。后续章节将围绕管道、共享内存和消息队列介绍 IPC 机制。

	IPC 机制	数据抽象	参与者	方向	内核实现
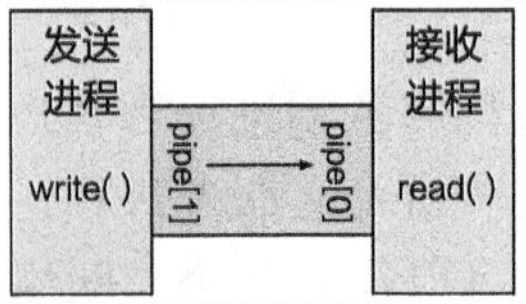 发送进程 write( ) pipe[1] → pipe[0] 接收进程 read( )	管道	字节流	两个进程	单向	通常以 FIFO 的缓冲区来管理数据。有匿名管道和命名管道两类主要实现
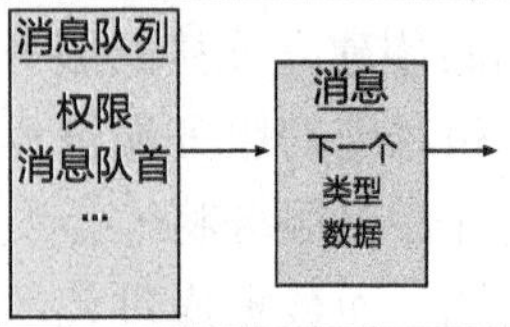 消息队列 权限 消息队首 … → 消息 下一个 类型 数据 →	消息队列	消息	多进程	单向 / 双向	队列的组织方式。通过文件的权限来管理对队列的访问
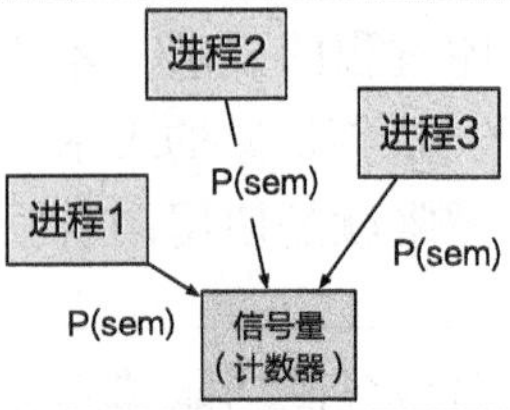 进程1 P(sem) 进程2 P(sem) 进程3 P(sem) 信号量（计数器）	信号量	计数器	多进程	单向 / 双向	内核维护共享计数器。通过文件的权限来管理对计数器的访问
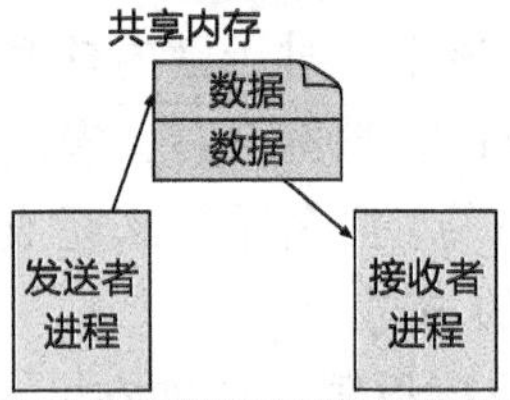 共享内存 数据 数据 发送者进程 接收者进程	共享内存	内存区间	多进程	单向 / 双向	内核维护共享的内存区间。通过文件的权限来管理对共享内存的访问
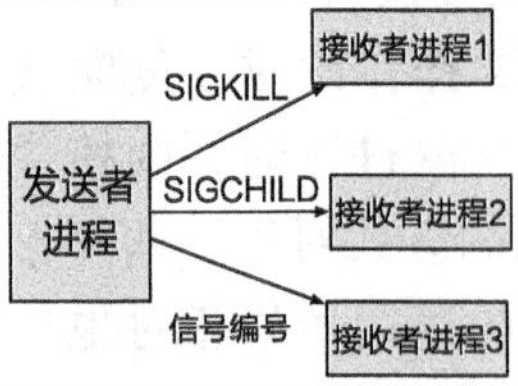 发送者进程 SIGKILL 接收者进程1 SIGCHILD 接收者进程2 信号编号 接收者进程3	信号	事件编号	多进程	单向	为线程 / 进程维护信号等待队列。通过用户 / 组等权限来管理信号的操作
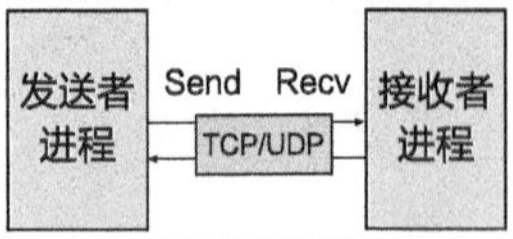 发送者进程 Send Recv TCP/UDP 接收者进程	套接字	数据报文	两个进程	单向 / 双向	基于 IP/ 端口和基于文件路径两种寻址方式。利用网络栈来管理通信

图 8.5 宏内核进程间通信机制的对比

8.2 文件接口 IPC：管道

本节主要知识点

- ❑ 管道进程间通信是如何设计的？
- ❑ Linux 内核中的管道是如何实现的？
- ❑ 命名管道和匿名管道的区别是什么？

管道（Pipe）是宏内核场景下重要的进程间通信机制。顾名思义，管道是两个进程间的一条通道，一端负责投递，另一端负责接收。举一个简单的例子，我们经常会通过 `ps aux | grep target` 来查看当前是否有关键字 `target` 相关的进程在运行。这里其实是两个命令，通过 shell 的管道符号“|”，将第一个命令的输出投递到一个管道，而管道对应的出口是第二个命令的输入。shell 的管道符号“|”通常是利用操作系统提供的管道进程间通信机制来实现的，如在 Linux 系统中，可以通过 `pipe` 系统调用让应用创建一个管道，并获取管道两端的读和写的两个端口。shell 可以通过将两个命令的标准输出（`stdout`）和标准输入（`stdin`）的文件描述符分别配置为管道的两端来实现两个命令的串联，如上述的例子中，`ps` 命令的标准输出会被配置为管道的写端口，而 `grep` 命令的标准输入会被配置为管道的读端口。通过管道这种方式，`ps` 和 `grep` 这两个命令对应的进程进行了一次协同合作。

管道是单向的 IPC，内核中通常有一定的缓冲区来缓冲消息，而通信的数据是字节流，需要应用自己对数据进行解析，比如抽象或封装为消息。如图 8.6 所示，一个管道有且只能有两端，而这两端一定是一个负责输入（发送数据）、一个负责输出（接收数据）的。

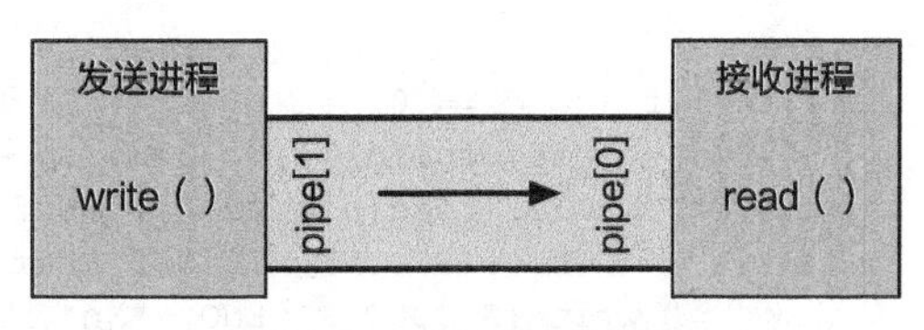

图 8.6 UNIX 下的管道

8.2.1 Linux 管道使用案例

代码片段 8.7 展示了一个 Linux 手册中给出的管道使用案例。该程序会通过进程 `fork` 创建一个子进程，父进程会从命令行中读入一个字符串，并通过管道将字符串传递给子进程，而子进程将会从管道中读出该字符串并将内容打印出来。在这个案例中可以看到，在管道通过 `pipe(pipefd)` 创建之后，会得到两个文件描述符，后续对管道的使用和对文件的使用几乎是完全相同的。案例中，父进程通过 `write` 将数据内容写入管道，而子进程通过 `read` 将数据从管道中读出。父、子进程都通过 `close` 来关闭管道端口。

代码片段 8.7 Linux 手册中的管道使用案例（简化版）[7]

```
1 #include <sys/types.h>
2 #include <sys/wait.h>
3 #include <stdio.h>
4 #include <stdlib.h>
5 #include <unistd.h>
6 #include <string.h>
7
8 int main(int argc, char *argv[])
9 {
10   int pipefd[2];
11   pid_t cpid;
```

```
12    char buf;
13
14    if (argc != 2) {
15      fprintf(stderr, "Usage: %s <string>\n", argv[0]);
16      exit(EXIT_FAILURE);
17    }
18
19    if (pipe(pipefd) == -1) {
20      perror("pipe");
21      exit(EXIT_FAILURE);
22    }
23
24    cpid = fork();
25    if (cpid == -1) {
26      perror("fork");
27      exit(EXIT_FAILURE);
28    }
29
30    if (cpid == 0) {             // 子进程：从管道中读取数据
31      close(pipefd[1]);          // 关闭管道写端口
32      while (read(pipefd[0], &buf, 1) > 0)
33        write(STDOUT_FILENO, &buf, 1);
34      write(STDOUT_FILENO, "\n", 1);
35      close(pipefd[0]);
36      _exit(EXIT_SUCCESS);
37    } else {                     // 父进程从输入中获取一个字符串
38      close(pipefd[0]);          // 关闭管道读端口
39      write(pipefd[1], argv[1], strlen(argv[1]));
40      close(pipefd[1]);          // 管道读者会看到 EOF
41      wait(NULL);
42      exit(EXIT_SUCCESS);
43    }
44 }
```

该案例显示，在管道中我们可以通过文件接口来实现进程之间通信的目的。

在具体实现上，管道在 UNIX 系列的系统中会被当作一个文件。内核会为用户态提供代表管道的文件描述符，让其可以通过文件系统相关的系统调用来使用。管道的特殊之处在于，它的创建会返回一组（两个）文件描述符，在上述案例中 pipe 会同时返回两个文件描述符，放在 pipefd 中。不过实际上管道并不会使用存储设备，而是使用内存作为数据的缓冲区。这是因为管道本质上是为了实现通信的，一方面对于可持久化没有要求，另一方面还需要保证数据传输的高性能。

管道的行为和 FIFO（First-In-First-Out）[⊖]队列非常像，最早传入的数据会最先被读出来。一个进程输入数据后，另一个进程可以通过管道读到数据。如果还没有数据写入，

⊖ 在一些 UNIX 系统中，会将后文中介绍的命名管道直接称为 FIFO。

拿到输出端的进程就开始尝试读数据，此时有两种情况：如果系统发现当前没有任何进程有这个管道的写端口，则会看到 EOF（End-Of-File）；否则阻塞在这个系统调用上，等待数据的到来。这里之所以存在第一种情况（没有任何进程有该管道的写端口），是因为管道的两个端口在 UNIX 系列的内核中是以两个独立的文件描述符的形式存在的，写端口有可能被进程主动关闭了。在第二种情况下，进程可以通过配置非阻塞选项来避免阻塞。

8.2.2 Linux 中管道进程间通信的实现

本节以 Linux 内核为例介绍管道的创建、读、写这三个操作的具体实现。

管道的创建是由 pipe 系统调用完成的，这个系统调用会返回两个文件描述符，对应管道的两端。系统调用的实现如代码片段 8.8 所示。

代码片段 8.8 Linux 5.10 中创建管道的系统调用核心代码（本节中无特殊说明的代码均基于 Linux 5.10）

```
1 // 合并了系统调用的声明和 do_pipe2 函数
2 SYSCALL_DEFINE2(pipe2, int __user *, fildes, int, flags)
3 {
4   struct file *files[2];
5   int fd[2];
6   int error;
7
8   error = __do_pipe_flags(fd, files, flags);
9   if (!error) {
10    if (unlikely(copy_to_user(fildes, fd, sizeof(fd)))) {
11      fput(files[0]);
12      fput(files[1]);
13      put_unused_fd(fd[0]);
14      put_unused_fd(fd[1]);
15      error = -EFAULT;
16    } else {
17      fd_install(fd[0], files[0]);
18      fd_install(fd[1], files[1]);
19    }
20  }
21  return error;
22 }
```

在上述实现中，Linux 内核通过 __do_pipe_flags 创建管道对应的缓冲区（在 Linux 中会通过特殊的文件系统来实现）。创建的两个文件描述符分别为 O_RDONLY 和 O_WRONLY，这意味着两个文件描述符只能一个为写端口、一个为读端口。文件描述符成功创建后，内核将文件描述符返回给用户态程序，即代码片段中的 copy_to_user 以及 fd_install 函数。整个创建过程返回后，用户态程序拿到两个文件描述符，这两个文件描述符即对应创建好的管道的两个端口。用户态程序可以通过文件接口来使用这两个文件描述符，从而实现进程间通信。

那么这个管道真实的存储空间在哪里呢？ Linux 中通过 pipe_inode_info 这个结构体来管理管道在内核中的信息，如代码片段 8.9 所示。在这个结构体中，内核会维护 bufs 的管道缓冲区，由其来保存通信的数据。

代码片段 8.9　管道在 Linux 内核中的结构（简化版）

```
1 struct pipe_inode_info {
2       struct mutex mutex;                  //保护管道
3       wait_queue_head_t rd_wait, wr_wait;  //读者和写者的等待队列
4       unsigned int head;                   //缓冲区头
5       unsigned int tail;                   //缓冲区尾
6       unsigned int readers;                //并发读者数
7       unsigned int writers;                //并发写者数
8       struct pipe_buffer *bufs;            //管道缓冲区
9 };
```

在 Linux 中，管道的读写操作和普通的文件读写操作一样。用户程序通过 read 和 write 系统调用来读写管道内的数据。在 Linux 系统的设计中，这两个系统调用会最终调用到管道实现中注册的文件操作 pipe_read 和 pipe_write。管道读和管道写的实现十分类似，我们以管道读为例来进行介绍，如代码片段 8.10 所示。

代码片段 8.10　Linux 中管道的读操作（简化）

```
1 static ssize_t
2 pipe_read(struct pipe_inode_info *pipe, struct user_buffer *to)
3 //struct user_buffer 表示用户态缓冲区，非 Linux 内核中真实的结构体
4 {
5   //获取用户态的缓冲区大小
6   size_t total_len = buffer_count(to);
7   ssize_t ret;
8
9   //如果缓冲区大小为 0，直接返回
10  if (unlikely(total_len == 0))
11    return 0;
12
13  ret = 0;
14  //锁住管道，对应 pipe_inode_info 中的 mutex
15  pipe_lock(pipe);
16
17  for (;;) {
18    unsigned int head = pipe->head;
19    unsigned int tail = pipe->tail;
20    unsigned int mask = pipe->ring_size - 1;
21
22    if (!pipe_empty(head, tail)) {
23      struct pipe_buffer *buf = &pipe->bufs[tail & mask];
24      size_t chars = buf->len;
25
26      if (chars > total_len) {
```

```
27          chars = total_len;
28        }
29
30        copy_page_to_user_buffer(buf->page, buf->offset, chars, to);
31        ret += chars;
32        buf->offset += chars;
33        buf->len -= chars;
34
35        if (!buf->len) {
36          release_pipe_buf(pipe, buf);
37          tail++;
38          pipe->tail = tail;
39        }
40        total_len -= chars;
41        if (!total_len)
42          break;
43      }
44      //没有数据，阻塞等待（或直接返回错误信息）
45      ...
46    }
47    pipe_unlock(pipe); //释放管道锁
48    //...
49  }
```

为了从缓冲区中读取数据，首先内核会锁住整个管道，避免在读的过程中发生管道状态的变化。随后，内核尝试从缓冲区中读取数据。如果当前有数据，那么内核会在读取到足够的数据后返回。如果当前没有数据，那么内核会尝试唤醒等待的写者，让其开始写入数据，并且使自己陷入阻塞状态。在进入阻塞状态前需要释放管道锁，否则写者即使被唤醒也无法进行相应的操作。当写者完成写操作后，会唤醒当前等待的读者，使其开始尝试新一轮的读操作。管道写和管道读的过程十分类似。

8.2.3　命名管道和匿名管道

管道的连接是如何建立的呢？在经典的 UNIX 实现中，管道通常有两类——命名管道和匿名管道，主要区别在于它们的创建方式。匿名管道是通过 pipe 系统调用创建的，在创建的同时进程会拿到读写的端口（两个文件描述符）。由于整个管道没有全局的“名字”，因此只能通过这两个文件描述符来使用它。这种情况下，通常要结合 fork 来使用，即用继承的方式来建立父子进程间的连接。具体过程是，父进程首先通过 pipe 创建对应的管道的两端，然后通过 fork 创建子进程。由于子进程可以继承文件描述符，父子进程相当于通过 fork 的继承完成了一次 IPC 权限的分发。后续父子进程就可以通过管道来进行进程间的通信。要注意的是，在完成继承后，其实父子进程会同时拥有管道的两端，此时需要父子进程主动关闭多余的端口，否则可能导致通信出错。这种连接方式对于父子进程等有着创建关系的进程来说比较方便，但是对于两个关系较远的进程就不太适用。

命名管道可以解决这个问题。命名管道是由另一个命令 `mkfifo` 来创建的。创建过程中会指定一个全局的文件名，由这个文件名（如 /tmp/namedpipe）来指代一个具体的管道（即管道名）。通过这种方式，只要两个进程通过一个相同的管道名进行创建（并且都拥有对其的访问权限），就可以实现在任意两个进程间建立管道的通信连接。

练　习

8.6　管道的使用中是否包含前面介绍的命名服务？请解释理由。
8.7　管道属于间接通信还是直接通信？请解释理由。

8.3　内存接口 IPC：共享内存

本节主要知识点

- ❑基于共享内存的通信机制需要内核提供怎样的支持？
- ❑基于共享内存的单生产者单消费者是如何实现的？

为什么需要共享内存？共享内存在本章开头的例子中已经使用到了，本节将进一步介绍共享内存的内部结构设计和接口。使用共享内存的很重要的一个原因是性能。其他进程间通信机制，包括消息队列（下节介绍）、管道等，都依赖内核提供完整的缓冲数据、接收消息、发送消息等一系列进程间通信接口。虽然这些完善的抽象方便了用户进程的使用，但其中涉及的数据拷贝和控制流转移等处理逻辑影响了这些抽象的性能。共享内存的思路其实是内核为需要通信的进程建立共享区域。一旦共享区域建立完成，内核基本上不需要参与进程间通信。通信的多方间既可以直接使用共享区域上的数据，也可以将共享区域当成消息缓冲区。大部分微内核系统都支持共享内存机制。本节将介绍 System V 共享内存。

8.3.1　共享内存

共享内存的核心思路其实很简单：共享内存允许两个或多个进程在其所在虚拟地址空间中映射相同的物理内存页，从而进行通信。本节以 Linux 中的设计为例（如图 8.7 所示）来介绍一些细节的设计和实现。

首先，内核会为全局所有的共享内存维护一个全局的队列结构，也即图中的共享内存队列。这个队列的每一项（`shmid_kernel` 结构体）都是和一个 IPC `key` 绑定的，这和其他 System V 的 IPC 机制类似。进程可以通过同样的 `key` 来找到并使用同一段共享内存区域。虽然这样的 `key` 是全局唯一的，但是能否使用这段共享内存，是通过 System V

的权限检查机制来判断的，这在前文中已经有所介绍。只要进程有对应的权限，就能够通过内核接口（shmat）将一段共享内存的区域映射到自己的虚拟地址空间中。每段共享内存是由结构体 shmid_kernel 封装的，其包含一个 file 类型的结构体。这是因为在 Linux 的系统设计中，将共享内存的机制封装在了一个特殊的文件系统上[⊖]。这个 file 类型的结构体通过文件系统最终指向一段共享内存页的集合，这些共享内存页就是这段共享内存对应的物理内存。存在这么多层的封装，除了便于利用 Linux 内核里的现有其他组件的功能（如文件系统）外，也是为了支持共享内存的换页（Swap）和内存页动态分配（Demand Paging）。

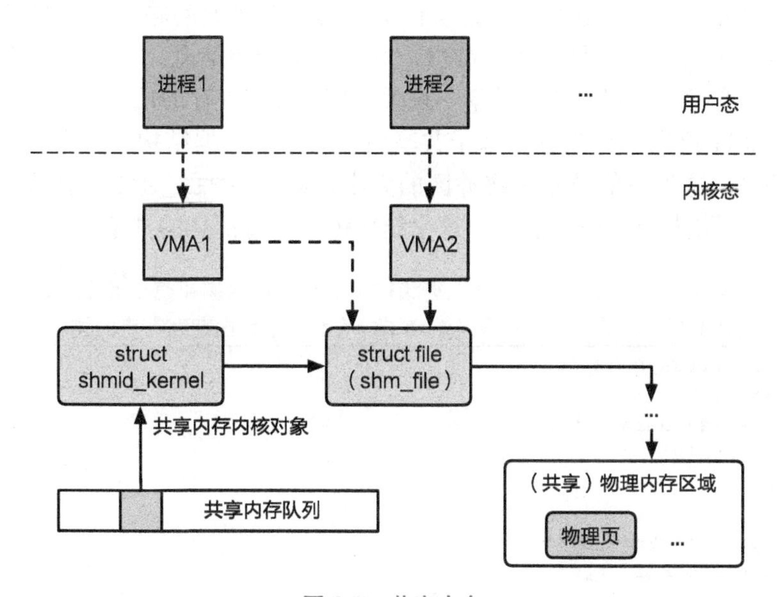

图 8.7 共享内存

如图 8.7 所示，进程 1 和进程 2 分别对同一个共享内存建立了映射（shmat）之后，内核会为它们分配两个 VMA（Virtual Memory Area）结构体，让它们都指向 file。这里的 VMA 会描述进程的一段虚拟地址空间的映射。建立了这两个 VMA，内核就能够从用户进程的虚拟地址找到对应的 VMA，从而知道这是一个共享内存的区间。值得注意的是，两个 VMA 对应的虚拟地址可以是不同的，这并不影响它们映射到相同的物理内存。另外，虽然图中只有两个进程，但是该机制天然地支持任意数量的进程来共享同一个共享内存区域，只要为它们分配指向 file 结构的 VMA 即可。

当进程不再希望共享虚拟内存时，可以将共享的内存从虚拟内存中取消映射（shmdt 接口）。这里取消映射的操作（detach 操作）只影响当前进程的映射，其他仍在使用共

⊖ 即共享内存文件系统（shm 文件系统），在实际中使用 tmpfs 实现。

享内存的进程是不受影响的。

8.3.2　基于共享内存的进程间通信

在简单 IPC 方案中，我们已经看到共享内存是如何帮助两个进程进行通信的。基于共享内存的进程间通信的一个特点是操作系统在通信过程中不会干预数据传输。从操作系统的角度来看，共享内存为两个（或多个）进程在它们的（虚拟）地址空间中映射了同一段物理内存。进程基于这段共享内存设计通信方案，操作系统通常不参与后续的通信过程。

这一小节将介绍基于共享内存的进程间通信的一个经典问题——生产者 - 消费者问题。即存在两个进程，一个是生产者进程，负责产生新的信息，一个是消费者进程，负责消耗信息。生产者和消费者需要共享一块缓冲区（共享内存的用户态抽象）。

代码片段 8.11 给出了该问题中基于共享内存通信的数据结构。其中，buffer 对应的是共享缓冲区。这里我们给定了缓冲区的大小，即 BUFFER_SIZE 个元素。缓冲区中的每个元素由一个结构体 item 表示，这个结构体对应着消息的抽象。

代码片段 8.11　共享内存通信的实现：共享数据结构。这个数据结构和简单 IPC 中的设计类似，但是扩展了缓冲区的大小，并且发送者和接收者也不会固定在特定的缓冲区序号上

```
1 #define BUFFER_SIZE 10
2 typedef struct {
3   struct msg_header header;
4   char data[0];
5 } item;
6
7 item buffer[BUFFER_SIZE];
8 volatile int buffer_write_cnt = 0;
9 volatile int buffer_read_cnt = 0;
10 volatile int empty_slot = BUFFER_SIZE;
11 volatile int filled_slot = 0;
```

有了共享的缓冲区 buffer 之后，生产者的任务就是在缓冲区上产生新的数据。在代码片段 8.12 中，empty_slot 和 filled_slot 分别表示当前在缓冲区上空置的和包含消息的区域的个数。而 buffer_write_cnt 则表示生产者放置新消息的位置。生产者会首先判断当前是否存在空闲的缓存区域，如果有，则写入一个消息，并且对应地修改 empty_slot、filled_slot 和 buffer_write_cnt。注意，这里只考虑单个生产者和单个消费者的情况，对于多线程等情况将在后续章节（同步原语）中展开介绍。

代码片段 8.12　共享内存通信的实现：生产者

```
1 // 生成新的消息
2 int send(item msg)
3 {
4   while (empty_slot == 0)
```

```
 5       ; //没有空闲缓冲区
 6     empty_slot--;
 7     buffer[buffer_write_cnt] = msg; //msg的类型是item
 8     buffer_write_cnt = (buffer_write_cnt + 1) % BUFFER_SIZE;
 9     filled_slot++;
10     ...
11 }
```

消费者的任务是从缓冲区中获取数据。类似地，在代码片段 8.13 中，通过检查 filled_slot 的值，消费者可以判断是否有未处理的消息。对于消费者而言，使用另一个变量 buffer_read_cnt 来表示下一个可以读取消息的位置。recv 函数会从缓冲区中取出下一个未处理的消息，并对应地修改 filled_slot、empty_slot 和 buffer_read_cnt 的值。

代码片段 8.13　共享内存通信的实现：消费者

```
 1 item recv(void)
 2 {
 3     ... //msg的类型是item
 4     while (filled_slot == 0)
 5       ; //没有未处理消息
 6 
 7     filled_slot--;
 8 
 9     //将一个消息从缓冲区中移出
10     msg = buffer[buffer_read_cnt];
11     buffer_read_cnt = (buffer_read_cnt + 1) % BUFFER_SIZE;
12     empty_slot++;
13     return msg;
14 }
```

8.4　消息接口 IPC：消息队列

本节主要知识点

- ❑ 消息队列中的消息抽象是怎么设计的？
- ❑ 为什么消息队列需要支持类型？

为什么需要消息队列？相比本章介绍的其他通信机制，消息队列是唯一以消息为（内核提供的）数据抽象的通信方式。应用可以通过消息队列来发送消息以及接收消息。发送和接收的接口是内核提供的。此外，消息队列是一种非常灵活的通信机制，支持多个发送者和接收者同时存在。Linux 还为消息队列中的每个消息提供了类型的抽象，使得消息的发送者和接收者可以根据类型来选择性地处理消息。本节将介绍 System V 消息队列。

8.4.1 消息队列的结构

消息队列在内核中的表示是队列数据结构，如图 8.8 所示。当创建新的消息队列时，内核将从系统内存中分配一个队列数据结构，作为消息队列的内核对象。可以看到，这个对象有其对应的权限，以及消息头部指针。队列的消息由这个头部指针引出，每个消息都有指向下一个消息的指针（或者为空）。这是一种常见的队列的链表设计。在消息的结构体中，除了“下一个”指针之外，就是消息的内容。消息的内容包含两部分：数据和类型。数据是一段内存数据，和管道中的字节流相似。类型是用户态程序为每个消息指定的。在消息队列的设计中，内核不需要知道类型的语义，仅仅保存并基于类型进行简单的查找。如图 8.8 所示，第一个消息的类型是 1。这可能代表消息中的数据是一个字符串，也可能代表该数据是一个结构体。类型的具体意义需要用户态程序自己来管理。

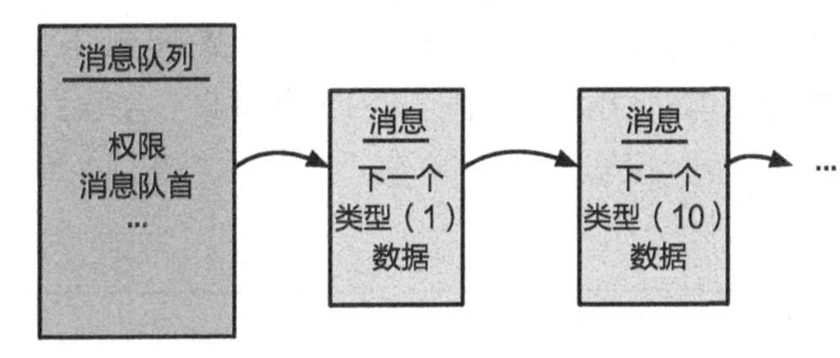

图 8.8 消息队列

8.4.2 基本操作

消息队列的操作一般被抽象为四个基本操作：msgget，msgsnd，msgrcv，msgctl。这四个操作在 Linux 系统上被实现为系统调用。msgget 允许进程获取已有消息队列的连接，或者创建一个新的消息队列。消息队列本质上采用的是信箱的通信方式。发送者和接收者在通信过程中，只需要建立好对同一个信箱（此处的“队列”）的访问，就相当于建立了通信连接。只要有对应的权限，消息队列允许任意数量的进程连接到同一通信连接上（即同一队列上）。msgctl 可以控制和管理消息队列，如修改消息队列的权限信息或删除该消息队列。

进程可以通过 msgsnd 向消息队列发送消息，通过 msgrcv 从消息队列接收消息。多个进程可以同时向队列发送消息或从队列接收消息。消息的发送和接收成功的标志，是消息被放到队列上或者从队列上取出。大部分情况下这两个过程是非阻塞的：对发送者来说，只要队列有空闲的空间就可以向队列发送消息，而接收者只要有未读消息就可以直接读取消息并完成操作。若发送消息时消息队列没有可用空间或接收消息时没有未读消息，默认的操作是阻塞进程，直到有空间腾出或者新的消息到来。Linux 内核在发送和接收消息的接口（msgsend 和 msgrcv）上允许用户指定是否等待（NOWAIT 选项）。若用户指定了 NOWAIT，内核可以直接返回相关的错误信息，用户进程不会阻塞。

练 习

8.8 消息队列是否支持类似超时机制的特性？请解释理由。

8.5　案例分析：L4 微内核的 IPC 优化

本节主要知识点

- ❑ L4 针对进程间通信展开了哪些优化？
- ❑ L4 的数据传递（或消息传递）机制是怎样设计的？

早期微内核 Mach 的复杂性对进程间通信的性能影响很大。根据 Mach 的经验，Liedtke 等研究人员开始研发 L4 系列的微内核系统[1-4]。L4 系列微内核系统设计的一个突出思路是：进程间通信是微内核的核心功能，需要围绕通信完成整个系统的设计和实现。L4 是当下仍然十分主流的微内核系统，特别是后续衍生出了各种变体和相关的系统。图 8.9 给出了 L4 系统从 1993 年开始的一些发展脉络[8]。本节内容将以 L4 早期 IPC 设计为主，同时介绍相关设计在后续系统中的使用和优化。

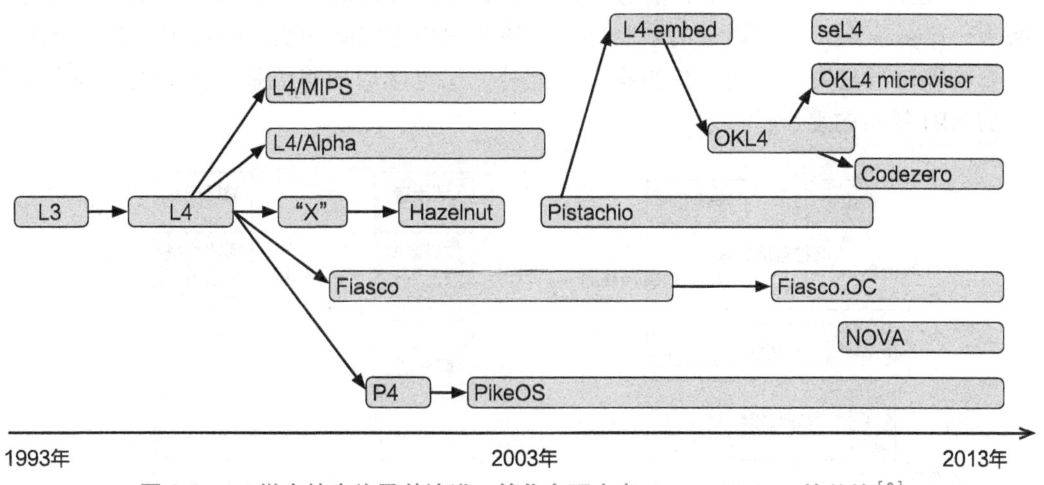

图 8.9　L4 微内核家族及其演进，简化自研究者 Gernot Heiser 的总结[8]

在 L4 微内核中，内核只保留了基本的功能，包括地址空间、线程、进程间通信等，并且不考虑兼容性等要求，而是选择针对特定硬件做极致的性能优化。这样做的好处是内核的代码量非常少，可以为少量的功能提供尽可能完善的支持。下面将从消息传递[㊀]、控制流转移、通信连接和权限检查四个方面介绍 L4 中 IPC 的设计。

8.5.1　L4 消息传递

在 L4 早期的设计中，为了尽可能减少内核暴露的接口，给单个通信接口增加了丰富的语义。这一点主要体现在传递的消息上：除了类似函数调用的消息外，还支持几乎

㊀ 由于 L4 的设计中均使用消息接口，因此我们直接使用“消息传递”来替代“数据传递”。

任意大小和类型的信息，如对齐的数据缓冲区或者字符串等。此外，L4 的一些系统（如 seL4 [6]）还支持以消息的方式传递 Capability。

抛开上层接口的细节，对于内核来说，L4 根据要传递的消息大小，将其分为短消息和长消息，并且设计了不同的传输方式。在后续基于 L4 扩展的微内核系统中，也有中等长度消息的概念以及相关的优化设计。不管是哪种设计，L4 都在尽可能减少数据拷贝，从而优化通信过程中的开销。下面分别介绍短消息和长消息的设计。

短消息

当传递的消息较短时，L4 会直接使用**寄存器的参数传递**方式来实现零拷贝传输，如图 8.10a 所示。具体来说，在调用的接口上，发送者进程将参数放置在寄存器上。下陷到内核后，内核可以直接从发送者的上下文切换到接收者的上下文，并且不会修改存放在寄存器中的参数。这种方式可以在不触摸数据的情况下完成消息的传递。通过寄存器来传递跨进程的参数存在的一个缺陷是，能够传递的数据量依赖于具体的硬件架构。如在 x86-32 这样的 32 位硬件上，能够使用寄存器（通常是通用寄存器的一部分）传递的参数大小十分有限。除了硬件的限制外，内核和用户态之间的交互接口（系统调用 ABI）也会影响能够通过寄存器传递的数据量。此外，这也会增加移植系统到新硬件或者是支持新的 ABI 接口的复杂性。

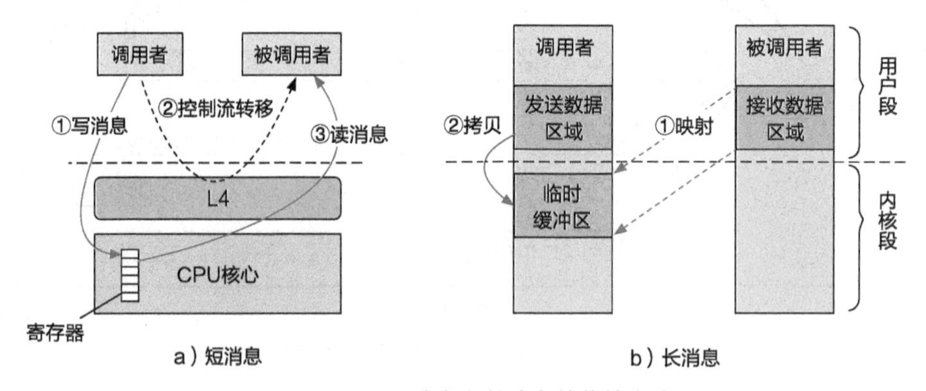

图 8.10 L4 短消息和长消息的传输方式

Pistachio（L4 系列中的一个变体）引入了**虚拟消息寄存器**（Virtual Message Register）的概念，允许用户态自定义虚拟消息寄存器集合的大小（如 64 字节）。这里的思想是将“寄存器参数”传递和具体的硬件寄存器解耦，使用虚拟的寄存器来实现功能。内核会将其中一些虚拟消息寄存器映射到物理寄存器，而物理寄存器放置不下的部分则包含在每个线程固定地址的内存空间中（相当于通过内存虚拟了一些额外的寄存器）。通过在微内核的用户态软件层封装寄存器使用的接口，可以对应用隐藏物理寄存器和内存虚拟的寄存器之间的区别。由于内存中的虚拟消息寄存器不会很多，传输的开销（虚拟消息寄存器需要拷贝）仍然在可控的范围内。后续的微内核系统，如 seL4 和 Fiasco.OC 沿用了用寄存器传递小数据和虚拟消息寄存器的方法。

长消息

L4长消息的传输本质上是由内核辅助的，通常需要两次拷贝：发送者用户态拷贝到内核缓冲区，以及内核缓冲区拷贝到接收者用户态。L4对长消息的传输做了不少优化，此处介绍两点。

- 第一点优化是拷贝次数的优化。在L4中，内核通过建立一个临时的映射区域来传输数据，可以实现一次拷贝的数据传输，如图8.10b所示。具体来说，L4在每个进程的内核地址空间中预留一段区域，用作建立临时缓冲区。这段区域在不同的进程中是不共享的（即使它处于内核段）。当发送者发起消息传输时，内核在发送者的上下文中执行，并将发送者临时缓冲区的虚拟空间映射到接收者接收消息的物理内存区域上。完成这次映射后，内核可以直接将消息从发送者的用户态内存区域拷贝到临时缓冲区，从而完成将数据从发送者拷贝给接收者的过程。
- 第二点优化体现在接口层面上。消息传递的接口通常要求传递的数据落在一段连续的虚拟地址区域，如果消息落在不同区域中，通常只能通过多次通信来将它们分别发送出去。在L4中，长消息可以在单个通信调用中指定多个缓冲区。由于最终的数据是由内核拷贝到临时映射区域来完成传输的，接收不连续的消息不会引入额外的传输开销。这种接口上的优化事实上分摊了多次进程间通信带来的上下文切换和特权级切换导致的性能开销。

长消息对于POSIX这类原本就依赖缓冲区域进行数据传递的接口有较好的兼容性。不过，在实际使用中，长消息机制会遇到不少问题。例如，在长消息的拷贝过程中可能出现缺页异常。这既可能发生在发送者地址空间，也可能发生在接收者地址空间。由于拷贝本身是在内核态进行的，这就需要内核回到用户态的页管理程序去处理异常（L4系列的很多系统是将页面错误处理程序放在用户态的）。这种内核操作依赖于用户态的处理显著加剧了内核的复杂性，比如用户态页处理程序完成处理后，内核需要重新建立原始的系统调用上下文，再执行通信操作。后续的L4系统逐渐倾向于直接在通信双方的进程间建立共享内存区域，由进程自己负责大量数据的传输，从而简化内核的通信逻辑。

8.5.2 L4控制流转移

L4控制流转移的整体过程[㊀]和前文介绍的过程（8.1.4节）是类似的。本节介绍L4中引入的两个优化控制流转移性能的机制：惰性调度（Lazy Scheduling）以及直接进程切换（Direct Process Switching）。

惰性调度

通信的控制流转移往往是通过内核的线程/进程管理和调度来实现的。在L4同步的

㊀ 这里只关注L4的同步双向IPC。

IPC 模型下，线程的状态经常在就绪和阻塞中交替（发送消息后进入阻塞状态）。这意味着在通信的过程中会发生频繁的调度队列操作：一个线程会在短时间内多次被移入和移出就绪调度队列。这些额外执行的代码和访问的数据会在通信过程中引入 TLB 不命中、缓存不命中等开销。

为了解决这个问题，L4 提出了惰性调度的优化方式，如代码片段 8.14 所示。当线程在 IPC 操作上阻塞时，内核会在线程管理结构（Thread Control Block，TCB）中更新其状态，但会将线程保留在就绪队列中。调度器在调度线程时会遍历就绪队列，忽略这些处于阻塞状态的线程，直到找到真正可运行的线程。这样的设计可以避免大量的队列操作：IPC 过程中即使线程状态发生变化，也只需要修改 TCB 中的结构，而不需要调度队列的操作。不过，这也潜在地增大了调度器的复杂性和性能开销。需要注意的是，这种方案是基于一个假设的：IPC 相关线程的阻塞状态会很快结束（比如发送者接收到返回消息后）。

代码片段 8.14　惰性调度示例伪代码

```
1 // 惰性调度下，不会访问调度队列，而是配置进程结构体的 status 状态
2 int lazy_schedule(TCB)
3 {
4   Cur->status = IPC_blocked;
5   TCB->status = Running;
6   ...
7 }
8
9 // 正常调度下，将当前线程放在等待队列，将目标线程放在可运行队列
10 int normal_schedule(TCB)
11 {
12   Move_cur_to_block_list();
13   Move_TCB_to_runnable_list();
14   ...
15 }
```

惰性调度也存在自己的问题。惰性调度优化导致调度器的就绪队列中可能存在大量的阻塞线程，从而使调度器的执行时间与系统的线程数及其 IPC 执行情况相关。这使其很难被应用在对实时性有较高要求的场景中。研究者已经提出了一些解决方案[9]，感兴趣的读者可以深入研究。

直接进程切换

早期的微内核系统允许内核在 IPC 控制流转移过程中执行调度程序，而调度的不确定性会严重影响 IPC 的时延。因此，L4 将调度程序从控制流转移的关键路径上移除，即直接完成从调用者到被调用者的切换（返回消息的过程类似）。这种方法称为直接进程切换。直接进程切换除了能加速控制流的转移外，还有额外收益。一个主要的例子是缓存。避免了控制流转移中其他进程的干预以及调度的影响后，对于调用者发来的数据，被调

用者可以以缓存命中的方式直接访问。这对于加速被调用者处理请求是有“隐式”提升的。

不过直接进程切换也有一些问题，如可能破坏实时场景下任务的优先级。如果只要调用者发起通信，被调用者就一定响应，那么在一些实时的场景下将无法保证对不同优先级任务的区别处理。L4 的后续系统会在进程间通信的过程中，通过比较调用者和被调用者的优先级来判断是否能够直接调用。

8.5.3　L4 通信连接

L4 系列的微内核经历了直接通信到间接通信的转变。早期 L4 的设计使用线程作为通信的目标，这是为了避免过多的中间抽象带来的缓存和 TLB 污染的性能开销。Liedtke 曾经指出，用类似 Mach 中的端口的抽象，可能会产生 12% 的开销[2]。

不过，线程作为通信目标的方案也有一些问题[8]。首先，该模型要求线程 ID 是全局唯一的标识符。全局 ID 在后续的系统工作中被证明会引入潜在的隐蔽信道（Covert Channel）的危险，而这会导致攻击和信息泄露的发生。其次，该模型的信息隐藏性差。多线程服务必须向客户端进程公开其内部结构，比如包含几个线程，每个线程的 ID 是多少，不然就很难进行负载均衡相关的操作。随着现代处理器的能力变得越来越强，并且支持大页等机制，间接通信带来的 TLB 污染问题已经缓和了很多。

这些改变使得后续的系统更倾向于基于信箱的间接通信。例如 seL4 和 Fiasco.OC 最终仍然使用类似 Mach 的方案，将端口作为通信的目标。

8.5.4　L4 通信控制（权限检查）

L4 经历了直接通信到间接通信的转变，其通信控制（或者说权限检查）在这两类通信连接方式下的设计也有所不同。

直接通信下，只要有对应的标识符（如进程号），一个进程就可以尝试和另一个进程通信。在 L4 的早期设计中，内核在通信过程中会将发送者的一个“不可伪造的标识符”传递给接收者，帮助接收者判断是否响应发送者的消息。然而，恶意的发送者进程可能用大量的消息来“轰炸”接收者进程。接收者进程需要花费大量的时间来检查并丢弃恶意消息，这也会影响其执行有用的工作。这样的“轰炸”其实构成了拒绝服务的攻击。

早期 L4 通过氏族和酋长（Clans and Chiefs）[10] 的机制来解决这个问题。具体来说，整个系统内的进程按照“氏族”的层次结构进行组织，每个氏族都有一个指定的“酋长”。在氏族内部，所有消息都是自由传输的。而跨氏族的消息（无论是传出的还是传入的）都将重定向到氏族酋长，由其来控制消息的流向。氏族和酋长机制除了保护内部的进程外，还能够限制不受信任的进程。即如果存在某个不受信任的进程希望将在内部获取的敏感信息传递到外部进程，那么会被酋长检测到并阻止。

氏族和酋长在后续的 L4 系统中逐渐被放弃[8]。这是因为其有以下问题。首先，一旦消息需要发到外部，那么中间会经过几次重定向，通过一层层的酋长往外发送。每次这样的重定向相当于增加了两次 IPC 的调用，而这显然是相当大的开销。其次，即使不考虑性能开销，酋长本身仍然是可能被攻击的一个点。恶意的攻击者可以通过攻击酋长来限制整个氏族和外部的通信。

在间接通信的场景下，L4 系列的微内核组件采用更灵活的权限机制 Capability 来解决上述问题。简单来看，Capability 是对于内核对象（可以将微内核中几乎所有的内核结构都抽象成内核对象，包括 IPC、内存等）的索引，以及对于该内核对象的权限。以 IPC 为例，微内核会在内核中为每个通信连接维护一个 IPC 内核对象。这个内核对象中包含接收者、发送者、缓冲区等和通信相关的信息。发送者进程要发起通信时，需要告知内核一个特定的 Capability 来发起通信，内核负责检查 Capability 的正确性及其权限，然后通过 Capability 找到对应的内核对象以及与之对应的接收者，从而开始通信过程。这也就意味着，两个进程间要通信，必须首先通过命名服务等方式获取对应的 Capability，否则它们会在执行通信逻辑时被内核拦截下来，从而避免前文提到的拒绝服务的攻击。

在现代的主流微内核系统中，几乎都会使用 Capability 来管理内核对象并负责通信的权限检查。

练　习

8.9　L4 的直接进程切换主要避免了哪部分通信开销？

8.6　案例分析：LRPC 的迁移线程模型

本节主要知识点

- ❑ L4 中的直接进程切换和 LRPC 中的迁移线程模型的异同分别是什么？
- ❑ LRPC 的数据传递（或消息传递）机制是怎样设计的？

这一节将介绍一种比较“极端”的优化性能的 IPC 设计：迁移线程（Thread Migration）。截至目前，我们了解到优化 IPC 性能的大部分工作关注两个部分：优化控制流切换的性能和优化数据传输的性能。迁移线程认为，可以将其他的 IPC 设计看成将需要处理的数据发送到另一个进程处理，这也是为什么控制流切换和数据传输会成为主要的瓶颈。如果换一个角度，将另一个进程处理数据的代码拉到当前进程，那么我们是不是可以避免控制流的切换（仍然是当前进程处理）以及数据传输（数据已经准备在当前进程中）？迁移线程就是围绕这个新的视角进行设计的。

8.6.1 迁移线程模型

迁移线程方案被用在 LRPC[11]、Mach（优化版本）[12]等系统中，是目前纯软件进程间通信优化中效果最好的设计之一。迁移线程的基本原则是：简化控制流转换，让客户端线程执行“服务端的代码”；简化数据传输，共享参数栈和寄存器；简化接口，优化序列化等开销；优化并发，避免共享的全局数据结构。其中，前两点原则都是基于“将代码拉到本地”这个新的视角。

迁移线程 IPC 和主流 IPC 设计的对比如图 8.11 所示。要做到“将代码拉到本地”，迁移线程首先需要对线程结构进行解耦，明确线程中哪些部分是对通信请求处理起关键作用的。然后，这部分线程允许被调用者（负责处理请求的逻辑）运行在调用者的上下文中，将跨进程调用变成更接近函数调用的形式。

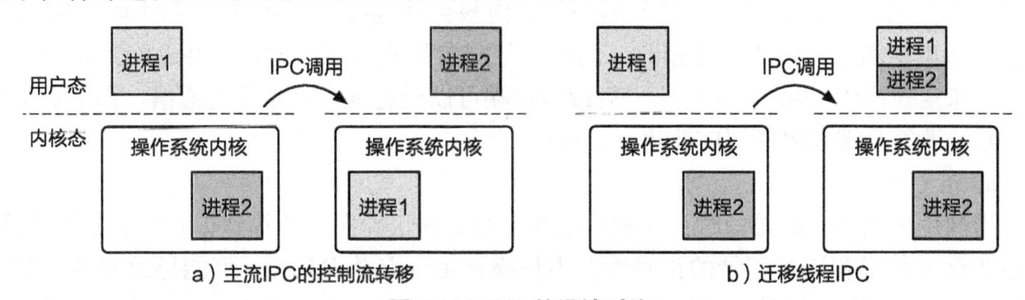

图 8.11 IPC 的设计对比

采用迁移线程模型，在进程间通信过程中，内核不会阻塞调用者线程，但是会让调用者线程执行被调用者的代码。整个过程没有被调用者线程被唤醒，相反，被调用者端更像是一个“代码提供者”。此外，内核不会进行完整的上下文切换，而是只切换地址空间（页表）等和请求处理相关的系统状态。其中，不涉及线程和优先级的切换，也不会调用调度器。迁移线程的优点在于减少了内核调度的时间，并简化了内核中的 IPC 处理。在多核场景下，迁移线程方案还可以避免跨核通信引入的开销。

8.6.2 LRPC 设计

LRPC（Lightweight Remote Procedure Call）是一种同步的进程间通信设计，客户端通过进程间通信让服务端来执行一个方法（接收来自客户端的参数），并将计算结果返回。此处以 LRPC 为例，展开迁移线程的设计。

共享参数栈和寄存器

首先来看数据传输方面的设计。LRPC 主要通过**参数栈**（Argument Stack）和寄存器来传递数据。顾名思义，参数栈中存放着远程方法调用中客户端向服务端传递的参数。系统内核为每一个 LRPC 连接预先分配好一个参数栈，并将其同时映射在客户端进程和服务端进程地址空间中。因此，在通信的过程中，客户端进程只需要将参数准备到参数栈即可，不需要内核的额外拷贝。这个过程和函数调用中准备参数的过程是类似的。和

L4 中短消息的 IPC 数据通信方式类似，LRPC 在通信调用的过程中不会切换通用寄存器，而是直接使用当前的通用寄存器。

寄存器和参数栈一起构成了 LRPC 的通信设计。客户端进程会优先使用寄存器，在寄存器不够的情况下则用参数栈传递参数。

通信连接的建立

内核需要为通信的服务端提供一个服务的抽象，即**服务描述符**。所有支持客户端调用的服务端进程将自己的处理函数等信息注册到服务描述符中。在系统内核里，需要为每个服务描述符准备两个资源：第一是参数栈，第二是**连接记录**（Linkage Record）。参数栈我们已经介绍过了，它将被同时映射到调用者进程和被调用者进程。而连接记录主要是记录调用过程的信息，类似于函数调用中往栈上压入的返回地址等。当一个服务被调用，服务端进程执行完请求需要返回时，内核会从连接记录中获得返回地址等信息。当客户端申请和服务端建立连接时，内核会分配参数栈和连接记录，并返回给客户端进程一个**绑定对象**（Binding Object），后续客户端可以通过绑定对象发起通信。绑定对象的获得意味着客户端和服务端成功建立了连接。

通信过程

当调用者发起一次通信时：内核验证绑定对象的正确性，并找到正确的服务描述符；内核验证参数栈和连接记录的正确性；内核检查是否有并发调用（可能导致参数栈等异常）；内核将调用者的返回地址和栈指针放到连接记录中；内核将连接记录放到线程控制结构体中的栈上（支持嵌套 LRPC 调用）；内核切换到被调用者进程地址空间；内核找到被调用者进程的运行栈（执行代码所使用的栈）；内核将当前线程的栈指针设置为被调用者进程的运行栈地址；内核将代码指针指向被调用者地址空间中的处理函数。从上面的过程中，我们可以看到 LRPC 设计将页表、运行栈以及代码指针视为负责处理请求的状态。对应的伪代码如代码片段 8.15 所示。

代码片段 8.15　LRPC 的伪代码

```
1  int ipc_call(A_stack, ...)              // A_stack 为参数栈
2  {
3    verify_binding(A_stack);              // 验证参数栈的正确性
4    service_descriptor = get_desc_from_A(A_stack);
5    // 其他安全检查：是否存在并发调用？
6    ...
7    save_ctx_to_linkage_record();         // 将调用信息保存到连接记录上
8    save_linkage_record();
9    ...
10   // 切换运行状态
11   switch_PT();                          // 修改页表
12   switch_cap_table(); // 修改权限表
13   switch_sp();                          // 修改栈地址
14   ...
15   // 返回用户态（服务端进程），不修改参数寄存器
16   ctx_restore_with_args(ret);
```

```
17    ...
18 }
```

值得注意的是，不同的系统设计中需要考虑的要切换的状态是不同的。例如，代码片段 8.15 中我们将权限表也作为要切换的关键状态之一。

LRPC 中使用的迁移线程模型和 L4 中的直接进程切换有相似的地方，如它们都选择了绕开内核调度。不同点在于，L4 仍然完成了两个线程切换的任务，而在 LRPC 中其实没有切换线程。这在多核场景下的跨核进程间通信中有显著的不同：LRPC 在通信时可以将远端核上的被调用者上下文拉到当前核的线程上直接执行，相当于将跨核通信变成了单核通信；而 L4 却需要核间中断（IPI）等机制来通知远端核进行处理。

微内核进程间通信与宏内核进程间通信

目前介绍的 IPC 设计中既包括宏内核场景下的方案也包括微内核场景下的方案。由于宏内核和微内核的系统设计不同以及对进程间通信的要求不同，其设计通常存在一些差异。

首先，宏内核和微内核在进程设计上的差别会导致 IPC 设计的不同。相比宏内核，微内核架构中的进程既能够表示一个用户态的程序，也可以表示一个系统服务（如文件系统）。这需要微内核 IPC 机制引入用户态的命名服务等机制来管理进程和系统服务间的连接。而宏内核下的命名服务相对简单，是由内核自己完成的，如 Linux 的命名管道依赖文件名来实现命名服务的效果。后续章节将介绍的 Binder IPC 通信机制通常被认为借鉴了微内核的设计，其中一个原因就是 Android 存在大量的用户态系统服务，需要较为复杂的 IPC 管理机制。

其次，宏内核和微内核架构对于 IPC 的性能需求是不一样的，这同样影响了两类架构下的 IPC 设计。相比宏内核架构，微内核架构下的 IPC 频率显著增多，这要求 L4/seL4 等微内核系统采用更精巧的方式来优化 IPC 开销，如在切换上下文过程中只切换一个上下文的“最小集”。

最后，宏内核和微内核架构在内核的复杂性上也影响了各自的 IPC 设计。相比微内核的简洁，宏内核在内核层面包含大量的系统服务、驱动等代码。系统设计者通常很难在这样一个复杂的系统中引入一条 IPC 的快速路径。

8.7　案例分析：ChCore 进程间通信机制

本节主要知识点

- ❑ ChCore 是如何设计和实现进程间通信机制的？

本节介绍与本书配套的实验内核 ChCore 中的进程间通信机制的设计。在 ChCore 的通信机制中，消息的传递和通知基于 LRPC 中的迁移线程技术和 L4 系列微内核中的直接进程切换技术，而数据的传输则是基于灵活的用户态共享内存。

代码片段 8.16 给出的是 ChCore 进程间通信的用户态样例代码，主要包括客户端进程代码（第 21 ～ 32 行）和服务端进程代码（第 1 ～ 19 行）。可以看到服务端进程通过 ipc_register_server 向内核注册一个服务。这里的关键参数为服务的逻辑处理函数，即代码中的 ipc_dispatcher。当一个请求被发出后，服务端的逻辑处理函数被调用。其首先获取一个消息中数据的地址（第 6 行），并且在处理完逻辑后通过 ipc_return 将结果返回客户端进程。客户端进程通过 ipc_register_client 注册一个进行通信的结构体，这里其实是通过 ChCore 中的 Capability 子系统来完成客户端和服务端进程之间连接的建立。当一切准备工作就绪后，客户端进程通过 ipc_call 发起一次远程调用的通信，而参数会被放在 ipc_msg 中。消息结构体（ipc_msg_t）中既可以传递数据，也可以传递 Capability。因此，可以通过传递内存内核对象的 Capability 的方式，在两个进程间建立一个共享内存区域，用作大量数据的传输。

代码片段 8.16　ChCore 进程间通信的用户态样例代码

```
1 // 服务端：用户态 IPC 逻辑处理
2 void ipc_dispatcher(ipc_msg_t *ipc_msg)
3 {
4   u64 ret;
5   // 获取消息中的数据
6   char* data = ipc_get_msg_data(ipc_msg);
7   // 执行服务代码
8   ...
9   // 返回结果给客户端进程
10   ipc_return(ret);
11 }
12
13 // 服务端进程代码
14 void server()
15 {
16   ...
17   ipc_register_server(ipc_dispatcher);
18   ...
19 }
20
21 // 客户端进程代码
22 void client()
23 {
24   int server_process_cap;
25   ipc_struct_t client_ipc_struct;
26   ipc_msg_t *ipc_msg;
27   ...
28   // 获得服务端进程的权限
```

```
29    ipc_register_client(server_process_cap, &client_ipc_struct);
30    ...
31    // 发起 IPC
32    u64 ret = ipc_call(&client_ipc_struct, ipc_msg);
33    ...
34 }
```

在用户态的示例代码中，和进程间通信相关的关键路径上的两个系统调用接口是 ipc_call 和 ipc_ret，这对应着代码片段 8.17 中的两个 ChCore 系统调用 sys_ipc_call 和 sys_ipc_return。可以看到，在拿到内核中的通信对象（conn）之后，内核就通过 thread_migrate_to_server 接口将控制流直接转交给服务端进程（客户端进程是类似的）。这里的思路和 LRPC 以及 L4 中直接进程切换的思路类似，对于通信的情况绕开内核调度，直接完成上下文切换。

代码片段 8.17 ChCore 进程间通信的系统调用接口

```
1 u64 sys_ipc_call(u32 conn_cap, ipc_msg_t *ipc_msg)
2 {
3    // 获取 IPC 连接
4    struct ipc_connection *conn = get_connection(conn_cap);
5    // 处理 ipc_msg，如传递 Capability 等
6    ...
7    // 将控制流移交给服务进程，arg 为传递给服务端的参数
8    thread_migrate_to_server(conn, arg);
9
10   BUG("This function should never return!\n");
11   ...
12 }
13
14 void sys_ipc_return(u64 ret)
15 {
16   // 获取 IPC 连接
17   struct ipc_connection *conn = get_current_connection();
18   ...
19   // 控制流从服务进程转移回客户进程，ret 为返回给客户端的结果值
20   thread_migrate_to_client(conn, ret);
21
22   BUG("This function should never return!\n");
23 }
```

8.8 案例分析：Binder IPC

本节主要知识点

- ❑ Android 场景对于进程间通信有什么特殊的需求？
- ❑ Binder IPC 中的通信模型是如何设计的？

❑ Binder IPC 中的命名服务是如何设计的？
❑ Binder IPC 如何实现数据流的传输和控制流的转移？

8.8.1　总览

Android 是主要应用在手机等移动平台的操作系统，由 Linux 内核及一系列用户态服务组成。Android 用户态服务包括应用启动、屏幕绘制等重要功能。大部分 Android 应用进程需要依赖这些用户态服务的功能去实现应用逻辑。这就使得 Android 比一般宏内核系统对进程间通信有更高的要求。

Android 借鉴了微内核 IPC 的设计方法，针对移动端场景对 Linux 内核中通信的设计进行了优化，即 Binder IPC 机制。相比 Linux 的通信机制，Binder IPC 进程间通信机制在性能、接口易用性上都有提升。Binder IPC 涉及从底层的内核 Binder 驱动到用户态 Binder 接口，本节将围绕内核中的 Binder 设计进行介绍。

接口方面，Binder IPC 同样采用消息接口，并且同时支持同步和异步两类通信以支持不同的应用场景需求。本节将讨论 Binder IPC 的远程方法调用（RPC）设计，即服务端进程负责提供具体的服务，客户端进程则通过进程间通信发起服务请求并获得服务端进程处理后的结果。本节将首先介绍 Binder IPC 的通信连接和命名服务的设计，然后介绍基于线程池的服务端响应模型、基于该模型的通信过程以及 Binder IPC 对数据传递的优化设计。

8.8.2　Binder IPC 内核设计

通信连接与命名服务

除了通信双方的进程外，Binder IPC 中引入了一个 Context Manager㊀进程。Context Manager 提供命名服务，它的任务是建立通信连接。Binder IPC 的内核设计中提供了句柄（Handle）的抽象，作为 IPC 对象（即一个通信连接）的表示。句柄和文件描述符很相似，用户通过对句柄的操作来发起对特定进程的通信。客户端进程和服务端进程启动后，会分别先和 Context Manager 进程建立连接，如图 8.12 中的通信连接①和②。

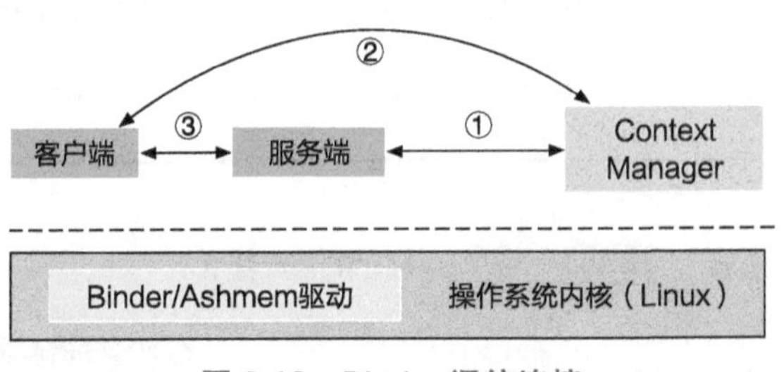

图 8.12　Binder 通信连接

Context Manager 进程在初始化时，会通过内核提供的一个特殊的命令接

㊀ Context Manager 在更高层的 Android 抽象中也叫作 Service Manager，这里为了统一，只使用 Context Manager 的称呼。

口 BINDER_SET_CONTEXT_MGR，声明自己是 Context Manager（全局唯一的）。内核令 Context Manager 对应的句柄为常量 0，并且允许任何进程和 0 号句柄代表的 Context Manager 通信。这样一来，只要一个进程完成基本的初始化，就可以和 Context Manager 通信并进一步注册服务或是和某个服务建立连接。

Context Manager 的两个基本功能是：让服务端注册服务（SVC_MGR_ADD_SERVICE），以及让客户端连接特定的服务端服务（SVC_MGR_GET_SERVICE）。这两个操作中，除了基本的元数据的注册和查询（如服务名等）之外，还包含十分重要的句柄转发（和微内核系统中的 Capability 转发类似）。Binder IPC 的消息中，除了数据，还允许传递其他类型的信息，如文件描述符、IPC 句柄等。内核负责将文件描述符、IPC 句柄等特殊的信息传递给目标进程。此处的目标进程在通信发起时是服务端进程，在返回结果时是客户端进程。在服务端调用注册服务接口 SVC_MGR_ADD_SERVICE 时，它会将服务的基本信息和对应的句柄通过 Binder 通信发送给 Context Manager。此处的句柄是服务端事先向内核注册该服务时创建的。而当客户端进程通过 SVC_MGR_GET_SERVICE 建立连接时，Context Manager 会将对应的服务句柄返回客户端，如图 8.12 中的通信连接③。这样，内核不需要提供额外的建立连接的机制，只需要完成 IPC 消息的传递就可以让 Context Manager 来管理通信连接。

相比宏内核中的 IPC 方案，Binder 命名服务的设计和微内核 IPC 更像。通过用户态的 Context Manager 动态建立两个进程之间的连接，相比由内核来建立连接更加灵活，并且系统设计者能够在 Context Manager 中实现更加复杂的连接管理功能。此外，该设计还能够减少对内核的修改，内核中只需要提供必要的支持，如记录全局唯一的 Context Manager 等。

关键设计：线程池模型

和之前的进程间通信设计不同的一点是，Binder IPC 采用“线程池”的服务端模型。即在服务端，Binder 的用户态和内核有一个响应线程池的概念。当某个客户端进程发起通信时，内核会从（服务端的）线程池中选择一个可用的线程来响应。这种设计能够在同步进程间通信的情况下比较好地处理并发的通信请求。

在 Android 场景下，一个服务端进程可能会面对大量客户端进程，且多个进程可以同时调用该服务。为了更高效地处理客户端请求，服务端进程在向内核以及 Context Manager 注册信息时，内核 Binder 驱动及服务端进程会维护一个线程池。线程池中的每个线程都可以处理客户端的请求并返回结果。这些线程需要自己处理并发情况下的同步和正确性问题。内核将具体的执行线程抽象为 Looper，服务端进程通过 BC_REGISTER_LOOP 接口向内核注册一个 Looper。当客户端进程通过句柄发起通信时，内核在句柄对应的服务端进程中找到空闲的 Looper 来响应请求。

简单的线程池模型存在权衡问题，即如果事先分配过少的处理线程，那么很难支持高并发场景，而如果事先分配过多的线程，又可能对系统资源造成浪费。Binder IPC 支持在请求到来时动态地创建新的处理线程，从而解决这个问题。Binder 驱动允许用户配置一个最大的线程数，当客户端进程请求通信时，若内核发现当前没有可用的 Looper，则内核会检查此时是否能够创建新的线程。如果当前内核请求创建的线程数没有超过配置的最大值，那么内核通知服务端进程，让其创建新的线程来处理请求。动态分配结合可定义的最大线程数，可以有效防止资源浪费以及潜在的攻击。

通信过程

下面介绍 Binder IPC 围绕线程池模型的通信过程，包括以下问题：首先，服务端进程的处理线程是如何“等待”在内核中的；然后，客户端进程如何通过 Binder 事务发起一次远程通信，以及服务端进程如何响应并且回复；最后，在通信过程中，客户端和服务端能够交换的消息类型包含哪些。

服务端处理线程

在 Binder 通信中，第一步需要服务端准备好相关的处理线程来响应客户端的请求。如图 8.13 所示，Binder 协议提供了两个命令来注册一个处理线程：`BC_REGISTER_LOOPER` 和 `BC_ENTER_LOOPER`。这两个命令之间有什么区别，分别在什么场景下使用呢？首先，`BC_ENTER_LOOPER` 是服务端进程主动发起的向线程池中注册处理线程的命令，这不会受到前文介绍的最大线程数的限制，服务端进程可以注册任意多个。与之对应，当有请求到达服务时，内核驱动如果发现当前没有可以使用的处理线程，内核会通知服务端进程注册额外的处理线程，而由内核通知进行注册的处理线程是用 `BC_REGISTER_LOOPER` 来实现的。这种方式注册的处理线程会受到配置的最大线程数的约束。使用两个接口的一个原因是，内核可以维护当前由内核要求注册的线程数，检查其是否超过最大线程数的限制，从而避免因恶意的客户端进程大量发起通信而导致内核申请创建过多的处理线程。

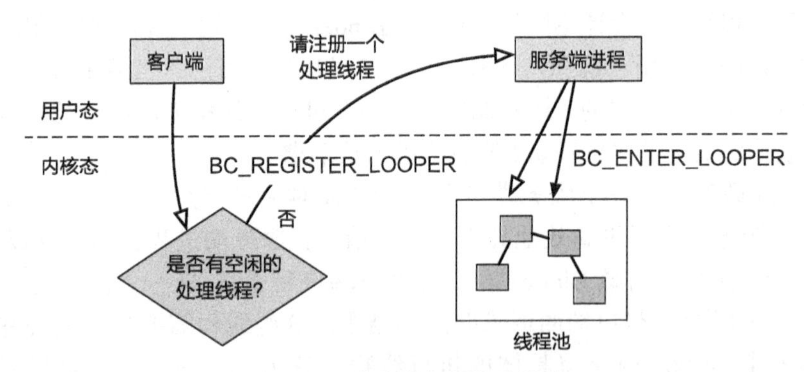

图 8.13　注册服务端处理线程

Binder 事务

Binder IPC 将通信的发起和返回也叫作 Binder 事务（Transaction）。在一次正常的同步通信中，Binder 涉及两个命令 `BC_TRANSACTION` 和 `BC_REPLY`，以及对应的两个返回值。当客户端进程请求服务端进程执行服务时，客户端进程会向内核驱动发起一次 BC_TRANSACTION 命令[⊖]，这个命令即代表通信的发起，内核 Binder 驱动会将对应的数据和请求发送到目标服务进程来处理。服务端进程处理完请求后，会使用命令 BC_REPLY 来请求内核驱动将处理的数据结果返回客户端进程。内核将 BC_TRANSACTION 的通信请求发送到服务端进程时，需要将一个阻塞在内核中的处理线程唤醒（如果此时没有可用的，会先让服务端进程创建处理线程）。该处理线程在被唤醒后得到一个返回值 BR_TRANSACTION，表示有新的请求需要处理。当结果返回给客户端时，内核会创建返回值 BR_REPLY。从客户端程序的视角来看，其发出的请求已经处理完毕，并且获得了处理结果。当然，上述过程假设通信过程一切顺利。如果遇到异常情况，如服务端进程已经退出等，内核会通过 BR_ERROR 等表示错误的返回值来通知通信的进程。

消息类型

在通信的发起和回复过程中，通信的消息是怎样设计的呢？

Binder 消息除了可以传输普通的数据外，还可以传输 Binder 句柄，甚至是通用的文件描述符。这使得两个进程间可以通过通信动态建立新的连接（即前文 Context Manager 工作的基础）。图 8.14 展示了 Binder 消息的内部组成（简化版本）。其中，以 buffer 开始，长度为 data_size 的区间为通信的数据。而在 data_size 之后，长度为 offset_size 的区间为**偏移数据**。为什么需要偏移数据呢？这是因为在 Binder 传输的消息中，普通数据和特殊数据（Binder 引用、文件描述符等）是混在一起的，都在 buffer 指向的区间内。

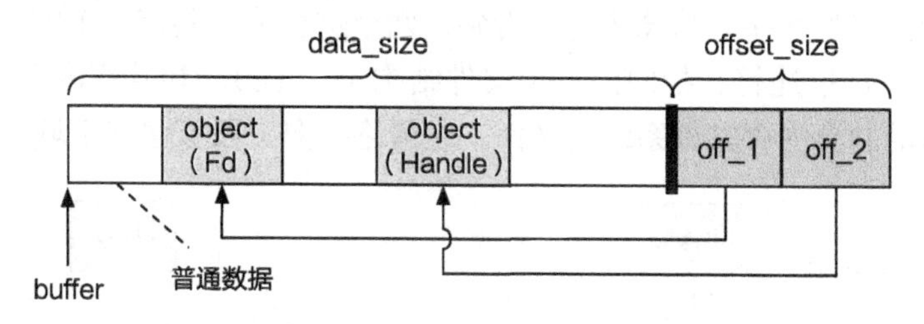

图 8.14　Binder 的通信数据布局

特殊数据是需要内核特殊处理的。比如，对于一个文件描述符类型的数据，内核会检查该文件描述符是否存在，然后将其对应的文件打开在服务端进程中（此时得到在服务端进程中的文件描述符），最终将服务端的文件描述符返回服务端进程。因此，服务端进程可以直接使用该文件描述符。在引入偏移数据前，内核可能需要扫描整个数据段来识别特殊数据并进行处理，这显然是很耗时的。

偏移数据能够有效解决这个问题。如图 8.14 所示，偏移数据中的每一项对应一个 buffer 中的偏移位置，表示这个位置的数据是特殊的类型，需要 Binder 驱动专门处

⊖ 本节介绍的大部分用户态向内核发起的命令是通过 ioctl 接口完成的。

理。其中，offset_size 表示有多少项。通过这种方式，内核驱动可以高效地定位到每一个特殊数据，从而根据它们的类型进行处理。

8.8.3 匿名共享内存

Android 使用匿名共享内存（Ashmem）的共享内存机制来传递大量的数据，并将其结合在 Binder IPC 的使用当中。

为什么需要匿名共享内存

在 Linux 系统中，有两种现成的共享内存机制：一种是 mmap 系统调用映射的共享内存区域，它允许父子进程之间共享这段内存；另一种是我们前面介绍的 System V 的共享内存。第一种方式受限于共享内存的进程间必须存在相应的父子等关系，在实际系统中很难（动态）建立映射。而 System V 的共享内存机制通过 IPC key 来共享一段内存。但是这里的共享粒度是根据进程是否有对应的用户 / 组权限，以及是否知道对应的 key 来确定的。这就导致很多时候权限过宽，不应该访问这段共享内存的进程也可能通过尝试不同的 key 来映射共享内存。匿名共享内存的提出正是为了解决上面的两个问题。Android 希望利用匿名共享内存在 Binder 通信的双方间非常灵活地建立共享内存，而不需要父子关系以及事先知道某个 key。

基于文件描述符的共享内存设计

与 System V IPC 共享内存相比，匿名共享内存改变了使用和共享的方式，如图 8.15 所示。匿名共享内存使用文件描述符而非全局的 key 来定位具体的共享内存，并且在通常情况下也没有其他全局的名字。从图中可以看到，两个进程为了共享一个匿名共享内存区域，需要各自有一个文件描述符，指向同一个文件结构（file）。和共享内存中相同的，这个文件是一个特殊的共享内存文件系统的文件，它最终指向一段页缓存区域中的物理内存页。

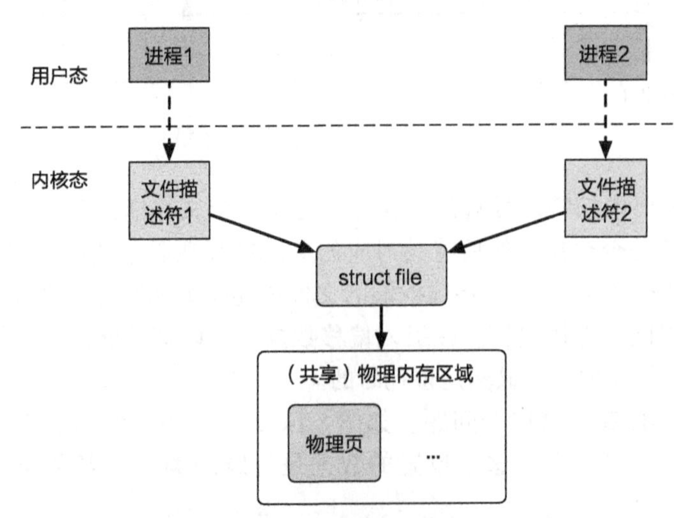

图 8.15 基于文件描述符的匿名共享内存

使用匿名共享内存时，首先，进程 1 打开匿名共享内存对应的字符设备，设置内存段的大小，然后通过 mmap 映射文件的方式，将创建的匿名共享内存映射到用户态空间。完成这几步操作，进程 1 就可以像使用普通内存一样，在匿名共享内存上读写数据了。进程 2 如果希望使用该匿名共享内存，需要进程 1 通过传递文件描述符的方式，将描述符传递给进程 2，使其拥有对该内存的访问权限。

结合 Binder 的共享内存传输

前文提到 Binder 的消息是可以传递文件描述符的，这就使得进程间可以通过 Binder IPC 机制灵活地传递匿名共享内存。通信的两个进程中，其中一个进程可以在消息中放置匿名共享内存对应的文件描述符。Binder 内核驱动在处理消息数据时，会自动在另一个进程的文件描述符列表中打开一个新的描述符，让它指向这个匿名共享内存对应的文件，即建立图 8.15 中的关系。相当于进程可以在发起通信的同时，通过匿名共享内存快速传递大量数据，这可以极大地优化使用 Binder 来传递数据的性能。

8.9 思考题

1. 进程间通信的性能和硬件体系结构设计息息相关。一个例子是权限级的切换，大部分进程间通信的实现需要进入内核操作，即会发生用户态和内核态之间的权限级切换。这会带来不小的开销。请列出你觉得会对进程间通信性能造成影响的其他硬件设计，并解释造成开销的原因和可能的优化方法。
2. 基于共享内存的进程间通信有较好的数据传输能力。然而在不拷贝数据的情况下，共享内存的一个问题是“检查到使用”（Time-of-Check to Time-of-Use）窗口攻击。简单来说，服务端通常会先检查共享内存上的数据（Time-of-Check），检查通过后再使用数据（Time-of-Use）。然而，由于客户端仍然可以访问共享内存，因此可能在服务端检查之后、使用之前破坏或构造特定的数据来绕开检查，从而攻击服务端。在现有的硬件架构（x86 或者 AArch64）下，有什么办法可以在保留共享内存零拷贝的情况下避免这样的攻击？
3. 请给出一种管道设计，使其能够支持双向通信。
4. 我们介绍了 L4 的短消息和长消息的数据传输机制，在这两类消息之间的消息称为中等消息。由于长消息涉及内存重映射，通常需要以页（如 4KB）为单位。中等消息（比如 512B）无法放在短消息的寄存器中，采用长消息的重映射又会浪费内存。请设计一种中等消息传输机制，并解释你的设计。
5. L4 提出的惰性调度机制是为了避免在通信过程中访问调度队列。惰性调度对于调度的性能有怎样的影响？请给出你的分析。
6. 迁移线程的方案在多核场景下有什么优势，又有什么劣势？
7. 基于共享内存的数据传输方式往往需要对数据进行序列化，请分析原因。

8. 有三个进程正通过一个消息队列进行通信，其中一个是发送者，另外两个是接收者。请你给出一个方案，利用消息的类型来帮助发送者将消息发送给指定的接收者。

8.10 练习答案

8.1 相同点：两者都可以向远端进程（接收者进程）发送消息。不同点：远程方法调用还会等待来自接收者进程的返回消息。

8.2 因为简单 IPC 实现的是 RPC 接口，需要等待返回消息。

8.3 通过设置“无效”状态，发送者就可以知道接收者已经完成了消息的读取，就能够发送下一个消息了。不能由发送者完成这一步，因为发送者无法确定接收者是否已经读取了消息。

8.4 可以使用多个共享内存区域，任意一对进程间使用一段共享内存区域。

8.5 归类在间接通信更加合理。因为简单 IPC 中的发送者和接收者没有显式标识出另一方进程，而是通过一个共享的内存区域（类似“信箱”）来实现通信的。

8.6 命名管道中，通过内核管理的文件名能够实现类似命名服务的效果。通信的双方进程通过协商一个管道文件名，来完成命名服务中将特定的客户端进程连接到特定的服务端进程的目的。

8.7 间接通信。通信的双方不需要显式标识对方，而是通过管道的文件描述符进行交互。管道本身成为通信的“信箱”。

8.8 支持。Linux 内核提供的 NOWAIT 实现了类似超时机制的效果。当没有使用这个选项时，内核默认使用超时机制中的“阻塞”选项；而当开启这个选项时，内核使用的是“立即返回”选项。

8.9 主要避免了调度的开销。

参考文献

[1] HÄRTIG H, HOHMUTH M, LIEDTKE J, et al. The performance of μ-kernel-based systems [J]. ACM SIGOPS Operating Systems Review, 1997, 31: 66-77.

[2] LIEDTKE J. Improving ipc by kernel design [J]. ACM SIGOPS Operating Systems Review, 1993, 27: 175-188.

[3] LIEDTKE J. On micro-kernel construction [J]. ACM SIGOPS Operating System Review, 1995, 29 (5): 237-250.

[4] LIEDTKE J, ELPHINSTONE K, SCHONBERG S, et al. Achieved ipc performance (still the foundation for extensibility) [J]. Operating Systems, 1997: 28-31.

[5] SHAPIRO J S, SMITH J M, FARBER D J. Eros: a fast capability system [C] //

Proceedings of the Fourteenth ACM Symposium on Operating Systems Principles. 1999: 170-185.

[6] KLEIN G, ELPHINSTONE K, HEISER G, et al. sel4: formal verification of an os kernel [C] // Proceedings of the ACM SIGOPS 22nd Symposium on Operating Systems Principles. 2009: 207-220.

[7] pipe (2)—linux manual page [EB/OL]. [2022-12-06]. https://man7.org/linux/man-pages/man2/pipe.2.html.

[8] ELPHINSTONE K, HEISER G. From l3 to sel4 what have we learnt in 20 years of l4 microkernels? [C] // Proceedings of the Twenty-Fourth ACM Symposium on Operating Systems Principles. 2013: 133-150.

[9] BLACKHAM B, SHI Y, HEISER G. Improving interrupt response time in a verifiable protected microkernel [C] // Proceedings of the 7th ACM European Conference on Computer Systems. 2012: 323-336.

[10] LIEDTKE J. Clans & chiefs [J]. Architektur von Rechensystemen, 1992: 294-305.

[11] BERSHAD B N, ANDERSON T E, LAZOWSKA E D, et al. Lightweight remote procedure call [J]. ACM Transactions on Computer Systems (TOCS), 1990, 8 (1): 37-55.

[12] FORD B, LEPREAU J. Evolving mach 3.0 to a migrating thread model [C] // USENIX Winter. 1994: 97-114.

进程间通信：扫码反馈

C H A P T E R 9

第 9 章

并发与同步

在 2000 年之前，CPU 的发展路线主要是提高 CPU 的运行频率。开发者无须做太多适配，就能使程序获得可观的性能提升。然而，通过提升频率以提升 CPU 性能的设计思路撞上了“能耗墙”，进一步提升频率会大大增加 CPU 的能量消耗，造成 CPU 发热严重，从而无法稳定使用。因此，单核 CPU 的性能提升很难再跟上摩尔定律的步伐。为了进一步提升 CPU 的性能，厂商开始尝试在一个 CPU 中添加多个物理核。2001 年 IBM 在 POWER 4 中加入了多核支持[1]，标志着商用 CPU 正式进入多核时代。Intel 与 AMD[2-3] 也在 2005 年加入了多核阵营。如今，市面上已经很难再找到单核的桌面级 CPU 了。除了桌面级 CPU，ARM 也在 2009 年发布了首个针对移动端的 ARM 架构多核 CPU Cortex-A5[4]。图 9.1 展示了商用 CPU 的核心频率（Frequency）、核心数目（Number of Logical Cores）与单线程性能（Single-Thread Performance）逐年变化的趋势⊖。

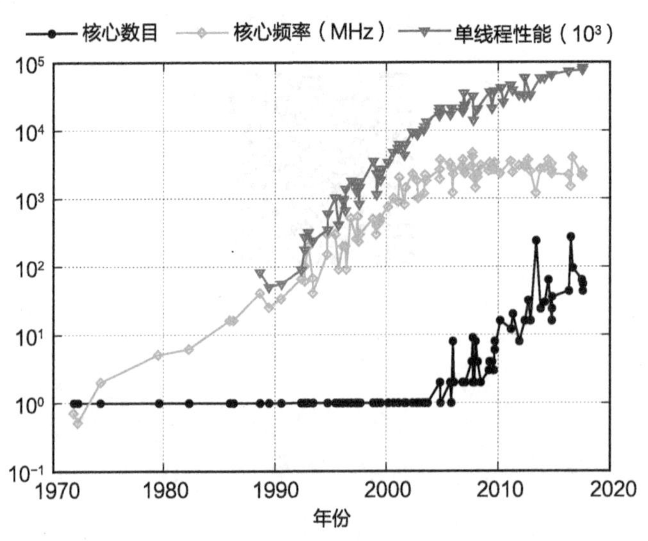

图 9.1 CPU 核心频率、核心数目与单线程性能的变化

⊖ 2010 年前的原始数据由 M. Horowitz、F. Labonte、O. Shacham、K. Olukotun、L. Hammond 和 C. Batten 收集，2010 年到 2017 年的数据由 K. Rupp 收集[5]。其中单线程性能为使用 SPECint[6] 测试集的跑分结果。

理想情况下，增加 CPU 核心数量后，应用程序应当获得呈比例的性能提升，然而现实却往往不尽如人意。为了充分利用多核处理器的能力，应用程序需要将待处理的任务进行划分，并将划分后的任务分配到不同线程中处理，从而在更短的时间内完成任务。比如，在科学计算中将矩阵依照行与列进行划分，在大数据处理中将海量数据依据核心数量进行划分，从而在多核上并行处理。但是，并行处理同一任务意味着对共享资源的并发访问，同一时刻可能存在多个线程对同一共享资源的访问与修改。为了保证共享资源状态的正确性，需要正确地在这些线程之间同步。

小知识：同步是多核带来的新问题吗？

不是。单核 CPU 也存在多个线程之间同步的需求。在处理器调度器的控制下，不同的线程交错执行，当多个线程访问共享资源时，也会出现冲突与正确性问题。在多核 CPU 中，任务可以被划分到运行在不同 CPU 核心上的线程同时处理。这使得线程之间的同步更加频繁，也为同步原语的实现带来了新的挑战。

9.1　同步场景

本节主要知识点

- 线程之间为何需要同步？
- 有哪些经典的同步场景？
- 这些同步场景之间的区别是什么？

本节将先以多线程计数器为例，为读者展现同步的重要性并引入一些基础概念。然后将列举从现实问题中抽象出来的与同步相关的四个典型场景，梳理不同场景下对于同步的需求。

9.1.1　一个例子：多线程计数器

代码片段 9.1 展示了一个简单的多线程计数器程序。在这段代码中，我们创建了两个线程，并使这两个线程频繁对同一个共享变量 `a` 进行 10^9 次自增操作（第 7 ～ 8 行）。在理想情况下，最终打印出来的变量 `a` 的值应当刚好等于 2×10^9。然而，无论是在多核机器还是在单核机器上，这段代码打印出的最终结果都有很大概率远小于该值。读者可以将这段代码编译后在不同机器上运行来验证。如果在多核机器上测试，线程大概率会被调度到不同的核心执行。如果希望两个线程都在同一个核心上执行，可以通过在命令前使用 `taskset -c 0` 要求该程序只能在 0 号处理器上执行。

代码片段 9.1　多线程计数测试

```
 1 #include <pthread.h>
 2 #include <stdio.h>
 3
 4 unsigned long a = 0;
 5 void *routine(void *arg)
 6 {
 7   for (int i = 0; i < 1000000000; i++)
 8     a++;
 9   return NULL;
10 }
11
12 int main(void)
13 {
14   pthread_t threads[2];
15   for (int i = 0; i < 2; i++)
16     pthread_create(&threads[i], NULL, routine, 0);
17   for (int i = 0; i < 2; i++)
18     pthread_join(threads[i], NULL);
19   printf("%lu\n", a);
20   return 0;
21 }
```

下面我们详细分析为何会出现这种违反常理的执行结果。自增操作其实对应了三条硬件汇编指令：首先读取自增对象的旧值至某一寄存器（`Reg = a`），然后将在该寄存器值的基础上执行自增操作（`Reg++`），最后将寄存器中的自增结果存入共享的变量中（`a = Reg`）。如果线程并行（即同时）执行在不同的处理器核心上，那么这三条硬件指令可能会交错执行。如图 9.2 所示，线程 1 与线程 2 同时执行在不同的处理器核心上。在时刻 T0，线程 1 开始执行三条硬件指令中的第一条，将共享变量 a 的值读到处理器的某一寄存器 Reg 中。然后，在 T1 时刻，线程 1 对该寄存器进行了自增操作。在同一时刻，线程 2 也开始执行这三条硬件指令。由于线程 1 对 a 的自增操作还未写回共享的变量，此时还存储在寄存器 Reg 中，因此线程 2 读取到的 a 的值还是旧值（还未自增）。最终导致在 T2 与 T3 时刻，两个线程向共享变量中存入的值相同，而线程 1 对于共享变量 a 的更新丢失（被线程 2 的更新覆盖）。最终线程 2 执行结束后，a 中的值只被增加了 1，而非开发者所期望的 2，发生了更新丢失。因此，在程序结束时，变量 a 的值远远小于 2×10^9。发生更新丢失的本质原因是此时程序产生了数据竞争（Data Race）。数据竞争是指一个进程中多个线程同时访问同一个地址，且其中至少有一个是写操作。如果数据竞争发生，线程访存操作之间的顺序将是不确定的，导致程序的执行结果将不可预测，甚至出现错误。

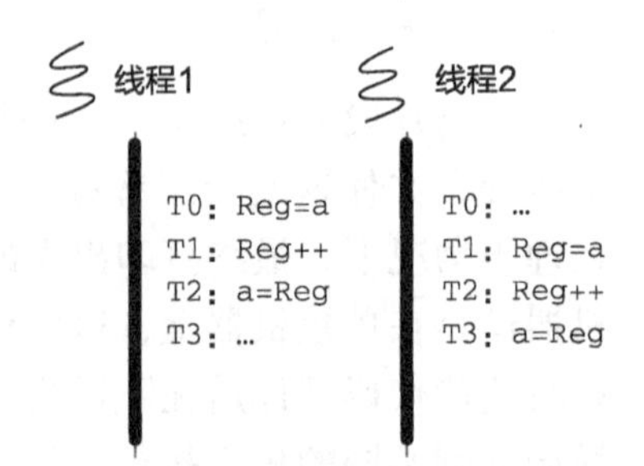

图 9.2　计数问题：线程并行运行于不同的处理器核心上

在以上例子中，出现更新丢失时，两个线程同时运行在不同的处理器核心中。那么如果两个线程都运行在同一个处理器核心中，是否就不会出现更新丢失？很可惜，答案是否定的。由于抢占式调度可能会在任意时刻打断线程执行，因此这三条硬件指令还是会出现交错执行的情况。如图9.3所示，如果在线程1将更新的结果写回共享变量a之前，调度器打断了线程1的执行，并切换到线程2执行。此时线程2将读到共享变量a的旧值，并在此基础上执行自增操作。当调度器重新调度到线程1执行时，线程1将覆盖线程2的结果，导致更新丢失。可以从这个例子看出，在多线程程序中，如果多线程之间不加以协同，多个线程对共享数据的访问与修改很容易出现问题，导致与程序员预期的执行结果不符的情况发生。因此，线程之间需要使用合适的同步手段，保证多线程程序能够正确执行。为了正确、高效地解决这些同步问题，研究者抽象出一系列同步原语（Synchronization Primitive）供开发者使用。

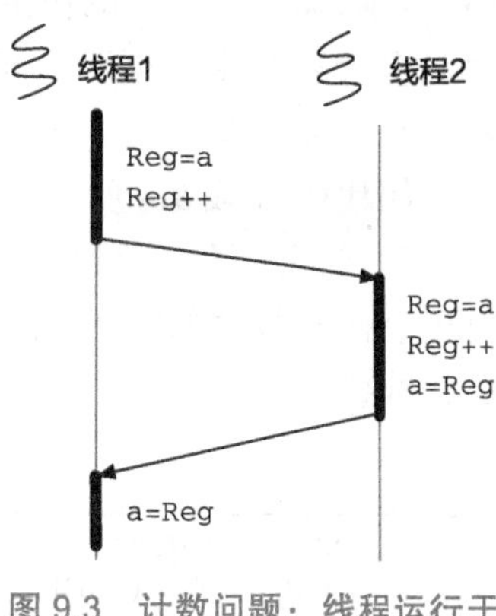

图9.3 计数问题：线程运行于同一处理器核心上

9.1.2 同步的典型场景

多线程计数器仅仅是多线程应用面临的同步问题中一个简单的例子，在现实场景中多线程应用程序还会遇到各式各样的同步问题。究其本质，多线程应用需要正确协同多个不同的线程执行。本小节将介绍其中四个典型场景，这些场景涵盖了当前大部分多线程应用的同步需求。后续章节将以具体的场景为例，介绍如何分析具体问题中存在的同步需求，并使用合适的同步原语解决这些问题。

场景一：共享资源互斥访问

当多个线程需要同时访问同一共享数据时，应用程序需要保证互斥性才能避免数据竞争，从而确保程序的正确性。

如代码片段9.2所示，若线程1（thread_1）与线程2（thread_2）需要同时修改共享的shared_var，则应用程序需要使用同步原语来避免同时修改shared_var造成数据竞争。前一节介绍的多线程计数就属于这类场景。

代码片段9.2 场景一：共享资源互斥访问

```
1 int shared_var;
2 void thread_1(void)
3 {
4   shared_var = shared_var + 1;
5 }
6
7 void thread_2(void)
8 {
```

```
 9   shared_var = shared_var - 1;
10 }
```

衍生场景一：读写场景并行读取

该场景为场景一的衍生场景。当多个线程同样需要访问同一共享数据，但有多个线程只会读取共享数据时，允许这些线程并行（即同时）执行不会造成数据竞争，且能有效提升系统性能。

如代码片段 9.3 所示，若多个线程执行 reader 函数，其只读取共享的 shared_var 到局部变量 local_var。我们应该允许这些线程同时执行从而提升系统效率。而对于会修改数据的线程（执行 writer 函数），则需要保证没有其他线程在读写数据才能修改数据。

代码片段 9.3 衍生场景一：读写场景并行读取

```
 1 int shared_var;
 2 void reader(void)
 3 {
 4   local_var = shared_var;        // 只读取共享数据
 5 }
 6
 7 void writer(void)
 8 {
 9   shared_var = shared_var + 1;   // 修改共享数据
10 }
```

场景二：条件等待与唤醒

场景二与之前的场景不同，其不再关注如何协调线程对于共享资源的互斥访问，而是线程的执行顺序与条件（又称同步）。当线程需要等待某条件达成才能继续执行时，其应一直被阻塞直到条件达成。系统应提供对应的机制，在线程阻塞时调度到其他有计算需求的线程（即挂起该线程），避免浪费处理器以提升整体系统的效率。而在线程等待的条件达成后，系统应唤醒该阻塞等待（即挂起）的线程，让其能够继续执行。

如代码片段 9.4 所示，线程 2（执行 thread_2）现在需要等待线程 1（执行 thread_1）完成工作后再继续执行。操作系统应能够提供机制，在 thread_2 等待时调度到其他线程执行，最大限度地利用处理器的计算资源，并在线程 1 执行完毕之后（即条件达成）立刻唤醒线程 2 执行。

代码片段 9.4 场景二：条件等待与唤醒

```
 1 int thread_1_state = UNFINISHED;
 2 void thread_1(void)
 3 {
 4   doing_something();             // 完成当前线程的工作
 5   thread_1_state = FINISH;
 6   notify_thread_2();             // 通知线程 2 完成
```

```
 7 }
 8
 9 void thread_2(void)
10 {
11   if (thread_1_state != FINISH)
12     wait();                    //等待线程1完成工作
13   doing_something();           //完成线程2的工作
14 }
```

场景三：多资源协调管理

场景三是系统软件中十分常见的一种模式，其既包含对共享资源的管理，也包含协调多个不同线程的等待与执行。当多线程应用中存在多个资源可以被多个线程消耗或释放（生产）时，就需要协调这些线程有序获取资源或者等待。这里等待的条件就是有可用的资源，而唤醒的时机则是有线程释放（产生）了资源。

如代码片段9.5所示，当资源池shared_resources存在资源时，消费资源线程（执行consumer_thread函数）能成功获取资源并处理，否则将等待。生产资源线程（执行producer_thread函数）能向资源池生产（释放）新的资源，并且如果有线程在等待资源，可以通知这些线程获取资源并执行。

代码片段9.5 场景三：多资源协调管理

```
 1 struct resources *shared_resources;
 2 void producer_thread(void)
 3 {
 4   produce(shared_resources);   //生产共享资源
 5   notify_waiters();            //通知等待的消费线程
 6 }
 7
 8 void consumer_thread(void)
 9 {
10   if (!has_resources(shared_resources))
11     wait();                    //等待资源
12   consume(shared_resources);   //消耗共享资源
13 }
```

9.2 同步原语

本节主要知识点

- ❑ 如何正确使用互斥锁、读写锁、条件变量与信号量？
- ❑ 针对不同的同步场景，如何选择合适的同步原语以满足同步需求？
- ❑ 不同同步原语有哪些不同及相似之处？
- ❑ 如何将多线程应用中的同步需求对应到同步场景，并使用合适的同步原语满足同步需求？

本节将结合具体的例子，识别多线程应用程序中存在的同步需求，归类到上一节介绍的典型场景，并使用四种不同的同步原语解决这些需求。表 9.1 展示了这些同步原语的功能描述与具体场景。最后，本节将对比这些同步原语，展示它们的异同。

表 9.1　四种同步原语的功能描述与具体场景

同步原语	描　述	场　景
互斥锁	保证对共享资源的互斥访问	场景一：共享资源互斥访问
读写锁	允许读者线程并行读取共享资源	衍生场景一：读写场景并行读取
条件变量	提供线程睡眠与唤醒机制	场景二：条件等待与唤醒
信号量	协调线程对有限数量资源的消耗与释放	场景三：多资源协调管理

9.2.1　互斥锁

在 9.1.1 节介绍的计数问题中，我们创建了两个线程，不断地在同一个全局共享计数器上进行加法操作。由于两个线程会同时修改计数器，发生了数据竞争，最终导致程序的执行结果与预期不符。这种程序的正确性依赖于特定执行顺序的情况也被称为竞争冒险［Race Hazard，又被称为竞争条件（Race Condition）］。比如在计数问题中，最后变量的数值不可预测且每次执行的结果都不一样。为了避免数据竞争并解决竞争冒险，我们需要防止多个线程同时访问同一地址，确保同一时刻只有一个线程能够访问该地址。

因此，该问题可以归类到上一节提出的“场景一：共享资源互斥访问”。针对这一类场景，互斥访问（Mutual Exclusion）可以保证同一时刻只有一个线程能够访问共享资源。而保证互斥访问共享资源的代码区域被称为临界区（Critical Section）。在同一时刻，至多只有一个线程可以执行临界区中的代码。因此在临界区内，一个线程可以安全地对共享资源进行操作。如图 9.4 所示，在多线程计数问题中，对于全局的共享计数器 a 的修改就应该放在临界区中。如何设计特定机制来保证同一时刻只有一个线程可以执行临界区的问题被称为临界区问题。解决临界区问题是保证多线程应用程序正确性的关键。临界区问题不仅会在多核系统中出现，在单核系统中也同样存在：这是由于调度器允许多个线程在一个核心中交错执行，正在临界区执行的线程可能会被打断，然后调度到另一个线程再次进入临界区，从而造成两个线程同时处于临界区的现象，导致竞争冒险。

为了解决临界区问题，系统通常会提供互斥锁（Mutual Exclusion Lock）这种同步原语。互斥锁与生活中的换衣间门锁类似，其能够保证同一时刻只有唯一一位顾客进入。任何顾客如果需要进入换衣间，都需要确保门没有上锁，且在进入换衣间之后的第一时间上锁，确保不会有其他顾客进入同一换衣间。同理，我们可以为共享计数器设置一把锁，且只允许持有该锁的线程更新该计数器（即执行临界区），这样就可以保证多个线程不会同时更新计数器，从而消除数据竞争并解决临界区问题。

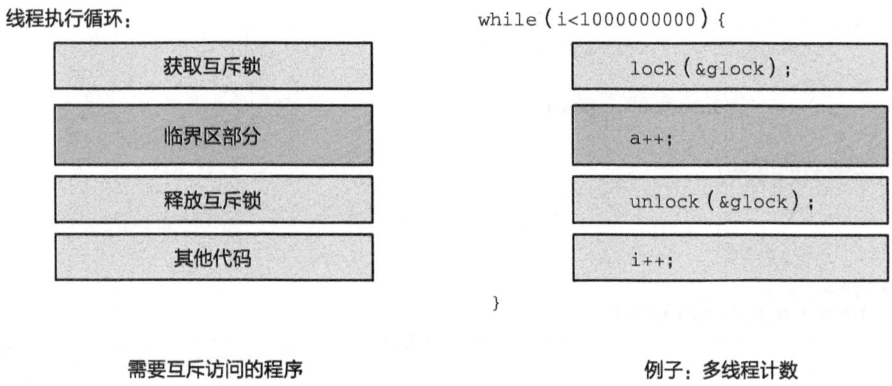

线程执行循环：

获取互斥锁

临界区部分

释放互斥锁

其他代码

需要互斥访问的程序

```
while(i<1000000000){
    lock(&glock);
    a++;
    unlock(&glock);
    i++;
}
```

例子：多线程计数

图 9.4　互斥访问与临界区：以多线程计数为例

代码片段 9.6 展示了互斥锁的接口。互斥锁提供两个易用的接口，包括 lock 与 unlock 操作。其中 lock 操作代表加锁，其将阻塞当前线程直到能够拿到该锁才能返回。而 unlock 操作代表放锁，其将释放该锁从而允许其他线程拿到锁。加锁操作与放锁操作之间的代码即临界区。临界区中的代码在同一时刻只允许一个线程执行（即互斥性）。例如，在图 9.4 中，我们可以通过在修改共享计数器的前后分别加入加锁与放锁操作，以保证对共享计数器 a 的互斥访问。

代码片段 9.6　互斥锁的接口

```
1 void lock(struct lock *mutex);
2 void unlock(struct lock *mutex);
```

代码片段 9.7 展示了修改后的多线程计数测试。这里使用的互斥锁是 pthread 库提供的互斥锁 pthread_mutex。为了保证同一时刻只有一个线程能够对共享的变量 a 进行操作，我们在访问其之前的第 9 行插入了一条加锁（即 pthread_mutex_lock）操作，而在修改完成后的第 11 行插入了一条放锁（即 pthread_mutex_unlock）操作。除了加锁与放锁之外，在使用互斥锁之前还需要使用 pthread_mutex_init（第 19 行）对该互斥锁进行初始化操作。读者可以在自己的机器上运行这份代码，其将稳定输出 2 000 000 000，而不会有其他的结果。通过简单的上锁与放锁，我们可以保证对共享计数器的互斥访问，从而避免由于数据竞争造成的错误结果。

代码片段 9.7　多线程计数测试：互斥锁版本

```
1 #include <pthread.h>
2 #include <stdio.h>
3
4 pthread_mutex_t global_lock;
5 unsigned long a = 0;
6 void *routine(void *arg)
7 {
```

```
 8     for (int i = 0; i < 1000000000; i++) {
 9       pthread_mutex_lock(&global_lock);
10       a++;
11       pthread_mutex_unlock(&global_lock);
12     }
13     return NULL;
14   }
15
16   int main(void)
17   {
18     pthread_t threads[2];
19     pthread_mutex_init(&global_lock, NULL);
20     for (int i = 0; i < 2; i++)
21       pthread_create(&threads[i], NULL, routine, 0);
22     for (int i = 0; i < 2; i++)
23       pthread_join(threads[i], NULL);
24     printf("%lu\n", a);
25     return 0;
26   }
```

除了加锁与放锁操作，互斥锁还提供了尝试加锁的 try_lock 操作。在调用加锁操作（即 lock 操作）时，其将阻塞当前线程直到成功上锁。而不同于加锁操作，try_lock 操作不会阻塞当前的线程。如果互斥锁此时为空闲，try_lock 操作将成功上锁并返回。否则，try_lock 不会阻塞并等待，而是直接返回，并通过返回值表示当前互斥锁不空闲，从而告知调用者加锁失败。try_lock 操作可以帮助线程更加灵活地使用互斥锁。无法成功上锁时，其允许线程执行其他逻辑，从而避免无用的阻塞。

练　习

9.1　请改写代码片段 9.7，仅使用 pthread_mutex_trylock 而不使用 pthread_mutex_lock 实现相同的功能。pthread_mutex_trylock 返回 0 代表加锁成功，其他值代表加锁失败。

9.2.2　读写锁

现实中还存在另一种情况，也涉及对于共享资源的访问，但不再需要互斥特性。这里引入一个新的问题——公告栏问题来进一步阐释这种场景。如图 9.5 所示，假设现在有一个公告栏，一群人正在围观该公告栏的内容。现在根据能否修改公告栏内容将人群分成了两类不同的角色：维护者可以对公告栏内容进行维护，而围观者只能读取公告

图 9.5　公告栏问题

栏的内容而不能进行修改。该公告栏还有一系列准则需要遵守。

1. 同一时刻只允许一个维护者对公告栏的内容进行更新（避免多个维护者同时更新公告栏的内容而造成覆盖）。

2. 为了准确传达公告内容，当维护者更新公告栏的内容时，不允许任何围观者提前观看更新的内容。围观者必须等待维护者更新完公告栏后，才能一起围观。

3. 由于围观者不会对公告信息进行更改，因此不限定围观者的数量，所有在场的围观者都可以同时读取公告的内容。

为了实现以上准则，最简单的办法是利用互斥锁保证所有的维护者与围观者之间的互斥。这样既可以保证同一时刻只有一个维护者对公告栏进行更新（准则中的第一点），又可以保证围观者不会在维护者完成更新前提前读公告栏的内容（准则中的第二点）。然而，使用互斥锁会导致同一时刻只允许一个围观者读取公告栏（围观者之间也互斥），从而造成信息传递效率低下（没有充分利用准则三）。因此，我们需要一个新的同步原语，既能维护围观者与维护者之间的互斥性，也能够允许多个围观者同时读取公告栏内容。这个问题就是典型的"衍生场景一：读写场景并行读取"的例子。其中维护者就是写者，而围观者就是读者。下面我们将介绍一种新的同步原语以解决读者与写者问题。

读写锁（Reader Writer Lock）使用起来与互斥锁非常类似，不过读写锁针对读者与写者分别提供了不同的 `lock` 与 `unlock` 操作。如代码片段 9.8 所示，读者需要使用 `lock_reader` 与 `unlock_reader` 保护**读临界区**。而写者需要使用 `lock_writer` 与 `unlock_writer` 保护**写临界区**。当读者在执行读临界区的代码时，其可以保证没有其他写者在执行写临界区。而其他读者也可以同时执行读临界区的内容。写临界区既不允许其他读者进入读写锁保护的读临界区，也不允许其他写者进入读写锁保护的写临界区。因此，当一个读者需要上锁时，存在以下几种情况。

1. 没有其他读者 / 写者在读 / 写临界区内，此时读者可以直接进入读临界区。

2. 存在写者在写临界区内，此时读者不能进入读临界区，必须等待写者退出写临界区之后才能进入读临界区。

3. 存在读者在读临界区内，且没有其他写者需要进入写临界区，当前读者可以进入读临界区。

4. 存在读者在读临界区内，但存在其他写者需要进入写临界区。不同的读写锁在这里会采用不同的策略。**偏向读者的读写锁**允许在写者申请进入写临界区之后到达的读者优先进入读临界区，因此使用这种读写锁允许当前读者进入读临界区。而**偏向写者的读写锁**会阻塞在写者申请进入写临界区之后到达的读者，因此使用偏向写者的读写锁会阻塞当前的读者。我们将在第 10 章详细介绍这两种不同类型的读写锁的具体实现。

代码片段 9.8　读写锁使用示例

```
 1 struct rwlock lock;
 2 char data[SIZE];
 3
 4 void reader(void)
 5 {
 6   lock_reader(&lock);
 7   read_data(data);    // 读临界区
 8   unlock_reader(&lock);
 9 }
10
11 void writer(void)
12 {
13   lock_writer(&lock);
14   update_data(data); // 写临界区
15   unlock_writer(&lock);
16 }
```

练　习

9.2 下面的代码展示了三个不同的函数，它们均对全局共享的变量 shared 进行了操作。请判断哪些可以用读锁保护，哪些必须使用写锁保护。

```
 1 int shared = 0;
 2 int func_A(void)
 3 {
 4   return shared;
 5 }
 6
 7 int func_B(void)
 8 {
 9   return shared++;
10 }
11
12 int func_C(void)
13 {
14   int ret = shared;
15   return ret++;
16 }
```

9.2.3 条件变量

在多线程应用程序中，除了需要保证互斥访问的场景外，还有另一类需要协调线程执行的需求。在本节中，我们将介绍一个计算机领域的经典问题：生产者 – 消费者问题。

生产者 – 消费者问题描述了一个多线程应用程序中常见的数据传递场景：假设我们有数个生产者线程与数个消费者线程，生产者不断地生产新的数据，而消费者不断地拿取并处理这些数据。它们之间通过一个有限容量的缓冲区共享数据。应用程序需要保证数据能够有序且正确地在生产者与消费者之间传递。如图 9.6 所示，在给出的例子中，生产者与消费者共享一个大小为 5 的缓冲区用于交换数据。生产者不断地将生成的新数据放到缓冲区中，与此同时，消费者从缓冲区拿取并消耗这些数据。图 9.6 中，缓冲区 0、1、2 分别存放着生产者放入缓冲区的数据，生产者 P_1 或 P_2 下一步产生的数据将放入 3 中，而消费者将从 0 中拿取数据进行处理。

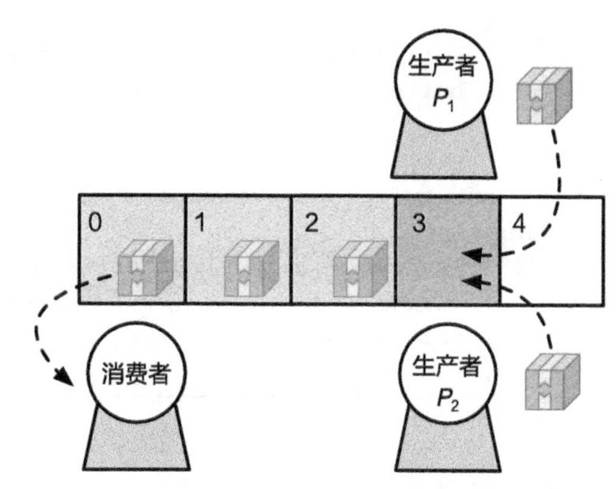

图 9.6　生产者 – 消费者问题

生产者 – 消费者模型在多线程应用程序中十分常见。如刚才列举的将海量数据划分到不同核心上的子任务进行处理的例子，我们最终需要收集这些子任务的处理结果。处理这些划分数据的线程是生产者，而收集处理结果的线程便是消费者。生产者 – 消费者问题中涉及两个不同的同步的需求：

- 数个生产者（或数个消费者）之间需要协同：需要避免因共享缓冲区中的数据产生数据竞争而造成错误。
- 生产者与消费者之间需要协同：消费者需要在缓冲区空时等待生产者生产数据，而生产者需要在缓冲区满时等待消费者消费数据。

针对第一个需求，即要在生产者之间（或消费者之间）正确协同，我们首先需要提供对于共享缓冲区的基础操作。代码片段 9.9 展示了对于共享缓冲区的两个操作。生产者将使用 buffer_add 操作向缓冲区加入新的数据，消费者将使用 buffer_remove 操作从缓冲区拿取数据。这两个操作均通过各自的计数器来选择需要放入以及读取的位置。例如，当处于图 9.6 的情景时，全局的 buffer_write_cnt 为 3。当生产者调用 buffer_add 操作向缓冲区加入新数据时，会选择位置 3 放入新的数据并更新 buffer_write_cnt。若此时没有其他生产者同时调用 buffer_add 操作，该算法可以正确记录当前的生产进度。然而若生产者 P_1 与 P_2 同时调用 buffer_add 操作，如果不加干预，P_1 与 P_2 可能同时执行第 7 行代码，选择 3 号缓冲区来放入自己的数据，最终导致数据覆盖，出现错误。因此，第一个需求可以归类到场景一。根据 9.2.1 节的介绍，我们可以使用互斥锁来保证对共享缓冲区的访问。

代码片段 9.9　有限缓冲区操作的初步实现

```
1 volatile int buffer_write_cnt = 0;
2 volatile int buffer_read_cnt = 0;
```

```
 3 int buffer[5];
 4
 5 void buffer_add(int msg)
 6 {
 7   buffer[buffer_write_cnt] = msg;
 8   buffer_write_cnt = (buffer_write_cnt + 1) % 5;
 9 }
10
11 int buffer_remove(void)
12 {
13   int ret = buffer[buffer_read_cnt];
14   buffer_read_cnt = (buffer_read_cnt + 1) % 5;
15   return ret;
16 }
```

练　习

9.3 如果只有一个生产者但是有多个消费者，继续使用代码片段 9.9 对共享缓冲区进行操作，是否会出现正确性问题？请尝试使用例子进行说明。

代码片段 9.10 展示了如何使用互斥锁保护生产者和消费者的共享缓冲区。与代码片段 9.9 相比，这里添加了一把全局的互斥锁 buffer_lock。在初始化缓冲区时，使用 lock_init 初始化该互斥锁。这里为了保证对于共享缓冲区的互斥访问，在 buffer_add 与 buffer_remove 操作开始前使用 lock 拿到全局互斥锁，结束后使用 unlock 释放该互斥锁。这样，所有对于共享缓冲区的操作均被放置在加锁与放锁之间的临界区内，保证了程序的正确性。

代码片段 9.10　利用互斥锁保护生产者和消费者缓冲区的操作

```
 1 volatile int buffer_write_cnt = 0;
 2 volatile int buffer_read_cnt = 0;
 3 struct lock buffer_lock;
 4 int buffer[5];
 5
 6 void buffer_init(void)
 7 {
 8   lock_init(&buffer_lock);
 9 }
10
11 void buffer_add_safe(int msg)
12 {
13   lock(&buffer_lock);
14   buffer[buffer_write_cnt] = msg;
15   buffer_write_cnt = (buffer_write_cnt + 1) % 5;
16   unlock(&buffer_lock);
```

```
17 }
18
19 int buffer_remove_safe(void)
20 {
21   lock(&buffer_lock);
22   int ret = buffer[buffer_read_cnt];
23   buffer_read_cnt = (buffer_read_cnt + 1) % 5;
24   unlock(&buffer_lock);
25   return ret;
26 }
```

针对第二个需求，为了维护生产者和消费者之间的正确性，需要满足以下两个前提条件：当缓冲区已满时，生产者应停止向缓冲区写入数据，避免数据被覆盖并等待消费者消费缓冲区内的数据；当缓冲区为空时，消费者应停止从缓冲区拿取数据，避免读取到无效数据并等待生产者生成新的数据。

我们首先尝试使用两个计数器来解决这个问题。如代码片段 9.11 所示，设置了两个全局的计数器 filled_slot 与 empty_slot，并使用两个互斥锁 filled_cnt_lock 与 empty_cnt_lock 保护这两个计数器。其中 filled_slot 用于记录在缓冲区中可以被消费的对象数量，而 empty_slot 用于记录在缓冲区中剩余的空位数量。如图 9.6 所示，filled_slot 与 empty_slot 分别为 3 与 2，代表在缓冲区中还有 3 个未消耗的对象（缓冲区 0、1、2），而缓冲区还有 2 个空位。当生产者需要将新产生的数据放入缓冲区时，需要检查缓冲区中剩余的空位数量 empty_slot。当缓冲区没有空位时，生产者需要等待直到出现空位（第 12 行）。而在生产者成功将数据放入缓冲区后，需在减少空位数量 empty_slot（第 16 行）的同时，增加可消费的对象数量 filled_slot（第 20 行）。同样，当消费者需要从缓冲区拿取对象时，需要检查可消费的对象数量 filled_slot。如果该计数器为 0，就代表没有可以被消耗的对象，此时消费者需要等待（第 30 行）。而在消费者成功拿到对象后，需在减少 filled_slot（第 34 行）的同时，增加用于标记空位数量的 empty_slot（第 38 行）。通过这样一个简单的基于计数器的算法，我们可以正确地协调生产者与消费者对缓冲区的操作，避免产生错误。

小思考

为何需要在判断是否有空位 / 是否有资源之前就获取互斥锁（例如第 12 行之前），而不是仅仅在修改对应计数器时再获取互斥锁？

其主要原因是判断是否有空位以及消耗空位的两个操作应当在一个临界区内，确保同一时刻只能有一个线程发现有空位并消耗这个空位。若将判断放在临界区外，则有可能出现两个线程同时发现 empty_slot_cnt 不为 0，然后均退出循环并尝试获取锁，接着进入第 16 行并修改计数器，最终造成错误。此外，在等待空位时，线程将不断获取与释放互斥锁。这是由于消费者产生空位时也需要获取对应的互斥锁。如果在等待时不释放互斥锁，消费者也无法进入临界区，从而无法更新计数器，造成生产者无限等待下去。

可以发现，在协调生产者和消费者时，我们需要让生产者在满足“缓冲区有空位”这个条件之前一直等待，直到有消费者消费资源并产生了空位，才允许生产者继续执行。对于消费者也是如此。这就出现了之前总结的经典场景中的“场景二：条件等待与唤醒”。虽然代码片段 9.11 能够正确协调生产者与消费者，但无论是生产者还是消费者，在没有空位 / 资源时就会陷入循环等待（Busy Looping，也称为循环忙等），如第 12 ～ 14 行所示。而在消费者释放空位之前，循环等待是毫无意义的。这些无谓的循环不仅浪费了 CPU 资源，还增加了系统的能耗。因此，我们希望使用一种挂起唤醒的机制来解决这个问题。

代码片段 9.11　利用计数器协调生产者与消费者

```
 1 volatile int empty_slot = 5;
 2 volatile int filled_slot = 0;
 3 struct lock empty_cnt_lock;
 4 struct lock filled_cnt_lock;
 5
 6 void producer(void)
 7 {
 8   int new_msg;
 9   while(TRUE) {
10     new_msg = produce_new();
11     lock(&empty_cnt_lock);
12     while (empty_slot == 0) {
13       unlock(&empty_cnt_lock);
14       lock(&empty_cnt_lock);
15     }
16     empty_slot--;
17     unlock(&empty_cnt_lock);
18     buffer_add_safe(new_msg);
19     lock(&filled_cnt_lock);
20     filled_slot++;
21     unlock(&filled_cnt_lock);
22   }
23 }
24
25 void consumer(void)
26 {
27   int cur_msg;
28   while(TRUE) {
```

```
29      lock(&filled_cnt_lock);
30      while (filled_slot == 0){
31        unlock(&filled_cnt_lock);
32        lock(&filled_cnt_lock);
33      }
34      filled_slot--;
35      unlock(&filled_cnt_lock);
36      cur_msg = buffer_remove_safe();
37      lock(&empty_cnt_lock);
38      empty_slot++;
39      empty cnt lock;
40      consume_msg(cur_msg);
41    }
42  }
```

条件变量（Condition Variable）提供了一系列原语，使得当前线程在等待的某一条件不能满足时停止使用 CPU 并将自己挂起。在挂起状态，操作系统调度器不再选择当前线程执行。直到等待的条件满足，其他线程才会唤醒该挂起的线程继续执行。使用条件变量能够有效避免无谓的循环等待。比如在生产者和消费者的例子中，使用条件变量可以让生产者等待在"是否还有空位"这一条件上，待到消费者发现已经有新的空位之后再将其唤醒，从而避免生产者无意义的循环等待。下面我们将以生产者和消费者为例介绍如何使用条件变量。

如代码片段 9.12 所示，条件变量提供了三个接口：cond_wait 用于挂起当前线程以等待在对应的条件变量上，cond_signal 用于唤醒一个等待在该条件变量上的线程，cond_broadcast 则用于唤醒所有等待在该条件变量上的线程。条件变量必须搭配一个互斥锁一起使用。该互斥锁用于保护对条件的判断与修改。cond_wait 接收两个参数，分别为条件变量与搭配使用的互斥锁。在调用 cond_wait 时，需要保证当前线程已经获取搭配的互斥锁（在临界区中）。cond_wait 在挂起当前线程的同时，该互斥锁同时被释放。其他线程则有机会进入临界区，满足该线程等待的条件，然后利用 cond_signal 唤醒该线程。挂起线程被唤醒之后，会在 cond_wait 返回之前重新获取互斥锁。cond_signal 只接收一个参数：当前使用的条件变量。虽然 cond_signal 没有明确要求必须持有搭配的互斥锁（在临界区中），但在临界区外使用 cond_signal 需要非常小心才能保证不丢失唤醒。我们将在下面的例子中进行详细解释。cond_braodcast 与 cond_signal 类似，唯一的区别是 cond_braodcast 会唤醒所有等待在该条件变量上的线程，而 cond_signal 只会唤醒其中的一个。

代码片段 9.12　条件变量的接口

```
1 void cond_wait(struct cond *cond, struct lock *mutex);
2 void cond_signal(struct cond *cond);
3 void cond_broadcast(struct cond *cond);
```

小思考

为何 cond_wait 需要传入其搭配的互斥锁 mutex？不能释放了之后再等待吗？

其本质原因是必须保证放锁操作和挂起操作一起发生。试想，如果我们在 cond_wait 之前就释放了互斥锁，则可能出现以下情况。假设存在线程 A 与线程 B。线程 A 在等待线程 B 更新某条件，线程 A 在挂起之前释放了互斥锁。而此时线程 B 拿到了互斥锁并更新了条件，调用 cond_signal 唤醒等待的线程。由于线程 A 还未挂起，因此其错过了该次唤醒。等到线程 A 挂起时，可能系统中不再会有线程来唤醒线程 A，导致出现错误。因此，cond_wait 通过操作系统保证了释放和挂起两个操作同时发生，从而避免了这种情况的发生。

代码片段 9.13 展示了如何在生产者与消费者中使用条件变量避免循环等待，与本节开头实现的生产者（代码片段 9.11）相比，使用条件变量的生产者主要有以下三点区别：

- 针对生产者与消费者等待的条件，这里创建了两个不同的条件变量 empty_cond 与 filled_cond，分别对应“缓冲区无空位”和“缓冲区无数据”两个条件。
- 当生产者发现没有空闲位置时，就会使用 cond_wait 进入休眠状态，避免循环等待（第 15 行）。由于生产者需要等待到 empty_slot 不为 0 时（即缓冲区有空位）才能向缓冲区填入新的内容，因此这里等待的条件变量为 empty_cond。当有新的空位产生时，消费者会利用 cond_signal 操作唤醒等待在 empty_cond 上的生产者（第 42 行）。
- 相应地，当消费者发现已经没有待消耗的内容时（第 33 行），也会使用 cond_wait 进入休眠状态（第 34 行）。这里等待的是表示是否有待消耗内容的条件变量 filled_cond。当生产者生产新的内容供消费者消耗时，其同样会使用 cond_signal 操作唤醒等待在 filled_cond 上的消费者（第 23 行）。

代码片段 9.13　生产者 – 消费者问题的条件变量

```
 1 volatile int empty_slot = 5;
 2 volatile int filled_slot = 0;
 3 struct cond empty_cond;
 4 struct lock empty_cnt_lock;
 5 struct cond filled_cond;
 6 struct lock filled_cnt_lock;
 7
 8 void producer(void)
 9 {
10   int new_msg;
11   while(TRUE) {
12     new_msg = produce_new();
13     lock(&empty_cnt_lock);
14     while (empty_slot == 0)
```

```
15        cond_wait(&empty_cond, &empty_cnt_lock);
16      empty_slot--;
17      unlock(&empty_cnt_lock);
18
19      buffer_add_safe(new_msg);
20
21      lock(&filled_cnt_lock);
22      filled_slot++;
23      cond_signal(&filled_cond);
24      unlock(&filled_cnt_lock);
25    }
26 }
27
28 void consumer(void)
29 {
30    int cur_msg;
31    while(TRUE) {
32      lock(&filled_cnt_lock);
33      while (filled_slot == 0)
34        cond_wait(&filled_cond, &filled_cnt_lock);
35      filled_slot--;
36      unlock(&filled_cnt_lock);
37
38      cur_msg = buffer_remove_safe();
39
40      lock(&empty_cnt_lock);
41      empty_slot++;
42      cond_signal(&empty_cond);
43      unlock(&empty_cnt_lock);
44      consume_msg(cur_msg);
45    }
46 }
```

读者可能会对第14行使用while循环抱有疑问：当一个线程被唤醒时，其等待的条件理应被满足了，为何还需要再次检查？这里我们通过一个例子解释再次检查的必要性。如图9.7所示，现在存在一个消费者（线程2）与两个生产者（线程1与线程3）。在某一时刻，empty_slot的值为0，代表目前没有空位。因此当线程1的生产者执行到第14行时，会由于没有空位而使用cond_wait进入睡眠。之后，线程2（可以运行在同一核心或不同核心）的消费者消耗了一个对象，并产生了一个空位。此时empty_slot的值变为1（执行第41行），并使用cond_signal来唤醒线程1。然而，在线程1唤醒之前，另外一个生产者线程3（同样可以执行在同一核心或者不同核心）开始执行生产者流程。由于此时的empty_slot的值为1，因此该线程不会进入睡眠，而是直接消耗掉该空位（第16行）。待到线程1重新被调度并成功获取互斥锁之后，此时empty_slot的值已经被线程3减为0了。如果不使用循环再次检查，线程1在这种“狼来了”的情况下就会错误地将empty_slot修改为负值（直接执行第16行代码）。

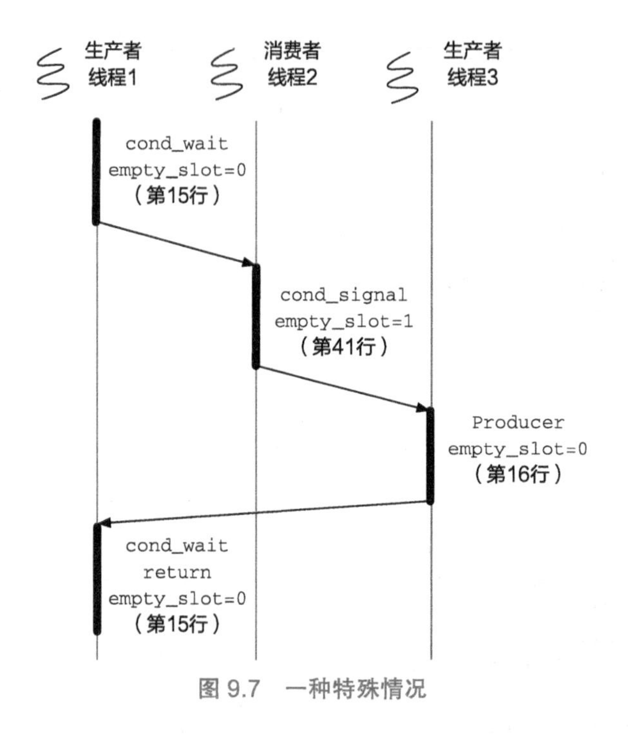

图 9.7　一种特殊情况

小思考

这里生产者每次都调用 cond_signal 是否有必要？

一种错误的想法是只有在 filled_slot 为 0 时才会有消费者等待在该条件变量上，因此只有在这种情况下才需要调用 cond_signal。然而，在 filled_slot 为 0 时，可能会有多个消费者等待。如果此时有多个生产者到达，只在 filled_slot 为 0 时调用一次 cond_signal 只能唤醒等待的消费者中的一个，其他的消费者将陷入无限的等待。一个可选的方案是使用 cond_braodcast 在 filled_slot 为 0 时唤醒所有的等待者。与 cond_signal 相比，主要区别在于 cond_braodcast 会唤醒所有等待的消费者。而最终只有一个消费者能够成功获取新产生的对象，其他消费者都将在重新检查过后再次进入睡眠，从而浪费一定的 CPU 资源。这种情况在消费者较多而生产者较少时更为严重。我们称这种现象为**惊群效应**：每当一个新的内容来临时，都会唤醒一群等待者，而最终只有其中的一个等待者可以成功进入临界区。

小思考

cond_signal 能否放在临界区外？

在代码片段 9.13 中，cond_signal 均被放置在临界区内。如果将其向下移，放到临界区外，不会对正确性造成影响。以生产者为例，如果我们将生产者中第23行的cond_signal挪至第24行之后，当生产者执行到cond_signal时，其已经完成对filled_slot的更新操作并放锁。在该线程拿到互斥锁之前（第21行）调用cond_wait的消费者，可以正常被cond_signal唤醒，而在该线程放锁之后（第24行）进入临界区的消费者会发现filled_slot已经被更新，从而不会调用cond_wait。然而在有些情况中，临界区外的cond_signal可能会面临丢失唤醒的问题。比如将代码片段9.13中的第21行与第24行去除（即代码片段9.14中的第4行与第9行），利用原子操作对filled_slot进行更新。这里原子操作是指对filled_slot的更新通过硬件机制一次性可见，从硬件层面避免数据竞争的出现，从而无须使用额外的互斥锁保护filled_slot。原子操作将在第10章进行详细介绍，这里可以简单认为是一个对filled_slot的自增操作。那么可能出现按照以下顺序依次执行而导致消费者陷入无限等待的情况：

1. 消费者执行第33行代码，发现filled_slot为0。
2. 生产者执行对filled_slot的自增操作，并调用cond_signal。
3. 消费者调用第34行的cond_wait操作。

由于生产者调用cond_signal时并没有线程等待在该条件变量上，因此不能唤醒任何线程。而在消费者真正调用cond_wait挂起等待时，已经没有生产者再来唤醒该线程了。这时，生产者就产生了丢失唤醒的问题。因此，cond_signal一般在临界区内使用，而在临界区外调用cond_signal时需要格外小心。

代码片段9.14 修改后的生产者代码

```
 1 void producer(void)
 2 {
 3   //...
 4   //- lock(&filled_cnt_lock);
 5   //- filled_slot++;
 6   //原子地对filled_slot加1
 7   atomic_FAA(&filled_slot, 1); //添加该行
 8   cond_signal(&filled_cond);
 9   //- unlock(&filled_cnt_lock);
10 }
```

9.2.4 信号量

上一小节解决了多生产者多消费者在有限缓冲区上的协同问题，满足了协调多个生产者（消费者）之间（场景一）以及协调生产者与消费者之间（场景二）的同步需求。而实际上，如果我们将缓冲区的空位当作一种资源，生产者需要消耗空位这个资源，而消费者可以产生空位资源，那么生产者与消费者问题同样可以归到“场景三：多资源协调

管理”中。针对这一类衍生场景，有一类更高层级抽象的同步原语能更加方便地解决同步需求。在之前的实现中，用于记录有多少个空位与多少个资源的计数器本质上充当了阻塞与继续执行的“风向标”，这也正是本节将介绍的同步原语信号量（Semaphore）的核心功能。信号量在不同的线程之间充当信号灯的作用，其根据剩余资源数量控制不同线程的执行或等待。需要注意的是，这并不意味着信号量比条件变量更胜一筹，而是其在该特定衍生场景中，能够更加便捷地满足同步需求。对于其他需要等待 / 唤醒操作的场景（比如更加复杂的场景），开发者还是需要使用条件变量来同步。我们将在本节的末尾比较这些同步原语，届时会更加清晰地对比这些同步原语的异同。

信号量最早由荷兰计算机科学家、图灵奖得主 Edsger Dijkstra 在 20 世纪 60 年代提出[7]。除了初始化之外，信号量只能通过两个操作来进行更新：P 操作，源自荷兰语 Proberen，即“检验”；V 操作，源自荷兰语 Verhogen，即“自增”。正因为如此，信号量又被称为 PV 原语。为了便于理解，一般会使用 wait 和 signal 来表示信号量的 P 操作和 V 操作。

代码片段 9.15 给出了 wait 和 signal 操作的具体语义。其中 wait 操作用于等待。当信号量的值（代表资源数量）小于等于 0 时进入循环等待（第 3 行）。只有在信号量的值大于 0 时，才停止等待并消耗该资源（第 5 行，减少信号量的值）。signal 操作用于通知，其会增加信号量的值供 wait 的线程使用。需要注意的是，代码片段 9.15 只给出了信号量的语义，如果需要保证多个线程并行执行的正确性，还需要对代码进行很多修改。我们将第 10 章介绍信号量的具体实现，这里先关注信号量的使用场景和使用方法。

代码片段 9.15　信号量语义

```
1 void wait(int *S)
2 {
3   while(*S <= 0)
4     ; // 循环忙等
5   *S = *S - 1;
6 }
7
8 void signal(int *S)
9 {
10   *S = *S + 1;
11 }
```

代码片段 9.16 展示了如何使用信号量的标准接口解决生产者 - 消费者问题。在生产者 - 消费者模型中，两个信号量分别代表两个共享的资源：empty_slot 代表空余缓冲区的资源，而 filled_slot 代表已填入内容的缓冲区资源。生产者在该问题中会消耗空余缓冲区的资源并增加已填入的缓冲区资源，因此其在处理流程中应当先等待空余缓冲区的资源（第 9 行），而在填入内容后增加已填入的缓冲区资源数量（第 11 行）。消费者则刚好相反。

代码片段 9.16　利用信号量解决生产者 - 消费者问题

```
1 sem_t empty_slot;
2 sem_t filled_slot;
3
4 void producer(void)
5 {
6   int new_msg;
7   while(TRUE) {
8     new_msg = produce_new();
9     wait(&empty_slot); // P
10    buffer_add_safe(new_msg);
11    signal(&filled_slot); // V
12  }
13 }
14
15 void consumer(void)
16 {
17   int cur_msg;
18   while(TRUE) {
19     wait(&filled_slot); // P
20     cur_msg = buffer_remove_safe();
21     signal(&empty_slot); // V
22     consume_msg(cur_msg);
23   }
24 }
```

除了 wait 与 signal 操作以外，另一个可能会修改信号量的操作是赋予信号量初值。结合生产者 - 消费者的例子，当生产者与消费者均未开始工作且缓冲区中没有填入数据之时，空余的缓冲区的数量等于缓冲区的大小，而已填入内容的缓冲区数量为 0。因此针对 empty_slot 与 filled_slot 的初值，我们应该分别填入缓冲区大小与 0。

结合生产者 - 消费者的例子，我们可以总结出：信号量是用来辅助控制多个线程访问有限数量的共享资源。信号量只允许三个不同的操作对其值进行修改，分别是初始化操作、wait 操作与 signal 操作。信号量的初值应当设置为初始共享资源的数量。尝试消耗共享资源的线程应当调用 wait 操作来等待资源就绪，而产生或释放共享资源的线程应当调用 signal 操作来通知资源就绪。

练　习

9.4　下面是两个内核中的功能，现在假设内核提供内核信号量，以及 sem_init、sem_wait 与 sem_signal 三个接口。其中 sem_init 将创建返回内核的信号量（初始值赋为 0），其可以传输给其他进程使用。下列功能如何实现？请使用伪代码描述。

(a) 在关于进程的章节中，我们介绍了 waitpid，它将阻塞当前进程，一直等到目标进程结束退出。请描述如何实现。

(b) 除了 waitpid 以外，系统还提供了 sleep，它将阻塞当前进程直到指定的时间结束。请思考如何配合**定时器**（timer）使用内核信号量实现该功能。

9.2.5　同步原语的比较

本小节将详细对比前文介绍的四种同步原语。需要注意的是，这些同步原语并非完全正交，也不存在谁比谁更优的情况。总的来说，这些同步原语都用于正确地协同多个不同线程之间的执行。针对不同的场景，选用合适的同步原语能够更加方便地达成目标并避免错误。场景一与衍生场景一使用的互斥锁与读写锁均是为了保证对共享数据的修改（即互斥）；场景二使用的条件变量则是用于协调线程执行的顺序与条件（即同步）；而场景三使用的信号量则兼顾了对共享资源的管理与线程执行顺序的协调，既可以用于保证互斥，又可以用于在线程之间同步。我们将在下面结合具体例子进行展示。

我们先来对比互斥锁与读写锁。读写锁用于在读写场景中支持并行读取（衍生场景一）。正如在之前介绍读写锁时所述，直接使用互斥锁同样可以保证该场景的正确性，但是由于大量读者无法同时读取，会导致性能问题。因此，读写锁只适用于存在读者的场景，其在有大量读者需要执行读临界区时，能够提供比互斥锁更好的性能。后续章节不再将读写锁与其他同步原语进行比较。

互斥锁与条件变量的区别更加明显。互斥锁是用于解决临界区问题的，保证互斥访问共享资源（场景一）。而条件变量是通过提供挂起 / 唤醒机制来避免循环等待的，可节省 CPU 资源（场景二）。条件变量需要和互斥锁搭配使用。此外，场景一中也存在场景二的需求。如果我们将场景一中是否有线程在执行临界区作为等待条件，则可以使用条件变量让同一时刻无法进入临界区的线程挂起，从而避免循环等待。我们将在下一章具体讨论这种实现。

互斥锁与信号量有相似之处。当信号量的初值设置为 1（即将临界区看作唯一的资源），且只允许其值在 0 和 1 之间变化时，wait 与 signal 操作分别与互斥锁的 lock 与 unlock 操作类似。我们称这种信号量为二元信号量。二元信号量与互斥锁的差别在于：互斥锁有拥有者这一概念[⊖]，而二元信号量没有。互斥锁往往是由同一个线程加锁和放锁，而信号量允许不同线程执行 wait 与 signal 操作。互斥锁与计数信号量（非二元信号量的其他信号量）区别较大。计数信号量允许多个线程通过，其数量等同于剩余可用资源数量；而互斥锁同一时刻只允许一个线程获取。互斥锁用于保证多个线程对于

⊖ 注意互斥锁仅仅是语义上有这个要求，实际实现中有的互斥锁可能不会对拥有权进行进一步检查。代码片段 10.11 实现读写锁时，writer_lock 可能被不同的线程获取与释放，因此在选择该互斥锁的实现时，需要注意互斥锁是否有针对拥有者的检查，或者直接使用二元信号量代替。

一个共享资源（即临界区）的互斥访问，而信号量则是用于协调多个线程对一系列共享资源的有序操作。例如，互斥锁可以用于保护生产者消费者问题中的共享缓冲区，而信号量用于协调生产者与消费者何时该等待，何时该放入或拿取缓冲区数据。

条件变量与信号量提供了类似的操作接口（包括 wait 与 signal），因此很容易混淆。实际上在很多情况下（比如本节的生产者消费者问题），条件变量与信号量都能够满足同步需求。它们之间的区别是层级之间的区别。条件变量提供了一个操作系统辅助的睡眠与唤醒机制（场景二），而信号量则是针对其中一个特定的场景（场景三），提供了对有限资源管理更加方便易用的接口供开发者使用。在生产者和消费者的实现中，开发者同样可以使用“互斥锁 + 计数器 + 条件变量”实现与信号量同样的功能。但对于某些其他场景，信号量就不再方便使用，也即条件变量的适用范围更加广泛。一个比较直观的例子是，针对事务处理场景，如果处理线程等待事务到达后希望一次性拿走所有的待处理事务一并处理，使用信号量就很难实现——信号量每次执行 wait 操作只能拿走其中的一个资源。总而言之，条件变量能够在更广泛的场景中使用，而信号量则是管理有限资源时更方便的抽象。

练 习

9.5 下面是一系列系统软件中可能会遇到的场景，请将其归纳到本章介绍的场景中，并阐释如何使用本章介绍的同步原语解决问题。

(a) 多线程应用程序中常用到的一种工具叫作多线程执行屏障。其作用如下：假设现在有多个线程同时运行，运行到执行屏障后，线程不再继续往下运行，而是等待所有的线程都执行到该屏障之后再继续执行。如何协同这些多线程实现执行屏障的功能？

(b) 操作系统多核调度器的每个核心都有自己的就绪队列。CPU 核心将在自己的就绪队列中选取合适的线程执行。现在需要一种支持工作窃取的负载均衡机制：当自己的就绪队列为空时，可以去其他核心就绪队列窃取任务执行，从而达到负载均衡。如何协调多个核心上的调度线程？

(c) 并行计算程序通常使用一种**映射 – 归约**（Map Reduce）模式将较大的任务拆分成多个可以并行执行的小任务，然后将这些小任务的计算结果合并起来成为最终结果。比如在并行程序统计字符数的场景下，会创建多个工作线程用于拆分统计某大文件中的字符数。工作线程执行完成后由一个收集线程收集每个工作线程统计的字数并累加。工作线程完成时间不等，一旦有任何一个工作线程完成执行，收集线程就应该开始累加，而不是等待全部执行完成后再累加。如何协调工作线程与收集线程？

(d) 某网页渲染时需要同时发多个请求，并等待全部请求都成功后再完成页面渲染。这些请求都带有回调函数。如何在回调函数中采用同步原语完成该需求？

(e) 某服务器需要控制处理请求线程的并行数量，避免过多线程同时运行。如何协调这些线程的执行？

(f) 网页服务器中，有的线程用于响应客户端获取网页的需求，有的线程用于后端实时更新网页。如何协调这些线程对于网页数据的访问？

9.3 死锁

本节主要知识点

- ❑ 发生死锁的四个必要条件是什么？
- ❑ 如何检测一个系统中是否存在死锁？
- ❑ 在发生死锁后如何恢复到正常状态？
- ❑ 如何在源头上预防死锁？
- ❑ 如何使用银行家算法在运行时避免产生死锁？

9.3.1 死锁的定义

同步原语在给开发者带来便利的同时，也带来了一系列问题。本节将介绍其中最为经典的问题：死锁问题。下面我们通过一个简单的例子来介绍何为死锁。假设线程 A 与线程 B 分别运行代码片段 9.17 中的 thread_A 与 thread_B。这两个线程共享两把全局的互斥锁 lock_A 与 lock_B。线程 A 先尝试获取锁 A（第 5 行），再尝试获取锁 B（第 7 行），而线程 B 刚好相反。假设在 T_0 时刻，线程 A 获取了锁 A（第 5 行），将要尝试获取锁 B。而线程 B 刚好也获取了锁 B（第 15 行），等待获取锁 A。但是由于两个线程都持有对方将要获取的锁，因此这两个线程都不能进入临界区继续执行，这种互相等待的僵持状态即**死锁现象**。当有多个（两个及以上）线程竞争有限数量的资源时，有的线程就会因为某一时刻没有空闲的资源而陷入等待。而**死锁**（Deadlock）就是指这一组中的每一个线程都在等待组内其他线程释放资源而造成的无限等待。

代码片段 9.17　死锁示例

```
1 struct lock lock_A, lock_B;
2
3 void thread_A(void)
4 {
5   lock(&lock_A);
6   //T0 时刻
7   lock(&lock_B);
```

```
 8     //临界区
 9     unlock(&lock_B);
10     unlock(&lock_A);
11 }
12
13 void thread_B(void)
14 {
15     lock(&lock_B);
16     //T0 时刻
17     lock(&lock_A);
18     //临界区
19     unlock(&lock_A);
20     unlock(&lock_B);
21 }
```

产生死锁的原因

从上述例子中我们可以初步总结出：死锁是由于资源有限（如锁 A 与锁 B 都只能同时被一个线程持有）且线程的执行交错导致的。实际上，导致死锁出现一共有四个必要条件：

- *互斥访问*。9.2.1 节介绍过，互斥访问保证一个共享资源在同一个时刻只能被至多一个线程访问。在有互斥访问的前提下，线程才会出现等待。
- *持有并等待*。线程持有一些资源，并等待一些资源。如在代码片段 9.17 中，两个线程在持有一把互斥锁的同时等待对方放锁。
- *资源非抢占*。一旦一个资源（比如例子中的锁）被持有，除非持有者主动放弃，其他竞争者都得不到这个资源。
- *循环等待*。循环等待[⊖]是指存在一系列线程 T_0，T_1，…，T_n，其中 T_0 等待 T_1，T_1 等待 T_2，…，T_{n-1} 等待 T_n，而 T_n 等待 T_0。因此形成了一个循环。由于循环中任意一个线程都无法等到资源，因而不能释放已经占有的资源，便出现了循环等待。

注意，死锁虽然带了锁字，但不意味着只有在使用互斥锁时才会出现。只要满足上面四个必要条件，该系统中就会出现死锁。

除了多个线程相互阻塞会造成死锁之外，还有一种特殊的情况也会导致死锁：如在中断处理流程中使用了互斥锁，那么一旦在某一中断处理流程中获取锁后、放锁前再次出现中断，就会导致死锁。此外，在递归函数中使用互斥锁也会面临同样的问题。如代码片段 9.18 所示，如果线程需要在递归函数 `funcA_recursive` 中获取互斥锁 `global_lock`，其有可能在持有互斥锁时再次调用 `funcA_recursive`（第 7 行），造成此次调用无法再获取互斥锁 `global_lock`（第 5 行），因此发生了死锁。

⊖ 注意这里的循环等待与前文的循环等待（Busy Looping）不是同一个概念。前文的循环等待是指利用 `while` 来不断重复判断指定条件，等待该条件得到满足。

代码片段 9.18 递归产生的死锁

```
1 struct lock global_lock;
2
3 int funcA_recursive(int arg)
4 {
5   lock(&global_lock);
6   if (some_condition)
7     funcA_recursive(some_arg);
8   unlock(&global_lock);
9   // ......
10 }
```

不过，这类死锁可以通过使用可重入锁来解决。可重入锁在加锁时会判断锁的持有者是不是线程自己，如果是自己则不会阻塞并等待，而是通过一个计数器来记录加锁次数。这个计数器会在放锁时减少，当为 0 时才真正放锁。此外，在操作系统中断处理流程中，这个问题往往通过在加锁时关中断、放锁时开中断来解决。这样能够避免在临界区内触发另外的中断处理流程导致锁的嵌套造成的死锁。后续小节将不再讨论此类死锁。

9.3.2 死锁检测与恢复

当死锁出现时，我们需要一个第三者来打破僵局，帮助死锁恢复。操作系统往往扮演了这个第三者的角色。由于死锁时线程进入了无限的等待状态，无法完成有价值的工作，因此操作系统可以判断死锁是否发生，并尽量使用最小的代价恢复系统的正常运行。

结合之前介绍的死锁出现的四个必要条件，我们来分析如何检测系统中是否出现了死锁。由于四个必要条件中的前三个都是描述使用场景本身的性质，只有最后一条（即循环等待）和实际运行状态相关，因此循环等待是检测死锁的关键。

为了确认系统中是否存在循环等待，需要获取系统中资源分配与线程等待的相关信息。系统通过两个表（资源分配表和线程等待表）来记录这些数据。如图 9.8 所示，假设现在有四个线程 $T_1 \sim T_4$，而它们之间共享三个资源 $O_1 \sim O_3$。资源分配表记录当前不同资源被占有的情况，而线程等待表记录线程等待不同资源的情况。根据这两张表，可以画出图 9.8 左边的图。其中从资源指向线程的实线箭头代表线程占有该资源，而从线程指向资源的虚线箭头代表线程等待该资源。对于其中的任意一个资源，指向其的虚线箭头与从其指出的实线箭头都构建成了一对线程间的等待关系。如对于资源 O_1，它有从 T_4 与 T_2 指向其的虚线箭头，也有指向 T_1 的实线箭头，因此 T_4 与 T_1、T_2 与 T_1 均构成了等待关系。所以，在该图中如果出现环，就代表出现了循环等待。在图 9.8 的例子中，线程子集 T_1、T_3、T_4 之间就形成这样的环，出现了循环等待，因此我们可以判断此时出现了死锁。

如果通过分析资源分配 / 等待图发现了死锁，下一步就需要从死锁中恢复。为了让系统恢复正常运行，我们需要打破循环等待的关系。最直接的方法是，找到这个环中任意的线程作为受害者，直接终止该线程并释放其占有的资源。如果由于分配 / 等待关系过于复杂，在终止线程后依旧成环，就继续选择下一个线程并释放其占有的资源。通过一步步终止环中的线程，可以打破循环等待，恢复正常运行。除了这种不太公平的策略外，还可以让环上所有线程回退到之前的某一个状态再次运行。由于死锁出现往往是由于特定的调度和触发时机导致，再次运行有很大概率不会触发死锁。

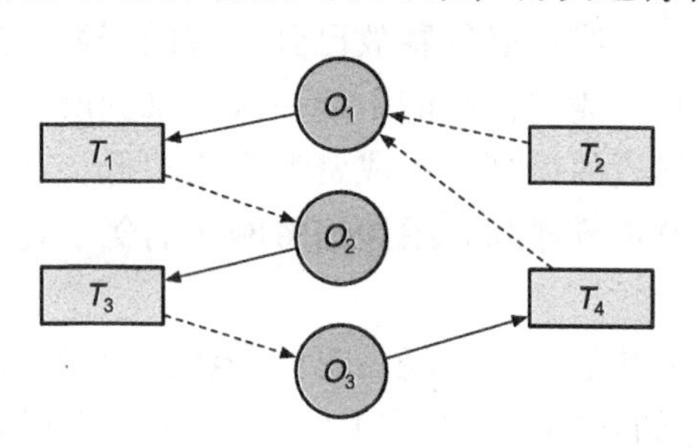

资源分配表

线程号	资源号
T_1	O_1
T_3	O_2
T_4	O_3

线程等待表

线程号	资源号
T_1	O_2
T_2	O_1
T_3	O_3
T_4	O_1

图 9.8　死锁检测

那么，操作系统到底应该何时开始做死锁检测呢？从我们介绍的算法可以发现，检测死锁并不是一件轻松的工作，操作系统需要构建一个十分复杂的图并在其中寻找环。因此频繁的死锁检测会造成严重的性能开销。操作系统往往选用更加被动的策略触发死锁检测，避免暴露巨大的开销在关键路径上以减少对正常执行时的应用程序性能的影响。通常选用的策略有定时检测（如运行 24 小时检测一次）或超时等待检测（如等待某资源超过限定的时间时检测一次）。

除了“事后诸葛亮”式的在出现死锁后再恢复以外，研究者还提出了一系列方法直接避免死锁的出现。这些方法主要分为两类：**死锁预防**与**死锁避免**。其中，死锁预防是指从源头设计上避免死锁的出现，而死锁避免则是在运行时动态检查以避免死锁的出现。接下来我们将分别介绍死锁预防与死锁避免的相关技术。

9.3.3　死锁预防

死锁预防是指通过设计合理的资源分配算法，从源头上预防死锁。为了实现这个目标，只需要保证产生死锁的四个必要条件不被同时满足。下面我们根据之前列举的死锁产生的条件，一条条看怎么从源头设计上就避免这些条件成立。

- **避免互斥访问**。互斥访问是用于保护共享资源的。如果需要避免互斥访问，就需要设计其他的方法来保证同时访问共享资源的正确性。比如设计一个代理线程，专门用于管理对于共享数据的访问与修改。这个共享数据只能通过代理线程来操作，其他线程需要向代理线程发送请求来完成对共享数据的访问。如在刚才产生死锁的例子中（代码片段 9.17），我们可以将 `thread_A` 与 `thread_B` 的临界区都放在一个代理线程中执行。加锁与放锁的流程分别改为向代理服务器发送请求与接收代理服务器执行结果。这样就可以避免由于不同的线程占有并等待一部分资源导致死锁（所有资源只会由一个线程获取）。这种设计的主要问题是大部分应用程序不容易修改成此模式，而且对于每一个共享资源，都需要多余的一个代理线程来收集并执行对其的修改，这将为系统带来很大的负担。

- *不允许持有并等待*。为了打破“持有并等待”这一条件，可以要求线程在真正开始操作之前一次性申请所有的资源。一旦需要获取的资源中任一资源不可用，则该线程就不能成功申请这一系列资源，且该线程必须释放已经占有的资源。这种方法的问题在于，当资源的竞争程度高时，线程很可能不能一次性拿到所有共享资源的使用权。因此可能会进入申请 - 释放的循环，造成资源利用率低，甚至出现饥饿（Starvation）的情况。我们将在 9.4 节详细介绍如何将刚才的例子转换为这种模式，以及其带来的新问题。
- *允许资源被抢占*。这将允许一个线程抢占其他线程已经占有的资源，但难点是需要保证被抢占的线程能够正确恢复。比如在刚才的例子中，如果允许线程 B 抢占线程 A 已经持有的锁 A，那么就需要回滚线程 A 在持有锁 A 之后进行的操作，然后允许线程 B 获取锁 A。待线程 B 释放锁 A 后，再恢复线程 A 之前的修改。显然，在这个例子中，回滚与恢复操作十分困难，因此这种策略也只适用于易于保存和恢复的场景。
- *避免循环等待*。为了避免出现循环等待，我们可以要求线程必须按照一定顺序来获取资源。通过这种方法，获取资源进度最靠前的线程一定能够拿到所有所需的资源，从而避免出现循环等待。这种资源有序分配算法会将系统中的所有资源进行编号，线程在申请资源时，必须按照资源编号递增来申请。考虑在任一时刻，系统中总会有一个得到资源编号最大资源的线程，这也意味着这个线程之后需要申请的资源都还没有被人占有，因此该线程可以继续执行。而正是因为该系统在任意时间点都符合上面的描述，所以这个系统不会陷入因循环等待而无法继续执行的状态。在之前产生死锁的例子中，我们可以对锁 A 与锁 B 进行编号，要求所有线程按照顺序获取锁 A 与锁 B。这样就可以避免这两个线程发生死锁。

9.3.4 死锁避免

死锁避免在系统运行时跟踪资源分配过程来避免出现死锁。在系统运行时，任意线程在需要新的资源时都必须向系统提出申请。而系统将根据其所处状态，判断是否能够将资源分配给该线程。系统存在以下两种状态：**安全状态**与**非安全状态**。安全状态是指系统中存在至少一个安全序列 $\{T_1, T_2, \cdots, T_n\}$。如果系统按照这个序列（$T_1$，$T_2$，…）调度线程执行，即可避免资源不足的情况发生。可能有读者对“至少一个”的要求感到疑惑，如何保证系统在运行时一定能按照这个序列进行呢？这一点就是死锁避免的特点所在，在这种系统中，每一次线程需要获取资源时，都由系统选择直接分配还是让其等待。因此如果系统至少有一个安全序列，那么系统就会在线程申请资源时找到这个序列，并按照这个序列继续推进。而如果系统中不存在这样一个安全序列，则称之为非安全状态。需要注意的是，非安全状态不一定导致死锁。非安全状态是指，在线程必须获取所有所需资源后才能结束且在此前不会释放已经占有的资源的前提下，一定会导致死锁。否则，非安全状态只是指系统按照静态给出的需求无法找到安全序列，而实际上应用程序可能会在运行中途释放一些资源或者不需要其申明的所有资源就能运行结束。此时也不会导致死锁。总而言之，安全状态一定不会出现死锁，而非安全状态可能会导致死锁。而死锁避免算法就是让系统在每一次分配资源后都处于安全状态。如果分配之后不能处于安全状态，则不分配资源给线程。

下面，我们将详细介绍一种具体的死锁避免算法——银行家算法，它同样是由 Edsger Dijkstra 提出的[8]。银行家算法通过模拟分配资源后的状态来判断在分配某个资源后，系统是否还处于安全状态。为了描述系统中的供给 / 需求关系，银行家算法使用了一系列数据结构来保存这些关系。假设我们的系统中存在 M 类资源，而线程有 N 个，则这些数据结构为：

- **全局可利用资源**：`Available[M]`。该数组代表某一时刻系统中每一类元素的可用个数。这个数组初始化时设置为系统中拥有的 M 类资源的总量。
- **每个线程的最大需求量**：`Max[N][M]`。该矩阵包含所有 N 个线程对 M 类资源的最大需求量。如线程 i 对资源 j 的最大需求量为 `Max[i][j]`。
- **已分配资源数量**：`Allocation[N][M]`。该矩阵包含已经分配给 N 个线程中每个线程的 M 类资源的数量。
- **还需要的资源数量**：`Need[N][M]`。该矩阵包含所有 N 个线程对 M 类资源还需要的资源数量。

此外，我们还需要保证以下前提，银行家算法才能正确工作：

- 系统中的供给关系必须是固定的。比如系统中的资源类别数 M，线程总数 N，整个系统中 M 类资源的可用数量，以及每个线程所需要的不同种类资源的数量。
- 任意线程对于任意资源的最大需求量不能超过系统的资源总量。
- 对于任意一类资源，任意线程已分配的资源加上该线程还需要的资源，必须要小于等于该线程对于这一类资源的最大需求量。
- 线程在获得了所有需要的资源之后，能够在有限时间内完成工作，并且释放已经获得的资源。

对于满足这些前提的系统，我们可以利用银行家算法保证该系统一直处于安全状态。正如之前所述，银行家算法的核心是模拟分配某个资源之后，检查系统是否还处于安全状态。如果发现分配了该资源之后，系统无法处于安全状态，则不会分配该资源，从而保证系统能够始终处于安全状态。这个检查算法被称为安全性检查算法。安全性检查算法的执行流程如下：

1. 创建一个临时数组 `Available_sim`，其初始值与数组 `Available` 一致，用于记录在接下来的模拟执行中系统可用的资源数量。

2. 找到当前系统剩余资源能够满足的线程。即找到一个线程 x，对于 Available_sim 中任意成员 m，都满足 Available[m] >= Need[x][m]。如果无法找到这样的线程，则代表系统处于非安全状态。

3. 假设将资源全部分配给它，且它执行完成后会释放所有的资源。即对于 Available_sim 中的所有成员 m，都执行 Available_sim[m] += Allocation[x][m]。同时标记线程 x 执行结束。

4. 遍历所有线程，查看是否还有未被标记执行结束的线程。如果有则回到第二步继续执行，否则代表系统处于安全状态。

下面我们结合一个具体例子来详细描述安全性检查算法的具体执行过程。

假设系统中一共有 T_1、T_2、T_3 三个线程，它们均需要 A、B 这两类资源。在某个时刻，银行家算法中各个数据结构的状态如表 9.2 所示。此时我们执行安全性检查算法，检查该时刻系统是否安全。安全性检查算法首先找到当前可以满足需求的线程，并假设将资源全部分配给该线程。在这个例子中，我们发现该时刻可以满足需求的线程为 T_2。因此假设满足 T_2 的需求，T_2 应当拿到资源在有限时间内执行完成，然后释放自己已经拥有的资源。

表 9.2　银行家算法示例：初始状态

	Max		Allocation		Need		Available	
	A	*B*	*A*	*B*	*A*	*B*	*A*	*B*
T_1	5	10	2	8	3	2	3	1
T_2	3	1	0	1	3	0		
T_3	10	11	5	1	5	10		

此时系统的状态应当如表 9.3 所示。对比表 9.2 可以发现，除了我们将 T_2 的需求清除之外，T_2 还释放了自己的资源，并且将该资源放到 Available 中。而此时 T_1 的请求可以得到满足。同理，我们进一步假设将资源分配给 T_1，并释放其已经分配的资源。在 T_1 执行结束后，A 与 B 全局可用的资源分别为 $3+2=5$ 与 $8+2=10$。而这刚好可以满足 T_3 的需求，使得 T_3 能够顺利执行。因此，我们可以得到一个安全序列 $\{T_2, T_1, T_3\}$，该序列能够使系统顺利运行完所有的线程，其表明该系统处于安全状态。

表 9.3　银行家算法示例：假设 T_2 执行完成

	Max		Allocation		Need		Available_sim	
	A	*B*	*A*	*B*	*A*	*B*	*A*	*B*
T_1	5	10	2	8	3	2	3	2
T_2								
T_3	10	11	5	1	5	10		

银行家算法就是在每次分配给线程新的资源时都进行安全性检查，保证这个分配不会导致系统进入非安全状态。如在表 9.2 所示状态中，假设此时 T_1 发出请求申请资源 A，申请数量为 1，虽然剩余的资源数量大于这个请求，但是若将 A 资源分配给 T_1，系统将无法找到一个可以满足的线程，因此处于非安全状态。此时，系统会安排 T_1 等待，直到其他线程（如 T_2）顺利获取资源并释放占有的资源时才再次进行安全性检查。只有在安全性检查通过之后，线程的请求才能够得到满足。

回到本小节开头产生死锁的例子中，我们该如何使用死锁避免算法来消除死锁？这里，我们可以把代码片段 9.17 中的锁 A 与锁 B 都当成仅有 1 份的资源。而线程 A 与线程 B 都需要获取锁 A 与锁 B。如果线程 A 先获取其中的锁 A，此时线程 B 向系统申请锁 B，系统就会检查如果把锁 B 分配给线程 B，是否会导致系统处于非安全状态。显然，如果此时分配给线程 B，那么系统将无法找到安全序列。因而系统不会立刻将锁 B 分配给线程 B，而是待线程 A 结束执行后才分配，从而避免了死锁的产生。

9.3.5　哲学家问题

哲学家问题是一个经典的死锁案例。哲学家问题描述了一个非常有意思的场景：如图 9.9 所示，现在有 5 名哲学家 A、B、C、D、E 围着一个圆形餐桌落座。每一位哲学家面前放着一份食物，左手与右手边分别放着一支筷子。每一位哲学家必须同时拿起这两支筷子才能开始进食。然而，筷子数量是有限的：相邻的哲学家中间只有一支筷子。当哲学家感到饥饿时，他将尝试拿起这两支筷子。如果成功获取，则开始进食，并在吃饱后放下筷子；否则将一直拿着已经获取的筷子并等待邻座的哲学家放下筷子。现在假设食物是无限的，而哲学家在思考问题的间隙如果感到饥饿就会尝试拿起筷子进食。

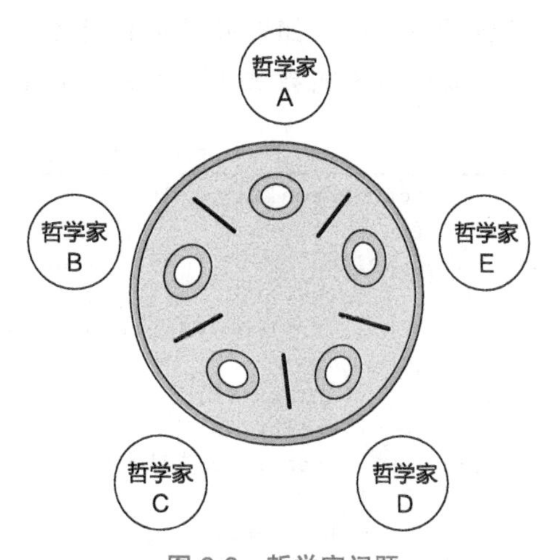

图 9.9　哲学家问题

在理想的情况下，哲学家可以依次使用筷子，从而都可以吃到食物。然而，存在这样的一种情况：当所有的哲学家都尝试进食且都拿起了他们左手边的筷子时，每一位哲学家都在等待右手边的哲学家放下筷子（如哲学家 A 需要等待哲学家 B 放下筷子）。由于每一位哲学家都不肯让步，没有人会放下已经拿到的筷子，因此这些哲学家永远无法拿到右手边的筷子。此时，我们可以认为发生了死锁：一支筷子只能被一个哲学家使用（互斥访问），哲学家占有了一支筷子并等待另一支（持有并等待），哲学家无法从别人手上抢筷子（资源非抢占），并且形成了哲学家 A 到 B、B 到 C、C 到 D、D 到 E、E 又到 A 的循环等待。

9.4 活锁

本节主要知识点

- 活锁与死锁的区别有哪些？
- 如何解决活锁问题？

在介绍死锁预防时，我们提到了一种不允许持有并等待的方法。这种方法能够有效避免死锁，但是会带来一个新的问题：活锁（Livelock）。代码片段 9.19 展示了使用这种策略的具体代码。线程 A 在成功获取锁 A 之后（第 4 行），不同于直接使用阻塞上锁操作拿取锁 B，这里使用 trylock 进行尝试（第 5 行）。trylock 如果成功获取锁，则返回 SUCC，否则返回 FAIL。为了避免持有并等待，一旦获取锁 B 失败，该线程将立刻放弃锁 A（第 11 行），并重新尝试获取锁 A 与锁 B。线程 B 与线程 A 同理。在 9.3.1 节产生死锁的例子中，如果采用如上策略，线程 A 在发现锁 B 上锁之后，会释放锁 A 并重试。因而线程 B 有机会拿到锁 A 并打破死锁。

代码片段 9.19　通过避免持有并等待来避免死锁

```
 1 void thread_A(void)
 2 {
 3   while(TRUE) {
 4     lock(&A);
 5     if(trylock(&B) == SUCC) {
 6       //临界区
 7       unlock(&B);
 8       unlock(&A);
 9       break;   //退出循环
10     }
11     unlock(&A);
12   }
13 }
14
15 void thread_B(void)
16 {
17   while(TRUE) {
18     lock(&B);
19     if(trylock(&A) == SUCC) {
20       //临界区
21       unlock(&A);
22       unlock(&B);
23       break;   //退出循环
24     }
25     unlock(&B);
26   }
27 }
```

虽然这样能够避免死锁，但是依然存在特殊情况使得没有线程能够同时获取锁 A 与锁 B。考虑这样一种情况：在某一时刻，线程 A 与线程 B 分别获得了锁 A 与锁 B。由于我们采用的策略，线程 A 尝试获取锁 B 失败，便释放了锁 A。同时，线程 B 也获取锁 A 失败，便释放了锁 B。此时，线程 A 与线程 B 又开始了下一轮尝试，并同时分别拿起了锁 A 与锁 B。如此往复，线程 A 与线程 B 都无法同时拿到两把锁进入临界区，此时便出现了活锁。

活锁并没有发生阻塞，而是线程不断重复着“尝试 – 失败 – 尝试 – 失败”的过程，导致在一段时间内没有线程能够成功达成条件并运行下去。由于活锁实际上没有发生阻塞，因此不同于死锁，活锁可能会自行解开。在刚才的例子中，如果两个线程中的一个在再次尝试之前等待了一小段时间（即线程被调度器调度走），另一个线程就有机会一鼓作气拿到两把锁进入临界区。需要注意的是，活锁并非只有在避免死锁时才会产生，这里仅仅使用了避免死锁的场景作为一个例子。对于其他场景，凡是具有类似“尝试 – 失败 – 重试”的模式，都有可能由于多个线程同时希望获取资源，从而相互打断、相互等待，造成活锁的现象。

由于产生的条件比较特殊，并没有一种统一的方法来避免活锁，需要结合具体问题来分析和提出解决方案。如在刚才的例子中，我们可以采取“让线程在获取失败后等待随机的时间再开始下次尝试”的策略来减少出现活锁的概率。又或者要求所有的线程都按照统一的顺序来获取锁。例如让两个线程都按照先拿锁 A 再拿锁 B 的顺序就不会出现活锁。

9.5 思考题

1. 很多数据结构在设计与实现时没有考虑如何保证并发访问时的正确性。而当我们要在多核中使用这些数据结构时，必须修改这些代码来保证线程的安全。代码片段 9.20 给出了一个栈的实现，请分析该实现是否线程安全并解释原因。

代码片段 9.20　栈操作

```
 1 typedef struct Node {
 2   struct Node *next;
 3   int value;
 4 } Node;
 5
 6 void push(Node **top_ptr, Node *n)
 7 {
 8   n->next = *top_ptr;
 9   *top_ptr = n;
10 }
11
12 Node *pop(Node **top_ptr)
```

```
13 {
14   if (*top_ptr == NULL)
15     return NULL;
16   Node *p = *top_ptr;
17   *top_ptr = (*top_ptr)->next;
18   return p;
19 }
```

2. 请尝试使用互斥锁来保护代码片段 9.20 的并发正确性。
3. 除了基本的 push 与 pop 操作，栈一般还提供 top 操作，用于返回栈顶元素。与 pop 不同，该操作不会移除栈顶元素。对于代码片段 9.20 而言，若在读取栈顶时不使用同步原语而直接读取 top 指针，是否会出现错误？
4. 如果需要同步原语保护 top 操作，应选用什么同步原语？使用该同步原语有什么好处？
5. 代码片段 9.21 给出了两个线程 thread1 与 thread2 执行的函数，以及在执行这两个线程之前的初始化代码 init。如果我们需要保证两个线程都一定可以终止运行，请填写代码中空出的部分。注意，在 thread1 与 thread2 的函数中，只能填写 signal(X) 与 wait(X)，每个空位中可填写的操作数量不限。

代码片段 9.21　思考题 5 的代码

```
1 int x = 1;
2 struct sem a, b, c;
3
4 void init(void)
5 {
6   a -> value = ___;
7   b -> value = ___;
8   c -> value = ___;
9 }
10
11 void thread1(void)
12 {
13   while (x != 12) {
14   _________;
15   x = x * 2;
16   _________;
17   }
18   exit(0);
19 }
20
21 void thread2(void)
22 {
23   while (x != 12) {
24     _________;
25     x = x * 3;
26     _________;
```

```
27    }
28    exit(0);
29 }
```

6. 若某一系统在某时刻的资源分配表和线程等待表如图 9.10 所示，该系统中存在死锁吗？如果存在，终止哪个线程解决死锁问题所付出的代价最小？

资源分配表

线程号	资源号
T_1	O_1
T_2	O_3
T_3	O_2
T_3	O_5
T_4	O_4

线程等待表

线程号	资源号
T_1	O_2
T_2	O_1
T_3	O_3
T_3	O_4
T_4	O_5

图 9.10　某系统的资源分配表和线程等待表

7. 同步原语的使用不当也会导致某些问题。代码片段 9.22 描述了一个银行账户转账的例子，其使用互斥锁来保护账户余额的修改。请从同步的角度分析多个线程执行该代码时可能会出现什么问题，并提出一种解决方法。

代码片段 9.22　银行账户转账示例

```
1 struct Account {
2   int id;
3   double balance;
4   struct lock *lock;
5 };
6
7 int trans(Account *from, Account *to, double amount)
8 {
9   int err = 0;
10
11   lock(from->lock);
12   lock(to->lock);
13   if (from->balance >= amount) {
14     from->balance -= amount;
15     to->balance += amount;
16   } else {
17     err = 1;
18   }
19   unlock(to->lock);
20   unlock(from->lock);
21   return err;
22 }
```

8. 某系统使用银行家算法来避免出现死锁。假设该系统中有 T_1、T_2、T_3、T_4 四个线程需要获取共享资源 A 与 B。这四个线程对于资源的需求量与某一时刻系统的状态如表 9.4 所示。请判断当前系统是否处于安全状态。如果处于安全状态，请给出一个安全序列。
9. 假设该系统在表 9.4 所示的时刻：

(a) T_1 向系统申请需要资源 A 与资源 B\{2，3\}，系统是否可以立刻满足？

表 9.4 某系统某一时刻的状态

	Max		Allocation		Need		Available	
	A	*B*	*A*	*B*	*A*	*B*	*A*	*B*
T_1	4	6	0	3	4	3	2	5
T_2	4	1	2	0	2	1		
T_3	4	8	1	0	3	8		
T_4	12	5	7	1	5	4		

(b) T_3 向系统申请需要资源 A 与资源 $B\{0, 2\}$，系统是否可以立刻满足？

10. 开放问题：请举例分别在什么样的情况下，适合使用偏向写者与偏向读者的读写锁。

9.6 练习答案

9.1 将代码片段中的 pthread_mutex_lock(&global_lock) 操作替换为 while(pthread_mutex_trylock(&global_lock)); 即可。

9.2 func_A 和 func_C 可以使用读锁，func_B 必须使用写锁。

9.3 如果是单生产者多消费者，同样会出现竞争冒险。两个消费者可能同时执行 buffer_remove 操作，导致拿到相同的数据，进而造成错误。

9.4 (a) 伪代码如下所示（后续伪代码均用类 C 语言展示逻辑），创建进程时为每一个进程创建一个单独的退出信号量 exit_sem 并传递给该进程。调用 waitpid 时，当前进程直接使用内核提供的 sem_wait 等待在该信号量上。而进程退出时，需要使用 sem_signal 来表示该进程已经退出。

```
1  void spawn(...)
2  {
3    // ...
4    sem[pid] = sem_init(); // 获取新建信号量
5    // 将创建的信号量传给新进程，保存为 exit_sem
6  }
7
8  void waitpid(int pid)
9  {
10   sem_wait(sem[pid]);
11 }
12
13 void process_exit(void)
14 {
15   // ...
16   sem_signal(exit_sem);
17 }
```

(b) 代码如下所示，在内核中需要为定时器维护一个等待队列 timer_waiters。该等待队列中的每个节点记录该成员应该被唤醒的时间 time 与对应的信号量 sem。在阻塞挂起当前线程时，需要先使用 set_timer_waiter 来创建等待节点，然后使用内核信号量的 sem_wait 等待在该等待节点的信号量上。而每次定时器中断时，需要遍历队列，找到时间到了的等待节点并使用 sem_signal 进行唤醒。此外，定时器的下一次中断时间也需要综合考虑所有等待节点的时间来决定。

```
 1 //用户态
 2 void sleep(int time)
 3 {
 4   sem = set_timer_waiter(time);
 5   sem_wait(sem);
 6   //回收信号量的代码略去
 7 }
 8
 9 //内核态
10 struct wait_node {
11   int time;
12   sem_t sem;
13   //...
14 };
15
16 sem_t set_timer_waiter(int time)
17 {
18   //创建新等待节点的代码略去
19   new_node.time = current() + time;
20   new_node.sem = sem_init();
21   list_append(&timer_waiters, &new_node);
22   return new_node.sem;
23 }
24
25 void handle_timer_irq(void)
26 {
27   //遍历等待队列
28   for_each_node_in_list(&timer_waiters, &cur_node) {
29     if (cur_node->time > current()) {
30       sem_signal(cur_node->sem);
31     }
32   }
33   //综合考虑等待节点的等待时间来设置定时器
34 }
```

9.5 (a) 符合场景二，可以使用条件变量。所有线程等待的条件是其他线程都执行到该指令，当最后一个线程执行到该指令时，其应该负责唤醒之前所有等待的线程。示例代码如下，其中 thread_cnt 记录剩余的还没有到达该屏障的线程数量。

使用互斥锁 thread_cnt_lock 保护对该计数器的更新。当 thread_cnt 计数器不为 0 时，代表还有线程没有执行到该屏障，因此需要使用 cond_wait 进行等待。当 thread_cnt 计数器为 0 时，需要使用 cond_broadcast 来唤醒所有的等待者向下执行。

```
1 void barrier(void)
2 {
3   lock(&thread_cnt_lock);
4   thread_cnt--;
5   if (thread_cnt == 0)
6     cond_broadcast(&cond);
7   while(thread_cnt != 0)
8     cond_wait(&cond, &thread_cnt_lock);
9   unlock(&thread_cnt_lock);
10 }
```

(b) 符合场景一，可以使用互斥锁保护就绪队列。当前的 CPU 核心从就绪队列拿取任务执行时需要获取该互斥锁。其他 CPU 核心从该就绪队列窃取任务时同理。从某一个 CPU 核心 cpuid 窃取任务的伪代码如下。其先获取每 CPU 核心就绪队列的互斥锁 ready_queue_lock[cpuid]，然后才能从该队列中窃取任务并返回。

```
1 struct task *steal(int cpuid)
2 {
3   struct task *ret;
4   lock(&ready_queue_lock[cpuid]);
5   ret = dequeue(&ready_queue[cpuid]);
6   unlock(&ready_queue_lock[cpuid]);
7   return ret;
8 }
```

(c) 符合场景二，可以使用条件变量。等待的条件是有任何数量的工作线程执行完毕。示例伪代码如下。当有工作线程完成时需要使用 cond_signal 来唤醒收集线程。注意，这里允许有多个工作线程（即 mapper）在收集线程（即 reducer）唤醒之前提交结果（即增加 finished_cnt），收集线程在唤醒之后可以一次性将这些结果累加起来，并一次性将 finished_cnt 置 0。

```
1 void mapper(void)
2 {
3   // 完成工作的代码略去
4   lock(&finished_cnt_lock);
5   finished_cnt++;
6   cond_signal(&cond);
7   unlock(&finished_cnt_lock));
8 }
9
```

```
10 void reducer(void)
11 {
12   lock(&finished_cnt_lock);
13   while(finished_cnt == 0)
14     cond_wait(&cond, &finished_cnt_lock);
15   // 收集结果的代码略去
16   finished_cnt = 0;
17   unlock(&finished_cnt_lock);
18 }
```

该问题也符合场景三，可以将每个工作线程产生的结果看成资源，供收集线程消耗。示例伪代码如下。这里创建一个全局的信号量 sem，当 mapper 完成工作后，需要使用 signal 唤醒该信号量。而 reducer 则需要使用 wait 等待有工作线程完成任务。与条件变量的差别是：当同时有多个工作线程完成时，使用条件变量收集线程可以只唤醒一次并一次性累加它们的结果，而信号量只能一个一个收集这些结果并处理。

```
 1 void mapper(void)
 2 {
 3   // 完成工作的代码略去
 4   signal(&sem);
 5 }
 6
 7 void reducer(void)
 8 {
 9   while(finished_cnt != mapper_cnt) {
10     wait(&sem);
11     // 收集结果的代码略去
12     finished_cnt++;
13   }
14 }
```

(d) 符合场景二，可以使用条件变量。等待的条件是所有请求完成。本场景与上一小题的场景类似，主要区别在于本小题中需要等待所有的请求结束之后才能继续执行。因此，在使用条件变量时，需要等待所有请求全部完成，即 finished_cnt 与 req_cnt 相等时，才能使用 cond_signal 唤醒等待在该条件变量上的渲染线程。示例伪代码如下。

```
1 void request_cb(void)
2 {
3   lock(&glock);
4   finished_cnt++;
5   if (finished_cnt == req_cnt)
6     cond_signal(&gcond);
7   unlock(&glock);
8 }
9
```

```
10 void render(void)
11 {
12   lock(&glock);
13   while (finished_cnt != req_cnt)
14     cond_wait(&gcond, &glock);
15   unlock(&glock);
16 }
```

本问题的场景也符合场景三，有限的资源是完成请求的结果。渲染线程需要获取所有请求的结果，其使用一个额外的计数器 remain_req 来记录一共还剩下多少请求没有完成。示例伪代码如下。

```
1 void request_cb(void)
2 {
3   signal(&gsem);
4 }
5
6 void render(void)
7 {
8   int remain_req = req_cnt;
9   while(remain_req != 0) {
10     wait(&gsem);
11     remain_req--;
12   }
13 }
```

(e) 符合场景三，有限的资源是允许的并行线程剩余数量。全局的信号量 thread_cnt_sem 的初始值应当设置为允许的并行线程数量。当线程开始执行时，应该消耗该信号量。如果此时同时执行的线程数量已经达到运行并行执行的线程数量上限，其会阻塞在 wait 操作，避免超出允许并行执行的线程数量上限。否则，可以成功地拿到 thread_cnt_sem 并开始执行。示例伪代码如下。

```
1 void thread_routine(void)
2 {
3   wait(&thread_cnt_sem);
4   // 线程执行逻辑
5   signal(&thread_cnt_sem);
6 }
```

(f) 符合衍生场景一，响应获取网页需求的线程使用读锁，更新网页的线程使用写锁。示例伪代码如下所示，该网页有一个读写锁 page_rwlock。响应用户请求时，应该使用 lock_reader 上读者锁，而在更新网页时，使用 lock_writer 上写者锁。

```
1 struct response *read_page(void)
2 {
```

```
 3     struct response *ret;
 4     lock_reader(&page_rwlock);
 5     ret = get_page();
 6     unlock_reader(&page_rwlock);
 7     return ret;
 8 }
 9
10 void update_page(void)
11 {
12     lock_writer(&page_rwlock);
13     //更新网页逻辑
14     unlock_writer(&page_rwlock);
15 }
```

参考文献

[1] The first multi-core, 1ghz processor [EB/OL]. [2022-12-06]. https://www.ibm.com/ibm/history/ibm100/us/en/icons/power4/.

[2] Amd shows first dual-core processor [EB/OL]. [2022-12-06]. https://www.pcworld.com/article/117654/article.html.

[3] Dual core era begins, pc makers start selling intel-based pcs [EB/OL]. [2022-12-06]. https://www.intel.com/pressroom/archive/releases/2005/20050418comp.htm.

[4] Arm announces the first mobile multicore processor-cortex-a5 [EB/OL]. [2022-12-06]. https://www.gsmarena.com/arm_announces_the_first_mobile_multicore_processor__cortexa5-news-1200.php.

[5] RUPP K. 42 years of microprocessor trend data [EB/OL]. [2022-12-06]. https://www.karlrupp.net/2018/02/42-years-of-microprocessor-trend-data/.

[6] Spec benchmarks [EB/OL]. [2022-12-06]. https://www.spec.org/benchmarks.html.

[7] DIJKSTRA E W. Cooperating sequential processes [C] // The Origin of Concurrent Programming. Springer, 1968: 65-138.

[8] DIJKSTRA E W. Een algorithme ter voorkoming van de dodelijke omarming [EB/OL]. [2022-12-06]. http://www. cs. utexas. edu/users/EWD/ewd01xx/EWD108. PDF.

并发与同步：扫码反馈

CHAPTER 10

第10章 同步原语的实现

在第9章中，我们介绍了一系列同步原语及其使用方法，包括互斥锁、条件变量、信号量以及读写锁。本章我们将主要关注这些同步原语的实现。在这些同步原语中，有些可以直接在用户态实现，有些则需要操作系统提供一定的辅助才能实现。

10.1 互斥锁的实现

本节主要知识点

- ❑ 解决临界区问题的三要素是什么？
- ❑ 如何正确实现互斥锁？
- ❑ 自旋锁与排号自旋锁的区别是什么？

在第9章中，我们介绍了一类最常用的同步原语：互斥锁。互斥锁是为了解决临界区问题而引入的，其能够保证多个线程对于共享资源的互斥访问。在介绍互斥锁的具体实现之前，本节将先介绍临界区问题以及解决该问题的几大要素。

10.1.1 临界区问题

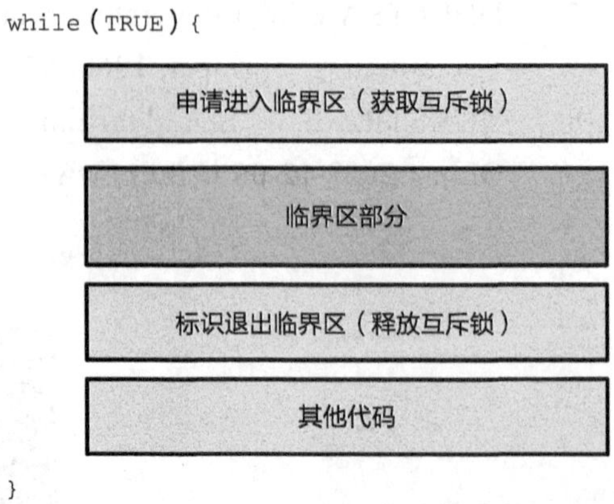

临界区问题中，我们要求同一时刻只能有一个线程执行临界区内的代码（即互斥性）。为了解决临界区问题，我们需要设计一个协议来保证临界区的互斥性。图10.1将使用临界区的程序抽象成一个循环，并将这个循环划分成了四个部分。在执行临界区之前，线程必须申请并得到进入临界区的许

```
while(TRUE){
    申请进入临界区（获取互斥锁）
    临界区部分
    标识退出临界区（释放互斥锁）
    其他代码
}
```

图10.1 使用临界区的程序

可（即获取互斥锁）。而在退出临界区时，线程也需要显式地标识临界区的结束（即释放互斥锁）。临界区之外的代码不涉及对共享资源的访问，这些代码被归为其他代码。在讨论临界区问题时，我们认为临界区所需的执行时间是有限的，否则该临界区将永久阻塞后续所有需要进入临界区的线程的执行。

在图 10.1 的四个部分中，最为关键的是申请并得到进入临界区的许可与标识退出临界区这两个部分。我们必须针对其设计一套满足以下条件的算法来保证程序的正确性。

- 互斥访问：在同一时刻，最多只有一个线程可以执行临界区。
- 有限等待：线程申请进入临界区之后，必须在有限的时间内获得许可进入临界区，不能无限等待。
- 空闲让进：当没有线程在执行临界区代码时，必须在申请进入临界区的线程中选择一个线程并允许其执行临界区代码，保证程序执行的进展。

下面我们将分别介绍实现互斥锁的不同方法及其适用的场景。

10.1.2　硬件实现：关闭中断

在单核环境中，虽然多个线程不可能并行执行，但调度器可以调度线程在这个核心中交错执行，造成竞争冒险。比如，在第 9 章介绍的计数问题中，即使所有线程运行在同一个处理器核心中，线程还是可能会交错执行，导致丢失更新。

针对单核处理器中存在的竞争冒险，我们可以通过关闭中断来解决临界区问题。在单核中关闭中断意味着当前执行的线程不能被其他线程抢占，因此若在进入临界区之前关闭中断，且在离开临界区时再开启中断，便能够避免当前执行临界区代码的线程被打断，保证任意时刻只有一个线程执行临界区。

那么在单核环境中，关闭中断能否满足解决临界区问题的三个条件（互斥访问、有限等待与空闲让进）？关闭中断可以防止执行临界区的线程被抢占，避免多个线程同时执行临界区，保证了互斥访问。而有限等待依赖于内核中的调度器，如果能保证在有限时间内调度到该线程，则该线程就可以在有限时间内进入临界区，满足有限等待的要求。最后，每个线程在离开临界区时都开启了中断，允许调度器调度到其他线程并执行。因此在某线程执行时如需要进入临界区（意味着没有其他线程在执行临界区，否则中断应关闭且不会轮到当前线程执行），可以关闭中断并执行临界区代码，满足空闲让进的要求。

然而，在多核环境中，关闭中断的方法不再适用。即使同时关闭了所有核心的中断，也不能阻塞其他核心上正在运行的线程继续执行。如果多个同时运行的线程需要执行临界区，关闭中断还是会出现临界区问题。

10.1.3　软件实现：皮特森算法

皮特森算法[1]是一种通过纯软件手段解决临界区问题的方法，可以解决两个线程的临界区问题。该算法能够在两个线程同时执行时保证临界区的互斥性，因此可以用在多核 CPU 中解决两个核心上运行的线程同时需要进入临界区的需求。图 10.2 展示了皮特森算法的实现。下面将通过分析代码来说明皮特森算法如何满足解决临界区问题的三个条件。在皮特森算法中，线程 0 与线程 1 进入和退出临界区部分的代码是完全对称的，因此我们主要使用线程 0 作为分析对象，线程 1 的情况与线程 0 类似。我们认为线程 0 与线程 1 执行在两个不同的处理器核心上，因此这两个线程可以同时执行。

线程0

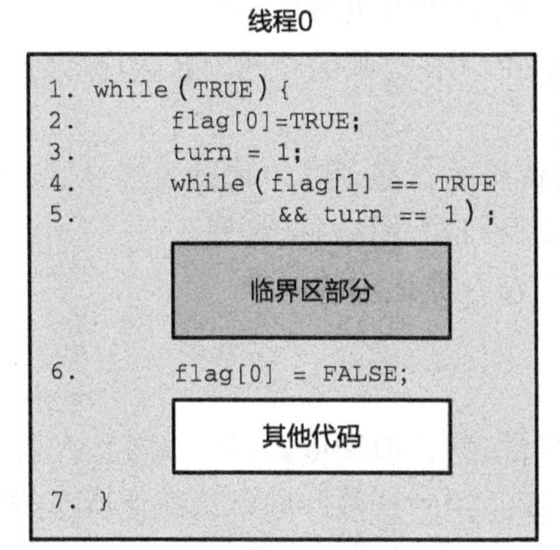

线程1

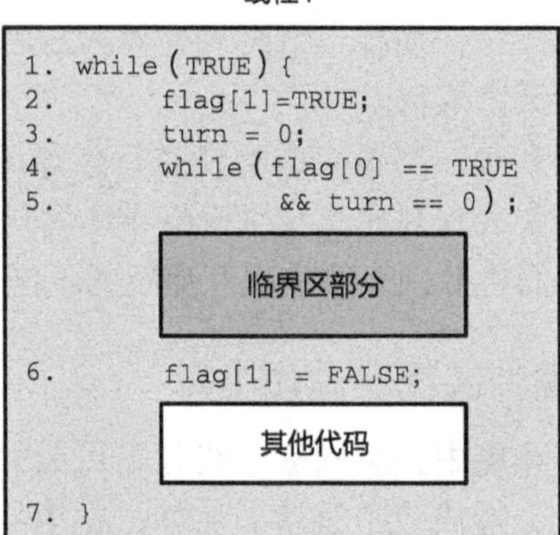

图 10.2　皮特森算法

皮特森算法中有两个重要变量。第一个是全局数组 flag，它共有两个布尔成员（flag[0] 与 flag[1]），分别代表线程 0 与线程 1 是否正在申请进入临界区。第二个是全局变量 turn。如果两个线程都申请进入临界区，那么 turn 将决定最终能进入临界区的线程编号（因此其值只能为 0 或 1）。在应用程序开始时，flag 数组中的成员均被设置为 FALSE，表示两个线程都没有申请进入临界区。而变量 turn 无须进行初始化，其会在线程申请进入临界区时被设置。在皮特森算法中，线程在进入临界区之前必须满足以下两个条件之一。如果两个条件均不满足，则需要进行循环等待，直到其中一个条件得到满足。以线程 0 为例，以下两个条件之一满足之后，方能进入临界区。

- flag[1] == FALSE。表示线程 1 没有申请进入临界区。此时线程 0 可以进入。
- turn == 0。如果 flag[1] == TRUE，即两个线程同时申请进入临界区，此时需要依靠 turn 的值决定最终谁能进入。turn == 0 代表线程 0 可以进入临界区。

如图 10.2 中的代码所示，线程 0 在进入临界区之前，需要设置 flag[0] 为 TRUE，代表其尝试进入临界区。而在线程 0 检查是否可以进入临界区时（第 4、5 行），线程 1 只可能处于以下三种状态之一。

- 线程 1 准备进入临界区。由于线程 1 已经执行完第 2 行代码，即标记 flag[1] 为 TRUE，此时两个线程均在申请进入临界区。根据之前的说明，这两个线程将依据变量 turn 的值从二者中选出一个先进入临界区，而另一个将继续循环等待（*互斥访问*）。turn 的值在算法的第 3 行设置，而它的最终值取决于最后对其进行更新的线程。

注意，这里线程都会将 turn 设置为对方而不是自己，否则会出现两个线程同时进入临界区的情况。具体而言，线程 1 此时将 turn 设置为 0 而非 1，这样可以保证在线程 0 同时申请进入临界区时，线程 1 不能直接进入临界区（满足循环等待的条件，即 flag[0]==TRUE 且 turn==0）。无论执行的先后顺序如何，turn 最终都会选择一个线程进入临界区（*空闲让进*）。比如，若线程 0 先执行了 turn = 1 的操作，而线程 1 后执行 turn = 0 的操作，那么 turn 的最终值为 0，此时线程 0 可以进入临界区。反之，线程 0 后执行更新操作时，线程 1 可以进入临界区。不存在线程 0 与线程 1 都无法进入临界区的情况。

- 线程 1 在临界区内部。此时由于线程 1 在临界区内，它不会再更新 flag[1] 与 turn。而由于线程 0 只能将 turn 的值设为 1，满足线程 0 循环等待的条件（flag[1] 为 TRUE 且 turn 的值为 1），保证了同一时刻只有一个线程执行临界区内的代码（*互斥访问*）。
- 线程 1 在执行其他代码（执行完第 6 行代码且执行第 2 行代码之前）。线程 1 在离开临界区时会设置自己的 flag[1] 为 FALSE，表示不再占有临界区。因此线程 0 可以进入临界区。如果线程 1 在线程 0 成功进入临界区之前再次尝试进入临界区（第 2、3 行），此时由于线程 0 已经进入检查阶段（第 4 行），不会再更新 turn 的值，因此 turn 的值也会被线程 1 更新为 0，表示线程 0 被允许进入临界区，不会出现无限等待的情况（*有限等待*）。

通过分析皮特森算法在不同执行情况下的行为，可以发现皮特森算法满足之前定义的解决临界区问题的三个条件。经典的皮特森算法只能应对两个线程的情况，Micha Hofri 于 1990 年扩展了皮特森算法，使其能用于任意数量的线程[2]。需要注意的是，皮特森算法要求访存操作严格按照程序顺序执行。然而现代 CPU 为了达到更好的性能往往允许访存操作乱序执行，因此皮特森算法无法直接在这些 CPU 上正确工作。为了在这些 CPU 上保证程序的正确性，需要在合适位置添加*内存屏障*（Memory Barrier）来维护多条访存操作之间的全局可见顺序，从而最终达成与顺序执行一致的效果。由于本章主要关注同步原语，为了方便起见，后续讨论均认为 CPU 严格按照程序顺序执行访存操作㊀，且不同的核心也将严格按照程序顺序观察这些访存操作的执行结果。如果读者希望在现代 CPU 中实现这些同步原语，还需要在合适的位置添加内存屏障以保证访存操作的顺序。

㊀ 除了处理器会乱序执行访存操作以外，编译器在生成二进制时也会调整一些访存操作的顺序。本章一并认为最终处理器严格按照程序顺序执行访存操作。

10.1.4 软硬件协同：使用原子操作实现互斥锁

除了软件方法以外，我们还可以利用硬件提供的原子操作（Atomic Operation）设计新的软件算法来解决临界区问题。

原子操作

原子操作指的是不可被打断的一个或一系列指令。即要么这一系列指令都执行完成，要么这一系列指令一条都没有执行，不会出现执行到一半的状态。最常见的原子操作包括**比较与置换**（Compare-And-Swap，CAS）、**拿取并累加**（Fetch-And-Add，FAA）等。

代码片段 10.1 展示了 CAS 和 FAA 操作的基本逻辑。CAS 操作比较地址 addr 上的值与期望值 expected 是否相等，如果相等则将 addr 置换为新的值 new_value，否则不进行置换。最后，CAS 将返回 addr 所存放的旧值。而 FAA 操作则会读取 addr 上的旧值，将其加上 add_value 后重新存回该地址，最后返回该地址上的旧值。

代码片段 10.1　CAS 与 FAA 操作

```
 1 int CAS(int *addr, int expected, int new_value)
 2 {
 3   int tmp = *addr;
 4   if (*addr == expected)
 5     *addr = new_value;
 6   return tmp;
 7 }
 8
 9 int FAA(int *addr, int add_value)
10 {
11   int tmp = *addr;
12   *addr = tmp + add_value;
13   return tmp;
14 }
```

注意代码片段 10.1 只是用 C 语言来展现操作逻辑，这段代码本身并不具备原子性。以 FAA 操作为例，假设现在有线程 0 与线程 1 两个线程分别执行 FAA(&var, 1) 与 FAA(&var, 2) 操作，其中全局共享变量 var 中存储的初始值为 x。如果 FAA 操作是原子的，则当两个线程执行完 FAA 操作后，var 中存储的值理应为 x+3。考虑这样一种情况：线程 0 执行完第 11 行代码，拿到变量 var 上存储的旧值 x 后，线程 1 开始 FAA 操作，并一次性执行完第 11 行到第 13 行的代码。此时变量 var 的值为 x+2。但是由于线程 0 已经完成第 11 行的操作，局部变量 tmp 中存放着旧值 x，因此在执行完第 12 行的操作时，线程 0 向共享变量 var 中写入的值为 x+1。在这种情况下，线程 1 的更新丢失，导致程序发生错误。这种现象被称为更新丢失（Lost Update），为了解决这个问题，我们需要硬件辅助保证上述操作的原子性。

为了在硬件层面支持这些原子操作，不同的硬件平台提供了不同的解决方案。在 Intel 平台，应用程序主要是通过使用带 lock 前缀的指令来保证操作的原子性。代码片段 10.2 展示了在 Intel x86-64 平台上使用内联汇编[⊖]实现原子 CAS 操作的代码。这里 cmpxchg 指令用于比较与置换指定的地址与值。它先比较地址 addr（对应 %[ptr]）中存储的值与寄存器 %eax（即 expected 的值，通过 "+a"(expected) 指定）中的值，如果相等则将 new_value（对应 %[new]）存入地址 addr 中。否则将 addr 中存储的数据读入寄存器 %eax 中（即 expected）。通过给这条指令加上 lock 前缀，Intel 处理器可以保证上述比较与置换操作的原子性[3]。

代码片段 10.2　Intel x86-64 架构原子操作的实现

```
1 int atomic_CAS (int *addr, int expected, int new_value)
2 {
3   asm volatile("lock cmpxchg %[new], %[ptr]"
4      :"+a"(expected),  [ptr] "+m"(*addr)
5      : [new] "r"(new_value)
6      :"memory");
7    return expected;
8 }
```

不同于 Intel 处理器的实现，ARM 采用 Load-Link/Store-Conditional（LL/SC）的指令组合[⊜]。在 Load-Link 时，CPU 将使用一个专门的监视器（Monitor）记录当前访问的地址。而在 Store-Conditional 时，当且仅当监视的地址没有被其他核心修改，才执行存储操作，否则将返回存储失败。使用 LL/SC 可以方便地实现之前介绍的两种原子操作。以原子 CAS 为例，在 Load-Link 阶段，该指令将告诉硬件使用监视器监视 addr 这个地址。当发现 addr 中存储的值与 expected 相等，因而需要更新 addr 中存储的值时，我们使用 Store-Conditional 来确保这期间没有其他核心更新过 addr 存储的值。

代码片段 10.3 展示了如何在 ARM AArch64 架构下实现原子 CAS 操作。其中 ldxr 与 stxr 分别对应 Load-Link 操作与 Store-Conditional 操作。第 5 行利用 ldxr 读取 addr（对应 %2）的值并存入 oldval（对应 %w0）中，同时监视 addr 这个地址。第 6 行比较 oldval 与 expected（对应 %w3）是否相等。如果不相等，则在第 7 行跳到标记 2 处（第 10 行）结束该函数，返回旧值。否则在第 8 行利用 stxr 操作将 new_value（对应 %w4）存储到地址 addr 中。如果有其他核心修改 addr 中的值导致存储失败，其会通过设置寄存器 %w1 为 1 来告知。最后，第 9 行通过检查寄存器 %w1 的值来判断是否失败。如果失败，则回到标记 1 处（第 5 行）重新尝试原子 CAS。

代码片段 10.3　ARM AArch64 架构原子操作的实现

```
1 int atomic_CAS (int *addr, int expected, int new_value)
2 {
```

⊖ 内联汇编的基本语法请参考 https://gcc.gnu.org/onlinedocs/gcc/Using-Assembly- Language-with-C.html。

⊜ ARMv8. 1 支持 LSE（Large System Extensions），可以使用单条指令完成原子操作。

```
 3   int oldval, ret;
 4   asm volatile(
 5     "1: ldxr      %w0, %2\n"
 6     "     cmp         %w0, %w3\n"
 7     "     b .ne       2f\n"
 8     "    stxr       %w1, %w4, %2\n"
 9     "     cbnz       %w1, 1b\n"
10     "2:"
11     : "=&r" (oldval), "=&r" (ret), "+Q" (*addr)
12     : "r"  (expected), "r"  (new_value)
13     : "memory");
14   return oldval;
15 }
```

使用硬件原子操作实现的互斥锁种类繁多，不同的互斥锁被用于不同的场景，以达到最好的性能表现。本节将介绍两种不同的互斥锁，分别为利用原子 CAS 实现的**自旋锁**（Spin Lock）与利用原子 FAA 实现的**排号自旋锁**（Ticket Lock）。

自旋锁

自旋锁利用变量 lock 来表示锁的状态，lock 为 1 代表已经有人拿锁，而为 0 表示该锁空闲。代码片段 10.4 为自旋锁的 C 语言实现。这里自旋锁的加锁操作是通过原子 CAS 操作实现的。在加锁时，线程会通过 CAS 判断 lock 是否空闲（是否 0），如果空闲则上锁（置为 1），否则将一遍一遍重试（第 9 行）。而放锁时，直接将 lock 设置为 0 代表其空闲（第 15 行）。由于大部分 64 位 CPU 对于地址对齐的 64 位单一写操作都是原子的[⊖]，因此这里不需要使用额外的硬件指令保护写操作的原子性。由于本章主要关注同步原语，为了方便起见，后续讨论均认为对于 64 位及 64 位以下数据的单一读写操作为原子的。此外，如 10.1.3 节所述，本章假设处理器严格按照程序顺序执行访存操作。因此，这里无须考虑访存操作乱序的问题。自旋锁同样可以通过原子**测试并设置**（Test-And-Set，TAS）操作实现，因此也被称为 TAS 自旋锁。原子 TAS 操作会检查目标地址的值是否为 0，若为 0 则将其设置为 1。使用原子 TAS 操作实现自旋锁的原理相同，这里不做过多介绍。

代码片段 10.4　自旋锁

```
1 void lock_init(int *lock)
2 {
3   // 初始化自旋锁
4   *lock = 0;
5 }
6
```

⊖ 不过在书写可移植代码时，还是需要使用语言提供的原子操作（如 atomic_store）来保证写操作的原子性，交给编译器决定对于特定硬件是否还需要生成额外的指令。

```
 7 void lock(int *lock)
 8 {
 9   while(atomic_CAS(lock, 0 , 1)  != 0)
10     ; // 循环忙等
11 }
12
13 void unlock(int *lock)
14 {
15   *lock = 0;
16 }
```

小思考

自旋锁是否满足 10.1.1 节列举的解决临界区问题的三个条件（即互斥访问、有限等待与空闲让进）？

自旋锁的实现简单易懂，下面将具体分析自旋锁是否满足解决临界区问题的三个条件。申请进入临界区的线程会尝试将 lock 的值从 0 改为 1，但是由于我们使用了原子 CAS 操作，因此当锁空闲时，多个竞争者中只有一个成功完成 CAS 操作并获取锁，从而进入临界区（**互斥访问与空闲让进**）。而当锁已经被持有时，后续线程都将无法成功通过 CAS 操作获取锁，从而无法进入临界区（**互斥访问**）。然而，自旋锁并**不能保证有限等待**。这是因为自旋锁不具有公平性。从自旋锁的实现可以看出，自旋锁并非按照申请的顺序决定下一个获取锁的竞争者，而是让所有的竞争者均同时尝试完成原子操作，成功完成原子操作的竞争者就成了锁的持有者。原子操作的成功与否完全取决于硬件特性，因此在一些极端情况下，有些锁的竞争者可能一直无法获取互斥锁，不能保证有限等待。不过，由于自旋锁实现简单，在竞争程度低时非常高效，因此依然广泛应用在各种软件中。

练　习

10.1　自旋锁放锁操作中为何不需要使用 atomic_CAS 操作？

10.2　try_lock 操作在互斥锁空闲时将直接获取互斥锁，而不空闲时会直接返回。这里假设返回值为 0 定义为成功获取互斥锁，返回值为 -1 表示互斥锁不空闲。请写出自旋锁的 try_lock 实现。

排号自旋锁

不同于上一小节介绍的自旋锁，**排号自旋锁**（Ticket Lock，下文简称为排号锁）采取了一种更加公平的选择策略：按照锁竞争者申请锁的顺序传递锁。与现实生活中去银行、餐厅等取号排队相似，排号锁的竞争者将依照申请的先后顺序分得一个排队的序号，排号锁将依照序号将锁传递给最先到达的竞争者。因此可以认为，锁的竞争者组成了一个先进先出（First In First Out，FIFO）的等待队列。

代码片段 10.5 给出了排号锁的实现[㊀]。排号锁的结构体有两个成员，其中 owner 表示当前的锁持有者序号，而 next 表示下一个需要分发的序号。获取排号锁需要先通过原子 atomic_FAA 操作拿到最新的序号，同时增加锁的分发序号（第 16 行），从而避免其他竞争者拿到相同的序号。拿到序号后，竞争者将通过判断 owner 的值，等待排到自己的序号（第 17 行）。一旦两者相等，竞争者拥有该锁并被允许进入临界区。而在释放锁时，锁持有者通过更新 owner 的值来将锁传递给下一个竞争者（第 24 行）。由于锁的传递顺序是依照申请锁（执行第 16 行代码）的顺序而定，因此该锁保证了获取锁的公平性，且锁的竞争者均会在有限时间内拿到锁并进入临界区（有限等待）。

代码片段 10.5　排号锁

```
 1 struct lock {
 2   volatile int owner;
 3   volatile int next;
 4 };
 5
 6 void lock_init(struct lock *lock)
 7 {
 8   // 初始化排号锁
 9   lock->owner = 0;
10   lock->next = 0;
11 }
12
13 void lock(struct lock *lock)
14 {
15   // 拿取自己的序号
16   int my_ticket = atomic_FAA(&lock->next, 1);
17   while  (lock->owner  != my_ticket)
18     ; // 循环忙等
19 }
20
21 void unlock(struct lock *lock)
22 {
23   // 传递给下一位竞争者
24   lock->owner++;
25 }
```

㊀ 为方便起见，这里不考虑整型溢出的情况。可能会存在特殊情况，使得 next 的溢出刚好与 owner 一致，从而导致错误。

10.2 条件变量的实现

本节主要知识点

- ❑ 为了支持条件变量，操作系统内核应该提供什么样的能力？
- ❑ 如何正确实现条件变量？

条件变量提供了一套睡眠 / 唤醒机制，当某个条件没有得到满足时，其将挂起调用 cond_wait 的线程。另一个线程则可以通过 cond_signal 接口唤醒所有挂起的线程。由于将一个线程挂起需要操作系统调度器进行协作，因此条件变量的实现需要操作系统的支持。

条件变量的实现需要考虑并发环境下的正确性。代码片段 10.6 展示了条件变量的一种实现。每一个条件变量的结构体中包含了一个等待队列 wait_list，用于记录等待在该条件变量上的线程。针对该等待队列，我们使用了三个队列相关的接口：list_append 向队尾添加新的成员，list_empty 用于判断队列是否为空，list_remove 用于从队首移除一个成员。这些接口都是线程安全的，也即这些操作都是互斥的。因此这里没有用额外的机制来保证等待队列。

代码片段 10.6 条件变量的一种实现

```
 1 struct cond {
 2   struct thread_list *wait_list;
 3 };
 4
 5 void cond_wait(struct cond *cond, struct lock *mutex)
 6 {
 7   list_append(cond->wait_list, thread_self());
 8   atomic_block_unlock(mutex);        // 原子挂起并放锁
 9   lock(mutex);                       // 重新获得互斥锁
10 }
11
12 void cond_signal(struct cond *cond)
13 {
14   if (!list_empty(cond->wait_list))
15     wakeup(list_remove(cond->wait_list));
16 }
17
18 void cond_broadcast(struct cond *cond)
19 {
20   while(!list_empty(cond->wait_list))
21     wakeup(list_remove(cond->wait_list));
22 }
```

线程在调用 cond_wait 挂起自己时，需要完成以下两个操作：首先将当前线程加入等待队列（第 7 行），然后原子地挂起当前线程并放锁（第 8 行）。这两个步骤中第二步最为关键，必须保证原子地完成挂起与放锁。假设不保证原子挂起与放锁可能面临什么问题呢？如果我们先放锁再挂起当前线程，则有可能存在其他线程在放锁与挂起的间隙调用 cond_signal 操作。如表 10.1 所示，在 T_0 时刻，线程 0 先释放了互斥锁。因此线程 1 可以在 T_1 时刻获取互斥锁并在 T_2 时刻调用 cond_signal。由于线程 0 还未挂起，cond_signal 操作无法唤醒该线程，也无法阻拦该线程挂起。最终导致在 T_3 时刻，线程 0 挂起。因此线程 1 的本次唤醒被丢失了，导致出现错误。我们称这种现象为丢失唤醒。若我们先挂起再放锁，被挂起的线程便无法成功放锁，后续线程也不能进入临界区唤醒挂起线程，同样会导致错误。为了避免丢失唤醒，这里使用 atomic_block_unlock 操作来原子地完成挂起与放锁操作，而这个操作应当由操作系统辅助完成。我们将在 10.5 节详细介绍 Linux 内核中如何利用 futex 机制实现该功能。当该线程被其他线程唤醒之后，应当再次获取锁进入临界区（第 9 行）并返回。

表 10.1　先放锁再阻塞：丢失唤醒

时刻	线程 0	线程 1
T_0	unlock(mutex)	
T_1		lock(mutex)
T_2		cond_signal
T_3	阻塞当前线程	

对应地，cond_signal 用于唤醒一个等待在条件变量上的线程。该函数先判断是否有线程等待在条件变量上（第 14 行）。如果存在这样的线程，则从等待队列中移除该线程并利用操作系统提供的唤醒服务（wakeup）将该线程唤醒（第 15 行）。

除了 cond_wait 与 cond_signal，条件变量一般还提供广播（cond_broadcast）操作，用于唤醒所有等待在条件变量上的线程。其实现也非常的直观。如代码片段所示，cond_broadcast 通过重复判断等待队列是否为空（第 20 行），将等待队列里所有的线程都移出等待队列并一一唤醒（第 21 行）。

10.3　信号量的实现

本节主要知识点

- ❑ 如何实现非阻塞信号量？是否需要操作系统协助？
- ❑ 如何高效实现阻塞信号量？

信号量提供了简单易用的接口以管理资源。wait 操作用于消耗资源，当没有可用资源时，其将阻塞并等待。signal 操作用于生产资源，其还将唤醒等待在该资源上的线程。第 9 章为了说明信号量两个接口的语义，提供了一个简单信号量实现（代码片段 9.15）。本质上可以将信号量理解成一个计数器：wait 操作减少计数器的值而

signal 操作增加计数器的值。然而，这段代码无法正确工作，其存在如下问题：

- 由于可能存在多个线程同时更新共享信号量的情况，如果不使用原子操作对其进行更新，就会出现 10.1.4 节介绍的更新丢失问题。
- 即使使用原子操作来更新信号量（替换为代码片段 10.7），仍然存在正确性问题。考虑这样一个场景，系统中有 3 个线程使用一个共享信号量 S 同步，假设当前信号量 S 的值为 0，线程 0 与线程 1 使用 wait 操作等在该信号量上（第 3 行）。此时线程 2 调用 signal 释放了一个资源，信号量 S 的值被更新为 1。线程 0 与线程 1 将同时离开第 3 行的 while 循环，来到第 5 行利用原子操作对信号量 S 进行减 1 操作。信号量 S 将被更新为 –1，出现错误（资源不可能为负数）。
- 只有一个资源被释放时，同时通知多个线程明显是不明智的策略。在"僧多粥少"之时，让多余的线程挂起并放弃 CPU 才是明智的选择。

代码片段 10.7　替换成原子操作的信号量实现（错误实现）

```
 1 void wait(int *S)
 2 {
 3   while(*S <= 0)
 4     ; // 循环忙等
 5   atomic_FAA(S, -1);
 6 }
 7
 8 void signal(int *S)
 9 {
10   atomic_FAA(S, 1);
11 }
```

10.3.1　非阻塞信号量

本小节将先介绍信号量的非阻塞实现。非阻塞（Non-Blocking）是指不挂起等待线程，而是直接返回或使用循环忙等进行等待。使用非阻塞信号量的线程在发现信号量不可用时，会一直循环忙等直到信号量可用。如上一小节的分析，代码片段 10.7 主要存在的问题在于：当线程调用 signal 释放一个资源后，多个等待线程可能同时使用原子操作（第 5 行）对资源计数 S 进行原子自减，最终减为负数并造成错误。为了解决这个问题，最为直观的方式是使用互斥锁确保同一时刻只有一个等待线程可以获取互斥锁，检查计数器此时大于零并消耗计数器，从而确保不会出现多个线程同时发现计数器大于零并尝试消耗信号量的情况。

代码片段 10.8 展示了这样一种实现。与代码片段 10.7 相比，这里使用互斥锁 sem_lock 来保护该信号量。当线程等待信号量时，等待线程将重复释放并获取互斥锁（第 10、11 行）。第 11 行的获取互斥锁操作能够确保离开循环时（即 value 大于 0），只有当前线程可以对信号量计数器进行自减操作（第 13 行）。即使有多个线程同时等待在同一信号量上，一旦某一线程释放了该信号量，只有一个成功获取互斥锁的线程可以运行第 9 行的判断操作，在发现信号量计数器不为 0 后退出循环并拿取该信号量（第 13 行），最后释放互斥锁（第 14 行）。其他的等待线程在成功拿到互斥锁后，会在第 9 行的判断操作中发现之前释放的信号量已经被拿取，因此再次陷入等待。

代码片段 10.8 非阻塞信号量的实现

```
 1 struct sem {
 2   volatile int value;
 3   struct lock sem_lock;
 4 };
 5
 6 void wait(sem_t *S)
 7 {
 8   lock(&S->sem_lock);
 9   while(&S->value <= 0) {
10     unlock(&S->sem_lock);
11     lock(&S->sem_lock);
12   }
13   S->value--;
14   unlock(&S->sem_lock);
15 }
16
17 void signal(sem_t *S)
18 {
19   lock(&S->sem_lock);
20   S->value++;
21   unlock(&S->sem_lock);
22 }
```

该实现虽然能够保证信号量的正确性，但要求所有等待的线程反复获取互斥锁来检查是否有空闲的资源，造成了一定的处理器资源浪费。下面我们将介绍阻塞信号量，其将挂起等待的线程，避免循环忙等造成处理器资源浪费。

10.3.2 阻塞信号量

由于我们需要挂起等待的线程直到有空闲的信号量资源，因此可以很直观地想到使用上一节介绍的条件变量。对于等待信号量的线程，其等待的条件是有空闲的信号量资源；而对于释放信号量的线程，其需要唤醒那些等待在该信号量上的线程。

代码片段 10.9 展示了使用此思路实现的一种阻塞信号量。其中信号量结构体包含三个成员，除了 value 与互斥锁 sem_lock 之外，还加入了用于挂起与唤醒线程的条件变量 sem_cond。与非阻塞的信号量实现（代码片段 10.8）相比，这里将等待线程等待循环内放锁与拿锁的部分替换为等待该信号量对应的条件变量（第 11 行）。其调用 cond_wait 挂起该等待线程，直到有其他的线程唤醒。由于 cond_wait 也同时拥有挂起并释放互斥锁、唤醒后重新获取锁的语义（详见 10.2 节），该操作的最终效果与非阻塞实现（不断放锁并拿锁）一致，确保了信号量实现的正确性。对应地，当有线程释放信号量时，除了需要增加信号量计数器（第 20 行）外，还需要调用 cond_signal 来唤醒一个挂起等待的线程，让其能够获取刚刚释放的资源。

代码片段 10.9　阻塞信号量的实现 1

```
1 struct sem {
2   volatile int value;
3   struct lock sem_lock;
4   struct cond sem_cond;
5 };
6
7 void wait(sem_t *S)
8 {
9   lock(&S->sem_lock);
10   while(S->value == 0) {
11     cond_wait(&S->sem_cond, &S->sem_lock);
12   }
13   S->value--;
14   unlock(&S->sem_lock);
15 }
16
17 void signal(sem_t *S)
18 {
19   lock(&S->sem_lock);
20   S->value++;
21   cond_signal(&S->sem_cond);
22   unlock(&S->sem_lock);
23 }
```

然而，该实现还存在一个问题：即使当前没有任何线程在等待该信号量，调用 signal 的线程仍然需要使用 cond_signal，这将会影响信号量的性能。为了避免这个问题，代码片段 10.10 给出了阻塞信号量的另一种实现。不同于之前的实现，这里 value 的值既可为正数，也可为负数：当没有线程等待时，value 为正数或零，表示剩余的资源数量；而当有线程等待时，value 会被减为负数。此时，需要引入变量 wakeup 来表示有线程等待时的可用资源数量，其只能为正数或零。该值同时也代表应当唤醒的线程数量，因此取名为 wakeup。通过这套机制，线程可以仅在有挂起等待信号量的线程时调用 cond_signal，避免了无用的条件变量唤醒操作。在该实现中，如果想判断当前可用的资源数量，应当首先查看 value，若 value 为正数或零，则取 value 为当前资源数量。如果当前还存在还未被成功唤醒等待的线程，则此时 wakeup 也会大于 0。所以当前可用的总资源数量为 value+wakeup，不过其中数量为 wakeup 的资源已经预留给此前等待的线程。否则，如果 value 为负数，则表示当前存在等待线程，而 wakeup 中保存着预留给这些等待线程但还未被取走的资源的数量。表 10.2 通过一个具体的示例展示了信号量中 value 与 wakeup 的值在具体场景下如何变动。

代码片段 10.10 阻塞信号量的实现 2

```
 1 struct sem {
 2   volatile int value;
 3   volatile int wakeup;
 4   struct lock sem_lock;
 5   struct cond sem_cond,
 6 };
 7
 8 void wait(struct sem *S)
 9 {
10   lock(&S->sem_lock);
11   S->value--;
12   if (S->value < 0) {
13     do {
14       cond_wait(&S->sem_cond, &S->sem_lock);
15     } while (S->wakeup == 0);
16     S->wakeup--;
17   }
18   unlock(&S->sem_lock);
19 }
20
21 void signal(struct sem *S)
22 {
23   lock(&S->sem_lock);
24   S->value++;
25   if (S->value <= 0) {
26     S->wakeup++;
27     cond_signal(&S->sem_cond);
28   }
29   unlock(&S->sem_lock);
30 }
```

表 10.2 信号量的使用示例

操作（按时间排序）	持有线程	等待线程	value	wakeup	剩余资源	注　释
初始状态	0	0	10	0	10	初始有 10 个可用资源
10 个线程获取资源	10	0	0	0	0	
10 个线程请求资源	10	10	−10	0	0	value 为负数代表有线程在等待
5 个线程释放资源	5	10	−5	5	5	wakeup 为 5 代表其中 5 个资源已经预留给正在等待的线程
1 个等待线程获取资源	6	9	−5	4	4	
4 个等待线程获取资源	10	5	−5	0	0	
5 个线程释放资源	5	5	0	5	5	
1 个等待线程获取资源	6	4	0	4	4	
1 个等待线程获取资源	7	3	0	3	3	
2 个线程释放资源	5	3	2	3	5	5 个资源中 3 个预留给正在等待的线程，2 个可以被直接获取

（续）

操作（按时间排序）	持有线程	等待线程	value	wakeup	剩余资源	注　释
新来 2 个线程请求资源	7	3	0	3	3	直接消耗 value，无须等待
1 个等待线程获取资源	8	2	0	2	2	等待线程消耗 wakeup
新来 1 个线程请求资源	8	3	−1	2	2	虽然 wakeup 不为 0，但已经预留给之前等待的线程。value 再次被减到负数，新的线程必须等待
1 个线程释放资源	7	3	0	3	3	
1 个线程释放资源	6	3	1	3	4	此时等待的线程都已经预留对应资源，释放的资源直接加到 value
6 个线程释放资源	0	3	7	3	7	现在没有线程拿着资源
3 个等待线程获取资源	3	0	7	0	10	等待线程消耗 wakeup
3 个线程释放资源	0	0	10	0	10	所有资源被释放

下面将详细分析信号量的两个操作的实现。首先分析信号量的 wait 操作。线程获取该信号量的互斥锁后（第 10 行），先将 value 的值减 1（第 11 行）。若其值大于等于 0，则代表有空闲的资源，wait 操作成功。如果 value 的值小于 0，那么它不再表示当前可用的资源数量，我们需要检查 wakeup 来判断是否还有空闲的资源可以消耗。当 wakeup 大于 0 时，代表还有空闲的资源可以消耗。而如果 wakeup 也为 0，就需要用 10.2 节实现的 cond_wait 将当前线程挂起等待（第 14 行）。

小思考

在 wait 操作中，为何使用 do...while 而非 while？有什么差别吗？

这里使用 do...while 而非 while，是为了提供**有限等待**的保证，确保调用 signal 后立刻调用 wait 的线程不会直接拿走资源，而是交给正在等待的线程。下面通过一个例子进行详细说明。

假设线程 0 与线程 1 两个线程使用信号量进行同步，它们的执行顺序如表 10.3 所示。在 T_0 时刻，信号量的 value 为 0。此时线程 0 调用 wait 操作挂起等待。随后在 T_1 时刻，线程 1 调用 signal 操作给 wakeup 加 1，表明此时有可用资源，并尝试唤醒线程 0。由于调用 wakeup 的时间与线程 0 被调度执行有一定的时间差，线程 0 在 T_3 时刻才真正被唤醒。在 T_2 时刻，线程 1 再次调用 wait。在使用 while 的情况下，线程 1 将可能在线程 0 被唤醒前（T_3）抢先一步拿到该资源。如此往复，线程 1 可能会一直自己生产、消耗信号量，而线程 0 一直无法执行。因此，实现中使用 do...while，要求线程在检查 wakeup 之前调用 cond_wait 并排队，避免造成线程 0 一直无法被唤醒。

表 10.3　使用信号量的某一执行顺序

时刻	线程 0	线程 1
T_0	wait(&S) 挂起等待	

（续）

时刻	线程 0	线程 1
T_1		signal(&S)
T_2		wait(&S) 拿到资源
T_3	被唤醒，发现没有可用资源	

对应地，在执行 signal 操作时，线程首先将 value 的值加 1（第 24 行），然后判断是否还有线程等待在该信号量上（第 25 行）。如果有则增加 wakeup（第 26 行），并使用 cond_signal 唤醒其中的一个线程获取资源（第 27 行）。

读者可以思考一下，代码片段 10.10 的实现能够保证按照调用 wait 的顺序拿到资源吗？实际上，以上实现并不能保证线程按照调用 wait 的顺序依次拿到资源。考虑这样的情况，系统中存在线程 0、线程 1 与线程 2，它们的执行顺序如表 10.4 所示。在 T_0 时刻，信号量的 value 为 0。此时，线程 0 调用 wait 操作挂起等待。在 T_1 与 T_2 时刻，线程 1 与线程 2 分别调用 signal 操作增加可用资源。此时信号量的 value 为 1，而 wakeup 也为 1。在 T_3 时刻，线程 1 调用 wait 操作后，无须等待便可直接拿到资源。线程 0 则到稍晚的 T_4 时刻被唤醒之后才能拿到资源。上述例子中，线程 0 虽然比线程 1 更早调用 wait 操作，却更晚拿到资源。但这并不会破坏有限等待的保证，出现上述情况的前提是信号量此时能够满足所有挂起线程的使用，value 才有可能被加回正数。因此即使后来的线程可能抢先一步拿到资源，但是挂起的线程也能够在被唤醒后拿到资源。所以不会出现阻塞挂起线程的情况。

表 10.4　使用信号量的三个线程的执行顺序

时刻	线程 0	线程 1	线程 2
T_0	wait(&S) 挂起等待		
T_1		signal(&S)	
T_2			signal(&S)
T_3		wait(&S) 拿到资源	
T_4	被唤醒，拿到资源		

10.4　读写锁的实现

本节主要知识点

- ❑ 如何正确实现偏向读者的读写锁？
- ❑ 如何正确实现偏向写者的读写锁？

为了解决读者写者问题，提升读者之间的并行度从而提升效率，我们在第 9 章还介绍了另一种同步原语：读写锁。与互斥锁不同，读写锁仅仅保证读者与写者之间的互斥，而允许多个读者同时进入读临界区。读写锁允许多个读者同时进入读临界区带来了倾向性问题。假设在某一个时刻，已经有一些读者在临界区中。此时有一个写者与一个读者同时申请进入临界区，我们是否应该允许读者直接进入读临界区？如果允许读者直接进入，那么写者会被一直阻塞直到没有任何读者，甚至陷入无限等待。如果等之前的读者离开临界区后，先允许写者进入，再允许读者进入，这样虽能避免写者陷入无限等待，但同时也减少了读者的并行性。我们称前者为偏向读者的读写锁，称后者为偏向写者的读写锁。下面我们将分别介绍这两种读写锁的实现。

10.4.1 偏向读者的读写锁

代码片段 10.11 展示了一种偏向读者的读写锁。读写锁的结构体包含一个用于表示当前读者数目的计数器 reader_cnt，其在初始化时被设置为 0。这种实现的基本思路是通过该计数器记录当前在读临界区的读者数量。当该计数器为 0 时，代表没有读者在读临界区内。此时，写者可以进入写临界区。反之，写者无法进入写临界区，必须要等待所有读者退出读临界区。除此之外，该结构体还包含用于控制读者对 reader_cnt 进行更新的互斥锁 reader_lock，以及用于控制读者与写者、写者与写者之间互斥的互斥锁 writer_lock。

代码片段 10.11　偏向读者的读写锁

```
1 struct rwlock {
2   volatile int reader_cnt;
3   struct lock reader_lock;
4   struct lock writer_lock;
5 };
6
7 void lock_reader(struct rwlock *lock)
8 {
9   lock(&lock->reader_lock);
10  lock->reader_cnt++;
11  if (lock->reader_cnt == 1)          // 第一个读者
12    lock(&lock->writer_lock);
13  unlock(&lock->reader_lock);
14 }
15
16 void unlock_reader(struct rwlock *lock)
17 {
18   lock(&lock->reader_lock);
19   lock->reader_cnt--;
20   if (lock->reader_cnt == 0)         // 最后一个读者
21     unlock(&lock->writer_lock);
22   unlock(&lock->reader_lock);
```

```
23 }
24
25 void lock_writer(struct rwlock *lock)
26 {
27   lock(&lock->writer_lock);
28 }
29
30 void unlock_writer(struct rwlock *lock)
31 {
32   unlock(&lock->writer_lock);
33 }
```

读者在上锁时（lock_reader），需要使用reader_lock保证对于reader_cnt更新的原子性（第9行）。如果当前读者是第一个读者（第11行），则还需要获取writer_lock（第12行），从而保证读者与写者的互斥并阻塞后续写者。注意，这里使用互斥锁而非原子操作保证对reader_cnt更新的原因是，第9行的上锁操作（reader_lock）还用于在有写者执行写临界区时阻塞后续读者。

同样，如果读者在放锁（unlock_reader）时发现自己是最后一个读者（第20行），则还需要释放writer_lock（第21行），用于取消对写者的阻塞。后续读者在进入读临界区之前，必须再次获取writer_lock。

对于写者来说，只需要在加锁和放锁时操作对应的writer_lock即可，这是由于当有读者在读临界区内时，writer_lock一定被读者持有，因此写者只要操作writer_lock就可以保证与读者以及其他写者的互斥。

你可能会有疑问，我们想优化读者，怎么读者的加锁和放锁流程相比于互斥锁更加复杂了？读者还需要单独的一个读者锁，这是不是与“读者不互斥”的目标冲突了？虽然读者加锁和放锁的流程在这个实现中确实较互斥锁更为复杂，但是读写锁的核心目标不是简化读者加锁和放锁的流程，而是增加读者之间的并行度。使用读写锁，不同的读者现在可以同时处于读临界区，而不是必须串行地一个个进入读临界区，这将大大提高读操作多的应用程序的性能。至于额外的读者锁，在临界区开始之前就已经执行了放锁操作，其保护的是对读写锁元数据的修改，而不是接下来的读临界区。

10.4.2　偏向写者的读写锁

偏向写者的读写锁实现起来较偏向读者的读写锁更为复杂。代码片段10.12展示了一种偏向写者的读写锁。由于偏向写者的读写锁需要在有新的写者到达时阻塞后续读者，因此除了用于记录当前读者数量的reader_cnt之外，还添加了一个布尔变量has_writer来表示当前是否有写者到达。当有写者期望获取锁时，即使其还未真正进入临界区，也会将has_writer设置为TRUE。读者将通过判断has_writer的值来决定是否需要等待前序写者。由于写者也会操作读写锁中的元数据（包括has_writer

与 reader_cnt)，因此偏向写者的读写锁提供了一把读者和写者共享的锁 rwlock->lock，要求读者与写者在操作元数据前获取该锁。

代码片段 10.12　偏向写者的读写锁

```
 1 struct rwlock {
 2   volatile int reader_cnt;
 3   volatile bool has_writer;
 4   struct lock lock;
 5   struct cond reader_cond;
 6   struct cond writer_cond;
 7 };
 8
 9 void lock_reader(struct rwlock *rwlock)
10 {
11   lock(&rwlock->lock);
12   while(rwlock->has_writer == TRUE)
13     cond_wait(&rwlock->writer_cond, &rwlock->lock);
14   rwlock->reader_cnt++;
15   unlock(&rwlock->lock);
16 }
17
18 void unlock_reader(struct rwlock *rwlock)
19 {
20   lock(&rwlock->lock);
21   rwlock->reader_cnt--;
22   if (rwlock->reader_cnt == 0)
23     cond_signal(&rwlock->reader_cond);
24   unlock(&rwlock->lock);
25 }
26
27 void lock_writer(struct rwlock *rwlock)
28 {
29   lock(&rwlock->lock);
30   while(rwlock->has_writer == TRUE)
31     cond_wait(&rwlock->writer_cond, &rwlock->lock);
32   rwlock->has_writer = TRUE;
33   while(rwlock->reader_cnt > 0)
34     cond_wait(&rwlock->reader_cond, &rwlock->lock);
35   unlock(&rwlock->lock);
36 }
37
38 void unlock_writer(struct rwlock *rwlock)
39 {
40   lock(&rwlock->lock);
41   rwlock->has_writer = FALSE;
42   cond_broadcast(&rwlock->writer_cond);
43   unlock(&rwlock->lock);
44 }
```

读者在申请进入临界区（lock_reader）时，如果观察到has_writer被置为TRUE（第12行），则不能进入临界区，需要使用条件变量挂起等待（第13行）。确保没有写者等待时，读者在增加读者计数器reader_cnt并放锁后便可进入读临界区（第14、15行）。

对应地，在写者需要进入临界区（lock_writer）时，也需要通过has_writer判断是否有其他写者在临界区内（第30行）。如果存在其他写者，则需要使用条件变量挂起等待（第31行）。当没有其他写者时，当前写者就可以将has_writer设置为TRUE（第32行），并使用条件变量等待之前所有的读者离开读临界区（第33、34行）。最后，释放保护元数据的锁即可进入写临界区（第35行）。

读者在放锁时（unlock_reader），除了需要减少读者的计数器reader_cnt值（第21行），还需要判断自己是不是最后一个读者（第22行）。如果是最后一个读者，还需要使用cond_signal来唤醒等待在reader_cnt上的写者（第23行）。

写者在放锁时（unlock_writer），除了设置has_writer为FALSE（第41行），还应当使用cond_broadcast将等待在has_writer上的读者和写者都唤醒（第42行）。注意这里使用cond_broadcast是因为读者与写者都有可能等待在has_writer上，因此两者都需要被唤醒。如果使用cond_signal，有可能只唤醒了一个读者，那么等待在has_writer上的写者将永远不会被唤醒，从而陷入无限等待。

从上面介绍的两种读写锁的实现中我们可以发现，偏向读者的读写锁能大幅提高读者之间的并行度，但是写者由于需要等待某一个时刻完全没有读者时才能更新数据，需要面临很高的写延迟。而偏向写者的读写锁虽然避免了这个问题，让写者能够在之前的读者完成读临界区后立刻进入，但读者之间的并行度大幅下降。因此开发者需要根据具体场景的需求选用合适的读写锁。

10.5 案例分析：Linux 中的 futex

为了解决循环忙等的问题，我们在10.2节介绍了条件变量。但条件变量需要与一个基于循环等待的互斥锁搭配使用。如果需要在互斥锁（比如代码片段10.4中实现的自旋锁）中使用条件变量避免循环，那么在每次上锁时需要额外进行加锁/放锁操作，这会带来不必要的开销。这种性能开销在互斥锁竞争程度低时更为显著：之前的实现只需要一次原子操作即可上锁，而使用了条件变量后则需要两次原子操作（额外的用于保护条件变量的互斥锁）。另一个方案是直接使用如SYS_yield的系统调用来挂起自己。但这样挂起与唤醒时机完全是由操作系统调度器控制的，可能出现还没挂起时锁已经释放或锁释放很久后线程才被唤醒的情况。

因此，Linux提供了futex（Fast User-space muTEX）机制。使用futex机制实现的互斥锁能在竞争程度较低时，直接使用原子操作完成加锁。而竞争程度较高时，应用程序能够通过系统调用挂起并等待后续锁持有者被唤醒。futex机制不仅可以避免互斥锁中的循环等待，还能实现条件变量等各类同步原语。

Linux 内核中的 futex 功能完善且繁多，本小节将介绍简化后的 futex 接口 futex_wait 和 futex_wake，分别用于等待和唤醒。其中 futex_wait 接收两个参数：uaddr 和 val。futex_wait 操作会判断地址 uaddr 上的值是否与 val 相等。如果相等则挂起该线程，否则直接返回。futex_wake 只接收一个参数 uaddr，其会尝试唤醒之前通过 futex_wait 等待在相同 uaddr 上的线程。这里我们简化的接口只会唤醒一个线程，而 Linux 中的 futex 可以通过配置参数唤醒指定数量的线程。futex 提供的这两个操作是互斥（即线程安全）的。

代码片段 10.13 展示了简化的 futex 的实现。需要注意的是，这里仅展示了 futex 的功能与原理，并非 Linux 中的实现。对 Linux 中 futex 的实现感兴趣的读者可以自行阅读 Linux 源码。针对每一个 futex，内核中维护了一个 futex 结构体，用于保存维护 futex 操作互斥性的互斥锁 lock，以及等待在该 futex 上的等待队列 wait_list。内核提供了一个简单的函数 get_futex，用于将 futex 的地址映射到该结构体上，内核可以使用哈希表的方式存储该结构体。futex_wait 与 futex_wake 操作均使用互斥锁保护起来，在开始与结束时分别有加锁与放锁操作。futex_wait 在成功获取互斥锁后才会判断 uaddr 中存储的值与 val 是否相等（第 12 行），并在相等时通过设置当前线程状态（第 13 行）且不直接返回用户态来挂起当前线程。futex_wait 还需要将自己加入当前 futex 的等待队列（第 14 行），并在放锁后将控制流移交给调度器，让调度器选择下一个执行的线程并切换。当 uaddr 中存储的值与 val 不相等时，代表在这段时间内有其他线程调用了 futex_wake 操作，此时其会直接解锁并返回当前线程的用户态（第 19 行）。由于 futex_wait 在内核态中，因此要实现阻塞当前线程，仅仅需要更新当前线程状态、不将其加入调度器的等待队列并要求调度器选择其他线程调度。在完成这些操作之后再释放互斥锁即可实现原子阻塞与放锁，从而避免丢失唤醒。我们将在下面通过互斥锁实现的例子详细解释为何不会出现丢失唤醒。与之相对，futex_wake 操作会在成功获取互斥锁之后判断是否有线程等待在当前的 futex 上（第 30 行）。一旦发现有等待的线程，其会将该线程移出等待队列（第 31 行），设置该线程的状态（第 32 行），将其加入调度器的等待队列，并允许调度器调度该线程执行。

代码片段 10.13 简化的 futex 实现

```
1 struct futex {
2   struct thread_list *wait_list;
3   struct lock lock;
4 };
5 struct thread *current_thread; //记录当前运行的线程
6
7 void futex_wait(int *uaddr, int val)
8 {
9   struct futex *fptr = get_futex(uaddr);
```

```
10
11   lock(&fptr->lock);
12   if (*uaddr == val) {
13     current_thread->state = WAITING;
14     list_append(fptr->wait_list, current_thread);
15     unlock(&fptr->lock);
16     sched_and_ret();
17     //调度器选择下一个线程并切换到该线程，不会返回
18   } else {
19     unlock(&fptr->lock);
20     //直接返回当前线程用户态
21   }
22 }
23
24 void futex_wake(int *uaddr)
25 {
26   struct futex *fptr = get_futex(uaddr);
27   struct thread *target;
28
29   lock(&fptr->lock);
30   if (!list_empty(fptr->wait_list)) {
31     target = list_remove(fptr->wait_list);
32     target->state=READY;
33     sched_enqueue(target);
34   }
35   unlock(&fptr->lock);
36   //直接返回当前线程用户态
37 }
```

代码片段 10.14 利用简化版的 futex 接口实现 lock 和 unlock 功能。在 lock 操作尝试 atomic_CAS 失败后（第 8 行），会先使用原子操作增加等待者计数器 waiters（第 9 行），然后调用 futex_wait 进入内核尝试挂起（第 10 行）。由于用户态 atomic_CAS 执行和最终挂起之间存在时间差，在这段时间内锁可能已经被释放，因此内核中会检查传入的 uaddr（即 lock->val）上的值是否为 val（即 1）。如果不相等，则代表 lock->val 的值为 0，说明锁已经被释放，此时会直接返回用户态，并再次尝试 atomic_CAS；相反，如果 lock->val 的值为 1，则说明该线程需要挂起。等待者计数器 waiters 记录了当前有多少线程调用 futex_wait，如果在放锁时 waiters 的值不为 0（第 18 行），则使用 futex_wake 尝试唤醒正在等待加锁的线程（第 19 行）。

代码片段 10.14　使用简化的 futex 接口实现的互斥锁

```
1 struct lock {
2   int val;
3   int waiters;
4 };
5
6 void lock(struct lock *lock)
```

```
 7 {
 8   while(atomic_CAS(&lock->val, 0, 1) != 0) {
 9     atomic_FAA(&lock->waiters, 1);
10     futex_wait(&lock->val, 1);
11     atomic_FAA(&lock->waiters, -1);
12   }
13 }
14
15 void unlock(struct lock *lock)
16 {
17   lock->val = 0;
18   if (lock->waiters != 0)
19     futex_wake(&lock->val);
20 }
```

下面我们讨论在使用 futex 实现的互斥锁中是否存在丢失唤醒的现象。比如有线程在调用 futex_wait，但还未将线程插入内核的等待队列时，另一个线程同时调用 futex_wake，发现等待队列为空，就有可能造成丢失唤醒。为了避免这种情况，不同 futex 操作均使用互斥锁进行保护（如代码片段 10.13 中所示），因此多个 futex 操作之间只可能先后发生，不可能同时发生。因此在上面这种情况中：

1. 如果 futex_wait 操作先发生（代码片段 10.14 的第 10 行），即成功进入内核并拿到该 futex 的互斥锁（代码片段 10.13 的第 11 行），那么内核能保证该线程在另一个线程调用 futex_wake 并拿到互斥锁之前：

（a）要么回到用户态（lock->val 已经更新为 0，即另一个线程执行了代码片段 10.14 的第 17 行）。此时 futex_wait 操作发现值更改后直接放锁并返回（代码片段 10.13 中的第 19 行）。

（b）要么进入等待队列（lock->val 还未更新）。此时 futex_wait 先将当前线程加入等待队列中再释放互斥锁（代码片段 10.13 的第 14 行）。之后 futex_wake 获取互斥锁时会发现该线程（代码片段 10.13 的第 30 行）并唤醒。

2. 如果 futex_wake（代码片段 10.14 的第 19 行）操作先发生，即其先拿到 futex 的互斥锁（代码片段 10.13 的第 29 行），则 lock->val 一定已经更新为 0，因此后续的 futex_wait 在拿到互斥锁后会立即返回用户态。

所以在任何情况下，调用 futex_wait 的线程都不会由于错过 futex_wake 而陷入无限等待并造成丢失唤醒。

代码片段 10.15 展示了如何使用 futex 实现条件变量的两个操作。这里提供了简化的实现，其中 cond_signal 只能在与之搭配的锁临界区内被调用。条件变量提供了一个成员变量 value 作为 futex 操作的对象。cond_wait 操作将先读取 value 的旧值并将其存到局部变量 local 中（第 7 行），然后释放互斥锁（第 8 行），之后利用 futex_wait 操作挂起（第 9 行）。唤醒后，该线程需要重新获取互斥锁（第 10 行）。而 cond_ signal 操作则先更新 value 的值，然后调用 futex_wake 唤醒挂起的线程。该实现也不存在丢失唤醒的情况：如果执行 cond_wait 操作的线程在放锁之后（第 8 行）还未执行 futex_wait（第 9 行）时，有其他线程进入临界区并调用了 futex_wake（第 16 行），那么条件变量的 value 也一定被更新（第 15 行），因此 futex_wait 会发现该值与本地存储的旧值（local）不相等，将立即返回。否则，该线程将挂起并等待后续线程唤醒。因此，这里将条件变量“原子放锁并挂起”的需求转嫁到一个 futex 上，通过内核的支持正确实现了条件变量的语义。

代码片段 10.15　简化的 futex 接口和使用 futex 的条件变量

```
 1 struct cond {
 2   unsigned value;
 3 };
 4
 5 void cond_wait(struct cond *cond, struct lock *mutex)
 6 {
 7   unsigned local = cond->value;
 8   unlock(mutex);
 9   futex_wait(&cond->value, local);
10   lock(mutex);
11 }
12
13 void cond_signal(struct cond *cond)
14 {
15   cond->value += 1;
16   futex_wake(&cond->value);
17 }
```

小思考

代码片段 10.15 中利用 futex 实现条件变量会有什么问题？

需要注意的是，代码片段 10.15 中由于 value 使用的类型为 unsigned，因此可能会发生溢出。如果 cond_wait 的线程放锁之后，cond_signal 被调用了 2^{32} 次，则 value 的值会溢出，导致调用 cond_wait 的线程丢失信号并陷入无限等待。因此，真实场景中将使用更加复杂的设计以避免溢出问题。

10.6　案例分析：微内核中的同步原语

微内核中同步原语的使用与实现与宏内核基本一致。我们可以将同步原语分为两类。第一类同步原语的实现与使用均与操作系统内核无关，如本章介绍的互斥锁和读写锁。这些同步原语在宏内核与微内核中的实现完全一致，并且可以在内核态与用户态直接使用。

另一类同步原语则需要操作系统的支持，比如条件变量与信号量的等待操作（即 wait 操作），需要内核辅助保证一个线程能够原子地放锁并阻塞，从而避免丢失唤醒。无论是宏内核还是微内核，均需要提供对应的机制予以支持。我们在 10.5 节介绍了 Linux 中提供的 futex 机制，并展示了如何使用 futex 机制实现条件变量。本书配套的 ChCore 微内核则提供了与内核信号量实现类似的功能。顾名思义，ChCore 的内核信号量在内核中提供了信号量的功能。用户可以通过系统调用创建、等待（wait）、唤醒（signal）一个内核信号量。在创建时，内核会返回一个对应该内核信号量的编号，用户将使用该编号来对该内核信号量进行操作。由于信号量的所有操作都发生在内核态，内核信号量可轻松实现原子放锁并阻塞的功能，避免丢失唤醒。具体而言，内核中的每一个信号量都搭配了一把互斥锁。当一个线程调用 wait 时，内核将先获取该互斥锁，判断是否需要阻塞等待；在需要阻塞等待时，将该线程设置为阻塞状态，放入信号量的等待队列完成阻塞，最后再释放该信号量的互斥锁。由于阻塞操作是在临界区内完成的，不会有其他线程在阻塞之前执行唤醒操作，因此不会出现丢失唤醒的问题。通过使用内核信号量，用户态可以非常方便地实现阻塞互斥锁、条件变量与信号量。

10.7 思考题

1. 代码片段 10.16 是一个简单的用 C 语言实现的栈。小明为了确保线程安全，将中间一些操作替换成了原子操作。小明这样实现正确吗？如果正确，请说明理由。如果不正确，请指出导致不正确的具体情况。

代码片段 10.16 栈操作

```
 1 typedef struct Node {
 2   struct Node *next;
 3   int value;
 4 } Node;
 5
 6 void push(Node **top_ptr, Node *n)
 7 {
 8   Node *top = *top_ptr;
 9   while (atomic_CAS(top_ptr, top, n) != top)
10     top = *top_ptr;
11   n->next = top;
12 }
13
14 Node *pop(Node **top_ptr)
15 {
16   if (*top_ptr == NULL)
17     return NULL;
18
```

```
19    Node *top = *top_ptr;
20    while (atomic_CAS(top_ptr, top, top->next)
21      != top)
22      top = *top_ptr;
23    return top;
24 }
```

2. 对于上一道题，如果不正确，请帮助小明将该栈的实现修改正确。
3. 我们在代码片段 10.5 中给出了排号锁的实现。现在假设有一个应用程序使用排号锁来保护一个固定执行时间为 TIME_CS_US 微秒的临界区。在上一个线程释放锁之前，频繁地检查全局变量 lock->owner（第 17 行）没有任何意义且会白白消耗 CPU 的资源，因此小明想利用 usleep 让 CPU 进入休眠，从而避免无谓的检查。usleep 接收一个参数，其表示让 CPU 休眠的毫秒数。请帮助小明修改排号锁的源码（代码片段 10.17），选择合适的等待时间。

代码片段 10.17　排号锁

```
1 void lock(struct lock *lock)
2 {
3   //拿取自己的序号
4   int my_ticket = atomic_FAA(&lock->next, 1);
5   while (lock->owner != my_ticket)
6     usleep(________);                    //循环忙等
7 }
```

4. 我们在代码片段 10.11 中给出了一种偏向读者的读写锁的实现。现在小明想通过简单的修改，将该偏向读者的读写锁修改为偏向写者的读写锁。为了在有写者的情况下阻塞后续读者，小明添加了一个新的状态 has_writer。该值为 0 时表示当前没有新的写者，后续读者可以直接进入读临界区；反之，为 1 表示有新的写者，后续读者需要被阻塞。代码片段 10.18 展示了小明修改的初始版本。这样实现是否正确？如果正确，请说明原因。如果不正确，请指出导致不正确的具体情况。

代码片段 10.18　修改成偏向写者的读写锁（一）

```
 1 struct rwlock {
 2   volatile int reader_cnt;
 3   volatile bool has_writer;
 4   struct lock reader_lock;
 5   struct lock writer_lock;
 6 };
 7
 8 void lock_reader(struct rwlock *lock)
 9 {
10   while(lock->has_writer)
11     ;                                   //循环忙等
12   lock(&lock->reader_lock);
```

```
13   lock->reader_cnt++;
14   if (lock->reader_cnt == 1)          // 第一个读者
15     lock(&lock->writer_lock);
16   unlock(&lock->reader_lock);
17 }
18
19 void unlock_reader(struct rwlock *lock)
20 {
21   lock(&lock->reader_lock);
22   lock->reader_cnt--;
23   if (lock->reader_cnt == 0)          // 最后一个读者
24     unlock(&lock->writer_lock);
25   unlock(&lock->reader_lock);
26 }
27
28 void lock_writer(struct rwlock *lock)
29 {
30   lock(&lock->writer_lock);
31   lock->has_writer = TRUE;
32   while(lock->reader_cnt > 0)
33   ;                                   // 循环忙等
34 }
35
36 void unlock_writer(struct rwlock *lock)
37 {
38   lock->has_writer = FALSE;
39   unlock(&lock->writer_lock);
40 }
```

5. 对于上一道题，如果不正确，如何修改代码片段 10.19，使得不会出现死锁？

代码片段 10.19　修改成偏向写者的读写锁（二）

```
1 void lock_reader(struct rwlock *lock)
2 {
3   _______ ;
4 }
```

6. 小明基于排号锁扩展并实现了一个读写锁。在他的设计中，使用 next_write_ticket 和 write_owner 保护写者，使用 read_cnt_and_flag 处理并发读写者间的竞争。该读写锁的部分实现如代码片段 10.20 所示。

代码片段 10.20　基于排号锁扩展并实现的读写锁

```
1 #define WFLAG 0x80000000
2
3 struct ticket_rwlock {
4   volatile uint32_t next_write_ticket = 0;
5   volatile uint32_t write_owner = 0;
6   volatile uint32_t read_cnt_and_flag = 0;
```

```
 7 };
 8 
 9 void lock_reader(struct ticket_rwlock* lock)
10 {
11   while (lock->next_write_ticket !=
12     lock->write_owner)
13     ;
14   atomic_FAA(&lock->read_cnt_and_flag, 1);
15   while ((lock->read_cnt_and_flag & WFLAG) != 0)
16     ;
17 }
18 
19 void lock_writer(struct ticket_rwlock* lock)
20 {
21   uint32_t cur_ticket =
22   atomic_FAA(&lock->next_write_ticket, 1);
23   while(lock->write_owner != cur_ticket)
24     ;
25   while(atomic_CAS(&lock->read_cnt_and_flag,
26     0, WFLAG) != 0)
27     ;
28 }
```

请完善该读写锁，补充读者、写者的放锁操作，并判断该读写锁是偏向读者的读写锁还是偏向写者的读写锁。

10.8 练习答案

10.1 需要放锁时，可以保证没有其他的竞争者同时持有互斥锁，即 lock 的值为 1。因此不需要判断 lock 的值，也无须担心有其他的竞争者同时设置 lock 的值。

10.2

```
1 int try_lock(int *lock)
2 {
3   if(atomic_CAS(lock, 0, 1) != 0)
4     return -1;
5   return 0;
6 }
```

参考文献

[1] PETERSON G L. Myths about the mutual exclusion problem [J]. Information Processing Letters, 1981, 12 (3): 115-116.

[2] HOFRI M. Proof of a mutual exclusion algorithm—a classic example [J]. ACM SIGOPS Operating Systems Review, 1990, 24 (1): 18-22.
[3] GUIDE P. Intel 64 and IA-32 architectures software developer's manual [Z]. 2018.

同步原语的实现：扫码反馈

CHAPTER 11

第11章 文件系统

存储是现代操作系统的重要功能之一。无论是日常生活中的图片、音乐、文档、视频、电子邮件，还是隐藏在大数据之下的账户信息、预测模型，均需要持久性地保存在计算机系统中。文件是最常用的存储抽象。文件系统是文件的管理者，利用存储设备可持久保存数据的能力，向上提供文件的抽象并实现访问文件的接口，是操作系统的重要组成部分。

存储设备的类型很多，包括磁盘、SSD、磁带等。为了简化文件系统的设计和实现，操作系统通常将存储设备抽象为一个以存储块（Block）为单位的大数组。存储块是存储设备的最小读写单元，其大小是固定的，常见大小为512字节或4KB。也就是说，一个4TB的硬盘包含10亿个4KB的存储块。每个存储块通过一个地址进行标识和索引，该地址称为块号。文件系统的工作，就是将海量的存储块组织起来，向上提供文件的接口。至于如何将存储设备抽象为大数组，则由更底层的块层、设备驱动等负责，文件系统不用“操心”。

随着文件系统的发展，其自身逐渐进一步演化出不同的层次和模块。图11.1展示了Linux内核的存储软件栈。其中，在应用程序之下、块层之上的部分，均属于广义的文件系统，其内部进一步包括虚拟文件系统、具体的文件系统（如Ext4、NTFS等），以及页缓存模块。这些新的层次和模块沉淀了一些共性、通用的功能，使具体的文件系统可以聚焦在与文件组织及管理相关的逻辑上，也使新的文件系统更容易设计与实现。

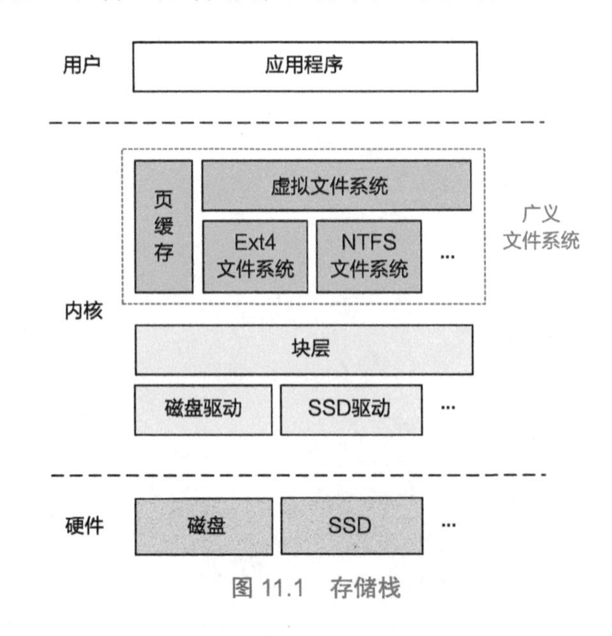

图 11.1 存储栈

本章首先以一个基于inode的文件系统为例，介绍文件系统的相关概念、常见设计和实现方法，并以不使用 inode 的 FAT 和 NTFS 两个文件系统作为补充。然后，以 Linux 中的虚拟文件系统为例，介绍操作系统如何通过将文件系统的内存部分（动态）与存储部分（静态）解耦，抽象出虚拟文件系统（VFS）层，实现对多个文件系统的统一管理。最后，介绍在微内核的思想下，FUSE 和 ChCore 如何实现用户态的文件系统。

11.1　基于 inode 的文件系统

本节主要知识点

- 基于 inode 的文件系统如何保存常规文件、目录文件和其他类型的文件？
- 对每种类型的文件有哪些操作，如何实现？
- 基于 inode 的文件系统如何规划使用存储空间？
- 什么是硬盘格式化？格式化后为什么硬盘的空间减少了？

当我们使用计算机时，不可避免地会使用或遇到过多种文件系统，其中许多文件系统（如 Ext4、BtrFS、F2FS）均基于 inode 概念而构建。在本节中，我们将介绍一个基于 inode 的文件系统的基本设计。为了叙述的简洁性，本节假设所有的存储结构均直接保存在块存储设备之上。后续的章节将对与这些存储结构相对应的内存缓存进行介绍。

11.1.1　一个不用 inode 的简单文件系统

在介绍 inode 的概念之前，我们首先为一个假想的场景设计一个简单的“文件系统”。在这个假想的场景中，用户只需要保存 10 个文件，文件名固定为从“0”到“9”，且每个文件的大小恰好为 4KB。由于每个文件的大小刚好是一个存储块，我们可以使用整个磁盘的 0 号存储块保存文件“0”对应的数据，使用 1 号存储块保存文件“1”对应的数据，以此类推（见图 11.2）。这个文件系统虽然简单，但已经支持对文件的查找和读写操作。文件的查找很直观——文件名就是磁盘块号，文件的读写则是对相应磁盘块的读写。当然，这个文件系统具有非常多的限制，文件的数量、文件名、文件大小都是固定的，很难用于真实场景中。下面将一步步去除这些条件限制，并随之更新文件系统的设计，以满足更加通用的使用场景。

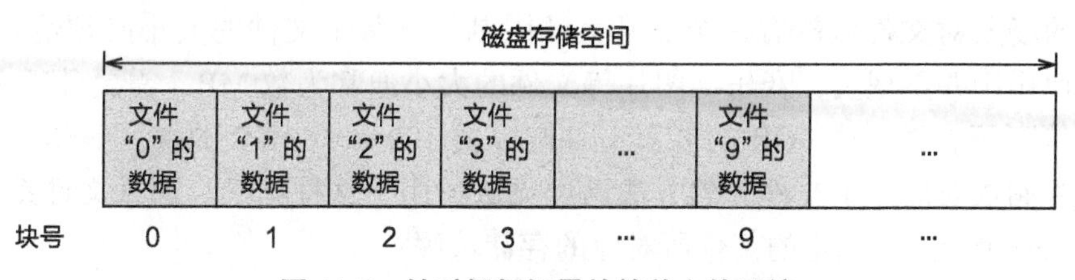

图 11.2　针对假想场景的简单文件系统

随着用户业务量的提升，10 个文件已经不能满足用户的需求——用户需要保存更多的文件。同时，用户希望能够删除现有的文件，若读取已删除的文件，应返回“文件不存在”的提示信息。

我们此前的文件系统使用前 10 个存储块保存对应的文件数据。这种方式可以很方便地拓展到更多文件——假设我们使用一个容量为 1MB 的磁盘，最多可以保存 1MB/4KB = 256 个文件。按照此前用户对文件的命名规则，我们的文件系统可以保存“0”到“255”这 256 个文件。若使用更大容量的磁盘，文件系统也自然可以支持更多文件。

在增加文件的数量后，剩下的一个问题是如何支持删除文件。为了能够正确地返回“文件不存在”，文件系统需要通过某种方式记录每个文件是否存在。一种直接的方式是为每个文件记录一位：若该位为 1，则表示对应的文件存在，允许正常访问；若该位为 0，则表示对应的文件不存在，若访问则返回“文件不存在”。在创建文件时，将该位设为 1；在删除文件时，将该位设为 0 即可。

由于这些位同样需要保存在磁盘中，因此文件系统不能再使用所有的磁盘存储块来保存文件数据。我们将根据整个磁盘的大小，将磁盘开头位置的若干存储块预留出来，专门用于保存这些位。假设使用一个容量为 1GB 的磁盘，共有 256K 个 4KB 的存储块。每个存储块对应一位，那么共需要使用 8 个存储块才足够保存这些位，即 $256 \times 1\,024 \times 1\text{b} = 256 \times 128\text{B} = 8 \times 4\text{KB}$。

现在，我们将整个磁盘的前 8 个存储块用于保存这些位，称为文件位图（Bitmap）。此后的第一个存储块用于保存文件“0”对应的文件数据，后面一个存储块用于保存文件“1”对应的文件数据，以此类推（见图 11.3）。在访问文件的时候，需要在文件名的数字上加 8 作为偏移量来得到存储块号，再访问磁盘得到数据。

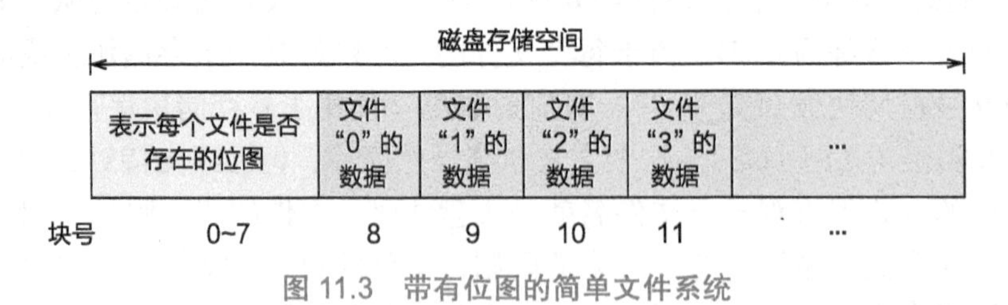

图 11.3　带有位图的简单文件系统

11.1.2　inode 与文件

上述的场景对文件依然有一个非常大的限制——每个文件的大小必须恰好为 4KB。这在实际使用中并不现实，音乐、图片等文件的大小通常为数 MB，需要几千个 4KB 的存储块才能存下，而一个 4GB 的电影文件则需要 100 万个 4KB 的块。显然，此前使用的“一个存储块对应一个文件”的方法已经无法适用于这种场景。那么文件系统该如何记录并组织一个长度不固定的文件所对应的存储块呢？

inode 的提出就是为了解决这个问题。inode 是“index node”的简写，即“索引节点”，用于记录一个文件的数据所在的存储块号（即索引）。此外，由于文件的大小不再固定为 4KB，因此 inode 还必须记录文件的大小。inode 中保存的信息，包括存储块号和文件大小，以及将来会介绍的更多文件属性（包括权限、修改时间、访问时间等），称为文件的**元数据**（Metadata）。

inode 同样需要保存在磁盘上。于是我们在磁盘头部再预留一块空间，以数组的方式连续保存所有的 inode，称为 **inode 表**。这样，我们可以用 inode 在表中的位置（即 inode 在数组中的下标）作为这个 inode 的标识，称为 **inode 号**。文件与 inode 是一一对应的，因此，只要得到一个文件的 inode 号，文件系统便可以访问该 inode 对应文件的所有数据与元数据。

现在我们需要对磁盘头部的预留区域做一些调整。原本的“文件位图”依然保留，但仅仅用于记录哪些磁盘块正在被使用，哪些块处于空闲状态，称为“存储块分配信息”区域。为了标记哪些 inode 正在被使用，哪些 inode 是空闲的，我们同样可以通过新增一块位图区域来表示，称为“ inode 分配信息”区域。此外，需要标记两块位图与 inode 表的所在存储区域，因此我们将这些区域的起始块号和大小等信息单独记录在一个存储块中，称为**超级块**（Super Block），并规定文件系统开始的第一个块就是超级块，以方便加载。修改后的存储布局如图 11.4 所示。

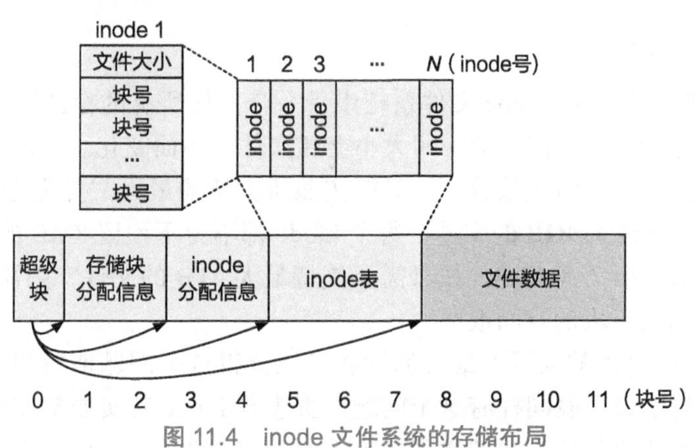

图 11.4 inode 文件系统的存储布局

到这里，一个基于 inode 的简单文件系统就已经基本成形了！在加载存储设备时，文件系统首先读取超级块，并通过超级块找到存储块分配信息、inode 分配信息、inode 表的位置，这样便完成了加载过程。之后，应用程序只需要给出 inode 号，文件系统便可以通过 inode 表找到对应的 inode 数据，并进一步找到该文件在存储设备中保存的所有数据。新建文件时，文件系统首先根据 inode 分配信息找到空闲的 inode，然后将 inode 分配信息中对应的位设置为 1；删除文件时，只需要将 inode 分配信息中对应的位设置为 0。现在的版本还有一个“小”缺点——不支持字符串文件名，只能用 inode 号来查找文件——我们后面会改进的。

在真实的文件系统中，inode 中除了记录存储的索引外，还记录了该文件相关的其他元数据，包括文件模式、文件链接数、文件拥有者和用户组、文件大小以及文件访问时间等（如表 11.1 所示）。其中，文件的模式表示不同的文件类型（如表 11.2 所示），包括常规文件、目录文件和符号链接文件等。不同类型的文件保存了不同种类的数据，在数据存储格式和使用方法上也会有所区别。在接下来的小节中，我们将对这些不同类型的文件及其设计进行逐一介绍。

表 11.1　POSIX 中定义的部分文件元数据

文件元数据	说　明
mode	文件模式，其中包括文件类型和文件权限
nlink	指向此文件的链接个数
uid	文件所属用户的 ID
gid	文件所属用户组的 ID
size	文件的大小
atime	文件数据最近访问时间
ctime	文件元数据最近修改时间
mtime	文件数据最近修改时间

表 11.2　Linux 中支持的文件类型

文件类型	文件用途
常规文件	保存数据
目录文件	表示和组织一组文件
符号链接文件	保存符号链接（指向目标文件的路径）
FIFO 文件	以队列形式传递数据，又称命名管道
套接字文件	用于传递数据，比 FIFO 文件更加灵活
字符设备文件	表示和访问字符设备
块设备文件	表示和访问块设备

11.1.3　多级 inode

在我们刚才设计的简单 inode 文件系统中，一个文件所有的存储块号顺序地保存在 inode 中，这意味着 inode 所需要的空间大小会随文件大小而变化。但由于文件系统无法提前获知每个文件所需要的块数量，其只能按照所支持的最大文件为每个 inode 预留空间。因此，为了支持最大 4GB 的文件，每个 inode 都不得不预留 8MB 的连续磁盘空间，哪怕实际上文件的大小只有 1KB。如果需要支持最大 4TB 的文件，则需要为每个 inode 预留 8GB 空间！这是巨大的空间浪费。

如何解决 inode 过大的问题？细心的读者可能觉得这个问题似曾相识：关于虚拟内存的一章中提到的单级页表同样有这个问题。页表与 inode 其实非常相似，页表的作用是将连续的虚拟地址映射到离散的物理地址，而 inode 的作用不也是把连续的文件偏移量映射到离散的存储块吗？那么，既然可以通过多级页表 + 动态分配页表的方法解决页表过大的问题，是否也可以通过多级 inode 来解决 inode 过大的问题呢？

答案是可以！我们可以采用分级的方式来实现 inode。默认的 inode 可以很小，当文件变大导致 inode 不够用时，文件系统可以从存储设备的数据区动态分配新的块作为 inode 的一部分，将块号记录在 inode 中（类似指针），从而使 inode 可以随文件同步增大。图 11.5 展示了一种简单且常见的数据块分级组织方式。inode 中保存了三种“存储指针”（即存储设备的块号）：第一种指针为直接指针，直接指向数据块，数据块中保存文件数据；第二种指针为间接指针，指向一个一级索引块，一级索引块中存放着指向数据块的指针；第三种指针为二级间接指针，指向一个二级索引块，二级索引块中的每个指针均指向一个一级索引块，进而指向多个数据块。这些索引块都位于数据区，但实际上都属于元数据，可以将其看作 inode 的一部分。为了方便后面的讨论，我们之后均假设块大小为 4KB，每个指针占据 8 字节，每个 inode 中直接指针有 12 个，间接指针有 3 个，二级间接指针有 1 个。

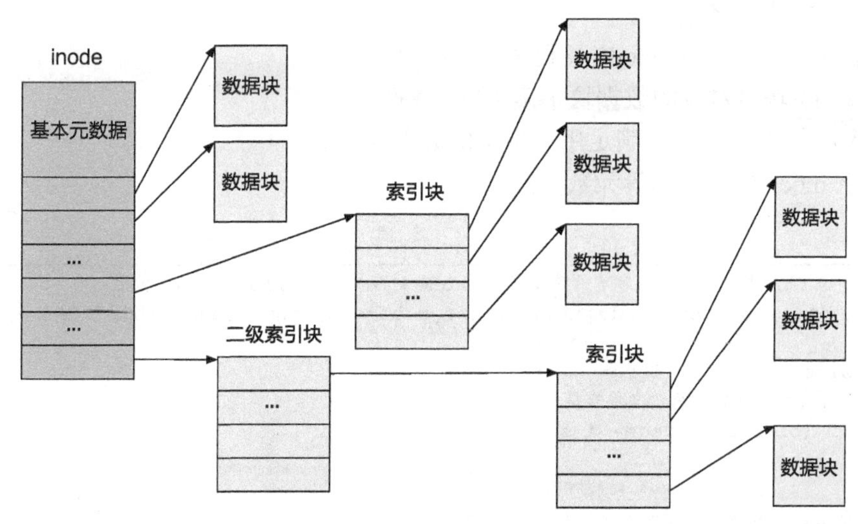

图 11.5 常规文件数据索引

在 inode 的第一个直接指针指向的数据块中，保存了整个文件最前端的 4KB 数据（即偏移量为 0 到 4 095B，包括 0 和 4 095）。第二个直接指针指向的数据块中保存了文件偏移量从 4 096 到 8 191 的数据。以此类推，最后一个直接指针指向的数据块保存了文件偏移量从 4 096 × 11 到 4 096 × 12−1 的数据。这些直接指针可以管理总共 48KB 的数据。如果一个文件的大小超过 48KB，则需要使用间接指针。

每个间接指针都指向一个一级索引块。一级索引块也占据 4KB 的空间大小，其中保存 512 个直接指针。因此，一个间接指针能够管理 512 个 4KB 的数据块，总共 2MB 数据。数据的定位方法与前述方法类似。在第一个间接指针指向的一级索引块中，第一个直接指针指向的数据块保存了这 2MB 数据中的前 4KB 数据，也就是整个文件的偏移量为 4 096 × 12 到 4 096 × 13−1 的 4 096B。在我们的假设场景下，inode 中的 3 个间接指针共管理了 6MB 数据。

当一个文件的大小超过 48KB+6MB 时，还需要用到二级间接指针。每个二级间接指针同样指向一个索引块，不过这个索引块是一个二级索引块，其中保存的 512 个指针为间接指针。换句话说，一个二级间接指针管理 512 个间接指针，因此可以管理 2MB × 512=1GB 数据。此时一个 inode 所能管理的最大文件大小为 48KB+6MB+1GB。

从上述组织方式中可以看出，一个文件系统所支持的最大文件大小受文件数据组织方式的限制[⊖]。因此，可以通过调整 inode 的结构来改变其能管理的最大文件大小。例如，为了管理更大的文件，inode 中的索引可以使用更多的二级间接指针，甚至启用三级或者四级间接指针。

代码片段 11.1 和代码片段 11.2 中给出了简单 inode 文件系统中文件读写的大致流程。文件的读取和写入流程十分相似，总体来说，可以分为以下步骤：

1. 进行参数的基本检查。
2. 根据 offset 从 inode 中找到对应块的块号。
3. 从（向）块号对应的数据块中读（写）数据。
4. 重复步骤 2 和 3 直至满足用户指定的数据大小。
5. 更新 inode 中的时间等元数据。

代码片段 11.1 简单 inode 文件系统中的文件写入流程

```
 1 // 将 buff 中长度为 size 字节的数据写入 inode 对应文件的 offset 开始的位置
 2 int write(struct inode *inode, off_t offset, const char *buff, size_t size)
 3 {
 4   size_t total_written = 0;
 5   // 不允许写入位置超过文件末尾
 6   if (offset > inode->i_size)
 7     return 0;
 8
 9   while (size > 0) {
10     // 获取对应位置的 block 号
11     long block_id = get_block_id_from_inode(inode, offset);
12     if (block_id == NO_BLOCK) {
13       // 如果没有对应的 block，则分配新的 block 并加入 inode 中
14       block_id = allocate_block();
15       add_block_id_to_inode(inode, offset, block_id);
16     }
17     // 将数据写入 block 中
18     size_t nr_written = write_data_to_block(block_id, offset, buff, size);
19     // 更新对应的计数，为下一个 block 的写入做准备
20     offset += nr_written;
21     size -= nr_written;
22     buff += nr_written;
23     total_written += nr_written;
24   }
25   // 如果写入将文件扩大了，则更新文件大小
26   if (offset > inode->i_size)
27     inode->i_size = offset;
28   // 更新 inode 中维护的各类时间
29   update_inode_time(inode);
30   // 返回总共写入的字节数，此处我们省略了一些异常情况
```

⊖ 一些其他因素同样会限制最大文件大小。例如，在 FAT32 文件系统中，“文件大小”这项元数据只有 4 字节，导致一个文件无法超过 2^{32} 字节，即 4GB。

```
31   return total_written;
32 }
```

代码片段 11.2 简单 inode 文件系统中的文件读取流程

```
 1 // 从 inode 对应文件的 offset 位置开始读取 size 字节到 buff 中
 2 int read(struct inode *inode, off_t offset, char *buff, size_t size)
 3 {
 4   size_t total_read = 0;
 5   // 不允许读取开始位置超过文件末尾
 6   if (offset > inode->i_size)
 7     return 0;
 8   // 如果读取结尾位置超过文件末尾，则将读取量减少
 9   if (offset + size > inode->i_size)
10     size = inode->i_size - offset;
11
12   while (size > 0) {
13     // 获取对应位置的 block 号
14     long block_id = get_block_id_from_inode(inode, offset);
15     // 所有 block 都应存在
16     assert (block_id != NO_BLOCK);
17     // 读取对应位置的数据到 buff
18     size_t nr_read = read_data_from_block(block_id, offset, buff, size);
19     // 更新对应的计数，为下一个 block 的读取做准备
20     offset += nr_read;
21     size -= nr_read;
22     buff += nr_read;
23     total_read += nr_read;
24   }
25   // 更新 inode 中维护的各类时间
26   update_inode_time(inode);
27   // 返回总共读取的字节数，此处我们省略了一些异常情况
28   return total_read;
29 }
```

在上述代码中，我们可以发现 offset 被多次传入不同的函数中。在 get_block_id_from_inode 和 add_block_id_to_inode 中，offset 用于计算对应位置在文件的第几个数据块中，从而进一步根据多级 inode 结构获取块号。在 write_data_to_block 和 read_data_from_block 中，offset 用于计算读写位置在数据块内部的偏移量。

我们还可以发现读写操作在一些细节处理上有所不同。例如，对于文件写入操作，如果对应的块不存在，那么需要首先分配数据块，并将其块号加入 inode 结构中，再进行对该数据块的写入；如果写入后文件的大小变大，则还需更新 inode 结构中记录的文件大小。对于读取操作，如果读取的结尾位置超过文件当前大小，则会减少读取的数据量，只读取到当前的文件结尾。上述代码给出的是简单 inode 文件系统的一种实现方法，不同文件系统对于这些情况的具体处理会有所不同。另外，上述代码中省略了一些其他的检查，例如对数字的溢出检查，读写磁盘时的 I/O 错误处理等，在实际实现中，这些

检查也是非常重要的。

11.1.4 文件名与目录

前文提到，文件与 inode 是一一对应的，对于计算机程序来说，通过 inode 号就可以找到对应的文件。然而对于用户来说，使用 inode 号作为文件名并不合适。除了难以记忆之外，使用 inode 号直接表示文件还造成了 inode 号与文件存储位置的强耦合。由于 inode 号与文件 inode 结构的存储位置一一对应，文件系统无法在不改变 inode 号的情况下更改文件 inode 的存储位置，也无法用一个新的 inode 号指代一个已有的 inode 结构。

为了对用户更加友好，我们需要在文件系统中加入字符串形式的文件名，增加一层从文件名字符串到 inode 号之间的映射。字符串形式的文件名不但更方便记忆，也使文件名与具体的存储位置解耦。细心的读者可能已经发现，表 11.1 中的 inode 字段并不包含文件名，换句话说，在我们介绍的 inode 文件系统中，文件名并不是文件的元数据。那么，文件名与 inode 的映射保存在哪里呢？答案是目录。让我们把书暂时翻到目录部分仔细观察，一本书的目录，不正是把一个字符串（章节标题）映射到一个编号（页码）吗？

接下来，我们应当如何改造文件系统，使其支持目录功能呢？一种直接的想法是：在存储设备的头部再预留一块空间，专门用于存放目录的内容，就像书的目录总是放在开头一样。这种设计是可行的，但会带来三个问题。第一，该预留多少空间呢？文件名是可以修改的，长度也是可以变化的，如果为每个 inode 都预留足够多的空间，又会导致空间的浪费。第二，如何根据文件名找到对应的 inode 呢？如果只是按照 inode 的顺序来存储文件名，意味着文件名本身是乱序的，只能通过遍历所有文件名的方式进行查找，这显然是非常慢的。第三，目录与 inode 是并列的，这意味着 inode 需要的数据结构和处理逻辑，目录同样需要一份。例如，同样需要增加一块预留空间，记录哪些目录是空闲的，哪些是被使用的。

可以看到，目录需要保存一定的数据，数据需要允许读取和修改，且数据的内容会动态增加或减少——这些需求不正是 inode 能够提供的吗？于是，一个"偷懒"的想法产生了：将目录看作一种特殊类型的文件，复用之前介绍的 inode 机制来实现目录！换句话说，将目录的抽象建立在 inode 的基础之上，使目录的存储方式、查找过程和访问逻辑与普通文件一样。唯一的区别在于，目录文件的格式是由文件系统规定的，数据的读写是由文件系统控制的，而不像普通文件那样完全由应用程序控制。这种复用大大简化了文件系统的设计和实现，之前的存储布局不需要做任何改动，只需要在文件系统的代码逻辑中增加一个 inode 类型即可（记录在表 11.1 中的 mode 字段）。

在我们的 inode 文件系统中，目录的内容（也就是目录文件的数据）就是一条条从文件名到 inode 号的映射，每条映射称为一个**目录项**（Directory Entry，dentry）。图 11.6 展示了一个目录项内的结构，包括文件名、文件名的长度、文件名对应的 inode 号和整个目录项的长度[⊖]。目录项长度用于标记整个目录项的长度，主要为目录项的删除和重用而

⊖ 在一些文件系统中，目录项中还会保存目标文件的类型，以避免进行目录遍历时访问目标 inode。

设计。文件名长度则顾名思义，记录着后面保存的文件名的有效长度。以此格式，目录项一个接一个地存放在文件的数据块中，组成一个连续的字符序列，从而可以直接复用常规文件的数据组织方式。对目录的操作主要包括查找、遍历、删除和新增，具体实现如下。

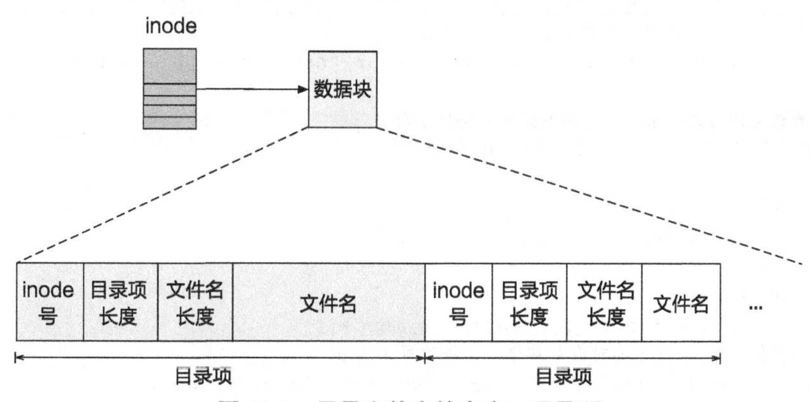

图 11.6 目录文件中的内容：目录项

- **在目录中查找文件**：在目录中查找某个文件名时，文件系统从目录文件的数据块中记录的第一个目录项开始依次比较，当某个目录项中的文件名与要查找的文件名相同时，返回对应的 inode 号。由于只需要查找当前目录保存的目录项，所以查找时间远小于遍历文件系统 inode 表的时间。
- **遍历目录**：与查找文件名的过程类似，文件系统找到该目录文件的数据块，依次检查保存的所有有效（还未被删除）的目录项，并返回结果。
- **删除目录项**：文件系统首先在该目录中找到这个文件，然后从目录中删除对应的目录项。一种常见的实现方法是将目录项中的 inode 号设为 0，表示该目录项是无效的。这种方法无须为目录有效性信息预留额外的存储空间，可以更高效地利用空间。同时，删除后还可以将相邻的无效目录项进行合并，以允许更长的新目录项重新利用这些空间。
- **新增目录项**：在目录中创建新文件时，文件系统会在该目录中增加一个新的目录项，记录新文件的文件名和对应的 inode 号。为优化存储空间，如果目录文件中有无效（已被删除）的目录项，且该目录项的空间足够保存新文件的文件名，则可以重用此目录项的位置存放新的目录项。如果找不到合适的无效目录项，则新的目录项会以追加的方式记录在目录文件末尾。

代码片段 11.3 中给出了简单 inode 文件系统中创建一个目录文件的大致流程。文件系统首先进行一些必要的检查，如文件名的合法性检查。不同文件系统对于文件名的合法性有不同的要求，在本章的简单 inode 文件系统中，文件名不能为“.”或者“..”，不应包含“/”字符，且长度不应超过 255 字节。该检查逻辑在 `is_filename_valid` 函数中实现。同时，一个目录中不应存在同名文件，因此还需要检查将要创建的文件名是否已经存在（name_exists 函数），这部分的实现方式与前文中的“在目录中查找文件”相同。

代码片段 11.3　简单 inode 文件系统中的目录文件创建流程

```
1 // 在 dir 对应的目录中添加名为 name 的目录文件
2 int mkdir(struct inode *dir, const char *name, size_t namelen)
3 {
4   // 检查文件名的合法性（例如不能包含特殊字符）
5   if (!is_filename_valid(name, namelen))
6     return -ENAME;
7   // 检查该文件名是否已经在 dir 中存在
8   if (name_exists(dir, name, namelen))
9     return -EEXIST;
10  // 创建新的 inode
11  struct inode *inode = create_dir_inode();
12  // 将文件名和 inode 的对应关系作为目录项写入 dir
13  err = add_dir_entry(dir, name, namelen, inode->i_no);
14  if (err) {
15    // 如果出错，需要释放此前分配的 inode
16    delete_dir_inode(inode);
17    return err;
18  }
19  // 更新 dir 中的链接数
20  update_dir_nlink(dir);
21  // 更新时间
22  update_inode_time(dir);
23  return 0;
24 }
```

在这些检查之后，文件系统为新目录创建并初始化一个新的 inode（create_dir_inode 函数），之后将文件名和该 inode 的对应关系作为新的目录项添加到父目录（dir）中。正如前文所述，在添加目录项时，文件系统首先为该新目录项寻找或者分配存储空间，再将目录项信息写入。这些步骤在 add_dir_entry 函数中实现。

如果一切顺利，还需要更新父目录中记录的链接数和时间等信息。文件的链接数将在 11.1.6 节进一步介绍。如果添加目录项时发生了错误，则需要将 inode 销毁并释放（delete_dir_inode 函数），同时返回错误信息。

由于目录本身也是文件，因此可以通过递归的方式层次化地组织文件系统中的所有文件。换句话说，目录与普通文件一样也有文件名，其文件名保存在上一层目录文件中；上一层目录的文件名则保存在更上一层目录文件中，一直递归到最高一层目录——根目录。根目录没有文件名，因为已经没有更上一层目录了。文件系统并不通过文件名来找到根目录，而是将第一个 inode 作为根目录文件。

从用户的角度来看，整个文件系统是以根目录为根节点的树状结构。除了根目录外，每个文件和目录都在更高层的目录之下。文件系统通常以**文件路径**来确定一个文件，文件路径是一个字符串，其中包含若干由“/”隔开的文件名[⊖]。当给定一个文件路径来查找对应的inode时，文件系统首先从根目录中查找第一级目录，再从第一级目录中查找第二级目录，不断迭代，最终查找到最后一级的文件名，并在目录项中找到inode。

小知识 根目录没有文件名

在UNIX/Linux系统中，使用“/”表示根目录，例如“ls /”命令。那么，根目录的文件名不是“/”吗？为什么说根目录没有文件名呢？其实，“/”只是路径的分隔符，用于分隔不同层次的目录和文件，比如“/home/mospi/os-book.pdf”。使用“/”表示根目录仅仅是一种约定，根目录真正的文件名应该是在“/”之前，也就是——没有。

练 习

11.1 假设文件系统中有两个目录。其中一个保存10个电影文件（movie-1.mp4～movie-10.mp4），另一个保存100个笔记文件（note-1.md～note-100.md），哪个目录文件占的存储空间更大？

11.1.5 存储布局

在加入inode和目录支持之后，简单inode文件系统的存储布局已经比较完整了，如图11.7所示。可以看到，存储设备目前被划分成超级块、块分配信息、inode分配信息、inode表和数据区这5个部分。当在一个存储设备上创建新的文件系统时，文件系统格式化工具会根据文件系统的存储布局和存储设备的容量，计算每个区域的大小，并初始化区域中的元数据，这个过程也被称为**格式化**操作。下面我们对图11.7中的各个区域分别进行回顾。

在我们的简单inode文件系统中，超级块位于文件系统的第一个存储块，负责记录整个文件系统的全局信息，主要包括其他区域在存储中的位置，即每个区域开始的存储块号。在真实的文件系统中，超级块通常还会包含用于标识文件系统类型的魔数、版本信息、存储的空间大小、能支持的最大inode数量、当前空闲可用的inode的数量、能支持的最大的块数量、当前空闲可用的块数量，以及一些统计信息，如最近一次的挂载时间等。同时，由于超级块中包含的信息非常重要，通常会在存储设备的不同区域保存多个备份。在超级块之后，是块分配信息与inode分配信息这两个位图区域，分别记录

⊖ Windows使用“\”字符作为路径的分隔符。

数据区的存储块与 inode 的使用情况。分配信息区域后是 inode 表，保存所有的 inode 结构。通常来说，由于 inode 表的区域不能动态调整，因此文件系统所能保存的最大文件数量在格式化的时候就已经确定了。在 inode 表之后的存储空间为数据区。需要注意的是，数据区不仅保存普通文件的数据，还会保存 inode 的索引块，以及目录的数据——别忘了目录也是一种文件。

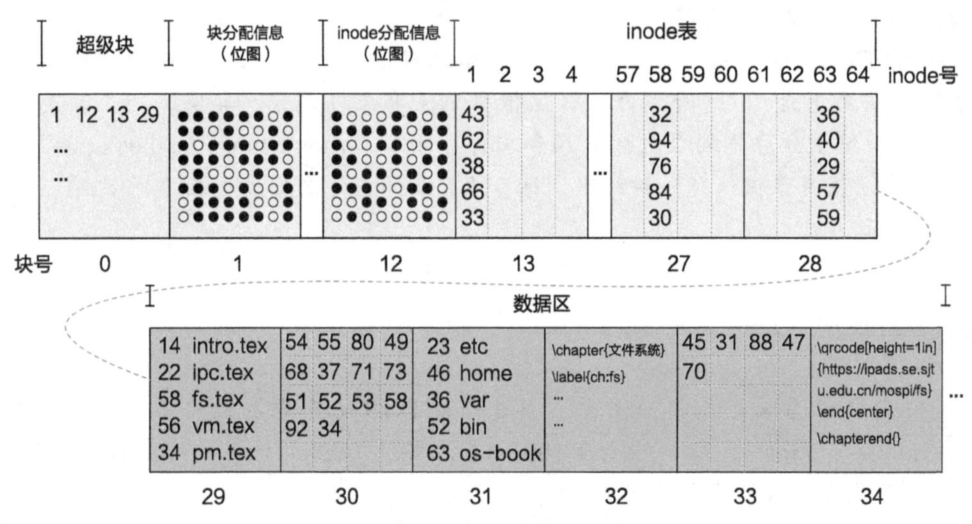

图 11.7 文件系统的存储布局和内容示例。图中的●表示 1（使用中），○表示 0（空闲）。inode 仅标出了 4 个直接块号和 1 个索引块号（一级索引）

小知识：为什么在格式化磁盘后，系统显示的可用空间变小了？

通常来说，操作系统显示的磁盘可用空间主要是数据区的大小，不包括数据块之前的预留区域。对于一个容量为 4TB、块大小为 4KB 的硬盘，仅块分配信息的区域就要占用 128MB。假设每 16KB 数据对应一个 inode，每个 inode 大小为 256B，则 inode 表大小为 64GB，占了整个硬盘的 1.6%。

练 习

11.2 请根据图 11.7，描述文件系统是如何查找到“/os-book/fs.tex”所对应的 inode，并读取其文件数据的。

11.1.6 从文件名到链接

通过目录来记录文件名与 inode 号的对应，而不是将文件名作为 inode 的一部分，这种实现方式带来了一个非常有意思的功能：链接。由于一个文件的文件名与这个文件的 inode 并没有直接绑定，而是通过目录项实现两者间的映射，因此我们完全可以为一个 inode 建立多个映射——换句话说，一个文件可以有多个文件名。文件系统提供了一个专门的系统调用，为一个已经存在的文件建立新的文件名映射，这种映射就是链接（Link）。链接也称“硬链接”，这是因为后来出现了一类新的“符号链接”，为了更好地区分，因此将原有的链接称为“硬链接”，将新出现的符号链接称为“软链接”。符号链接 / 软链接将在后文介绍，本节所指的链接均为硬链接。

文件名与链接

链接和文件名有什么区别呢？从文件系统的角度来看，两者没有任何区别，都是保存在目录项中，映射到一个 inode 号，因此所有的文件名都是链接。但出于习惯，我们通常会将文件创建时使用的字符串称为该文件的文件名，而将通过链接命令创建的文件名称为链接。

为一个文件新建链接的方法非常简单：以一个字符串和 inode 号作为参数，新建一个目录项即可。目录项可以记录在任意目录中，前提是新的字符串与该目录中其他目录项的文件名不重复。但是，在删除链接时却遇到了一个问题：删除链接所在的目录项时，我们是否应该也删除这个文件的 inode 和数据呢？如果这个链接是指向该文件的最后一个文件名，那么应当也删除该文件本身；但如果这个文件还有其他的文件名 / 链接，则不能删除文件数据。那么，我们该如何知道当前被删除的链接是不是该 inode 的最后一个文件名呢？

为了准确地记录何时能够将 inode 和其对应的文件从文件系统中删除，文件系统在 inode 中增加了一个引用计数器，也称链接数（即表 11.1 中的 nlink），记录有多少个链接指向了该 inode。每当一个目录项被加入目录中，目录项中对应的 inode 的链接数就会增加 1；每当一个目录项被删除，目录项中对应的 inode 链接数就减少 1；当 inode 的链接数减为 0 时，该 inode 和对应的文件可以被销毁和回收。

使用链接可以很方便地实现类似 Windows“快捷方式”的功能。例如，一个文件被保存在层次很深的目录中，每次使用都十分烦琐，而通过链接，用户可以在其他目录中为该文件起一个简单的别名，以方便访问。输出记录 11.1 中用 `ln` 命令为文件“`a`”创建了一个新的链接“`b`”，所有对文件“`b`”的操作均是对文件“`a`”的操作，因为两者的 inode 是一样的（通过 `ls -i` 可以显示文件名对应的 inode 号）。

输出记录 11.1　使用 `ln` 命令创建硬链接

```
[user@osbook ~] $ touch a
[user@osbook ~] $ ln a b
[user@osbook ~] $ echo "hello, world" > b
[user@osbook ~] $ cat a
```

```
hello, world
[user@osbook ~] $ ls -i
90050313 a    90050313 b
[user@osbook ~] $ mkdir d
[user@osbook ~] $ ln d e
ln: d: Is a directory
```

需要注意的是，在大多数文件系统的实现中，链接的目标文件不能是目录文件。这是因为如果允许为目录创建链接，很容易形成环，从而导致错误的情况。让我们来看下面一个例子：有一个 /a/ 目录，其 inode 号为 100。现在创建一个链接 /a/a-link 指向 /a/ 目录对应的 inode（即 inode-100）。此时，会出现无限深的路径 /a/a-link/a-link/a-link/...。另外，任何在 /a/ 下的文件也都可以通过 /a/a-link/ 来访问——这往往会给人一种错觉，以为这些文件是不同的。对于用户来说，“目录是树状的”这一理念已经深入人心，一旦允许目录出现环状结构，有可能会导致用户更容易犯错[⊖]。因此，大部分文件系统都不允许为目录创建链接，除了两个例外——“.”和“..”是指向目录的链接。

小知识：目录的链接数

在 POSIX 中，每个目录均包含两个特殊的目录项“.”和“..”，其对应的 inode 号分别为该目录本身和其父目录。这两个目录项由文件系统进行管理，与目录文件一同被创建和删除。对于根目录来说，“.”和“..”对应的 inode 号均为根目录自身。由于目录文件中保存了“.”和“..”两个目录项，当创建一个新的目录时，其本身的链接数为 2，同时其父目录的链接数需要加 1。

链接机制存在一个限制：为一个文件新建的链接必须和这个文件在同一个文件系统中。虽然我们还没有学习多个文件系统如何在一个文件树下同时存在（将在 11.3.3 节介绍），但依然可以凭经验设想下面的场景：在一台 Ubuntu Linux 主机中插入 U 盘（假设 U 盘也使用 inode 文件系统），一般会默认把 U 盘的文件系统挂载到“/media/”目录，假设是“/media/usb”目录。于是，用户可以通过“/media/usb/a.txt”这个路径来访问位于 U 盘根目录的文件“a.txt”。然而，如果用户希望在其他目录——比如“/os-book”——创建一个到“/media/usb/a.txt”的链接，则会失败。这是因为 U 盘文件系统与主机文件系统是不同的，其 inode 表也是不同的，U 盘的 100 号 inode 与主机的 100 号 inode 是两个完全不同的文件。所以，如果一定要在主机文件系统的某个目录创建一个链接指向 U 盘的 100 号 inode，那么在访问这个链接时，只会错误地访问到主机文件系统的 100 号 inode。那么，如何才能实现跨文件系统的链接呢？我们需要引入一种新的链接方式：符号链接。

⊖ 在支持了链接之后，文件系统已经不是严格的树状结构了。

11.1.7 符号链接（软链接）

符号链接（Symbolic Link）是一种建立在文件路径层次之上的链接。符号链接文件本身是一个独立的文件，具有自己的文件名和inode。但与普通文件不同，符号链接是一种特殊的文件[㊀]，其数据内容是一个字符串，即该链接所指向的目标文件的路径。为了与传统的基于inode号的链接更好地区分，人们一般也将符号链接称为**软链接**（Soft Link），而将之前的链接称为**硬链接**（Hard Link）。

新建软链接时，用户仅仅传入一个字符串，操作系统会新建一个类型为软链接的inode，并将字符串作为其数据。由于路径字符串的长度一般不会很长，因此文件系统可以做一个简单的优化：将路径字符串直接保存在inode中，占据原本用于保存数据块指针的空间，这样就可以不使用任何数据块，从而节约存储空间[㊁]。当用户打开一个软链接文件时，文件系统会根据inode类型判断出这是一个软链接，于是会读取其保存的路径字符串，然后以该路径为参数再次查找对应的inode，若没有找到则报错。因此，用户打开软链接文件，最终会打开其所指向的目标文件。从用户的角度来看，这个效果和硬链接是非常类似的。与硬链接不同的是，软链接和目标文件是两个不同的、独立的文件，可以保存在不同的文件系统中，因此可以实现跨文件系统的链接。

输出记录11.2展示了软链接的创建和其他操作示例。用户可通过带 `-s` 参数的 `ln` 命令创建一个软链接，其中 `-s` 后的字符串便是目标文件的路径。软链接和目标文件是独立的，拥有各自的inode，因此即使目标文件不存在，软链接也可以存在，只是访问的时候会报错。软链接可以指向目录，这也是其与硬链接的不同之处。软链接的目标文件可以是另一个软链接，文件系统只需要再次根据路径查找即可。为避免出现回环导致无限深的路径，文件系统需要为路径的深度设置一个阈值，若超过该阈值则报错。

输出记录11.2 使用 `ln -s` 命令创建符号链接

```
[user@osbook ~] $ ln -s a a.link
[user@osbook ~] $ cat a.link
cat: a.link: No such file or directory
[user@osbook ~] $ echo "hello, world" > a
[user@osbook ~] $ cat a.link
hello, world
[user@osbook ~] $ ls -l
-rw-r--r-- 1 osbook wheel 13 6 12 19:45 a
lrwxr-xr-x 1 osbook wheel 1 6 12 19:45 a.link -> a
[user@osbook ~] $ ls -i
90055602 a      90055547 a.link
[user@osbook ~] $ mkdir d
[user@osbook ~] $ ln -s d d.link
[user@osbook ~] $ touch d/x
```

㊀ 回顾一下：目录文件也是一种特殊的文件，文件的类型记录在该文件inode的mode字段。

㊁ 这个优化不仅可以用于软链接，而且可以用于其他很小的文件。

```
[user@osbook ~] $ ls d.link
x
[user@osbook ~] $ ln -s e e
[user@osbook ~] $ cd e
cd: too many levels of symbolic links: e
```

文件系统的设计空间非常广，inode 仅仅是其中的一种，现实中还有许多并非基于 inode 的文件系统。那么，不同的设计会为文件系统带来哪些能力上的不同呢？接下来我们介绍 Windows 系统中常用的两个文件系统——FAT 和 NTFS 的设计。

11.2 基于表的文件系统

本节主要知识点

- ❑ FAT 文件系统是如何保存数据的？
- ❑ NTFS 与 FAT 文件系统相比有哪些改变，带来了哪些好处？
- ❑ 用户态文件系统有哪些优势？如何在宏内核中提供用户态文件系统机制？

11.2.1 FAT 文件系统

文件分配表（File Allocation Table，FAT）[1-4] 是一种组织文件系统的架构。1977 年，Bill Gates 和 Marc McDonald 创建了第一个基于 FAT 的文件系统，用于管理 Microsoft Disk BASIC 系统中的存储设备[5]。自被搭载在 Windows 操作系统中至今，基于 FAT 的文件系统从早期的 FAT12、FAT16 逐步发展到被广泛使用至今的 FAT32 和 exFAT 等文件系统。这些文件系统均使用 FAT 作为主要索引格式，后文中我们统一使用 **FAT 文件系统**来表示这一类文件系统。本节中，我们将以 FAT32 为基础介绍 FAT 文件系统的基本设计⊖。

存储布局

图 11.8 展示了 FAT 文件系统的基本存储布局。位于整个文件系统最前端的是引导记录。引导记录的作用和超级块类似，其中记录了文件系统的元数据以及后续各个区域的位置。若此分区是可启动分区，则引导记录中还包括引导整个操作系统启动所需要的代码。

图 11.8 FAT 文件系统的存储布局[2-3]

⊖ 由于 FAT 文件系统的版本众多，且在设计上会略有差别，实际使用中的 FAT 文件系统设计可能与本节的内容略有出入。

引导分区后通常为FAT，FAT通常有两份，在图11.8中分别标记为FAT1和FAT2。两份FAT的内容一致，当FAT1由于各种原因损坏后，文件系统依然可以使用FAT2来访问和修复整个文件系统[一]。

FAT后通常保存根文件夹[二]，然后为数据区，保存其他文件夹和文件数据。FAT文件系统以簇（Cluster）作为逻辑存储单元[三]，每个簇对应物理存储上的一个或多个连续的存储扇区（Sector）(即存储设备的物理访问单元)。簇的具体大小可以在格式化时指定。

目录项格式

FAT文件系统的目录中同样保存着目录项。与此前介绍的基于inode的文件系统不同，FAT中每个目录项的大小固定为32字节，其中包括：

- 8.3格式的文件名（11字节）
- 属性（1字节）
- 创建时间（3字节）
- 创建日期（2字节）
- 最后访问日期（2字节）
- 最后修改时间（2字节）
- 最后修改日期（2字节）
- 数据的起始簇号（2字节）
- 文件大小（4字节）
- 保留字节（3字节）

除了属性和8.3格式的文件名外，目录项中的其他内容从字面便可以理解。接下来我们详细介绍一下属性和8.3格式的文件名。

属性。属性用来表示该目录项的种类和状态。例如，属性中使用特定的位表示文件是否为只读、是否为隐藏、是否为系统文件、是否为子目录。为了支持长文件名，FAT文件系统使用特殊值0x0F作为属性表示该目录项是一个长文件名的一部分，本节中称为长文件名构件。关于长文件名和长文件名构件，我们将在短文件名之后进行介绍。

小思考

此前介绍的inode文件系统中，并未在目录项中区分子文件和子目录（子文件夹）。在FAT文件系统中，目录项中特意使用一位（Subdirectory位）区分这两者。为什么FAT需要这样设计呢？

[一] 在基于inode的文件系统中，也会将重要结构（如超级块）保存多份，以防止重要结构的损坏影响整个文件系统的使用。

[二] 即根目录，在Windows中称前文介绍的目录为“文件夹”。

[三] 对应前文中使用的“块”。

短文件名。短文件名（8.3 格式）是一种占用 11 字节的文件名格式，其中前 8 字节为文件名，后 3 字节为拓展名。因此，一个名为 datafile.dat 的文件使用 8.3 格式时，保存为 DATAFILEDAT 共 11 字节。由于点“.”的位置是固定的，因此不需要实际进行存储。如果文件名超过 8 字节，则会被截断并添加序号以做区别。如 mydatafile.dat 会被变为 MYDATA ~ 1.DAT，其中 MYDATA 为原文件名的前 6 个字符，~ 1 表示此文件名是被截断的，而且其是此类文件名中的第一个。如果 MYDATA ~ 1.DAT 文件已经存在，则 mydatafile.dat 会被变为 MYDATA ~ 2.DAT，以此类推。此外，8.3 格式中并不支持小写字母，所有文件名中的小写字母会被自动转换成大写字母进行存储。

长文件名。如何让文件支持更长的文件名呢？FAT32 文件系统的解决方法是在保留短文件名的同时，用多个额外的目录项来保存长文件名，从而弥补短文件名表达力的不足。因此如果一个文件拥有长文件名，那么它就同时拥有了两个文件名。应用程序可以使用其中任意一个来找到这个文件。

图 11.9 展示了 FAT 文件系统中的一个名为“OSBook File System.tex”的文件的长文件名存储。首先，文件系统会为这个文件自动生成一个短文件名“OSBOOK ~ 1.TEX”，如图 11.9 下方所示。该文件的长文件名则使用连续的两个**长文件名构件**类型的目录项进行存储。这两个长文件名构件目录项保存在短文件名目录项之前（图 11.9 的上方）。

图 11.9　FAT 文件系统的长文件名[2-3]

用于保存长文件名的目录项，其类型是 0x0F（如图 11.9 中粗线方框所示），用于与正常的目录项区分。若需要多个目录项才能保存下文件名，那么第一个目录项的编号是 0x1，第二个是 0x2，以此类推（如图 11.9 中深色方框所示）。注意最后目录项的序号需要与 0x40 进行异或操作，因此图 11.9 中的最后一个目录项的序号是 0x42。每个目录项除开头的序号、类型、预留的 0x00 和校验字段外，均可用于保存文件名。本例中，每个字母占 2 字节，这是因为 Windows 采用 Unicode 的编码方式，这样每个目录项可以最多保存 13 个 Unicode 字符。FAT32 限制文件名的长度不能超过 255 字节（小于 20 个目录项）。

FAT 和文件格式

前面我们提到 FAT 文件系统以簇作为逻辑存储单元。每个簇有一个地址，称为簇号。FAT 实际上是一个由簇号组成的数组——每个簇都有其对应的 FAT 表项，而每个 FAT 表项中记录了一个簇号。FAT 中记录的簇号为逻辑上下一个簇的簇号，举例来说，簇 3 的 FAT 表项中记录了 5，说明簇 3 之后的下一个簇是簇 5。十六进制全 F 表示当前簇已经是最后一个数据簇，不存在下一个簇。

图 11.10 展示了两个文件在使用 FAT 时的存储方式。为了简洁，图中的目录项只显示了文件名和开始簇号，其他信息并未显示。当文件系统拿到一个目录项时，会根据其中保存的开始簇号找到簇，并从中读取数据。如在 FILE1.DAT 对应的目录项里，标记开始簇号为 2，因此我们可以从簇 2 中找到文件的第一个簇里面的数据。若一个簇不足以保存所有的文件数据，文件系统会将当前簇号（例子中为 2）作为索引，从 FAT 中查找到下一个簇号。在图 11.10 中，FAT 的 2 号项保存的簇号为 4，说明簇 4 保存了该文件的下一部分数据（该文件第二个簇的数据）。同样，簇 4 对应的 4 号 FAT 表项记录的簇号为 5，因此簇 5 中保存了文件接下来的数据。簇 5 对应的 FAT 表项中保存的簇号为 0xFFFF，说明不存在下一个簇。对于图中另外一个文件 HW1.TXT，我们可以看出这个文件只占用了一个簇，即簇 3。

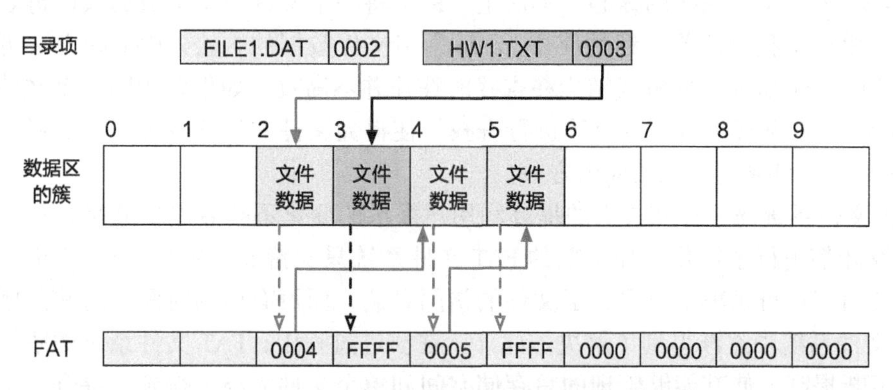

图 11.10 文件使用 FAT 格式进行保存[3]

此处应该注意，图 11.10 为了便于理解，将目录项画在了最上方。但实际上，目录项也是保存在簇中的。

练 习

11.3 为何 FAT 文件系统需要在目录项中区分子文件和子目录？

为了更好地理解 FAT 的使用方法，我们在图 11.11 中给出了另外一个例子。图中给出了一个 FAT 的前 32 项，以及 4 个文件（包括文件夹）的开始簇号。通过前述的方法，我们可以从 FAT 中得知每个文件的数据位置。

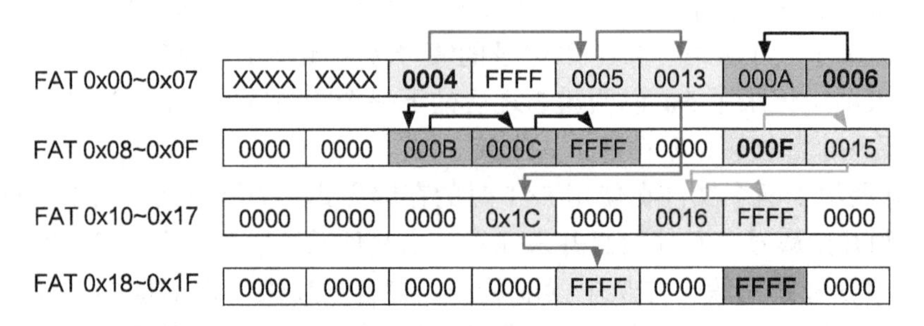

图 11.11 另外一个使用 FAT 的例子

FAT 文件系统小结

FAT 是 FAT 文件系统的核心。本质上，FAT 将一个文件的多个数据簇以链表形式进行索引。相对于我们此前介绍的使用 inode 索引文件数据的方法，FAT 的方法更加简单直接。然而 FAT 所使用的链式结构在查找时往往并不高效。如果要访问一个文件的中间部分，FAT 文件系统不得不逐个簇进行查找，使得大文件的访存变得尤其缓慢。这也是 NTFS 等后续文件系统出现的原因之一。

FAT 文件系统随着存储技术的提高和用户需求的变化不断演进。早期 FAT 文件系统的许多设计都进行了简化，如早期的 FAT 文件系统只支持 8.3 格式甚至 6.3 格式的短文件名，又如其在目录项中只保存了文件的访问日期，而没有访问时间。这些问题在后续的 FAT 文件系统中逐渐得到了解决。此外，在演进过程中，FAT 文件系统的簇号上限和簇大小不断提高，使其能够管理的总存储空间和单个文件大小也得到了提升，满足存储设备容量的增长和用户对大文件的使用需求。

由于设计和实现的简单性，FAT 文件系统依然被广泛用于各种设备和场景中。例如，UEFI 中 EFI 分区上的文件系统便是基于 FAT 文件系统进行设计的，并且与 FAT 文件系统兼容 [6]。

11.2.2 NTFS

NTFS（New Technology File System）[4, 7-9] 是在 FAT 文件系统之后，另一个在 Windows 操作系统中广泛使用的文件系统。相对于此前的 FAT 文件系统，NTFS 在功能、性能、可靠性等方面进行了诸多提升，并解除了原有 FAT 文件系统中的诸多限制。

存储布局与 MFT

在 NTFS 中，文件系统的核心结构从 FAT 变成主文件表（Master File Table，MFT）。微软公司关于 NTFS 的文档[8]将 MFT 称为一个数据库：MFT 中的每一行对应着一个文件，每一列为这个文件的某个元数据。NTFS 中所有的文件均在 MFT 中有记录。NTFS 中的所有被分配使用的空间均被某个文件所使用。即使是那些用于存放文件系统元数据的空间，也会属于某个保留的元数据文件。

图 11.12 展示了 NTFS 的存储布局和 MFT。从表面上来看，NTFS 的存储布局仅将 FAT 文件系统中的 FAT 变为 MFT，但实际上，MFT 结构与 FAT 有着本质区别。FAT 是一种固定的结构，其大小和完整位置在创建文件系统时就已经固定下来并记录在引导区域内。这样虽然简单高效，但同时也限制了文件系统的拓展性。而在 NTFS 中，并非所有的 MFT 记录位置在创建文件系统时就已经固定。MFT 的内容（即 MFT 记录）保存在一个名为 $Mft 的元数据文件㊀中。此文件的元数据被保存在 MFT 的第一条记录中。通过此种方法，MFT 能够“自己管理自己”，这类似于编程语言中的“自举”概念。在这种设计下，NTFS 的引导区域中只记录 MFT 的开头几条记录的位置，其中包括 $Mft 文件本身的记录。通过 $Mft 文件本身的记录，可以找到 $Mft 文件所有的数据保存的位置，进而可以找到 MFT 中剩余的所有记录。

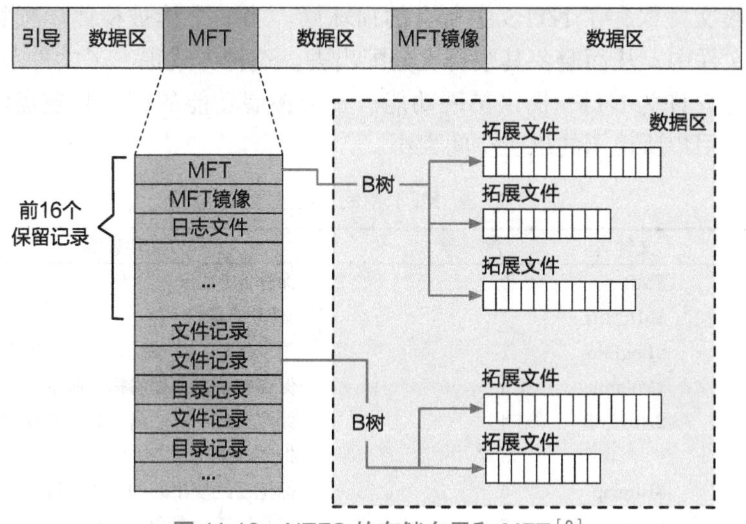

图 11.12　NTFS 的存储布局和 MFT[9]

除了 MFT 中的前几条记录之外，其余记录可以分散存储在文件系统的各个位置，只要它们能够通过 $Mft 记录中保存的索引找到即可。但考虑到 MFT 需要被频繁访问，如果其存储过于分散，将影响对 MFT 的访问效率。因此，NTFS 一般会预留整个文件系统存储空间的 12.5% 专门保存 MFT 的数据。只有在存储空间不足等特殊情况下，这些空

㊀ 关于元数据文件，我们将在后文中进行具体介绍。

间才可以用于保存其他文件数据。

除了 MFT 之外，MFT 的镜像也与 FAT 文件系统中的 FAT 备份（即 FAT2）有所不同。在 FAT 文件系统中，FAT2 是 FAT1 内容的完整备份。而在 NTFS 中，MFT 的镜像只保存 MFT 文件的前四条记录[⊖]。

MFT 表由多条 MFT 记录组成。其中前 16 条为保留记录，称为元数据文件。元数据文件的文件名一般以 $ 开头，其中保存了文件系统的元数据。上文中，我们已经介绍了其中的 $Mft 文件和 $MftMirr 文件，分别表示 MFT 本身和 MFT 的镜像。表 11.3 列出了 MFT 中的全部元数据文件。从这些文件中，我们还可以看出一些 NTFS 与 FAT 文件系统相比增加的功能。

- NTFS 的元数据文件中包括一个日志文件，其以日志的形式临时保存文件系统的修改，以保证文件系统崩溃一致性。NTFS 的结构比 FAT 文件系统要复杂，因此在进行修改时更容易造成一致性问题。增加的日志文件能够让文件系统在系统崩溃重启后快速修复一致性问题。
- 属性定义文件定义了 NTFS 中所有属性的名字、数量和说明。NTFS 允许为每个文件增加额外的属性，从而增加了系统的灵活性，这在 FAT 文件系统中是不支持的。
- 如果存储设备上的某个簇已经损坏，再使用该簇保存数据会造成数据的损坏和丢失。坏簇文件保存了 NTFS 中所有的损坏簇。当一个簇被检测出损坏后，其会被加入此文件中，从而避免其被再次分配出去。这种方式提高了文件系统的可靠性。
- 拓展文件允许为 NTFS 提供扩展功能。一个拓展功能的例子是磁盘限额，其可以限制每个用户所使用的磁盘空间大小。

表 11.3　MFT 中的元数据文件

元数据文件	文件名	序　号	文件说明
MFT	$Mft	0	保存 MFT
MFT 镜像	$MftMirr	1	MFT 的备份
日志文件	$LogFile	2	用于保证文件系统元数据一致性
卷	$Volume	3	保存卷信息，如卷标和版本
属性定义	$AttrDef	4	保存支持的属性名、数量和描述
根文件夹	.	5	根文件夹
簇的位图	$Bitmap	6	标记已经使用的和空闲的簇
启动扇区	$Boot	7	保存用于加载和启动卷的信息和代码
坏簇文件	$BadClus	8	保存卷中损坏的簇
安全文件	$Secure	9	保存卷中每个文件的唯一安全描述符
大写表	$Upcase	10	用于进行 Unicode 相关转换
拓展文件	$Extend	11	用于文件系统拓展，如磁盘限额
		12 ～ 15	未使用的记录

⊖ 如果前四条记录大小不足一个簇，则保存第一个簇中的所有记录。

MFT 记录的属性

MFT 中的每条记录可以包含多个文件属性。文件的所有信息均直接或间接地以属性的形式保存在 MFT 记录中，例如文件的时间戳保存在标准信息属性中，而文件数据保存在数据属性中。一些常用的属性包括：

- 标准信息：表示文件的基本元数据，包括访问模式（如只读或读写）、时间戳和链接数等标准信息。
- 属性列表：MFT 记录中未存储的其他属性记录的位置。
- 文件名：保存了该文件的文件名。文件名属性可以重复出现。长文件名允许使用最长 255 个 Unicode 字符。短文件名同 FAT32 一样，依然是 8.3 格式，且大小写不敏感。
- 数据：文件数据。
- 重解析点：用于挂载存储设备。
- 索引根：用于文件夹和其他索引。
- 索引分配：用于大文件夹和大文件的 B 树结构。
- 位图：用于大文件夹和大文件的 B 树结构。
- 卷信息：只用于 $Volume 系统文件中标记卷的版本。

与 FAT 中的簇链表不同，NTFS 使用不同的方式保存不同大小的文件和目录。对于小文件和目录（通常不超过 900 字节），NTFS 将其内容使用数据属性保存在 MFT 记录中。此时的属性称为常驻（Resident）属性。若文件或目录的内容过多，无法在一个 MFT 记录中完整保存，NTFS 使用 B 树和区段[⊖]的方法进行索引和保存。结合这两种方法，NTFS 既保证了小文件能够在 MFT 表中快速访问，又保证了在大文件中进行操作的高效性。

图 11.13 中给出了 MFT 记录以及其中属性的具体格式。每个 MFT 记录以一个 MFT 记录头开始，此后包含若干属性记录，最终以一个类型为 0xFFFFFFFF 的特殊属性结束。MFT 记录头中记录一些文件信息。例如，魔数用于表示该 MFT 记录的类型（如文件或目录），分配的字节数和使用的字节数分别表示该 MFT 记录占用的空间大小和其中已经使用的空间大小，链接数表示该文件的硬链接个数，属性偏移表示第一条属性记录距离该 MFT 记录开头的偏移量。

每条属性中记录了属性类型、属性记录的长度、是否为常驻属性、属性名字和名字的长度、属性内容的长度、属性内容距离属性记录开头的偏移量以及变长的属性内容等信息。属性类型为 0xFFFFFFFF 的属性记录表示 MFT 记录的结束，该属性记录只有属性类型这一个字段。例如，表示文件名的属性的属性类型为 0x30，属性内容为一个文件名结构，保存在属性记录的最后。文件名结构的具体格式如图 11.14 所示，其中包括该文件名的父目录的 MFT 记录号（相当于 inode 号）、各类时间、占用大小和实际使用大小、

⊖ 一些连续的簇可组成一个区段。

文件名长度和具体文件名等。

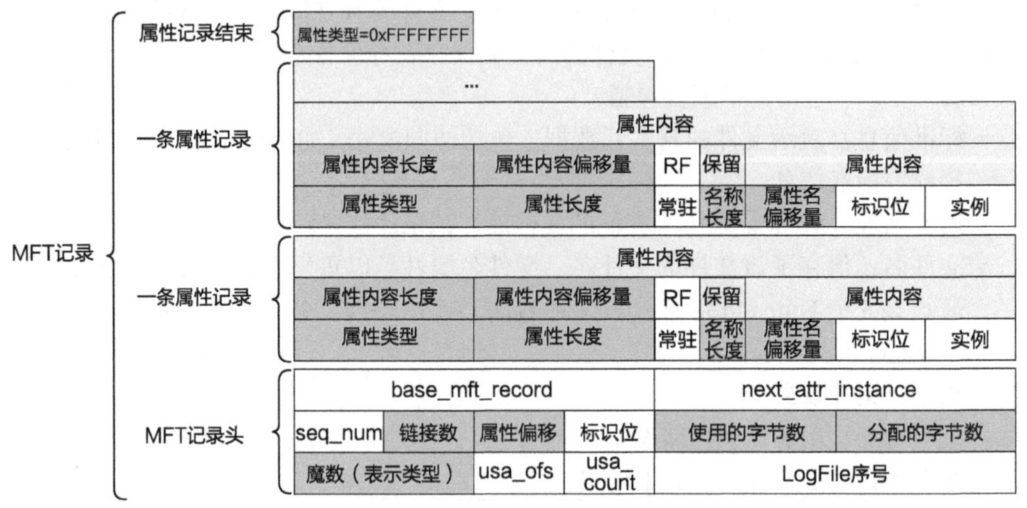

图 11.13　MFT 记录以及属性

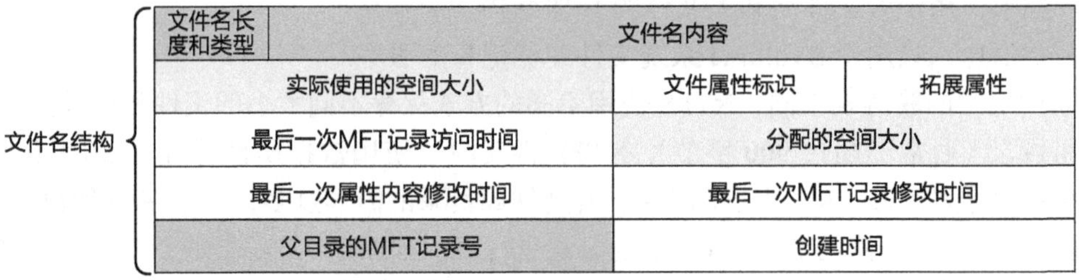

文件名结构

文件名长度和类型	文件名内容	
实际使用的空间大小	文件属性标识	拓展属性
最后一次MFT记录访问时间	分配的空间大小	
最后一次属性内容修改时间	最后一次MFT记录修改时间	
父目录的MFT记录号	创建时间	

图 11.14　文件名结构

目录项、访问时间与硬链接

图 11.15 中给出了 NTFS 中常驻目录的格式。当目录中的目录项不多，可以被保存在索引根属性中时，该目录被称为常驻目录。常驻目录的索引根属性包括索引根的头部信息和若干索引记录，即目录项。其中索引头部信息中记录了首个目录项距离索引头部开头的相对偏移量、索引的长度和占用空间等信息。通过这些信息可以访问此后保存的目录项。NTFS 的目录项中主要保存*文件名*和 MFT *记录号*。文件名保存在一个完整的文件名结构中，MFT 记录号是指对应文件在 MFT 表中的编号，其作用与 inode 号相似。

除此之外，NTFS 目录项的文件名结构中还保存了目标文件的**最后访问时间**（Last Access Time）。NTFS 为每个文件维护了最后访问时间，表示该文件数据和元数据最后被访问的时间。NTFS 将每个文件的准确最后访问时间维护在内存中，只有当内存中的最后访问时间与存储设备上的最后访问时间相差了一个小时之后，才会将最后访问时间更新到存储设备上。对于每个文件，有两个位置保存了其最后访问时间。除了在目录项中外，最后访问时间还保存在文件的标准信息属性中，即 MFT 记录中的文件名属性中。

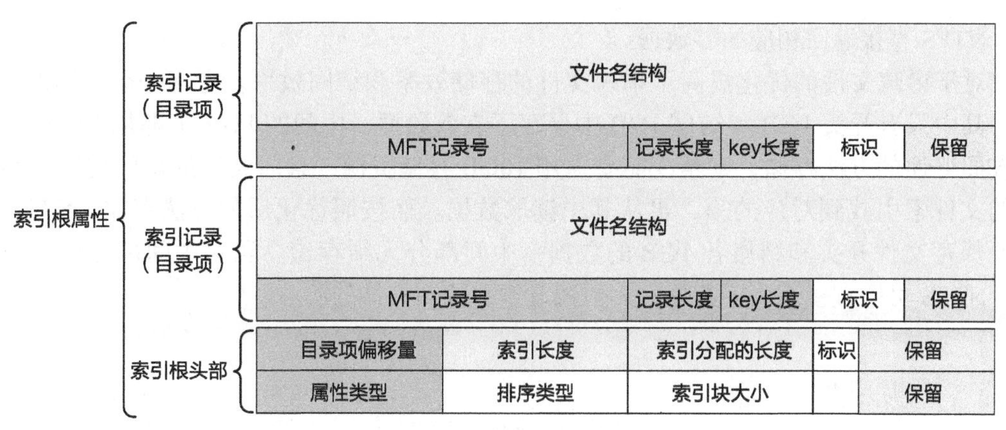

图 11.15 目录和目录项

基于目录项，NTFS 还增加了硬链接支持。每个硬链接拥有一个单独的目录项，但是其中保存的文件 ID 指向了相同的 MFT 记录。此时，该 MFT 记录中为每一个硬链接记录一个单独的文件名属性。

多数据流

文件数据是一个字符序列，又可以被称为一个数据流（Data Stream）。NTFS 中的文件数据保存在默认的数据属性中，是文件的默认数据流。

除默认数据流之外，NTFS 还允许在同一个文件中保存多个数据流。从命名上来看，file.doc 表示该文件的默认数据流，而 file.doc:stream1 表示该文件中名为 stream1 的数据流。从存储上来看，每个数据流保存在一个单独的属性中，如默认数据流保存在默认的数据属性中，而 stream1 数据流保存在名为 stream1 的数据属性中。每个数据流有独自的一组文件属性，包括锁、流的大小等，因此多个数据流的访问之间互不干扰。多数据流允许应用程序将该文件相关的附带信息保存在该文件的特定数据流中，如图片编辑器可以将图片的缩略图保存在名为 thumbnail 的数据流中，又如编译器将程序的调试信息保存在名为 debuginfo 的数据流中。

压缩和稀疏文件

NTFS 允许对单个文件、目录中的所有文件以及整个卷（即文件系统）进行压缩保存。在启用压缩功能之后，存储设备上保存压缩后的数据。当应用程序访问 NTFS 上压缩保存的文件时，NTFS 会自动将被访问的那一部分文件数据解压缩，并将解压缩后的文件数据保存在内存中供给应用程序使用。该过程对应用程序来说是透明的。

除了压缩外，NTFS 还增加了对稀疏文件（Sparse File）的存储优化。当一个文件中存在大片连续数据为零数据（即所有位均为 0）时，其被称为稀疏文件。按照普通文件的方法来存储稀疏文件是很不划算的，因为其中的零数据会占用存储空间，却没有实际意义。为此，当一个文件被标记为稀疏文件时，NTFS 只保存其中的非零数据（以及位置和长度），其余的零数据并不保存在存储设备上。当应用程序对文件的零数据区域进行读取时，NTFS 直接返回相应的零数据。

对于稀疏文件的优化提高了稀疏文件的存储效率和访问效率。考虑一个 10GB 的文件，其中只有开头 1GB 和结尾 1GB 中保存了有效数据，中间的 8GB 全都是零数据。如果按照普通的方法存储，则至少需要占用 10GB 存储资源，且对文件的访问需要访问复杂的文件索引找到对应的簇，再从其中读取数据。而按照优化后的方法存储，NTFS 只需要保存文件开头和结尾各 1GB 的数据，中间部分无须存储。当对中间部分进行访问时，NTFS 可以直接返回零数据，无须通过索引找到具体的簇。

11.3 虚拟文件系统

本节主要知识点

- 多个不同的文件系统如何共同工作在同一个操作系统之上？
- 为何应用程序能使用统一的接口访问多个不同文件系统上的文件？
- 伪文件系统是什么？为什么要有伪文件系统？

计算机系统中可能同时存在多种文件系统。例如，在同一台计算机中，用户分别使用 NTFS 和 Ext4 两个文件系统管理一块机械硬盘上的不同区域，用于保存电影和数据备份。同时，在一块固态硬盘中，用户使用 Ext4 文件系统保存系统文件和频繁使用的数据。当在不同的计算机系统之间传递数据时，用户还经常将 FAT32 文件系统格式的 USB 闪存盘接入计算机系统。

在操作系统中，**虚拟文件系统**（Virtual File System，VFS）[⊖]对多种文件系统进行管理和协调，允许它们在同一个操作系统上共同工作。不同文件系统在存储设备上使用不同的数据结构和方法保存文件。为了让这些文件系统工作在同一个操作系统之上，VFS 定义了一系列内存数据结构，并要求底层不同的文件系统提供指定的方法，将其存储设备上的元数据统一转换为 VFS 的内存数据结构，VFS 通过这些内存数据结构向上为应用程序提供统一的文件系统服务。在本节中，我们将以 Linux 中的 VFS [10] 为例，介绍 VFS 如何管理和调用多种文件系统，以及 VFS 如何为应用程序提供统一的文件系统抽象。

11.3.1 文件系统的内存结构

在前两节中，我们主要介绍了文件系统在存储设备上的结构和操作。在实际使用的计算机中，数据需要首先被载入内存，才能被 CPU 访问和修改。因此，文件系统的正常运行离不开内存中与文件系统相关的结构。

⊖ 又称 Virtual File system Switch。

文件系统在使用内存时，最直接的一种方式是使用内存作为临时缓存。在每次需要访问磁盘上文件系统的结构时，文件系统分配足够多的临时内存页，再将磁盘上对应的结构读取到这些内存页中，以便直接在这些内存页上对数据进行访问。数据访问完毕之后，文件系统将释放这些临时内存页。

这种方式简单直接，但弊端也非常明显。由于每次访问均需要进行分配、访问磁盘、释放的过程，将造成比较大的性能开销。为了避免这些开销，文件系统可以延迟释放的过程，让磁盘中的结构在内存中停留更长的时间。根据数据访问的时间局部性，这些被延迟释放的结构有可能在未来再次被访问。与此同时，文件系统需要使用额外的索引结构（比如哈希表或者红黑树）管理这些延迟释放的磁盘文件系统结构，以方便在后续访问时进行查找。

对于一些常用的结构，比如超级块、分配信息和 inode 结构，文件系统会在内存中维护专有的缓存。例如，对于磁盘上的 inode 结构，在内存中具有对应的 vnode 结构。vnode 结构中保存了对应磁盘 inode 结构中的所有信息，以及用于缓存的管理和文件系统的其他信息。

除了缓存外，文件系统还需要维护一些其他结构用于文件的访问。文件系统“打开 - 读写 - 关闭”的访问模式，是一种有状态的访问方式。换句话说，文件系统需要维护一些状态表示打开的文件，这些状态将在后续读写过程中被访问和修改。举例来说，文件打开后，文件读写位置被置为 0，每次读写时，该位置会根据读写的大小而增加。因此在打开文件后，不断地调用 `read` 接口，最终可以将文件的全部数据读取出来。文件描述符表和文件描述表是文件系统在内存中用于管理处于打开状态的文件的主要结构。一般来说，文件描述符表和文件描述表中的内容在打开文件时创建，在用 `fd` 访问文件时使用，在文件关闭时删除。

图 11.16 给出了包括内存结构的文件系统结构图。应用程序通过 `fd` 进行文件访问时，操作系统通过 `fd` 找到内存中对应的文件描述结构，其中记录了对应的目标 inode、当前的文件访问位置和打开模式等。其中目标 inode 用于寻找对应的 vnode 结构。如果对应的 vnode 结构在内存中不存在，则需要分配内存空间，并将对应的 inode 结构从磁盘中读取到内存中。对于文件元数据访问，可以直接将内存 vnode 结构中的信息返回应用程序。对于文件数据访问，文件系统还需要通过内存 vnode 结构中记录的数据索引信息，找到对应的数据块位置，再通过在内存中分配临时数据页，将数据从磁盘中的对应位置读取到内存中进行访问。

小思考

图 11.16 说明了基于 inode 的文件系统是如何在内存中进行缓存的。那么对于 FAT32 等磁盘中没有 inode 结构的文件系统，如何进行缓存呢？

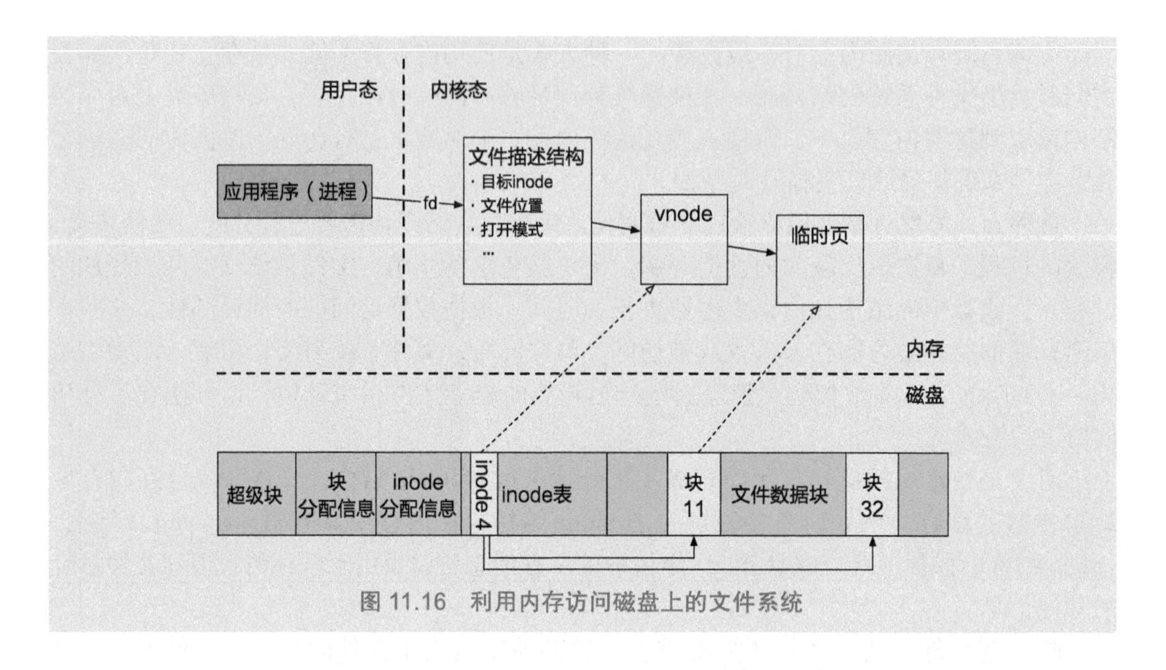

图 11.16 利用内存访问磁盘上的文件系统

文件描述符、文件描述结构和 vnode 之间的对应关系是非常灵活的。在一般情况下，打开一个文件后，一组相关联的文件描述符（fd1）、文件描述结构和 vnode 会被创建。在此情况下，若打开一个新的文件（如图 11.17a 所示），则一个新的文件描述符（fd2）被返回。该文件描述符关联了一个新的文件描述结构，以及一个与新的文件相对应的 vnode 结构。在这种情况下，两个文件的访问相互独立。若第二次打开的文件与第一个文件相同，虽然会产生新的文件描述符和文件描述结构，但是两个文件描述结构指向相同的 vnode 结构（如图 11.17b 所示）。在这种情况下，虽然通过这两个文件描述符可以访问相同的文件，但是两个文件描述符对应的文件描述结构具有不同的打开模式（比如读写、只读或者追加）和读写位置等属性。若未打开文件，而是使用 `dup` 系统调用从现有文件描述符（fd1）创造出一个新的文件描述符（fd2），则两个文件描述符指向相同的文件描述结构（如图 11.17c 所示）。在这种情况下，两个文件描述符的作用是完全一样的。如图 11.17d 所示，在使用 `fork` 等系统调用创建父子进程之后，父子进程有各自的文件描述符表，但是会共享文件描述结构，以及此后的 vnode 结构。两个进程可以通过这种方式实现进程间通信。

11.3.2 面向文件系统的接口

在本节中，我们将依次介绍 VFS 定义的内存数据结构和围绕这些数据结构而设计的文件系统方法。这些结构和方法组成了 VFS 面向文件系统的接口，使得不同文件系统可以共同在 VFS 的管理之下工作。

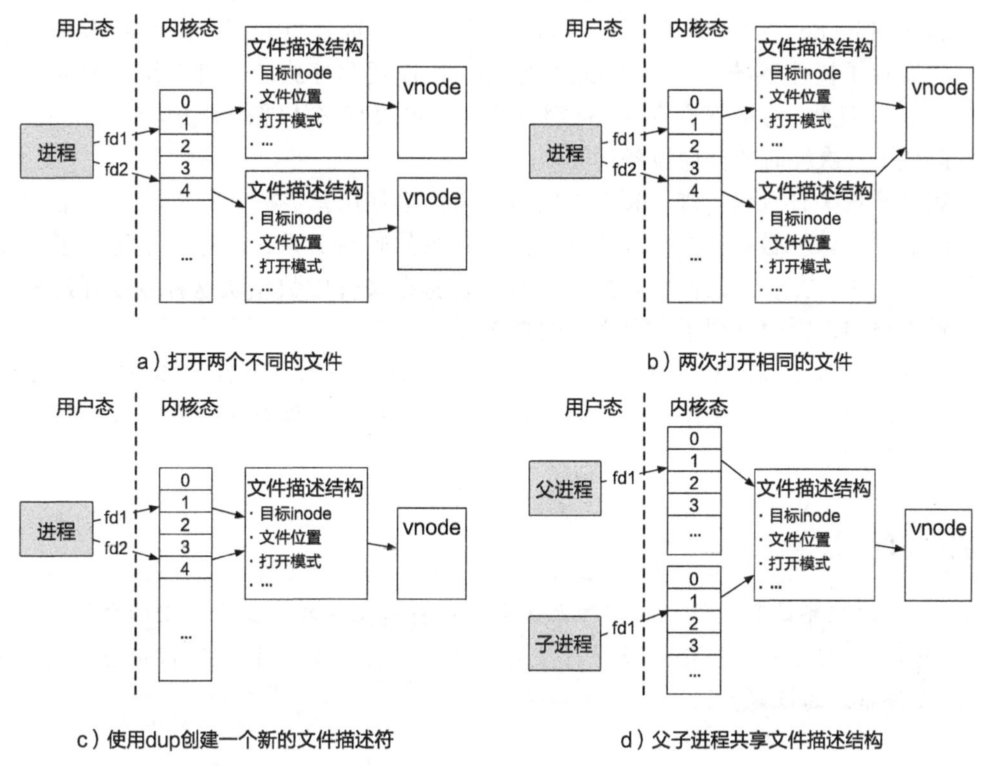

图 11.17 文件描述符表、文件描述表与 vnode 表的关系

VFS 定义的内存数据结构

Linux 的 VFS 基于 inode 制定了一系列的内存数据结构，包括超级块、inode、目录项等。这些统一的内存数据结构掩盖了多种文件系统在设计和实现上的不同，使得存储设备中通过不同格式存储的数据，能够以统一的格式出现在内存中。

- *VFS 中的超级块*。VFS 定义了自己的内存超级块结构，其中保存了文件系统的通用元数据信息，如文件系统的类型、版本、挂载点信息等。每个挂载的文件系统实例均在内存中维护一个 VFS 超级块结构。VFS 通过这些超级块结构中通用的元数据信息对多个文件系统实例进行管理。在这些通用信息之外，VFS 的超级块结构中还预留了一个指针。文件系统可以将该指针指向其特有的超级块信息。这种设计既达到了统一数据结构的目的，又保留了不同文件系统的特有信息，增加了 VFS 的灵活性。
- *VFS 中的 inode*。Linux 在 VFS 中同样定义了内存 inode 结构（对应前一小节中的 vnode 结构），用于保存基本的文件元数据。若文件系统想要在内存 inode 结构中记录额外信息，则需要在为 VFS 的 inode 结构分配空间时多分配一些空间，之后通过计算偏移量的方式将额外信息保存在 VFS 的 inode 结构之外。为了快速定位和使用 inode，VFS 维护了一个 inode 缓存（icache）。VFS 的 inode 缓存使用哈希表保存了操作系统中所有的 inode 结构。当应用程序或者文件系统需要使用某个 inode，且此 inode 保存在 inode 缓存中时，可以直接从缓存中访问该 inode，从而避免了一次耗时的存储设备访问。

- VFS 中的文件数据管理。每个 VFS 的 inode 会使用基数树（Radix Tree）表示文件的数据。该基数树维护了从数字 i 到内存页的映射关系，内存页中记录了该文件第 i 个数据块上的数据。基数树非常适合保存文件中数据块这种以 0 开始的连续索引空间，因而被用于保存文件的页缓存。
- VFS 中的目录项。VFS 中的目录项是一个在内存中保存文件名和目标 inode 号的结构。正如 inode 缓存一样，VFS 在内存中为目录项保存了缓存，称为目录项缓存（dcache）。

练 习

11.4 当应用程序读取文件时，文件系统需要先将其保存在存储设备上的文件元数据转换成 VFS 定义的格式并保存在内存中。这是否会增加额外的开销从而影响文件系统的性能？

VFS 定义的文件系统方法

在 Linux 等宏内核中，文件系统通常作为操作系统内核的一部分对外提供服务。因此，应用程序需要通过系统调用对文件系统进行访问。图 11.18 给出了一个应用程序通过系统调用访问文件系统的例子。应用程序向操作系统内核发出读取文件的系统调用请求，操作系统内核调用 VFS 处理该请求。VFS 根据系统调用的内容和上下文，找到对应的文件系统为 Ext4 文件系统，并调用 Ext4 文件系统的“读取文件”方法，最终将请求的结果返回应用程序。

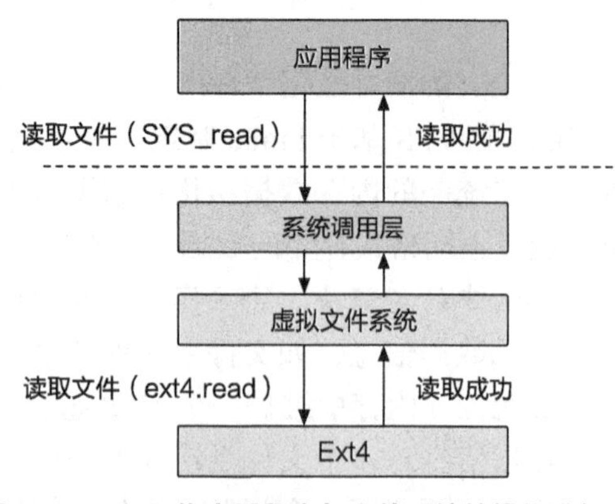

图 11.18 VFS 将应用程序与文件系统的操作进行连接

Linux 中的 VFS 以函数指针的方式定义了文件系统应提供的方法。每个 Linux 中的文件系统均需要将其方法以函数指针的方式提供给 VFS，如在文件系统代码被加载和初始化时，会告知 VFS 其文件系统类型，以及其挂载方法的函数指针。这些信息保存在代码片段 11.4 所示的结构中，由 VFS 进行组织和管理。在处理文件系统的挂载请求时，此结构中的 `mount` 函数便会被调用，文件系统可以进行相应的挂载操作。

代码片段 11.4 Linux VFS 中的文件系统数据结构

```
 1 struct file_system_type {
 2   const char *name;
 3   ...
 4   struct dentry *(*mount) (struct file_system_type *,
 5                            int, const char *, void *);
 6   void (*kill_sb) (struct super_block *);
 7   struct module *owner;
 8   struct file_system_type * next;
 9   struct hlist_head fs_supers;
10   ...
11 };
```

通过相似的方法，Linux 的 VFS 为其内存数据结构分别定义了不同的文件系统方法。以文件结构为例，代码片段 11.5 中列出了 Linux 的 VFS 为文件结构定义的部分方法，主要包括文件的打开（open）、读（read 和 read_iter）、写（write 和 write_iter）、定位（llseek）、内存映射（mmap）、同步写回（fsync）等操作。

代码片段 11.5 Linux VFS 在文件结构上定义的方法

```
 1 struct file_operations {
 2   struct module *owner;
 3   loff_t (*llseek) (struct file * , loff_t, int);
 4   ssize_t (*read) (struct file * , char  __user * ,
 5                    size_t, loff_t *);
 6   ssize_t (*write) (struct file * ,
 7                     const char  __user * ,
 8                     size_t, loff_t *);
 9   ssize_t (*read_iter) (struct kiocb * ,
10                         struct iov_iter *);
11   ssize_t (*write_iter) (struct kiocb * ,
12                          struct iov_iter *);
13   long (*unlocked_ioctl) (struct file * , unsigned int ,
14                           unsigned long);
15   int (*mmap) (struct file * ,
16                struct vm_area_struct *);
17   int (*open) (struct inode * , struct file *);
18   int (*fsync) (struct file * , loff_t, loff_t,
19                 int datasync);
20   ...
21 };
```

小知识：ioctl 接口

代码片段 11.5 中的 unlocked_ioctl 对应 ioctl 接口，其原本用于控制字符设备、网络设备和 IPC。由于 POSIX 未定义 ioctl 在其他类型文件上的行为，许多文件系统通过此接口拓展文件上的操作，为应用程序提供更多的功能。例如，文件系统可以通过实现 ioctl 接口，允许应用程序设置文件的**冷热程度**（Hotness），以便文件系统根据数据的冷热程度使用不同的存储方法，提高存储效率。又如，为 Linux 提供硬件虚拟化支持的 KVM 模块（将在 14.7 节中进行详细介绍），也是通过实现 ioctl 接口提供虚拟化支持。

VFS 定义在其内存数据结构上的方法涵盖了文件系统的所有操作。当应用程序需要访问某个文件时，VFS 可以通过这些记录的函数指针，调用文件系统提供的方法，从而完成对文件系统中数据的请求。

练 习

11.5 Linux 内核是宏内核，因此使用函数指针表示文件系统方法。试想一下，如果在微内核架构下，文件系统实例运行在单独的用户态进程中，能以何种方式表示文件系统方法？

VFS 与 FAT 的对接

基于 VFS 所定义的内存数据结构和方法，Linux 可以兼容各种文件系统——不论它们是否使用 inode 作为主要文件系统抽象。例如，为了将基于表的 FAT32 加入 Linux 内核，需要使用一段适配代码将原有的 FAT32 文件系统实现与 VFS 中的各种数据结构和方法进行对接。

如图 11.19 所示，在打开文件时，VFS 调用 FAT32 适配代码的 open 函数打开文件。适配代码创建一个 VFS 的内存 inode 结构，通过调用原有 FAT32 的实现读取文件的元数据并将其填充到 VFS 的 inode 结构中。最终适配代码将 VFS 的 inode 结构返回 VFS，表示操作成功。

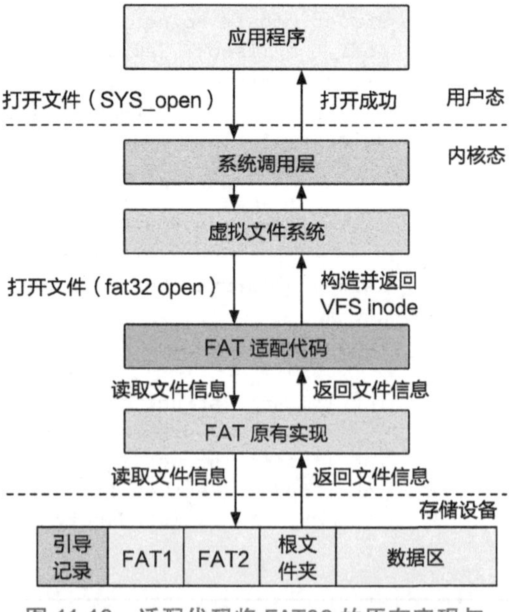

图 11.19 适配代码将 FAT32 的原有实现与 VFS 进行对接

11.3.3 多文件系统的组织和管理

管理多种文件系统是 VFS 的一个重要职责。Linux 中的 VFS 通过前文中定义的一系列内存数据结构对多种文件系统进行管理。

Linux 操作系统使用简单的链表结构，将其所有支持的文件系统保存起来，包括内嵌的文件系统和在运行时作为模块加载的文件系统。在代码片段 11.4 展示的 file_system_type 结构中，name 作为文件系统类型的标识符，next 作为链表指针指向下一种支持的文件系统。

在进行存储设备的挂载时，VFS 通过指定的文件系统标识符，找到对应的 file_system_type 结构，并开始进行挂载操作。

挂载点

一般来说，每个文件系统在设计时都会有其本身的内部结构。这些结构均会有一个固定的入口，保存在超级块中。通常这个入口为文件系统的根目录。

每个文件系统都有自己的根目录，可是应用程序所使用的路径通常只有一个根目录。当应用程序想要同时访问多个文件系统时，如何将各个文件系统的文件系统结构结合起来呢？

一种简单的方法是将所有的文件系统放在固定的位置，系统间相互独立。在 Windows 系统中，我们经常会看到“C 盘”“D 盘”等，这便是一个个挂载的文件系统。这种情况下，新挂载的文件系统与其他文件系统在空间上形成隔离，拥有独自的一套路径空间。

相对于 Windows 系统这种隔离开的方法，在类 UNIX 操作系统中使用的挂载方法更加灵活。例如，Linux 的 VFS 维护一个统一的 VFS 文件系统树，操作系统启动时有一个根文件系统，如图 11.20 中的 FS0，这个根文件系统作为 VFS 文件系统树的基础。

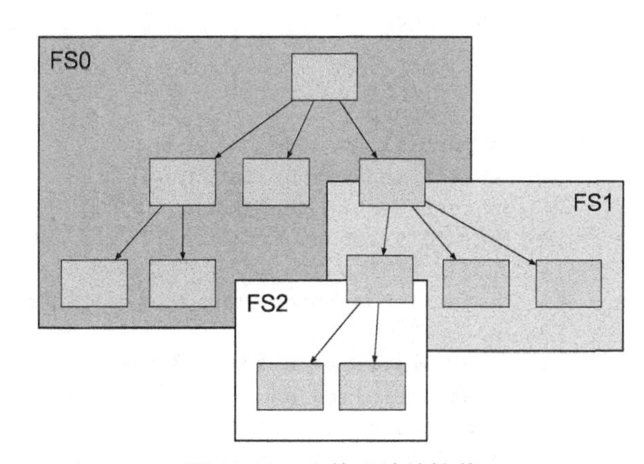

图 11.20 文件系统的挂载

在根文件系统的基础上，其他的文件系统可以自由地被挂载到 VFS 文件系统树的任何一个目录上（如图 11.20 中的 FS1 和 FS2）。这些作为挂载目标的目录便被称为挂载点。一旦挂载成功，当应用程序访问挂载点及其子节点时，便会访问到被挂载文件系统中的数据。这些挂载点就像一个个虫洞，一旦文件访问到达挂载点，便会跳到被挂载文件系统的根目录处继续进行访问。

小知识：在非空目录上进行挂载操作

挂载点在挂载时，并不要求是空目录。挂载点原有的内容会被临时“覆盖”，但并不会丢失。当所挂载的文件系统被卸载时，这些原有内容又可以再次被访问到。

代码片段 11.6 给出了 Linux VFS 中用于保存挂载信息的部分结构。每个挂载的文件系统都有一个 mount 结构。其中保存了挂载点信息（mnt_mp）和挂载的文件系统信息

（mnt）。挂载点信息（mountpoint 结构）记录了挂载点对应的目录项等信息。挂载的文件系统信息（vfsmount 结构）则包含挂载文件系统超级块、挂载文件系统的根目录和挂载的选项。

代码片段 11.6 Linux VFS 中的挂载结构

```
1 struct vfsmount {
2   struct dentry *mnt_root;      //挂载树的根目录
3   struct super_block *mnt_sb;  //指向超级块
4   int mnt_flags;
5 };
6
7 struct mountpoint {
8   struct hlist_node m_hash;
9   struct dentry *m_dentry;      //挂载点所在的目录项
10  struct hlist_head m_list;
11  int m_count;
12 };
13
14 struct mount {
15  struct hlist_node mnt_hash;
16  struct mount *mnt_parent;
17  struct dentry *mnt_mountpoint;
18  struct vfsmount mnt;
19  ...
20  struct mountpoint *mnt_mp;   //挂载点
21  union {
22    //相同挂载点上挂载的其他文件系统
23    struct hlist_node mnt_mp_list;
24    struct hlist_node mnt_umount;
25  };
26  ...
27 };
```

通过这种对挂载点的维护，Linux VFS 可以灵活地挂载多种文件系统，让多种不同的文件系统在相同的操作系统下共同工作。

小知识：不同设备上挂载相同类型的文件系统

同一类型的文件系统可以在不同设备上进行挂载。例如当 Linux 上的 /dev/sda2 和 /dev/sdb1 同时为 Ext4 文件系统格式时，它们可以同时被挂载到不同目录。虽然它们使用同一份 Ext4 文件系统的代码逻辑，但所维护和操作的数据结构实例（如超级块等）是不同的。

11.3.4 伪文件系统

文件接口是一种非常灵活的数据访问方式，不仅可以用来访问用户数据，还可以用于其他功能。Linux 实现了一些不用于保存文件数据的文件系统，称为伪文件系统（Pseudo File System）。表 11.4 给出了一些常见的 Linux 伪文件系统。

表 11.4　Linux 中的一些伪文件系统

名　称	常用挂载点	描　述
procfs	/proc	查看和操作与进程相关的信息和配置
sysfs	/sys	查看和操作与进程无关的系统配置
debugfs		用于内核状态的调试
cgroupfs		用于管理系统中的 cgroups
configfs	/sys/kernel/config	创建、管理和删除内核对象
hugetlbfs		查看和管理系统中的大页信息

通过使用文件的抽象，伪文件系统能够直接获得内核中 VFS 提供的命名、权限检查等功能。同时，由于文件接口的简单易用性，用户可以使用文件管理、查看、监控等工具与伪文件系统进行交互。伪文件系统的一个常见用途是允许用户态应用程序通过读取文件的方式读取内核提供的信息，并通过写入文件的方式对操作系统内核进行配置调整。例如，在输出记录 11.3 中，我们可以通过读取 /proc/filesystems 文件来查看当前 Linux 操作系统内核中支持的所有文件系统。其中以 nodev（no device）开头的文件系统大多为伪文件系统，即并非直接从设备中保存和读取数据。其中 proc 正是提供 /proc/filesystem 这个文件接口的伪文件系统。

输出记录 11.3　使用伪文件系统中的文件查看所有支持的文件系统类型

```
[user@osbook ~] # cat /proc/filesystems
nodev sysfs
nodev tmpfs
nodev bdev
nodev proc
nodev cgroup
nodev cpuset
nodev devtmpfs
nodev configfs
nodev debugfs
nodev tracefs
nodev securityfs
nodev sockfs
nodev bpf
nodev hugetlbfs
nodev devpts
nodev autofs
nodev pstore
      ext3
      ext2
      ext4
```

伪文件系统同样使用VFS定义的内存数据结构和方法。当伪文件系统中的文件被读取时，VFS在进行路径解析后，会发现目标文件被该伪文件系统管理。因此，VFS会通过记录内存数据结构中的文件系统方法，将文件请求交由该伪文件系统进行处理。之后，伪文件系统便可以根据文件名等特征进行特定的内核操作。如上述/proc/filesystems文件被读取时，/proc伪文件系统会遍历保存在内存中的所有文件系统类型（file_system_type结构），并将其逐一写入用户态传递的缓冲区中。同理，当伪文件系统中的文件被写入时，伪文件系统会根据请求类型对内核状态进行改变。

伪文件系统提供了一种在系统调用之外，应用程序和操作系统内核进行交互的方法，提高了操作系统的灵活性。同时由于用户态有大量的文件操作工具（如cat、echo、重定向等）和脚本，系统管理员可以使用自己熟悉的工具，轻松地利用伪文件系统的文件接口检查和管理操作系统内核状态。

11.4　VFS与缓存

在前面的讨论中，我们假设对文件系统中结构的修改都是直接在存储设备中进行的。然而，在存储设备上直接访问数据存在两个问题：首先，目前大多数存储设备的读写粒度为一个块（常见为512B或4KB），而文件系统所进行的更改往往并非对齐到块的边界，其读写的字节数也并非恰好为块大小的整数倍；其次，存储设备的访问速度相比内存慢几个数量级，大量频繁的存储设备访问操作会成为应用程序的性能瓶颈。

11.4.1　访问粒度不一致问题和一些优化

文件系统使用内存作为中转来解决软件和硬件的访问粒度不一致问题。为了便于描述，我们假设一个存储设备的块大小为4KB。当文件系统需要修改存储设备中的8字节时，需要先从存储设备中找到这8字节所在的块号，并将整个块的数据读入一个4KB的内存页中。文件系统在内存页中修改这8字节，并将修改后的内存页通过驱动写回存储设备中。这是一个“读取 - 修改 - 写回”的过程。

之所以要在修改和写回之前先读取，是因为我们只想修改存储块中的一部分，而写回操作会覆盖整个存储块。为了保证此存储块中其他部分的数据不变，需要先将这些数据读出来，之后随修改后的数据一同写回存储设备。一个明显的问题是：若每个文件请求中每个结构的修改都经过完整的“读取 - 修改 - 写回”，将会产生多次的存储设备访问。一些比较简单的优化可以避免不必要的存储设备访问。如果一次修改的数据量刚好覆盖了整个存储块，那么可以不用读取，直接将修改后的4KB数据写回存储设备中。此外，如果一个文件请求中的多次修改均是在同一个存储块中，那么可以将多次修改合并到一个“读取 - 修改 - 写回”过程中，即变为“读取 - 修改1- 修改2- 修改3- … - 修改 *n*- 写回”。这样同样是访问了两次存储设备，却可以完成多次修改。

11.4.2 读缓存

文件的访问具有时间局部性，当文件的一部分被访问后，其有较高的概率会再次被使用。因此，当文件系统从设备中读取了某个文件的数据之后，可以让这些数据继续保留在内存中一段时间。这样，当应用程序再次需要读取这些数据时，就可以从此前保留在内存的数据中读取，从而避免了存储设备的访问。这便是文件系统中的读缓存（Read Cache）。

读缓存是需要占用内存空间的。为了防止读缓存占用过多的内存，操作系统会对读缓存的大小进行限制。当读缓存占用过多内存时，使用LRU等策略回收读缓存占用的内存。

11.4.3 写缓冲区与写合并

与读缓存相对应的是写缓冲区（Write Buffer）。在此前的介绍中，我们默认在一个写请求结束后，所有的写入数据均已经被持久化到存储设备。换句话说，如果在文件写入请求完成后立刻发生断电或崩溃等情况，在进行恢复之后，刚刚写入的文件数据依然能被读取。这是一个较强但十分合理的保证。然而由于存储设备的性能较差，若每个写请求均等待写入设备完成，文件写操作的延时将变长，吞吐量会严重下降，影响整个系统的性能。

为了实现更好的性能，在文件系统的设计中有一个权衡：在一个文件写请求返回应用程序之后，允许其修改的数据暂时没有被持久化到存储设备中。这种权衡允许文件系统暂时将被修改的数据保存在内存中，并在后台慢慢地持久化到存储设备上，然而这样却牺牲了一定的可靠性。在前面的例子中，如果在文件写入请求完成后立刻发生断电，再次开机之后，刚刚完成写入的数据可能会丢失。为了确保数据被持久化到设备中，POSIX中规定了`fsync`接口，用于保证某个已打开文件的所有修改全部被持久化到存储设备中。

在这个权衡的前提下，我们此前的批量修改策略可以进一步拓展到跨请求的情况。当文件系统修改完文件数据后，其修改会被暂存在写缓冲区的内存页中。如果后续的文件请求需要读取或者修改相同存储块中的数据，文件系统可以直接在写缓冲区对应的内存页上进行读取或者修改。当可用内存不足，或者对应的`fsync`被调用时，写缓冲区内存页中的数据才被写回存储设备对应的存储块中。这样，一段时间内同一个存储块上的多个写请求可以合并成一个磁盘写操作。

11.4.4 页缓存

在Linux内核中，读缓存与写缓冲区的功能被合并起来管理，称为页缓存（Page Cache）。页缓存以内存页为单位，将存储设备中的存储位置映射到内存中。文件系统通过调用VFS提供的相应接口对页缓存进行操作。

当文件被读取时，文件系统会先检查其内容是否已经保存在页缓存中。如果存在，则文件系统直接从页缓存中读取数据并将其返回应用程序。如果不存在，文件系统会在页缓存中创建新的内存页，从存储设备中读取相关的数据，并将其保存在创建的内存页中。之后，文件系统从内存页中读取相应的数据，并将其返回应用程序。

在进行文件修改时，文件系统同样首先检查页缓存。如果要修改的数据已经在页缓存中，文件系统可以直接修改页缓存中的数据，并将该页标记为脏页。若不存在，文件系统同样先创建页缓存并从存储设备中读取数据，此后在页缓存中进行修改并标记为脏页。标记为脏页的缓存由文件系统定期写回存储设备中。在操作系统内存不足或者应用程序调用 fsync 时，文件系统也会将脏页中的数据进行写回。

图 11.21 给出了页缓存中内存页的状态和转移关系。文件系统从磁盘中读出数据，创建新的缓存页。此时缓存页为干净页，表示其中的数据与存储中的数据相同。当干净页中的数据被修改时，干净页被标记为脏页，表示其中的数据与磁盘中的数据有所区别。当页中的数据被写回存储设备后，页面再次变为干净页，可以被回收以释放空间。

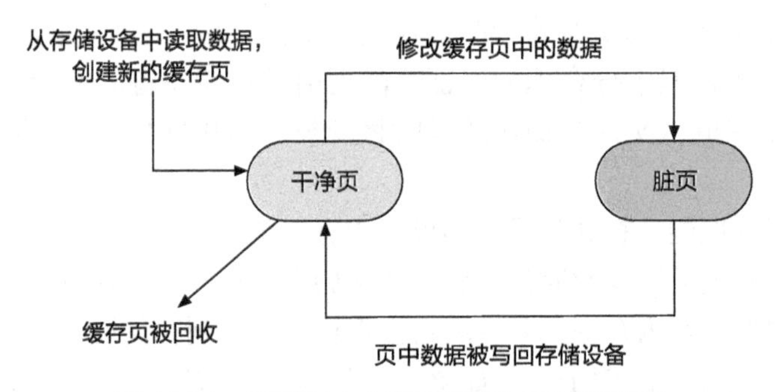

图 11.21　页缓存中内存页的状态和转移关系

小思考

页缓存一定能带来性能提升吗？

11.4.5　直接 I/O 和缓存 I/O

页缓存是持久化和性能之间的权衡。在大多数情况下，页缓存能够显著提升文件系统的性能，然而，在某些情况下，使用页缓存反而会起到负面作用。一种情况是，部分应用对数据持久化有较强的要求，不希望文件修改缓存在页缓存中。如果使用页缓存的机制，这些应用需要在每次修改文件后立即执行 fsync 操作进行同步，影响应用程序的性能。另一种情况是，一些应用程序（如数据库）自己实现缓存机制，以完全控制对数据的缓存和管理。由于应用程序更加了解自己对数据的需求，在这种情况下，操作系统提供的页缓存机制是冗余的，且一般会带来额外的性能开销。

因此，文件系统将是否使用页缓存的判断和选择权交给了应用程序。应用程序可以通过在打开文件时附带 O_DIRECT 标志，提示文件系统不要使用页缓存。这种文件访问方式就是直接 I/O（Direct I/O），相对应的使用页缓存的文件请求被称为缓存 I/O（Cached I/O）。

11.4.6 内存映射

除了文件的 read 和 write 接口外，应用程序还可以通过内存映射机制以访问内存的形式访问文件内容。Linux 在其页缓存的基础上实现文件的内存映射机制。

在建立内存映射前，应用程序先打开目标文件，获得其文件描述符，随后调用 mmap 接口建立文件内存映射。调用时提供映射的目标虚拟地址㊀、长度、属性、标志位、文件描述符和起始位置在文件中的偏移量。

在处理内存映射请求时，VFS 会分配对应的 VMA 结构，并通过在 VMA 结构中记录目标文件的 inode 和映射时的属性，将 VMA 对应的虚拟地址空间与文件 inode 进行关联，最后返回起始虚拟地址给应用程序。由于此时并未更新页表，当应用程序首次访问映射后的虚拟地址时，会触发缺页异常。Linux 在处理缺页异常时，会根据 VMA 中记录的 inode 信息，调用对应的文件系统进行处理。文件系统将从文件的页缓存中找到对应的内存页并返回给 VFS。VFS 最终将页缓存中内存页的物理地址填入页表，返回应用程序继续执行。由于页表中的映射已经建立，应用程序对同一个虚拟页的后续访问不会再触发缺页异常。

需要注意的是，在进行内存映射之后，应用程序在进行访问时，访问的是页缓存对应的内存页。其修改的数据保存在页缓存中，可能并未写回存储设备㊁。因此，为了保证修改的数据写回存储设备上，应用程序需要调用 msync 接口请求 VFS 对指定内存映射区域进行同步写回操作。

当所有操作完成之后，应用程序可以调用 munmap 移除指定虚拟内存地址区域上的内存映射。

11.5 用户态文件系统

本节主要知识点

- ❑ 用户态文件系统有哪些优点？
- ❑ FUSE 是如何允许应用程序访问用户态的文件系统服务的？
- ❑ ChCore 是如何管理和协调多个文件系统的？
- ❑ ChCore 是如何实现一个简单的内存文件系统的？

㊀ 需配合 MAP_FIXED 标志位使用，否则映射的目标虚拟地址由操作系统决定。

㊁ 之所以说“可能”，是因为操作系统可能由于其他原因（如内存不足或其他应用调用了 fsync）已将部分页缓存中的数据修改写回存储设备。

11.5.1　为什么需要用户态文件系统

对于宏内核来说，其文件系统一般实现在内核态，作为内核的一部分或者内核模块，为用户态应用程序提供服务。然而在内核态实现文件系统有诸多不便之处。第一，内核态的文件系统与内核其他部分是强相关的。它们具有相同的运行环境和地址空间，内核文件系统中的漏洞或缺陷会影响内核的其他部分，并且影响整个操作系统的功能、性能和安全。第二，为了保证内核代码的安全和可靠性，在内核中实现的文件系统不宜加入大量的第三方代码。同时，由于构建方法等限制，将各种不同的代码混合编译到内核也是不现实的。因此，内核态文件系统无法使用用户态的大量第三方代码，能复用的代码有限。第三，内核中实现的文件系统缺少像用户态中那样方便易用的调试工具。因而在内核态进行文件系统的调试难度较大，开发效率较低。

鉴于这些问题，在用户态实现文件系统成为一个很好的选择。由于用户态应用程序受到内核的监控和限制，用户态文件系统中出现的缺陷和漏洞不会影响内核以及其他用户态应用程序。因而在开发和调试用户态文件系统时，如果发生错误，开发者只需要重启其所在的应用程序即可，无须重启整个系统。此外，用户态文件系统能以源代码、链接库等方式方便地使用第三方代码，能够用 gdb 等工具进行调试，还能与浏览器、邮件服务等其他软件进行协作，实现诸如浏览网页、收发邮件等额外功能。

用户态文件系统的思想可以被看作微内核思想在文件系统上的一种延伸。原本在内核中实现的文件系统组件（包括 VFS 和具体的文件系统实现），可以被划分到用户态作为系统服务运行。在后文中，我们将分别介绍 Linux 中的 FUSE 模块和框架[11-12]以及微内核系统中的文件系统设计。前者在 Linux 宏内核的系统调用基础上引入一系列机制，允许在用户态的文件系统服务中完成其他应用对文件系统的访问；后者则进一步基于微内核 IPC 将 VFS 相关逻辑也移到用户态进行。

11.5.2　FUSE

FUSE（Filesystem in USErspace）是一个允许在用户态实现文件系统的框架。图 11.22 中展示了 Linux 宏内核中的 FUSE 架构。可以看出，应用程序依然通过系统调用与内核中的 VFS 模块进行交互。若 VFS 发现请求的路径由某个文件系统（如 Ext4 文件系统）管理，会根据请求的内容，将请求交由相应的文件系统进行相应的处理。文件系统则通过块抽象层和 I/O 调度等，最终在存储设备中访问数据。若 VFS 发现应用程序请求的路径由 FUSE 模块管理，会将请求交给 FUSE 模块（图中的彩色箭头），FUSE 模块会再根据其记录的信息将请求加入对应的共享队列中。在用户态运行的 FUSE 文件系统服务器是一个用户态应用程序。该应用程序在开始运行时，会向内核中的 FUSE 模块进行注册，此后不断地从共享队列中获取文件请求并进行处理。处理的结果通过队列返回 FUSE 模块，FUSE 模块拿到处理结果后，再将其返回发出文件请求的应用程序。

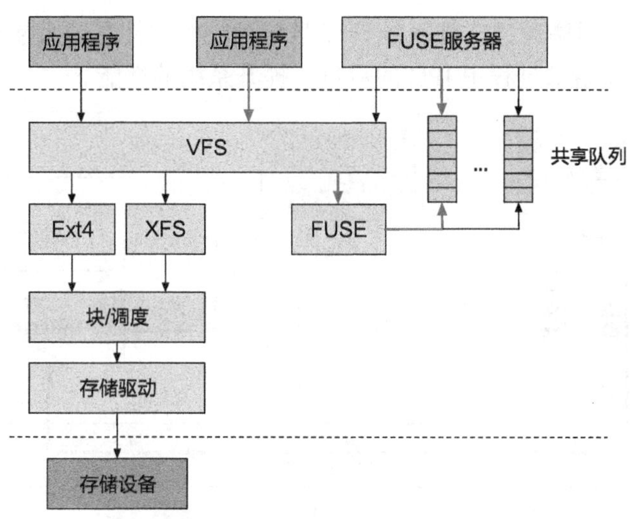

图 11.22 Linux 宏内核中的 FUSE 架构

用户态的 FUSE 文件系统服务器可以通过各种方式处理应用程序的文件请求，如在内存中维护一个内存文件系统来保存数据，通过系统调用使用内核中其他文件系统和存储设备上的数据，或者访问网络中其他设备上的存储资源。在用户态实现文件系统，还便于将其他不同资源整合成文件抽象。例如，可以将电子邮件变成 FUSE 文件系统服务器所管理的资源，使应用程序或者用户可以通过访问文件，实现对电子邮件的接收、查看、编辑和发送等操作。

虽然位于用户态的 FUSE 文件系统极大地提高了灵活性，但也存在诸多问题，性能是其中最为突出的一个。从图 11.22 中可以看到，访问一个普通的内核文件系统中的文件，应用程序的请求只需要进入内核态，由文件系统访问存储设备即可直接完成。然而对于一个用户态文件系统的访问来说，其访问请求会在用户态和内核态之间反复转发。这种频繁的进程切换、请求转发和数据拷贝，会极大地影响用户态文件系统的性能。因此基于 FUSE 的用户态文件系统一般会用在一些性能并非十分重要的场景，或者用来研究和试验新的文件系统设计。

11.5.3 ChCore 的文件系统架构

在微内核架构下，文件系统服务一般会被放在用户态。除了具体的文件系统实现之外，微内核的 VFS 部分也会在用户态中实现。在 ChCore 中，文件系统管理器作为用户态的 VFS 来提供统一的文件系统服务并管理多个文件系统实例。

图 11.23 展示了 ChCore 中的应用程序、文件系统管理器和文件系统实例之间的关系。应用程序将文件系统的请求通过 IPC 发送给文件系统管理器。文件系统管理器则根据具体的文件系统请求进行相应处理，并按需将请求发送给对应的文件系统实例。若所有请求都经过文件系统管理器进行转发，则需要多次 IPC 请求，性能开销较大。因此，

对于数据请求，应用程序通过文件系统管理器与对应的文件系统直接建立 IPC 连接（图中的黑色箭头），减少请求过程中 IPC 的数量，提升系统的性能。

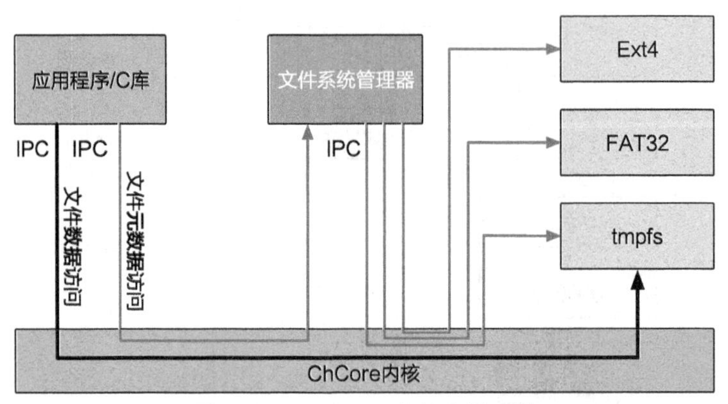

图 11.23　ChCore 中的文件系统

这种设计是操作系统设计中一种比较常用的方法：数据面和控制面分离。这种方法往往基于两个观察：在应用运行过程中，数据面的请求数量要远大于控制面的请求数量，因此提升数据面请求的处理速度是十分有效的；控制面在进行处理时往往需要非常复杂的处理逻辑，需要比较久的时间。数据面仅仅是对数据进行简单的处理和传输，可以快速进行。将数据面和控制面分开，有助于数据请求更快地得到处理，从而提升系统性能。

多文件系统支持

文件系统管理器还需要管理多种文件系统实例。通过文件系统管理器在中间作为协调，应用程序可以用统一的接口来访问不同的文件系统。作为管理者，文件系统管理器维护了应用程序能够看到的整个视图，并通过解析应用程序发出的请求，将请求交由具体的文件系统服务进行处理。

文件描述符和当前工作目录的维护

由于每个应用程序在访问文件系统元数据时均会通过文件系统管理器，ChCore 在文件系统管理器中维护每个进程的文件系统描述符和当前工作目录。

与前文中介绍的设计相似，ChCore 的文件系统管理器为每个文件描述符保存了一个文件描述结构，其中保存了文件打开模式和文件当前的读写位置信息。不同的是，由于文件系统管理器并不使用 inode 作为文件的管理结构，其文件描述结构中并没有保存 inode，而是保存了文件所在的文件系统服务器和文件在服务器中的标识符。通过这两个信息，文件系统管理器在处理文件请求时能与正确的文件系统服务器通信，共同完成应用程序的文件请求。除了文件系统描述符外，每个进程的当前工作目录同样在文件系统管理器中进行维护。当使用相对路径进行路径解析时，文件系统管理器直接从其维护的当前工作目录开始进行文件查找操作。

内存文件系统

现有的 ChCore 设计中包含一个简单的内存文件系统，用于保存系统中的临时文件。

内存文件系统将数据保存在内存中，不考虑数据的持久化问题，因此其设计和实现比传统的持久化文件系统更加简单。图 11.24 展示了 ChCore 内存文件系统的主要结构。

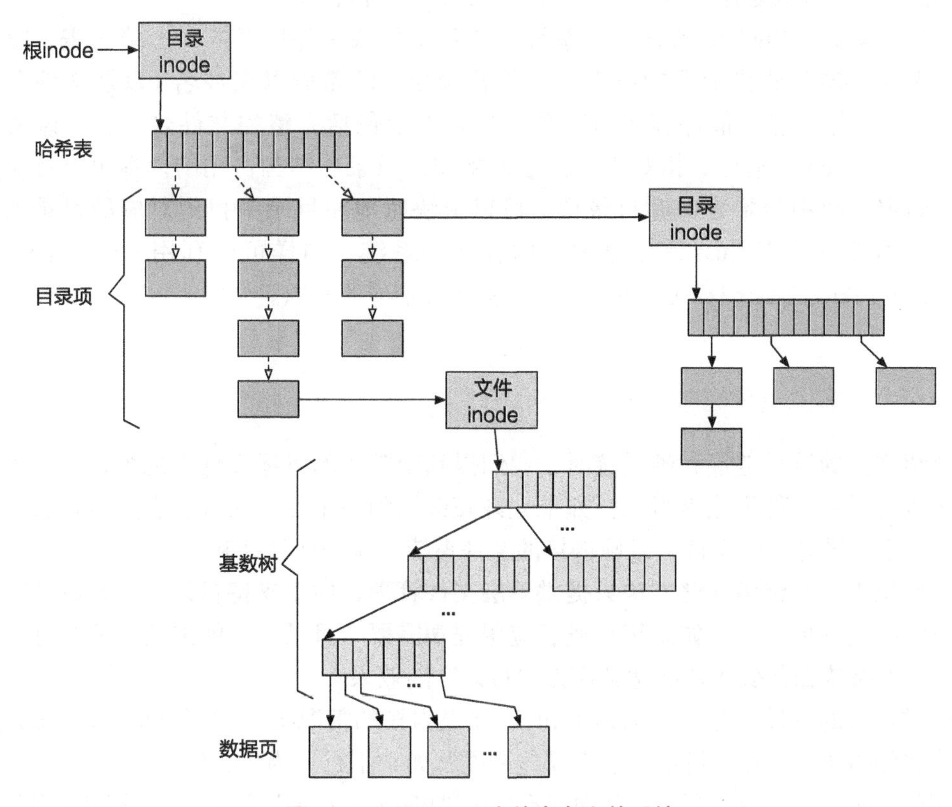

图 11.24 ChCore 中的内存文件系统

ChCore 内存文件系统的主要组成部分及功能如下。

- *存储布局与超级块*。ChCore 中的内存文件系统不需要持久化，因此并没有存储布局的设计。但是该内存文件系统有超级块结构，超级块保存在内存中，记录当前文件系统的整体状况和全局信息，包括整个文件系统中保存的文件数量，整个文件系统占用的内存大小等。
- *inode 结构*。ChCore 的内存文件系统同样基于 inode。其 inode 中保存对应的文件类型、链接数、文件大小等通用元数据。对于常规文件和目录文件，还分别保存基数树的根节点和哈希表。
- *文件结构*。ChCore 的内存文件系统中，每个文件使用一棵基数树管理文件中所有的数据页，其中数据页的序号作为键，内存页的虚拟地址作为值。ChCore 并没有采取图 11.5 中的间接块方式组织数据页，这主要是为了复用现有的基数树的实现。由于内存文件系统在用户态实现，因此可以使用许多用户态类库。举例来说，若使用 C++ 或者 Rust 等语言编写内存文件系统，可以利用 std::map 或者 std::collections::HashMap 实现文件数据的组织。当然，一种更简单直接的方法是使用数组或者 std::vector 等结构保存文件数据。

- **目录结构**。ChCore 内存文件系统中的每个目录文件均对应一个哈希表。哈希表中保存的是此目录下的所有子文件目录项。哈希表以文件名（以及文件名的哈希值）作为键，值保存了目录项。目录项中包括完整的文件名，以及该文件名对应的 inode 指针。相对于文件数据来说，目录项结构占用的内存更小且长度不固定，使用哈希表保存目录项，可以更快速地在目录中找到对应的目录项。若使用 C++ 或者 Rust 等语言编写内存文件系统，同样可以利用 std::map 或者 std::collections::HashMap 实现目录项的组织。

11.6 思考题

1. 在介绍文件的符号链接和硬链接时，我们提到硬链接的目标文件不能为目录。为什么硬链接的目标文件不能是目录？如果允许硬链接到一个目录文件，会产生什么问题？如果一定要设计一个支持目录硬链接的文件系统，应如何设计和实现？
2. 在云环境下，有许多存储方法只提供单层文件管理，即不支持目录。这种设计有哪些优点？在这种情况下，如果用户或者应用程序需要“目录”功能来更好地管理自己的文件，那么该如何操作才能达到模拟“目录”的效果？
3. 文件描述符的本质也是一种 Capability。在微内核的情况下，能否直接使用 Capability 替代文件描述符？如果可以，会有哪些挑战？如果不行，为什么？
4. 当存在“/home/chcore”目录，其中却不存在“filesystem.tex”文件时，运行代码片段 11.7 中的程序会打印什么信息？如果多次运行呢？为什么会有这种现象？

代码片段 11.7 使用文件接口读写文件的一段程序

```
#include <fcntl.h>
#include <stdio.h>
#include <unistd.h>

#define DATA_SIZE 20

int main()
{
  int fd;
  char data[DATA_SIZE + 1];

  // 打开文件
  fd = open("/home/chcore/filesystem.tex",
          O_RDWR | O_CREAT, S_IRUSR | S_IWUSR);
```

```
    //读取文件中的前20字节
    read(fd, data, DATA_SIZE);

    //打印文件中的前20个字符
    data[DATA_SIZE] = '\0';
    printf("file data: %s\n", data);

    //向文件中写入6字节数据
    write(fd, "hello\n", 6);

    //关闭文件
    close(fd);

    return 0;
}
```

5. 随着新硬件的出现，内核管理的软硬件资源越来越多，越来越复杂。由于不同硬件均有自己的特性，使用统一的文件读写接口将所有资源进行统一抽象，是否会带来问题？请至少举出两个实例。为了充分发挥资源的利用率，现有标准中的 `ioctl` 和 `mmap` 被大量使用。请举例说明这两个接口是如何被用来提高资源使用效率的。
6. 操作系统使用块设备对不同存储设备进行统一抽象。这种抽象是否必需？有何利弊？
7. 文件系统存储布局会影响文件系统的性能和可靠性。与我们在本章中介绍的基于inode的文件系统不同，在Ext2文件系统中，整个存储设备首先被分成了块组（Block Group），每个块组由地址上（即块号）连续的存储块组成。在每个块组中，都保存了整个文件系统的超级块、本块组中的分配信息、本块组中的inode表，块组中剩余的空间用于保存数据块。这种设计对文件系统的性能和可靠性有何影响？
8. FAT文件系统中并不支持文件硬链接。在FAT文件系统中实现文件硬链接有哪些困难？如何修改能解决这些困难？
9. 请为FAT文件系统设计一个支持高效存储稀疏文件的方案。
10. 关系型数据库和文件系统均能保存数据，试分析二者有何异同。
11. 使用FUSE实现用户态文件系统还能提供哪些新功能？请至少举出两个例子。

11.7 练习答案

11.1 一般来说，保存100个笔记文件的目录文件占的空间更大。目录文件的大小并不取决于目录中的文件大小，而是文件的数量以及文件名的长度。就像一本厚书的目录不一定比一本薄书的目录更厚一样，因为书的目录厚度取决于章节的数量以及章节的标题长度。

11.2 首先要明确一点：inode中保存的是块号，目录文件中保存的是inode号。先找根目录，一般是 inode 表的第一项，前 4 项都超过 34，所以继续看最后一项——这是个间接索引块，块号为 33。找到 33 号块，里面保存的依然是块号。一个一个看下来，发现 31 号块中保存了“ os-book”的字符串，对应的 inode 号是 63，于是完成了第一步——找到“os-book”对应的 inode 号。然后用同样的方式，找到“os-book”目录对应的数据块（块号为 29），并找到“fs.tex”对应的 inode 号为 58。最后一步，找到 58 号 inode 的数据块，第一个是 32 号块，最后一个是 34 号块（记录在索引块 29 中），可以看到，这两块分别对应文件的开头数据和结尾数据。

11.3 由于目录项中只保存了起始簇号，只通过起始簇号，我们无法知道簇中保存的是常规数据还是目录项。因此，FAT 文件系统将这个信息直接记录在目录项中。如果进一步思考这个问题，可以发现 FAT 中的目录项起到了部分 inode 的作用——保存文件元数据。另外，虽然前文中介绍的基于 inode 的文件系统中的目录项不包括文件类型，但是在大多数实际的 Linux 文件系统中，为了提升 `getdents` 等系统调用的性能，一般会在目录项中保存一份冗余的文件类型信息，以避免遍历目录时频繁访问存储设备上的 inode。

11.4 一般存储设备以块作为访问粒度，而对文件元数据的操作粒度往往远小于块。因此，文件系统一般会先将存储设备上的数据读入内存后再进行修改，修改完毕后再以块为粒度写回存储设备。这种“读取 – 修改 – 写回”的方法，刚好需要 VFS 中定义的一系列内存数据结构的配合。文件系统将元数据读入内存时，转换成 VFS 定义的各种统一的内存数据结构，随后的修改在这些内存数据结构上进行。写回时，文件系统再将 VFS 中定义的各种统一的内存数据结构转换成其本身定义的格式，保存在存储设备中。考虑到存储设备往往比内存操作要慢很多，在大多数情况下，VFS 的统一内存数据结构并不会带来太大的性能开销。

11.5 可以通过 IPC，定义以 IPC 为基础的远程方法调用，如将宏内核中的文件系统函数调用转换为微内核中的向用户态的文件系统服务发起 IPC 请求。

参考文献

[1] FAT File Systems. FAT32, FAT16, FAT12 [EB/OL]. [2020-06-05]. https://www.ntfs.com/fat_systems.htm.

[2] How FAT Works [EB/OL]. [2020-06-05]. https://docs.microsoft.com/en-us/previous-versions/windows/it-pro/windows-server-2003/cc776720 (v=ws.10).

[3] File Systems, FAT [EB/OL]. [2020-06-05]. https://docs.microsoft.com/en-us/previous-versions/windows/it-pro/windows-2000-server/cc938922 (v=technet.10).

[4] Windows XP professional resource kit, working with file systems [EB/OL]. [2020-06-05]. https://web.archive.org/web/20060307082555.

[5] TOMOV A. A brief introduction to FAT (File Allocation Table) formats [EB/OL]. [2020-07-06]. https://web.archive.org/web/20150925082826.
[6] UEFI Forum. Unified Extensible Firmware Interface (UEFI) Specification [S/OL]. [2019-03-01]. uefi.org/specification.
[7] File Systems, NTFS [EB/OL]. [2020-06-05]. https://docs.microsoft.com/en-us/previous-versions/windows/it-pro/windows-2000-server/cc938929 (v=technet.10).
[8] How NTFS Works [EB/OL]. [2020-06-05]. https://docs.microsoft.com/en-us/previous-versions/windows/it-pro/windows-server-2003/cc781134 (v=ws.10).
[9] NTFS —new technology file system for Windows 10, 8, 7, Vista, XP, 2000, NT and Windows Server 2019, 2016, 2012, 2008, 2003, 2000, NT [EB/OL]. [2020-06-05]. https://www.ntfs.com/index.html.
[10] Overview of the Linux virtual file system [EB/OL]. [2020-06-05]. https://www.kernel.org/doc/Documentation/filesystems/vfs.rst.
[11] FUSE [EB/OL]. [2020-06-05]. https://www.kernel.org/doc/Documentation/filesystems/fuse.rst.
[12] libfuse/libfuse: the reference implementation of the Linux FUSE (filesystem in userspace) interface [EB/OL]. [2020-06-05]. https://github.com/libfuse/libfuse.

文件系统：扫码反馈

CHAPTER 12
第12章
文件系统崩溃一致性

计算机系统在运行时可能会因遇到各种意外情况而重启，例如计算机意外掉电，或者软件缺陷导致系统崩溃。重启后，计算机会将大多数硬件资源重新初始化，以一种“干净”的状态开始工作——除了存储设备。应用程序通常会预期保存在存储设备中的数据即使经历了意外掉电或崩溃，重启后依然有效。对于应用程序和存储设备的中间层——文件系统来说，这个预期变成：无论在什么时候发生哪种软硬件错误，文件系统应始终能持久且完好地保存应用程序的文件。

然而，面对任何时刻均可能发生的意外情况，文件系统想要提供这个保障并非一件容易的事情。在应用程序看来，它们只需要简单地调用 open、write、fsync 等接口即可完成数据的持久化保存，这些接口只有执行和未执行两种状态。实际上在每个接口背后，文件系统需要执行大量工作，如空间分配、数据拷贝、元数据更改和数据结构修改等，文件系统在完成一个接口的功能时往往涉及存储设备上多处数据的修改。若在执行这些修改的过程中发生掉电或崩溃等情况，那么一个文件操作可能只做到一半，即只有一部分修改被写入存储设备。这有可能导致存储设备所保存的数据（包括文件数据和元数据）之间的一些内在关系（即一致性）遭到破坏。这种问题通常被称为**崩溃一致性**（Crash Consistency）问题。

本章将首先以创建文件为例对文件系统操作中的崩溃一致性进行直观的介绍；然后介绍多种保证文件系统崩溃一致性的方法，包括在掉电或崩溃发生后对文件系统一致性的检查和修复，使用日志和写时拷贝等多修改原子更新技术保证文件操作的原子完成，使用 Soft updates 技术严格维护持久化顺序以保持存储设备上元数据的一致性；最后以**日志结构文件系统**（Log-structured File System，LFS）为例，介绍如何使用日志结构配合写时拷贝技术对整个文件系统的数据和元数据进行管理。

12.1　崩溃一致性

本节主要知识点

- 在创建文件的过程中可能会遇到哪些崩溃一致性问题？

我们以第 11 章中介绍的基于 inode 的文件系统为例，介绍在创建一个新的文件时涉及的文件系统崩溃一致性。创建一个新的常规文件的总流程大致可以分为三步[⊖]。

1. 分配 inode。新的常规文件需要使用一个新的 inode 结构进行保存。因此在创建文件时需先为新的文件分配新的 inode 结构。这一步骤需要在 inode 分配器的位图中查找空闲的 inode，并将其对应的位标记为 1，表示该 inode 已被使用。

2. 初始化 inode。在分配并得到 inode 之后，文件系统需要对该 inode 进行初始化操作，即将新文件的信息保存在 inode 结构之中。

3. 增加目录项。最后，需要在父目录中添加新的目录项，保存新文件的文件名和 inode 号。

图 12.1 给出了创建文件过程中所需要修改的三处结构。可以看出，一般情况下三处结构处于存储设备的不同位置，文件系统需要发出三个对存储设备的写请求才能完成对这些结构的修改。如果在此过程中发生了掉电或崩溃等情况，存储设备上保存的数据可能会存在以下几种情况。

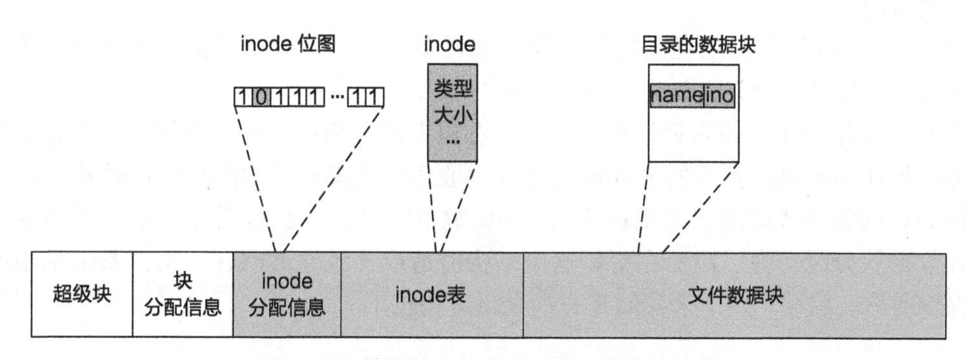

图 12.1　简化的文件创建过程中涉及的结构

情况 1：只有分配 inode 的操作保存在设备中。在这种情况下，由于增加目录项的操作并没有保存在存储设备中，新创建的文件无法在文件系统中被观测到。但是由于对应的 inode 在分配信息中已经被标记为占用，而实际上该 inode 并未被任何文件所使用，该 inode 将无法被释放，造成 inode 空间的泄漏。随着越来越多的 inode 空间被泄漏，文件系统中所能保存的文件将越来越少。这种情况实际上违反了 inode 分配信息与 inode 结构

⊖ 在实际情况中，文件创建还需要更多的操作。为了讨论的简洁性，本章对该过程进行了简化。

的实际使用之间的一致性。

情况 2：只有初始化 inode 的操作保存在设备中。同样，由于增加目录项的操作并没有保存在存储设备中，新创建的文件无法在文件系统中被观测到。同时，由于 inode 的分配信息未被修改，后续的创建文件操作依然可以使用该 inode 结构，因此并未产生空间泄漏。这种情况的出现并不会造成文件系统的一致性问题。

情况 3：只有增加目录项的操作保存在设备中。由于增加目录项的操作被持久化在存储设备中，当文件系统遍历该目录时，能够看到新文件对应的文件名和 inode 号。然而由于该 inode 结构中的数据未被初始化，文件系统尝试访问该 inode 时，会访问到未初始化的数据，从而产生错误。同时，由于该 inode 号对应的分配信息未被持久化，在后续的文件操作中，该 inode 可能会被再次分配给其他文件。这将导致该 inode 错误地被两个不同的文件使用，造成数据丢失、泄露和被篡改等问题。这种情况违反了 inode 分配信息、inode 结构与目录项中所保存的 inode 号之间的一致性，即所有目录项中所保存的 inode 号皆应被分配且初始化。

情况 4：只有分配 inode 的操作未保存在设备中。该情况下，由于分配 inode 的信息未被持久化，会造成情况 3 中的目录项错误地指向未分配 inode 结构的情况，从而造成正确性和安全性等问题。

情况 5：只有初始化 inode 的操作未保存在设备中。与情况 3 相似，如果只有 inode 的初始化操作未被持久化，则文件系统在后续访问该文件时，会访问到未初始化的数据，从而产生错误。

情况 6：只有增加目录项的操作未保存在设备中。与情况 1 类似，当增加目录项的操作未被持久化时，会造成 inode 资源泄露的问题。

表 12.1 中给出了上述六种情况的汇总。在以上的介绍中，我们使用一个简化后的文件创建过程作为示例。实际的文件创建过程一般还涉及多种其他结构中的数据，如父目录文件的访问和修改时间，系统占用的 inode 数量统计，以及在增加目录项时需要进行的额外数据块分配。为了避免在更新这些结构时造成一致性的问题，文件系统采用多种方法保持崩溃一致性。接下来我们将一一介绍这些技术。

表 12.1 崩溃发生时的多种情况

崩溃发生时的情况	文件系统结构			是否影响使用	典型问题
	inode 位图	inode 结构	目录项		
情况 1	持久	未持久	未持久	否	资源泄露
情况 2	未持久	持久	未持久	否	无
情况 3	未持久	未持久	持久	是	信息错乱
情况 4	未持久	持久	持久	是	信息错乱
情况 5	持久	未持久	持久	是	信息错乱
情况 6	持久	持久	未持久	否	资源泄露

12.2　同步写入与文件系统一致性检查

本节主要知识点

- ❑ 文件系统的同步写入有什么问题？
- ❑ 文件系统如何检查和修复其保存的数据与元数据的不一致？

12.2.1　同步写入

对于一个文件系统操作，文件系统会按照一定的顺序执行其中的各个步骤。如在创建文件的过程中，文件系统一般会先分配 inode，再进行初始化，最后在父目录中增加目录项。为了尽量避免文件系统在崩溃后产生一致性问题，文件系统可以使用同步写入保证修改按序完成。换句话说，文件系统每执行完一个步骤，就需要马上将其对应的修改写入存储设备中。在确认修改已经持久化在存储设备中之后，文件系统再执行下一步修改。这样虽然不能保证一个操作中的多个步骤的原子完成，但至少保证了各个修改按照既定顺序进行持久化。通过合理安排一个文件操作中各个步骤的顺序，可以避免出现指向未初始化数据等比较严重的不一致情况㊀。

然而，如果严格按照顺序进行操作，文件系统的每步操作都需要访问存储设备。存储设备的访问速度一般要远小于处理器计算的速度和访问内存的速度。例如，访问一次固态硬盘需要十几到几十微秒，访问机械磁盘需要若干毫秒，而访问一次内存只需要 100 纳秒左右。如果文件系统每步操作都访问存储设备，文件系统的性能将受限于存储设备的访问速度。为了避免访问存储设备成为性能瓶颈，一些文件系统并不保证对所有数据结构上的写入都严格按照顺序进行。通过将向存储设备的写入请求推迟、重新排序、合并等方法，可以减少对存储设备的访问，提高文件系统性能。举例来说，在为文件分配数据空间时，需要分配数据块。如果严格按照同步写入的方式，在分配结果返回前，文件系统需要将分配信息的更改写入存储设备中。因此，当连续分配两个块得到 X 和 X+1 时，会在每次分配时产生一次设备写入。由于表示块 X 和块 X+1 的位大概率在同一个存储块中，如果推迟对存储设备的写入，则这两个分配引发的写入请求可以被合并成一个，从而减少写入请求以提升性能。虽然这种方式可以提升文件系统的性能，但在发生掉电或崩溃等事件时，存储设备中保存的信息有更大的概率出现不一致的情况。例如，在分配数据块的例子中，如果发生崩溃，存储设备中保存的数据可能显示数据块已被某个文件使用，但是分配信息中显示该数据块是未分配状态。

㊀ 在 12.5 节介绍 Soft updates 时会有更加详细的例子。

12.2.2　文件系统一致性检查

由于掉电、崩溃和硬件故障（如比特翻转）等情况，存储设备上保存的文件系统信息可能发生不一致。严重的情况下，整个文件系统将无法被识别和挂载。为了能够检查并修复文件系统中的一致性问题，文件系统一般会附带一个工具，称为 fsck。该工具对文件系统所管理的存储设备进行扫描，通过比对存储设备中实际存储的数据和元数据，检查是否存在一致性问题。当检测到一致性问题时，fsck 会尝试进行修复。该工具不通过目标文件系统提供的接口访问数据，而是根据文件系统的存储布局格式直接访问存储设备，因而可以在文件系统未被挂载时使用。由于 fsck 与具体的文件系统存储布局相关，不同文件系统会提供不同的文件系统检查工具。例如 Ext 系列文件系统㊀的检查工具为 e2fsck [1]，XFS 的文件系统检查工具为 xfs_repair。

文件系统一致性检查一般包括以下几类：

- **合理性检查。**文件系统各结构中保存的部分信息是具有特定含义的，因而其值应该保持在合理的范围内。例如，超级块中记录的文件系统的总大小不应超过设备总大小，目录项中记录的 inode 号不应超过文件系统中 inode 的数量，文件数据索引结构中记录的块号不应超过文件系统的数据块总数。
- **资源分配的一致性检查。**文件系统需要记录多种资源（如空间和 inode）的分配情况。这些记录的分配情况应该与对应资源的实际使用情况相同。例如，若一个数据块被标记为已经分配，则其应该能够通过某个文件的数据索引进行访问；若一个数据块被标记为空闲，则其不应出现在任何一个文件的索引结构中。
- **内在不变量检查。**文件系统还存在一些内在的不变关系需要被保持。举例来说，文件 inode 中记录的链接数，应该与指向该文件的目录项的个数相同。

为了更好地了解 fsck 是如何工作的，下面将以 Ext 系列文件系统的检查工具 e2fsck 为例，介绍 fsck 如何对不同结构进行检查。第 11 章介绍的基于 inode 的文件系统与 Ext 系列文件系统在结构上有很多相似之处，因此下文将直接使用第 11 章中介绍的概念。

总的来说，e2fsck 将对文件系统的检查分为多个步骤进行，每个步骤关注一部分结构的一致性并进行检查。在 e2fsck 中，检查的过程可以分为以下五个步骤 [2]。

1. 扫描和检查所有的 inode 和索引块。如果一个块被多处引用，则根据元数据保留一个正确的引用。

2. 分别检查各个目录。

3. 检查目录之间的连接性，消除目录之间的循环包含关系，将无法从根到达的目录放入 lost+found 目录中。

4. 检查 inode 的链接数，移除或移动无人认领的 inode。

5. 更新 inode 分配表和块分配表。

㊀ 主要指 Ext2 到 Ext4 文件系统。

这些步骤将全面覆盖文件系统中所有的结构。下面将对不同结构上的检查进行逐一介绍。

超级块

超级块中保存整个文件系统的元数据，对于文件系统的挂载和使用非常重要。比较重要的元数据包括文件系统的类型（魔法数字）、文件系统的版本、文件系统的总大小、各种功能特性的开启状态、逻辑块的大小、根目录位置等。如果这些信息有误，文件系统可能在挂载时因发生错误而失败。即使挂载成功，文件系统也可能因为使用了错误的访问方式而崩溃，甚至会导致文件系统内保存的数据损坏。此外，超级块中还保存了一些统计信息，如空闲 inode 的个数和空闲块的个数等。这些信息与文件系统的具体状态相对应，因此需要保证这些信息与文件系统的状态一致。

由于超级块的重要性，Ext 文件系统会在存储设备的不同位置保存多份超级块。当其中一个超级块发生故障无法访问时，文件系统可以通过读取其他位置的超级块内容访问文件系统。

在对超级块进行检查时，e2fsck 并不能确定某些元数据是否一定正确（如文件系统的总大小），但是 e2fsck 依然能对这些元数据信息进行合理性检查，以避免一些不合理的数值。例如文件系统的总大小一般不会超过设备的总大小。同时，在 e2fsck 做完其他修复后，也会比对和修复超级块中保存的统计信息。例如，在统计了文件系统中使用的 inode 总数之后，计算出空闲 inode 个数，并与超级块中保存的空闲 inode 个数进行对比。

分配信息

文件系统的分配信息保存整个文件系统各种资源的使用情况。比如，inode 分配表会标记每个 inode 的使用情况。当需要使用新的 inode 时，可以从 inode 分配表中获取标记为空闲的 inode 并使用。块分配表与 inode 分配表类似，不过其管理的内容是文件系统中的块。

存储设备中块的实际使用情况和块的分配信息需要保持一致。如果一个块被标记为已分配，可是在文件系统结构中无法找到该块，那么此块的存储空间发生了泄漏。被泄漏的块无法用来保存数据且无法被删除等文件系统操作回收，这会使得整个存储设备的可用容量变小。相反，如果一个块被标记为空闲，却正在被某个文件当作数据块来保存数据，那么当这个数据块再次被分配出去之后，两个文件会错误地共享同一个数据块。这种情况可能会导致重要信息被泄露或者丢失。inode 等结构的分配同样具有相同的一致性问题。

因此，对分配表的一致性检查需要保证分配表中标记为空闲的 inode 和块没有被文件系统使用。为了防止资源泄露，还要保证在分配表中标记为使用的 inode 和块确实在文件系统中被使用。

inode

inode 中保存文件相关的元数据，是文件系统中非常关键的数据结构。inode 中通常保存文件类型、文件大小、拥有者和拥有组、访问权限、链接数、访问和修改时间等基本元数据，以及文件内容所在位置的索引。对 inode 的一致性检查需要保证这些信息合理且与文件系统中保存的其他信息一致。举例来说，inode 中记录的占用块的数量应与其实际索引的块数量相一致；inode 中保存的链接数应与整个文件系统中保存的指向该 inode 的目录项的个数一致；对于索引中用到的所有索引块和数据块，都应有合理的块号（如块号不应超过文件系统中的最大编号），在分配表中应为被分配的状态，且同一个块不应该被其他 inode 使用。

与超级块一样，inode 中的部分信息是无法通过文件系统中保存的内容进行检查和修复的。这部分信息包括 inode 中保存的拥有者，以及创建、访问和修改时间等。对于这部分元数据，e2fsck 在进行系统一致性检查时，只能进行基本的合理性检查，保证这部分元数据的数值处在合理的范围内。

目录

目录是一种特殊的文件。除了对其 inode 进行检查之外，还应检查其中保存的目录项的一致性。目录项中保存文件名和文件名所对应的 inode 号。在进行检查时，需保证文件名和目录项的长度均在有效且合理的范围内，并且目录项的长度应不小于文件名的长度与 inode 号所占用的空间之和。对于 inode 号，检查时需要保证每个 inode 号在合理且有效的范围内，并且其对应的 inode 在 inode 分配表中标记为已使用。此外，每个目录应至少包含“.”和“..”两个特殊的目录项，且对应的 inode 号应为当前目录和父目录的 inode 号。

目录项的检查与此前介绍的 inode 的检查需要协同进行，以统计每个 inode 的实际链接数，即指向 inode 的目录项个数。在目录项的统计工作完成后，需要按照实际链接数对不同 inode 进行处理。对于链接数为零的 inode，由于从文件系统的根无法访问到该 inode，因此可以在检查后将其删除。对于链接数不为零，却无法从文件系统根出发被访问到的“孤立”inode，在检查后，e2fsck 会将其保存在特殊的目录“lost+found”中。

12.2.3　fsck 的局限和问题

fsck 是在一致性问题发生之后进行补救的工具，虽然具有一定的一致性检查和修复能力，但并不能处理所有的一致性问题。在一些情况下，fsck 需要以交互的方式在用户的指导下完成修复过程；而在另外一些情况下，它对用户丢失的数据也束手无策。

此外，fsck 还存在效率问题。由于内存的容量一般远远小于存储设备的容量，将存储设备中的所有文件数据读取到内存中进行检查是不现实的。因此 fsck 在进行检查和修复时，一般需要多次扫描存储设备以把需要的部分数据加载到内存中进行访问。由于存储设备的访问比较耗时，一次 fsck 经常需要几小时甚至几十小时。另外，在 fsck 进行修复时，如果计算机系统再次发生故障，情况会变得更加复杂。

相对于 fsck 这种在发生损坏后进行检查和修复的方法，预防性地进行文件系统一致性保护往往能够获得更好的效果。在接下来的几节中，我们将介绍几种用于文件系统的常见系统性方法，包括日志、写时拷贝和 Soft updates。

12.3 原子更新技术：日志

本节主要知识点

- ❑ 日志如何保证多个修改同时持久化？
- ❑ 日志的方法可以分为哪几类？
- ❑ 一个日志的生命周期是怎样的？
- ❑ 日志是如何在真实文件系统中应用的？

当有多件事情需要处理时，为了防止遗漏，我们通常会把所有事情先记录在一个待办清单中。这样即使被其他突发情况打断，我们也可以通过检查待办清单，知道有哪些事情是还未进行的，并将其完成。同理，当文件系统想要原子地完成多个修改时，为了防止只完成了部分修改就发生崩溃等情况，其先将这些待做的修改（即“日志”）记录在一个专有的存储区域中。一旦发生故障，文件系统可以通过读取日志将未完成的修改继续完成。

12.3.1 日志机制的原理

在文件系统中使用的日志一般为预写式日志（Write-Ahead Logging，WAL）[3]。其原本用于在数据库系统中提供数据的原子持久性。正如其名，预写式日志要求在进行修改之前先在日志中记录修改的内容，以便在发生崩溃等情况时通过日志进行数据恢复，保证多个修改的原子性。

日志的生命周期

每一条日志信息从创建到销毁会经过一系列步骤和状态，一般包括：

- **创建**：在使用日志之前，需要先进行日志的创建和初始化操作。在此过程中，文件系统会为日志分配内存和存储空间，并初始化维护日志所需的元数据。此后，日志进入写入阶段。
- **写入**：在写入阶段，文件系统可以将要进行的操作或操作影响的数据及其所在位置写入日志中。举例来说，如果文件系统想要将位置 0x50 处的数据 A 改成 B，需要在日志中记录“位置 0x50 上的数据从 A 修改为 B”。需要注意的是，由于操作数量较多或者操作的数据量较大，在写入阶段记录的操作信息（即日志内容）往往超出存储设备的原子写入大小，因而无法原子地写入存储设备中。因此，在崩溃后，存储设备中处于写入阶段的日志内容可能是不完整的。为了防止这些不完整的日志内容造成一致性问题，在进行恢复时，处于写入阶段的日志的内容会被直接丢弃。换句话说，在写入阶段的日志内容不会马上生效。这些日志内容的生效需要等到日志的提交阶段。

- 提交：在提交阶段，文件系统需要将此前在日志中记录的操作信息原子地标记为有效。在日志提交成功后，日志中所记录的信息在进行崩溃恢复时才会发挥效用。具体来说，在进行提交前，文件系统需要将日志内容以固定的格式持久且完整地保存在存储设备中。在保证所有日志内容均已持久化在存储设备中之后，日志系统将在存储设备上原子地标记日志为已提交状态，并进入完成阶段。
- 完成：在完成阶段，文件系统可以将实际的修改写回存储设备中。由于这些写回的位置及其信息均在日志中有所记录，若在此阶段发生崩溃，在进行恢复时，会使用日志中记录的内容进行恢复，保证日志中所记录操作的原子性。
- 无效：当文件系统已经完成所有需要进行的修改，并且保证这些修改已经持久化之后，其将日志标记为无效。标记为无效的日志在进行恢复时不会进行恢复操作。
- 销毁：日志的记录需要占用一定的内存和存储资源。日志无效后，文件系统可以对日志所占用的这些资源进行回收，即销毁日志。一般情况下，这一过程可以通过批量化的形式延迟完成。

日志的内容

根据日志中具体保存的内容和恢复时进行的操作，日志可以分为**重做日志**（Redo Logging）和**撤销日志**（Undo Logging）两种。

- 重做日志。重做日志将数据位置和此位置上即将被写入的新数据（即修改后的数据）保存在日志中。当需要原子完成的多个修改所对应的位置和新数据被保存到日志中之后，重做日志可以进行提交。一旦日志成功提交，可以认为此日志中的所有操作已经持久化完成。在提交之后，用户可以开始进行真正的修改操作，将修改后的内容保存在原位置上。在恢复时，会将已经提交的日志中所记录的新的数据重新应用到其原本应该在的位置上。

  在使用重做日志时，日志的成功提交标志着日志中修改的成功持久化。只要日志已经提交，不管其修改是否已经写回原位置，这些修改操作均可以从日志中恢复。因此对于重做日志来说，文件系统可以不急于将修改写回原位置。重做日志可以长期停留在完成（即已提交）状态，日志的无效化和销毁过程可以延后。
- 撤销日志。与重做日志不同，撤销日志会在日志中记录数据位置和位置上原本保存的数据。撤销日志相当于对数据提前进行一次备份，一旦后续操作发生问题，便恢复到备份时的状态。在进行一组需要原子完成的操作之前，用户需要先将所有要修改的位置及其位置上原本存放的数据提前保存在日志中，并进行提交。当日志提交后，用户可以进行这一组修改操作，无须关心操作的原子性。一旦日志提交后发生崩溃，日志系统会从日志中读取崩溃前可能修改的位置，并将这些位置上的数据恢复到日志中记录的原本状态。

与重做日志不同，在使用撤销日志时，数据修改的持久化取决于日志是否被标记为无效。在撤销日志提交后，只要其还未被标记为无效，在日志所记录的位置上的任何数据修改，均会在崩溃恢复时回滚到日志刚提交时的状态。因此，当一个操作的所有修改被应用到其原本位置，并都持久保存下来之后，用户需要将日志标记为无效，从而保证这些修改不会在发生崩溃后被日志恢复过程撤销。

12.3.2　日志的批量化与合并优化

一般来说，由于存储设备的访问速度较慢，如果每个文件系统操作之后都进行日志的提交，每个操作均会产生对存储设备的访问，影响文件系统的性能。正如同在文件系统中可以使用页缓存异步地将数据从内存写回存储设备，日志也可以异步延迟提交。

日志的延迟提交策略可以将多份日志进行批量化提交，从而减少对存储设备的访问次数。同时，如果多份日志中包含相关的内容，日志内容还可以进行合并，从而减少提交日志的大小，进而减少写入存储设备的数据量。例如，用户先创建文件 A 并写入了大量数据，随后又删除了文件 A。如果每次操作都使用日志进行提交，那么会有至少三份日志：文件创建、文件数据修改和文件删除。而如果将这几个操作合并在一起，其实日志中只需修改相应的时间记录（如父目录的修改时间）即可。具体的文件创建、删除操作全都可以相互抵消，从而大幅减少实际写入存储设备的数据量。又如，用户对文件 A 的前 1KB 数据进行修改后，又对文件 A 相同位置的数据进行了第二次修改。由于第二次的修改内容覆盖了第一次的内容，因此日志合并后只需保留第二次修改的数据即可。

12.3.3　日志应用实例：JBD2

JBD2（Journaling Block Device 2）[4]是 Linux 系统中一个通用的日志组件。JBD2 通过统一的接口为 Linux 内核中的其他模块提供日志功能。例如，Linux 中的 Ext4 文件系统使用 JBD2 保存和管理日志。

在介绍 JBD2 之前，先介绍 JBD2 中的几个概念。

- 日志（Journal）：表示整个记录在系统中的日志。
- 原子操作（Handle）：表示一系列需要原子完成并持久化的修改，一般使用 handle 作为标识。
- 事务（Transaction）：由一个或多个原子操作组成，这些原子操作将被共同提交。

在前文中我们曾经提到，日志可以进行异步提交，且在提交之前所有的日志记录甚至不需要写入存储设备。如图 12.2 所示，在 JBD2 的设计中，通过利用内存中的页缓存等已有机制在内存中暂时保存数据（即图中的“内存”部分），并通过保存内存指针的方式将一个原子操作涉及的多个内存缓存结构组织在一起。

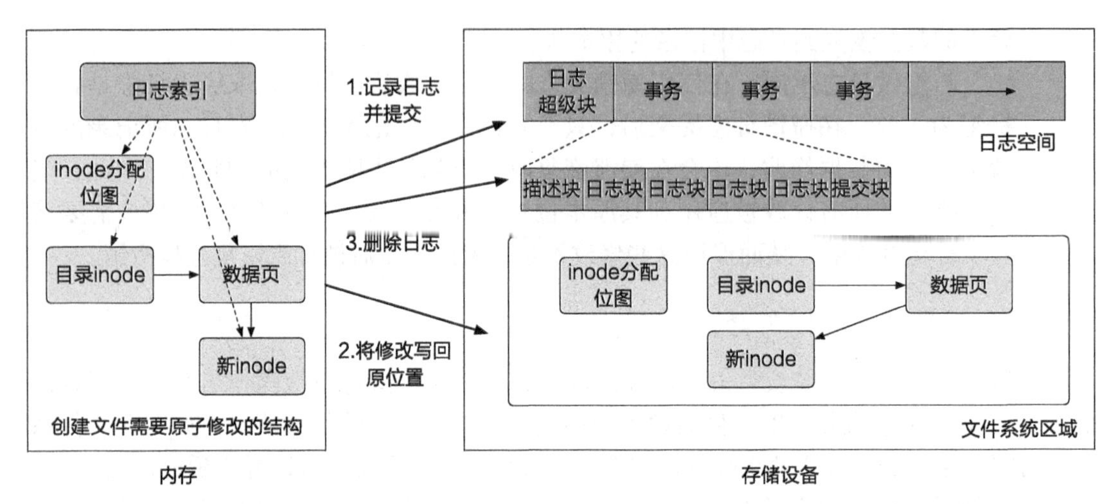

图 12.2　JBD2 中的日志，其中深色区域为 JBD2 在存储设备上的存储格式

JBD2 的存储格式

图 12.2 中给出 JBD2 的存储格式。JBD2 的日志可以保存在现有文件系统的文件中或者直接保存在设备上。每个 JBD2 的日志都有一个超级块。类似文件系统中的超级块，JBD2 中的超级块保存了整个 JBD2 日志的元数据，包括整个日志空间的大小和日志的起始位置等。超级块之后的日志空间中保存一个个事务。事务的开头保存事务的描述块，描述块中保存整个事务的信息，其内容为一系列标签（tag）。每个标签按照顺序对应描述块之后的一个日志块。标签中记录了日志块对应的数据的原位置（块号）和校验码（用于保证内容完整性）等元数据。描述块之后的日志块则保存具体的数据，其数量与描述块中的标签数量相对应。每个日志的最后是一个提交块，其中记录着整个事务的提交状态。

JBD2 的基本操作

要在文件系统中使用 JBD2 管理日志，需要首先初始化日志系统。代码片段 12.1 中的 jbd2_journal_init_inode 函数初始化一个保存在文件中的 JBD2 日志系统，其参数 inode 表示日志保存在该 inode 对应的文件中。一个 journal_t 类型的内存结构作为该函数的返回值，代表此 JBD2 日志系统。在该 JBD2 日志系统上的操作均需要使用该结构完成。在初始化日志系统之后，一般还需要调用 jbd2_journal_load 函数尝试读取和恢复文件中已有的日志。这些读取和恢复操作一般在文件系统挂载时进行。相对地，jbd2_journal_destroy 函数销毁日志系统在内存中占用的结构，一般在文件系统卸载时进行。

代码片段 12.1　JBD2 的部分操作接口

```
1 // 初始化日志系统（日志存在 inode 表示的文件中）
2 journal_t *jbd2_journal_init_inode(struct inode *inode);
```

```
3
4 // 读取并恢复已有日志（如果存在）
5 int jbd2_journal_load(journal_t *journal);
6
7 // 销毁内存中日志系统的信息
8 int jbd2_journal_destroy(journal_t *journal);
```

代码片段 12.2 给出了 JBD2 所提供的事务和原子操作的接口。文件系统可以使用 JBD2 的原子操作保证文件操作中多个步骤的原子性。代码片段 12.3 给出了一个使用 JBD2 进行文件创建的例子。首先，文件系统通过 jbd2_journal_start 创建一个新的原子操作（对应日志生命周期中的创建阶段，此后日志进入写入阶段）。新创建的原子操作会被加入当前事务之中。若当前不存在事务，则首先创建一个新的事务作为当前事务，再将原子操作加入其中。此后，文件系统开始创建文件。首先将分配得到的 inode 标记为占用（第 5 ～ 9 行）。具体过程是，首先获得对应的 inode 分配信息所在的块的缓存（bitmap_bh），然后通过 jbd2_journal_get_write_access 函数通知 JBD2 即将对该块进行修改（第 7 行），将块中对应的位置 1（第 8 行），最后通过 jbd2_journal_dirty_metadata 表示此块中的数据已经进行了修改（第 9 行）。使用类似的过程，在第 11 ～ 15 行对 inode 结构进行初始化，在第 17 ～ 21 行将目录项写入对应目录中。当创建文件的这些步骤完成后，文件系统通过调用 jbd2_journal_stop 来通知 JBD2 该原子操作结束（表示日志的写入阶段结束，可以进入日志的提交阶段）。事务的管理和提交一般由 JBD2 自动完成，一个事务会在等待足够长的时间或足够多的原子操作之后才会进行提交。但文件系统也可以通过调用 jbd2_journal_force_commit 来强制提交当前事务。

代码片段 12.2 JBD2 的部分事务和原子操作接口

```
1 // 在当前事务中开始一个新的原子操作
2 handle_t *jbd2_journal_start(journal_t *journal, int nblocks);
3
4 // 通知 jbd2 即将修改缓冲区 bh 中的元数据
5 int jbd2_journal_get_write_access(handle_t *handle, struct buffer_head *bh);
6
7 // 通知 jbd2 即将使用一个新的缓冲区
8 int jbd2_journal_get_create_access(handle_t *handle, struct buffer_head *bh);
9
10 // 通知 jbd2 该缓冲区中包含脏元数据
11 int jbd2_journal_dirty_metadata(handle_t *handle, struct buffer_head *bh);
12
13 // 结束一个原子操作
14 int jbd2_journal_stop(handle_t *handle);
15
16 // 强制提交当前事务
17 int jbd2_journal_force_commit(journal_t *journal);
```

代码片段 12.3 使用 JBD2 进行文件创建的例子

```
1  handle_t *handle;
2  //原子操作：创建新文件
3  handle = jbd2_journal_start(journal, nblocks=8);
4
5  //1. 标记 inode 为占用
6  bitmap_bh = read_inode_bitmap(sb, group);
7  jbd2_journal_get_write_access(handle, bitmap_bh);
8  set_bit(ino, bitmap_bh->b_data);
9  jbd2_journal_dirty_metadata(handle, bitmap_bh);
10
11 //2. 初始化 inode
12 inode_bh = get_inode_bh(sb, ino);
13 jbd2_journal_get_write_access(handle, inode_bh);
14 init_inode(inode_bh);
15 jbd2_journal_dirty_metadata(handle, inode_bh);
16
17 //3. 将目录项写入目录中
18 data_bh = get_data_page(dir_inode);
19 jbd2_journal_get_write_access(handle, data_bh);
20 add_dentry_to_data(data_bh, filename, ino);
21 jbd2_journal_dirty_metadata(handle, data_bh);
22
23 jbd2_journal_stop(handle); //结束原子操作
```

Ext4 的日志选项

使用日志会导致文件系统中的修改被写入存储设备两次——第一次写入日志区域，第二次写入数据原本应该写入的位置。当需要修改的数据量较大时，存储设备的两次写入开销会影响文件系统性能。为此，文件系统一般会在日志保证的崩溃一致性和性能之间进行权衡。例如，Ext4 文件系统对于元数据修改默认使用日志进行一致性保护，但对于文件数据部分，其提供 writeback、ordered 和 journal [5-6] 三种选项（如表 12.2 所示）。

表 12.2 Ext4 文件系统中的日志选项

日志选项	数据是否使用日志保证	顺序要求	性能	一致性
writeback	否	无要求	最好	弱
ordered	否	数据在元数据之前写回	中等	中等
journal	是	数据和元数据均在日志中	较差	强

- 写回模式（Writeback Mode）。在该模式下，Ext4 对于文件数据部分的修改不进行日志记录，且对文件数据的写回没有特定的要求。在这种模式下，文件的数据块修改可以在任何时候写入磁盘中进行持久化。这种模式的一致性保证比较差。在发生崩溃的时候，有更大的概率发生不一致的情况。但是由于对写回顺序没有特殊要求，这种模式的性能往往是最优的。
- 顺序模式（Ordered Mode）。在该模式下，Ext4 对于文件数据部分的修改同样不进

行日志记录，但是对文件数据何时能够写回磁盘中进行持久化有特定的顺序要求。对于文件的数据和元数据修改，需要保证文件数据部分的修改在文件元数据被持久化前持久化到设备中。这一顺序的保证可以减少数据不一致的情况出现，增强文件系统的一致性保证。但对于跨多个存储块的数据写入，顺序模式无法保证这些数据持久化的原子性。因而如果在对文件中一段数据进行覆盖写入时发生崩溃，这一段数据可能一半是新的，另一半是旧的。该模式是 Ext4 中的默认模式，也是一种性能和一致性保证之间的权衡。

- 日志模式（Journal Mode）。在该模式下，Ext4 文件中的数据和元数据修改均使用日志进行保护。这是一种一致性保证很强的模式，但是要求文件数据在日志中和原位置上进行两次写入。因此，对于产生大量文件数据修改的场景来说，这种模式会带来不小的性能开销和不必要的写入操作。

12.3.4　讨论和小结

小思考

使用日志有哪些优点和缺点？什么情况下适合使用日志进行一致性保证？

日志是一种保证原子更新和崩溃一致性的常用方法。通过日志记录，可以保证任意位置、任意数量操作的原子完成，因而应用范围比较广泛，特别适用于修改位置比较分散的场景。然而，使用日志同样会带来一些问题。首先，日志要求所有的修改先在日志中进行记录，再将修改应用到其原有位置上。这样所有的修改都执行了两次：一次在日志中，另外一次在原位置上。因此，对于数据修改较多的场景，使用日志保证原子性可能会带来很大的写入开销。其次，日志的原子性保证依赖于日志恢复，因此在发生崩溃并重启后，需要首先进行日志恢复。只有日志恢复完毕之后，文件系统才能开始处理新的请求。若日志恢复时间较长，整个文件系统将长时间处于不可用状态，进而影响操作系统或应用程序的启动时间。最后，在使用日志时，需要为日志预留一定的空间。在使用日志时，这部分空间会被反复写入和修改。对于闪存等容易被写穿的存储介质来说，日志区域将导致比较严重的磨损问题。

12.4　原子更新技术：写时拷贝

本节主要知识点

- ❑ 写时拷贝技术如何保证多处数据的原子更新？
- ❑ 文件系统如何使用写时拷贝技术保证崩溃一致性？

12.4.1　写时拷贝的原理

写时拷贝是另外一种能够保证多处修改原子更新的技术。当多处修改最终能转换为一个原子操作（如通过修改指针进行原子更新）时，可以使用写时拷贝保证多处修改的原子性。使用写时拷贝修改数据时，需要首先对原数据进行一次拷贝，并在拷贝出来的数据副本上进行修改。此后，写时拷贝通过修改指向原数据的指针，使其指向新数据（即修改后的数据副本），从而让副本中的数据修改生效。对于需要原子完成的多处修改，写时拷贝可能需要修改多处指针。对于这些指针的修改，如果无法在一次原子操作内完成，往往需要继续使用写时拷贝的方式进行，直至所有修改可以在一次原子操作内完成。

写时拷贝经常被用在树形数据结构中。由于整个树形数据结构只有一个树根，不论想要修改树中的多少个节点，最终都能将修改转变为对根节点的原子操作，以保证整个树上的所有修改均是原子完成的。

图 12.3 给出了树形数据结构上写时拷贝技术的一个示例。最初，树中有 A 到 F 共六个节点。我们需要原子地修改 C 和 E 两个节点中的数据。在进行修改时，我们并不直接修改 C 和 E 节点中的数据，而是分别为 C 和 E 创建拷贝，并在拷贝中进行修改，生成 C′ 和 E′ 两个节点。注意，此时无法根据树根访问到修改后的 C′ 和 E′，因此这两处修改并未生效。此后，为了让修改生效，需要进一步写时拷贝节点 B、D 以及树根 A，最终通过修改指向树根的指针来保证 C′ 和 E′ 两处修改生效的原子性。旧的节点在操作完成后可以被回收以释放空间。

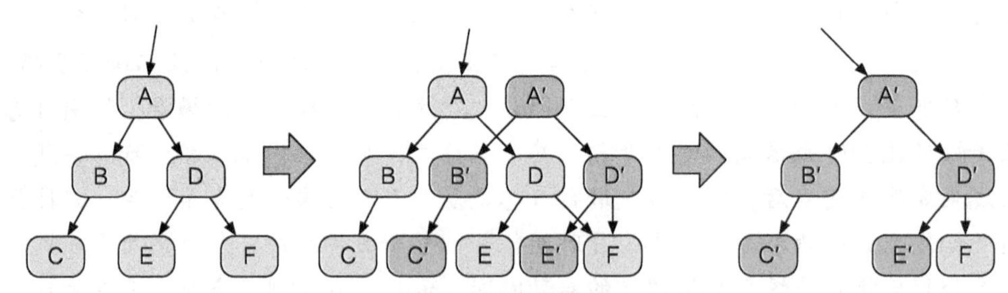

图 12.3　通过写时拷贝技术保持多处修改的原子性

原子更新点。在上述例子中，原子更新的完成可以被归结到一个原子操作上，即对指向树根的指针的修改。在此操作完成之前，由于整个数据结构的原有数据并未被修改，因此所有的修改均未生效（即无法通过树根指针访问到）。在此操作完成之后，所有的修改同时生效。这个原子操作被称为原子更新点。

当使用写时拷贝技术在存储设备上修改数据结构时，原子更新点即为数据的原子持久化点。对于图 12.3 中的例子来说，当 C′、E′、B′、D′ 和 A′ 的数据已经持久化之后，可以对树根指针进行修改，并将修改持久化。树根指针的持久化是整个操作的原子持久化点。在树根指针的修改持久化之前，无论对于 C′、E′、B′、D′ 和 A′ 的修改是否已经被持久化，在发生掉电或崩溃后，系统都无法访问到这些修改，因此不会产生一致性问题。

而一旦树根修改持久化完成，在 C′、E′、B′、D′ 和 A′ 上的所有修改也会同时生效。由于这些修改在此前已经确保持久化完毕，因此掉电或崩溃后，系统能访问到完整的修改后的数据结构，不会产生一致性问题。

空间回收。在使用写时拷贝技术进行原子更新后，需要对保存原有数据的结构进行回收。在图 12.3 中，可以被释放的节点包括 A、B、C、D、E。空间回收只是为了防止空间浪费，保证后续的分配能够顺利完成。因此若空闲空间充足，空间回收可以延后或者异步进行。

12.4.2　写时拷贝在文件系统中的应用

写时拷贝技术经常被用于保证文件数据的一致性。图 12.4 给出了一个使用写时拷贝保证文件数据一致性的示例。图中的文件 inode 中保存了多个数据块和一个索引块的指针。为了方便表述，我们将图中给出的数据块从 A 到 F 进行了标号，其中相邻数据块的逻辑地址是相连的。当一个文件写请求跨越了多个数据块的边界时，文件系统需要发起多次存储请求来完成数据修改[⊖]。若不加任何保障，在进行修改时发生崩溃可能会造成文件数据的不一致。例如，当一个文件写请求刚好跨越数据块 C 和 D 的边界，而在文件系统刚刚修改完数据块 C 之后，系统发生崩溃，在重新启动计算机后，在数据块 C 中的数据为文件写请求之后的新数据，而在数据块 D 中的数据为文件写请求之前的旧数据，文件数据出现了不一致的情况。

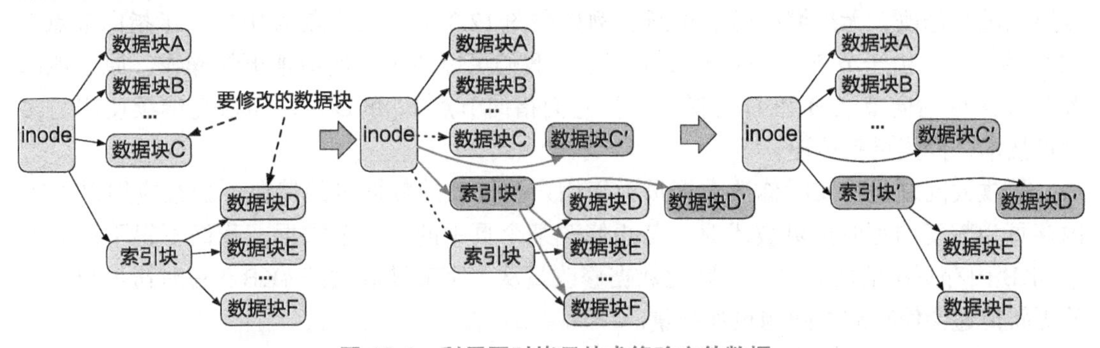

图 12.4　利用写时拷贝技术修改文件数据

inode 的结构与图 12.3 中的树状结构是相似的，因此，可以使用写时拷贝保证跨数据块写请求的原子持久化。具体来说，我们会将数据块 C 和 D 进行拷贝，并在拷贝副本上进行修改。由于指向数据块 C 的指针保存在 inode 中，而指向数据块 D 的指针保存在索引块中，我们需要继续对索引块进行写时拷贝。最终，需要修改的指向数据块 C 的指针和指向索引块的指针均保存在 inode 结构中。由于 inode 结构通常小于存储设备的块大小，通过原子更新 inode 结构，我们可以原子地持久化文件数据块 C 和 D 上的数据修改。

⊖ 此处假设图中的每个框对应一个存储设备的原子访问单元（即块）。

由于所有文件数据访问均从 inode 结构出发，因此一个文件中任何位置上的修改，均可以通过写时拷贝技术进行原子更新和持久化。

小知识：使用写时拷贝技术保护整个文件系统

除了用来保证文件数据的一致性之外，写时拷贝技术还可以用来保证整个文件系统的一致性[7]。如在 BtrFS 中，整个存储结构由一棵树组成，可以通过写时拷贝技术保证多个位置上修改的原子完成。

12.4.3　写时拷贝的问题与优化

在上述例子中，我们只希望修改节点 C 和 E 中的部分数据，却导致节点 B、D、A 也被修改。这表现出了写时拷贝的两个问题：*更新传递*问题和*写放大*问题。

在树形数据结构中，写时拷贝往往需要更新到根节点才会停止。在图 12.3 中，我们修改节点 C 和 E 后，需要继续修改节点 B、D 和 A（根节点）。这种修改一些节点后，还需要进一步修改数据结构中的其他节点以保证原子更新的问题，被称为更新传递问题。

解决更新传递问题的一种常见方法是*提前进行原子更新*。对于树形数据结构来说，并非只有指向树根的指针才可以被原子更新；在上述例子中，原子更新的粒度为一个节点。若在更新传递的过程中，所有要进行的修改被一个原子更新粒度所覆盖，则可以直接原地进行修改，无须继续传递更新。例如在图 12.3 中，在节点 A 中保存了指向节点 B 和 D 的指针。由于节点 A 可以被原子更新，我们可以通过一次原地更新操作，原子地修改节点 A 中指向节点 B 和 D 的指针，让它们指向节点 B′ 和 D′，从而避免继续使用写时拷贝技术，停止更新传递。

写放大问题是指实际修改数据量大于用户要修改的数据量的情况。如在应用以 4KB 内存页为粒度的写时拷贝技术时，若想修改某个页中的 1 字节数据，我们不得不拷贝整个 4KB 内存页中的所有数据，因此数据修改量从 1 字节被放大到 4KB。写时拷贝技术中的更新传递会使写放大问题更加严重。

当要修改的数据覆盖了拷贝操作的粒度时，可以不拷贝原有数据，直接写入新的数据，从而在一定程度上缓解写放大问题。例如在图 12.3 中，拷贝粒度为一个节点，且节点 E 中的所有数据均需要被修改，在分配 E′ 后，即使我们将 E 中的数据拷贝到 E′，这些数据也会被新数据全部覆盖。因此，在这种情况下，可以省略写时拷贝中的拷贝操作，从而减少写入数据量。此外，前面提到的提前原子更新的方法，也可以在一定程度上减轻写放大问题。

12.4.4　讨论和小结

写时拷贝技术对数据结构有一定的要求，当所有的修改最终能够变成一个原子修改时，才可以使用写时拷贝技术。此外，写时拷贝技术的使用与原子更新粒度和拷贝粒度有关。当修改的数据量远大于拷贝粒度时，往往只有数据头部和尾部真正需要进行拷贝操作，而中间部分可以根据前文提到的方法省略拷贝操作，直接使用新数据写入新分配的节点。这种情况下，写时拷贝技术产生的写放大相对较小。而当数据修改量小于拷贝操作的粒度时，写时拷贝技术造成的写放大会非常严重，在块设备上，即使每次仅修改 1 字节数据，也需要按照块粒度进行数据拷贝。因此，是否适合使用写时拷贝，需要结合原子更新粒度、拷贝粒度和数据修改量综合考虑。

12.5　Soft updates

本节主要知识点

- ❑ 为什么要提出 Soft updates？
- ❑ Soft updates 技术如何保证崩溃一致性？
- ❑ Soft updates 技术如何解决环形依赖问题？
- ❑ Soft updates 为何无须进行恢复？

虽然使用原子更新技术能够较好地保证文件系统的崩溃一致性，但是在其他方面依然存在一些问题。首先，这些原子更新技术对存储布局和文件系统设计存在一定的要求。例如使用日志时，需要在存储空间中为日志预留空间，同时需要保存日志相关的各种元数据；在写时拷贝技术中，为了方便地通过修改指针原子更新结构内容，每个结构的位置一般由上一级结构中的指针决定，而不能处于固定位置。这限制了文件系统设计的灵活性和可拓展性。此外，使用这些原子更新技术需要在修改过程中对存储设备进行额外的写入操作。例如文件系统使用日志时，需要先将修改的日志记录到存储设备上；在使用写时拷贝时，需要将原来的数据进行一次拷贝操作。这些额外的写入操作反而影响了文件系统的性能。

考虑到这些问题，原子更新技术的使用条件对于一些文件系统来说有些过于严格，影响了文件系统的设计和性能。那么除了原子更新技术之外，有没有其他方法可以保证崩溃一致性呢？

我们不妨回到 12.2.1 节提到的同步写入问题重新进行考虑。为了保证多个修改的持久化顺序，同步写入需要等待前一个修改持久化到存储设备之后，才能开始进行下一个修改。实际上，为了保证崩溃一致性，文件系统仅需保证修改被持久化的顺序，并不需要同步等待每个修改的持久化完成。如果存在某个机制能够保证这些修改的持久化顺序，那么文件系统在内存结构中执行完一个修改之后，无须等待其持久化完成便可以开始处理下一个修改。在这种情况下，文件系统能够以接近内存的性能处理文件请求，并保证崩溃一致性。

Soft updates [8-10] 就是这样一种通过保证多个修改的持久化顺序来保证文件系统崩溃一致性的机制。Soft updates 技术由 Gregory R. Ganger 等人在 1994 年提出 [9]，其由于良好的性能和对原有文件系统的兼容性，被 FreeBSD 的 UFS 文件系统 [11]、OpenBSD 的 FFS 文件系统 [12] 以及 NetBSD [13] 所广泛支持。

12.5.1　Soft updates 的三条规则

Soft updates 通过保证持久化的顺序来保证崩溃一致性，可对于一个具体的包含多个修改步骤的操作来说，到底要如何保证修改的持久化顺序才能避免崩溃一致性被破坏呢？为了回答这个问题，Soft updates 制定了三条规则：

- *规则 1*：不要指向一个未初始化的结构。如目录项指向一个 inode 之前，该 inode 结构应该先被初始化。
- *规则 2*：当一个结构被指针指向时，不要重用该结构。如当一个 inode 指向了一个数据块时，这个数据块不应该被重新分配给其他结构。
- *规则 3*：对于一个仍有用的结构，不要修改最后一个指向它的指针。如重命名文件时，在写入新的目录项前，不应删除旧的目录项。

下面我们通过举例来具体介绍这三条规则。示例中的所有结构均表示在存储设备上保存的结构，其中的操作为对存储设备进行的操作。为了叙述简洁并突出三条规则的作用，下文的讨论对文件操作的过程进行了简化。实际情况会更加复杂，但遵循的规则是相同的。

创建文件

创建文件的过程在 12.1 节已经进行了介绍，主要包括三个步骤：*分配 inode*，*初始化 inode*，*增加目录项*。根据规则 1，inode 初始化操作的持久化应该早于增加目录项操作的持久化，否则增加的目录项会指向一个未初始化的 inode 结构。如果此时系统发生崩溃重启，当文件系统再次通过该目录项访问 inode 结构时，会产生错误。同时，为了保证规则 2 不被破坏，inode 分配同样应该在增加目录项之前持久化。否则，被新增目录项所指向的 inode 结构可能再次被分配和使用，从而导致文件系统产生安全性和正确性问题。

图 12.5 中的创建文件操作创建了一个目录文件。目录文件在创建时需要同时创建“.”和“..”两个目录项，因此其需要分配并初始化一个新的数据块。由于数据块被 inode 结构指向，根据规则 1，数据块的初始化操作应该先于 inode 中索引的修改（包含在 inode 的初始化过程中）进行持久化。同时，由于规则 2，数据块分配信息（如位图）的持久化同样应该在 inode 初始化之前。

由于目录项的大小一般不超过存储设备原子更新的粒度，增加目录项在存储设备上可以被认为是一个原子操作。因此，在文件创建的过程中，在父目录中增加新的目录项可以被认为是原子更新点。在此步骤完成之前，所有的操作均不会出现在文件系统树中，即使发生崩溃，文件系统也只会保留与此文件创建前一致的文件系统树。而在此步骤完成之后，前面各个步骤中修改的结构被“嫁接”到了文件系统树上。由于我们保证此前的步骤均已在存储设备中完成，因此“嫁接”到文件系统树上的这部分“枝丫”同样满足一致性要求。

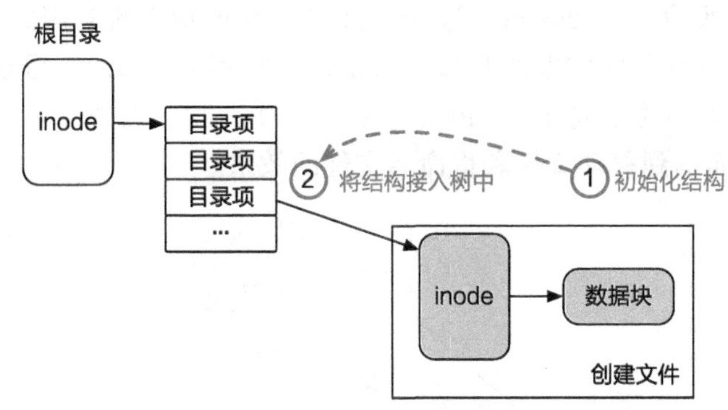

图 12.5　Soft updates 的第一项规则举例

在遵守 Soft updates 规则的情况下，创建文件的过程中依然可能发生空间泄漏问题，即 inode 分配信息被持久化但却未被文件系统使用。但这种情况对文件系统中保存的其他结构不产生影响，可以通过定期扫描找到未使用的 inode 节点并修复。

删除文件

图 12.6 展示了文件的删除操作。常规文件的删除操作需要将文件删除并回收资源。若不考虑硬链接，目录项是目标文件与整个文件系统树的唯一关联点。根据规则 2，文件系统需要将目标文件先从整个文件系统树中“砍”下来，此后再进行资源回收等操作。而这个“砍树枝”的操作即为将对应的目录项从父目录中删除。

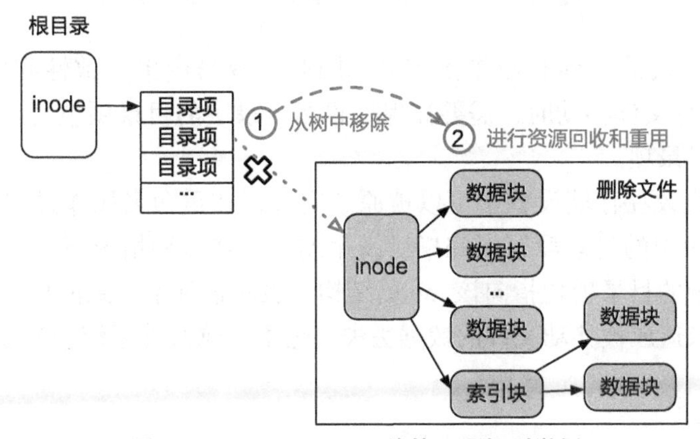

图 12.6　Soft updates 的第二项规则举例

删除目录项为删除操作的原子更新点，系统崩溃只可能发生在此操作之前或之后。若崩溃发生在此之前，则没有删除操作被执行，因此不会产生不一致的情况。若崩溃发生在此之后，则无论是发生在回收操作之前、之中或者之后，由于这些被回收的资源已经从文件系统树中被移除，这里产生的不一致并不会造成文件系统中其他文件和数据的不一致。此过程中造成的空间泄漏，也可以通过定期检查的方法进行修复。

重命名文件

图 12.7 展示了重命名（rename）操作，其中涉及规则 3 的应用。在重命名操作中，文件系统往往并不进行文件数据的搬移，而是仅仅将指向 inode 的目录项从源目录中删除，并在目标目录中创建指向相同 inode 的新目录项。此过程中新旧目录项中的文件名可以发生改变，从而达到移动文件和重命名文件的效果。

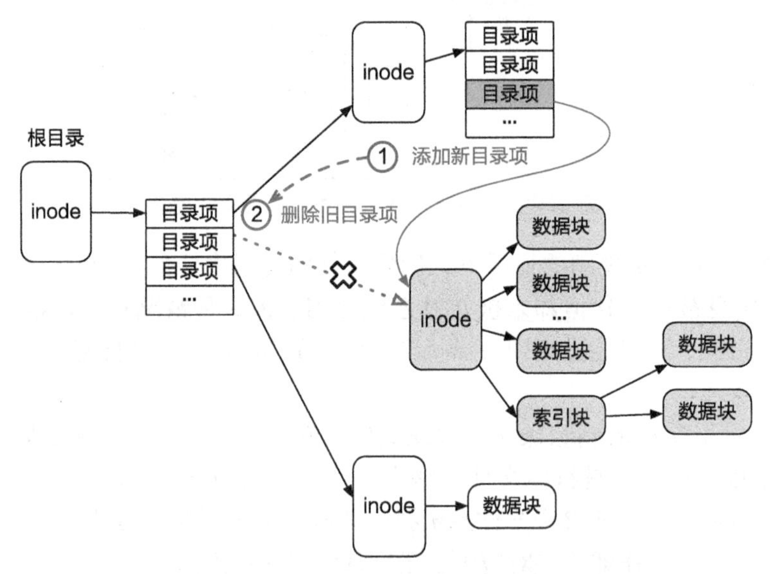

图 12.7　Soft updates 的第三项规则举例

重命名操作涉及的结构和操作比较多，因此更容易产生一致性问题。根据规则 3，Soft updates 在进行文件移动时，需要先保证目标目录中的目录项被写入完毕，之后才能删除源目录中的目录项。

由于目录项修改在存储设备中可以被原子完成，在重命名操作过程中发生的异常情况主要为目标目录中的目录项写入完毕后发生崩溃。在这种情况下，文件系统在重启后会发现两个目录中的目录项均指向该 inode 结构。虽然这种不一致的情况可能会让用户感到惊讶，但其并未造成被移动文件的数据丢失，也不影响文件系统中其他文件的一致性。

12.5.2　依赖追踪

Soft updates 的目标是在进行异步写回的同时，保证多个修改间的持久化顺序，从而在获得高性能的同时，保证文件系统的崩溃一致性。Soft updates 使用内存结构表示还未写回存储设备的修改，并异步地将这些修改持久化到存储设备中。那么 Soft updates 如何保证这些修改的持久化顺序呢？

为了保证修改的持久化顺序满足上述三条规则，Soft updates 对这些修改之间需要遵守的顺序进行了记录，称为依赖追踪。如果修改 A 需要在修改 B 之前写入存储设备中，则称修改 B 依赖于修改 A。Soft updates 在处理文件系统请求时，除了将修改记录在内存结构中之外，还会将这些修改之间的依赖关系记录下来。

处理依赖关系的一种比较直接的方法是使用有向无环图（Directed Acyclic Graph，DAG）。考虑到文件系统以块为粒度将修改写回存储设备，Soft updates 可以将内存缓存中的块作为 DAG 的顶点，将依赖关系作为边。如当块 A 上的修改需要在块 B 上的修改之前写入存储设备时，图中有一条从 B指向 A 的边。

图 12.8 给出了基于块粒度的依赖关系示例。示例中为文件创建时的依赖，即在写回新增的目录项（保存在父目录数据块的内存缓存中）前，应该先写回 inode 的分配（保存在 inode 位图所在的数据块缓存中）和初始化（保存在 inode 所在的数据块缓存中）。

然而，这种设计有两个问题：环形依赖（Cyclic Dependency）和写回迟滞（Aging）。由于存储设备的块大小一般远大于 inode 等文件系统结构的大小，因此在一个块中，通常会保存多个文件系统结构。例如，在一个块中会同时保存 inode 表中连续的多个 inode 结构；而在目录的数据块中，会保存目录中的多个目录项结构。这种使用方式会造成环形依赖：块 A 需要在块 B 前写回，同时块 B 需要在块 A 前写回。图 12.9 给出了一个环形依赖的具体例子。其中，文件系统首先分配并初始化 6 号 inode，使其对应 File B，然后新增目录项。在这些修改还未写入存储设备时，文件系统还删除了 File D，对应的 inode 号为 7。这两个操作的目录项刚好在同一个数据块（块 B）中，而涉及的两个 inode 刚好也在同一个块（块 A）中。这时，根据 Soft updates 的持久化规则，在创建文件时，inode 结构的初始化应在新增目录项之前写回，因此块 A 应在块 B 之前被写回存储设备。同时，在删除文件时，目录项的删除应在对 inode 结构进行清理之前写回，因此块 B 应该在块 A 之前写回。一旦产生了这种循环依赖，文件系统无法决定写回顺序。除了循环依赖的问题之外，当一个结构中的数据被频繁修改时，该结构很可能由于一直产生新的依赖而导致长时间无法被写回存储设备中，即写回迟滞问题。

12.5.3 撤销和重做

为了解决循环依赖和写回迟滞的问题，Soft updates 将依赖追踪从块粒度细化为结构粒度，并使用了撤销（Undo）和重做（Redo）方法来打破循环依赖。在进行依赖追踪时，Soft updates 会记录每个结构上的修改记录。当需要将某个结构写回存储设备时，Soft updates 会查看该结构的依赖关系，检测是否有环形依赖产生。当出现环形依赖时，先将部分操作撤销（即将内存中的结构还原到此操作执行前的状态）。在撤销之后，环形依赖被打破，此时可以根据打破后的依赖将修改按照顺序进行持久化。持久化完毕后，Soft updates 需要将此前被撤销的操作恢复，即重做。在重做完成后，Soft updates 可以将最新的内存中的结构按照新的依赖关系再次进行持久化。

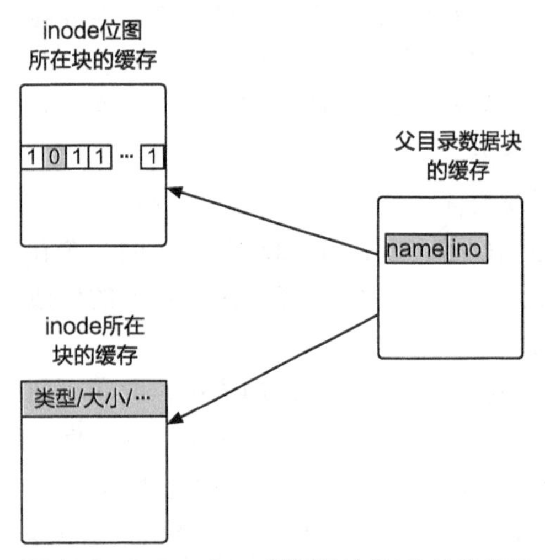

图 12.8 Soft updates 基于块的 DAG 依赖关系

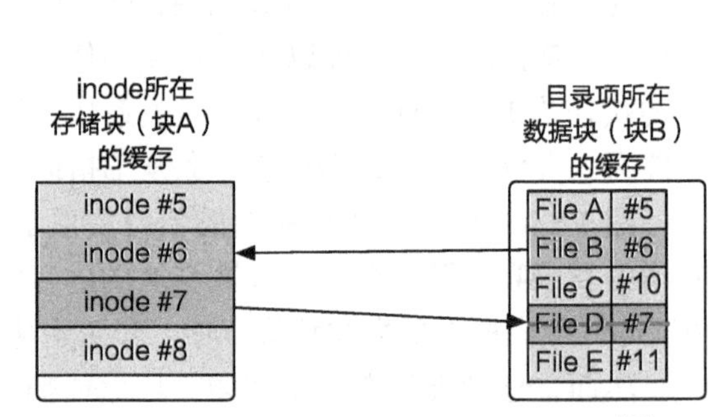

图 12.9 Soft updates 的环形依赖问题[8]

图 12.10 给出了使用撤销和重做方法打破循环依赖的示例。对于此前创建 File B 和删除 File D 造成的环形依赖，Soft updates 首先撤销删除 File D 的修改（①）。在撤销完毕后，块 A 和块 B 之间只剩下一个依赖关系。只需要按照依赖关系先将块 A 写回，再将块 B 写回即可（②）。在修改持久化到存储设备后，Soft updates 重做刚刚撤销的删除操作（③）。重做后块 A 和块 B 之间依然只有简单的依赖关系，此时继续按照顺序进行写回即可。在撤销到重做期间，Soft updates 通过对结构上锁，避免应用程序错误地看到撤销后的结构状态。

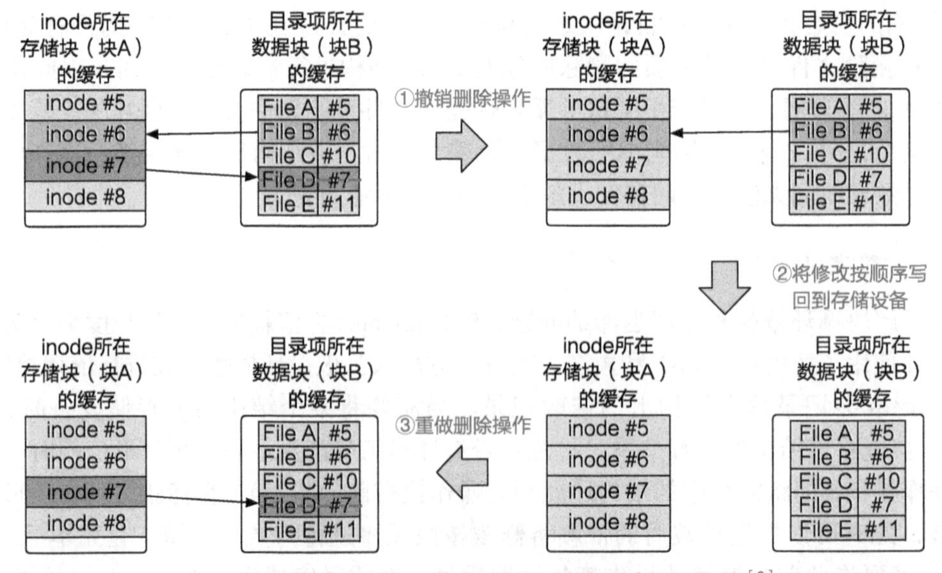

图 12.10 Soft updates 使用撤销和重做打破环形依赖[8]

这种撤销、持久化、重做的方式不仅能够打破环形依赖、保证持久化顺利进行，还能解决写回迟滞的问题。若某个结构被频繁修改，导致不断有新的依赖产生，Soft updates 可以将部分新的修改撤销，在快速完成持久化后将修改重做，以此避免新依赖不断推迟该结构上修改的持久化。

12.5.4　文件系统恢复

在发生崩溃后，文件系统一般需要通过 12.2 节介绍的文件系统检查（fsck）来保证文件系统的一致性。在 fsck 完成之前，文件系统一般处于无法使用状态，以保证潜在的非一致性问题不会造成更加严重的数据损坏。然而 fsck 所需要的时间与文件系统的大小相关。这将导致在崩溃之后的很长一段时间内，文件系统都处于不可用状态。对于 Soft updates 来说，发生崩溃之后同样有可能产生不一致。但是由于 Soft updates 在写回时严格按照依赖顺序，在崩溃后，Soft updates 文件系统中存在的不一致并不会导致文件系统无法使用或导致其中的数据发生损坏。一些可能发生的不一致情况包括：

- 未使用的块没有出现在空闲空间列表中。
- 未被引用的 inode 没有出现在空闲 inode 列表中。
- inode 中保存的链接数可能超过实际链接数（如 inode 中链接数为 3，却只有 2 个目录项指向此 inode），从而导致该 inode 及其引用的数据块无法被回收。

即使发生了这些不一致情况，Soft updates 依然可以在挂载后立即开始处理新的文件系统请求，无须等待耗时的文件系统检查。管理员可以选择在合适的时刻执行 Soft updates 的文件系统检查操作来修复这些问题。

12.5.5　讨论和小结

总的来说，Soft updates 通过记录和保持文件系统结构之间的持久化依赖关系，保证各个结构按照既定的顺序进行持久化，从而在异步写回的情况下避免在存储设备上产生严重的不一致情况。异步写回使得 Soft updates 能够以内存的性能完成文件系统操作；而严格的写回（持久化）顺序令 Soft updates 在崩溃之后可以立即投入使用，无须等待长时间的恢复或者检查。对于可能出现的一些“良性”不一致情况，用户可以在适当的时刻通过文件系统检查进行修复，以此来保证整个文件系统的一致性。

Soft updates 是不同于日志、写时拷贝等技术的保证文件系统一致性的方法，其在设计上避免了对文件系统存储格式的修改，使得文件系统的设计与一致性保证解耦。同时，其避免了日志的两次写入和写时拷贝的写放大等性能问题。然而，Soft updates 也并非完美的。为了实现 Soft updates 中涉及的各种机制，文件系统需要在内存中记录大量的依赖关系。这会用到大量的辅助结构，导致 Soft updates 的实现非常复杂。因此，在实际使用中，Soft updates 还经常与日志等机制结合起来使用[14]，以简化系统的设计与实现。

12.6 案例分析：日志结构文件系统

本节主要知识点

- ❑ 日志结构文件系统是如何保存文件的数据和元数据的？
- ❑ 日志结构文件系统如何管理空间？
- ❑ 日志结构文件系统与使用日志的文件系统有何区别？有何优势？
- ❑ 日志结构文件系统如何保证文件系统崩溃一致性？

本章在介绍重做日志时，曾提到重做日志不急于将日志内容写回原位置。那么是否能够更极端一些，直接将整个文件系统以一种日志的形式保存呢？这样每个文件系统结构都没有“原位置”，也就不需要对日志内容进行写回操作了。日志结构文件系统（Log-structured File System，LFS）正是这种主要以日志结构保存数据和元数据的文件系统。在本节中，我们将基于最早的 Sprite LFS[15] 对日志结构文件系统的基本概念和原理进行介绍。

小知识：最初 LFS 设计的假设

最初的 LFS 设计基于这样一个假设：由于文件系统数据可以被缓存在内存中，大多数文件系统读请求可以在内存中完成。随着内存容量的提升，文件系统的读取操作可以达到比较好的性能。在这种情况下，对于存储设备的访问将主要被写请求占据。考虑到机械硬盘顺序写入可以避免磁盘寻道时间，以日志的形式组织文件系统可以让写入性能达到最优。另外需要注意的是**日志**与**日志结构**这两种技术是有区别的。日志一般是临时性的，日志中记录的内容最终会被写入它们原本应该在的位置；而在使用日志结构时，数据并没有固定的保存位置。

12.6.1 基本概念与空间布局

在此前介绍的文件系统中，每个结构在存储设备上均有固定的存储位置。当某个结构中的数据被修改时，其修改被“原地”写入，该结构的位置并不会发生变化。当多个结构被修改时，若这些结构的固定位置不能被一个原子修改操作覆盖，文件系统需要向存储设备发出多次随机写入请求。由于存储设备的随机写入性能一般要比顺序写入性能差，大量的随机写入请求会降低文件系统的总体性能。

为了减少随机写入，LFS 以日志的形式保存整个文件系统的数据。所有的修改均会追加到日志空间的尾部，从而保证对于存储设备的顺序写入。由于使用这种写入方式，日志中保存的文件结构和数据并没有固定的“原位置”。随着文件系统的使用，每个结构的保存位置也会不断发生变化。那么如何才能在不断变化位置的结构中找到某个特定的结构呢？

事实上，在 LFS 中，一些重要结构的位置是固定的。表 12.3 中给出了 LFS 中所使用的各种结构。其中，**超级块和检查点**（Checkpoint）是两个固定位置的结构。超级块是文件系统存储格式中非常重要的结构。文件系统在挂载时，需要读取文件系统的超级块以区分不同的文件系统，并获知一些文件系统的全局元数据。为了让操作系统在挂载时更加方便地识别文件系统类型，超级块的位置被设计成固定的。另一个固定位置的结构为检查点，其中保存了文件系统其他重要结构的位置，例如 inode 表所在的位置等。通过从固定位置的检查点中找到这些结构的位置，我们可以"顺藤摸瓜"找到文件系统中的所有其他结构和数据。

表 12.3　LFS 中的各种结构

结构名称	位置	说　明
超级块	固定	保存文件系统的全局元数据等信息
检查点	固定	保存检查点
inode 表	日志	表示 inode 的位置、分配和使用情况
inode	日志	inode 结构
间接块	日志	即索引块，用于保存其他间接块或者索引块的位置
数据块	日志	保存文件数据、目录的目录项等
段概要	日志	记录段中的有效数据
段使用表	日志	记录段中的有效字节数、段的最后修改时间等
目录修改日志	日志	保存对目录进行的操作，保证文件链接数的一致性

图 12.11 展示了一个简单的 LFS 存储布局。在此文件系统中，超级块保存在存储空间的开头。之后为检查点区域，包括两个检查点。再之后为日志区域，其以**段**（Segment）为单位进行管理，保存文件系统中除超级块和检查点之外的所有结构和数据。关于基于段的空间管理和 LFS 中新增的检查点区域、段概要、段使用表等结构，我们将在后面的小节中进行介绍。

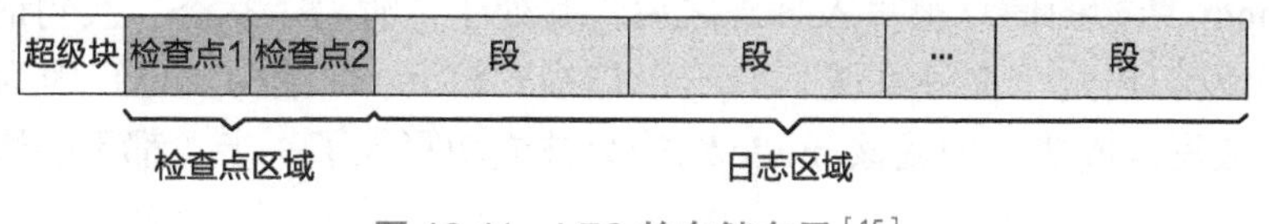

图 12.11　LFS 的存储布局[15]

12.6.2　数据访问与操作

图 12.12 展示了在 LFS 中创建文件的过程。块 15 到块 18（即两条虚线之间）为创建文件"g"时新增的日志内容。我们先来看一下创建文件"g"之前 LFS 中的状态（即第一条虚线左边的日志内容）。块 14 中保存了一个 inode 表结构。inode 表中记录了每个 inode 号是否有效，以及每个有效 inode 号所对应的 inode 结构的位置。块 14 的 inode 表

中记录了一个 inode 号为 2 的 inode 及其位置，通过读取 inode 表中的内容，可以找到该 inode 结构在块 13 中[⊖]。通过读取块 13 中 inode 结构中的元数据，可以得知该 inode 为目录 inode，其中包括三个数据块用于保存目录项——块 10、块 11 和块 12。如果依次读取每个数据块中保存的目录项，可以发现该目录中保存了四个有效目录项：文件“a”对应 6 号 inode，文件“b”对应 9 号 inode，文件“e”对应 5 号 inode，文件“f”对应 3 号 inode。通过这些有效目录项中记录的 inode 号，文件系统就可以在块 14 中的 inode 表找到对应的 inode 结构，从而访问这些文件的内容。2 号 inode 保存的目录项中还包括一个无效目录项，从中可以看出文件名为“c”，这说明该目录中很可能曾经保存过文件“c”，但是该文件目前已经不在这个目录中了（被删除或者被移出该目录）。

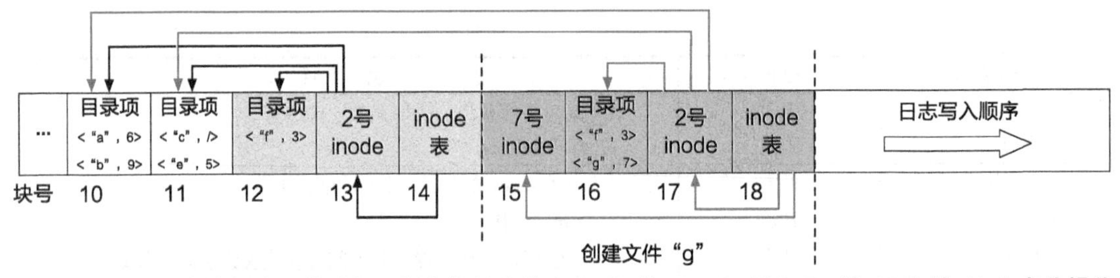

图 12.12 LFS 中的创建文件过程。新文件的文件名为“g”，inode 号为 7。块 10 和块 11 为在此操作中未做修改的日志。块 12 到块 14 为创建操作中被无效化的日志。块 15 到块 18 为创建操作过程中新增的日志

文件创建

本节依然以此前经常使用的文件创建为例，介绍在 LFS 中如何在存储设备上进行文件操作。在进行文件创建时，至少包括三个比较重要的步骤：分配 inode、初始化 inode 和将新目录项写入父目录中。在图 12.12 中，两条虚线之间新增的日志内容表示这三个步骤对应的修改。

在创建文件“g”时，LFS 首先在日志中追加一个初始化之后的 inode 结构（块 15）。在该 inode 结构的信息被写入日志之后，其处于“游离”状态，换句话说，此时从文件系统根出发扫描整个文件系统，并不会扫描到该 inode 结构。也正因为如此，无论该 inode 是否被写入成功，抑或该 inode 结构只被成功写入了一半，都不会影响文件系统的一致性。

> **小知识**
>
> 一般来说，inode 结构的大小要小于块设备的原子写入粒度，因此“inode 结构只被成功写入一半”的情况不会发生。但是对于一些非块存储设备（如非易失性内

[⊖] 虽然图中将块 13 标记为“2 号 inode”，但实际上 inode 结构中并不记录 inode 号码。

存）的场景来说，这种情况是有可能发生的。另外一个可能出现的场景是一个 inode 结构跨越了两个相邻的块，但是文件系统在设计上一般会避免这种情况的发生。不过，不管对于哪种场景，LFS 在此处崩溃均不会造成文件系统一致性的破坏。

此后，LFS 在日志中追加写入一个数据块（块 16），其内容以 2 号 inode（父目录）中的第三个数据块（块 12）为基础，加入新的目录项，记录文件名“g”对应的 7 号 inode。与此前的 inode 结构相似，该数据块被记录到日志之后同样处于“游离”状态。因此，此数据块的写入同样不影响文件系统的一致性。若此时访问 2 号 inode 结构，则访问到的是操作前的 2 号 inode 结构（块 13），其依然指向三个旧的目录项数据块。

至此，所有的数据修改均已经完成。但是这些修改还都处于“游离”状态，因此接下来的步骤要将这些修改“接入”文件系统树中，以便在发生崩溃之后依然能够看到这些修改后的结构和数据。

根据创建文件时的三个步骤，如果想让 inode 的分配和初始化“生效”，需要更新 inode 表的内容，将新分配的 inode 号与其对应的 inode 结构位置写入表中。此后还需要标记修改后的 inode 表为有效，否则按照修改前的 inode 表是无法访问到修改之后的 inode 结构的。而对于目录项的更新来说，需要修改 2 号 inode 中保存的直接数据块的地址。由于 LFS 是通过追加日志来记录修改的，因此修改 2 号 inode 需要在日志中追加新的 inode 结构，而增加新的 inode 结构之后同样需要修改 inode 表，才能让新的 2 号 inode 结构生效。

为了避免多次写入 inode 表，LFS 先在日志中追加新的 2 号 inode 结构（块 17），其中记录的三个数据块指针包括此前 2 号 inode 结构中已有的两个未修改的数据块（块 10 和块 11），以及刚刚添加了新目录项的数据块（块 16）。新的 2 号 inode 结构追加到日志之后，同样处于“游离”状态，因此不会对一致性产生破坏。

此后 LFS 追加写入日志的结构为 inode 表（块 18），此 inode 表中除了包括原 inode 表中的数据外，还对新加入的 7 号 inode 信息和新修改的 2 号 inode 结构的地址一同进行了记录。一旦新的 inode 表写入完毕，整个创建文件的操作就已经被持久化到 LFS 中。此时如果发生崩溃，LFS 在进行恢复时已经可以将整个创建操作恢复出来。在 LFS 中，通常还会使用检查点等方式简化恢复流程，我们会在后面的小节中进行介绍。

12.6.3　基于段的空间管理

前面的设计都假设整个磁盘空间是一个连续而无限大的日志空间，然而真实存储设备的容量是有限的，当日志空间写入磁盘末尾时，就无法继续顺序写下去。因此，我们不得不考虑重新利用日志空间中被使用过却已经不再有效的空间。

随着对文件系统的不断使用，日志空间部分区域中的数据会由于后来的更新而无效化，如图 12.12 中的块 12 到块 14。然而直接重用这些空间并不容易，原因有以下两点。第一，日志中的有效数据和无效数据交织混杂在一起。想要重新利用日志中的空间，必须先识别出日志中哪些数据是有效的，哪些数据是无效的，只有无效数据所占用的空间才能被重新利用。第二，日志中无效数据所占据的空间大多是分散而不连续的。如果直接使用这些空间，可能会引入大量随机磁盘写入而造成性能下降，这并不符合 LFS 希望顺序写入日志的初衷。

对于第一个问题，即有效数据识别问题，LFS 可通过增加新的结构记录有效数据块位置的方式来解决。现在我们先假设 LFS 已经能够快速识别日志空间中的有效数据，并以此为前提来看第二个问题。

对于第二个问题，即无效数据占据的空闲空间的组织问题，有两种比较简单的解决方法：

- **空闲链表**。这是一种比较直观的方法，其将空闲的空间使用链表连接起来（如图 12.13a 所示）。当文件系统需要使用新的空间时，可以从链表中拿出一块空闲空间，作为接下来的日志空间进行使用；当一段空闲空间使用完之后，再从链表中找出另一块空间继续使用。
- **空间整理**。假设数据保存在存储设备 A 上，我们可以再找一个同等容量的设备 B，然后顺序扫描存储设备 A 上的日志空间，将有效数据依次移动到设备 B 的日志空间中。图 12.13b 中展示了这种方法。整理完成后，有效数据全部保存在设备 B 的日志空间的前一半中，无效数据所占用的空间被“移动”到设备 B 的尾部。此后便可以从有效数据的尾部开始，继续以 LFS 的方法进行顺序写入。当然，这种空间整理方法在优化后也可以不借助设备 B 完成。

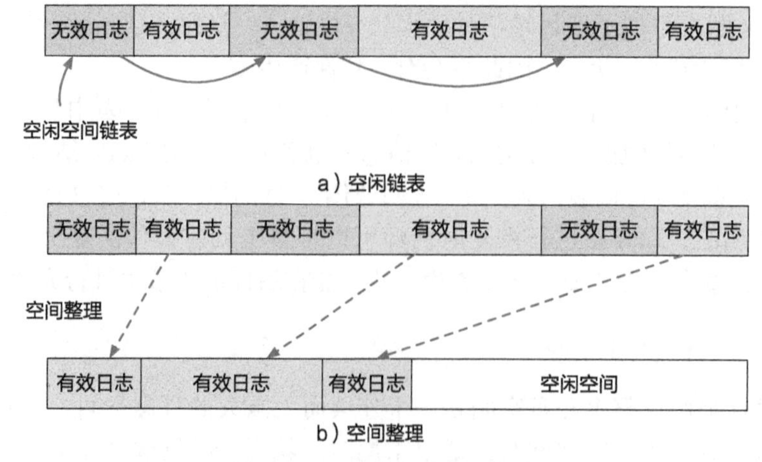

图 12.13　两种空间管理策略

这两种方法各有优劣。使用空闲链表的方法虽然操作比较简单，但是随着文件系统不断被使用，整个空间越来越“碎片化”，磁盘中大段连续的空闲空间越来越少，顺序写入越来越困难，取而代之的是大量的随机写入，这导致 LFS 的优势完全消失。此外，虽然空闲链表维护起来非常方便，但是用于存放有效数据的有效空间越来越零碎，这导致有效数据段的维护变得越来越复杂且耗时。

相对地，使用空间整理的方法可以保证每次整理后有效数据和空闲区域都是连续的。这保证了 LFS 总是能够进行大量的顺序写操作，从而保持了 LFS 的优势。然而，每次在整理空间时，都需要扫描整个空间，而且由于此过程中需要整理和移动有效数据，整个过程会非常耗时。

为了平衡这两种方法，LFS 提出了段（Segment）的概念，以求既能同时拥有这两种方法的优点，又尽可能避免两者的缺点。图 12.14 给出了段的示意图。在 LFS 中，存储空间被切分成大量固定大小的区域，每个区域被称为一个“段”。每个段是一个连续的日志空间，可以从头到尾顺序记录日志内容。每个段的大小可以进行配置，但是要保证足够大，才能充分发挥存储设备顺序写入的优势。

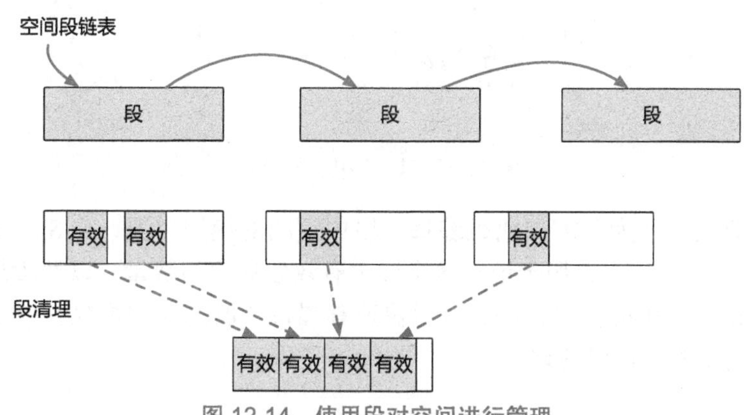

图 12.14 使用段对空间进行管理

LFS 维护了空闲段（即完全不包含任何有效数据的段）的信息，空闲段之间使用空闲链表的方式进行连接（图 12.14 上方的链表）。为了维护每个段内部的空闲空间，段会定期进行清理（图 12.14 的下半部分，对应前文中的空间整理），即将一个或者几个段内的有效数据整理后写入空闲段中。段的清理主要包括以下步骤：

1. 选定一些要进行清理的段，将其内容读入内存。
2. 识别出段中的有效数据。
3. 将有效数据整理后写入空闲段中。
4. 标记被清理的段为空闲，加入空闲链表中。

在了解了段之后，我们回到第一个问题：在使用段的基础上，如何识别每个段中的有效数据呢？

为了进行有效数据识别，LFS 在每个段中增加了一个结构：段概要（Segment

Summary)。如图 12.15 所示，段概要保存在每个段的开头，其中记录了段中的每个块被哪个文件的哪个位置所使用。举例来说，对于一个文件数据块，段概要中会保存其是几号 inode 的第几个数据块，以此来表示其在文件系统树中的位置。在得知段中每个数据块的位置和作用之后，对于段中的任何一个块，LFS 通过判断最新文件系统树中对应位置上的数据块是否为该块，来得知该块中的数据是否依然有效。例如，对于图 12.15 中的块 N，如果通过查找内存中的文件系统结构，得知当前 8 号 inode 的第 2 个数据块并不指向此位置，则可以判断出该块中的数据已经失效，该块为无效块，可以被回收使用。

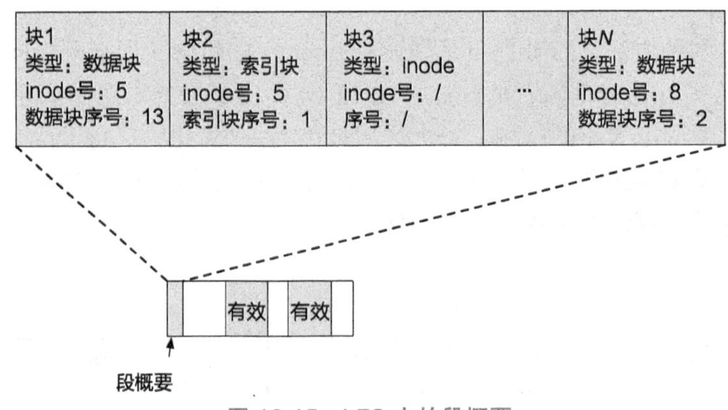

图 12.15 LFS 中的段概要

除了段概要之外，为了方便地跟踪每个段中空间的使用情况，LFS 还增加了段使用表（Segment Usage Table），用于记录每个段中有效数据块的数量，以及段最后被写入的时间。根据段使用表中的信息，LFS 可以快速掌握每个段的使用情况，并根据具体情况使用多种不同的策略进行段清理。

12.6.4 检查点和前滚

在前面的章节中，我们主要介绍了对文件系统的写入操作。而对于文件系统的读取请求来说，LFS 在内存结构中保存了一份文件系统结构的缓存，因此读取请求大多可以在内存中完成。由于 LFS 中的许多结构并没有固定位置，LFS 在进行挂载和崩溃恢复时，需要扫描存储空间中的所有日志，才能在内存中重构出文件系统结构的缓存。扫描整个存储空间比较耗时，造成文件系统的挂载甚至整个系统的启动时间延长。为了提升挂载和恢复的效率，LFS 使用了检查点（Checkpoint）和前滚（Roll-forward）两种技术。

检查点

在玩单机游戏时，玩家可以通过存档避免每次都重新开始游戏。类似地，日志结构文件系统可以记录一些信息，以避免每次挂载时都重新扫描和重做所有的日志。这些被记录下来的信息即为检查点。通常来说，检查点需要满足一些要求。首先，通过检查点，日志结构文件系统需要能够找到在创建检查点时文件系统中所有的有效状态（数据和元数据)；其次，这些状态需要满足文件系统的一致性要求。

LFS创建检查点的过程分为两步：

1. 由于文件系统会在内存结构中缓存部分修改，LFS在创建检查点时，需要先将所有的修改追加到日志中，包括文件数据块、索引块、inode结构、inode表和段使用表。

2. 当所有的修改均已写入日志后，LFS在检查点区域固定的位置写入一个检查点，其内容包括inode表的地址、段使用表的地址、当前时间和最后一个写入的段的位置。

一旦检查点创建完毕，在进行挂载和恢复时，LFS无须扫描整个存储空间，而只需要找到检查点，并根据检查点中记录的结构找出检查点创建时的有效数据即可。检查点避免了LFS对于无效数据的扫描，从而缩短了挂载和恢复的时间。

由于检查点决定了挂载时文件系统中的有效数据，检查点自身的数据完整性也十分重要。如果在创建检查点时发生崩溃，文件系统可能会使用一个不完整的检查点，从而造成文件系统格式损坏和数据丢失。为了保证检查点数据的完整性，LFS交替使用两个不同的位置来创建检查点（如图12.11所示）。具体来说，若前一次创建的检查点在位置2，则在创建新的检查点时，LFS将数据写入检查点1的位置。当所有的数据都已经写入并持久化到位置1之后，LFS在检查点1中写入当前时间。在进行挂载和恢复时，LFS会通过比较检查点的写入时间，选择最近写入的检查点进行恢复。因此，若在检查点1写入的时间持久化之前发生崩溃，LFS可以使用检查点2进行恢复；若在之后发生崩溃，则可以通过检查点1中的信息进行恢复。

一般情况下，在文件系统卸载时，LFS会创建检查点，以保证下次挂载时无须扫描并重做日志。此外，LFS还会每隔一段时间创建新的检查点。此处的间隔时间长短是一个权衡：如果间隔时间太长，会使得前滚的时间较长，检查点的作用被削弱；如果间隔时间太短，会频繁地创建检查点，也会对性能带来很大影响。

前滚

检查点只能将文件系统恢复到创建检查点时的状态，如果想要恢复那些在创建检查点之后写入日志的修改，还需要进行前滚操作。

前滚操作在检查点恢复之后进行，其通过扫描在检查点之后写入的日志，尽可能恢复在检查点之后进行的修改。具体来说，前滚操作会找到检查点之后修改过的段，并读取其中的段概要进行恢复。例如，如果在段概要中记录了一个新创建的、不在inode表中的inode结构，前滚操作会将新的inode结构添加到inode表中。考虑到日志的写入顺序，将inode结构恢复之后，inode结构所引用的那些数据块和索引块连带被恢复。当然，此时恢复的inode结构可能由于目录项的丢失而处于从根开始的文件系统树之外，这就引出了另外一个问题：目录项和inode的一致性问题。

每个inode结构中记录的链接数应与保存该inode号的目录项的个数一致。然而当崩溃发生时，前述的LFS机制无法保证此一致性。例如，inode结构已经被持久化，可是指向此inode的目录项并未持久化。为了保证目录操作的一致性，LFS对每个目录操作增加了一条特殊的记录，包括操作类型（创建、删除、重命名、增加链接）、操作所对应的目录项及其位置以及目录项中保存的 inode 结构的新链接数量，这些记录都保存在一个叫作目录修改日志的结构中。在进行文件系统操作时，LFS 会保证目录修改日志在对应的目录项或 inode 结构之前追加到日志中；在进行前滚的时候，LFS 会扫描目录修改日志，并根据其中涉及的修改是否已经全部写入日志中来对 inode 的链接数进行修复。

12.6.5 小结

本节介绍的 LFS 基于最早的 Sprite LFS 文件系统[15]。随着存储设备的不断改进，文件系统也在不断更新换代，然而以日志形式组织文件系统的概念却一直延续至今。许多为新型硬件设计的文件系统依然使用了 LFS 的思想，在不同的硬件特性下展示出不同的优势。

闪存设备上的 LFS 便是一个很好的例子，例如被广泛用于移动设备的 F2FS[16]。LFS 设计之初是为了减少机械磁盘设备的随机写入，从而避免频繁寻道。闪存设备在读写时，虽然不需要进行寻道操作，但其一般有较短的擦写寿命。为了防止闪存设备某些位置被写穿而导致容量变小，文件系统需要让写入操作平均分摊到设备中的各个存储单元，即进行磨损均衡（Wear Leveling）操作。而 LFS 的顺序写入，刚好可以降低闪存存储设备不同位置的写入次数差。因此，早期闪存设备上的文件系统一般都是 LFS 的形式。随着闪存设备的发展，设备的固件一般会考虑并缓解闪存的磨损问题。在这种情况下，LFS 的顺序写入思想依然符合设备的最佳访问方式，并可以充分发挥设备的并发性，提升访问闪存设备时的性能。

12.7 思考题

1. 在文件系统使用多种崩溃一致性保护方法的情况下，文件系统一致性检查工具是否还有意义？
2. 使用日志进行崩溃一致性保证时，记入日志的数据需要被写入两次：一次在日志中，另一次在其原位置上。当进行大批量的文件数据修改时，两次写入问题会严重影响文件系统的性能。请问：有何方法解决两次写入问题，使日志可以高效地保证大文件修改的一致性？
3. 写时拷贝技术和同步机制中的 RCU（Read-Copy-Update）有何相似之处，又有何区别？
4. 当使用 Soft updates 删除文件 A 时，发现存在文件 B，且文件 B 是文件 A 的硬链接。此时的删除操作与普通删除文件有何区别？如果文件 B 是文件 A 的符号链接呢？
5. 在 LFS 的基础上，如果将超级块和检查点也以日志的形式进行记录（即没有固定位置），会产生什么问题？是否可以通过设计来解决？

6. 随着存储设备的发展，一些新型存储设备的原子更新粒度会更小。如在非易失性内存中，能够以字节为粒度进行数据修改，但原子更新的粒度最大为一个缓存行的大小。
   (a) 结合此前章节中的知识，为何可以逐字节进行修改，而原子更新粒度一般为一个缓存行的大小？
   (b) 这种原子更新粒度更小的设备，为文件系统的崩溃一致性设计带来了哪些好处，又带来了哪些问题？提示：非易失性内存被安装在内存插槽中，其使用方法与普通内存基本一致，但是写入的数据会被持久保存。

参考文献

[1] e2fsck-check a Linux ext2/ext3/ext4 file system [EB/OL]. [2020-08-01]. https://linux.die.net/man/8/e2fsck.

[2] MA A, DRAGGA C, ARPACI-DUSSEAU A C, et al. Ffsck: the fast file system checker [C] // Proceedings of the 11th USENIX Conference on File and Storage Technologies, FAST'13, USA. 2013: 1-16.

[3] MOHAN C, HADERLE D, LINDSAY B, et al. Aries: a transaction recovery method supporting finegranularity locking and partial rollbacks using write-ahead logging [J]. ACM Trans. Database Syst., 1992, 17 (1): 94-162.

[4] The Linux Kernel documentation. The Linux journalling API [EB/OL]. [2020-08-01]. https://www.kernel.org/doc/html/latest/filesystems/journalling.html.

[5] Ext4 (and Ext2/Ext3) Wiki [EB/OL]. [2020-08-01]. http://ext4.wiki.kernel.org.

[6] Ext4 Filesystem [EB/OL]. [2020-08-01]. https://www.kernel.org/doc/Documentation/filesystems/ext4.txt.

[7] KASAMPALIS S. Copy on write based file systems performance analysis and implementation [EB/OL]. [2020-08-01]. https://sakisk.me/files/copy-on-write-based-file-systems.pdf.

[8] GANGER G R, MCKUSICK M K, SOULES C A N, et al. Soft updates: a solution to the metadata update problem in file systems [J]. ACM Trans. Comput. Syst., 2000, 18 (2): 127-153.

[9] GANGER G R, Patt Y N. Metadata update performance in file systems [C] // Proceedings of the 1st USENIX Conference on Operating Systems Design and Implementation, OSDI'94.1994: 5.

[10] SELTZER M I, GANGER G R, MCKUSICK M K, et al. Journaling versus soft updates: asynchronous metadata protection in file systems [C] // Proceedings of the Annual Conference on USENIX Annual Technical Conference, ATEC'00, USA.

2000: 6.

[11] MCKUSICK M K , NEVILLE-NEIL G, WATSON R N M. The design and implementation of the FreeBSD operating system [M]. 2nd ed. New Jersey: Addison-Wesley Professional, 2014.

[12] OpenBSD. mount—mount file systems [EB/OL]. [2020-09-01]. https://man.openbsd.org/mount.8.

[13] NetBSD. Significant changes from netbsd 1.4 to 1.5 [EB/OL]. [2020-09-01]. http://www.netbsd.org/changes/changes-1.5.html.

[14] MCKUSICK M K, ROBERSON J. Journaled soft-updates [C] // BSDCan, Ottawa, Canada, 2010.

[15] ROSENBLUM M, OUSTERHOUT J K.The design and implementation of a log-structured file system [J]. ACM Trans. Comput. Syst., 1992, 10 (1): 26-52.

[16] LEE C, SIM D, HWANG J-Y, et al. F2fs: a new file system for flash storage [C] // Proceedings of the 13th USENIX Conference on File and Storage Technologies, FAST'15, USA. 2015: 273-286.

文件系统崩溃一致性：扫码反馈

CHAPTER 13

第13章

设备管理

以本书开头提到的Hello World为例，用户首先通过键盘向shell进程输入待执行的命令“./hello”。shell进程收到键盘命令后，通过文件系统从本地硬盘读取“hello”二进制文件作为**输入**，加载到内存中并创建进程。进程启动执行后，将内存中的“Hello, world”字符串**输出**到显示器的屏幕上。上述过程中所使用的键盘、硬盘和显示器，是计算机软件（如操作系统和应用程序）感知外部世界以及和用户交互的硬件模块。这些硬件模块通常称为**I/O设备**（Input/Output Device，输入/输出设备），有时也称为**外部设备**（Peripheral Device，简称外设）。

I/O设备类型众多且功能迥异，常见的设备包括键盘、鼠标、触摸屏、显示器、摄像头、麦克风、音箱、网卡、硬盘、串口、时钟等，其特征的多样性和差异性如表13.1所示。I/O设备的多样性为操作系统的管理带来了巨大挑战。操作系统往往会引入外部开发者来协助开发与设备交互所使用的代码，即**设备驱动**（Device Driver，简称驱动）。在操作系统上编写新的设备驱动并提供相关的设备管理功能通常需要较大的工作量，如果缺乏合适的编程框架，则会阻碍操作系统在新平台和新设备上移植和适配的进度。因此现代操作系统通常会提供一套层次化的设备管理框架，沉淀设备管理的共性代码，以减少外部开发者的工作量。自底向上地，本书将操作系统设备管理相关的软件栈分为三层，如图13.1中的彩色部分所示。

表13.1　I/O设备的多样性

特　征	属　性	例　子
传输速度	高速	网卡、SSD
	低速	鼠标、键盘、串口
访问模式	顺序	时钟、串口
	随机	各类存储设备
读写粒度	字节	鼠标、键盘、串口
	块/页/帧	硬盘、显卡、网卡
I/O类型	输入	鼠标、键盘、摄像头、扫描仪
	输出	麦克风、显示器、打印机
	输入/输出	触摸屏、硬盘、网卡

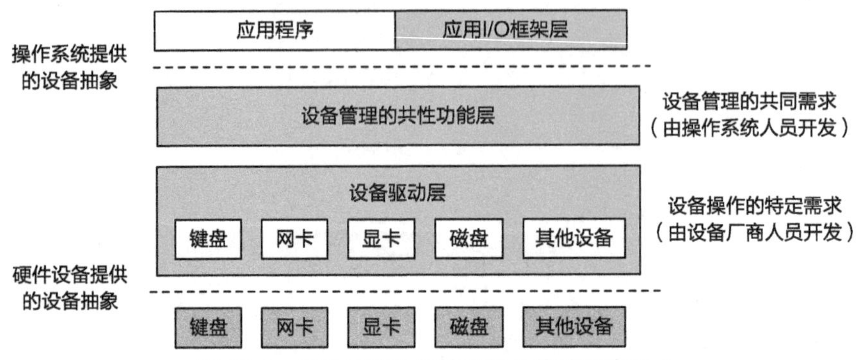

图 13.1 操作系统设备管理软件栈的层次划分

操作系统设备管理软件栈各层的功能如下。

- *设备驱动层*。对于每种设备，硬件制造商都设计了与之对应的一套操作规范。设备驱动是操作设备的代码集合，一般以插件模块的形式存在，可以方便地添加到现有操作系统中。设备驱动和设备本身的能力高度相关，不同设备的驱动复杂度差异很大。操作系统专门设计了驱动模型或驱动框架，用于聚类功能相似的驱动程序。利用操作系统提供的驱动框架，在添加新设备时，外部开发人员可以尽可能地复用已有的相关逻辑，减少开发新驱动的工作量。
- *设备管理的共性功能层*。设备驱动是面向具体设备的，不同设备一般有与之对应的不同驱动。而从操作系统的角度来说，不同设备之间有着类似的管理需求。例如，操作系统需要为应用程序尽可能屏蔽不同设备在传输带宽、访问模式、读写粒度等方面的差异，同时向应用程序提供设备管理相关的合适的系统调用接口。该层是操作系统为设备的共同管理需求而沉淀出的统一抽象层。
- *应用 I/O 框架层*。应用 I/O 框架层为应用程序提供了自主可定制的 I/O 管理能力，通常以共享库的形式存在，如 C 语言标准库中的 `stdio`。此外，应用程序还可以采取绕过操作系统内核（Kernel-bypass）的方式与 I/O 设备直接交互，如面向高性能网络场景的 DPDK 库[⊖]等。

13.1 硬件设备基础

本节主要知识点

- ❑ 设备是如何连接到 CPU 上的？
- ❑ 设备向 CPU 提供了什么样的编程接口？
- ❑ 常见的设备有哪些共同点和不同点？

⊖ 参见 https://www.dpdk.org/。

尽管设备的种类繁多、功能各异，但是设备一般是通过总线互联的方式和CPU连接，同时向CPU提供统一的硬件编程接口——设备寄存器。本节首先对CPU连接设备和操作设备的方式进行介绍，然后介绍一些常见的设备类型以及它们的不同性质，这有助于理解操作系统中的设备管理。

13.1.1 总线互联

为了将计算机系统中的CPU、内存和设备连接起来，计算机设计师引入总线（Bus）作为各组件之间的通信线路。CPU通过总线对内存数据进行读写，同样通过总线对设备进行访问。根据连接对象，总线可分为系统总线（System Bus）和外设总线（Perpherial Bus）：系统总线连接CPU和内存以及高性能的设备，外设总线则与网卡、显卡或者其他外设总线（如常见的PCI总线、USB总线）相连接。

总线架构伴随着计算机架构的发展而不断演进，不同厂商生产的计算机内部的总线物理拓扑结构不尽相同。不可否认的是，总线的出现为将新的硬件设备加入现有计算机系统中提供了便利：不同硬件厂商可以设计和生产功能各异的硬件设备，但只要符合同一套总线标准，就可以被当前计算机系统识别并能够进行交互，在硬件层面上保证了系统整体的可扩展性和可维护性。

下面介绍两种常见的总线。

- AMBA总线。由于ARM生态十分庞大，不少厂商都可以基于ARM定制芯片并选择不同的设备整合成片上系统（System-on-a-Chip，SoC）[⊖]，于是ARM提出了统一的总线标准——高级微控制器总线架构（Advanced Micro- controller Bus Architecture，AMBA）标准，用于整合ARM SoC的芯片设计生态。图13.2展示了AMBA总线标准的大致结构，不同平台上的AMBA总线互联有所不同。

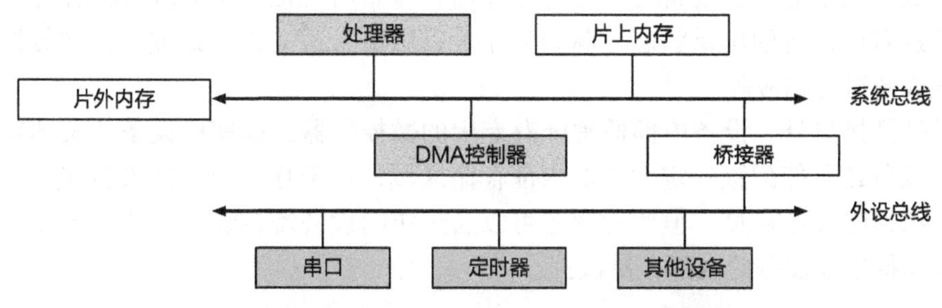

图13.2 ARM片上系统基于AMBA的总线拓扑结构（示例）

- PCI/PCIe总线。PCI是外设总线中一种常见的总线标准，全称为设备组件互连（Peripheral Component Interconnect，PCI）标准。为了方便识别总线上的多个设

⊖ 片上系统：将处理器、存储器和一些硬件设备组件直接集成在单块芯片上。

备，PCI 总线标准设计了基于总线号（Bus Number）、设备号（Device Number）、功能号（Function Number）的组合（简称 B/D/F）作为设备索引。PCIe（PCI Express）总线相比 PCI 总线而言数据传输带宽更高，但保持了和 PCI 标准的兼容性，即同样使用 B/D/F 索引设备。

13.1.2　设备的硬件接口

如图 13.3 所示，设备通常可以分为外部接口和内部组成。

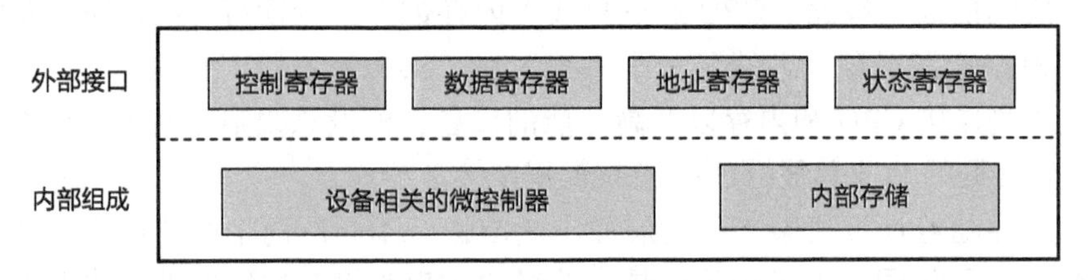

图 13.3　设备的外部接口与内部组成

I/O 设备的设计者和制造商约定俗成地将设备的外部接口设计为一组寄存器，称为设备寄存器，作为设备操作的统一编程接口。运行在 CPU 上的驱动程序通过读写设备寄存器对设备进行配置和交互。

根据用途，设备寄存器通常可分为如下几种类型：

- **控制寄存器**：用于向设备发送特定的控制指令，如使能中断、调整工作模式等。
- **数据寄存器**：用于 CPU 和设备之间的数据交换，包括输入和输出。
- **地址寄存器**：用于配置控制命令或数据读写所使用的具体地址。
- **状态寄存器**：用于查询当前设备的工作状态，状态可能包括空闲、就绪、忙碌、完成、出错等。当设备处于忙碌状态时，将暂时无法响应 CPU 发出的操作请求。通过获取设备的出错状态，驱动程序可以做出合适的错误处理，比如数据格式错误或超时无响应等。

除了外部接口外，设备内部通常配有专用的微控制器，以完成设备相关的特定逻辑或功能。设备还可能配置一定大小的内部存储区域，用于存放当前的设备状态。尽管设备的内部组成对外不可见，但驱动程序可以通过访问设备寄存器的方式，配置设备的微控制器并间接读取设备的内部存储数据。

13.1.3　几种常见的设备

实时时钟

实时时钟（Real-Time Clock，RTC）是主板上由微型电池供电的时钟芯片，为操作系统提供查询时间的服务。实时时钟一般以秒为粒度进行更新，记录了 1970 年 1 月 1 日到如今所经历的秒数。如图 13.4 所示，操作系统通过实时时钟的寄存器可以获取当前的年、月、日乃至秒级的时间。

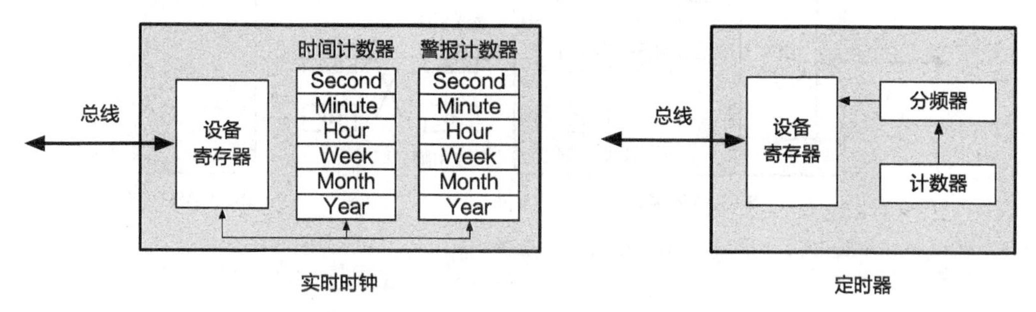

图 13.4 实时时钟和定时器的主要结构

在启动之初，操作系统通过实时时钟获取当前时间。在连接互联网时，操作系统可以对实时时钟进行校准。在系统断电后，实时时钟依然能通过微型电池工作很长时间，进而在系统未接入互联网时提供可靠的时间 / 日期参考，如文件系统的时间戳服务等。实时时钟的警报计数器则能提供秒级的定时警报功能，当时间计数器和警报计数器的值相等时，实时时钟将向 CPU 发送一个时钟信号。

定时器

定时器（Timer）提供了比实时时钟更高精度的时钟机制，即相对高频的周期性时钟脉冲。定时器可以通过晶体振荡器（Oscillator）的分频方式实现，也可以通过衰减测量器（Decrementer）的递减方式实现。图 13.4 展示了基于分频方式的定时器。操作系统可以通过设备寄存器配置定时器的计数器，决定以何种频率向 CPU 发送时钟信号，从而实现定时的效果。定时器对操作系统的抢占式调度而言至关重要。

串口

串口的全称是通用异步收发传输器（Universal Asynchronous Receiver/- Transmitter, UART)，是用于实现不同计算机之间点对点通信的设备。串口设备的主要特点是逐字节地发送和接收信息。串口通信协议定义了如何将若干比特（Bit）编码为字节（Byte)：每个字节以特定的开始位（Start Bit）开头，以特定的停止位（Stop Bit）收尾，并使用奇偶校验位（Parity Bit）检验字节传输的正确性。

图 13.5 展示了串口的基本内部结构，主要包含串口设备寄存器、收发数据的 FIFO 队列、波特率发生器和对外引脚。FIFO 队列作为串口内部存储，可以在突发大量信息传输（Burstiness）的情况下缓存一部分字节流。波特率发生器则用于决定串口收发信息的工作频率。串口设备具有多个引脚，最核心的是发送引脚 Tx 和接收引脚 Rx。通信时收发双方需要将彼此的 Tx 与 Rx 相互连接，才能完成点对点通信需求。

串口编程时，需要软件通过设备寄存器显式配置波特率，即初始化串口的数据传输速度。收发双方需要使用相同的波特率才能成功通信。由于串口具有协议简单、易于配置的优点，因此常用于系统开发和调试阶段的信息收集。

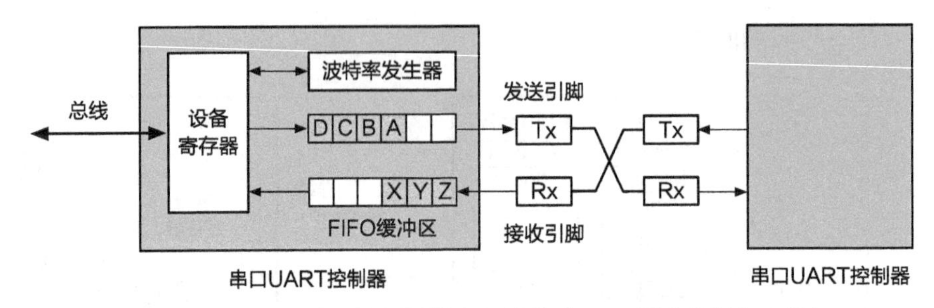

图 13.5　串口 UART 控制器的主要结构（FIFO 缓存收发的字符）

网卡

网卡是计算机用于连接网络并与其他计算机进行通信的设备。网卡有多种别称，如*网络接口控制器*（Network Interface Controller，NIC）或*网络适配器*（Network Adapter）。网卡通过总线的方式和 CPU 互联，比如基于 PCI 总线的网卡或者基于 USB 总线的网卡。

图 13.6 展示了网卡的主要结构。网卡的控制单元通常被分为*以太网媒体接入控制器*（Media Access Control，MAC）和*物理接口收发器*（PHY）。MAC 负责控制网络包的收发，管理相关的发送队列和接收队列。PHY 负责电气信号的编解码和传输，通过物理接口与网线连接。PHY 通常配有 LED 显示，用于展示网卡的工作状态，当网线接入网卡并开始传输网络包时，LED 灯会以一定频率闪烁。此外，网卡内置了一块闪存存储区域。网卡设备在生产时会被设备厂商分配一个 48 位的网卡地址，即 MAC 地址，记录在网卡的闪存中。软件可以通过设备寄存器读取存储在闪存中的 MAC 地址。

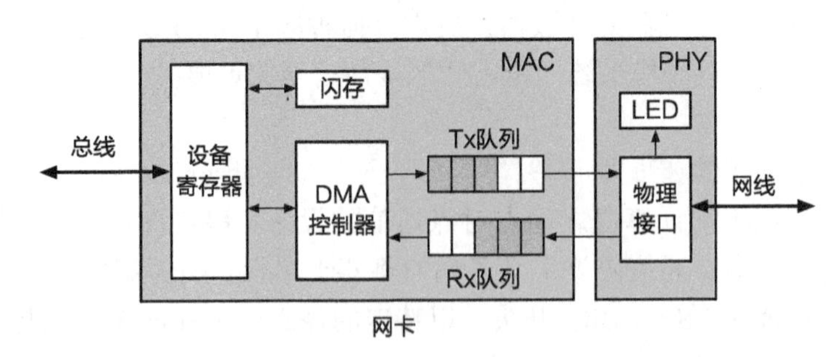

图 13.6　网卡的主要结构（Rx、Tx 队列存储网络包的描述符）

根据传输介质的不同，网卡被分为有线网卡和无线网卡。根据网络传输的带宽，网卡被分为十兆网卡、百兆网卡、千兆网卡等。其中千兆网卡已经是现代大多数桌面电脑的标配。网卡驱动可以根据需要使用设备寄存器切换不同的网络传输带宽。

为了实现 CPU 和网卡设备的高效数据交换，网卡上配备了用于发送和接收网络数据包的专用队列——Tx 队列和 Rx 队列。和串口收发数据的 FIFO 队列不同，网卡队列并不实际存放数据包。实际数据存放在物理内存中，而队列则由一组指向物理内存数据的*描述符*（Descriptor）组成。如代码片段 13.1 所示，描述符内包含数据包在物理内存中的地址和长度，以及网卡对该描述符的处理状态和错误码。不同网卡设备厂商的描述符设计大同小异。操作系统需要在检测到网卡设备后，为 Tx 和 Rx 队列的每个描述符初始化对应的内存缓冲区，还需要将缓冲区的地址和长度通过网卡设备寄存器的方式填写到描述符中，这样才能启用网卡数据包的收发。

代码片段 13.1 网卡收发队列的描述符的数据结构（不同网卡间存在差异）

```
1 struct descriptor
2 {
3   uint32_t addr;          // 描述符对应的网络帧地址
4   uint16_t length;        // 描述符对应的网络帧长度
5   uint8_t status;         // 描述符的处理状态
6   uint8_t error;          // 描述符对应的错误码
7 };
```

机械硬盘

机械硬盘（Hard Disk Drive，HDD）是一种常用的存储设备。图 13.7 展示了机械硬盘的主体结构，主要包括磁柱、磁碟、机械臂和磁头。机械硬盘的结构类似于黑胶唱片，两者都是通过一个“针头”访问不断旋转的圆盘上的数据。和黑胶唱片不同的是，机械硬盘中的磁碟与机械臂是一体的，用户无法自行更换磁碟或机械臂。黑胶唱片使用物理凹槽来记录信息，机械硬盘则是在磁碟上以磁效应记录信息。机械硬盘通常配有多个磁碟、机械臂与磁头，每个磁碟的两个表面都能存储数据。每个机械硬盘的磁碟表面被划分成多个同心圆环，称为磁道。机械臂需要通过移动（通常是围绕臂柱摆动，以调整磁头距离磁柱的距离）来访问不同位置的数据。机械硬盘的旋转非常高速，常见转速为每分钟 5 400 转或 7 200 转。

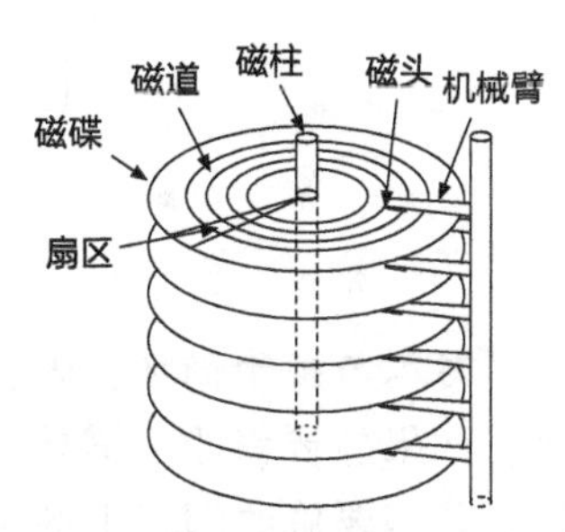

图 13.7 机械硬盘的主体结构

机械硬盘的地址映射。机械硬盘的信息保存在以磁柱为中心的磁道上，磁道按照角度又进一步划分成不同的扇形区域，简称扇区。扇区是机械硬盘最小的访问单元。早期的机械硬盘每次访问的数据量为一个扇区（通常为 512 字节）。早期的操作系统使用机械硬盘中的存储空间时，需要首先指定要访问的扇区地址。现代机械硬盘普遍向操作系统呈现出连续的地址空间，操作系统仅需要使用*逻辑块地址*（Logical Block Address，LBA）就可以对机械硬盘中的特定扇区（即*物理块地址*，Physical Block Address，PBA）进行访问。

闪存

闪存存储（Flash Storage）是一种不同于机械硬盘的存储介质，使用电介质的形式，不再需要耗时的机械操作，因此在读写速度上明显优于机械硬盘。图 13.8 展示了闪存存储的主要结构。在闪存存储介质中，*页*（Page）如同机械硬盘中的扇区，是用于读取和写入的闪存介质的最小单元。页大小通常为 4KB 到 512KB 不等。除了数据外，每个页还会保存一些额外的元数据，这些元数据用于辅助存储介质的管理。多个页组成一个块（Block），块大小多在 2MB 左右。多个块组成一个面（Plane）。一些存储命令可以同时操作两个面中的数据。面进而组成带（Die），也被称为芯片（Chip）。通常一个闪存存储介质会包含几个带，这些带共享一组数据总线和一些常用的信号控制线，但也各自拥有如使能（Enable）、就绪（Ready）和忙碌（Busy）等信号。除了访问性能和存储结构之外，闪存存储的访问特性也与机械硬盘有较大不同。下面介绍闪存存储的主要特性。

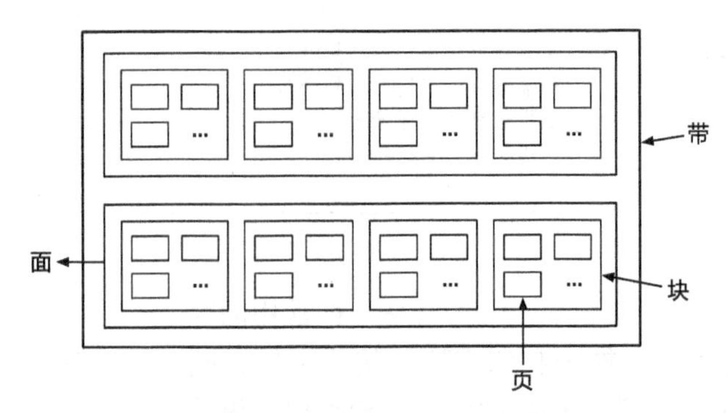

图 13.8　闪存存储的主要结构

写入与擦除循环。闪存存储的主要特点是已经写入的数据不能直接以覆盖的形式修改。如果想要修改，需要先执行擦除操作。在擦除时，闪存存储以块粒度进行擦除。例如，若需要修改闪存上的 1 个字节，需要将该字节所在闪存块——假设是 2MB——保存的数据先读入内存，然后将 2MB 的闪存块全部擦除，再把修改后的数据从内存写回闪存块。这里的写放大倍数高达 2 000 000 倍（2MB/1 字节）。

磨损和耐久度。随着使用次数的增加，闪存存储介质的存储能力会逐渐下降，即产生磨损。闪存中的存储单元在进行大量写入和擦除后，会发生写穿（Wear-out）问题，无法继续用于准确地保存和读取数据。设备控制器中经常使用磨损均衡（Wear Leveling）技术，尽可能地让写入操作平均分摊在不同的存储单元中，使所有的存储单元尽可能同时老化，从而避免由于写穿的存储单元过多导致整个闪存无法使用。

固态硬盘

固态硬盘（Solid State Drive，SSD）由多块闪存（Flash Package）和相关控制器组成。图 13.9 展示了固态硬盘的结构。固态硬盘的控制器包括主机接口、闪存控制器、内存缓冲区等单元。主机接口负责与主机进行通信，通常是 NVMe、SATA、PCIe 等接口协议中的一种。对固态硬盘的管理和数据请求均需通过主机接口解码后交由闪存控制器进一步处理。请求完成后，再由主机接口单元按照对应通信协议进行编码，发还给主机。为了降低数据从内存中写入固态硬盘的延迟，固态硬盘会内置一块内存缓冲区，用于临时存放要写入闪存的数据。数据从主机传入固态硬盘时，会先临时存储在内存缓冲区中，之后异步地写入闪存介质中。

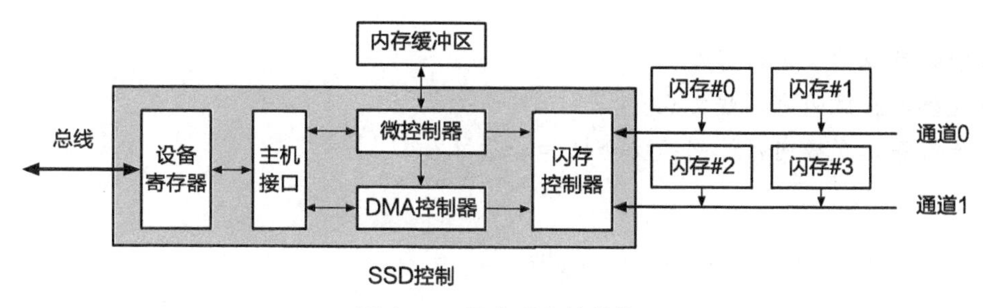

图 13.9 固态硬盘的结构

垃圾回收。由于无法直接覆盖闪存页中的数据，被修改的数据在闪存存储中会有多个版本。为了回收旧的数据，固态硬盘控制器通常会记录每个页是否有效。当一个块中的所有页都变为无效时，控制器将对这个块进行擦除操作；在擦除操作完成之后，控制器将这个块标记为可用，后续的写入或修改操作可以继续在该块的闪存页中进行。

并行性。固态硬盘没有机械硬盘磁头的机械限制，因此具有更高的并行性。固态硬盘中包含多个闪存存储单元，并提供多个访问*通道*（Channel）。如在图 13.9 中，有两个通道用于访问四个闪存存储。每个通道可以独立使用，因此固态硬盘可以同时处理多个存储请求。

闪存翻译层。固态硬盘中的存储介质以页为单位进行寻址，每个页有各自的*物理地址*（Physical Block Address）[⊖]。在固态硬盘中存在两种地址：*逻辑地址*（LBA）和*物理地址*（PBA）。逻辑地址用于对固态硬盘外部呈现一个连续的地址空间，而物理地址则为内部闪存存储的实际地址。*闪存翻译层*（Flash Translation Layer，FTL）用于维护两套地址空间之间的映射。

机械硬盘的寻道和闪存的擦除均是比较慢的操作。机械硬盘的寻道往往出现在关键路径中，因此对性能有关键性的影响。而闪存的擦除却较少出现在关键路径中。通过闪存翻译层，新的数据可以写在已经被擦除的块中，而旧的数据可以被异步擦除。通常只有当缓存中剩余空间较少，同时缺少足量的被擦除但未被使用的块时，才会在关键路径上发生垃圾回收。等待垃圾回收往往会造成固态硬盘的读写性能下降。

13.2 设备发现与交互

本节主要知识点

- ❑ 操作系统是如何发现设备的？
- ❑ CPU 可以通过哪些方式访问设备寄存器？

⊖ 为了与机械硬盘的称呼保持一致，固态硬盘虽然以页为单位进行寻址，但地址被称为块地址。

- ❑ 中断可以带来什么好处？
- ❑ 直接内存访问有哪些优点？
- ❑ 如何保证直接内存访问的安全性和正确性？

13.2.1 CPU 与设备的交互方式概览

尽管设备种类五花八门，但硬件制造商都约定俗成地采用“设备寄存器”作为 CPU 操作设备的方式。事实上，设备寄存器只是 CPU 与设备进行交互的基本方式之一，关于 CPU 如何与设备交互的更多细节将在本节展开介绍。

问题一：CPU 是如何找到设备的？设备种类繁多，CPU 需要一种方法去发现这些设备，这样才能进一步确认设备型号，从而选择对应的设备驱动与之交互。因此，计算机平台应提供一套设备发现机制，通知 CPU 当前平台已经成功连接的设备，并且告诉 CPU 设备寄存器所在的位置。

问题二：CPU 如何访问设备寄存器？CPU 在访问物理内存时，可以使用内存的物理地址；在访问设备时，该使用什么地址呢？硬件制造商也为设备设计了可寻址的地址空间，从而允许 CPU 通过访存指令，以访问内存的形式来读写设备寄存器（如图 13.10 中的 MMIO）。

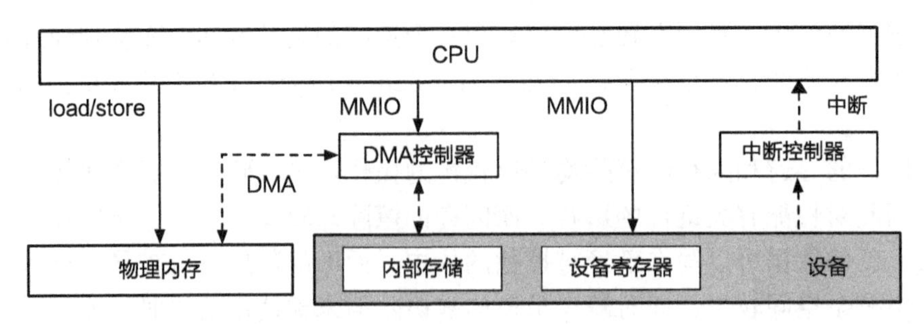

图 13.10 CPU 和设备的交互：既可以由 CPU 主动发起（向下箭头），也可以由设备主动发起（向上箭头）

问题三：CPU 还能如何与设备交互？除了可以让 CPU 通过寄存器访问设备外，硬件设备的制造商还提供了“直接内存访问”的方式（图 13.10 中的 DMA），允许设备和内存之间直接传输数据，不需要 CPU 参与。当设备完成数据传输后，会通过“中断”机制主动通知 CPU（图 13.10 中的中断）。

案例分析：e1000 网卡驱动的初始化

本节将围绕 e1000 网卡，介绍 CPU 和设备交互的硬件机制，以及驱动程序的基本组成。设备驱动主体可以分为配置信息和基本操作两大类。配置信息包括设备的寄存器空间、中断号、DMA 等信息，而基本操作则包括设备的初始化、工作模式切换，以及如何同操作系统、应用程序进行交互等。代码片段 13.2 展示了 e1000 网卡驱动的配置信息和基本操作，以及网卡驱动的初始化流程 e1000_init()。

代码片段 13.2 e1000 网卡驱动的初始化伪代码

```
 1 typedef struct e1000_dev_t {
 2   //网卡配置信息
 3   struct net_info {
 4     uint64_t io_base;           //MMIO 地址
 5     uint64_t irq_num;           //中断号
 6     void * rx_base;             //DMA Rx 缓冲区
 7     void * tx_base;             //DMA Tx 缓冲区
 8     uint8_t mac_addr[6];        //网卡 MAC 地址
 9   } info;
10   //网卡基本操作
11   struct net_ops {
12     int * transmit(void);       //Tx 发送函数
13     int * poll(void);           //Rx 轮询函数
14     int * control(void);        //设备控制函数
15   } ops;
16 } e1000;
17
18 int e1000_irq_handler(void);    //e1000 中断接收函数
19 int e1000_poll(void);           //e1000 轮询接收函数
20 int e1000_transmit(void);       //e1000 发送函数
21 int e1000_control(void);        //e1000 控制函数
22
23 void e1000_init(void)
24 {
25   e1000 nic;
26
27   //通过 PCI 总线探测 e1000 网卡是否存在
28   pci_probe(&nic, E1000_VENDOR_ID, E1000_PRODUCT_ID);
29   //配置 MMIO 空间
30   ioremap(&nic.info.io_base);
31   //读取网卡 MAC 地址
32   e1000_read_mac_addr(&nic.info.mac_addr);
33   //配置 DMA 缓冲区
34   e1000_setup_rx_ring(&nic.info.rx_base);
35   e1000_setup_tx_ring(&nic.info.tx_base);
36   //申请中断号，注册网卡中断，并使能中断
37   int irq_num = request_interrupt();
38   register_interrupt(&irq_num, e1000_irq_handler);
39   e1000_enable_irq(&nic.info.irq_num);
40
41   //注册和网卡相关的操作
42   nic.ops.transmit = e1000_transmit;
43   nic.ops.poll = e1000_poll;
44   nic.ops.control = e1000_control;
45
46   //将该网卡设备注册给操作系统
```

```
47   register_device(&nic, NET_DEVICE);
48 }
```

驱动初始化过程中，首先需要检查设备是否已经连接到计算机平台中，即设备发现（13.2.2 节）。e1000 是基于 PCI 总线的网卡设备，因此 e1000 网卡驱动通过 PCI 枚举流程索引到 e1000 网卡设备。驱动可以使用内存映射 I/O（Memory-Mapped I/O，MMIO）读写设备寄存器（13.2.3 节）。为了使用 MMIO，驱动在初始化时通过操作系统提供的 ioremap 接口，将网卡寄存器映射到驱动可以访问的地址空间中。借助 MMIO，网卡驱动读取网卡的 MAC 地址，同时配置用于收发数据的 Rx 和 Tx 队列。网卡数据收发使用直接内存访问（Direct Memory Access，DMA）的硬件机制（13.2.5 节）。最后，驱动向操作系统申请中断号，并使用该中断号将接收过程（即 Rx）注册为中断（Interrupt）。借助中断，网卡可以在 DMA 接收过程结束后主动通知 CPU（13.2.4 节）。

除了初始化网卡的配置信息之外，驱动程序还需要注册和网卡相关的基本操作。代码片段 13.2 中，e1000 网卡驱动既能选择基于中断的接收方法 e1000_irq_handler，也能选择基于轮询（Polling）的接收方法 e1000_poll。中断和轮询机制的细节和优劣比较将在 13.2.4 节展开讨论。发送则只采用 e1000_transmit 一种方法。网卡驱动还注册了控制函数 e1000_control，允许操作系统根据网络处理的实际情况，主动控制网卡的工作模式，比如在中断和轮询之间、在百兆和千兆的通信带宽之间按需切换等。最后，当配置信息和基本操作都初始化完成后，网卡驱动需要将自己注册到操作系统中，从而使整个系统的应用程序都能使用网卡进行通信。

13.2.2 设备发现

设备可以在操作系统启动之前就和 CPU 连接到同一主板平台上，也可以在操作系统运行时动态接入。为了帮助操作系统识别平台上连接好的设备，计算机系统需要提供一套相关的设备发现机制，帮助操作系统找到设备对应的寄存器区间。

如图 13.11 所示，在启动阶段，操作系统可以借助“设备树”或固件接口找到已经连接到平台上的设备，本质是查询一张现成的设备信息表。在运行阶段，动态接入的设备也能通过“热插拔”的方法进行识别，一般是依赖总线提供的发现机制。

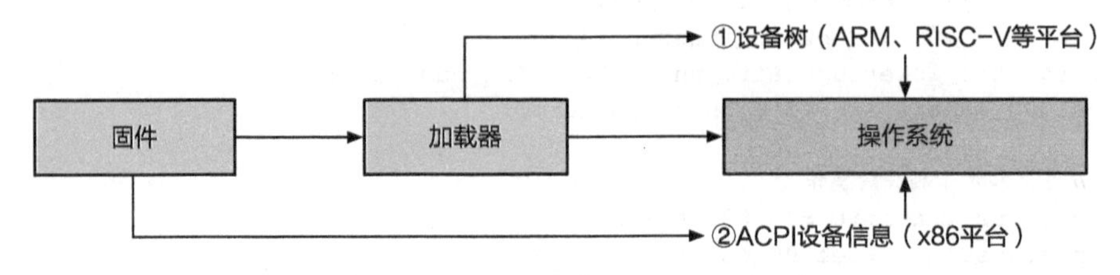

图 13.11 操作系统在启动阶段可以通过加载器传入的设备树获知平台的设备信息，或者通过固件接口查询设备的信息列表

启动阶段的设备发现

ARM 架构的系统常采用 SoC（System on Chip，片上系统）的设计，将 CPU、内存和设备集成在单块芯片上。为了识别这些集成设备，一种方法是直接将片上系统的设备信息硬编码到操作系统中，从而在启动阶段直接找到对应的设备驱动对设备进行初始化和使能。然而，片上系统的种类非常多，同时相同平台的新版本也在陆续推出（如本书实验所用的树莓派开发板就有多款型号），因此将这些配置信息逐一编码到操作系统中会产生不小的维护成本。

在 ARM 架构上，固件通常在系统启动之初，在将控制权交给*加载器*（Bootloader）和操作系统之前，负责对外设进行早期的初始化工作。*开放固件*（Open Firmware）标准定义了固件和操作系统之间的设备识别标准，即设备树[1]。**设备树**（Device Tree）是专用于描述硬件信息的数据结构，具有可读性强的*源码格式*（Device Tree Source，DTS）和*二进制格式*（Device Tree Blob，DTB）两种。之所以称为“树”，是因为设备树使用树状结构对 CPU、内存、总线、设备等硬件信息进行了层级化的组织。

以 ARM 平台的 ChCore 为例，在启动阶段由引导程序（如 U-Boot）负责同时将 ChCore 系统镜像和设备树二进制文件（DTB）加载到物理内存中，同时引导程序将 DTB 的地址传给 ChCore 系统。设备树中的 `compatible` 属性直接标注了当前片上系统的类型、版本等具体信息。ChCore 在启动阶段对 DTB 文件进行解析，获取设备树中标注的具体设备信息，匹配合适的驱动程序代码，同时找到设备对应的寄存器区间。ARM 平台的其他系统（包括 Linux）也采用相同的设备发现流程。

代码片段 13.3 展示了树莓派 B+ 开发板对应的 BCM2835 片上系统的设备树源码，可以看到 CPU、内存以及 SoC 上的所有设备都挂载在根目录“ / ”下，而系统定时器、串口等设备都挂载在 `soc` 目录下。设备树源码直接标注了设备寄存器组在总线地址空间上的基地址和区间长度，如系统定时器的基地址是 0x7E003000，长度是 0x1000，而 0 号串口 UART 的基地址是 0x7E201000，长度是 0x200。操作系统在访问设备寄存器时，不能直接使用总线地址，而是需要将地址转换为对应的物理地址或虚拟地址。具体方法我们将在下一节中介绍。

代码片段 13.3 BCM2835 片上系统的设备树源码（节选）

```
 1 {
 2   compatible = "raspberrypi,model-b-plus", "brcm,bcm2835";
 3   model = "Raspberry Pi Model B+";
 4 
 5   cpus {
 6     cpu@0 {
 7       device_type = "cpu";
 8       compatible = "arm,arm1176jzf-s";
 9       reg = <0x0>;
10     };
11   };
```

```
12
13    memory@0 {
14      device_type = "memory";
15      reg = <0 0x20000000>;
16    };
17
18    soc {
19      ranges = <0x7e000000 0x20000000 0x02000000>;
20      compatible = "simple-bus";
21
22      system_timer: timer@7e003000 {
23        compatible = "brcm,bcm2835-system-timer";
24        reg = <0x7e003000 0x1000>;
25      };
26
27      uart0: serial@7e201000 {
28        compatible = "arm,pl011", "arm,primecell";
29        reg = <0x7e201000 0x200>;
30      };
31      ...
32    };
33 };
```

并非平台上所有的硬件设备信息都需要记录在设备树中。设备树的设计初衷是记录平台上无法发现的设备信息。由于使用USB、PCI等总线的设备可以借助总线直接被操作系统发现，因此设备树无须对这部分信息进行记录，利用总线自身的协议即可完成对设备的识别。

小知识：基于ACPI的设备发现

x86平台的计算机在启动阶段采用了另一套方案——基于**高级配置与电源接口**（ACPI）的设备发现[2]。操作系统可以通过固件提供的ACPI接口获取硬件设备的信息列表。ACPI接口还支持对设备进行电源管理的操作。考虑到ACPI在服务器领域的广泛使用，ARMv8服务器也支持ACPI[⊖]，原因之一是微软的Windows系统并不支持设备树。为了在ARM服务器上运行Windows系统，ARMv8服务器提供对ACPI的支持。ARM平台的Linux系统则同时支持设备树和ACPI两套设备识别方案。

运行阶段的设备发现

计算机系统中的某些设备会在运行阶段动态接入或断开，也叫作设备的**热插拔**。通常来说，运行阶段的设备发现需要有总线的支持。支持热插拔的总线可以感知新设备的接入，并将设备接入事件通知给CPU，CPU上的操作系统进而调用总线驱动去获取设备

⊖ 参见https://www.kernel.org/doc/html/latest/arm64/arm-acpi.html。

的具体类型。为了使能新接入的设备，操作系统需要为新设备分配对应的寄存器空间。举例而言，当新接入一个即插即用（Plug and Play）的PCI设备时，PCI总线会将新设备的接入事件通知给操作系统。操作系统通过读取PCI总线的B/D/F获取设备的有关信息，并为接入的设备配置设备寄存器对应的区间。操作系统的设备驱动通过这块区间读写设备寄存器，进而驱动该PCI设备。

13.2.3 设备寄存器的访问

设备寄存器位于设备控制器内部而不在CPU内部，那么CPU是如何得到这些设备寄存器的地址的呢？在现代计算机平台上，硬件设计者往往在物理地址空间上给I/O设备分配了一段专门的地址区域，用于映射设备寄存器。由于该段地址已经被设备占据，因此不能再用于物理内存。以本书配套使用的树莓派开发板为例，图13.12展示了树莓派开发板对应的BCM283x系列SoC的物理地址映射，其中物理地址的0x20000000到0x20FFFFFF专门用于映射设备寄存器。将物理内存和设备寄存器进行统一编址的方式，允许运行在CPU上的操作系统通过访存指令（如ARM的`ldr/str`指令）直接操作设备寄存器，进而获取设备状态并对设备进行配置。这种将设备寄存器直接映射到物理地址空间中的设备操作方式称为**内存映射I/O**（Memory-Mapped I/O，MMIO）。

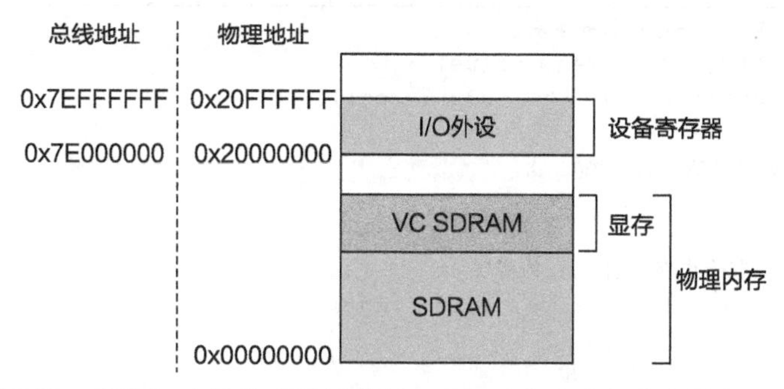

图13.12 BCM283x系列SoC的物理地址映射：物理内存和设备寄存器占用不同的物理地址

小知识：MMIO的编程注意事项

在MMIO方式下，用操作内存的方法直接操作设备寄存器并不能保证每次都成功操作设备。因为无论是编译器还是CPU都会对内存读写指令进行优化，导致对设备访问结果的不正确。

- 编译器会对内存的读写指令生成进行优化。例如，当程序连续读取同一地址时，由于没有写操作，因此编译器可以将多次读合并为一次读，或只读取CPU寄存器而不读取内存。但对设备寄存器的读而言，连续两次读可能读到设备更新后的最新数据或状态，也就是不同结果。为了避免编译器的优化，通常对于MMIO的地址区间，应该在程序中使用`volatile`关键字。

- 现代 CPU 采取各种技巧来提升性能，如内存操作的乱序执行、分支预测以及各种缓存机制。为了避免 CPU 乱序执行导致设备寄存器的操作结果不正确，程序还需要在 MMIO 访问时插入内存屏障（Memory Barrier），保证设备寄存器操作的顺序执行。

设备寄存器也可以采用独立于物理地址空间之外的特殊地址空间进行寻址，如 x86 平台的 I/O 端口空间。相应的设备操作方式称为端口映射 I/O（Port-Mapped I/O，PMIO）。在 PMIO 中，CPU 需要使用特殊的 I/O 指令对设备寄存器进行读写，比如 x86 平台的 PMIO 提供了相应的 in/out 指令。

内存映射 I/O 和端口映射 I/O 被统称为可编程 I/O（Programmed I/O，PIO），因为它们允许驱动的开发者根据需要编程设备的具体行为。代码片段 13.4 展示了用于读写设备寄存器的 WRITE_REG 宏和 READ_REG 宏的 MMIO 及 PMIO 实现。其中 MMIO 实现和 C 语言中的指针用法一样，但加入了 volatile 关键字和内存屏障，以防止编译器和 CPU 的错误优化；而 PMIO 则使用专门的 inl/outl 指令操作 32 位字长的 I/O 端口。

代码片段 13.4　内存映射 I/O 与端口映射 I/O 的接口和实现

```
 1 // 驱动代码中读写设备寄存器的专用宏
 2 #define WRITE_REG(a, reg, value) \
 3   writel((value), ((a)->hw_addr + reg))
 4
 5 #define READ_REG(a, reg) \
 6   readl((a)->hw_addr + reg)
 7
 8 // ARM、x86 上基于内存映射 I/O 的实现
 9 void writel(uint32_t value, void *addr)
10 {
11   wmb();        // 写内存屏障
12   *(volatile uint32_t *)addr = value;
13 }
14 unsigned int readl(void *addr)
15 {
16   return *(const volatile uint32_t *)addr;
17   rmb();        // 读内存屏障
18 }
19
20 // x86 上基于端口映射 I/O 的实现
21 void writel(uint32_t value, unsigned port)
22 {
23   asm volatile("outl %0, %w1" : : "a"(value), "Nd"(port));
24 }
25 uint32_t readl(unsigned port)
26 {
27   uint32_t value;
```

```
28   asm volatile("inl %w1, %0" : "=a"(value) : "Nd"(port));
29   return value;
30 }
```

案例分析：通过 e1000 的设备寄存器访问网卡内部存储

EEPROM 是位于网卡设备内部的闪存存储介质。为了帮助 CPU 读取存储在 EEPROM 上的数据，网卡为软件暴露了 EERD（EEPROM Read Register）。EERD 是一个 32 位长的设备寄存器，不同位的含义如表 13.2 所示。

表 13.2　e1000 网卡上的 EERD 设备寄存器

域	位	含　义
START	0	提醒网卡开始读取 ADDR 位的数据
DONE	1	当值为 1 时，表示数据读取结束
ADDR	15 : 2	EEPROM 上待读取数据的地址
DATA	31 : 16	EEPROM 返回的数据内容

代码片段 13.5 展示了通过读写 e1000 网卡上的 EERD 设备寄存器，获取 EEPROM 存储介质上的信息的过程。e1000 只支持一次从 EEPROM 中读取一个字（Word）的长度，即 2 字节的数据。驱动程序首先需要将待读取数据的地址写入 EERD 寄存器的 ADDR 域，同时将 EERD 寄存器的开始位标记为 1，提醒网卡控制器地址信息已经配置完毕。网卡控制器收到地址信息后，会去寻址 EEPROM 中相应地址的数据，并将读到的数据写入 EERD 寄存器的 DATA 域。CPU 上的软件需要不断查询 EERD 寄存器的 DONE 域，不停判断网卡控制器是否完成了数据的读取操作。一旦 DONE 域显示数据读取完成，驱动便可以读到从网卡返回的 EEPROM 中一个字的数据。

代码片段 13.5　通过 READ_REG 和 WRITE_REG 操作 e1000 网卡设备上的 EERD 设备寄存器，获取存储在 EEPROM 上的数据

```
 1 #define EERD 0x00014
 2 #define EERD_START 0x00000001
 3 #define EERD_DONE 0x00000010
 4 #define EERD_ADDR_SHIFT 2
 5 #define EERD_DATA_SHIFT 16
 6
 7 int32_t e1000_poll_eerd_done(struct e1000_hw *hw);
 8
 9 int32_t e1000_read_eeprom(struct e1000_hw *hw,
10       uint16_t offset, uint16_t words, uint16_t *data)
11 {
12   uint32_t i, eerd = 0;
13   int32_t error = 0;
14
15   for (i = 0; i < words; i++) {
16     // 将预读取的数据地址写入地址位，同时将 START 置为 1
17     eerd = ((offset+i) << EERD_ADDR_SHIFT) + EERD_START;
18     WRITE_REG(hw, EERD, eerd);
19
20     // 查询网络接口控制器是否完成操作（见代码片段 13.6）
```

```
21     error = e1000_poll_eerd_done(hw);
22     if (error) break;
23
24     // 从数据位读取网卡返回的数据
25     data[i] = (READ_REG(hw, EERD) >> EERD_DATA_SHIFT);
26   }
27   return error;
28 }
```

13.2.4　中断

虽然CPU和设备之间有总线连接，但是CPU并不清楚设备当前所处的真实工作状态。设备可能处于“就绪”或“忙碌”的状态，在忙碌阶段就无法响应CPU的请求。CPU必须通过设备寄存器查询设备的工作进度，一旦设备就绪，就可以立刻发出新的操作命令。

在代码片段13.6展示的e1000网卡驱动代码示例中，CPU需要以不断循环等待的方式**轮询**（Polling）EERD寄存器的DONE域，才能得知网卡控制器是否已经完成EEPROM的读请求。类似地，网络数据包的接收请求也可以采取轮询的方式，由CPU主动检查网卡当前收取数据的情况。然而，来自外部的网络数据包究竟何时能到达是非常难以确定的，对于高速运行的CPU[⊖]而言，轮询期间网卡代码始终占用CPU资源，并没有执行有意义的工作。

代码片段13.6　轮询10万次查询EEPROM数据读取完成情况

```
 1 #define EERD 0x00014
 2 #define EERD_DONE 0x00000010
 3
 4 int32_t e1000_poll_eerd_done(struct e1000_hw *hw)
 5 {
 6   uint32_t attempts = 100000;
 7   uint32_t i, reg = 0;
 8
 9   for (i = 0; i < attempts; i++) {
10     reg = READ_REG(hw, EERD);
11     if (reg & EERD_DONE) return SUCCESS;
12     udelay(5);
13   }
14   return ERROR;
15 }
```

更为合理的做法是避免CPU总是处于轮询的工作方式，而是让网卡只有在网络包到来时才主动通知CPU。这种由硬件设备在某些事件（如网络包到来）发生后再通知CPU

⊖　现在的处理器可达到GHz的处理频率，即1纳秒可以执行若干条指令。

的机制被称为**中断**（Interrupt）。中断机制使得设备可以向 CPU 主动发送中断信号：CPU 在还没收到中断时可以处理其他任务；CPU 收到中断后，正在 CPU 上执行的任务会被打断，而相应的**中断处理函数**（Interrupt Handler 或者 Interrupt Service Routine，ISR）会被执行并立刻响应中断事件。不同于系统调用和同步异常（比如内存访问指令导致的缺页），设备中断是异步发生的，即 CPU 的执行过程可能随时被设备发送的中断打断。图 13.13 展示了 CPU 的中断响应流程。

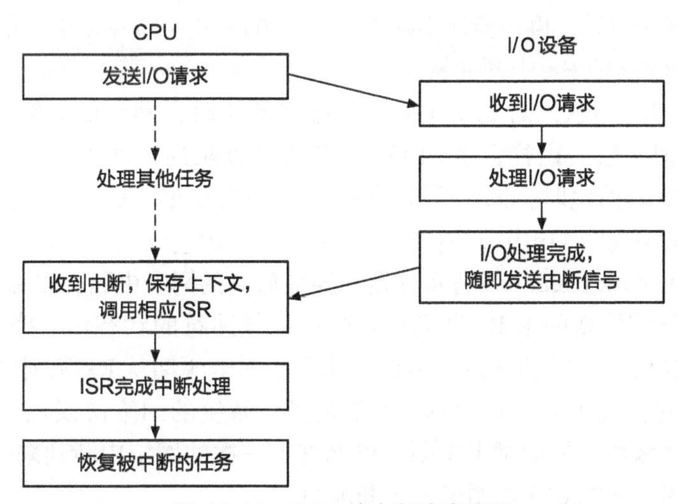

图 13.13　CPU 的中断响应流程

如果设备需要完成的操作相对耗时，采用中断的方式能够有效节省 CPU 资源。比如，当操作系统需要读取硬盘中存储的数据时，可以在向硬盘发出读取请求后直接进行调度，继而让 CPU 运行某个可执行的进程，而不是轮询等待硬盘完成读取操作；硬盘完成操作后再向 CPU 发出中断，在中断处理函数中，操作系统可以知道之前的硬盘读取操作已经完成。

中断的异步特性并非对所有的设备都有节省 CPU 资源的好处。例如，对于串口设备而言，由于发送字符的操作所需要的执行时间很短，如果也利用中断机制实现成异步的方式，不仅对于提高 CPU 资源的利用率而言毫无益处，甚至可能因为中断的引入而导致过多的 CPU 资源占用（因为中断的上下文切换也需要花费 CPU 时间）。

由于频繁中断会导致 CPU 产生大量上下文切换，部分设备（如高性能网卡）提供了将多个中断合并为单个中断的能力，即**中断合并**（Interrupt Coalescing）。中断合并利用了设备内部的 FIFO 缓冲区，设备收到数据后，可以不马上通知 CPU，而是将数据缓存在设备内部的 FIFO 上，当数据个数超过一定阈值或者超过预先配置的超时时间时，设备会立刻触发中断。理想情况下，中断合并可以将中断的触发频率显著降低，代价是中断的响应延迟会有所增加。

对于设备的某个操作，驱动采用轮询还是中断的方式并非一成不变的。以网卡设备接收网络包的操作为例，由于什么时候收到网络包是不确定的，采用轮询的方式可能会导致大量CPU资源的浪费，因此采用中断方式响应网络包的到达可能是默认情况下更好的选择。但是，当网卡设备的性能足够好，网络包的到来连续不断甚至足够高频时，网卡驱动采用轮询的方式能够避免频繁地触发中断引起的上下文切换，反而能够更加高效地对网络包进行处理。在Linux操作系统中，网卡驱动首先采用中断方式接收网络包，当操作系统发现网络包的到达速率达到一定阈值后，将改为轮询方式；而当一段时间不再收到网络包或收包速度显著变慢后，再切换回中断方式。该方法称为New API，简称NAPI[3]。

案例分析：e1000的Rx中断分析

如代码片段13.7所示，对e1000网卡进行初始化时，网卡驱动需要向操作系统注册对应的中断处理函数。这样，当e1000网卡的接收队列（即Rx队列）收到来自其他计算机的一个完整数据包时，网卡会主动向CPU发送中断。CPU收到中断后会跳转到注册好的中断处理函数`e1000_irq_handler`。`e1000_irq_handler`首先修改网卡的IMC（Interrupt Mask Clear）设备寄存器，屏蔽后续的网卡中断，以保证网络收包处理过程的原子性。随后检查网卡Rx队列中该包所在描述符的状态位，确认网络包当前处于就绪状态，即数据已经成功到达。确认成功后，网卡驱动从Rx队列中取走该网络包，并交给操作系统的相关函数进行处理（通常是操作系统的网络协议栈）。操作系统处理完成后，中断处理函数会使能网卡中断，以允许下一次的网络中断到来。IMS（Interrupt Mask Set/Read）用于使能e1000网卡的中断能力。

代码片段13.7　e1000的中断处理

```
 1 #define IMS_ENABLE_MASK 0x9D
 2 #define E1000_RXD_STAT_DD 0x01
 3
 4 static inline void enable_irq(struct e1000_hw *hw)
 5 {
 6   WRITE_REG(hw, IMS, IMS_ENABLE_MASK);
 7 }
 8
 9 static inline void disable_irq(struct e1000_hw *hw)
10 {
11   WRITE_REG(hw, IMC, ~0);
12 }
13
14 int e1000_irq_handler(struct e1000_hw *hw)
15 {
16   // 屏蔽网卡中断，保证网卡中断处理的原子性
17   disable_irq(hw);
18
19   // 检查网卡的接收队列是否处于就绪状态
20   struct e1000_rx_desc *rd = rx_base;
21   if (!(rd->status & E1000_RXD_STAT_DD))
22     return ERROR;
```

```
23
24    //将网络包交给操作系统进行处理
25    net_rx((char *)rd->addr, rd->length);
26
27    //使能网卡中断，使用默认的掩码配置
28    enable_irq(hw);
29    return SUCCESS;
30 }
31
32 void e1000_init(struct e1000_hw *hw)
33 {
34    //向操作系统申请中断号，注册中断处理函数
35    int irq;
36    register_interrupt(&irq, e1000_irq_handler);
37    enable_irq(hw);
38 }
```

中断控制器

尽管硬件机制提供了设备向CPU主动发送中断的能力，然而在多设备场景下，CPU并不知道中断对应的是哪一个设备，在多核CPU场景下，中断发生时也不知道该发给哪一个核心进行处理。为了提供中断的可编程能力，硬件设计者在CPU与设备之间引入了**中断控制器**（Interrupt Controller），专门负责中断的配置和管理。中断控制器通常提供如下几方面能力：

- 中断号：用于映射设备到中断的关系。中断发生时，操作系统可以根据中断号快速判断中断来自哪个设备，并采取预定义的方式快速响应中断。
- 中断屏蔽：用于保证CPU上某些操作的原子性。例如，为了保证临界区操作的原子性，可以通过屏蔽时钟中断的方法，防止当前任务被调度走。
- 中断优先级：用于区分更为重要或紧迫的中断。例如，当温度过高时，温度监控设备就应及时向CPU报告，CPU需要立刻调高风扇转速，以帮助系统快速降温。此时，温度监控设备的中断就会比其他设备的中断优先级更高。

小知识：ARM架构的通用中断控制器

ARM架构的中断控制器称为**通用中断控制器**（Generic Interrupt Controller，GIC）[4]。如图13.14所示，GIC有两个组成模块：

- **分发器**（Distributor）：多核场景下，分发器负责汇聚所有设备的中断请求，并根据路由配置将中断分发给目标核心。分发器用于提供全局的中断使能、中断优先级配置等能力。
- **CPU接口**（CPU Interface）：CPU接口与CPU核心相连，用于提供每个核心的本地中断管理能力，如单个核心的中断使能、中断确认等。CPU接口还可用于发起核间中断。

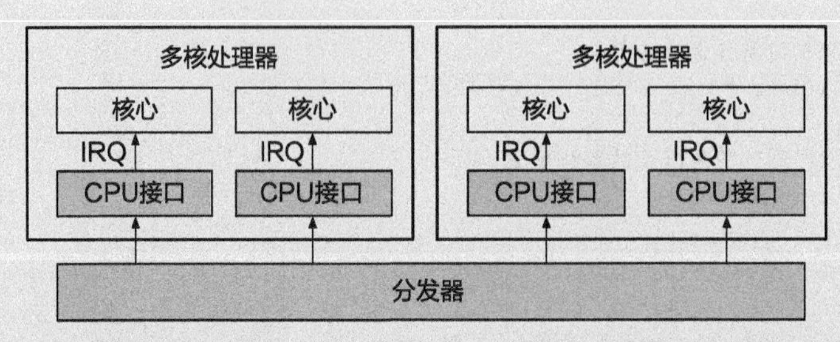

图 13.14 GIC 中断控制器分为两个模块，分发器负责全局的中断路由，CPU 接口负责每个 CPU 核心的中断管理

GIC 的中断响应流程。每个设备都通过总线互联的方式和 GIC 中断控制器连接。当设备的特定状态被满足后，设备会向 GIC 中断控制器发送中断请求。GIC 收到中断请求后，分发器会将优先级最高的中断派发给相应的 CPU 接口，进而由 CPU 接口转发给 CPU 核，执行 CPU 核上预先注册好的中断处理程序。中断处理程序确认中断时，会读取 CPU 接口上的寄存器，查询具体产生的中断号和中断类型。对于不同设备来源的中断，GIC 通过查表的方式得到不同中断处理的函数入口，这个表被称为**中断向量表**（Interrupt Vector Table）。

13.2.5 直接内存访问

对于操作系统和硬件设备之间的数据交换，上文介绍的读写设备的数据寄存器是一种方式，该方式对于小数据量的数据传输是合适的。但是，当需要传输的数据量较大时（比如大量网络数据包的收发），继续使用每字节读写寄存器的方式是不合适的，因为这会占用大量的 CPU 时间。为解决该问题，硬件提出了直接内存访问（Direct Memory Access，DMA）技术，允许硬件设备绕过 CPU 进行批量物理内存数据的读写。有了 DMA，在硬件设备传输数据的同时，CPU 可以执行其他任务，因此可以显著提高 CPU 的有效利用率。

CPU 和硬件设备都可以发起 DMA 操作，即把数据从物理内存发送给设备，或者把设备的数据拷贝到物理内存中。以 CPU 发起 DMA 为例，操作系统首先在内存中分配一块 DMA 缓冲区，随后发起 DMA 请求，设备在收到请求后通过 DMA 的方式将数据批量传输至 DMA 缓冲区。DMA 操作完成后，设备触发中断，通知操作系统对 DMA 缓冲区中的数据进行处理。

通常，DMA 过程需要 DMA 控制器的参与。DMA 控制器可以是单独的设备，与 CPU 和物理内存一同连接到可以进行数据交换的总线上。不过在现在的计算机系统中，支持 DMA 的设备内部一般带有 DMA 控制器。图 13.15 给出了在 DMA 控制器参与下的 CPU 发起 DMA 的具体流程：

1. CPU 向 DMA 控制器发送 DMA 缓冲区的位置和长度，以及数据传输的方向，随后放弃对总线的控制（图 13.15a）。

2. DMA 控制器获得总线控制权（图 13.15b）。

3. DMA 控制器根据从 CPU 获得的指令，将设备的数据拷贝至内存，其间 CPU 可以执行其他任务（图 13.15c）。

4. DMA 控制器完成 DMA 后向 CPU 发送中断，通知 DMA 已经完成。此时 CPU 会重新得到总线的控制权（图 13.15d）。

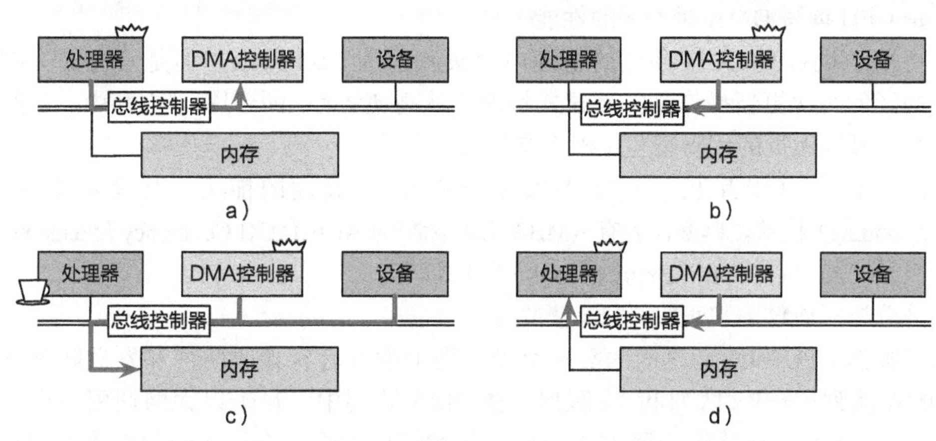

图 13.15 DMA 过程示意图。注意，实际上 DMA 控制器一般位于设备内部

值得一提的是，运行在 CPU 上的操作系统依然是通过 MMIO 的方式对（设备中的）DMA 控制器发起控制命令的。当然，设备也可以主动发起 DMA 操作，不过通常也需要操作系统为其预先分配好 DMA 缓冲区，否则设备并不知道 DMA 的目标内存地址。例如，操作系统首先为网卡设备分配物理内存作为网络包接收队列，并且通过 MMIO 的方式把分配好的物理内存告诉网卡，网卡设备在收到网络帧后，可以通过 DMA 的方式把数据写入物理内存中。本节的末尾我们将以 e1000 为例重点描述如何配置网卡以完成 DMA 操作。

小知识：SMMU

由于设备在进行 DMA 操作时能够直接访问物理内存，受到攻击的设备或者存在缺陷的设备可能会泄露或破坏任意内存数据。为此，ARM 架构提出 SMMU 机制（System MMU），避免设备直接使用物理地址。类似 MMU 将虚拟地址翻译到物理地址，SMMU 负责将硬件设备使用的 I/O 内存地址翻译到实际的物理地址。不过，SMMU 不是 ARM 架构中必须支持的机制，也并非所有的 ARM 平台都支持 SMMU。在 x86 架构中，SMMU 被称为 IOMMU。

现代处理器中通常有多级的高速缓存（CPU Cache），物理内存的数据并非始终是最新的，这就导致DMA过程中设备应该访问的正确数据还滞留在高速缓存中，没有被及时同步到物理内存中。操作系统该如何处理这种情况呢？

针对DMA发生时DMA缓冲区的数据和CPU高速缓存不一致的情况，通常有三种解决方法：

- 将用于设备DMA缓冲区的物理内存页映射为Non-cacheable，即CPU对该DMA缓冲区的任何访问都绕过CPU高速缓存，从而避免出现数据不一致的情况。代价是CPU读写DMA缓冲区的性能不高。
- 将用于设备DMA缓冲区的物理内存页映射为Cacheable，但是CPU对DMA缓冲区的每次更新操作都需要显式将内容从高速缓存同步到物理内存中。该做法对驱动开发人员的代码编写正确性有很高的要求。
- 由硬件在总线互联上直接提供保证DMA一致性的能力，如总线监听（Bus Snooping）技术。典型代表有AMBA总线标准的ACE（AXI Coherency Extensions）[5]，以及CXL（Compute Express Link）[6]协议等。

案例分析：通过e1000的DMA接收网络数据

为了加速CPU和网卡之间的数据交换，网卡设计者将接收队列和发送队列分别设计为DMA队列——Rx队列和Tx队列。在DMA队列中，每个以太网帧用一个描述符（Descriptor）表示。如代码片段13.8所示，描述符中包含一个以太网帧在物理内存的起始地址和长度，以及描述符的状态信息和错误信息等。不同厂商的网卡描述符的定义和个数不尽相同。

代码片段13.8　e1000网卡的DMA Rx描述符

```
1 struct e1000_rx_desc {
2   volatile uint64_t addr;
3   volatile uint16_t length;
4   volatile uint16_t checksum;
5   volatile uint8_t status;
6   volatile uint8_t errors;
7   volatile uint16_t special;
8 };
```

为了使CPU能收到网卡的数据包，网卡驱动需要对网卡的描述符进行配置。为了帮助读者理解后续驱动代码中设备寄存器的含义，我们将涉及的e1000寄存器信息列在表13.3中。代码片段13.9配置了128个Rx描述符。对于每个描述符，都分配一块物理连续的内存与之对应，从

表13.3　e1000网卡和Rx描述符队列相关的主要寄存器及其含义

目　的	寄存器	含　义
配置接收队列	RDBA	配置Rx描述符队列的基地址
	RDLEN	配置Rx描述符队列的总长度
	RDH	配置Rx描述符队列的头指针
	RDT	配置Rx描述符队列的尾指针

而允许网卡通过描述符中的地址找到内存中的数据。这里假定 kzalloc 函数返回的是物理地址，如果使用虚拟地址的话，还需要将其转换成物理地址才能使用，因为 DMA 控制器访问的是物理内存（假设没有 SMMU）。此外，初始化阶段还要把描述符的整体信息透露给网卡，包括描述符环形队列的头尾指针，这样网卡才能正常工作。

如图 13.16 所示，e1000 网卡使用首尾两个指针来管理 Rx 描述符队列，由此模拟出环形队列的效果。初始化时，头指针默认指向 0，而尾指针指向队列尾部，此时网卡可以接收数据。网卡收到一个完整的数据帧后，数据帧会以 DMA 的方式拷贝到描述符中指定的预分配好的物理内存中，同时由网卡更新头指针寄存器。图 13.16 中的彩色部分表示网络帧已经被硬件 DMA 传输到内存中但尚未被网卡驱动接收的描述符。当头指针与尾指针相等时，表示环形队列被填满了完成 DMA 的数据帧，网卡不再接收新的数据帧，以防止发生覆盖。网卡驱动通过描述符中的 status 字段来确认数据帧是否已经就绪，就绪则意味着该数据帧可以被读取。当网卡驱动读走一个完整的数据帧后，需要推进对应的尾指针寄存器，告知网卡该数据帧已被读走。只有当尾指针推进时，网卡才能持续地通过 DMA 传输数据并发送中断以通知 CPU。

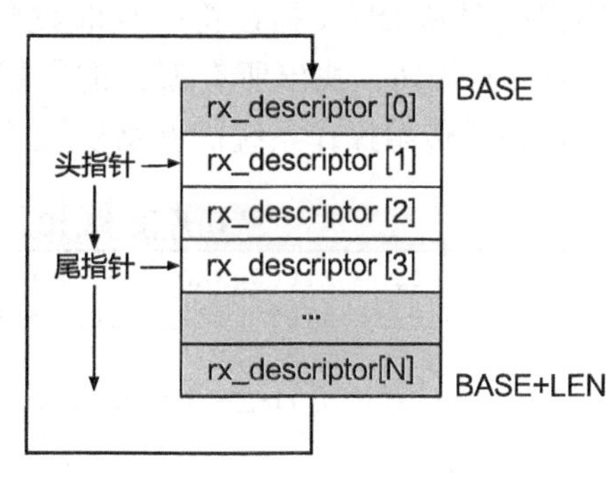

图 13.16　e1000 的 Rx 描述符环形队列

代码片段 13.9　e1000 网卡：初始化 DMA 接收描述符

```
 1 #define RXBUF_COUNT 128
 2 #define RXBUF_SIZE 2048
 3
 4 // e1000 接收队列的指针列表
 5 struct e1000_rx_desc rx_base[RXBUF_COUNT];
 6
 7 void e1000_setup_rx_ring(struct e1000_hw *hw)
 8 {
 9   // 逐个初始化 Rx 描述符
10   for(int n = i; i < RXBUF_COUNT; i++) {
11     rx_base[i]->addr = kzalloc(RXBUF_SIZE);
12     rx_base[i]->status = 0;
13   }
14
15   // 配置 DMA Rx 描述符环形队列的基地址和总长度
16   WRITE_REG(hw, RDBAL, (uint32_t)rx_base);
17   WRITE_REG(hw, RDBAH, (uint32_t)(rx_base >> 32));
18   WRITE_REG(hw, RDLEN, RXBUF_COUNT * sizeof(struct e1000_rx_desc));
19
20   // 初始化 DMA Rx 描述符环形队列的头指针和尾指针寄存器
21   WRITE_REG(hw, RDH, 0);
```

```
22   WRITE_REG(hw, RDT, E1000_NUM_RX_DESC - 1);
23 }
```

代码片段 13.10 将配置 DMA Rx 的逻辑加入了设备驱动的初始化流程，同时在 Rx 中断发生时从 DMA 描述符中获取数据帧的信息。在 Rx 中断发生时，Rx 中断处理函数会遍历 Rx 队列，找出所有就绪的数据帧，从描述符中获取对应的地址和长度，从而得到数据帧并传给操作系统的网络协议栈进行处理。

代码片段 13.10　基于 DMA 队列的 e1000 的中断处理

```
 1 #define E1000_RXD_STAT_DD 0x01        // 描述符就绪
 2 #define E1000_ICR_RXT0 0x80           // Rx 中断
 3
 4 int e1000_irq_handler(struct e1000_hw *hw)
 5 {
 6   ...
 7   // 判断是否为 e1000 Rx 中断
 8   unsigned irq = READ_REG(hw, E1000_ICR);
 9   if (irq & E1000_ICR_RXT0) {
10     while (1) {
11       // 读取 Rx 尾指针，尾指针的下一个为可用的 Rx 数据帧
12       int rx_cur = READ_REG(hw, RDT);
13       rx_cur = (rx_cur + 1) % RXBUF_COUNT;
14
15       // 判断当前 Rx 缓冲区的数据是否就绪
16       if (!(rx_base[rx_cur]->status & E1000_RXD_STAT_DD))
17         return ERROR;
18
19       // 将网络包交给操作系统的网络协议栈进行处理
20       uint64_t buf = rx_base[rx_cur]->addr;
21       uint16_t len = rx_base[rx_cur]->length;
22
23       net_rx((char *)buf, len);
24       rx_base[rx_cur]->status = 0;
25
26       WRITE_REG(hw, RDT, rx_cur);    // 更新 Rx 尾指针
27     }
28     return SUCCESS;
29   }
30   ...
31 }
32
33 void e1000_init(struct e1000_hw *hw)
34 {
35   int irq;
36   register_interrupt(&irq, e1000_irq_handler);
37   ...
38   e1000_setup_rx_ring(hw);
39 }
```

13.3 设备管理的共性功能

本节主要知识点

- ❑ 应用程序是如何找到设备的？
- ❑ 为什么要对设备进行分类？不同分类有什么特点？
- ❑ 为什么要设计不同的缓冲区？缓冲区是否是必要的？
- ❑ 为什么要提出 ioctl 系统调用？

尽管不同设备的功能各异，但从管理的角度来看，它们之间有着不少共同的需求。首先，操作系统需要为所有设备提供合适的抽象，以便应用程序对设备进行查找和访问。其次，操作系统需要根据设备功能对设备进行合理的分类，以便提取共性需求并复用功能相同的实现代码。再次，操作系统需要根据设备的不同特点提供合适的管理方案，比如根据设备的访问特性、交互速率选择合适的缓冲区方案。最后，考虑到设备的多样性，操作系统需要为应用程序提供合适的设备操作接口。

13.3.1 设备的文件抽象

为了帮助应用程序和设备进行交互（比方应用程序希望通过串口输出计算结果），操作系统需要为设备设计合理的软件抽象，同时分配合适的逻辑名称，以方便应用程序查找相应设备。既然操作系统的用户已经对文件这一抽象十分熟悉，那么能不能直接复用这个抽象，用管理文件的方式管理设备呢？答案是肯定的。以 UNIX 操作系统为例，它的核心设计思想之一是**一切都是文件**，设备也不例外。为了对各种设备进行统一管理，操作系统将设备按照各自的特点进行分类，组织为树状的层次结构挂载到**设备文件系统**（Device Filesystem，DevFS）下（默认为 /dev 目录）。设备文件系统的叶子节点称为**设备文件**（Device File），对应设备实例，其完整的路径名则作为设备的逻辑名称。设备文件是操作系统对物理设备抽象而成的虚拟设备，例如在 Linux 系统上，显卡的显存被抽象成帧缓存（Framebuffer，路径名为 /dev/fb），串口设备被抽象成终端（Teletype，路径名为 /dev/tty）。

如图 13.17 所示，有了设备文件系统，应用程序就可以直接使用文件系统的 `open` 接口打开设备文件，使用 `read/write` 接口读写设备文件的内容。通过复用文件的方式提供 I/O 设备的操作接口至少有三个优点：

- 操作系统的用户已经习惯了文件的使用方法，因此采用文件系统接口处理 I/O 更符合直觉。
- 设备名遵循文件名的用法和语义，设备文件系统由此可以向应用程序提供统一的设备命名空间和索引方式。
- 设备文件复用文件系统的权限管理，通过访问控制机制决定进程可以访问哪些设备。

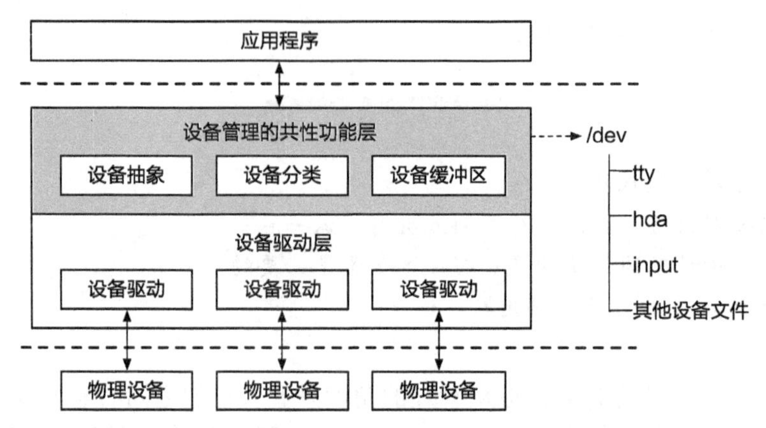

图 13.17　设备管理的共性功能层作为应用程序与设备驱动的连接层，对上提供设备文件系统抽象，对下将文件操作转化为驱动命令

为了将设备文件和普通文件的操作统一起来，操作系统需要在 inode 数据结构中加入和设备相关的标志。如代码片段 13.11 所示，设备文件所使用的 inode 是一类特殊的 inode，本身不指向任何真实的物理文件。

代码片段 13.11　设备文件和普通文件使用 inode 进行索引，通过文件类型调用对应的文件接口函数（write 操作的流程与 read 类似）

```
1 struct inode {
2   short type;          // 节点类型，用于区分普通文件和设备文件
3   short major;         // 主设备号，用于区分设备驱动，只对设备文件有效
4   short minor;         // 次设备号，用于区分设备实例，只对设备文件有效
5   ...
6 };
7
8 struct device_table { // 设备文件相关的读写操作
9   int (*read)(struct inode*, char *, int, int);
10  int (*write)(struct inode*, char *, int, int);
11 } device_table[];
12
13 void register_device(struct device *device, int device_type)
14 {
15   device_table[idev].write = device.ops.write;
16   device_table[idev].read = device.ops.read;
17   ...
18 }
19
20 int readi(struct inode *ip, char *dst, int off, int n)
21 {
22   if (ip->type == DEVICE_TYPE) {
23     if(NULL == device_table[ip->dev.major].read)
24       return -1;
25     return device_table[ip->dev.major].read(ip, dst, off, n);
```

```
26    }
27    ...
28 }
```

同一设备可能存在多个实例，例如主机上配置有多块存储设备，或者同时有多个 USB 接口。为了将设备文件锚定到这些具体的设备实例上，操作系统首先分配一个主设备号（Major Number），用于确定系统中对应的驱动程序，因为同一驱动程序可以操作相同类型设备的不同实例。然后分配一个次设备号（Minor Number），用于区分具体的设备实例。例如，串口设备 /dev/tty 和模拟串口的屏幕终端 /dev/console 都可以使用串口驱动进行操作，因此拥有相同的主设备号，但次设备号不同。

设备驱动在向操作系统注册自己的同时，还需要将设备自身的 read/write 回调函数注册到全局的 device_table 中。当应用程序打开设备文件并通过文件系统的 read/write 接口进行 I/O 操作时，操作系统会调用主设备号对应的驱动程序的 read/write 回调函数对设备进行操作。

13.3.2 设备的逻辑分类

由于设备的多样性，操作系统会根据设备的不同特点对设备进行分类，力图以相同的方式管理特点相似的设备。在不同的操作系统中，设备的分类方式也有所不同。例如，Linux 将设备大致分为三类：字符设备、块设备和网络设备。

- 字符设备（Character Device）。字符设备将设备的数据抽象为字节流，由应用程序以顺序访问的方式进行读写。字符设备使用标准文件系统接口，包括 open、read、write、close 等。串口、时钟、键盘、鼠标、声卡都被归类为字符设备。
- 块设备（Block Device）。块设备将设备上的数据划分为独立编址的块，由应用程序采用随机访问的方式对块进行读写。块是设备寻址的最小单元（通常为 512 字节、1KB 或 4KB）。块设备常见于对存储设备的抽象，例如虚拟磁盘（Ramdisk）、存储卡（SD 卡和 MMC 卡）、硬盘（HDD 和 SSD）等。

  虽然块设备和字符设备一样可以使用标准的文件系统接口进行访问，但是应用程序往往更倾向于使用 mmap 接口，将块设备的文件映射到用户空间的内存中进行操作。为了避免频繁操作块设备引起的性能问题，操作系统通常会为块设备增加一层缓冲区。关于设备缓冲区的用法，我们将在下一节进行介绍。
- 网络设备（Network Device）。网络设备是一种以格式化报文（也称为分组或数据包）的形式进行数据通信的设备。这类设备使用一种特殊的抽象——套接字（Socket）。用户程序使用 send、recv、sendto、recvfrom 等专用网络设备接口，通过套接字进行数据传输。网络设备需要有特定的网络协议栈的支持才能处理网络报文的封装、解析、寻址等功能。常见的网络协议有以太网（Ethernet）、无线网（Wireless）、蓝牙（Bluetooth）等。

为了兼容文件抽象，应用程序也可以使用文件系统接口（如 `read/write`）实现网络报文的收发。不同的是，操作系统一般不会在设备文件系统目录（/dev）下为网络设备建立对应的网络文件，因此应用程序通常无法通过 `open` 接口打开网络设备，而必须通过 `socket` 接口创建套接字。

随着新设备的出现，并非所有的新设备都能被很好地归类到这三类设备中。比如用于机器学习训练的通用 GPU 设备，在 Linux 中属于独立设备，同样以设备文件的形式挂载在 /dev 目录下，但通常不使用 `read/write` 接口进行交互，而是使用后文将要介绍的 `ioctl` 接口。

不同于 Linux，同属于类 UNIX 操作系统的 FreeBSD 则弃用了块设备的抽象[7]。FreeBSD 开发人员给出的理由是块设备提供了缓冲区机制，使得应用程序难以追踪 I/O 问题，进而容易导致系统和程序运行变得不可靠。因此，FreeBSD 不提供块设备抽象，而是将硬盘等设备当成裸设备（Raw Device）直接暴露给应用程序，并将裸设备和字符设备统称为字符设备。

13.3.3　设备的缓冲区管理

在对设备进行合理的逻辑分类之后，操作系统还需要根据不同分类的设备特性保证和设备交互时的性能和正确性。请读者思考如下问题：

- 基于云存储的共享文档场景下，多个用户想要同时修改存储设备上的同一个文件。操作系统该如何设计，才能尽快将存储设备上的文件修改好？
- 运行手机游戏时，CPU 需要源源不断地将游戏进程产生的画面同步到显存中；然而在显卡渲染时，CPU 不能对显存进行操作，否则会产生画面错位。操作系统该如何设计，才能实现较好的画面质量？
- 操作系统和网卡交互时，需要在单位时间内尽可能多地传输网络帧；操作系统通常需要等待网卡确认数据发出后才能覆写原先数据所占的内存空间。操作系统该如何设计，才能实现更为高效的数据交互呢？

根据真实场景的具体需要，操作系统可以实现不同类型的缓冲区，比如单缓冲区、双缓冲区、多缓冲区等。

单缓冲区

很多设备的工作频率远远达不到 CPU 的主频，如果每次操作设备都需要向真实设备发起操作，那么整个系统的工作效率将会被这些慢速设备所拖累。因此，操作系统在慢速设备和高速 CPU 之间引入一段内存区间作为缓冲区，称为**单缓冲区**，以此来缓解两者速度不匹配的矛盾。

当应用层程序操作一个慢速设备时，操作系统自动为该设备分配一段合适的单缓冲区。对于写操作而言，应用程序首先操作与设备对应的缓冲区，通常在缓冲区被写满后，将缓冲区的数据写入具体设备中。例如串口数据的输出通常以行粒度进行管理，在遇到行分隔符（通常是回车）或者单缓冲区写满时，将内存缓冲区的数据一次性发给串口并清空缓冲区。对于读操作而言，设备驱动可以根据局部性原理将数据预取（Prefetch）入缓冲区中。预取的缓冲区策略可以很好地提升顺序读的速度。操作系统可以根据缓冲区的访问模式，使用类似内存替换策略的方法来管理有限大小的缓冲区，以保证热数据能很好地维持在内存中，降低实际 I/O 的次数。

缓冲区的引入还能解决 I/O 数据处理粒度不匹配的问题。比如，磁盘设备每次读写的单位是固定数量的扇区。频繁从磁盘中读写小数据是低效的，因为实际读写的开销被放大了。为此，在内存中开辟适当大小的缓冲区，避免因为磁盘读写引入的延迟，这对于系统性能的提升十分必要。早期 Linux 操作系统中有专门的磁盘缓冲区，现在 Linux 则直接使用文件系统中的页缓存（Page Cache）作为缓冲区，以避免对磁盘设备的频繁访问。

双缓冲区

有时候仅仅设立一个缓冲区并不足以解决设备使用的问题。以显卡的图像绘制为例，显卡有自带的存储空间，俗称显存。为了显示画面，显存需要定期和主存同步，提取待渲染的画面数据。对于视频流播放或电子游戏这类需要高频刷新屏幕的场景而言，应用程序需要不断提供最新画面，而显卡则负责逐帧绘制画面。在显卡和 CPU 共用同一块缓冲区的情况下，如果显存和主存的同步尚未完成，CPU 就将下一帧的画面写入缓冲区中，那么将导致显示的画面数据不一致，乃至出现画面撕裂的现象。此时，就需要引入“双缓冲区”的思路。

双缓冲区指维护两个缓冲区，当第一个缓冲区被填满之后，在它被读取之前，使用第二个缓冲区来收集新的输入。两个缓冲区轮流使用，这一做法被称为缓冲区对换（Buffer Swapping）。如图 13.18 所示，引入双缓冲区可以有效避免 CPU 和显卡在操作画面数据时产生冲突，保证画面渲染的正确性。

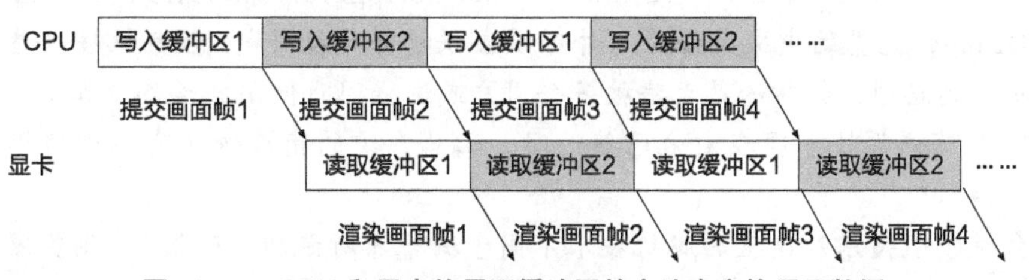

图 13.18 CPU 和显卡使用双缓冲区的方法来交换显示数据

双缓冲区还可以用于提高 CPU 和设备交换数据的并行度，将双缓冲区中的一个视为输入缓冲区，另一个视为输出缓冲区，二者的操作互不干扰。此时设备和 CPU 可以互为生产者和消费者。例如在网卡 DMA 缓冲区的配置中，就使用了双缓冲区，将发送队列和接收队列进行了分离。

多缓冲区

当设备的性能足够好，单位时间内能传输大量数据时，两个缓冲区可能无法满足需求，此时就需要分配更多的缓冲区以容纳更多等待交换的数据。**多缓冲区**有两种常见的组织形式。一种是将缓冲区分散地分配在物理内存的多个位置，每次与设备交互时，将多个缓冲区的基地址和偏移都告诉设备，设备以批处理的方式一次性进行处理。这种方式也被称为**向量化 I/O**（Vector I/O）或者**分散 - 聚合 I/O**（Scatter-Gather I/O）。

另一种组织形式是将多缓冲区组织成环形队列的数据结构，称为**环形缓冲区**（Ring Buffer）。环形缓冲区由一段有界的连续内存区域和两个指针组成。一个指针指向有效区域的开始位置，叫作读指针，读取数据时应该从该指针指向的位置开始；另一个指针指向下一个空闲的地址，叫作写指针，也就是新的数据到来时应该被放置的地址。环形缓冲区可以通过指针推进的方法充分利用已有的有界内存空间，避免频繁分配新缓冲区。读取数据时推进读指针，新的数据到来时推进写指针。高速网卡的收发队列和（基于NVMe 协议的）SSD 存储设备的命令队列普遍采用环形缓冲区的设计。

小思考

设备缓冲区的使用是必要的吗?

需要注意，合理地利用缓冲区能够有效提升系统的整体性能，但如果数据在被真正处理之前多次进入不同的缓冲区，反而可能因为过多的数据拷贝而降低性能。如何在整个 I/O 软件栈上尽量减少数据拷贝的次数，也是当今操作系统研究者广泛讨论的一个话题。

小知识：假脱机技术

假脱机技术的英文全称是 Simultaneous Peripheral Operation OnLine，简写为 SPOOLing，完整的中文翻译是“外部设备联机并行操作”。假脱机技术结合了缓冲区和队列的思想，针对的是无法被多个用户或进程同时使用的设备，如早先的打印机设备。虽然这项技术现在看来已然过时，但从系统的角度依然有不少值得借鉴的地方。

什么是脱机技术? 这里的脱机技术不同于浏览器所谓的“脱机”。浏览器所谓的脱机，指的是在没有联网的情况下，本地缓存了部分网页，使得用户可以在断网的情况下直接浏览本地的网页信息。

而对于 I/O 设备中的脱机，指的是在没有主机参与的情况下完成的输入 / 输出操作，也即“脱离主机”。与**脱机 I/O**（Offline I/O）相对的是**联机 I/O**（Online I/O）。早期的计算机 I/O 过程需要主机的处理器参与，因此属于联机 I/O。但是工程师发现让高速处理器处理慢速I/O并不合理，于是引入了一台“外围控制机”。我们可以将这台“外围控制机”理解为类似DMA控制器的装置，旨在将处理器从I/O过程中解脱出来。在当时内存还不是很充裕的情况下，计算机工程师将磁盘视为比较高效的缓冲区，用来缓解高速处理器和低速外部设备间的性能鸿沟。借助外围控制机，数据就可以“脱机”写入磁盘，而不消耗主机资源。

什么是“假”脱机技术？假脱机技术没有引入外围控制机这样的设备，而是使用软件模拟的方式，通过操作系统的“假脱机”进程来模拟脱机技术的输入操作与输出操作。该方法本身实际上是一种联机操作，从假脱机的全称Simultaneous Peripheral Operation OnLine就可以看出来。

假脱机技术的几点设计思想如下：

- 使用缓冲区：在将数据交给磁带、打印机这类慢速设备之前，先放到磁盘上的缓冲区作为中转。对于当时的慢速设备而言，磁盘被视为类似现在的内存一样的高速缓冲中介（当时的内存资源极为稀缺）。如图13.19所示，假脱机技术使用了双缓冲区，分别存放输入文件和输出文件。

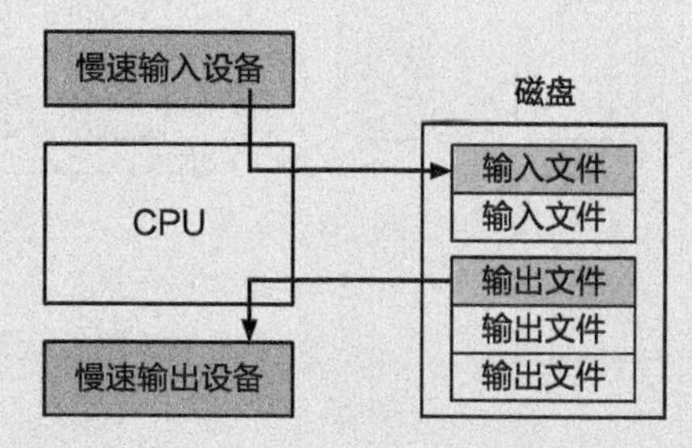

图13.19 SPOOLing工作原理示意图（彩色部分表示当前正在使用的SPOOL文件）

- 使用队列：假脱机是操作系统模拟的脱机行为，它为每个用户进程提供逻辑设备接口，比如打印机接口。对于每个进程而言，仍旧是将数据写入逻辑设备接口中。假脱机技术将不同用户进程的请求和数据放入由磁盘模拟的队列中，然后再交给真正的物理设备，保证慢速设备处理数据的正确性。队列的使用使得用户进程不必各自查询设备状态。
- 并行化I/O：操作系统的多个I/O操作可以“同时”发生。例如，从磁带读取数据并进行打印的过程中，操作系统可以在磁带机或打印机任意一方就绪时立刻处理输入文件或输出文件。并行化I/O可以有效降低CPU等待设备的整体时间，同时提高不同设备之间的数据传输效率。

SPOOLing并行化I/O的目的之一是将数据在两个设备之间做快速搬移，中间需要借助磁盘或内存作为中转站。数据至少经历两次拷贝，有什么方法可以进一步减少这个代价呢？在现代计算机系统中，出现了**设备直连**的方案，如NVIDIA GPU的GPUDirect技术[8]。GPUDirect Storage允许GPU绕过CPU直接与SSD存储进行交互，而GPUDirect RDMA则允许GPU直接通过RDMA网卡形成GPU设备的P2P网络，进行高效的数据传输。

Windows 系统上的 Spooler 是什么？ 出于历史原因，Windows 系统上的打印机守护进程沿用了“Spooler”的名称。严格意义上，“Print Spooler”进程是一个后台服务，该服务使用内存作为缓冲区，所有的打印请求首先加入 Spooler 后台服务的打印队列中，Spooler 后台服务主动检查打印机是否就绪（比如打印机是否被其他机器的请求队列所占用）。如果打印机可用，则主动连接打印机并进行打印服务。Windows 操作系统上的 Print Spooler 组件层次如图 13.20 所示。

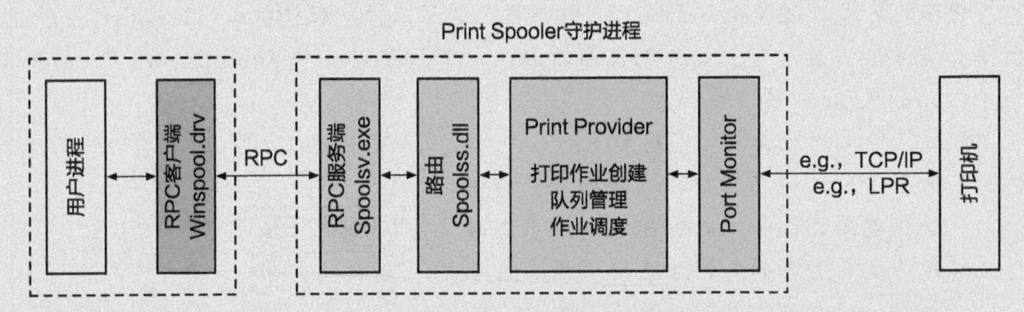

图 13.20 Windows 操作系统上的 Print Spooler 组件层次图[9]。其中用户进程通过 RPC 和 Print Spooler 守护进程进行通信。守护进程中的 Print Provider 层负责创建打印作业，管理 Spool 文件队列，以及作业调度。Print Spooler 和远端打印机使用特定协议（如 TCP/IP）进行交互

Windows 上的 Print Spooler 保留了 Spool 文件的概念，即任何等待打印的文件首先被放入守护进程的 Spool 文件队列中。守护进程定期检查 Spool 文件队列是否为空，不为空的情况下则创建打印作业（Print Job），并通过特定协议（如 TCP/IP 或 Line Printer Remote，LPR）发送给远端的打印机进行打印。一言以蔽之，Windows 系统的 Spooler 是用户进程和打印机设备之间的代理，负责调度所有用户请求的打印作业，并通过远程过程调用（RPC）和打印机设备进行交互。

13.3.4 设备的使用接口

操作系统除了为设备管理提供共性的功能支持之外，还需要为应用程序提供合适的接口。类 UNIX 操作系统默认将所有设备都抽象为设备文件，并提供文件系统的读写接口（即 `read/write`）来支持应用程序与设备之间的数据交换。那么，是否所有设备管理功能都能通过 `read/write` 接口来满足呢？请考虑如下场景：

- 在运行桌面娱乐应用时，电脑游戏需要重新配置显示器的分辨率。
- 在程序开发阶段，调试器需要将串口从中断模式动态调整为轮询模式。
- 在数据中心内部，防火墙软件需要将网卡的工作状态配置为“混杂模式”，以收集更多的网络流量用于分析网络攻击状况。

- 在工业场景中，工控程序在异常情况下需要调整 LED 灯的显示颜色和闪烁频率。

分析以上案例，我们发现 read/write 接口并不足以覆盖设备的所有操作需求，尤其是在控制设备的工作模式方面。为此，类 UNIX 操作系统给设备文件提供了一个足够通用的操作接口，即 I/O Control 接口——ioctl。如代码片段 13.12 所示，ioctl 允许应用程序和设备驱动之间自定义一组操作请求：应用程序在操作设备时，需要同时发送请求码和相应参数，设备驱动则根据请求码的语义调用对应的 I/O 处理逻辑。Windows 操作系统上用于 I/O 控制的接口称为 DeviceIoControl，其作用和 UNIX 系统上的 ioctl 相同。

代码片段 13.12　用于应用程序操作设备的通用接口：ioctl

```
1 #include <sys/ioctl.h>
2
3 int ioctl(int fd, unsigned long request, ...);
```

代码片段 13.13 展示了如何在 UNIX 系统上使用 ioctl 接口周期性地控制 LED 设备的开和关两个动作。应用程序首先将设备文件系统下的 LED 设备文件打开，然后使用 ioctl 对文件描述符进行操作，操作内容为开关动作对应的操作码。操作码是应用程序和设备驱动事先商量好的“魔数”。由于魔数被直接硬编码在应用程序中，该做法在一定程度上损害了应用程序的可移植性。

代码片段 13.13　使用 ioctl 操作 LED 设备

```
 1 #define LED_ALL_ON _IO('L', 0x1234)
 2 #define LED_ALL_OFF _IO('L', 0x5678)
 3
 4 int main(void)
 5 {
 6   int fd = open("/dev/led", O_RDWR);
 7   if (fd < 0) exit(1);
 8
 9   while(1) {
10     ioctl(fd, LED_ALL_ON);
11     sleep(1);
12     ioctl(fd, LED_ALL_OFF);
13     sleep(1);
14   }
15
16   close(fd);
17   return 0;
18 }
```

如代码片段 13.14 所示，LED 驱动程序在收到由应用程序发来的操作码后，会根据不同的操作码内容对 LED 设备进行相应的 MMIO 操作，从而实现 LED 的全亮和全灭。和 read/write 接口一样，设备驱动也需要向操作系统注册 ioctl 接口，这样操作系统才能正确地调用该接口。

代码片段 13.14 用户程序和设备驱动约定好相同的操作码，设备驱动根据不同请求的操作码执行对应操作

```
1 #define LED_ALL_ON _IO('L', 0x1234)
2 #define LED_ALL_OFF _IO('L', 0x5678)
3
4 long led_ioctl(..., unsigned int cmd, ...)
5 {
6   switch (cmd) {
7     case LED_ALL_ON:
8       *gpio_data |= 0x0; break;
9     case LED_ALL_OFF:
10      *gpio_data &= ~0x0; break;
11    default: break;
12  }
13  ...
14 }
15
16 static struct file_operations fops = {
17   .ioctl = led_ioctl,
18 };
```

13.4 应用 I/O 框架

本节主要知识点

- ❑ 为什么要为应用程序提供应用层的 I/O 库？
- ❑ 用户态 I/O 管理和操作系统 I/O 管理有什么优点与缺点？

13.4.1 应用层 I/O 库

有时候操作系统没法提供足够适合应用程序特点的 I/O 策略。为了支持定制化的 I/O 策略，操作系统引入了应用层 I/O 库。I/O 库作为应用程序的一部分，通常以共享库的形式直接与应用程序链接，旨在提供更高的性能和更为灵活的设备管理能力。

libc

学过 C 语言的读者应该记得 C 程序使用了 fopen、fclode、fread、fwrite 等一系列以 f 开头的 I/O 库函数，这组库函数不同于文件系统的系统调用（open、clode、read、write）。库函数属于**高层接口**（High-level API），而系统调用接口属于**低层接口**（Low-level API）。前者返回文件指针，而后者返回内核提供的文件描述符。

请思考代码片段 13.15 和代码片段 13.16 中，哪一段代码的运行效率更高呢？

代码片段 13.15 使用 fwrite 接口不断追加写文件 100 万次

```
 1 #include <stdio.h>
 2 #include <unistd.h>
 3 #include <string.h>
 4
 5 int main(void)
 6 {
 7   const char * line = "Hello World!\n";
 8
 9   FILE * fp = fopen("file.txt", "a");
10   for (int i = 0; i < 1000000; i++) {
11     fwrite(line, strlen(line), 1, fp);
12   }
13   fclose(fp);
14   return 0;
15 }
```

代码片段 13.16 使用 write 接口不断追加写文件 100 万次

```
 1 #include <fcntl.h>
 2 #include <unistd.h>
 3 #include <string.h>
 4
 5 int main(void)
 6 {
 7   const char * line = "Hello World!\n";
 8
 9   int fd = open("file.txt", O_CREAT | O_WRONLY | O_APPEND, 0600);
10   for (int i = 0; i < 1000000; i++) {
11     write(fd, line, strlen(line));
12   }
13   close(fd);
14   return 0;
15 }
```

代码片段 13.15 和代码片段 13.16 分别使用 C 库函数的 I/O 库接口和 POSIX 系统调用标准文件 I/O 接口对文件进行追加写入 100 万行的操作。C 库函数的 I/O 库接口属于自带缓冲区管理的 I/O 函数（Buffered I/O）。基于缓冲区的应用层 I/O 实现可以有效避免频繁的系统调用带来的上下文切换，提供更好的性能支持。其性能优化的本质是借助缓冲区实现 I/O 读写操作的批处理。

练 习

13.1 请在代码片段 13.15 和代码片段 13.16 的合适位置插入高精度时间获取函数（使用 C 库的 gettimeofday，或者 C++ 库的 chrono）计算两者的性能差距。

liburing 与 io_uring

如果应用和设备之间需要频繁地交换数据（如应用程序希望从磁盘的不同位置不断读取文件信息），那么光靠 libc 的应用层缓冲区就不足以满足低开销的需求了——libc 的缓冲区更适合来自同一侧的读写访问的批处理。同样可以引入缓冲区来进行优化，但这个缓冲区可以在应用程序和操作系统之间共享，从而减少数据的来回拷贝（如宏内核的用户态和内核态之间、微内核的不同进程之间）。

由于现代高性能 I/O 设备的出现（如 SSD 存储设备），Linux 内核从 5.1 版本开始提供名为 io_uring 的优化支持[10]。如图 13.21 所示，io_uring 使用两个环形队列来实现 I/O 请求的收发：*提交队列*（Submission Queue）用于应用程序向内核发送系统调用请求，而*完成队列*（Completion Queue）用于收集系统调用返回的结果。提交队列和完成队列被内核和应用同时共享。

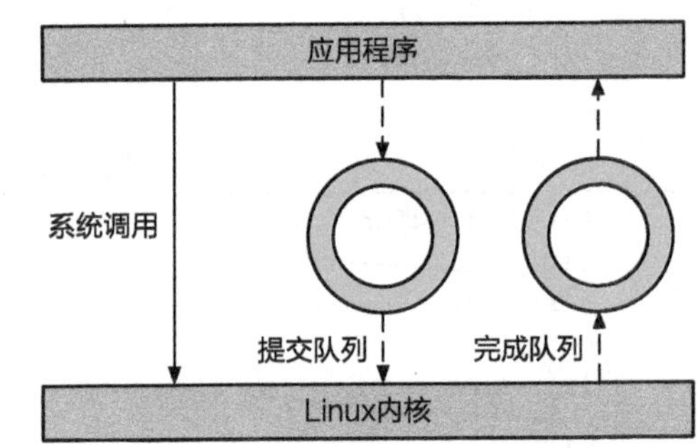

图 13.21　io_uring 基于提交队列和完成队列实现 I/O 系统调用的高性能处理。实线表示传统的系统调用（需发生上下文切换），虚线则表示应用进程和内核线程通过共享的双环形缓冲区完成的 I/O 操作

在多核 CPU 架构下，内核线程和应用线程可以运行在不同的 CPU 核心上。双方线程通过轮询共享的提交队列和完成队列的方式完成系统调用的请求和返回，而不必发生传统系统调用时的上下文切换（请回顾 3.2.6 节）。为了提高处理性能，双方线程可以进一步采取批处理的方式提高 I/O 吞吐。

为了屏蔽 io_uring 的底层实现细节，liburing 作为应用层 I/O 库，为应用程序提供了更为友好、简洁的高层开发接口[11]。

13.4.2　用户态 I/O

无论是基于系统调用还是 I/O 库接口，应用程序默认操作的设备对象都是操作系统提供的逻辑设备。操作系统在应用与设备之间，替应用操作实际的设备——这种间接的方式会引入性能的开销。请思考如下场景：数据中心通常会配置防火墙服务以防遭到网络攻击。防火墙软件需要不断监视网卡的网络包流量，并对可疑的网络包进行拦截。防火墙软件的处理性能决定了数据中心服务对外的响应延迟。假设工程师已部署了高性能网卡，并且启用了 Linux 的 NAPI，但性能始终不够理想。经过分析发现，主要原因正是网络数据在网卡驱动（内核态）和防火墙软件（用户态）之间大量的来回拷贝。

是否可以让应用程序直接而不是间接地操作物理设备呢？可以。一种直观的思路是允许防火墙软件直接操作网卡的 DMA 缓冲区。为了实现这一目标，Intel 联合其他网卡制造商共同开发了一套高性能的用户态网络 I/O 框架——*数据平面开发套件*（Data Plane Development Kit，DPDK）[12]。DPDK 在设计上采取*旁路内核*（Kernel-bypass）的设计，即网络包的收发处理基本不需要 Linux 内核的参与。DPDK 的设计思路如下。

用户空间驱动

为了能在用户态同网卡设备进行交互，DPDK 需要在用户态直接执行网卡驱动代码。其做法是将设备寄存器直接映射到应用自身的进程地址空间中，进而让 DPDK 的用户态驱动通过 MMIO 操作设备。

正如操作系统为应用程序的开发提供统一设备文件系统和 I/O 使用接口一样，Linux 提供了用户态驱动开发框架，即 UIO（Userspace I/O）。Linux 将 UIO 设备抽象为路径为 /dev/uio[X] 的设备文件。应用程序通过打开 UIO 设备文件获取设备的 I/O 空间和中断信息，同时自行决定如何操作和响应设备。

为了创建设备文件，UIO 驱动编写者需要在 Linux 系统中注册一个简单的 UIO 内核模块。代码片段 13.17 展示了 UIO 内核模块需要注册的结构体信息，其中，mmap 用于将设备的地址空间和端口空间映射到用户地址空间，irqcontrol 用于开启或屏蔽中断。UIO 驱动框架提供默认的读语义，read 会将用户空间驱动阻塞在等待中断上，当中断到来时 read 会立即返回，在返回值中表明一共发生了几次中断，UIO 用户驱动通常不使用 write 接口，而是从已经经过 mmap 处理的内存区间直接与设备交换数据。

代码片段 13.17 Linux 中 uio_info 结构体的定义

```
 1 //include/linux/uio_driver.h
 2
 3 struct uio_info {
 4   struct uio_device * uio_dev;
 5   const char * name;          //UIO 设备名称
 6   const char * version;       //UIO 设备版本号
 7
 8   //用于映射到用户空间的内存和端口
 9   struct uio_mem mem[MAX_UIO_MAPS];
10   struct uio_port port[MAX_UIO_PORT_REGIONS];
11
12   //中断号
13   long irq;
14   //中断处理函数，通常只负责确认中断，而不做数据处理
15   irqreturn_t (* handler) (int irq, struct uio_info *dev_info);
16
17   //和用户空间驱动代码交互的接口
18   int (* mmap) (struct uio_info *info, struct vm_area_struct *vma);
19   int (* open) (struct uio_info *info, struct inode *inode);
20   int (* release) (struct uio_info *info, struct inode *inode);
21   int (* irqcontrol) (struct uio_info *info, s32 irq_on);
22 };
```

轮询模式驱动

内核态驱动的中断响应可以通过硬件机制实现，但用户态驱动的中断响应就没有那么直接了。中断发生时，CPU 首先跳转到 UIO 内核模块提前注册的中断处理函数处，该

函数通知操作系统的调度器，在中断处理函数返回后通过调度器进一步唤醒 UIO 用户态驱动正在等待中断的线程（该线程被阻塞而默认处于睡眠状态，直到中断发生）。整个过程涉及的上下文切换次数更多、时延更长，并不能达到预想中高性能处理网络包的效果。

为了避免中断带来的开销，DPDK 使用基于轮询模式的驱动程序（Poll Mode Drivers，PMD）。轮询模式驱动的处理思路和 NAPI 十分相似。如图 13.22 所示，基于 PMD 的网卡驱动首先通过 UIO 框架将设备的寄存器空间和 DMA 描述符映射到用户空间，随后开启中断。当网卡产生中断时，CPU 跳转到 PMD 网卡驱动注册的 UIO 内核态中断处理函数，该函数随即唤醒 PMD 被阻塞的处理线程，并通知网卡中断事件的到来。PMD 的处理线程被唤醒后，将立即屏蔽网卡中断，然后以轮询的方式在用户态操作网卡描述符并读写对应的 DMA 缓冲区，实现低延迟的网络数据包处理。不再有数据包到来后，PMD 线程停止收包，并再次将中断模式打开。

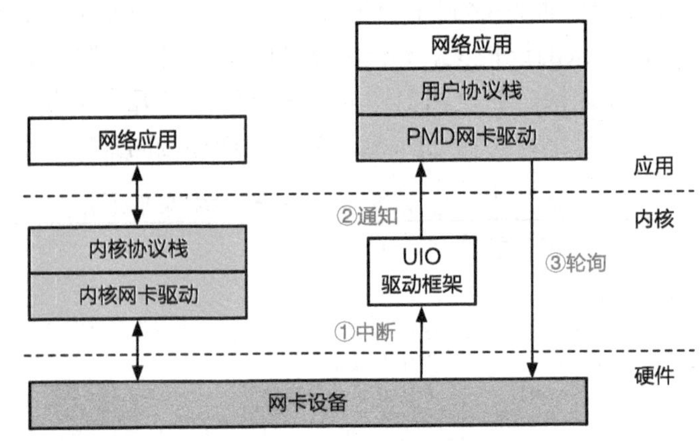

图 13.22 传统 Linux 内核网络 I/O 与基于 UIO 框架的 DPDK 网络层次示意图

13.5 案例分析：Android 操作系统的硬件抽象层

Android 操作系统是由谷歌公司和开放手机联盟共同主导开发的基于 Linux 内核的操作系统，主要面向移动端智能设备。Android 操作系统在 Linux 内核之上增加了一层硬件抽象层（Hardware Abstract Layer，HAL）。Android 引入硬件抽象层的主要原因可以归结成以下两个方面：

- Linux 宏内核属性使得设备驱动通常运行在内核态，内核驱动开发时不可避免地依赖内核驱动框架和各种子系统的支持，导致驱动实现与特定内核版本产生强耦合，阻碍了 Android 驱动生态的独立演进与升级。
- Linux 内核采用 GPLv2 开源协议，该协议具有“传染性”，这意味着运行在内核空间的设备驱动也必须一并开放源码。驱动开源会导致硬件设备的实现细节也被公开，一些设备厂商因此担心其硬件竞争力受到影响。

以手机厂商的拍照功能为例，拍照涉及相机设备以及DSP、GPU、NPU等加速器的图形渲染。好的拍照能力不仅需要配备高清镜头、光学传感器、闪光灯等硬件组件，还需要与之匹配的相机驱动和智能算法。相机驱动中包含相机设备实现的具体细节，智能算法则应用于相机控制中的图像预处理，用于实现自动聚焦、防抖动、运动跟踪等高级功能。高级的手机拍照功能甚至能过滤照片中的背景噪声，拍出夜空中群星璀璨的效果。无论是硬件细节还是智能算法，作为手机厂商的知识产权，厂商很可能不希望以Linux内核源码的形式公开，以此保证自身产品的市场竞争力。

为了促进更多的设备厂商加入Android生态，Android操作系统设计了硬件抽象层，HAL实现了Linux内核层与Android系统框架层的解耦，设备厂商不必开放源码就能为Android操作系统提供设备驱动以及相关的设备服务。Android操作系统的具体架构如图13.23所示，在安卓系统服务和内核驱动之间架着一层HAL。根据设备的具体功能和类型，Android操作系统设计了相机、音频、指纹、触屏、显示、振动、NFC等HAL模块，每种HAL模块都规定了一组对应设备类型的驱动所需实现的公共接口，以此封装不同设备厂商之间的实现细节。

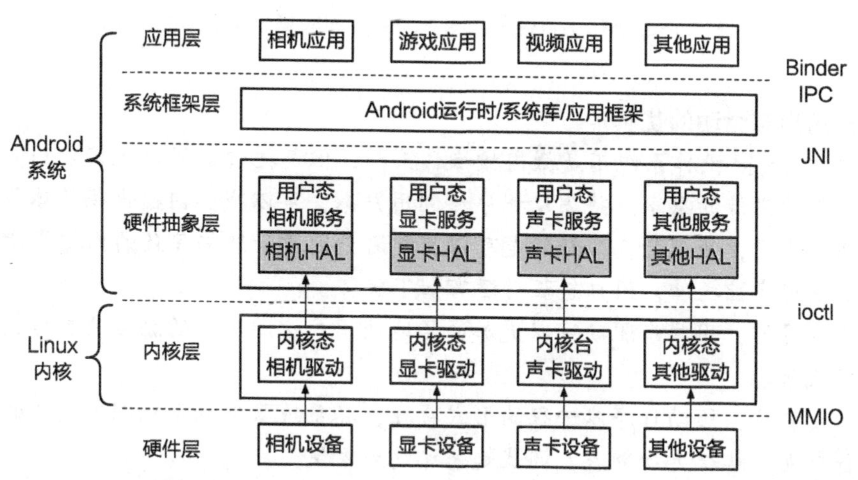

图13.23 Android操作系统在内核层之上增加一层硬件抽象层，从而实现Android驱动和内核驱动的解耦

HAL层的用户态驱动使用C++语言进行编写。Android上层的系统框架层通过JNI（Java Native Interface）调用用户态驱动的C++回调方法，而HAL用户态驱动则会打开下层的Linux设备文件，使用`ioctl`接口和底层的驱动进行通信。和ChCore等微内核操作系统一样，Android操作系统的用户态驱动也编译为.so共享库的形式。和微内核操作系统的用户态驱动不同的是，HAL用户态驱动依旧需要内核层的驱动支持，二者属于互补而非独立的关系。厂商可以根据需要将更多设备相关的操作放到用户态。

同样以相机设备的使用为例，Android的相机应用会同时打开视图（Surface）和相机两个服务，前者获取相机摄像头的当前内容，后者允许用户操作相机本身。相机服务通过 JNI 接口访问相机相关的硬件抽象层，即相机 HAL 接口。早期的相机 HAL 接口提供了预览、拍照和摄影三个基本功能，后续版本陆续增加了自动聚焦、自动曝光和自动白平衡以及后期处理等一系列高级拓展功能。来自内核层的 V4L2（Video for Linux 2）驱动负责图像帧的采集与转换等相对底层的能力。图 13.24 体现了这种分层设计。

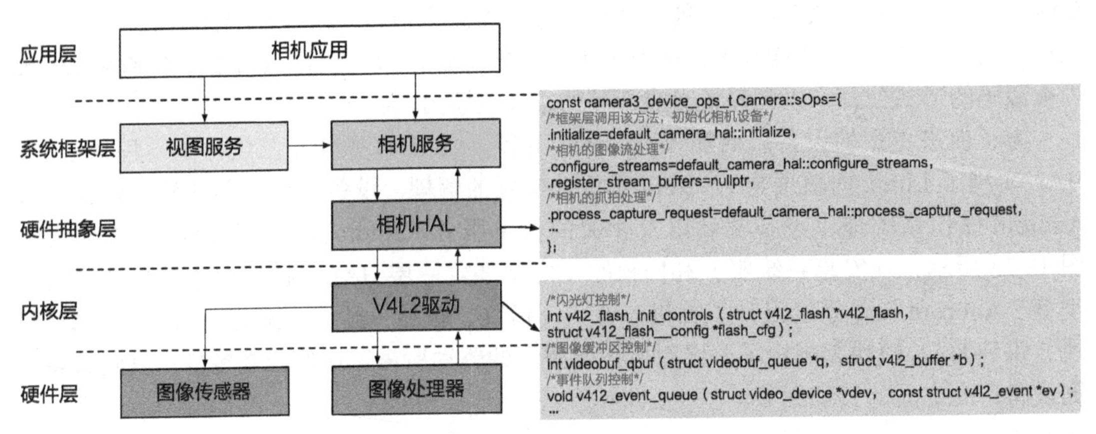

图 13.24　Android 的相机 HAL 提供相机服务的相关功能，同时复用了底层 Linux 驱动的设备控制能力

小知识：用户态驱动的优势

尽管 Android 操作系统不是微内核操作系统，但是把设备驱动运行在用户态也符合微内核架构设计的思路。将驱动程序放到用户态，可以减少内核代码的体量，避免内核代码的膨胀，带来的直接好处是可以有效避免因驱动缺陷导致的内核崩溃问题。

除提高可靠性之外，用户态驱动还有如下优势：

- 开发灵活：用户态驱动可以更加灵活地使用用户空间丰富的编程语言框架和共享库代码。
- 方便调试：驱动程序以进程的形式存在，和系统服务以系统调用接口的形式进行交互，解耦更加彻底，调试起来也更为方便。
- 提高兼容性：内核可能因为各种原因进行更新和重构，而系统调用作为系统服务接口通常更为稳定，在用户空间中实现驱动程序可以避免因为内核的变动而发生修改。

13.6 思考题

1. 持久化内存（Persistent Memory）或者非易失性内存（Non-volatile Memory）作为新型存储设备，既有内存的字节寻址能力，也有磁盘的持久化特性。如果请你来设计 PM/NVM 的驱动程序，你会将它归类为什么设备，并且如何最大限度地复用现有的系统软件栈呢?

2. 多个应用程序需要同时对存储设备进行写操作。每个写操作都涉及“读取 – 擦除 – 写入”等若干次设备寄存器操作。只有这组寄存器操作都成功完成，写请求才能生效。考虑单核和多核平台，操作系统应该如何设计，才能保证每个应用程序的写请求的正确性?
3. 将调度器的时间片直接设置为定时器的中断间隔，即每次定时器中断都会发生一次调度。这种做法可能存在什么问题?
4. 不同中断有不同的优先级。在响应高优先级中断且尚未结束时，低优先级中断暂时被屏蔽而无法响应，这会导致系统中断响应的实时性不佳。应该如何解决这一问题?
5. 小明在 Linux 服务器上搭建了一个静态网页服务器。当该服务器收到网页请求时，会根据 URL 请求路径从存储设备读取相应文件，然后通过网卡设备发送给客户端。请分析数据的传输过程，有哪些环节可以优化?
6. 小明给 Linux 服务器配置了一块千兆以太网卡。通过 Nginx 和 Redis 等应用程序的评测，他发现网络 I/O 处理带宽没有办法达到理想的千兆水平。有哪些方法可以帮助小明优化网络性能? 请至少列举 4 种思路。
7. X11 视窗系统是 UNIX 系统上的用户态图形界面系统，它需要不断地将不同 GUI 程序的窗口图像同步到显存的帧缓冲区（Frame Buffer）。有什么方法可以让用户程序和显卡设备之间进行快速的数据交互?
8. 开源内核 Linux 提供了用户态驱动的能力，用户态驱动有什么好处? 借助这一能力，我们能否将已有的内核态驱动尽可能地移植到用户态? 你认为存在哪些挑战，以及有哪些可行的解决思路?

13.7 练习答案

13.1 在一台 2.70GHz 的 x86 服务器 Linux 系统上，使用 SSD 作为存储介质。同样是对文件追加 100 万行，使用 `fwrite` 只花费了 0.02 秒，而 `write` 共花费了 0.86 秒。二者之间存在着十分明显的性能差距。

参考文献

[1] The devicetree specification [EB/OL]. [2022-12-06]. https://www.devicetree.org/.

[2] The acpi component architecture project [EB/OL]. [2022-12-06]. https://www.acpica.org/.

[3] Napi [EB/OL]. [2022-12-06]. https://wiki.linuxfoundation.org/networking/napi.

[4] Arm corelink generic interrupt controller v3 and v4 overview [EB/OL]. [2022-12-

06]. https://developer.arm.com/-/media/Arm%20Developer% 20Community/PDF/Learn%20the%20Architecture/GICv3_v4_overview.pdf.

[5] Amba axi and ace protocol specification [EB/OL]. [2022-12-06]. https://developer.arm.com/-/media/Arm%20Developer% 20Community/PDF/IHI0022H_amba_axi_protocol_spec.pdf.

[6] Compute express link: the breakthrough cpu-to-device interconnect [EB/OL]. [2022-12-06]. https://www.computeexpresslink.org/.

[7] Writing freebsd device drivers [EB/OL]. [2022-12-06]. https://www.freebsd.org/doc/en/books/arch-handbook/driverbasics-block.html.

[8] Nvidia gpudirect: enhancing data movement and access for gpus [EB/OL]. [2022-12-06]. https://developer.nvidia.com/gpudirect.

[9] Introduction to spooler components [EB/OL]. [2022-12-06]. https://docs.microsoft.com/en-us/windows-hardware/drivers/print/introduction-to-spooler-components.

[10] Efficient io with io_uring [EB/OL]. [2022-12-06]. https://kernel.dk/io_uring.pdf.

[11] liburing examples [EB/OL]. [2022-12-06]. https://unixism.net/loti/tutorial/index.html.

[12] Data plane development kit [EB/OL]. [2022-12-06]. https://www.dpdk.org/.

设备管理：扫码反馈

CHAPTER 14

第14章 系统虚拟化

20世纪50年代，计算机系统主要以批处理（Batch Processing）的方式完成用户的计算任务。到了60年代，多位学者提出分时（Time-sharing）的概念，支持用户以“独占”的方式使用机器，这不仅大大改善了用户体验，也提高了机器的资源利用率。同时期，为了在大型机中支持分时，IBM公司探索了一种不同的技术——系统虚拟化技术。1968年，IBM在大型机System/360-67中实现了第一个商用虚拟机监控器（Virtual Machine Monitor，VMM，也称为Hypervisor）CP/CMS（Control Program/Cambridge Monitor System）。作为第一代虚拟机监控器的代表，CP/CMS已经具备虚拟机监控器的典型架构。它分成两个部分，CP是虚拟机监控器，负责创建和运行虚拟机（Virtual Machine，VM），并在其内运行CMS。

20世纪80年代，个人计算机逐渐流行起来，苹果等公司相继推出个人计算机产品。此时，一些公司发布软件模拟器[⊖]，能够在非x86的硬件架构上运行x86操作系统。例如，英国的Insignia Solutions公司于1987年发售名为SoftPC的软件模拟器，它可以在UNIX工作站上运行MS-DOS操作系统。然而，当时个人计算机的运算能力依然难以高效地支撑虚拟机的运行，因此整个80年代后期和90年代中前期，系统虚拟化技术未出现较大的发展。

20世纪90年代，互联网兴起，大量服务器运行Web服务，甚至逐渐出现服务器算力过剩的情况。1997年，斯坦福大学开发了Disco系统[1]——一个可以在多核主机中运行的虚拟机监控器。此后，Disco开发者将他们的技术商业化，并于1998年创立VMware公司，这标志着系统虚拟化技术的复兴。到了2000年，互联网泡沫破灭，原先运行Web服务的服务器大量闲置。如何提高服务器的资源利用率，成为互联网企业和服务器托管企业重点关注的问题。于是，系统虚拟化技术再次成为研究的热点。

随着云计算的出现和流行，系统虚拟化技术变得越来越重要。基础设施即服务（Infrastructure as a Service，IaaS）是一种重要的云计算模式，用户无须自己维护物理服

⊖ 软件模拟器是一种使用纯软件技术实现的虚拟机监控器。

务器，而是租用云服务商的虚拟机，在虚拟机中部署并运行程序，降低了运维成本。云服务商则通过系统虚拟化技术，大大提高了物理服务器的资源利用率，通过将大量服务器整合租售的方式实现规模效应，提升了经济效益。正因为云计算模式为用户和服务提供商双方都能带来收益，此模式在近 20 年内得到了大规模推广，计算能力也逐渐变得和水、电、煤气一样，成为一种按需购买、价格低廉的商品。在这个过程中，系统虚拟化技术起到了关键的作用。具体来说，系统虚拟化技术带来了以下优势：

- 服务器整合：传统数据中心服务器 CPU 的平均利用率仅为约 20%[2]，通过在一台物理服务器上整合多个虚拟机，可有效提高资源利用率，降低成本。同时，基于用户“错峰使用”的特性，甚至可以使虚拟机的资源总数超过物理主机的资源，即云计算中的“超售”。
- 虚拟机管理：相比传统服务器，虚拟机管理简化了许多。例如，通过软件接口，可以在短时间内创建数千台虚拟机并安装操作系统环境，也可以直接对虚拟机进行复制、备份、建立快照、销毁等操作。
- 虚拟机热迁移：虚拟机监控器可将正在运行的虚拟机从一台物理服务器迁移到另一台物理服务器，整个过程无须停机或重启。热迁移不但能解决物理服务器维修导致的服务暂停问题，也能更好地实现全局的负载均衡。
- 虚拟机安全自省：虚拟机自省（Virtual Machine Introspection，VMI）技术允许虚拟机监控器从外部检查虚拟机内部状态是否正确，以此判断虚拟机是否遭到入侵，例如被攻击者植入 Rootkit㊀。

14.1 系统虚拟化技术概述

本节主要知识点

- ❑ 什么是系统虚拟化技术？
- ❑ 虚拟机监控器与操作系统的区别是什么？
- ❑ 虚拟机监控器的架构有哪些类型？

14.1.1 系统虚拟化及其组成部分

系统虚拟化技术能在一台物理主机上创建多个虚拟机㊁。从应用程序的角度来看，虚

㊀ Rootkit 是一种恶意程序，可被攻击者安装在操作系统内核中，它可以隐藏自身以及相关的所有信息，从而避免被检查出来。

㊁ 虚拟机也被称为客户机（Guest Machine），和客户机相对应的物理主机则被称为宿主机（Host Machine）。因此，客户机内运行的操作系统可被称作客户操作系统，宿主机的操作系统为主机操作系统。

拟机和真实的物理主机几乎没有区别。系统虚拟化技术的核心是**虚拟机监控器**，它一般运行在 CPU 的最高特权级，直接控制硬件，并为上层软件提供虚拟的硬件接口，让这些软件“以为”自己运行在真实的物理主机上。

系统虚拟化技术主要包含三个方面，即 CPU 虚拟化、内存虚拟化和 I/O 虚拟化。

- CPU 虚拟化：为虚拟机提供**虚拟处理器**（Virtual CPU，vCPU）的抽象并执行其指令的过程。虚拟机监控器直接运行在物理主机上，使用物理 ISA，并向上层虚拟机提供虚拟 ISA。虚拟 ISA 可以与物理主机上的 ISA 相同，也可以完全不同。如果两者相同，虚拟机中的大多数指令可以在物理主机上直接执行，只有少数敏感指令需要特殊对待，因此具有较好的性能。如果两者不同，虚拟机中的每一条指令都必须通过虚拟机监控器进行软件模拟，翻译成对应物理主机上的指令。
- 内存虚拟化：为虚拟机提供虚拟的物理地址空间。在虚拟化环境中，虚拟机监控器负责管理所有物理内存，但又要让客户操作系统“以为”自己依然能管理所有物理内存。为此，虚拟机监控器引入了一层新的地址空间——“客户物理地址”，以与真实的物理地址区分。虚拟机监控器还提供了一种翻译机制，将虚拟机中“假”的物理地址翻译成“真”的物理地址。
- I/O 虚拟化：为虚拟机提供虚拟的 I/O 设备支持。在虚拟化环境中，虚拟机监控器负责管理所有的 I/O 设备，客户操作系统所管理的仅仅是虚拟机监控器提供的虚拟设备，虚拟机监控器需要将对虚拟设备的访问映射成对物理设备的访问。

14.1.2　虚拟机监控器的类型

1974 年，Gerald J. Popek 和 Robert P. Goldberg 提出，高效的系统虚拟化需要满足以下三个条件[3]：

- 条件 1：虚拟机监控器为虚拟机内的程序提供与该程序的目标执行硬件完全一样的硬件接口。这意味着，所有能在物理主机上运行的程序，都应该能够运行在虚拟机上。
- 条件 2：虚拟机运行时的性能只比无虚拟化的情况下略微差一点。
- 条件 3：虚拟机监控器控制所有物理系统资源，例如 CPU、内存、存储、网络等资源。换句话说，虚拟机不能使用任何不属于它的资源，虚拟机监控器也可以在任何时候回收资源。

Goldberg 将虚拟机监控器分为两种类型，分别是 Type-1 和 Type-2，如图 14.1 所示。Type-1 型虚拟机监控器直接运行在最高特权级，可直接控制物理资源，并负责实现调度和资源管理等功能。可以将 Type-1 虚拟机监控器理解为一种特殊的操作系统，它所管理的“进程”就是虚拟机。Type-1 虚拟机监控器的典型代表是 Xen㊀。

㊀ 参见 https//xenproject.org/。

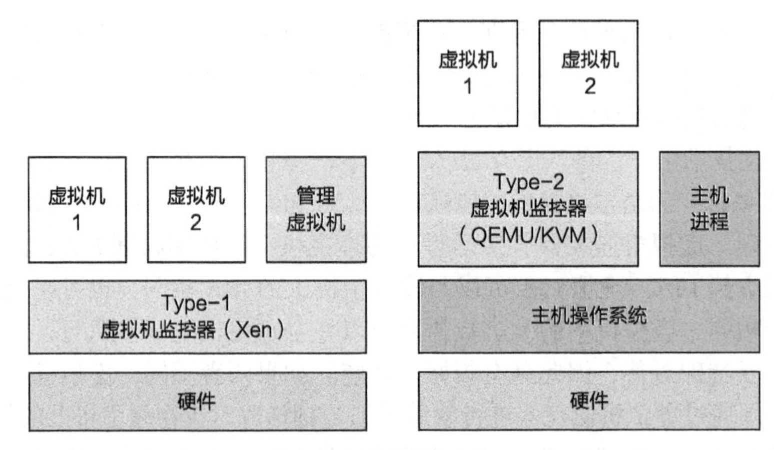

图 14.1　两种虚拟机监控器：Type-1 和 Type-2

Type-2 型虚拟机监控器需要依托一个宿主操作系统，比如 Linux 或 Windows。Type-2 型监控器可以复用宿主操作系统中的调度和资源管理等功能，从而专注于提供虚拟化相关的功能。与 Type-1 不同的是，Type-2 虚拟机监控器更像是宿主操作系统上的一个进程，典型代表是 QEMU。其中，操作系统内核（例如 Linux）负责资源管理，QEMU 负责提供核心的虚拟化功能。

14.2 "下陷 – 模拟"方法

本节主要知识点

- ❑ 什么是"下陷 – 模拟"方法？
- ❑ 进程和虚拟机有什么相似点和不同点？
- ❑ 如何在多物理 CPU 的主机上运行多个虚拟 CPU？

如何把一台计算机虚拟化成多台计算机，使每台虚拟的计算机都能运行自己的操作系统？我们已经知道，操作系统和应用程序都是软件，由一条条指令组成。无论是进行运算、读写内存还是访问设备，都是由 CPU 通过执行这些指令来完成的。所以虚拟化一台计算机，最重要的是虚拟化 CPU 的接口，将一个物理 CPU 虚拟化成多个虚拟 CPU（vCPU）。我们也已经知道，CPU 的接口分为用户 ISA 和系统 ISA，操作系统通过进程这一抽象，支持多个应用在一个 CPU 上同时运行，即已经实现了用户 ISA 的虚拟化。如此可以推导出一个结论：如果在进程的基础上，再增加对系统 ISA 的虚拟化，就可以实现对整台计算机的虚拟化。换句话说，如果我们能够为进程增加系统 ISA 虚拟化的能力，将其扩展成一种新的"虚拟机进程"，然后将一个操作系统运行在这个虚拟机进程中，保证这个操作系统执行的所有用户 ISA 指令和系统 ISA 指令会且仅会影响当前的虚拟机进程，而不会对其他进程或虚拟机进程产生影响，那么，我们就能够在一台计算机中运行多个客户操作系统，也就是实现了系统虚拟化。

此时，客户操作系统运行在用户态的“虚拟机进程”中，却并不知道自己被降权，而是依然使用系统 ISA。CPU 一旦在用户态执行系统 ISA 的特权指令，便会触发 CPU 异常，下陷（Trap）到真正的内核来处理。内核会根据导致下陷的系统 ISA 指令的具体语义，用软件的方式模拟（Emulate）这条指令对相应“虚拟机进程”所产生的效果，然后返回用户态的下一条指令继续执行。这种实现系统虚拟化的方法称为下陷 – 模拟（Trap-and-Emulate）。

为了更深入地理解 CPU 虚拟化的设计和实现细节，本节以一个功能不断演进的虚拟机为例，分五个不同的版本对基于“下陷 – 模拟”方法的 CPU 虚拟化进行介绍。虚拟机的功能在这些版本中不断演进，每一版本都在上一版本的基础上添加了新的功能。最终版的虚拟机支持多个 vCPU，能运行虚拟机内核和多个用户态线程，虚拟机内核能实现用户态线程的调度，而用户态线程则可通过系统调用以及时钟中断的方式与虚拟机内核进行交互。

为了专注于理解 CPU 虚拟化，本节对虚拟机的功能进行了两点简化。首先，假设每个虚拟机只使用一个页表，且不会使用外部设备，因此虚拟机不处理外部设备的中断，只处理时钟中断。其次，本节讨论的是一个简化的硬件架构，表 14.1 展示了该简化架构的部分系统 ISA，本节还假设这些指令和寄存器在用户态执行 / 访问时均会造成下陷并进入内核态。

表 14.1　简化硬件架构的部分系统 ISA

类　型	指令名 / 寄存器名	描　述
指令	svc	系统调用
	eret	系统调用返回
寄存器	VBAR	异常向量表基地址寄存器
	IRQ_ON	中断开关寄存器，值为 1 表明打开中断
	ELR	异常返回目标地址寄存器

14.2.1　版本零：用进程模拟虚拟机内核态

在这一版本中，我们直接使用进程来模拟虚拟机。由于进程只有用户态，仅能运行用户 ISA，因此这个版本虚拟机的功能严重受限。首先，由于只支持一个特权级——内核态，因此虚拟机内没有内核态与用户态之间的特权切换。其次，虚拟机内核只用到用户 ISA 而不会用到系统 ISA，也就是说该内核运行过程中不会使用任何特权指令。图 14.2 展示了一个简化的例子：用户态只有一个虚拟机，虚拟机内只包含运行 `while`

循环的内核。由于虚拟机运行在用户态，因此此时虚拟机的内核态不是处理器硬件上的内核态，而是由虚拟机监控器为虚拟机模拟出的一种软件上的内核态。

可以看到，在这个版本中主要的变化是对术语名做了一次映射：进程改名为“虚拟机”，进程的用户态改名为“虚拟机的内核态”；操作系统改名为“虚拟机监控器”；从用户态下陷到内核态改名为“从虚拟机下陷到虚拟机监控器”，又称“VM Exit”；从内核态进入用户态改名为“从虚拟机监控器进入虚拟机”，又称“VM Entry”。此外，原本的 `process` 结构体（即 PCB）通过封装的方式改名为“虚拟机的上下文” `VM_CTX`。

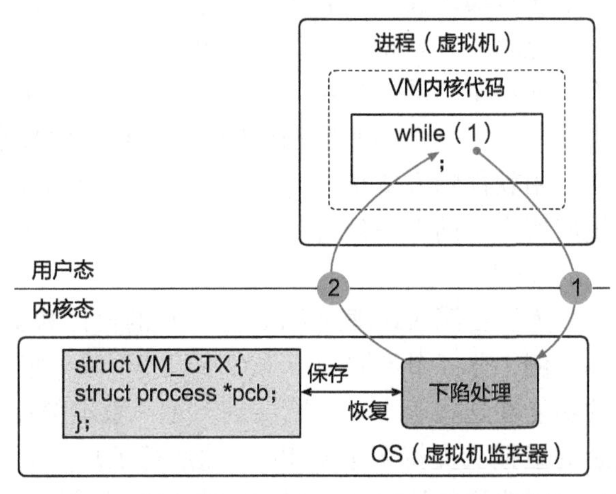

图 14.2 版本零：虚拟机只在内核态运行简单代码

运行于内核态的虚拟机监控器需要配置定时器，使其以固定的时钟周期打断虚拟机的执行，通过时钟中断下陷确保虚拟机监控器得以运行。在虚拟机的运行过程中，如果发生时钟中断并引起虚拟机下陷（VM Exit），处理器硬件将进行特权级切换并进入内核态，然后调用虚拟机监控器已经提前注册的时钟中断处理函数。中断处理函数首先保存虚拟机的上下文，将此时虚拟机使用的所有寄存器（通用寄存器、PC 寄存器、SP 寄存器等）的值存入 `VM_CTX` 的 `process` 中。中断处理函数处理完此中断下陷，重新从 `VM_CTX` 中将虚拟机寄存器的值加载进寄存器中，并恢复虚拟机的执行。

通过在进程外“包一层”的方式实现虚拟机，可以让虚拟机复用进程的上下文保存、恢复、调度等功能，同时可以让我们集中精力来处理运行真正的虚拟机内核所需要解决的问题。

14.2.2 版本一：模拟时钟中断

相对于版本零，版本一的虚拟机需要增加对虚拟时钟中断的支持，从而为在下一版本的虚拟机中运行用户态线程打下基础。为了处理中断，虚拟机监控器需要为虚拟机提供四种能力。第一，虚拟机能提供中断处理函数，并在异常向量表内记录该函数的地址。第二，虚拟机可以配置定时器，该定时器会周期性地触发时钟中断。第三，虚拟机能控制是否屏蔽中断。第四，如果中断发生时虚拟机未屏蔽中断，异常向量表内记录的中断处理函数会被执行。

由于 CPU 上只有一个物理定时器，并且已被虚拟机监控器使用，因此无法允许客户操作系统直接控制该定时器。为了支持在虚拟机内部使用定时器，一种方法是依然由虚拟机监控器控制定时器，并由它间接地为虚拟机提供“虚拟定时器”。即每当虚拟机内核通过系统 ISA 对定时器进行配置，就会触发下陷并进入内核态，此时虚拟机监控器针对具体的下陷原因进行相关模拟操作。虚拟机监控器也不允许虚拟机直接得到物理时钟中断的通知，而是通过模拟的方法为虚拟机提供虚拟时钟中断的抽象。

图 14.3 展示了一个具体的例子。假定虚拟机监控器已经将时钟配置为每隔一段时间（如 1 毫秒）触发一次中断。为了支持虚拟机的虚拟时钟中断，我们在虚拟机上下文 `VM_CTX` 中添加了两个新的变量，分别为 `VBAR` 和 `IRQ_ON`，用于模拟对应的 CPU 寄存器。虚拟机的初始化阶段包含 4 步：

- **第一步**：虚拟机内核试图将包含时钟中断处理函数的异常向量表基地址写入异常向量基地址寄存器 `VBAR`。由于写入该寄存器的指令 `msr` 属于系统 ISA，会触发虚拟机下陷并进入虚拟机监控器。
- **第二步**：虚拟机监控器获取写入的地址，将其存储在 `VM_CTX` 的 `VBAR` 中，返回虚拟机继续执行。
- **第三步**：虚拟机内核决定打开中断，它向 `IRQ_ON` 系统寄存器中写入 1 时，会再次下陷，理由同第一步。
- **第四步**：同样，虚拟机监控器并不会直接修改真正的 `IRQ_ON` 寄存器，而是在 `VM_CTX` 的 `IRQ_ON` 中记录虚拟机试图写入的值，并恢复虚拟机的执行。

完成初始化后，若客户虚拟机正常运行时发生物理时钟中断，处理步骤如下：

- **第五步**：虚拟机执行过程中若触发物理时钟中断，此中断引起虚拟机下陷，最终调用虚拟机监控器的下陷处理函数。此函数检查 `VM_CTX` 内保存的 `IRQ_ON` 值，如果发现该值为 1，表明虚拟机未屏蔽中断。为了给虚拟机插入虚拟时钟中断，虚拟机监控器查询 `VM_CTX` 中的 `VBAR`，并找到虚拟机注册的时钟中断处理函数地址（即图 14.3 中的 `irq_handler`），最终将 `ELR` 寄存器设置为此函数地址[㊀]。
- **第六步**：虚拟机恢复执行并回到用户态，虚拟机此时立即执行 `irq_handler` 的代码对时钟中断进行处理。它首先需要保存下陷前内核的上下文，读取所有寄存器的值并压入栈中[㊁]。保存完寄存器状态后，虚拟机开始处理时钟中断（如图 14.3 展示的统计时钟中断次数）。在退出中断处理函数前，虚拟机将栈中保存的值写入寄存器中（如把即将运行的指令地址写入 `ELR`）。当写入系统寄存器时，同样会多次触发下陷模拟过程，虚拟机监控器会将这些寄存器的值存入虚拟机的数据结构 `VM_CTX` 中。
- **第七步**：虚拟机调用 `eret` 指令，触发下陷。

㊀ 这段代码并未在图 14.3 中给出。

㊁ 由于一些寄存器只能在内核态访问，读取它们的值时同样会触发下陷并进入内核态，虚拟机监控器在处理下陷时检查虚拟机试图读取的寄存器，将 `VM_CTX` 内保存的对应寄存器值返回虚拟机。这些下陷在图 14.3 中并未给出。

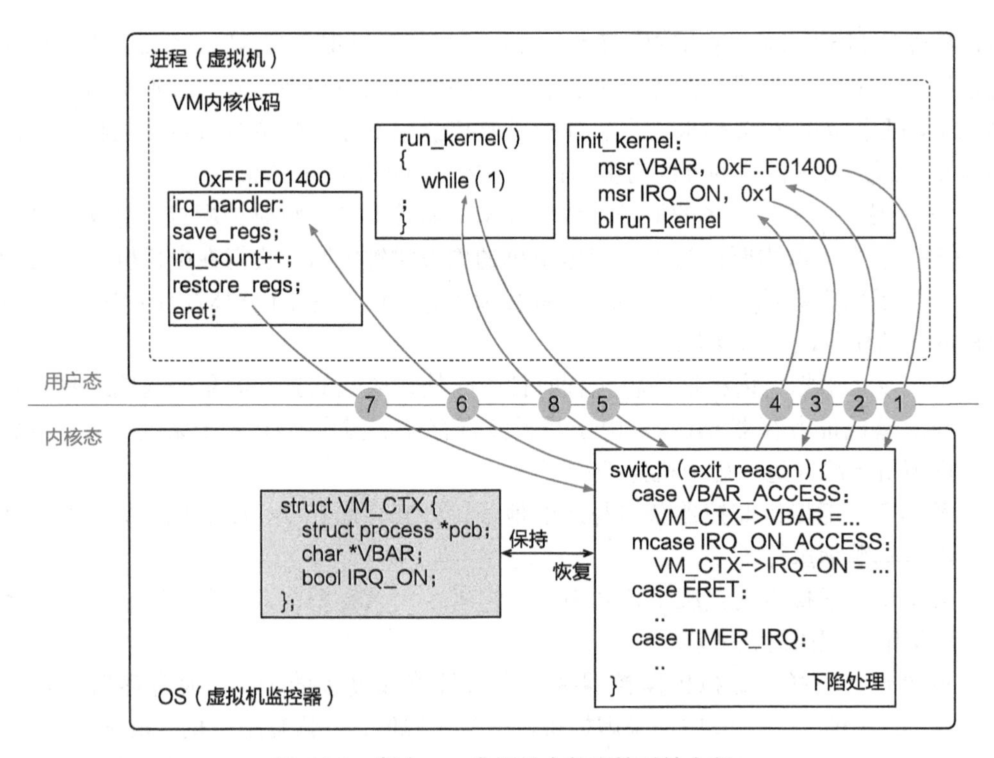

图 14.3 版本一：虚拟机内部支持时钟中断

- 第八步：虚拟机监控器将此前保存的 ELR 值写入物理 ELR 寄存器并回到用户态，虚拟机则会接着从第五步下陷时的地址继续往后执行。

请注意：在上述过程中，如果虚拟机内核在 IRQ_ON 寄存器中写入 0（表明屏蔽了中断），并不会真的屏蔽物理时钟中断。这是因为对虚拟机来说，该寄存器仅仅是内存中 VM_CTX 的一个字段，而不是真正的物理 IRQ_ON 寄存器。也就是说，客户操作系统只能影响自己所在虚拟机的状态。

14.2.3 版本二：模拟用户态与系统调用

接下来，我们在版本一的基础上为虚拟机添加单一用户态线程的支持，使虚拟机既可在（虚拟的）内核态运行操作系统内核，也可在（虚拟的）用户态运行应用的线程代码。当用户态线程运行时，它会执行用户 ISA，调用系统调用，也可能在运行时被时钟中断打断执行流并陷入虚拟机内核。

从运行的特权级视角来看，虚拟机的内核态与用户态本质上并无区别，二者均运行于物理的用户态，而虚拟机监控器通过“下陷 – 模拟”方法实现了虚拟的内核态和用户态。虚拟机监控器在 VM_CTX 中新增了 curr_mode（1 为内核态，0 为用户态），用于记录当前虚拟机内的虚拟特权态，并根据该变量的值决定如何处理虚拟机下陷。当在虚拟内核态内因执行系统 ISA 而下陷时，如果虚拟机监控器根据 curr_mode 发现造成此下陷的是虚拟内核态，则会进行相应的功能模拟。如果虚拟机监控器发现造成下陷的是虚拟用户态，则不会进行功能模拟，而是将控制流转发至虚拟内核态，交由其进行处理。

如图 14.4 所示，curr_mode 的初始值为 1（即虚拟内核态），并首先运行虚拟机内核的 run_kernel 函数。该函数将时钟中断处理函数和系统调用处理函数的基地址写入 VBAR 寄存器。该寄存器的模拟过程与版本一中相同。在此版本中，虚拟机运行时的简要步骤如下：

- 第一步：虚拟机内核创建一个用户态线程，并初始化该线程的上下文 thread_ctx。为了执行此线程的代码，虚拟机内核需要将 thread_ctx 中的值加载至寄存器中，之后执行 eret 指令准备进入虚拟用户态。但是此指令在用户态执行会触发下陷，从而进入内核态。
- 第二步：虚拟机监控器在处理该下陷时首先保存虚拟机上下文，此时保存的是虚拟机内核为用户态线程设置的寄存器值。虚拟机监控器接着将 VM_CTX 的 curr_mode 改为 0，返回虚拟用户态执行用户态线程的代码。
- 第三步：执行用户态线程时，有两种方式可回到虚拟机内核态。第一种方式是用户态线程主动调用 svc 指令申请虚拟机内核的系统调用服务，第二种方式是被时钟中断打断执行流（如图 14.4 中执行 while 循环时被时钟中断），被动地陷入虚拟机内核。这两种方式都会触发下陷，进入虚拟机监控器的下陷处理函数。
- 第四步：虚拟机监控器根据下陷的原因调用对应的虚拟机内核处理函数。例如，如果下陷由 svc 造成，虚拟机监控器通过 VM_CTX 记录的 VBAR 查询到 trap_handler 地址，之后进入虚拟机内核执行该函数。若下陷是由于时钟中断，则进入 irq_handler 执行。
- 第五步：虚拟机内核在处理完系统调用或时钟中断后，会执行 eret 并下陷到虚拟机监控器。
- 第六步：虚拟机监控器最终回到虚拟机用户态，恢复用户态线程继续运行。

细心的读者可能已经发现，虚拟内核态与虚拟用户态都运行在用户态，那么如何保证隔离呢？一种方法是：当从虚拟内核态切换到虚拟用户态时，虚拟机监控器移除进程页表中虚拟机内核相关的映射；当发生虚拟机下陷时，再次恢复相关映射。这样，当处于虚拟用户态时，无法访问到任何属于虚拟内核态的内存，从而实现了对虚拟机内核的保护。关于内存虚拟化，会在后文进一步介绍。

14.2.4　版本三：虚拟机内支持多个用户态线程

为了支持多用户态线程的运行，虚拟机内核需要有支持多线程调度的能力。虚拟机内核首先创建一个用户态线程队列 runq，其中每个元素均为 thread_ctx。然后新增了一个调度函数——schedule，用于从队列中选择一个可执行的用户态线程。这里，我们假设 schedule 仅实现了简单的时间片轮转调度策略。

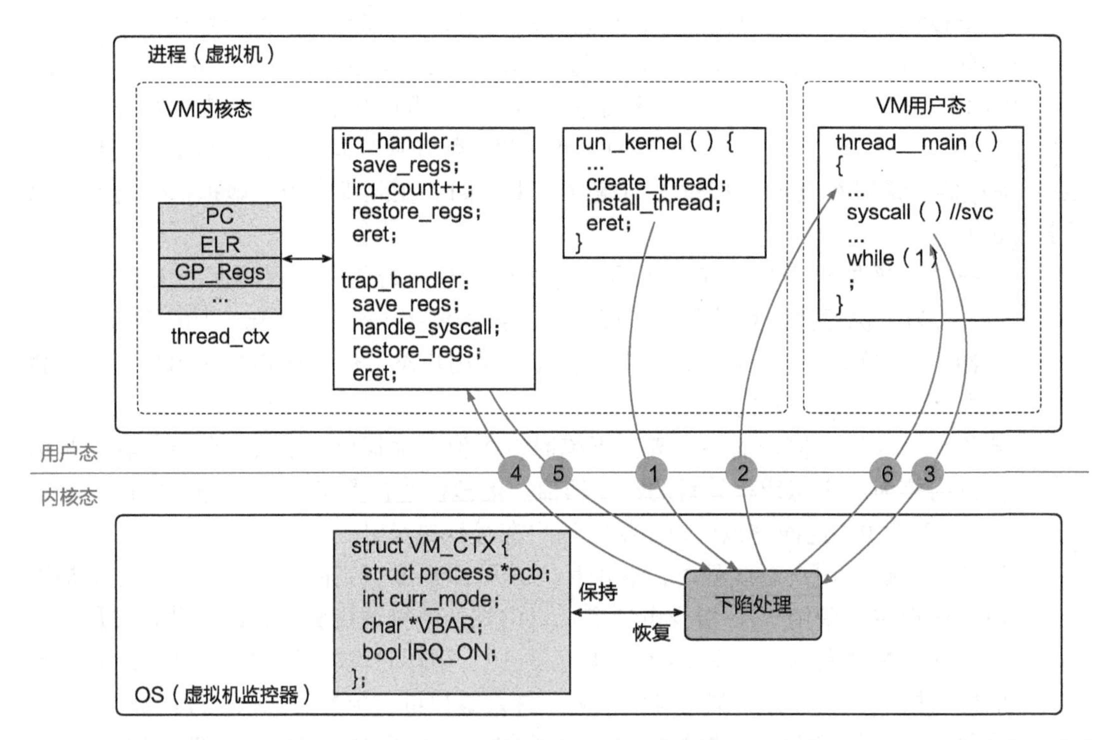

图 14.4 版本二：虚拟机内支持运行单一用户态线程。该用户态线程可主动调用 svc 或被动地通过时钟中断进入虚拟机内核

图 14.5 展示了虚拟机内多线程切换的过程。和之前一样，每当物理时钟中断打断虚拟机用户态线程时，会触发下陷并最终进入虚拟机内核的时钟中断处理函数 irq_handler。虚拟机内核调用 schedule 函数进行线程调度，选择下一个执行的用户态线程。在回到用户态前，虚拟机内核会将新的用户态线程 thread_ctx 中保存的上下文信息加载进寄存器中，并最终调用 eret 恢复虚拟用户态的执行。

从以上过程中可以看出，多用户态线程的功能全部在虚拟机内部实现，本版本中的虚拟机监控器相对于上一版本来说，能力并无变化。虚拟机监控器甚至对多用户态线程是无感知的，因为它只负责转发虚拟内核态与虚拟用户态之间的交互，无须得知虚拟用户态运行的具体线程信息。

14.2.5 版本四：用线程模拟多个 vCPU

现在，我们希望支持一个虚拟机使用多个 vCPU，从虚拟机的视角来看，每个 vCPU 上可“同时”运行不同的用户态线程。为了支持多 vCPU，虚拟机内核为每个 vCPU 维护一个不同的调度队列 runq。每个 vCPU 对应一个队列，其中保存会在此 vCPU 上运行的所有用户态线程的上下文 thread。虚拟机内核在每个 vCPU 上独立运行，在调度时只访问本地的用户态线程调度队列。

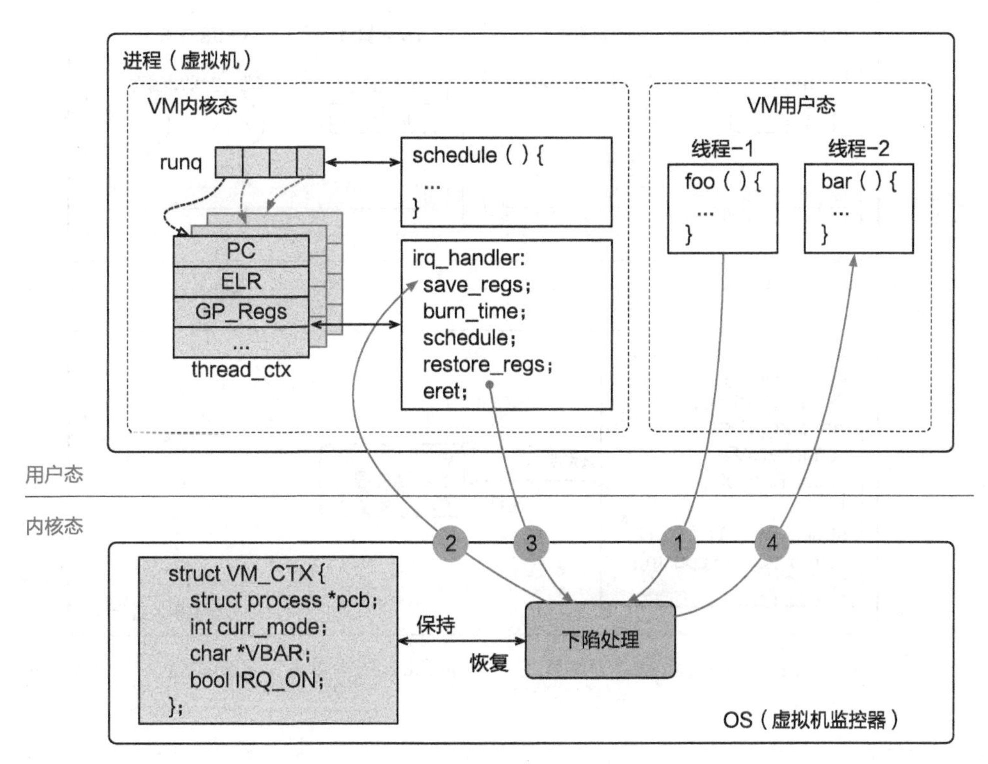

图 14.5 版本三：虚拟机内支持运行多个用户态线程并在线程间切换。图中展示了用户态线程切换前后触发下陷的相关控制流

每个 vCPU 为一个独立的执行实体，拥有独立的寄存器，所有 vCPU 共享虚拟机的地址空间，此概念与第 6 章介绍的线程类似。因此，为了支持多 vCPU，可以借助操作系统内已有的线程抽象。具体来说，从虚拟机的视角来看，它运行着多个 vCPU，每个 vCPU 上可“同时”运行不同的用户态线程。而从虚拟机监控器的视角来看，一个 vCPU 本质上只是一个线程，vCPU 的状态以及调度都借助线程实现。

如图 14.6 所示，我们对 VM_CTX 的定义进行升级，其中新增了 vCPU 结构体。该结构体大部分成员来自版本三的 VM_CTX，而 tcb 结构体为第 6 章中定义的线程，每个 vCPU 的寄存器状态可以保存在此结构体中。借助 tcb 结构体，虚拟机监控器可通过操作系统已有的线程调度机制间接地实现 vCPU 的调度。我们甚至可以进一步使用第 7 章介绍的多核调度机制，实现在*多物理处理器*（Physical CPU，pCPU）上运行不同的 vCPU。

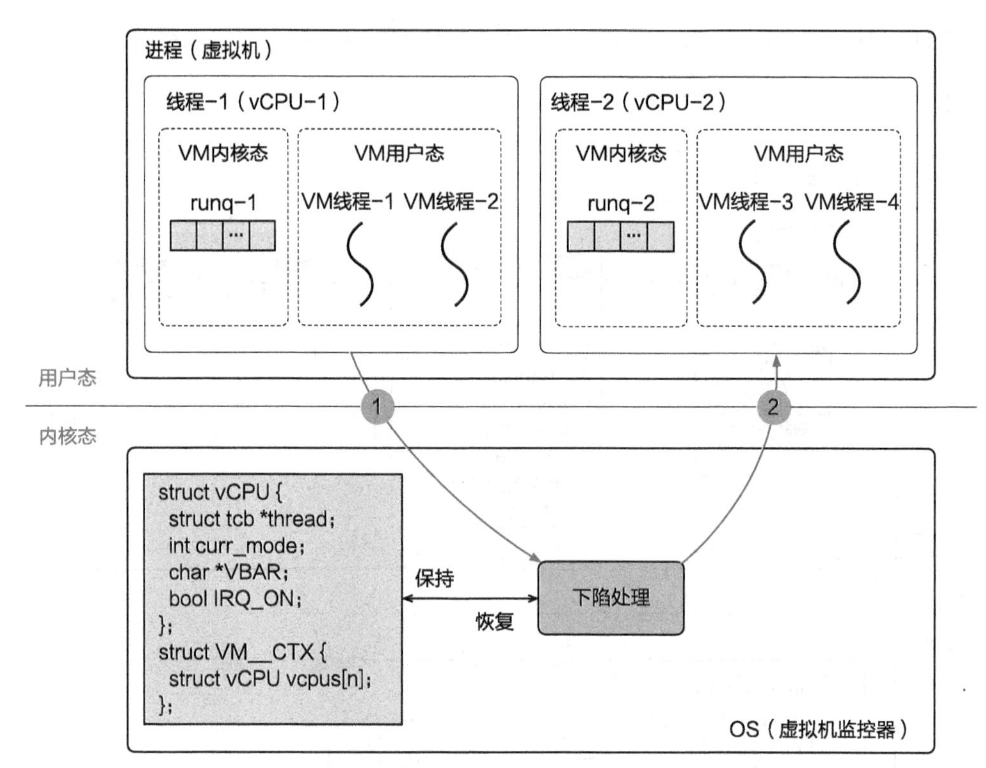

图 14.6　版本四：虚拟机支持运行多个 vCPU。图中的 tcb 结构体为第 6 章中定义的线程控制块

14.2.6　小结

如表 14.2 所示，我们在本节中通过迭代演进的方式介绍了一个功能不断丰富的虚拟机抽象，它逐渐具备了时钟中断、用户态线程、多线程切换、多 vCPU 支持等能力。借助多个 vCPU 的抽象，虚拟机监控器可通过调度的方法将多个 vCPU 同时运行在不同的 pCPU 上，从而充分利用多核机器的计算能力。为了支持这些能力，虚拟机监控器通过下陷 – 模拟的方法捕捉虚拟机的系统 ISA 下陷，并提供针对性的功能模拟。在进行功能模拟时，虚拟机监控器可复用已有操作系统的功能，例如进程和线程的调度、寄存器的上下文保存与恢复等。

表 14.2　五个版本的功能演进

版本名	用户态 ISA	时钟中断	用户态线程	多用户态线程	多 vCPU
版本零	✓				
版本一	✓	✓			
版本二	✓	✓	✓		
版本三	✓	✓	✓	✓	
版本四	✓	✓	✓	✓	✓

14.3 CPU 虚拟化

本节主要知识点

- 什么是可虚拟化架构?
- 如何通过解释执行的方法解决不可虚拟化架构的缺陷?
- 什么是动态二进制翻译?
- 什么是扫描和翻译?
- 什么是半虚拟化技术? 它的优势是什么?
- 什么是硬件虚拟化技术? 如何使用硬件虚拟化技术?

14.3.1 可虚拟化架构与不可虚拟化架构

在上一节中，我们假设在用户态执行的敏感指令都会造成下陷并进入特权态。然而在许多体系结构中，这一假设并不成立，也就是说敏感指令在用户态执行时无法触发下陷。因此，在这种架构中，我们无法直接实现下陷 - 模拟方法，也难以正确实现 14.2.5 节描述的 vCPU 抽象。

为了更详细地了解这种架构，我们首先需要进一步区分**特权指令**和**敏感指令**：

- **特权指令**（Privileged Instruction）：在用户态执行时会触发下陷的指令，包括主动触发下陷的指令（例如 `svc`）和不允许在用户态执行的指令（例如写入只读内存）等。
- **敏感指令**（Sensitive Instruction）：管理系统物理资源或者更改 CPU 状态的指令，通常包括以下类型：
  - 读写特殊寄存器或执行特殊指令更改 CPU 状态。例如在 x86 架构中修改 CR0 或 CR4 寄存器，在 ARM 架构中修改 SCTRL_EL1 寄存器；在 x86 架构中执行 `HLT` 指令，在 AArch64 架构中执行 `wfi` 指令等。
  - 读写敏感的内存，例如读写未映射的内存、写入只读页面等。
  - 执行 I/O 指令，例如 x86 架构中的 `in` 和 `out` 指令等。

可虚拟化架构的特征是所有敏感指令都是特权指令，即所有的敏感指令在非特权级执行时都会触发下陷。不满足这个定义的架构则称为**不可虚拟化架构**。20 世纪 70 和 80 年代的硬件设计师并未仔细考虑对虚拟化的支持，导致虚拟机监控器无法完全捕捉到客户操作系统的行为，也就不能提供相应的虚拟化功能。例如，在 AArch32 中，操作系统可使用 `cps` 指令修改 CPU 状态 PSTATE 中的 AIF 位来打开或关闭外部中断。该指令只有执行在特权级（如 EL1）才会生效，如果执行在 EL0 则不会产生任何作用，也不触发任何异常，而是会被硬件忽略（Silent Fail）。AArch32 和早期的 x86 都是不可虚拟化架构，因此无法简单地通过下陷 – 模拟来实现系统虚拟化。

小知识：x86 中的 17 条不可虚拟化指令

x86 架构在最初设计和实现时，并没有充分考虑对虚拟化的支持。有 17 条敏感指令在用户态执行时不会触发任何下陷，也就意味着不会被虚拟机监控器捕捉[4]。

下面我们将介绍 5 种弥补不可虚拟化架构缺陷的方法，分别是解释执行、动态二进制翻译、扫描 – 翻译、半虚拟化技术、硬件虚拟化技术。

14.3.2　解释执行

解释执行的方法是依次取出虚拟机内的每一条指令，然后用软件模拟这条指令的执行效果。该方法不依赖下陷，所有的指令都被虚拟机监控器模拟执行。值得注意的是，该方法模拟的是指令的效果，它并不一定需要精准地复现一条指令在硬件中的执行细节。

图 14.7 展示了指令模拟方法的简要过程。虚拟机内部的代码区域只是设置成可读权限（不可执行），由虚拟机监控器依次模拟每一条指令。

- 第一步：虚拟机监控器读取当前虚拟机的虚拟程序计数器（PC），该 PC 是虚拟机监控器模拟的虚拟寄存器。
- 第二步：根据 PC 的值找到待模拟的指令，并将指令解码（判断是何种类型的指令）。
- 第三步：指令模拟器根据解码的结果找到相关的指令模拟函数。
- 第四步：指令模拟函数读取虚拟机相关寄存器，运行指令模拟函数，并更新相关内存或虚拟寄存器中的值。
- 第五步：指令模拟器更新 PC，使其指向下一条指令，回到第一步。

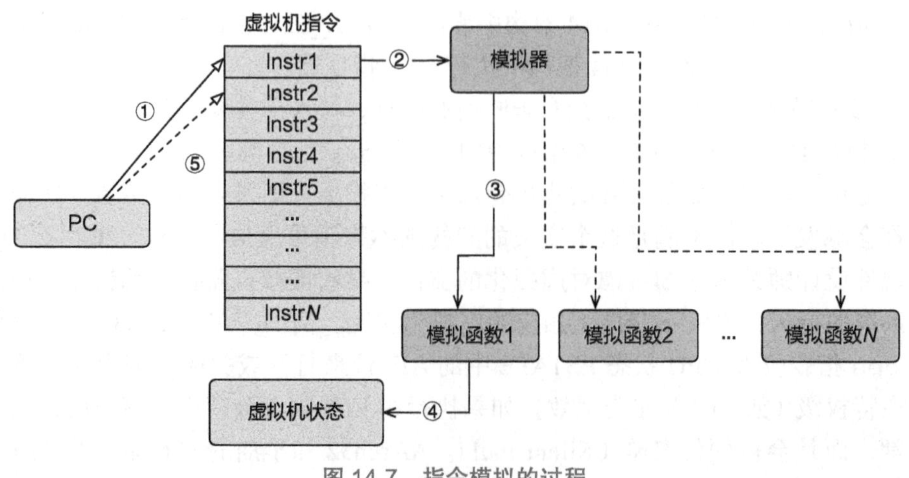

图 14.7　指令模拟的过程

例如，对于 AArch32 中使用 cps 关闭中断的操作，具体的模拟方法是修改模拟的 PSTATE。此后，虚拟机监控器将根据 PSTATE 中 I 或 F 位的情况决定中断的转发。如果两位均为 1，则停止将虚拟 IRQ 和 FIQ 中断插入虚拟机。

解释执行的方法不仅可以用于模拟与当前物理主机 ISA 相同的虚拟机，也可以模拟不同 ISA 的虚拟机。尽管这种方法可以解决不可虚拟化架构的硬件缺陷，但由于它不加区分地模拟每条指令，给虚拟机的执行带来了巨大的性能开销。

14.3.3　动态二进制翻译

解释执行方法的性能开销主要来自不加区分地依次模拟每一条指令。动态二进制翻译技术通过将多条指令直接翻译成对应的模拟函数，然后直接执行翻译后的代码，从而提高了性能。图 14.8 展示了动态二进制翻译的简要过程。动态二进制翻译以基本块（Basic Block）为粒度[⊖]，将一个基本块内的所有指令都翻译成最终的目标代码，敏感指令会在翻译过程中被替换。

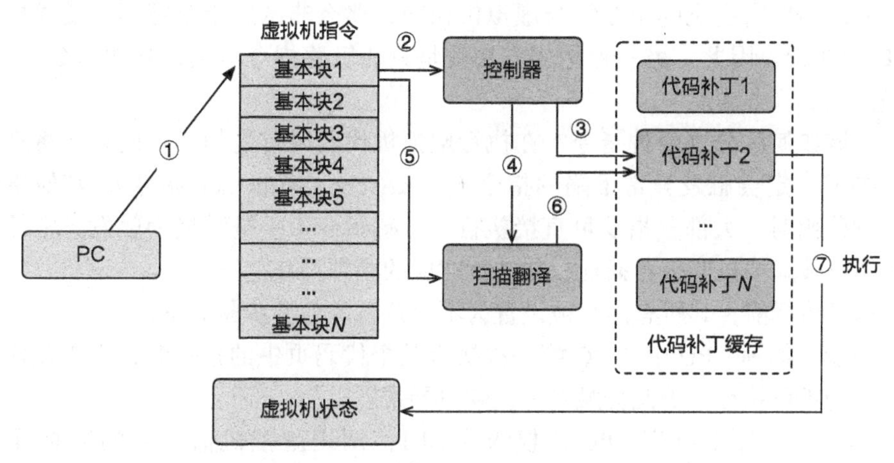

图 14.8　动态二进制翻译的过程

动态二进制翻译的简要过程如下：

- 第一步：虚拟机监控器读取虚拟机的 PC，得到 PC 所指向的基本块。
- 第二步：虚拟机监控器唤醒控制器。
- 第三步：控制器根据 PC 中的指令地址查找代码补丁缓存中是否存在已经翻译过的代码块，如果有，则直接跳到第七步。
- 第四步：如果缓存中不存在对应的代码块，则控制器唤醒扫描翻译模块。
- 第五步：扫描翻译模块读取内存中虚拟机的基本块，将其中的敏感指令替换成其

⊖ 基本块是编译理论中的常见概念，它指一段按顺序执行的代码块，这段代码中除了最后一条指令外，中间没有任何改变控制流的指令（包括 bl、ret 等）。也就是说，基本块是只有一个入口和一个出口的代码块。

他指令。同时，还需要将此基本块中的最后一条指令也替换为一条跳转指令，以通知虚拟机监控器该基本块已经执行完（之后虚拟机监控器可取出下一个基本块并进行翻译和执行）。

- 第六步：翻译后的基本块称为代码补丁，将被放置于缓存中，以加速下次下陷过程。
- 第七步：直接执行代码补丁中的代码，并根据指令语义更新虚拟机状态（虚拟寄存器、内存、模拟设备）。

与解释执行的方法相比，动态二进制由于采用批量翻译以及缓存的思想，从而提高了 CPU 虚拟化的性能。实际使用时，可以采用一些方法来进一步加速二进制翻译的速度。例如，如果基本块执行之后的下一个基本块是确定的（如使用 b 等指令进行直接跳转），而且下一个基本块也被翻译过，则可以修改前一个基本块的最后一条指令为跳转指令，直接跳转到后一个基本块，这样便可绕过控制器。

14.3.4 扫描 - 翻译

实际上，如果宿主机的指令集与虚拟机相同，那么非敏感指令将不需要模拟，可直接在 CPU 中执行。因此，另一种优化方法就是只让敏感指令下陷，其他指令直接执行，这就是扫描 - 翻译方法。

那么，该如何区分这两种指令？在执行虚拟机代码时首先扫描代码块，将其中的敏感指令替换成一定会触发异常下陷的指令（如 AArch64 中的 svc 指令），其他指令保持不变。执行代码时，大部分指令可直接执行，敏感指令由于被替换为触发异常的特权指令，因此能够被虚拟机监控器捕捉，并进行对应的模拟操作。

在虚拟机执行前，其所有内存被设置为不可执行。简要步骤如下：

- 第一步：物理 CPU 中的 PC 第一次执行某个代码页中的指令时，由于该代码页被设置为不可执行，因此会触发一次缺页异常。
- 第二步：此异常改变 CPU 特权级为 EL1，调用虚拟机监控器的缺页异常处理函数。
- 第三步：异常处理函数将控制流交给控制器，它根据下陷地址找到触发此次异常的指令地址，控制器首先查找缓存中是否存在已经翻译过的代码页，如果有则直接返回用户态。
- 第四步：如果缓存中不存在代码页，则模拟器唤醒扫描翻译模块。
- 第五步：扫描翻译模块读取内存中待翻译的代码页内容，并将其中的敏感指令（如果存在）替换为触发下陷的特权指令。
- 第六步：翻译后的代码页被放置于缓存中。
- 第七步：虚拟机监控器将翻译完的代码页的权限设置为可执行，回到用户态。
- 第八步：虚拟机执行翻译后的代码，此时大部分指令都可以直接执行。如果遇到替换后的指令，则下陷通知虚拟机监控器并完成相应的指令模拟操作。

实际上，由于敏感指令只可能存在于操作系统内核的代码中，用户态通常不会包含这样的指令。因此，可只扫描内核代码，而忽略所有用户进程的代码，从而进一步提升性能。

14.3.5　半虚拟化技术

以上介绍的三种方法都假设不能修改客户虚拟机的源代码，因而必须在机器指令层面进行模拟或翻译。这种无须修改客户虚拟机源码的方式被称为全虚拟化（Full Virtualization）技术，而允许修改客户虚拟机源码的方式则被称为半虚拟化（Para-virtualization）技术。

半虚拟化技术需要客户操作系统与虚拟机监控器进行协同设计。一方面，虚拟机监控器为虚拟机提供超级调用（Hypercall），这些超级调用和系统调用类似，涵盖了调度、内存、I/O 等多方面的功能。另一方面，客户操作系统的代码需要修改，即替换不可虚拟化的指令，将其更改为超级调用。

小知识：剑桥大学的 Xen 虚拟机监控器

2003 年，剑桥大学基于半虚拟化技术的思想设计并实现了 Xen 虚拟机监控器。在传统的全虚拟化技术中，无须修改客户虚拟机，它甚至不知道自己运行在虚拟化环境内。而在半虚拟化技术中，客户虚拟机不仅知道自己运行在虚拟化环境内，还要对此进行相应的修改，从而绕开 x86 的缺陷。例如，将 17 条敏感指令直接替换成可以下陷的指令。此外，Xen 还设计了一种高效的 I/O 虚拟化机制。

半虚拟化技术有以下两个优势：

- 带来更高的性能。首先，半虚拟化无须模拟运行敏感指令。其次，半虚拟化可减少冗余的代码逻辑、数据拷贝、特权级切换等操作，例如，虚拟机可通过超级调用将调度信息传递至虚拟机监控器进行协同，以减少调度开销。
- 缓解语义鸿沟（Semantic Gap）问题。不使用半虚拟化技术的时候，虚拟机监控器只能看到内存中的二进制数据，难以将这些二进制数据转化成有意义的语义。半虚拟化允许虚拟机监控器获得虚拟机内部的状态，因此可以进一步提高资源的分配效率。

然而，由于半虚拟化技术需要修改客户操作系统源码，尤其是需要修改不同操作系统的不同版本，这会带来较大的开发和调试成本。而对于非开源的操作系统，也较难在其中添加半虚拟化的支持。

14.3.6　硬件虚拟化技术

前几节主要介绍不可虚拟化架构的软件解决方案，本节我们将介绍基于硬件的解决方案。

Intel 和 AMD 于 2005 和 2006 年相继推出虚拟化的硬件扩展，解决不可虚拟化架构的缺陷。图 14.9 展示了 Intel VT-x 的硬件虚拟化架构图。硬件虚拟化技术在已有 CPU 特权级下新增了两个模式，分别是根模式（Root Mode）和非根模式（Non-root Mode）。作为最高特权的管理软件，虚拟机监控器管理所有物理资源，并使用硬件虚拟化的功能为上层虚拟机提供服务。虚拟机监控器和虚拟机分别运行在根模式和非根模式。为了管理虚拟机的硬件行为，Intel VT-x 为每一个虚拟机提供虚拟机控制结构（Virtual Machine Control Structure，VMCS）。虚拟机监控器通过配置虚拟机控制结构来管理虚拟机的内存映射和其他行为。通过这种模式，过去不会引起下陷的敏感指令都能被运行在根模式的虚拟机监控器捕捉，继而实现相应的虚拟化操作。

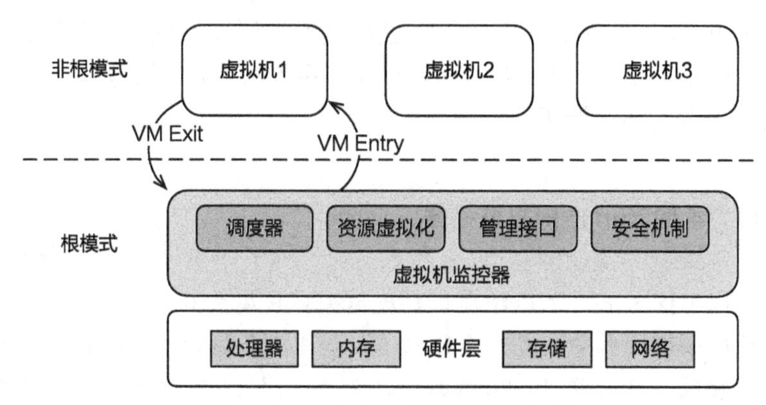

图 14.9　Intel VT-x 硬件虚拟化架构

类似地，ARM 公司于 2012 年推出了硬件虚拟化扩展。图 14.10 展示了 ARMv8.0 硬件虚拟化扩展的架构图，其中引入了一个全新的特权级—— EL2，它是除了 EL3 之外最高的特权级。在此特权级中运行的是虚拟机监控器，它控制所有的物理资源，并管理运行在非特权级（也就是运行在 EL0 和 EL1）中的软件。

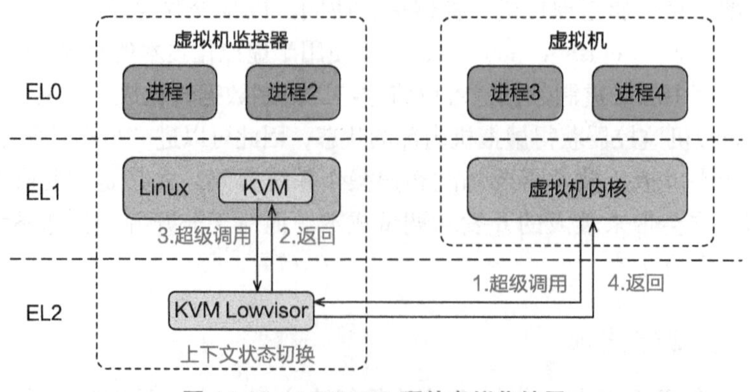

图 14.10　ARMv8.0 硬件虚拟化扩展

硬件虚拟化对敏感指令的支持主要体现在两个方面。首先，一部分敏感指令不再需要下陷，而是被直接重定向到虚拟硬件部件。例如，在 AArch32 中，客户操作系统直接运行在 EL1 内，因而 `cps` 指令能够直接修改 PSTATE 寄存器，再也不会被硬件忽略。其次，对于过去不可虚拟化架构中其他的敏感指令，在引入硬件虚拟化技术之后，这些指令都可以通过配置的方式引起下陷，从而能够被虚拟机监控器处理。在 ARM 硬件虚拟化中，硬件为虚拟机监控器提供了一个名为 HCR_EL2 的系统寄存器。此寄存器中的不同比特位决定了虚拟机的不同行为。例如，其中第 13 位决定虚拟机执行 `wfi` 指令是否会引起虚拟机下陷[㊀]。如果虚拟机监控器能够捕捉到这条指令，可将 CPU 的控制权收回，继而调度其他虚拟机。

在引入硬件虚拟化技术后，虚拟机可直接使用 CPU 中的寄存器，而无须使用软件模拟的寄存器。在 ARM 硬件虚拟化中，硬件为 EL1 以及 EL2 提供两套系统寄存器。这也意味着，如果发生虚拟机下陷，虚拟机监控器无须保存虚拟机在 EL1 中使用的系统寄存器。此外，运行在 EL2 的虚拟机监控器可以读写 EL1 和 EL0 的任何寄存器。因而在处理虚拟机下陷时，它可以随时查看和改变虚拟机的寄存器状态。请注意，在发生 vCPU 上下文切换时，虚拟机监控器依然需要将该 vCPU 在 EL0 和 EL1 中的所有系统寄存器以及通用寄存器都保存在内存中，并将即将运行的 vCPU 的相关寄存器加载至物理寄存器中。

小知识：x86 硬件虚拟化技术中的虚拟机下陷

每当虚拟机执行敏感指令时，虚拟机下陷触发，CPU 模式随之由非根模式切换为根模式。与 ARM 硬件虚拟化不同的是，x86 CPU 中的不同特权级共享同一份系统寄存器。因此，虚拟机下陷触发时，硬件会将 vCPU 的所有系统寄存器（例如 CR0、CR3 等）保存到 VMCS 中。

AArch64 硬件虚拟化技术的发展经过了两个阶段。第一个阶段是 ARMv8.0 版本。此版本中引入了全新的 EL2 特权级，该特权级中只能运行 Type-1 虚拟机监控器，不支持 Type-2 虚拟机监控器，如 KVM。正如前文所介绍的，Type-2 虚拟机监控器高度依赖宿主操作系统的功能。KVM 与 Linux 耦合在一起，两者运行在同一特权级和内存空间中。然而，Linux 在开发时被假设运行在 EL1，因而它只使用 EL1 下的系统寄存器（例如 TTBR0_EL1 和 TTBR1_EL1），但这些系统寄存器在 EL2 下并不存在[㊁]。因此，在 ARMv8.0 的硬件虚拟化中，必须将 KVM 的一部分功能从 Linux 中剥离出来，以 Lowvisor 的形式运行在 EL2 中。宿主操作系统 Linux 和其他 KVM 的功能则依然运行在

㊀ `wfi` 指令使得硬件进入低功耗状态，执行此指令通常表明操作系统已“无事可做”。

㊁ EL2 中对应的页表基地址寄存器为 TTBR0_EL2 和 TTBR1_EL2。

EL1 中，如图 14.10 所示。

当发生虚拟机下陷时（例如虚拟机执行超级调用），首先下陷到 EL2，这是由硬件虚拟化的机制决定的。而 EL2 中的 KVM Lowvisor 在处理此次虚拟机下陷的过程中可能需要使用 Linux 的功能，所以它将控制流转回到 EL1 的 KVM 里，并调用 Linux 的功能。在此之后，KVM 重新回到 Lowvisor，并最终回到虚拟机内。可以看到，这样的架构设计造成 KVM 和 Lowvisor 之间的多次特权级切换，因而对虚拟机的运行性能带来了一定开销。

为了解决上述性能问题，第二阶段的 ARMv8. 1 中进一步扩展了硬件虚拟化的功能，并增加了 VHE（Virtualization Host Extension）。VHE 意味着可在 EL2 中运行完整的宿主操作系统。此时 KVM 的架构也发生了相应转变，如图 14.11 所示。因此，在 ARMv8. 1 之后，KVM 和宿主操作系统 Linux 的交互都不会带来任何特权级切换，从而优化了虚拟化的性能。

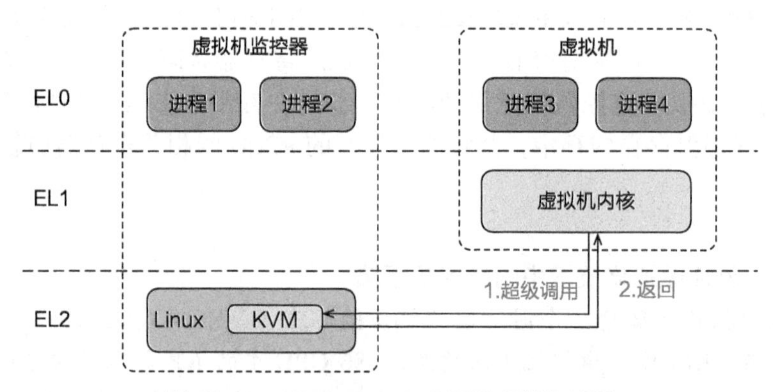

图 14.11　ARMv8. 1 VHE 硬件虚拟化扩展

除了上述功能外，硬件虚拟化还对内存虚拟化提供了相关支持。我们将在下一节详细介绍。

14.3.7　小结

本节介绍了实现 CPU 虚拟化的 5 种技术，这些技术可以分为两大类，如表 14.3 所示。在硬件虚拟化技术出现之前，CPU 虚拟化技术主要通过软件技术解决不可虚拟化架构带来的问题，而在硬件虚拟化技术出现之后，CPU 虚拟化技术主要依托于硬件提供的虚拟化功能，例如通过配置 HCR_EL2 寄存器控制虚拟机的下陷行为等。

表 14.3　CPU 虚拟化技术总结

软件技术	硬件虚拟化技术
解释执行	新的硬件特权级，所有敏感指令可下陷
动态二进制翻译	
扫描 - 翻译	
半虚拟化技术	

上述技术在性能以及是否需要修改虚拟机代码等方面都存在着各自的优缺点，因此

有着相应的适用范围。此外，在硬件虚拟化技术推出之后，曾经的软件技术也未过时，依然存在适用场景。首先，当物理主机 ISA 和虚拟机 ISA 不同时，将不能使用硬件虚拟化技术，只能选择软件技术，例如在 x86 的机器上模拟 ARM 虚拟机。其次，在使用硬件虚拟化技术之后，依然可以组合使用某些软件技术，例如可以使用半虚拟化技术优化 I/O 场景下的性能，我们将在 14.5 节进行介绍。

14.4　内存虚拟化

本节主要知识点

- ❑ 为什么需要内存虚拟化？
- ❑ 内存虚拟化中的三种内存地址分别是什么？
- ❑ 如何通过影子页表和直接页表映射机制实现内存虚拟化？
- ❑ AArch64 架构中的两阶段地址翻译机制如何工作？
- ❑ 基于内存虚拟化的换页机制如何实现？

为什么需要内存虚拟化？我们首先从没有系统虚拟化的场景说起。使用系统虚拟化之前，操作系统内核直接运行在最高特权级，因此它有权限管理整个物理地址空间，“看到的”的是从零地址开始连续增长的物理地址空间。使用系统虚拟化之后，一台物理主机上可同时运行多台虚拟机，此时每个客户操作系统“看到的”物理地址空间应该从零开始连续增长（否则虚拟机无法正常运行）。此外，虚拟机监控器不允许客户操作系统访问不属于它的物理内存区域。如果此时某个客户操作系统可以访问任意物理内存区域，它就能读取甚至修改其他虚拟机以及虚拟机监控器内存中的数据，这破坏了虚拟机的内存隔离，严重威胁整个系统的安全。

因此，内存虚拟化需要满足两个需求：

- 第一，为每台虚拟机提供从零地址开始连续增长的物理地址空间。
- 第二，实现虚拟机之间的内存隔离，每台虚拟机只能访问分配给它的物理内存区域。

该如何满足这两个需求？这里介绍一种全新类型的内存地址——**客户物理地址**，这是虚拟机内使用的物理地址，不是真实的在总线中访存的地址。真正访存的物理地址改称为**主机物理地址**。在虚拟机的执行过程中，需要将客户物理地址转换成主机物理地址，然后通过后者访问存储在内存中的数据和代码。相应地，虚拟机监控器需要提供一种新的地址翻译机制，将客户物理地址翻译成主机物理地址。如图 14.12 所示，到目前为止，我们接触了三种不同类型的地址：

- 第一种是进程和客户操作系统使用的**客户虚拟地址**（Guest Virtual Ad- dress，

GVA)，即第 4 章介绍的虚拟地址。

- 第二种是客户操作系统管理的客户物理地址（Guest Physical Address，GPA）。
- 第三种是 CPU 发送至总线进行访存的主机物理地址（Host Physical Address，HPA）。

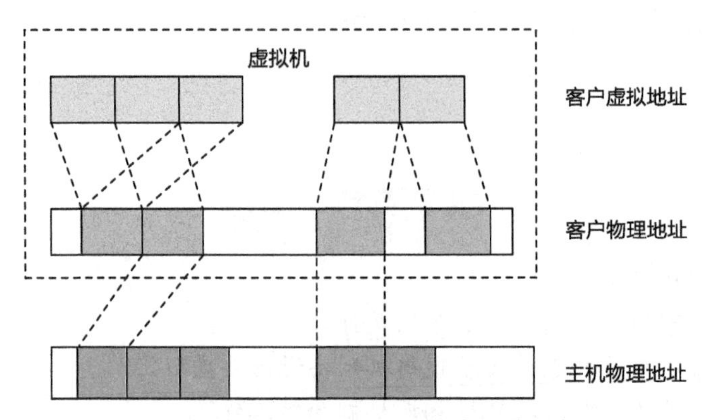

图 14.12 虚拟化场景下三种不同类型的内存地址

在本章中，客户虚拟地址转换为客户物理地址的过程称为第一阶段地址翻译，客户物理地址转换为主机物理地址的过程称为第二阶段地址翻译。

引入客户物理地址的概念之后，内存虚拟化技术拥有以下四个优点。第一，可为每个虚拟机提供一个从零地址开始连续增长的客户物理地址空间，客户操作系统“以为”自己仍然在管理物理地址空间。第二，第二阶段地址翻译可提高主机物理内存的使用效率，例如，虚拟机监控器将不连续的主机物理地址内存映射成连续的客户物理地址，从而减少内存碎片。第三，即使多个虚拟机请求的客户物理内存总数超出主机物理内存的大小，也可通过内存虚拟化机制同时支持多台虚拟机的执行，我们将在 14.4.4 节详细介绍这项技术。第四，通过内存虚拟化技术可实现虚拟机之间客户物理地址空间的安全隔离，因为虚拟机监控器借助第二阶段地址翻译过程限制了每一台虚拟机的地址范围，任何虚拟机不能读写其他虚拟机中的物理内存区域（除了共享内存的情况外）。

14.4.1 影子页表机制

正如上一节所说，客户虚拟地址需要经过两个阶段的地址翻译，才可转换到主机物理地址。在硬件虚拟化技术出现之前，MMU 中只有一个页表。在虚拟化环境内，该页表已经被运行在 EL1 的虚拟机监控器所使用。然而，此时客户操作系统也需要使用页表实现第一阶段地址翻译。如何在只有一个页表的情况下同时实现两种地址翻译？

在介绍具体的解决方案之前，我们先回顾一下非虚拟化场景下页表的使用方式。图 14.13 展示了在操作系统内核中内页表使用的三个阶段。第一个阶段是静态配置，在进程被正式调度之前，操作系统内核首先为此进程静态配置一个页表，此页表中维护了从虚拟地址到物理地址的映射关系。第二个阶段是页表安装，在决定调度进程之后，操作系统内核将此进程的页表基地址写入页表基地址寄存器（如 TTBR0_EL1）。第三个阶段是动态翻译，硬件 MMU 按照 TTBR0_EL1 指向的页表，动态地将虚拟地址翻译成物理地址，并完成内存访问。动态翻译的过程完全由 MMU 完成，不需要操作系统内核的参与。

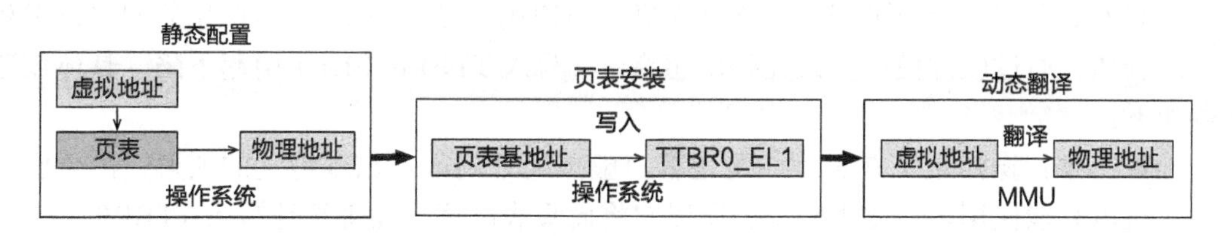

图 14.13 页表使用的三个阶段

如果虚拟机监控器在静态配置阶段将页表中客户虚拟地址到客户物理地址的映射改成客户虚拟地址直接到主机物理地址的映射，那么在动态翻译时，即使 MMU 中只有一个页表，也可完成两个阶段的地址翻译。图 14.14 展示了这个过程。在操作系统写入 TTBR0_EL1 时发生虚拟机下陷，此时虚拟机监控器根据页表内容创建一个新的页表。新页表的映射与虚拟机安装的页表很相似，只是将其中的客户物理地址改写成主机物理地址。创建完新页表后，虚拟机监控器将新页表基地址写入 TTBR0_EL1。在这之后，MMU 根据页表中记录的映射，直接将客户虚拟地址翻译成主机物理地址。这就是影子页表技术。

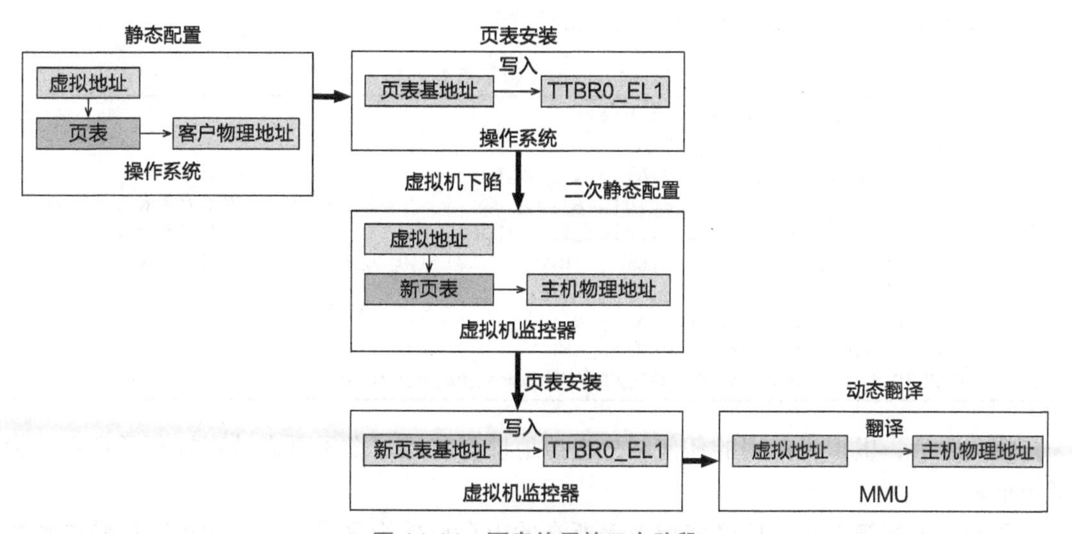

图 14.14 页表使用的三个阶段

影子页表（Shadow Page Table，SPT）是相对于虚拟机内使用的页表而言的概念。虚拟机中的操作系统只能为进程（或内核）配置页表，它也会将页表安装到 MMU 中，“影子”的含义表现在两个层面。首先，影子页表是虚拟机监控器为虚拟机“秘密”配置的一个页表，此页表不为虚拟机所见，对其完全透明，更不能被虚拟机修改。其次，影子页表的内容与客户虚拟机使用的页表高度相关，它的映射内容随着页表内容的改变而改变，就像“影子”一样。

我们该如何创建影子页表？影子页表机制的使用，必须与 CPU 虚拟化的相关技术相结合。例如，通过软件模拟方式使得敏感指令（写入 TTBR0_EL1）引起下陷。具体创建步骤如下：

- **第一步**：操作系统在页表中配置客户虚拟地址到客户物理地址的映射，由于虚拟机内只能使用客户物理地址，所以它将此页表的客户物理地址写入 TTBR0_EL1。
- **第二步**：虚拟机监控器通过软件模拟的方式使得系统寄存器写入操作引发虚拟机下陷。
- **第三步**：创建影子页表的流程见代码片段 14.1，具体来说，虚拟机监控器需要为每个虚拟机维护一个地址转换表（`address_translation_table`），其中记录了客户物理地址到主机物理地址的映射关系。虚拟机监控器遍历客户操作系统需要安装的页表，并根据表中内容创建一个影子页表，其内容与客户页表一一对应，只是将客户物理地址改写成主机物理地址。影子页表最终包含客户虚拟地址到主机物理地址的映射关系。
- **第四步**：虚拟机监控器通过配置影子页表，为原页表所在的内存设置只读权限。
- **第五步**：影子页表的主机物理地址被虚拟机监控器写入 TTBR0_EL1 寄存器。
- **第六步**：虚拟机监控器恢复虚拟机的执行。

代码片段 14.1　生成影子页表的伪代码

```
1 set_TTBR0_EL1(guest_page_table):
2   for GVA from 0 to MAX_GVA
3     if guest_page_table[GVA] & IS_VALID:
4       GPA = guest_page_table[GVA] >> 12                    //客户页表
5       HPA = address_translation_table[GPA] >> 12           //地址转换表
6       shadow_page_table[GVA] = (HPA << 12) | PTE_P         //影子页表
7     else
8       shadow_page_table[GVA] = 0
9   set guest_page_table to READ_ONLY
10  TTBR0_EL1 = HOST_PHYSICAL_ADDR(shadow_page_table)
```

在此之后，虚拟机使用的任何客户虚拟地址都将经过影子页表被直接翻译到主机物理地址。

我们在上述第四步中已经将原页表所在的内存设置为只读权限。如果客户操作系统修改页表，将触发一次缺页异常，并下陷至虚拟机监控器。虚拟机监控器根据触发异常的客户虚拟地址，发现虚拟机试图修改页表。它将模拟此次修改操作，并将修改后的结果同步到影子页表中。同理，如果客户操作系统试图更换页表，将再次触发上述建立影子页表的过程。

影子页表的缺页异常处理流程

虚拟机运行在用户态，一旦发生缺页异常，首先会下陷到内核态并唤醒虚拟机监控器注册的缺页异常处理函数。之后，虚拟机监控器查看引起此次下陷的客户虚拟地址并查询客户页表，如果客户页表中不存在与下陷的客户虚拟地址相关的映射，或者存在映射但是权限不够，那么虚拟机监控器将这次缺页异常插入客户操作系统，直接调用客户操作系统注册的缺页异常处理函数。

如果客户页表中存在相关页表项且权限足够，这一次缺页异常则是由影子页表未与客户页表同步造成的。因此，虚拟机监控器需要将客户页表中的权限同步至影子页表中，再恢复虚拟机的执行[⊖]。

虚拟机内的地址隔离

由于虚拟机内的内核态与用户态共享同一份影子页表，它们在影子页表内的虚拟地址都映射成用户态可访问。这种映射方式意味着虚拟机内的用户态进程可以访问客户操作系统的内存数据，从而打破虚拟机内核态和用户态之间的内存隔离。为了阻止这种情况的发生，虚拟机监控器为虚拟机内核与用户态进程维护两个不同的影子页表。虚拟机内核的影子页表中包含对应用户态进程以及内核的所有地址映射，而用户态进程使用的影子页表中不含有内核的地址范围，只包含此进程的地址映射。当发生虚拟机内的内核态与用户态切换时，虚拟机监控器会安装好对应的影子页表。

影子页表机制的优点是地址翻译速度快。由于影子页表中记录了客户虚拟地址到主机物理地址的直接映射，因此 MMU 只需遍历一个页表就可完成两个阶段的地址翻译过程。即使发生 TLB 不命中的情况，MMU 只需要遍历一遍影子页表，最多只需要 4 次内存访问操作就可以完成地址翻译过程。

影子页表机制有两个缺点。首先，影子页表的建立和后续每次更新都需要虚拟机监控器的介入，这不仅会为虚拟机监控器增加实现复杂度，也会带来较大的性能开销。其次，影子页表与页表一一对应，因此虚拟机监控器需要为每一个进程维护相对应的影子页表，也需要为内核维护单独的影子页表，这会带来一定的内存开销。

14.4.2　直接页表映射机制

影子页表技术的复杂性源于虚拟机监控器希望透明地提供虚拟机抽象。因此，虚拟机监控器需要不断捕捉客户操作系统对页表的修改，并将其同步至影子页表中。如果采用一种不同的思路，不再“费力”透明地提供虚拟机抽象，而是让虚拟机“知道”自己运行在虚拟机监控器之上，则可简化内存虚拟化的设计与实现。这就是直接页表（Direct

⊖ 然而实际的处理情况涉及访问位和修改位的同步问题，比简单的权限同步更为复杂，这里不再赘述。

Paging）映射机制，也是半虚拟化思想在内存虚拟化方面的应用。

与影子页表机制相比，直接页表映射机制主要有以下两个重要特点：

- *只有一个页表*：在直接页表映射机制中不存在影子页表的概念，虚拟机内维护的页表将直接被安装在硬件 MMU 中，并用来进行后续的地址翻译。因此，这里不需要使用客户物理地址，客户操作系统在页表中记录了客户虚拟地址到主机物理地址的映射关系。为了方便客户操作系统配置页表映射，虚拟机监控器需要告知虚拟机允许使用的主机物理地址范围。
- *调用接口进行修改*：页表中的映射对系统安全有着重要影响，如果允许虚拟机直接维护页表映射，虚拟机可能会恶意或无意地在页表中添加非法映射，从而可以访问其他虚拟机甚至虚拟机监控器的内存区域。为了防御这种攻击，直接页表映射机制将虚拟机的页表页设置为只读权限，从而阻止虚拟机直接修改页表页。虚拟机必须使用虚拟机监控器提供的超级调用接口进行修改。在接收到超级调用请求后，虚拟机监控器将检查此次需要添加或修改的映射是否合法，例如是否使用了其他虚拟机的主机物理地址。如果不合法，将拒绝此次修改。

直接页表映射机制具有以下优点。首先，由于不需要维护影子页表，虚拟机监控器的内存虚拟化模块的实现复杂度将会降低。其次，影子页表机制通过大量缺页异常将虚拟机对客户页表的修改“透明”地同步到影子页表中，这会带来较大的性能开销；而在直接页表映射机制中，由于虚拟机可将对页表的多次修改整合成一次超级调用，因此可实现批量处理的效果并带来一定的性能提升。然而，直接页表映射机制也存在半虚拟化技术本身的缺点，例如需要修改客户操作系统代码。

14.4.3　两阶段地址翻译机制

我们已经了解了影子页表和直接页表映射机制，这些机制可以在硬件中只有一个页表时实现内存虚拟化。本节将介绍如何通过硬件虚拟化技术实现内存虚拟化。

在 ARM 硬件虚拟化拓展中，硬件在 EL2 特权级添加了第二阶段页表（Stage-2 Page Table）。此页表记录客户物理地址到主机物理地址的映射关系。原先虚拟机内使用的页表被称为第一阶段页表（Stage-1 Page Table），记录客户虚拟地址到客户物理地址的映射关系。我们在介绍影子页表机制时提到，虚拟机监控器为每个虚拟机维护一个地址转换表，此表也维护了客户物理地址与主机物理地址的映射关系。影子页表机制中的地址转换表仅仅起着信息维护的作用，在硬件 MMU 翻译时不起作用。与此不同的是，EL2 中的第二阶段页表可被物理 MMU 识别，并参与 MMU 的地址翻译过程。

图 14.15 展示了第二阶段页表的组织形式，该页表最多由 4 级页表页构成。最高级称为 L0，最低级（指向最终物理页）称为 L3。每一级页表页为 4KB，包含 512 个页表项，每一项为 8 字节。每一个有效的页表项存储下一级页表页或内存页的主机物理地址，也存储相关的权限。在 ARM 硬件虚拟化中，虚拟机监控器在运行虚拟机之前，首

先需要将此虚拟机的第二阶段页表页基地址（主机物理地址）写入 VTTBR_EL2 寄存器中，并将 HCR_EL2 系统寄存器的第 0 位（VM 位）设置为 1，这表示打开虚拟机中的第二阶段页表翻译机制。在虚拟机执行的过程中，任何客户物理地址都被硬件 MMU 通过 VTTBR_EL2 指向的第二阶段页表翻译成对应的主机物理地址，整个翻译过程不需要任何虚拟机监控器的介入。

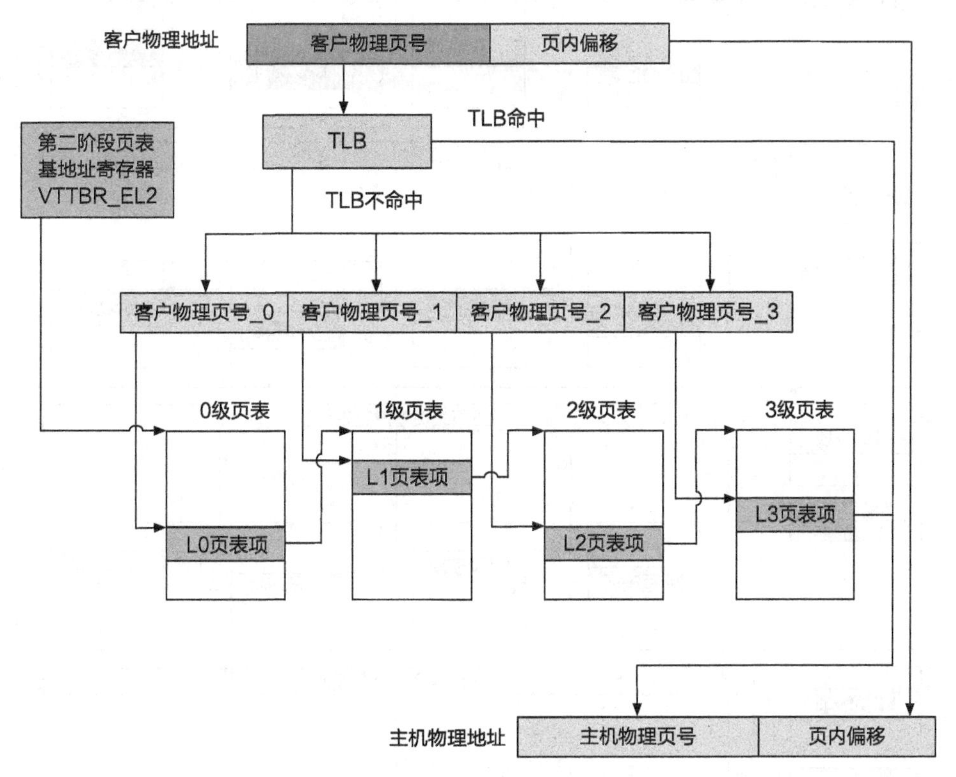

图 14.15　第二阶段页表的组织形式

下面我们详细介绍两阶段的页表如何共同参与地址翻译过程，并将客户虚拟地址翻译成最终的主机物理地址。完整的翻译过程如图 14.16 所示。首先，为了翻译客户虚拟地址，硬件 MMU 需要读取 TTBR0_EL1（或 TTBR1_EL1）寄存器，找到第一阶段页表的基地址。请注意，这个基地址是一个客户物理地址。我们已经知道，任何客户物理地址都必须经过第二阶段页表的翻译。因此，硬件 MMU 将此客户物理地址通过第二阶段页表翻译，得到 L0 页表页的主机物理地址。MMU 再由此主机物理地址进行访存操作并读取第一阶段页表的 L0 页表页的内容。MMU 之后根据客户虚拟地址相应的偏移量，定位第一阶段页表页中相关的项，并得到下一级（L1）页表页的客户物理地址。类似地，MMU 将此客户物理地址翻译成对应的主机物理地址，并得到 L1 页表页的内容。依次类推，4 级页表都会经过这样的翻译过程。L3 页表项中记录了最终内存页的客户物理地址。

此地址依然需要经历第二阶段页表的翻译，得到此客户物理地址对应的主机物理地址并实现访存。在发生 TLB 不命中时，翻译一次客户虚拟地址需要经过最多 24 次访存操作。

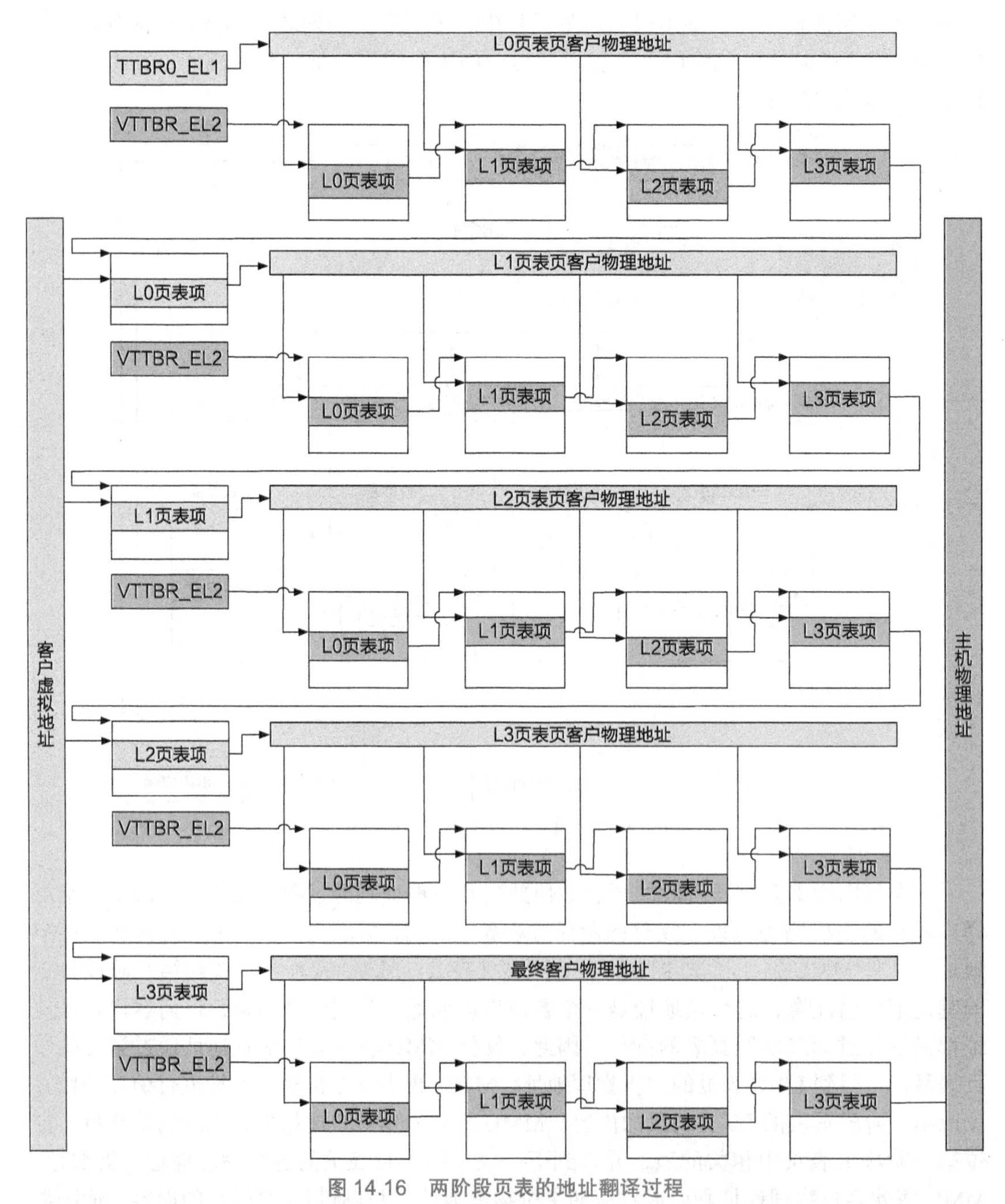

图 14.16　两阶段页表的地址翻译过程

在使用第二阶段页表翻译技术时，虚拟机内缺页异常的处理将会分为两种情况。第一，在客户虚拟机中发生的任何缺页异常不再引起任何虚拟机下陷，硬件将会直接调用客户虚拟机注册的缺页异常处理函数，待处理完之后将恢复执行。第二，发生第二阶段页表相关的缺页异常之后会产生虚拟机下陷，硬件调用虚拟机监控器注册的缺页异常处理函数，虚拟机监控器此时检查引起异常的客户物理地址以及相关权限，确认是否未添加映射或权限不够，并根据具体的情况进行处理。虚拟机监控器处理完成后将恢复虚拟机的正常执行。

硬件虚拟化的第二阶段页表翻译技术有三个优点。首先，第一阶段页表和第二阶段页表将分开维护。客户操作系统在更新页表时不会引起任何虚拟机下陷，因此相对影子页表机制而言，页表的更新性能更好。其次，虚拟机监控器为虚拟机配置的第二阶段页表在虚拟机运行时起作用，不需要为每一个进程单独配置一个页表。因此，这项技术的内存开销较小。最后，在影子页表中，每次缺页异常都下陷到虚拟机监控器，由它检查引起异常的地址之后再决定是虚拟机还是监控器处理。在第二阶段页表翻译技术中，由第一阶段页表和第二阶段页表引起的异常将分别唤醒虚拟机和虚拟机监控器，大大提高了缺页异常的处理性能。

正如我们之前看到的，发生 TLB 不命中时，在最差的情况下，一次客户虚拟地址的翻译将会经过 24 次内存访问，这会带来巨大的性能开销。因此，ARM 体系结构针对 TLB 技术做了相关的优化，使得 TLB 可以直接缓存客户虚拟地址到主机物理地址的映射。

14.4.4　换页和气球机制

假设一台物理主机上的物理内存大小为 48GB。如果需要在这台物理主机上同时运行 4 台虚拟机，其中每一台虚拟机的内存需求为 24GB。这 4 台虚拟机的内存需求加起来达到 96GB，远远超出了物理主机实际物理内存的大小，这种情况被称为内存超售（Memory Overcommitment）。问题是，我们能否使得这 4 台虚拟机同时运行？

我们显然无法做到将这 4 台虚拟机的所有内存数据都存储在物理内存中。在实际运行时，虽然每一台虚拟机需要的内存很大，但每一台虚拟机不会一直使用所需的最大内存数。基于此假设，可使用虚拟内存管理中的换页机制来支撑 4 台虚拟机的同时运行。具体来说，虚拟机监控器可将虚拟机中一部分不常使用的内存数据从内存中移出，保存到持久化的存储设备中，只在内存中保留每一台虚拟机正在使用或频繁使用的内存数据。这样既能在一定程度上保证虚拟机的运行性能，同时也能支撑多个虚拟机的运行。

如何在虚拟机监控器中实现换页机制？具体的步骤如下：

- 第一步：虚拟机监控器决定将某一个内存页的数据拷贝到持久性存储设备之后，首先需要将该内存页所属的虚拟机和客户物理地址信息保存起来。
- 第二步：虚拟机监控器将该页的内存数据拷贝到存储设备。

- **第三步**：虚拟机监控器将此页所属虚拟机的第二阶段页表相关页表项设置为 INVALID。
- **第四步**：虚拟机监控器将此页设置为“空闲”或直接分配给其他虚拟机。

如果虚拟机再次访问该页面，将触发一次第二阶段缺页异常，并唤醒虚拟机监控器。此时虚拟机监控器查询第二阶段页表，发现此客户物理地址对应的页表项为 INVALID。然后查询该页对应的换页信息，最终将数据从存储设备拷贝回内存，更新第二阶段页表并恢复虚拟机的执行。

然而，与操作系统的换页机制相比，虚拟机监控器的换页会遇到语义鸿沟（Semantic Gap）的问题。为什么会有语义鸿沟？虚拟机监控器只能“看到”寄存器或内存中的二进制存储数据，它无法将这些二进制转化成有意义的虚拟机信息。具体来说，在换页的场景下，虚拟机监控器很难知道虚拟机内的哪些页在未来一段时间内不会被使用，也很难知道哪些页在下一刻会被使用。因此，虚拟机监控器难以高效地提供透明的换页机制，从而将真正不用的内存保存到存储设备中。最极端的情况是，虚拟机监控器刚将某虚拟机的内存页换页到存储设备，不久，客户操作系统也决定将该页换页到存储设备。此时虚拟机监控器首先需要将该页的数据重新从存储设备加载回内存，并恢复第二阶段页表的映射，之后虚拟机读取该内存页数据，最后把数据保存至存储设备中。

导致这种低效率的原因是虚拟机内部缺乏和虚拟机监控器的沟通机制。一种解决方案是让客户操作系统通知虚拟机监控器哪些内存在未来一段时间内不会被使用。具体来说，可使用半虚拟化的方式为客户操作系统提供超级调用的接口，并修改客户操作系统内核中的代码，让它不断（或在某一个特定时刻）通知虚拟机监控器哪些内存一段时间内不会被使用。通过这种方式，虚拟机监控器就可以有针对性地将这些内存页换页到存储设备中。尽管这种方式有效，但是会对操作系统内核做较大的修改，因此不是一种优雅的方法。

真正优雅的解决方案是内存气球（Memory Ballooning）。这种方案的关键思路是在客户操作系统内核插入一个伪装的驱动。该驱动不会为内核其他模块提供任何有意义的功能，它的实际目的是和虚拟机监控器互相配合，并根据虚拟机监控器的要求，不断使用客户操作系统内核的接口分配或释放内存。之后，气球驱动将分配内存的客户物理地址通知虚拟机监控器，由于这些内存页都是气球驱动独占的空闲页面，因此虚拟机监控器无须保存或恢复这些内存，可以直接将其交给其他虚拟机或其他系统服务使用。

内存气球的具体使用方式如图 14.17 所示。首先，虚拟机监控器需要给虚拟机 2 分配更多内存，因此它通知虚拟机 1 中的气球驱动，让该驱动调用客户操作系统提供的内存分配接口分配大量内存（这一步很像气球膨胀的过程）。这些内存并不会被气球驱动直接使用，在得到这些内存之后，驱动会将这些内存对应的客户物理地址发送给虚拟机监控器。此后虚拟机监控器将虚拟机 1 传递的内存映射给虚拟机 2，并通知虚拟机 2 中的气球驱动。由于此气球驱动曾经执行气球膨胀的步骤，所以它会将之前分配的内存通过接口释放给操作系统内核（这一步很像气球收缩的过程）。

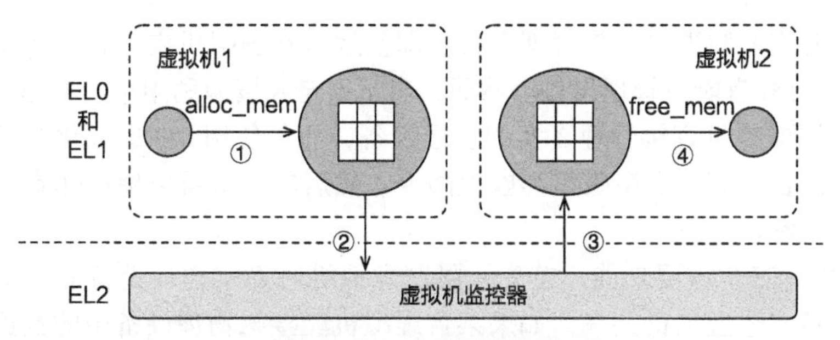

图 14.17　内存气球机制

内存气球方式之所以有效，是因为它巧妙地直接利用操作系统内核提供的内存管理接口。分配的内存都是操作系统内核维护的、未被任何模块使用的内存。这些内存在被气球驱动得到之后，在未来一段时间内也不会被其他模块使用，因此可以安全地交给虚拟机监控器。通过这种方式，可以有效地避免之前遇到的两次换页的情况。此外，气球驱动器的写法非常简单，仅仅需要调用操作系统提供的接口，无须对操作系统内核做较大修改。因此，内存气球的方法既简单又高效。

14.4.5　小结

在本节，我们主要介绍了实现内存虚拟化的三种技术，这些技术依然可以分为两大类，如表 14.4 所示。在硬件虚拟化技术出现之前，主要通过影子页表和直接页表映射两种机制实现内存虚拟化，这两种机制在使用时也要与 14.3 节介绍的技术相配合。例如，影子页表机制需结合软件模拟的方法以便捕捉“安装页表”或“修改页表”的指令，直接页表映射机制则需与半虚拟化技术提供的超级调用接口同时使用。在硬件虚拟化技术出现之后，内存虚拟化主要依托于硬件提供的第二阶段地址翻译机制，第一阶段页表与第二阶段页表的维护被分开。

表 14.4　内存虚拟化技术总结

软件技术	硬件虚拟化技术
影子页表	第二阶段地址翻译
直接页表映射	

14.5　I/O 虚拟化

本节主要知识点

- I/O 虚拟化的功能是什么？
- 如何通过软件模拟、半虚拟化、设备直通的方式实现 I/O 虚拟化？
- 上述三种技术的优缺点分别是什么？
- SR-IOV 和 IOMMU 是如何工作的？

操作系统的重要职责之一是管理设备。即使运行在虚拟机内，客户操作系统也依然“认为”自己需要并有能力管理设备。然而，出于安全和资源利用率的考虑，虚拟机监控器通常并不允许虚拟机直接管理真实的物理设备，而是使用I/O虚拟化技术为虚拟机提供一个“假”设备，例如虚拟磁盘和虚拟网卡，然后虚拟机可以像操作真的设备那样去操作这些虚拟设备。

I/O虚拟化有三个重要功能。首先，限制虚拟机对真实物理设备的直接访问。物理设备通常需要被多个虚拟机共享，如果某台虚拟机能接触物理设备中的数据，将严重威胁其他虚拟机甚至宿主机的安全。试想一下，如果某台虚拟机有权限直接管理物理硬盘，那么直接格式化硬盘会如何（假设系统只有一个硬盘）？其次，为每个虚拟机提供虚拟设备接口。以磁盘设备举例，磁盘的起始扇区位置通常存储着重要信息，例如**主引导记录**（Master Boot Record，MBR）或**全局唯一标识分区表**（GUID Partition Table，GPT）。I/O虚拟化为虚拟机提供虚拟设备的接口，例如将虚拟机对虚拟1号扇区的访问请求翻译至物理磁盘设备的对应扇区，从而读取MBR数据。最后，提高物理设备的资源利用率。以网卡设备为例，一台虚拟机也许不能占满物理网卡的网络带宽，但如果有多台虚拟机同时使用网卡，就可以有效地提高网卡的带宽利用率。

I/O虚拟化主要有三种实现方式：软件模拟（全虚拟化）方法、半虚拟化方法以及设备直通方法。这三种方法各有优缺点，下面我们将依次介绍。

14.5.1 软件模拟方法

软件模拟的I/O虚拟化需借助模拟或硬件虚拟化方法捕捉原生驱动（即未经修改的与设备配备的驱动程序）的硬件指令，之后在虚拟机监控器内模拟虚拟设备的行为，并为虚拟机提供I/O服务。软件模拟的I/O虚拟化通常作用于机器指令层，它不要求对驱动程序做任何修改，客户操作系统可使用原生驱动程序与设备进行交互。因此软件模拟的I/O虚拟化方法也属于全虚拟化技术范畴。

对于磁盘设备，一种常见的软件模拟方案是虚拟机监控器将文件作为一台虚拟机的虚拟磁盘，并将虚拟磁盘的扇区位置映射为文件内的偏移量。因此，读取或写入虚拟磁盘的某个扇区会被翻译成对文件相关偏移位置的数据访问。

我们已经学习了操作系统与设备交互的三种方法：**内存映射I/O**（Memory Mapped I/O，MMIO）、**直接内存访问**（Direct Memory Access，DMA）、**中断**（Interrupt）。基于软件模拟的I/O虚拟化方法需要捕捉客户操作系统对虚拟设备的每次请求，并采用软件的方法模拟上述三种交互。我们以主流虚拟机监控器QEMU/KVM[⊖]中的网卡虚拟化为例来介绍这项技术。KVM捕捉每次客户操作系统对虚拟网卡的请求，并将其中大部分请求转发到QEMU中。QEMU之后为虚拟机提供虚拟网卡的模拟。例如，如果客户操作系统需要

⊖ 我们将在14.7节对QEMU和KVM展开更详细的介绍。

发送网络包，QEMU 应该通过模拟 DMA 的方式从虚拟机内存中读取网络包数据，并借助物理网卡发送出去。由于不同网卡中的 MMIO 寄存器布局以及功能不同，因此 QEMU 需要针对不同网卡（如 RTL8139、Intel E1000）提供相应的模拟。

图 14.18 展示了 QEMU/KVM 通过软件模拟实现网络 I/O 虚拟化的简要步骤：

- 第一步：客户操作系统的网络协议栈在内存中生成网络包数据，并调用网卡原生驱动。
- 第二步：网卡驱动写入网卡 MMIO 地址，触发发送网络包的操作并生成一次 DMA 写请求。由于 MMIO 的客户物理地址已经在第二阶段页表中被映射成缺页，所以每次 MMIO 都会触发缺页异常并下陷进入 KVM 中。
- 第三步：KVM 读取引发下陷的客户物理地址，发现虚拟机正在执行 DMA 写操作，于是将这次引发下陷的客户物理地址等信息写入与 QEMU 进程共享的内存区域（KVM 中的 `run->mmio.data` 指向的内存），之后将控制流转至用户态的 QEMU。
- 第四步：QEMU 根据引发 MMIO 的客户物理地址发现访问的 MMIO 地址属于某种虚拟网卡。因为 QEMU 进程和虚拟机共享内存，所以它可以读取此 MMIO 内存中存储的 DMA 命令与地址。注意此处的 DMA 并不是物理 DMA，而是通过 QEMU 模拟的 DMA 操作——QEMU 直接从虚拟机内存中读取第一步网卡驱动生成的网络包数据。
- 第五步：用户态 QEMU 发起系统调用，将数据传入宿主机内核。
- 第六步：内核将数据发送至物理网卡的驱动程序，并借助物理网卡发送出去。
- 第七步：控制流回到用户态 QEMU。
- 第八步：QEMU 发现数据已经发送出去，决定向虚拟机中插入虚拟中断[⊖]，以通知其 DMA 操作已经完成。最终 KVM 恢复虚拟机的执行，同时插入虚拟中断。

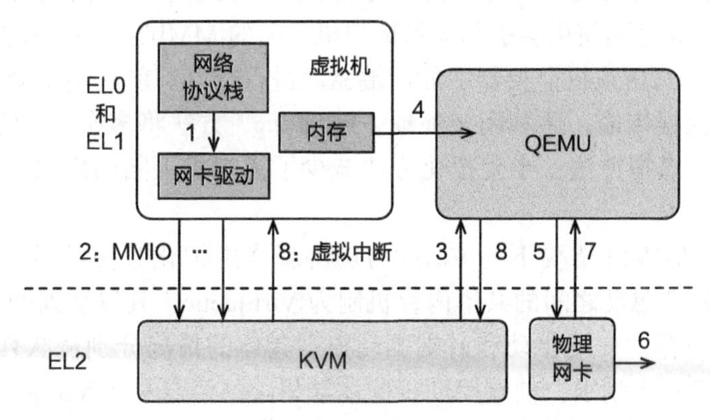

图 14.18　QEMU/KVM 通过软件模拟实现网络 I/O 虚拟化

⊖ 插入虚拟中断指虚拟机监控器通过软件模拟或硬件虚拟化调用客户操作系统注册在 VBAR_EL 中的中断处理函数。

小知识：Linux 虚拟网络设备——TAP 虚拟网卡与 Bridge 交换机

内核接收到 QEMU 的数据后，还需将网络包发送到以太网中，此过程通常借助 Linux TAP 虚拟网卡和 Bridge 交换机来实现。TAP 设备是在 Linux 内核中用软件实现的“假”网卡，虽然是由软件实现的，但也具备“真”网卡的功能。例如，它既能发送网络包也能接受网络包，还可以配置 IP 地址。TAP 设备与物理网卡不同的地方在于网络包的产生位置。对于物理网卡而言，网络包由本机之外的其他机器产生，物理网卡接收到之后交给驱动程序和网络协议栈处理。而对于 TAP 设备而言，网络包由某个用户态进程产生，发送给 TAP 之后再由驱动程序和网络协议栈处理。因此，TAP 设备包含两个部分，一个是字符设备，另一个是网络设备。字符设备负责与用户态交互，由用户态提供 TAP 设备的网络包；而网络设备则负责接入 Linux 的网络设备管理模块，比如可以接入 Linux Bridge 交换机。当 Linux Bridge 同时与物理网卡以及 TAP 网卡连接时，来自 TAP 的网络包可通过 Bridge 转发给物理网卡，并通过物理网卡发送至以太网。

由于软件模拟的 I/O 虚拟化方法直接作用于机器指令层，因此不需要修改操作系统和驱动程序的源代码，可直接使用已有的驱动程序。然而，如图 14.18 所示，每次 MMIO 的读写都会造成虚拟机下陷，所以该方法在使用虚拟设备运行时会带来较大的性能开销。

14.5.2　半虚拟化方法

为了优化 I/O 虚拟化的性能，我们可使用 14.3.5 节介绍的半虚拟化方法。在半虚拟化方法中，虚拟机不需要使用与特定设备对应的原生驱动程序，而是安装更为高效的前端驱动程序。前端驱动不使用会引起大量虚拟机下陷的 MMIO 接口，而是使用 PV（Para-virtualization）接口与虚拟机监控器中的后端驱动进行交互。前后端驱动之间不仅通过共享内存机制进行数据传输，还利用**批处理**（Batching）方法将多次 I/O 请求整合为一次。因此，相对于软件模拟方法，半虚拟化方法减少了虚拟机下陷的次数，提升了 I/O 虚拟化的性能。

我们以 QEMU/KVM 架构下的 Virtio 为例解释半虚拟化方法的具体实现。在 Virtio 中，前端驱动和后端驱动之间的共享内存机制为 Virtqueue，其以队列的形式组织前后端驱动之间的共享内存。前端驱动和后端驱动根据具体的情况分别从队列两端读写信息。例如对于一次磁盘写入请求，前端驱动将此请求相关的信息写入 Virtqueue，而后端驱动从 Virtqueue 中读取信息并得到最终写入的数据。

图 14.19 展示了 KVM 中虚拟网络包的发送流程：

- 第一步：前端驱动程序将多次网络包数据按序写入 Virtqueue。

- 第二步：前端驱动程序发起超级调用[⊖]，造成虚拟机下陷，控制流进入 KVM。
- 第三步：KVM 读取超级调用参数，并将控制流转发至用户态的 QEMU 进程。
- 第四步：QEMU 根据 KVM 传入的信息，直接从共享的 Virtqueue 中读取描述符信息，得到这些网络包所在的客户物理地址。QEMU 将这些地址转化成对应的主机虚拟地址，最终得到网络包的数据。
- 第五步：用户态 QEMU 发起系统调用，将数据传入宿主机内核。
- 第六步：内核将数据发送至物理网卡驱动，并借助物理网卡发送出去。
- 第七步：控制流回到用户态 QEMU。
- 第八、九步：控制流回到虚拟机中，并插入虚拟中断。

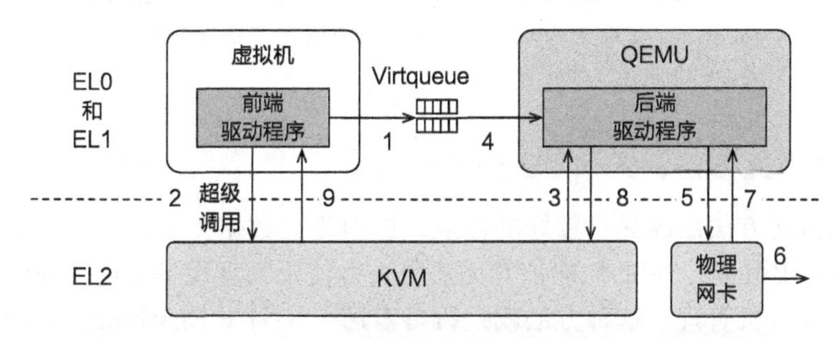

图 14.19 KVM Virtio 利用半虚拟化方法实现 I/O 虚拟化

读者可能会感到奇怪，半虚拟化流程和全虚拟化流程差不多，数据传输也是通过共享内存完成，为什么它的性能会优于全虚拟化方法？原因可分为两个方面。一方面，软件模拟（全虚拟化）方法会带来较大的性能开销，是因为它需要使用设备提供的 MMIO 接口。不仅客户操作系统每次读写 MMIO 会造成虚拟机下陷，而且多次 MMIO 访问只能传输少量的数据（例如一个网络包）。而在半虚拟化中，多次网络包数据可同时被放置于共享内存中，而这些数据传输只需使用一次超级调用。这种批量处理的方式减少了虚拟机下陷的次数，从而提高了 I/O 虚拟化的性能。另一方面，在半虚拟化方法中，同一类设备通常共享一组前后端驱动，不再需要为具体设备维护对应驱动，因而大大减少了驱动的数目。此外，简单的 PV 接口也使得前后端驱动的实现复杂度降低，因而更不易包含安全漏洞。因为驱动数目较少且驱动简单，另一种半虚拟化 I/O 实现方法是将后端驱动直接运行在 EL2 中，如图 14.20 所示的 Linux vhost 架构。这种架构减少了 KVM 与 QEMU 之间的特权级切换次数，能够进一步提升 I/O 虚拟化的性能。

半虚拟化方法的缺点依然在于需要修改客户操作系统的源码。为了添加前端驱动程序，半虚拟化方法需要修改客户操作系统，这对于源码不开源的操作系统来说较为困难。

⊖ 实际上这里的超级调用可以用其他方式替代，例如访问前后端驱动约定好的 MMIO 地址，由于该地址未在第二阶段页表中映射，会触发一次虚拟机下陷。

不过目前 Virtio 已经成为一种标准，越来越多的操作系统（例如 Windows）已经提供对 Virtio 的支持，因而半虚拟化方法的 I/O 虚拟化得到了越来越广泛的认可。

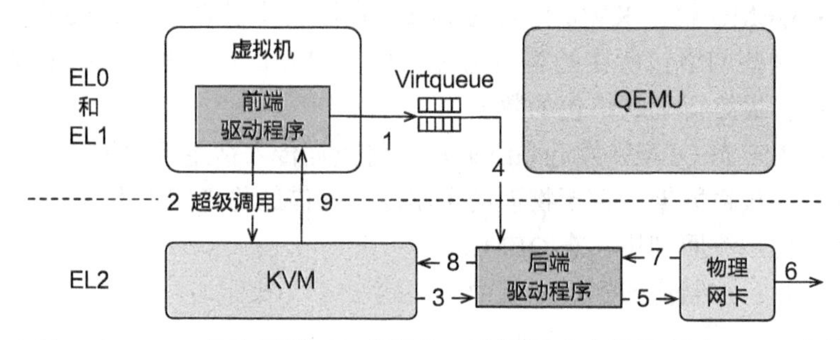

图 14.20　vhost-net 架构下的 I/O 虚拟化。后端驱动直接运行在 Linux 内核中，减少 I/O 路径上的特权级切换次数

14.5.3　设备直通方法：IOMMU 和 SR-IOV

尽管半虚拟化方法已经具备较好的性能，但因为在数据传输过程中偶尔会发生虚拟机下陷（超级调用引起），它的性能依然无法与直接使用物理设备相比。我们能否直接将物理设备交给虚拟机管理？这种方法就是**设备直通**（Device Passthrough，也称为设备透传）的 I/O 虚拟化方法。设备直通意味着物理设备从虚拟机监控器的管理中脱离，直接由虚拟机中的原生驱动程序进行管理。这种虚拟化方法的优势显而易见：虚拟机在使用设备时不需要任何虚拟机监控器的参与，所以与软件模拟或半虚拟化方法相比，该方法大大提升了 I/O 虚拟化的性能。

如图 14.21 所示，物理主机上有一块多余的存储设备。在系统启动时，该设备由虚拟机监控器的驱动程序管理。为了加速 I/O 虚拟化，虚拟机监控器选择将此存储设备直通给虚拟机 A 管理。而虚拟机 B 和 C 依然通过半虚拟化或设备模拟的方法共享另一个存储设备。通过该方法，虚拟机驱动程序在与设备交互时，不会有任何虚拟机下陷，因而大大减少了因为下陷引起的开销。

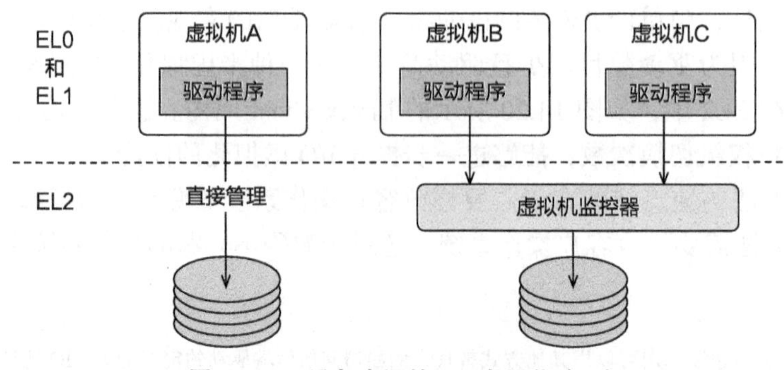

图 14.21　设备直通的 I/O 虚拟化（一）

无论使用全虚拟化还是半虚拟化方法，虚拟机与 I/O 设备交互的数据都需首先拷贝到虚拟机监控器控制的缓存中，之后才会拷贝到设备或虚拟机内。拷贝数据之前，虚拟机监控器需要将客户物理地址翻译成主机物理地址，并检查地址的合法性。然而，在虚拟机和物理设备直接交互时，由于缺少虚拟机监控器的中间翻译，驱动程序在发起 DMA 操作时使用的地址只能是物理设备能够理解的主机物理地址（否则将无法完成 DMA 操作）。

如图 14.22 所示，虚拟机 A 的驱动程序请求一次物理设备的 DMA 操作，要求物理设备将数据拷贝至某个主机物理地址。如果此主机物理地址指向的内容属于其他虚拟机甚至虚拟机监控器，那么此时的 DMA 操作可以恶意读写不属于虚拟机 A 的内存。因此，如果允许虚拟机直接使用主机物理地址与物理设备交互，可能会严重威胁整个系统的内存安全。

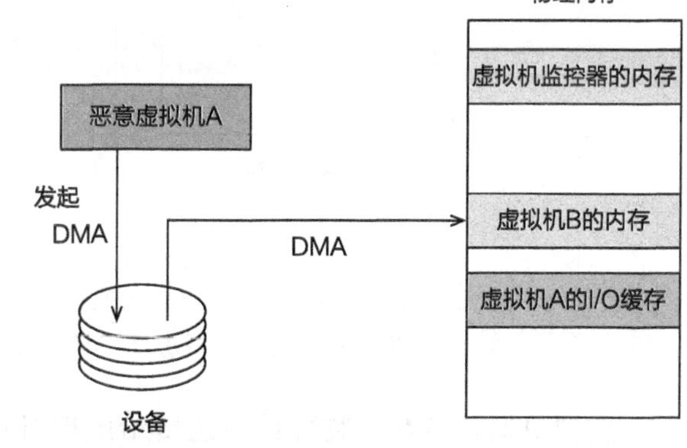

图 14.22　设备直通的 I/O 虚拟化（二）

我们可以使用第 13 章介绍的 IOMMU（I/O Memory Management Unit）来解决这个问题。与 MMU 类似，IOMMU 也提供第二阶段地址翻译机制，将设备使用的客户物理地址翻译成主机物理地址，并在翻译过程中进行权限检查。为了限制直通物理设备对任意主机物理地址的非法访问，虚拟机监控器首先需要为此设备配置 IOMMU 第二阶段页表，以在页表中维护客户物理地址到主机物理地址的映射关系。在设备进行 DMA 操作时，DMA 的所有客户物理地址都会被 IOMMU 页表翻译成主机物理地址，并进行访存操作。如果恶意的虚拟机试图通过 DMA 访问不属于它的内存区域，IOMMU 翻译时将检查出缺页或权限不足等错误，并通知虚拟机监控器进行处理。

由于 DMA 攻击属于一种通用类型的问题，几乎所有的厂商都提供了相对应的 IOMMU 实现方案以解决该问题，例如 Intel 的 VT-d、AMD 的 AMD-Vi、ARM 的 SMMU 等。我们以 ARM 中的 SMMU（System Memory Management Unit）为例对 IOMMU 进行解释。与 MMU 存储两阶段页表基地址类似，SMMU 也存储着一个名为 Stream Table 的数据结构，此数据结构包含不同设备的两阶段页表基地址。为了使用 SMMU 的地址翻译机制，虚拟机监控器需要配置 Stream Table 中的页表映射，并将 Stream Table 的基地址记录在 SMMU_STRTAB_BASE 寄存器中。Stream Table 为每一个设备都维护了两阶段页表基地址，其以表的结构进行组织，表中每项对应一个设备，名为 Stream Table Entry（STE），如图 14.23 所示。STE 中的 S2TTB 指向此设备所使用的第二阶段页表基地址。STE 中的 S1ContextPtr 是一组 Context Descriptor 列表的指针，每个 Context Descriptor 包含两个第一阶段页表基地址（与 AArch64 中的 TTBR0_EL1 和 TTBR1_EL1 类似）。

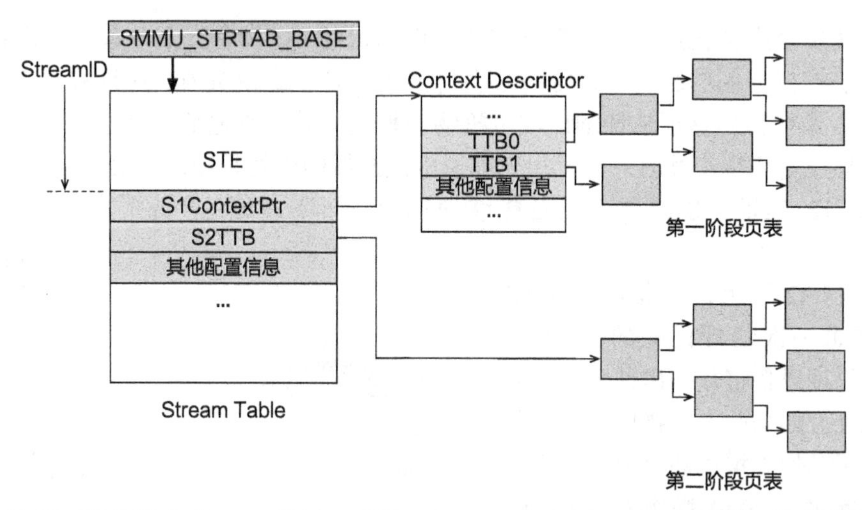

图 14.23 SMMU 中 Stream Table、STE、Context Descriptor 的关系[5]。其中使用的第一阶段和第二阶段页表结构与前文提到的页表结构完全一致

虚拟机监控器在将物理设备透传给虚拟机直接管理前，需要根据情况配置第二阶段页表，在此页表中限定该设备能访问的主机物理地址范围以及相关权限。图 14.24 展示了 SMMU 进行地址翻译的简要步骤：

- 第一步：驱动发起一次 DMA 操作，并指定此次 DMA 所需访问的内存地址㊀、大小、属性（例如读操作还是写操作）。
- 第二步：SMMU 使用设备标识符定位 Stream Table 中对应的 STE。
- 第三步：根据 STE 的信息得到第一和第二阶段页表基地址㊁。
- 第四步：进入地址翻译阶段，首先根据 DMA 地址等信息查询 TLB。若 TLB 中已经存在翻译完的映射，就直接得到最终的主机物理地址，直接跳到第六步；若发生 TLB 不命中，则进入第五步。
- 第五步：根据页表和 DMA 地址进入相应的地址翻译过程，并得到主机物理地址。
- 第六步：根据主机物理地址读取或写入内存。

在本节最开始介绍的设备直通场景里，我们假设虚拟机可独占一个完整的物理设备。然而，这种方式在实际生产环境中是很难发生的，因为其有三个问题。首先，如果允许每台虚拟机独占一个物理设备，这会大大提高经济成本。其次，一台物理主机中能够运行的虚拟机数目通常较多，而物理主机中能支持的物理设备的数目少于虚拟机个数，这意味着某些虚拟机不能享受设备直通的优越性能。最后，允许一台虚拟机独占物理设备

㊀ 可能是虚拟地址也可能是客户物理地址。

㊁ 在实际使用时，SMMU 可只使用第一阶段翻译或只使用第二阶段翻译，也可以两者同时使用。这是由 STE 中的配置信息决定的。

不利于提高物理资源的利用率，虚拟机一般无法使用完物理设备的所有资源，例如虚拟机很难每时每刻都消耗掉一张网卡的所有带宽。我们该如何解决这些问题？答案就是使用 SR- IOV（Single Root I/O Virtualization）技术。

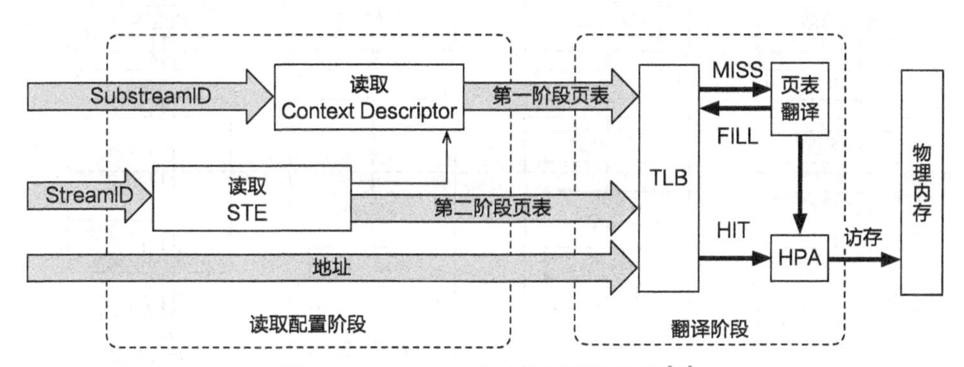

图 14.24 SMMU 中的地址翻译过程[5]

SR-IOV 是一个标准化规范，满足 SR- IOV 规范的设备能够在硬件层面实现 I/O 虚拟化。具体来说，该物理设备可创建一个“真身”和多个“分身”，“真身”称为 Physical Function（PF），“分身”称为 Virtual Function（VF）。虚拟机监控器使用 PF 创建和管理 VF，并将每个 VF 直通给一台虚拟机管理。虚拟机通过 DMA、MMIO 等方式与 VF 直接交互，在数据传输的过程中不会下陷到虚拟机监控器中。设备在硬件层面实现 VF 之间的隔离，虚拟机监控器也需要使用 IOMMU 限制每个 VF 能访问的主机物理地址。

在使用 SR- IOV 和 IOMMU 之后，每台虚拟机可独占式地使用直通设备，在数据传输过程中避免虚拟机下陷，从而提升 I/O 虚拟化的性能。然而，由于 I/O 过程完全绕开虚拟机监控器，虚拟机监控器无法在任意时刻检查虚拟机的状态，因而难以支持虚拟机热迁移以及虚拟机安全自省等功能。

14.5.4 小结

表 14.5 总结了本节介绍的三种 I/O 虚拟化方法，基于软件的技术包括软件模拟与半虚拟化，基于硬件虚拟化的技术为设备直通。图 14.25 进一步展示了四种 I/O 虚拟化方法的架构对比（其中半虚拟化方法分成两种子类型）。软件模拟方法（图 14.25a）作用于硬件指令层，因而可以透明地提供对虚拟 I/O 设备的支持。由于大量的虚拟机下陷以及无法批量传输大量 I/O 数据，该方法的性能并不理想。半虚拟化方法通过主动降低透明性来换取性能的提升（图 14.25b），也可以通过将后端驱动直接运行在内核态来进一步提升性能（图 14.25c）。与基于软件的方法不同，设备直通可以安全而高效地将某个物理设备以 VF 的形式直通

表 14.5 I/O 虚拟化技术总结

软件技术	硬件虚拟化技术
软件模拟方法	设备直通（IOMMU 和 SR- IOV）
半虚拟化方法	

给一台虚拟机使用，从而进一步提升 I/O 虚拟化的性能（图 14.25d）。

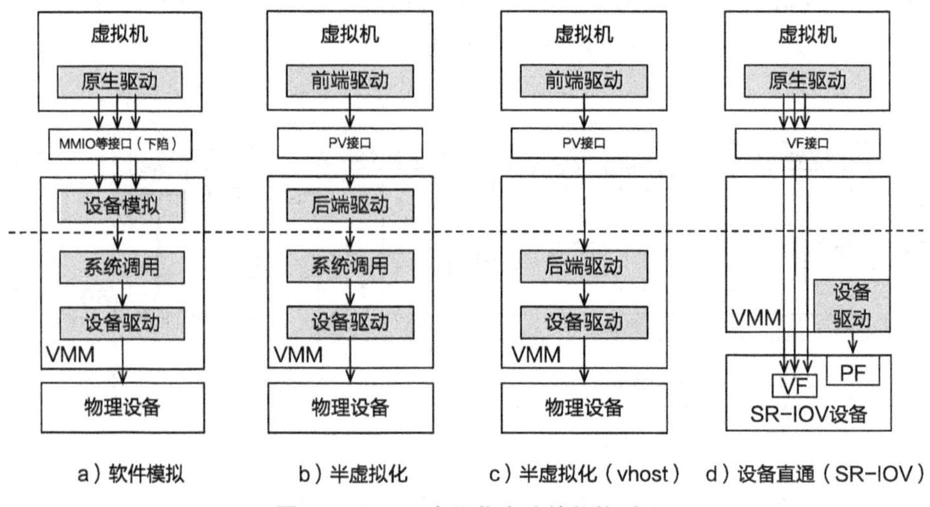

图 14.25　I/O 虚拟化方法的架构对比

14.6　中断虚拟化

本节主要知识点

- 如何在 AArch64 架构中实现中断虚拟化？

中断是操作系统与设备交互时必不可少的机制。在完成某任务后，设备可通过中断异步地通知 CPU，以便其进行后续操作。例如，当网卡设备接收到网络包时，它可发送中断异步地通知 CPU，CPU 随后调用操作系统注册在 VBAR_ELx 寄存器中的中断处理函数。

在非虚拟化场景中，来自设备的中断直接唤醒操作系统配置的中断处理函数。虚拟化场景中的中断传输情况稍显复杂，分为两种类型，一种是物理中断，一种是虚拟中断。物理中断由物理设备直接产生，交给虚拟机监控器处理。虚拟机监控器一般不允许设备直接将物理中断发送给虚拟机，这主要是因为物理设备的中断不一定和某个虚拟机直接相关，例如，有可能此时网卡收到的网络包属于另一个没有运行的虚拟机。虚拟中断不由物理设备直接产生，而由虚拟机监控器（或下文介绍的 ITS）产生并传递给虚拟机。

在推出硬件虚拟化技术之前，中断虚拟化需通过软件模拟的方式实现。一方面，软件模拟方法中的所有中断寄存器本质上都是内存中的状态，这些虚拟寄存器的状态改变需要由虚拟机监控器维护。对于虚拟机而言，寄存器所在的内存必须被设置为不可访问。

因此，如果虚拟机需要访问相关寄存器（例如读取 ICC_IAR1_EL1 寄存器以获得当前中断号），将触发异常并进入虚拟机监控器，虚拟机监控器之后模拟寄存器的访问过程（如将读取结果写入目标寄存器）。另一方面，在插入虚拟中断时，虚拟机监控器直接调用虚拟机内的中断处理函数。之后，虚拟机读取 ICC_IAR1_EL1 寄存器获取中断号，并处理中断。通过软件模拟的方法实现中断会带来较多的虚拟机下陷，因而性能较差。

为了优化中断虚拟化的性能，ARM GIC（Generic Interrupt Controller）在第二版中增加了对中断虚拟化的硬件支持。自此之后，虚拟机监控器可以为虚拟机配置硬件实现的虚拟寄存器，虚拟机可使用这些寄存器控制中断的行为（例如开关中断）。虚拟机在访问这些寄存器时不会产生任何虚拟机下陷。此外，插入中断的方式也得到了优化。虚拟机监控器可以使用 GIC 提供的接口插入中断，此中断将在 CPU 恢复虚拟机执行时由硬件自动插入并直接调用对应的中断处理函数。

硬件虚拟化中的虚拟中断插入过程

当物理设备产生物理中断并发送到某一个物理核时，如果此时虚拟机正在运行，将会引起该虚拟机下陷。在处理完此物理中断后，虚拟机监控器判断出该物理中断相关的 I/O 数据需要传输给某虚拟机。因此，它先将数据拷贝进虚拟机内存区域，并向此虚拟机插入虚拟中断。为了插入虚拟中断，虚拟机监控器在 GICH_LR<n>_EL2 寄存器中写入该虚拟中断的信息，例如中断号和优先级等。之后，虚拟机监控器恢复 vCPU 的执行，在这一时刻，硬件自动根据 GICH_LR<n>_EL2 中的信息向 vCPU 插入一个中断，并调用其中断处理函数。在虚拟机处理该中断的过程中，写入 GICC_EOIR1_EL1 等寄存器时不会触发任何虚拟机下陷。

上述中断虚拟化方法虽然已经大大提升了虚拟机在处理中断时的性能，但每次触发物理中断时依然会引起虚拟机下陷。尤其是当设备已经直通给虚拟机时，由物理中断产生的下陷会对虚拟机的 I/O 性能产生较大的影响。为了解决该问题，不同体系结构推出了新的中断虚拟化技术，允许物理设备直接向虚拟机发送物理中断（不产生虚拟机下陷）。这种技术在 Intel 体系结构下被称为 Posted Interrupt，它的转发机制主要由 IOMMU 实现。在 AArch64 体系结构下，这种中断由 GIC 的 ITS（Interrupt Translation Service）实现。

在调度虚拟机之前，虚拟机监控器配置 ITS 中的中断翻译表（Interrupt Translation Table，ITT）等信息，将直通设备的物理中断映射成某个虚拟中断。直通设备发送物理中断后，GIC 查询中断翻译表等信息，并将物理中断的信息翻译成对应的虚拟中断。之后，GIC 直接将该虚拟中断插入对应的虚拟机，并调用客户操作系统注册的中断处理函数。处理此中断的过程与非虚拟化场景下完全一致，不会产生任何虚拟机下陷。因此，使用该技术之后，物理中断的产生、翻译、插入和处理过程不需要虚拟机监控器的介入，完全由设备和 GIC ITS 配合完成，可进一步提升中断虚拟化的性能。

14.7　案例分析：QEMU/KVM

本节主要知识点

- ❑ KVM 的接口是什么？如何在用户态使用这些接口？
- ❑ KVM 和 QEMU 如何协同工作？
- ❑ KVM 的运行机制是什么？

KVM（Kernel-based Virtual Machine）是运行在 Linux 内核中的硬件虚拟化管理模块，用户态的程序可通过 KVM 暴露的用户态接口使用硬件虚拟化的功能。图 14.26 展示了 KVM 与用户态程序以及虚拟机的关系。首先，在用户态程序运行之前，KVM 通过 Linux 在 /dev 目录下注册并初始化 kvm 设备文件。之后，运行在 EL0 的用户态程序可通过 `ioctl` 等系统调用与 /dev/kvm 设备文件交互，以调用内核态 KVM 的 API。KVM 收到 API 调用后，在 Linux 内核中创建相应的虚拟机、vCPU、第二阶段页表等数据结构。如图 14.26 所示，此用户态程序调用了 KVM 的 KVM_SET_USER_MEMORY_REGION API 后，KVM 据此建立该虚拟机的第二阶段页表。在此程序调用 KVM_RUN API 时，KVM 使用 `eret` 指令进入某 vCPU 相关的代码位置开始执行。

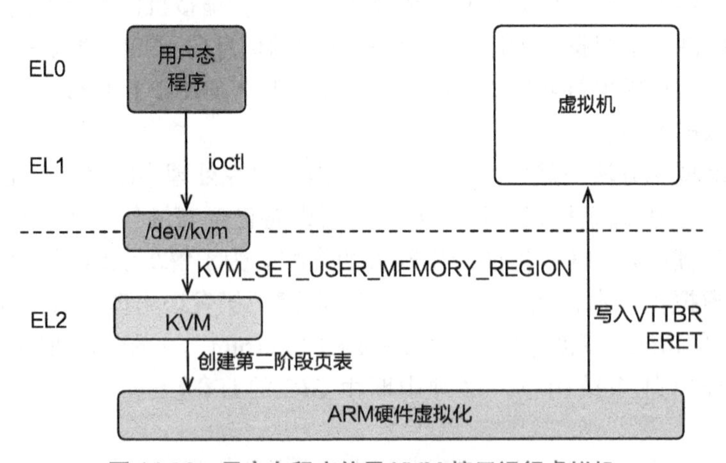

图 14.26　用户态程序使用 KVM 接口运行虚拟机

14.7.1　KVM API 和一个简单的虚拟机监控器

KVM 向用户态提供了 100 多个不同的 API，以便用户态的程序对虚拟机进行管理（表 14.6 展示了其中 7 个重要的 API）。通过这些 API，用户态程序可以完成创建虚拟机、创建虚拟机内的 vCPU、设置 vCPU 的寄存器状态等操作。读者可能会认为写一个虚拟机监控器非常复杂，实际上，通过 KVM 的 API，使用短短几十行代码，我们就可以创建一个非常简单的虚拟机监控器。

表 14.6　部分 KVM API

API	解　释
KVM_GET_API_VERSION	查看 KVM API 的版本号
KVM_CREATE_VM	在 KVM 内创建一个空的虚拟机，该虚拟机没有 vCPU
KVM_CREATE_VCPU	在某虚拟机内创建一个 vCPU
KVM_GET_ONE_REG	读取某个 vCPU 中特定寄存器的值
KVM_SET_ONE_REG	设置某个 vCPU 中特定寄存器的值
KVM_SET_USER_MEMORY _REGION	设置虚拟机的一块客户物理地址区域
KVM_RUN	运行某个 vCPU

代码片段 14.2 展示了一段简化的虚拟机监控器和虚拟机的代码。这段代码的逻辑主要分成以下五步（注意，此处虚拟机监控器没有打开虚拟机内的页表功能，所以使用了客户物理地址）：

- **第一步**：使用 open 系统调用打开 /dev/kvm 设备文件，并得到此文件的文件描述符。
- **第二步**：创建虚拟机，并将 vm_code 中保存的虚拟机二进制代码映射到 0x6000 的客户物理地址。
- **第三步**：创建 vCPU，并不断调用 KVM_SET_ONE_REG 依次初始化通用寄存器的值（例如 X0）。其中最重要的是将 PC 寄存器的值设置为 0x6000，也就是即将执行二进制代码的起始位置。
- **第四步**：使用 KVM_RUN　API 执行虚拟机的代码。
- **第五步**：处理虚拟机下陷，处理完成后，通过 KVM_RUN 从中断处继续执行虚拟机。

代码片段 14.2　使用 KVM API 实现一个简单的运行在用户态的 Type-2 虚拟机监控器（这段代码省略了一些变量声明与系统调用错误处理的过程）

```
 1 int main(void)
 2 {
 3   const uint8_t vm_code[] = {
 4     //virtual machine binary code
 5   };
 6   struct kvm_run *run;
 7   //其他变量声明省略
 8
 9   kvm = open("/dev/kvm", O_RDWR | O_CLOEXEC);
10   vmfd = ioctl(kvm, KVM_CREATE_VM, (unsigned long)0);
11
12   //分配一个页对齐的内存位置，用来存储代码
13   mem = mmap(NULL, 0x1000, PROT_READ | PROT_WRITE,
14              MAP_SHARED | MAP_ANONYMOUS, -1, 0);
15   memcpy(mem, vm_code, sizeof(vm_code));
```

```
16
17    // 将此代码页映射到 0x6000 的客户物理地址
18    struct kvm_userspace_memory_region region = {
19      .slot = 0,
20      .guest_phys_addr = 0x6000,
21      .memory_size = 0x1000,
22      .userspace_addr = (uint64_t)mem,
23    };
24    ret = ioctl(vmfd, KVM_SET_USER_MEMORY_REGION,
25                &region);
26
27    vcpufd = ioctl(vmfd, KVM_CREATE_VCPU,
28                   (unsigned long)0);
29
30    // 将内核中的 kvm_run 结构映射到用户态
31    ret = ioctl(kvm, KVM_GET_VCPU_MMAP_SIZE, NULL);
32    mmap_size = ret;
33    run = mmap(NULL, mmap_size, PROT_READ | PROT_WRITE,
34               MAP_SHARED, vcpufd, 0);
35
36    struct kvm_one_reg reg;
37    // 初始化 reg struct，将 0x6000 的值写入 PC 寄存器中
38    // 也可以通过此过程初始化其他寄存器，例如 X0 等
39    ret = ioctl(vcpufd, KVM_SET_ONE_REG, &reg);
40
41    // 不断执行虚拟机的代码，并处理相关的 VM exits
42    while (1) {
43      ret = ioctl(vcpufd, KVM_RUN, NULL);
44      switch (run->exit_reason) {
45        // 处理虚拟机下陷
46      }
47    }
48
49    ...
50 }
```

14.7.2 KVM 和 QEMU

从上面的例子可以看出，我们可将 KVM 理解为硬件虚拟化机制的驱动程序。然而，如何使用这个驱动程序，则需要由用户态的应用程序决定。也就是说，KVM 决定使用硬件虚拟化的“机制”，而用户态程序提供硬件虚拟化的使用“策略”。

小思考

KVM 和 QEMU 这种机制和策略分离的设计思想有什么好处吗?

一方面，可针对不同场景设计和实现专用的用户态虚拟机监控器，无须修改提供

机制的 KVM。例如，亚马逊公司为无服务计算场景设计了 FireCracker，可完全替代 QEMU，但它依然使用 KVM 提供的硬件虚拟化机制。另一方面，通过分离机制与策略，可降低运行在最高特权级的 KVM 代码复杂度，而将复杂的策略逻辑运行在较低特权级，从而在一定程度上提升系统的可靠性。

为了支持功能完整的虚拟机，代码片段 14.2 中的简单虚拟机监控器是远远不够的。它不仅无法提供对 I/O 虚拟化的支持，也不支持多 vCPU。为此，我们可以通过复用 QEMU 的框架来实现一个运行在用户态的虚拟机监控器。在硬件虚拟化技术出现之前，QEMU 主要通过本章介绍的软件技术（动态二进制翻译）运行虚拟机。而在硬件虚拟化技术出现之后，QEMU 也可以通过 Linux 中的 KVM 使用硬件虚拟化机制，从而大大提升运行性能。从整体框架的角度来看，QEMU 与代码片段 14.2 中的简单虚拟监控器没有太大区别，它们都需要使用 KVM 提供的 API 运行和管理虚拟机。但是 QEMU 还支持不同设备的 I/O 虚拟化，并能提供对多 vCPU 的支持以及虚拟机迁移等功能。

图 14.27 展示了 QEMU 使用 KVM 运行虚拟机的过程。运行在用户态的 QEMU 是一个进程，对应一个虚拟机。在 QEMU 进程内，每一个用户态线程负责运行虚拟机内的一个 vCPU。具体而言，一个 QEMU 用户态线程管理一个对应 vCPU 的所有寄存器状态，当此线程调用 KVM_RUN 接口时，KVM 会将对应 vCPU 的所有寄存器状态加载到硬件中并开始执行。对于 Linux 内核而言，调度该用户态线程相当于调度此 vCPU。这种方式非常巧妙地复用了 Linux 的调度机制，因而不需要为虚拟化重新实现一套新的调度算法。

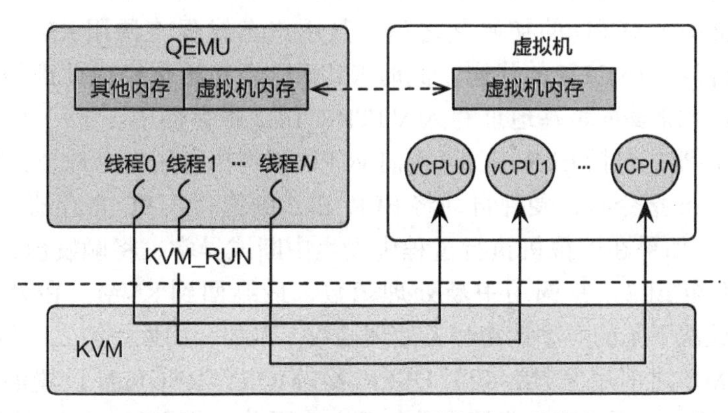

图 14.27　QEMU 和 KVM 在架构上的关系

作为一个用户态进程，QEMU 拥有自己的虚拟地址空间，但作为用户态虚拟机监控器，它还需要为虚拟机分配客户物理内存。为了支撑虚拟机的运行，QEMU 使用 `mmap` 系统调用分配一大段连续的内存区域，并将此区域作为虚拟机的客户物理地址空间。如代码片段 14.2 所示，QEMU 在运行虚拟机之前，使用 `ioctl`（KVM_SET_USER_

MEMORY_REGION）系统调用将此内存区域映射给虚拟机，这段内存区域会被所有vCPU共享。此外，因为虚拟机内存本质上属于QEMU进程内部的内存，所以QEMU可以直接读写虚拟机的内存数据。这不仅可以加速I/O虚拟化的数据传输（例如QEMU直接读取虚拟机指定的DMA内存区域），也可以方便QEMU实现虚拟机热迁移等功能。

QEMU同样提供对I/O虚拟化的支持，它既可以提供模拟的设备，也可以提供半虚拟化的设备模型。为了提升I/O虚拟化的性能，QEMU同样可以使用设备直通的方式。因为本节主要介绍QEMU与KVM的协同关系，所以不再对QEMU的I/O虚拟化机制做进一步介绍。

14.7.3　KVM内部实现简介

前文已经介绍过KVM实际上是硬件虚拟化机制的驱动程序。作为一个驱动程序，KVM的实现分为两个部分。第一部分是向用户态提供API驱动支持，允许用户态程序（如QEMU）管理虚拟机相关的状态。KVM作为一个Linux内核驱动模块，在初始化时会在内核中注册一个字符驱动，该字符驱动支撑/dev/kvm设备文件的所有功能，例如`ioctl`等。当用户态程序使用`ioctl`系统调用与KVM设备文件交互时，KVM根据系统调用传入的API调用相应的函数。由于`ioctl`的实现部分较为简单，并且与系统虚拟化没有直接关系，我们不对其进行更为深入的介绍，感兴趣的读者可以阅读Linux驱动相关的书籍。

KVM实现的第二部分是运行虚拟机并处理虚拟机下陷，如图14.28所示。当QEMU完成虚拟机以及每个vCPU的初始化之后，其用户态线程将调用KVM_RUN API，通知KVM正式执行对应vCPU的代码。此时KVM已经初始化完成此虚拟机相关的数据结构，例如将第二阶段页表基地址写入VTTBR_EL2寄存器中。下一步，KVM设置此vCPU相关的寄存器，包括ELR_EL2（指向vCPU即将执行的指令地址）和通用寄存器。当KVM执行`eret`指令时，硬件自动将ELR_EL2的值写入PC寄存器，并正式开始执行vCPU的代码。如果在虚拟机执行过程中发生中断或异常，将触发虚拟机下陷，CPU从EL0/EL1切换至EL2，并调用中断处理函数，最终回到KVM。在处理虚拟机下陷时，KVM根据此次下陷的类型调用相关处理函数。例如，如果是第二阶段页表的缺页异常，将使用QEMU之前用KVM_SET_USER_MEMORY_REGION设置的客户物理地址区域处理此次下陷。如果KVM能够成功处理此次下陷，将恢复vCPU的执行。图14.28中的while循环展现了KVM在执行vCPU时的基本逻辑。如果KVM无法处理此次虚拟机下陷，例如需要进行I/O虚拟化相关的操作或需要QEMU分配虚拟机内存，它将回到QEMU进程中，交给相关线程处理。QEMU处理完成后，再次调用KVM_RUN API恢复vCPU的执行。

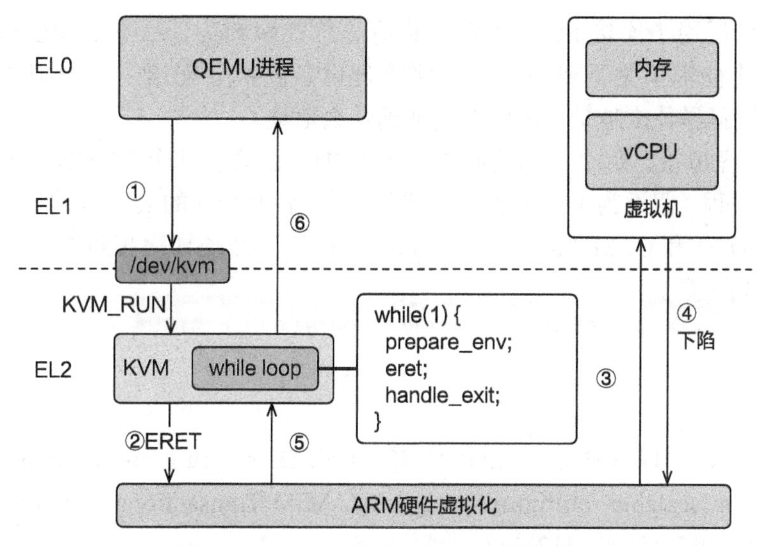

图 14.28 KVM 执行 vCPU 的基本过程

14.8 思考题

1. 假设有 10 个虚拟机，每个虚拟机内有 10 个进程，如果通过影子页表实现内存虚拟化，总共有多少影子页表？如果通过第二阶段页表实现内存虚拟化，总共需要多少第二阶段页表？
2. 尽管第二阶段页表翻译技术在很多情况下性能优于影子页表，但在某些情况下，影子页表的性能要优于第二阶段页表技术。请提供一个示例并说明原因。
3. 假设我们使用第二阶段技术来虚拟化客户虚拟机的内存（页表均为 4 级）。请描述硬件如何将客户虚拟地址转换为相应的主机物理地址。提示：可以忽略 TLB 的影响。
4. 在 EL1 或 EL0 模式下执行特权指令将触发虚拟机下陷，将控制权转移给虚拟机监控器。在处理完虚拟机下陷之后，虚拟机监控器将控制权交还给虚拟机。以下是几种可能触发虚拟机下陷的例子：
   - 访问内存导致第二阶段页表的缺页异常。
   - 使用 `wfi` 指令。
   - 在使用第二阶段页表时修改 TTBR0_EL1 寄存器的值。

   请判断它们是否会引起虚拟机下陷。如果是，请进一步回答在虚拟机恢复执行之后，是否需要重新执行此条引起下陷的指令。
5. 在半虚拟化技术中，Virtio Virtqueue 技术相对于指令级模拟的优势体现在哪里？
6. 在 x86 和 ARM 平台引入硬件虚拟化技术之后，指令模拟和半虚拟化技术是否还有存在的意义？

7. IOMMU 被广泛用于连接 I/O 设备和主内存，你能解释为什么 IOMMU 对于设备直通的 I/O 虚拟化技术至关重要吗？如果将物理设备直接分配给一个虚拟机，该设备的 IOMMU 应该翻译什么地址（从什么地址到什么地址）？
8. 假设有 10 个虚拟机，每个虚拟机有 10 个 vCPU。总共有几个 QEMU 进程？每个进程中有多少个线程（假设为 KVM/QEMU 系统，忽略 QEMU 的 iothread）？
9. 使用 KVM/ARM 和 QEMU 运行一个 Linux 虚拟机，并统计虚拟机在启动过程中发生的虚拟机下陷次数。

参考文献

[1] BUGNION E, DEVINE S, GOVIL K, et al. Disco: running commodity operating systems on scalable multiprocessors [J]. ACM Transactions on Computer Systems (TOCS), 1997, 15 (4): 412-447.

[2] Cloud computing, server utilization, & the environment [EB/OL]. [2022-12-06]. https://aws.amazon.com/blogs/aws/cloud-computing-server-utilization-the-environment/.

[3] POPEK G J , GOLDBERG R P. Formal requirements for virtualizable third generation architectures [J]. Communications of the ACM, 1974，17 (7): 412-421.

[4] ROBIN J S，IRVINE C E. Analysis of the intel pentium's ability to support a secure virtual machine monitor [C] // Proceedings of the 9th Conference on USENIX Security Symposium. 2000, 9: 10.

[5] ARM. Arm architecture reference manual [EB/OL]. [2022-12-06]. https://static.docs.arm.com/ddi0487/fa/DDI0487F_a_armv8_arm.pdf?_ga=2.181644388.2107974726.1583153879-1487747685.1581514464.

系统虚拟化：扫码反馈

缩 略 语

Address Resolution Protocol（ARP） 地址解析协议
Address Space IDentifier（ASID） 地址空间标识符
Address Space Layout Randomization（ASLR） 地址空间布局随机化
Base Address Register（BAR） 基址寄存器
Branch Trace Store（BTS） 分支跟踪存储
Completely Fair Scheduler（CFS） 完全公平调度器
Concurrency Managed Work Queues（CMWQ） 并发可管理工作队列
Centralized Task Scheduling（CTS） 中心化任务调度
Device Driver Environment（DDE） 设备驱动环境
Direct Data I/O（DDIO） 数据直接传输技术
DeadLine Scheduler（DL） 截止时间调度器
Direct Memory Access（DMA） 直接内存访问
Domain Name System（DNS） 域名系统
Data Plane Development Kit（DPDK） 数据平面开发套件
Domain Specific Language（DSL） 领域特定语言
Device Tree Source（DTS） 设备树源码
Energy Aware Scheduling（EAS） 能耗感知调度
Earliest Deadline First（EDF） 最早截止时间优先
First Come First Served（FCFS） 先到先得
First-In First-Out（FIFO） 先进先出
Fast Interrupt Request（FIQ） 快速中断请求
Fiber Local Storage（FLS） 纤程本地存储
Genenic Interrupt Controller（GIC） 通用中断控制器
Guest Physical Address（GPA） 客户物理地址
Guest Virtual Address（GVA） 客户虚拟地址
Host Operating System（Host OS） 宿主操作系统
Host Physical Address（HPA） 主机物理地址
HyperText Transfer Protocol（HTTP） 超文本传输协议
Input-Output Memory Management Unit（IOMMU） 输入输出内存管理单元
Inter-Process Communication（IPC） 进程间通信
Intel Processor Tracing（IPT） Intel 处理器跟踪
Interrupt Request（IRQ） 中断请求
Journaling Block Device 2（JBD2） 日志记录块设备 2
Kernel Address Sanitizer（KASAN） 内核地址检测
Local Area Network（LAN） 局域网或本地网
Last Branch Record（LBR） 最后分支记录
Log-structured File System（LFS） 日志结构文件系统
Least Recently Used（LRU） 最近最少使用
Linux Standard Base（LSB） Linux 标准规范
Load/Store Unit（LSU） 存取单元
Linux Test Project（LTP） Linux 测试项目
Multi-Level Feedback Queue（MLFQ） 多级反馈队列
Multi-Level Queue（MLQ） 多级队列
Memory Mapped I/O（MMIO） 内存映射输入输出
Memory Management Unit（MMU） 内存管理单元
Most Recently Used（MRU） 最近最多使用

Model Specific Register（MSR） 型号特定寄存器
Maximum Transmission Unit（MTU） 最大传输单元
New API（NAPI） 新 API
Network Address Translation（NAT） 网络地址转换
Network Interface Controller（NIC） 网络接口控制器
Non-Uniform Memory Access（NUMA） 非一致内存访问
Operating Performance Points（OPP） 操作性能点
Process Control Block（PCB） 进程控制块
Peripheral Component Interconnect（PCI） 外设元件互连
Performance Domain（PD） 性能域
Processor Event Based Sampling（PEBS） 基于处理器事件的采样
Per-Entity Load Tracking（PELT） 调度实体粒度负载追踪
Programmable Interrupt Controller（PIC） 可编程中断控制器
Process Identifier（PID） 进程标识符
Programmed I/O（PIO） 可编程输入输出
Poll Mode Drivers（PMD） 轮询模式驱动
Portable Operating System Interface（POSIX） 可移植操作系统接口
Private Peripheral Interrupt（PPI） 私有外设中断
Para-Virtualization（PV） 半虚拟化
Port Mapped I/O（PortIO） 端口映射输入输出
Quick EMUlator（QEMU） 快速模拟器
Remote Direct Memory Access（RDMA） 远程直接内存访问
Rate-Monotonic（RM） 速率单调
Re-Order Buffer（ROB） 重排序缓冲区
Round Robin（RR） 时间片轮转
Receive-Side Scaling（RSS） 接收端缩放
Real-Time Scheduler（RT） 实时调度器
Security Content Automation Protocol（SCAP） 安全内容自动化协议
Software Defined Network（SDN） 软件定义网络
Software Generate Interrupt（SGI） 软件生成中断
Shortest Job First（SJF） 最短任务优先
Statistical Profiling Extension（SPE） 统计分析扩展
Shared Peripheral Interrupt（SPI） 共享外设中断
Shadow Page Table（SPT） 影子页表
Secure Sockets Layer/Transport Layer Security（SSL/TLS） 安全套接层 / 传输层安全性
Shortest Time-to-Completion First（STCF） 最短完成时间优先
Thread Control Block（TCB） 线程控制块
Transmission Control Protocol（TCP） 传输控制协议
Translation Lookaside Buffer（TLB）转址旁路缓存
Thread Local Storage（TLS） 线程本地存储
Translation Table Base Register（TTBR） 翻译表基地址寄存器
User Datagram Protocol（UDP） 用户数据报协议
User Mode Linux（UML） 用户模式 Linux
Universal Serial Bus（USB） 通用串行总线
Virtual CPU（VCPU） 虚拟处理器
Virtual File System（VFS） 虚拟文件系统
Virtual Memory Area（VMA） 虚拟内存区域
Virtual Machine Control Structure（VMCS） 虚拟机控制结构
Virtual Machine Exit（VM Exit） 虚拟机下陷
Virtual Machine Monitor（VMM） 虚拟机监控器
Virtual Machine（VM） 虚拟机
Write-Ahead Logging（WAL） 预写式日志
Wide Area Network（WAN） 广域网
Execute-Only Memory（XOM） 只执行内存

推荐阅读

计算机体系结构基础 第3版

作者：胡伟武 等 书号：978-7-111-69162-4 定价：79.00元

我国学者在如何用计算机的某些领域的研究已走到世界前列，例如最近很红火的机器学习领域，中国学者发表的论文数和引用数都已超过美国，位居世界第一。但在如何造计算机的领域，参与研究的科研人员较少，科研水平与国际上还有较大差距。

摆在读者面前的这本《计算机体系结构基础》就是为满足本科教育而编著的……希望经过几年的完善修改，本书能真正成为受到众多大学普遍欢迎的精品教材。

—— 李国杰 中国工程院院士

· 采用龙芯团队推出的LoongArch指令系统，全面展现指令系统设计的发展趋势。

· 从硬件工程师的角度理解软件，从软件工程师的角度理解硬件。

· 优化篇章结构与教学体验，全书开源且配有丰富的教学资源 。

推荐阅读

数字逻辑与计算机组成

作者：袁春风 等 书号：978-7-111-66555-7 定价：79.00元

本书内容涵盖计算机系统层次结构中从数字逻辑电路到指令集体系结构（ISA）之间的抽象层，重点是数字逻辑电路设计、ISA设计和微体系结构设计，包括数字逻辑电路、整数和浮点数运算、指令系统、中央处理器、存储器和输入/输出等方面的设计思路和具体结构。

本书与时俱进地选择开放的RISC-V指令集架构作为模型机，顺应国际一流大学在计算机组成相关课程教学与CPU实验设计方面的发展趋势，丰富了国内教材在指令集架构方面的多样性，并且有助于读者进行对比学习。

- 数字逻辑电路与计算机组成融会贯通之作。
- 从门电路、基本元件、功能部件到微架构循序渐进阐述硬件设计原理。
- 以新兴开放指令集架构RISC-V为模型机。
- 通过大量图示并结合Verilog语言清晰阐述电路设计思路。